An Introduction to Computational Fluid Dynamics　Second Edition

数値流体力学【第2版】

H. K. Versteeg & W. Malalasekera　原著

松下洋介，齋藤泰洋　
青木秀之，三浦隆利　共訳

森北出版株式会社

An Introduction to Computational Fluid Dynamics
The Finite Volume Method, second edition
by H. K. Versteeg & W. Malalasekera

Copyright © 2007 by Pearson Education Ltd.
Japanese translation rights arranged with Pearson Education Limited
through Japan UNI Agency, Inc., Tokyo.

● 本書のサポート情報を当社Webサイトに掲載する場合があります。下記のURLにアクセスし，サポートの案内をご覧ください．

https://www.morikita.co.jp/support/

● 本書の内容に関するご質問は，森北出版 出版部「(書名を明記)」係宛に書面にて，もしくは下記のe-mailアドレスまでお願いします．なお，電話でのご質問には応じかねますので，あらかじめご了承ください．

editor@morikita.co.jp

● 本書により得られた情報の使用から生じるいかなる損害についても，当社および本書の著者は責任を負わないものとします．

■ 本書に記載している製品名，商標および登録商標は，各権利者に帰属します．

■ 本書を無断で複写複製（電子化を含む）することは，著作権法上での例外を除き，禁じられています．複写される場合は，そのつど事前に（一社）出版者著作権管理機構（電話03-5244-5088, FAX03-5244-5089, e-mail:info@jcopy.or.jp）の許諾を得てください．また本書を代行業者等の第三者に依頼してスキャンやデジタル化することは，たとえ個人や家庭内での利用であっても一切認められておりません．

序　文

　我々は，10年間にわたって，第1版がCFDの組織と多くの読者によって意外にも受け入れられたことに喜んでいる．このことは，学部レベルでの教育や，大学院での研究，商用CFDプログラムを使い始めた人を支援するために，この成長の著しい話題に対するわかりやすい入門書を提供するという本書の目的を正当化するものであった．第2版では，話題の追加と改訂を行った．構成と説明の仕方は第1版と同様であるが，CFDの最も重要な発展に合わせて話題を追加している．

　流体の流れの物理の取扱いでは，ラージエディシミュレーション（Large Eddy Simulation, LES）と直接数値シミュレーション（Direct Numerical Simulation, DNS）の基礎的なアイデアの概要を追加している．計算機リソースを必要とするこれらの乱流の計算手法は，高性能な計算機を用いることができるようになったことにより，中期のCFDに大きな影響を与えると考えられる．

　ここ10年間で，多くの新しい離散化手法と解法が，商用CFDプログラムに組み込まれている．これらの発展を反映させるため，対流−拡散問題に対して安定であり，高精度な解が得られるTVD法の概要や，いまでは離散化方程式の解法に一般的に用いられる反復法とマルチグリッド法の概要を追加している．さらに，圧力−速度を結び付けるためのSIMPLEアルゴリズムの例題も，その仕組みを説明するために追加している．

　第1版を執筆している段階では，CFDは航空機，自動車や発電分野ですでに確立されていたが，その後，CFDはエンジニアリング産業に広く普及している．このことは，複雑な形状を取り扱うための方法が大幅に改善されたことと密接に関連している．第2版では，複雑な形状を取り扱うことができる非構造格子を用いた手法の重要な側面を記述するために，新たに1章を割いている．

　産業界での研究や設計にCFDの結果が適用できるかどうかは，その結果の信頼性に大きく依存する．そのため，CFDの結果に含まれる不確かさに関する章を追加している．CFDの応用は急速に広がっているため，入門書1冊では，いまや多くの汎用CFDプログラムに組み込まれているサブモデルの方法の一部でさえ，取り扱うことは難しい．本書では，燃焼とふく射のアルゴリズムを取り扱うための高度な応用題材を

選んだが，これは内部流れと燃焼に関心がある機械技術者としての視点が反映されている．

最後に，第1版と第2版の提案に対して前向きな検討と建設的な意見をいただいた，イギリスと海外の大学の同僚に感謝する．また，題材を発展させるのを手伝っていただいた同僚と学術研究員，とくに，Jonathan Henson 博士，Mamdud Hossain 博士，Naminda Kandamby 博士，Andreas Haselbacher 博士，Murthy Ravikanti-Veera 氏，Anand Odedra 氏にも厚くお礼を申し上げる．

謝　辞

本書への転載を許可していただいた以下の方々，諸組織と出版社に感謝する．

- 図 3.2：H. Nagib 教授
  Van Dyke, M., *An Album of Fluid Motion*, The Parabolic Press, Stanford (1982)
- 図 3.7：S. Taneda 教授，日本機械学会
  Nakayama, Y., *Visualised Flow*, 日本機会学会編, Pergamon Press (1988)
- 図 3.9：W. Fiszdon 教授，The Polish Academy of Sciences
  Van Dyke, M., *An Album of Fluid Motion*, The Parabolic Press, Stanford (1982)
- 図 3.11，3.14：McGraw-Hill 社の許可を得て複製
  Schlichting, H., *Boundary Layer Theory* 7th edn. (1979)
- 図 3.15：Elsevier Science の許可を得て転載
  W. P. Jones and J. H. Whitelaw, "Calculation of Turbulent Reacting Flows: A Review", *Combustion and Flame*, 48, pp. 1–26 © 1982
- 図 3.16：Springer Wien New York の許可を得て複製
  Leschziner, M. A., "The Computation of Turbulent Engineering", R. Peyret and E. Krause (eds.), *Advanced Turbulence Flow Computations* (2000)
- 図 3.17，3.18：Elsevier 社の許可を得て転載
  Moin, P., "Advances in Large Eddy Simulation Methodology for Complex Flows", *International Journal of Heat and Fluid Flow*, Vol. 23, pp. 710–712 © 2002
- 図 11.2，11.9，11.11：Andreas Haselbacher 博士
  "A Grid-Transparent Numerical Method for Compressible Viscous Flows on Mixed Unstructured Grids", 学位論文, Loughborough University
- 図 12.8：The Combustion Institute
  Magnussen, B. F. and Hjertager, B. H., "On the Mathematical Modelling of

Turbulent Combustion with Special Emphasis on Soot Formation and Combustion", Sixteenth Symposium (Int.) on Combustion (1976)
- 図 12.9：The Combustion Institute
  Gosman, A. D., Lockwood, F. C. and Salooja, A. P., "The Prediction of Cylindrical Furnace Gaseous Fuelled with Premixed and Diffusion Burners", Seventeenth Symposium (Int.) on Combustion (1978)
- 図 12.10：Gordon and Breach Science Publishers
  Nikjooy, M., So, R. M. C. and Peck, R. E., "Modelling of Jet- and Swirl-stabilised Reacting Flows in Axisymmetric Combustors", Combust. Sci. and Tech., Gordon and Breach Science Publishers © 1988

そのほかにも，著作権者を探し出すことができなかったものもある．掲載可能な情報をいただければ大変助かる．

訳者序文

　有限体積法について詳細に述べられた書籍は意外と少なく，有限体積法を学ぼうとする方の多くは，「コンピュータによる熱移動と流れの数値解析」（森北出版）をバイブルとされているだろう．「コンピュータによる熱移動と流れの数値解析」は，有限体積法を学ぼうとする方にとって最良の書籍であり，有限体積法を基礎から学ぶことができることに疑いの余地はない．しかし，1985年に出版された書籍であるため，その後に発表された有限体積法に関する情報を入手するためには，学術論文の検索などに膨大な時間を要してしまう．また，有限体積法に基づく商用プログラムも認知され，さらに，計算機能力が飛躍的に向上したことから，物理と化学が相互作用するような，より複雑な現象を含む問題や，より大規模な問題を取り扱うことが求められるようになってきている．そのため，限られた時間で有限体積法を体系的に学ぶためには，その起源から最新の情報までを効率的に入手する必要がある．

　訳者らの研究室では，「コンピュータによる熱移動と流れの数値解析」に加えて，本書の原書である「An Introduction to Computational Fluid Dynamics」を第1版当時から，バイブルとして有限体積法の基礎を学んでいる．とくに，第2版が出版されてからは，有限体積法を効率的に学ぶことができるようになり，訳者らの研究室のレベルが向上したことを肌で感じるようなった．さらに，本書には解だけでなく，解を得るまでに要する反復計算回数まで，再現可能な数多くの例題が掲載されており，さまざまな側面からオリジナルの計算プログラムを検証することができる．そのため，本書はオリジナルの計算プログラムを開発者だけでなく，商用プログラムを用いる研究者が，有限体積法を基礎から学び，理解を深め，研究を加速する一助になると信じてやまない．本書が国内の研究者にとって，「コンピュータによる熱移動と流れの数値解析」に続く有限体積法の第2のバイブルになれば，望外の喜びである．

　本書を出版するにあたり，原稿の提出が遅れても嫌な顔をせずお付き合いくださった利根川和男氏，石田昇司氏をはじめとする森北出版（株）の皆様に，心より感謝を申し上げる．また，翻訳の確認，式と表の打ち込み，例題の再現などを手伝っていただいた東北大学大学院工学研究科化学工学専攻プロセス解析工学講座三浦研究室の五十嵐誠氏，梶山真嗣氏，児島芳徳氏，新山智史氏，萩谷秀人氏，原田拓自氏，星野雄将氏，

安村光太郎氏，吉田恵子氏，渡邉圭介氏と九州大学炭素資源国際教育研究センターの光原乃里子氏にお礼を申し上げる．最後に，自宅に仕事を持ち帰り，夜遅くまで執筆作業をしていたにもかかわらず，嫌な顔をせず応援してくれた家族に，感謝の気持ちを伝えたい．

2011 年 4 月

訳者代表　松下洋介

目　次

1章　はじめに　　1
- 1.1　数値流体力学とは何か　　1
- 1.2　数値流体力学プログラムはどのようなものか　　3
- 1.3　数値流体力学を用いた問題解決　　5
- 1.4　本書の範囲　　8

2章　流体運動の保存則と境界条件　　10
- 2.1　流体の流れと熱移動の基礎式　　10
- 2.2　状態方程式　　22
- 2.3　ニュートン流体に対するナビエ–ストークス式　　23
- 2.4　流体の流れの基礎式の保存型　　26
- 2.5　一般輸送方程式の差分形と積分形　　26
- 2.6　物理現象の分類　　28
- 2.7　双曲型方程式での特性線の役割　　32
- 2.8　簡単な偏微分方程式の分類　　34
- 2.9　流体の流れの方程式の分類　　36
- 2.10　粘性流体の流れの方程式に対する補助条件　　38
- 2.11　遷音速や超音速の圧縮性流体の問題　　40
- 2.12　まとめ　　41

3章　乱流とそのモデリング　　43
- 3.1　乱流とは何か　　43
- 3.2　層流から乱流流れへの遷移　　47
- 3.3　乱流流れの記述子　　52
- 3.4　単純な乱流流れの特徴　　55
- 3.5　乱流変動が平均流れの性質に及ぼす影響　　64
- 3.6　乱流流れの計算　　68
- 3.7　レイノルズ平均ナビエ–ストークス式と古典的な乱流モデル　　69

3.8	ラージエディシミュレーション	104
3.9	直接数値シミュレーション	118
3.10	まとめ	122

4章　拡散問題に対する有限体積法　124

4.1	はじめに	124
4.2	定常状態における1次元拡散に対する有限体積法	124
4.3	例題：1次元定常拡散問題	127
4.4	2次元拡散問題に対する有限体積法	139
4.5	3次元拡散問題に対する有限体積法	141
4.6	まとめ	142

5章　対流−拡散問題に対する有限体積法　144

5.1	はじめに	144
5.2	定常1次元対流および拡散	145
5.3	中心差分法	146
5.4	離散化スキームの性質	151
5.5	対流−拡散問題に対する中心差分法の評価	155
5.6	風上差分法	156
5.7	ハイブリッド法	162
5.8	べき乗法	166
5.9	対流−拡散問題に対する高次精度差分スキーム	167
5.10	TVDスキーム	176
5.11	まとめ	189

6章　定常流れにおける圧力場と速度場　192

6.1	はじめに	192
6.2	スタッガード格子	193
6.3	運動量保存式	196
6.4	SIMPLEアルゴリズム	199
6.5	SIMPLEのまとめ	203
6.6	SIMPLERアルゴリズム	204
6.7	SIMPLECアルゴリズム	207
6.8	PISOアルゴリズム	207
6.9	SIMPLE, SIMPLER, SIMPLECおよびPISOに対する一般的なコメント	211

	6.10	SIMPLE アルゴリズムの例題	212
	6.11	まとめ	230

7章　離散化方程式の解法　　232

	7.1	はじめに	232
	7.2	TDMA	233
	7.3	2次元問題に対する TDMA の適用	235
	7.4	3次元問題に対する TDMA の適用	236
	7.5	例題	237
	7.6	点反復法	244
	7.7	マルチグリッド法	250
	7.8	まとめ	265

8章　非定常流れに対する有限体積法　　266

	8.1	はじめに	266
	8.2	1次元非定常熱伝導	266
	8.3	例題	272
	8.4	2次元および3次元問題に対する陰解法	279
	8.5	非定常対流－拡散方程式の離散化	280
	8.6	QUICK スキームを用いた非定常対流－拡散の例題	281
	8.7	非定常流計算に対する解析手法	286
	8.8	擬定常スキームを用いた定常状態計算	288
	8.9	ほかの非定常スキームの概要	289
	8.10	まとめ	289

9章　境界条件の適用　　291

	9.1	はじめに	291
	9.2	流入境界条件	293
	9.3	流出境界条件	294
	9.4	壁境界条件	296
	9.5	定圧境界条件	301
	9.6	対称境界条件	302
	9.7	周期境界条件	303
	9.8	落し穴の可能性とまとめ	304

10章　数値流体力学モデリングにおける誤差と不確かさ　307

- 10.1　数値流体力学の誤差と不確かさ 307
- 10.2　数値誤差 309
- 10.3　入力の不確かさ 312
- 10.4　物理モデルの不確かさ 314
- 10.5　確認と検証 316
- 10.6　数値流体力学を最善に実施するための指針 322
- 10.7　数値流体シミュレーションの入力と結果の説明と文書化 324
- 10.8　まとめ 327

11章　複雑な形状を取り扱う方法　329

- 11.1　はじめに 329
- 11.2　複雑な形状に対する境界適合格子 330
- 11.3　直交格子 vs. 曲線格子の例 331
- 11.4　曲線格子の難しさ 333
- 11.5　ブロック構造格子 335
- 11.6　非構造格子 336
- 11.7　非構造格子の離散化 338
- 11.8　拡散項の離散化 341
- 11.9　対流項の離散化 345
- 11.10　生成項の取扱い 350
- 11.11　離散化方程式のまとめ 351
- 11.12　非構造格子を用いた計算例題 356
- 11.13　非構造格子における圧力-速度の結合 363
- 11.14　スタッガード vs. コロケート格子 364
- 11.15　界面速度の補間方法の非構造格子への拡張 368
- 11.16　まとめ 369

12章　燃焼の数値流体力学モデリング　371

- 12.1　はじめに 371
- 12.2　熱力学第1法則の燃焼系への適用 372
- 12.3　生成エンタルピー 374
- 12.4　混合ガスの重要な関係と性質 374
- 12.5　化学量論 377
- 12.6　当量比 378
- 12.7　断熱火炎温度 378

12.8	平衡と解離	380
12.9	燃焼と化学反応速度論	385
12.10	総括反応と中間反応	386
12.11	反応速度	387
12.12	詳細機構	392
12.13	簡略化機構	393
12.14	燃焼流れの基礎式	394
12.15	Simple Chemical Reaction System (SCRS)	399
12.16	例：層流拡散火炎のモデル化	402
12.17	非予混合乱流燃焼の数値流体力学の計算	408
12.18	乱流燃焼に対する SCRS モデル	412
12.19	確率密度関数によるアプローチ	413
12.20	ベータ pdf	415
12.21	化学平衡モデル	417
12.22	渦崩壊モデル	418
12.23	渦消散モデル	421
12.24	層流火炎片モデル	421
12.25	層流火炎片ライブラリの生成	423
12.26	非平衡パラメータの統計	432
12.27	燃焼の汚染物質生成	433
12.28	燃焼の thermal NO のモデリング	435
12.29	火炎片に基づく NO モデリング	436
12.30	乱流火炎の層流火炎片モデルおよび NO モデルを説明するための例	436
12.31	非予混合燃焼に対するほかのモデル	444
12.32	予混合燃焼のモデリング	444
12.33	まとめ	445

13章　ふく射伝熱の数値計算　446

13.1	はじめに	446
13.2	ふく射伝熱の基礎式	453
13.3	解法	455
13.4	数値流体力学に適した有名な四つのふく射の計算方法	456
13.5	例題	467
13.6	混合ガスのふく射物性の計算	472
13.7	まとめ	473

付録A	流体解析の精度	475
付録B	不等間隔格子	478
付録C	生成項の計算	480
付録D	第5章で用いる制限関数	482
D.1	Van Leer 制限関数	482
D.2	Van Albada 制限関数	482
D.3	Min-Mod 制限関数	483
D.4	Roe の SUPERBEE 制限関数	483
D.5	Sweby 制限関数	483
D.6	Leonard の QUICK 制限関数	484
D.7	UMIST 制限関数	484
付録E	平面ノズルを通過する定常非圧縮流れの1次元基礎式の導出	485
付録F	第11章における $n \cdot \mathrm{grad}\,\phi A_i$ の導出	488
付録G	例題	491
G.1	応用例	491
G.2	円管内急縮小流れ	491
G.3	試験室内の火炎のモデリング	493
G.4	周期的な圧力変化による円管内層流流れ	495
参考文献		500
索　引		523

第1章

はじめに

1.1 数値流体力学とは何か

　数値流体力学（computational fluid dynamics, CFD）とは，コンピュータによるシミュレーションを用いて流体の流れ，熱移動や化学反応のような現象を含む系を解析することである．この技術は非常に有用であり，工業，非工業問わず適用範囲が広い．たとえば，次のものがあげられる．

- 航空機や車両の空気力学（揚力や抗力）
- 船舶の流体力学
- 発電所（内燃機関やガスタービン内の燃焼）
- ターボ機械（回転流路やディフューザー内の流れ）
- 電気および電気工学（超小型回路内装置の冷却）
- 化学プロセス工学（混合や分離，ポリマー成形）
- 建物内外の環境（風による負荷や暖房，換気）
- 海洋工学（沖合の構造による負荷）
- 環境工学（汚染物質の分布や流出）
- 水力学および海洋学（河川，河口や海洋の流れ）
- 気象学（天気予測）
- 医用生体工学（動脈や静脈内の血流）

　1960年代から，航空業界では航空機やジェットエンジンの設計，研究開発や製造に数値流体力学を用いた技術を取り入れている．また，最近では内燃機関，ガスタービンの燃焼室や，燃焼炉の設計にもその技術が利用されている．さらに，自動車業界では，数値流体力学を使って，抗力やボンネットの下での空気流動，車内環境を予測することがごく普通に行われている．このように，数値流体力学は，工業製品やプロセスの設計においてますます不可欠なものとなっている．

　数値流体力学分野における最終的な目的は，応力解析プログラムのような，ほかのCAE（computer-aided engineering，コンピュータ支援工学）ツールと同様の機能を

提供することである．数値流体力学がほかの CAE に遅れをとっている大きな理由は，その基本的な現象が複雑なためである．そのため，経済的に，かつ十分高精度に流体の流れを表現することは困難になっている．しかし，最近では高性能な計算用ハードウェアが購入しやすくなったこと，また，ユーザフレンドリーなインターフェイスが導入されたことにより，数値流体力学への関心が高まり，1990 年代から工業界に広く浸透していった．

　計算に適したハードウェアを導入するのに必要な最低限の費用は，およそ 5000 ポンドから 10000 ポンドである（さらに毎年のメンテナンス料が上乗せされる）．商用ソフトウェアの永久ライセンス料は，一般に，"追加機能"の数に応じて 10000 ポンドから 50000 ポンド程度であるが，たいていの数値流体力学のソフトウェアは，永久ライセンスのほかにも年間ライセンスが提供されている．このように，数値流体力学に対する投資は少なくないものの，一般に，高精度な実験設備にかかる費用よりは高くない．さらに，流体システムの設計に対して，数値流体力学は，実験的な方法に比べて次のような有利な点がある．

- 新規の設計に要する準備期間や費用が大幅に抑えられる
- 実験が困難，もしくは不可能なシステムを扱うことが可能である（非常に大きなシステムなど）
- 通常運用する限界以上の危険な条件での試験を行うことが可能である（安全試験や事故シナリオなど）
- 得られる結果に実質的な限界がない

設備費や人件費という点において，実験に必要な費用は，計測点数や試験する形状の数に比例して変わる．それとは対照的に，数値流体力学プログラムは，追加費用なしで仮想的に非常に多くの結果を生み出すことが可能であり，たとえば，装置の性能を最適化するためのケーススタディを，非常に安価に行うことができる．

　次章以降では，数値流体力学プログラムの全体の構造をみて，個々の構成要素の役割について述べる．数値流体力学プログラムを用いて解析を行う組織では，投資支出に加え，そのプログラムを実行し，得られた結果を考察する能力をもつ人材が必要とされる．加えて，数値流体力学ユーザには，適切なモデル化を行う能力が必要である．産業界において数値流体力学がさらに普及する際の次なる障害は，ハードウェアやソフトウェアの有用性や費用ではなく，十分に訓練された人材が不足していることではないだろうか．

1.2 数値流体力学プログラムはどのようなものか

　数値流体力学プログラムは，流体の流れ問題を扱う数値アルゴリズムで構成されている．また，その能力を十分に発揮できるように，すべての商用プログラムのパッケージは，パラメータの入力や結果を考察するための高度なユーザインターフェイスをもっている．そのため，すべての商用プログラムは，(i) プリプロセッサー，(ii) ソルバー，(iii) ポストプロセッサーの三つの要素を備えている．以下では，数値流体力学プログラムと関連付けて，これらの三つの役割を簡単に検討する．

▶ プリプロセッサー（pre-processor）

　プリプロセスとは，ユーザフレンドリーなインターフェイスを用いて，流れの問題を数値流体力学プログラムへ入力することである．また，その後に，ソルバーで用いるのに適した形に入力データを変換するものである．数値流体力学のプリプロセスの段階で行うことは，以下のとおりである．

- 対象領域の幾何学的構造を定義すること（計算**領域**を定義する）
- 計算格子の生成．対象領域を，多くのより小さな領域に分割すること（計算格子（メッシュ）の作成（コントロールボリュームあるいは要素の生成））
- モデル化すべき物理的，化学的現象を選択すること
- 流体の変数を定義すること
- 隣接するセル間，または境界にあるセルにおける境界条件を適切に選ぶこと

　流れの問題（流速，圧力，温度など）に対する解は，セル内部の**各格子点**において決定される．数値流体力学を用いた解の精度は，計算格子点数に左右される．一般に，計算格子点数が増加すると，解の精度は高くなる．解の精度と計算に要する時間（必要なコンピュータのハードウェア，計算時間）は，格子点の選び方が適切かどうかに依存する．最適な計算格子は，たいていの場合，不等間隔格子である．つまり，点から点で急激に変化する領域では計算格子を細かくし，比較的変化しない領域では計算格子を粗くした格子である．近年では，（自己）適合格子（adaptive meshing）の機能をもつ数値流体力学プログラムを開発するための努力もなされている．このようなプログラムは，急激に変化する領域の計算格子のとり方を自動的に決めることを究極の目標としている．しかし，これらの技術が商用の数値流体力学プログラムに組み込まれるには，まだまだ多くの基礎的な開発が必要である．いまのところ，要求される精度と解析コストのバランスを考え，いかに適切な格子を設計できるかどうかは，数値流体力学ユーザの能力次第である．

産業界における数値流体力学プロジェクトにかかる時間の 50% 以上は，解析領域の決定と計算格子の生成に注がれる．数値流体力学ユーザの生産性を最大化するため，すべての主要なプログラムには，現在独自の CAD 型のインターフェイス，または独自のサーフェスモデルからデータを取り込む機能が備わっている．また，PATRAN や I-DEAS のような計算格子生成機能もある．最新のプリプロセッサーでは，一般的な流体の物性値ライブラリにアクセスすることが可能である．また，主となる流体の流れの方程式と一緒に，特別な物理的，化学的な過程のモデル（乱流モデル，ふく射伝熱，燃焼モデルなど）をよび出す機能も提供している．

▶ ソルバー（solver）

数値解法には，三つのまったく異なる方法がある．それは，有限差分法（finite difference method），有限要素法（finite element method）とスペクトル法（spectral method）である．本書では，有限差分法の特別な型である有限体積法（finite volume method）のみを取りあげる．この手法は，CFX/ANSYS, FLUENT, PHOENICS, STAR-CD といった最も定評のある数値流体力学プログラムの中核をなす．その数値アルゴリズムの概要は，以下のとおりである．

- 計算領域すべての（有限な）コントロールボリュームについて，流体の流れの基礎式を積分する
- 離散化（得られる積分方程式を連立代数方程式に変換する）
- 反復法により代数方程式を解く

最初の手順，つまり，コントロールボリュームの積分が，有限体積法とほかのすべての数値流体力学の手法との違いである．得られる式は，有限なセルそれぞれにおける，関連する物理量の厳密な保存を表すものである．このように，数値アルゴリズムと物理的な保存則をはっきりと関連付けることができることは，有限体積法の大きな魅力の一つであり，有限要素法やスペクトル法と比べて，工学に携わる者が非常に理解しやすい概念である．有限のコントロールボリューム内の流れの一般的な変数 ϕ（速度成分やエンタルピーなど）の保存は，さまざまなプロセス中における増加量と減少量の収支として表される．これは，次式のように書くことができる．

$$\begin{bmatrix} \text{時間に対する} \\ \text{コントロール} \\ \text{ボリューム内} \\ \text{の } \phi \text{ の変化割合} \end{bmatrix} = \begin{bmatrix} \text{対流によりコント} \\ \text{ロールボリューム} \\ \text{に流入する } \phi \text{ の全} \\ \text{増加割合} \end{bmatrix} + \begin{bmatrix} \text{拡散によりコント} \\ \text{ロールボリューム} \\ \text{に流入する } \phi \text{ の全} \\ \text{増加割合} \end{bmatrix} + \begin{bmatrix} \text{コントロール} \\ \text{ボリューム内} \\ \text{の } \phi \text{ の全生成} \\ \text{割合} \end{bmatrix}$$

数値流体力学プログラムには，(ϕの生成や消失に関連する）生成項や時間に対する変化割合を扱うスキームのほかにも，重要な移動現象，対流（流体の流れによる輸送）や拡散（点から点へのϕの変化による輸送）の取扱いに適した離散化スキームも含まれる．また，基礎的な物理現象は複雑で非線形であるため，反復解法が必要である．最も一般的な解法は，TDMA（tri-diagonal matrix alogrithm, 三重対角行列アルゴリズム）の線順法（line-by-line solver）を用いて連立代数方程式を解く方法と，圧力と速度の正しい結び付きを保証するためのSIMPLEアルゴリズムである．商用プログラムでは，ガウス–ザイデル（Gauss-Seidel）点反復法を用いたマルチグリッド法（multigrid accelerator）や，共役勾配法（conjugate gradient method）のような最近の方法を選択することも可能である．

▶ ポストプロセッサー（post-processor）

プリプロセス処理のように，最近ではポストプロセス処理でも多くの開発が行われている．工学向けのワークステーションの人気が高まっており，その多くは優れた描画機能を備えている．そのため，現在の主な数値流体力学パッケージには，以下のような多機能データ可視化ツールが組み込まれている．

- 計算領域の形状や計算格子の表示
- ベクトルプロット
- 線や陰影による等高線プロット
- 2次元や3次元の表面プロット
- 粒子の軌跡
- 視覚的な操作（平行移動，回転，拡大縮小など）
- カラーポストスクリプト出力

最近では，動的な結果表示をするアニメーション化機能もある．また，描画機能に加え，すべてのプログラムには，信頼性の高い英数字出力を行い，プログラムの外部でデータを扱うための出力機能も備わっている．以上のように，数値流体力学プログラムの描画出力機能は，CAEのほかの多くの部門と同じように，専門家でない人にもアイデアを伝えることができるように進化している．

1.3 数値流体力学を用いた問題解決

流体の流れ問題を解く場合，その物理は複雑であり，数値流体力学から得られる結果は，最高でも組み込まれている物理（と化学）と同程度，最低の場合は数値流体力

学ユーザと同程度であるということを認識する必要がある．つまり，数値流体力学プログラムのユーザは，さまざまな分野の能力をもたなければならないということを意味する．数値流体力学を用いた解析の設定，実行をする前に，考慮すべき物理現象や化学現象に関する流れの問題の特定と定式化を行う段階がある．その代表例として，2次元もしくは3次元モデルにするかどうか，周りの温度もしくは圧力変化が空気の流れの密度に及ぼす影響を無視するかどうか，乱流流れの方程式を解くかどうか，または水の中に溶解する小さな気泡の影響を無視するかどうかなどがあげられる．正しい選択を行うには，モデル化する能力が重要である．なぜなら，単純な問題を除いて，問題の特徴を失わないように簡略化するという仮定を行う必要があるからである．この段階で導入する仮定の妥当性により，数値流体力学により得られる結果の精度はいくらか左右される．そのため，数値流体力学ユーザは，明示的なものでも暗示的なものでも，すべての仮定をたえず理解していなければならない．

　コンピュータを用いて計算を行うためには，ほかとは異なる種類の能力も要求される．入力の段階では，計算領域の設定や計算格子の生成が必要であり，その後は，非常に優れた解析結果を得ることが必要である．それは，収束（convergence）することと，格子形状に依存しないこと（grid independence）の2点で特徴付けられる．解法アルゴリズムは本質的に反復法であり，その収束の残差は，保存されるすべての流れの量と比較してとても小さい．さまざまな緩和係数や加速方法を注意深く設定することで，解の収束は非常によくなる．これらは対象とする問題に依存するため，これらを選択するためのわかりやすい指針はない．解析速度の最適化には多くの経験が必要であり，それにはそのプログラムを使い込む必要がある．一般的な流れに対し，粗い計算格子を用いた場合に生じる誤差を正確に見積もる方法はない．また，初期の計算格子を設計するには，流れの性質を予測することが必要である．特定の流体力学の問題を扱った経験や，似たような問題で計算格子を設定した経験もまた非常に貴重である．格子形状が粗いことにより生じる誤差を減らす唯一の方法は，格子形状に対する結果の依存性を考察することである．このことは，結果がある程度変化しなくなるまで初期の格子形状を細かくしていくことにより実現される．これにより，この解析には格子の依存性がないことが確かめられる．格子形状の依存性を体系的に調査することは，数値流体力学を用いた高精度の解析において不可欠な要素の一つである．

　すべての数値アルゴリズムには，それぞれに特徴的な誤差の種類がある．一般に，数値流体力学では，"誤差"という言葉に対し，数値拡散（numerical diffusion），偽拡散（false diffusion），数値流動（numerical flow）というような名前をつける．これは，アルゴリズムに関する知識に基づいて，生じ得る誤差の種類を推測しているだけである．数値解析の最後では，数値計算を実行する者が，その結果が"十分によい"かどう

か判断しなければならない．実験によるテストケースとの比較を除いて，数値流体力学プログラムと同じように複雑なプログラムに組み込まれた物理的や化学的なモデルの妥当性，もしくは最終的な結果の精度を評価するのは不可能である．まじめに数値流体力学を用いたいと思うユーザは，数値流体力学は実験の代わりとなることはないが，問題解決のための強力なツールであるということを認識しなければならない．数値流体力学プログラムを検証するには，問題の境界条件についての詳細な情報が必要であり，大量の結果を得る必要がある．意味のある検証を行うためには，妥当な方法で同じ範囲の実験データを得ることが必要である．これには，熱線流速計，レーザードップラー流速計や粒子画像速度計（PIV）を用いた流速計測などがある．しかし，このような精巧な実験装置に対し，実験室の環境が非常に都合が悪い場合や，これらの装置を簡単に扱うことができない場合は，ピトー管によるトラバース（多角）計測で補間した静圧や温度測定も，流れ場を検証するのに役立つこともある．

　実験的な検討を行うための設備がまったくない場合もある．そのような場合，数値流体力学ユーザは，(i) 既往の実験，(ii) 同様の単純な流れの解析解，(iii) 関連した実験に対して論文で報告された非常に詳細な実験結果との比較に頼らなければならない．(iii) に関しては，*Transactions of ASME*（とくに，*Journal of Fluids Engineering*, *Journal of Engineering for Gas Turbines and Power* や *Journal of Heat Transfer*），*AIAA Journal*, *Journal of Fluid Mechanics* や *Proceedings of the IMechE* などの論文がある．

　数値流体力学を用いた解析は，実際の系を現実的に近似する一連の値を（うまくいくように）創造することである．数値流体力学の利点の一つは，結果の詳細さの度合いをほぼ無制限に選択できることである．しかし，C. Hastings は情報技術（information technology, IT）が発達する前の 1955 年に，"数値計算の目的は洞察することであり，数字がすべてではない" という言葉を残している．この言葉の背景には，警告の意味が込められている．あらゆる数値流体力学による主な成果は，系の振舞いの理解を向上させることであるということを認識すべきである．しかし，数値流体力学の精度が完全に保証されることはないため，得られた結果を頻繁に，かつ厳しく検証する必要がある．

　数値流体力学ユーザを支援することができるよい運用指針があり，繰り返し検証を行うことが，最終的な結果の品質を支配する重要な役割を果たすことは明らかである．しかし，数値流体力学をうまく使いこなすために重要な要素は，経験と，流体の流れの物理や数値アルゴリズムの基礎を深く理解することである．これらをなくして，よい成果は得られない．本書の目的は，数値流体力学プログラムの内部の働きをよく理解するために必要な要素をすべて提供し，うまく実行してもらうことである．

1.4 本書の範囲

本書の狙いは，有限体積法を用いて流体の流れの数値解析を行うのに必要な基礎的な要素をすべて提供することである．本書は3部から構成され，第1部は，第2章と第3章からなる．ここでは，3次元と乱流の流体の流れの基礎的なことを扱う．

まず，直交座標系における流体の流れの偏微分方程式の基礎式の微分から始める．次に，結果として得られる保存式の共通点を示し，いわゆる輸送方程式を導出する．これは，後に用いる数値アルゴリズムを構築するための基礎式である．さらに，一般的な観点からよく設定された問題を明確に述べるのに必要な補助条件を考え，数値流体力学を行ううえで推奨される境界条件や，そこから派生した数多くの条件を考察する．

第3章では，多くの工学的用途において数値流体解析を詳しく理解するのに必要な概念である乱流について述べる．乱流の物理と単純な乱流流れの特徴を考察し，また，流れの方程式上で不規則に現れる変動との因果関係を考える．この方程式は閉じておらず，乱流モデルを導入しない限り，可解とはならない．ここでは，汎用的な流れの計算において一般的な $k\text{-}\varepsilon$ モデルに焦点を当て，産業で用いられる数値流体力学の乱流モデルの原理について説明する．また，近い将来，数値流体力学に衝撃を与えそうな，最近開発された乱流モデルについても概説する．

すでに3次元流れの方程式の導出に精通している読者は，そのまま第2部に進むことができる．後に再度現れる $k\text{-}\varepsilon$ モデルの説明を除いて，第2章と第3章の内容はその章でほぼ完結する．そのため，この本をときおり参照する際に，その背景にある流体力学や数学の内容を知らなくても，数値アルゴリズムの原理を学ぶのに専念することができる．

本書の第2部は，第4章から第9章で構成され，そこでは有限体積法の数値アルゴリズムに焦点を当てる．第4章から第7章では，定常流れに対する離散化スキームや解法について説明する．第4章では，基本的な方法を述べ，拡散現象に対する中心差分法を導出する．第5章では，離散化スキームの重要な性質である保存性，有界性，輸送性に重点を置く．これらは，対流項の離散化に対し，風上差分法，ハイブリッド法，QUICKやTVDスキームの導出の基礎として用いられる．流れの現象の背景にある非線形の性質や，密度が変化する流体の流れにおける圧力と速度の関係に対しては，特別な取扱いが必要であり，そのことについては第6章で述べる．そこでは，SIMPLEアルゴリズムとそこから近年派生したアルゴリズムを導入する．また，PISOアルゴリズムについても説明する．第7章では，離散化を行った後の段階で現れる連立代数方程式の解法について述べる．また，初期の数値流体力学プログラムの基礎としてよく知られるTDMAアルゴリズムと，最新の解法であるマルチグリッド法を用いた点反復法に焦点を当てる．

すべての数値解法の背景にある理論は，パーソナルコンピュータで簡単にプログラムできる例題を解析することで発展してきた．これにより，実用的な数値流体力学プログラムの基本構成要素となる離散化スキームすべての性質を，それらの解の特徴も含めて詳細に検証することができる．

第8章では，非定常流れを扱うために，さまざまなスキームの利点や限界を評価する．第9章では，有限体積法で広く用いられる境界条件を実装することで，数値アルゴリズムの導出を完結させる．

本書の一番の目的は，数値流体力学パッケージに手をのばす人々を支援することである．そのため，本書で取りあげた問題はかなり深くまで考察できるようになっている．しかし，興味がある読者がゼロから数値流体力学プログラムの開発を始めることができるように，解法の手順についても十分に詳細に説明している．

本書の第3部は，複雑な産業問題に対する有限体積法の適用に関連したトピックで構成される．第10章では，数値流体力学における精度や不確かさの特徴を概説する．数値流体力学の結果の誤差を第一原理から予測することは不可能である．これにより，数値流体力学から得た考察に基づいて装置設計を行う際に，問題がいくつか生じる．この問題を扱うために，数値流体力学の結果の不確かさの定量化を支援するための体系的な過程が開発されている．ここでは，その方法，確認と検証の構想を説明する．また，数値流体力学コミュニティによって開発された，数値流体力学ユーザを支援するための規則の概要を示す．第11章では，複雑な構造を扱うための技術について述べる．構造格子に基づいたさまざまな方法（直交座標系，変換に基づいた一般座標系，そして形状が異なる部位を組み合わせる必要がある場合の特別な計算格子の生成が可能なブロック構造格子）について概説する．また，非構造格子に対する有限体積法の適用についても詳細を述べる．これらは，格子点の定義位置は格子線上ではなく，どんな形状ももつことが可能なコントロールボリュームを含めることができる．したがって，非構造格子は任意の複雑な解析領域の境界形状に適用でき，これにより計算格子の生成や再分割が容易になる．そのため，非構造格子は実用の数値流体力学において最も一般的に用いられる．残りの第12章と第13章では，数値流体力学で最も重要な工学的な応用の一つである，エネルギー工学と燃焼システムについて考える．反応流れにおける数値流体力学の最も重要な性質を十分に紹介するために，第12章では，熱力学の基礎と燃焼の化学的な概念を紹介し，最も重要な燃焼モデルを概説する．また，主要な燃焼反応や汚染物質の化学種濃度を予測することができ，最も広く研究されたモデルである非予混合の乱流燃焼の層流火炎モデルにとくに焦点を当てる．最後の第13章では，正確な燃焼計算を行うのに必要なふく射伝熱をよく理解し，ふく射伝熱を計算するための数値流体力学の技術について説明する．

第2章
流体運動の保存則と境界条件

本章では,質量,運動量とエネルギーの保存則の原理から,総合的な流体の流れや熱移動の汎用的なモデルを数学的に導出する.さらに,流体の流れの基礎式を導出し,初期条件(initial condition)や境界条件(boundary condition)といった,必要な補助条件について説明する.ここでは,以下の点を主に扱う.

- 直交 (x, y, z) 座標系における,流れを支配する偏微分方程式(partial differential equations, PDEs)の導出
- 熱力学状態方程式
- ナビエ–ストークス(Navier-Stokes)式を導出するためのニュートン(Newton)の粘性応力モデル
- 基礎式である偏微分方程式と輸送方程式(transport equation)の定義の共通点
- 有限の時間刻み(time interval)や,有限のコントロールボリューム(control volume)における輸送方程式の積分形
- 三つの型に分類される物理的性質:だ円型(elliptic),放物型(parabolic),双曲型(hyperbolic)
- それぞれの型に適した境界条件
- 流体の流れの分類
- 粘性流体流れに対する補助条件
- 高レイノルズ数(Reynolds number)流れや高マッハ数(Mach number)流れの境界条件に関する問題

2.1 流体の流れと熱移動の基礎式

流体の流れの基礎式には,**物理的な**保存則の数学的な意味がある.

- 流体の質量は保存する
- 運動量の変化割合は,流体粒子(fluid particle)に及ぼす力の総和に等しい(ニュートンの第2法則)

- エネルギーの変化割合は，流体粒子に加える熱量の割合と流体粒子になされる仕事の割合の総和に等しい（熱力学第1法則）

流体を連続体であると考える．長さのスケールが巨視的な（たとえば 1 μm 以上の）流体の流れの解析に対して，物質の分子構造や分子運動は無視することができる．速度，圧力，密度や温度のような巨視的な変数と，それらの空間と時間の微分から流体の挙動を記述する．これらは，適度に多くの分子の平均として考えることができる．流体粒子は，巨視的な変数が個々の分子の影響を受けない範囲で，最も小さい流体要素 (fluid element) であるとみなせる．

幅が δx, δy, δz である小さな流体要素を考える（図 2.1）．

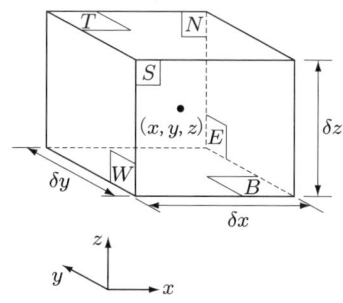

図 **2.1** 保存則に対する流体要素

6面をそれぞれ北，南，東，西，上，下を意味する N, S, E, W, T, B と名付ける．座標軸を正にとる．流体要素の中心は (x, y, z) の位置にある．流体要素の境界を通過する流体の流れや，流体要素の中での生成による流体要素の質量，運動量やエネルギーの変化を体系的に考えることで，流体の流れの方程式を導く．

流体の変数はすべて空間と時間の関数である．そのため，密度，圧力，温度，速度ベクトルに対し，厳密にはそれぞれ $\rho(x,y,z,t)$, $p(x,y,z,t)$, $T(x,y,z,t)$, $\mathbf{u}(x,y,z,t)$ と書く必要があるが，必要以上に煩わしい表記となることを避けるために，座標軸や時間の依存関係については明示的には示さない．たとえば，時刻 t の流体要素の中心 (x, y, z) の密度を ρ とし，時刻 t で (x, y, z) の圧力 p の x の微分形を $\partial p/\partial x$ とする．ほかの流体の変数すべてに対しても同様にする．

考えている流体要素はとても小さいため，界面における流体の変数は，テイラー級数展開の初めの二つの項を用いて十分な精度で表すことができる．したがって，たとえば，流体要素の中心から $\delta x/2$ の距離である W や E の界面での圧力を，次式のように記述することができる．

$$p - \frac{\partial p}{\partial x}\frac{1}{2}\delta x \qquad \text{および} \qquad p + \frac{\partial p}{\partial x}\frac{1}{2}\delta x$$

2.1.1 3次元における質量保存

質量保存式を導出するために，まず，流体要素の質量収支を次のように記述することから始める．

> 流体要素内で質量が増加する割合 ＝ 流体要素に質量が流入する正味の割合

流体要素内で質量が増加する割合は，

$$\frac{\partial}{\partial t}(\rho\,\delta x\,\delta y\,\delta z) = \frac{\partial \rho}{\partial t}\delta x\,\delta y\,\delta z \tag{2.1}$$

で与えられる．次に，流体要素の界面を通過する質量流量の割合を考慮する必要がある．これは，密度，断面積と界面に垂直な速度成分の積から求める．図 2.2 から，流体要素の境界を通過し，流体要素に流入する流れの正味の割合は，次式で求めることができる．

$$\begin{aligned}
&\left[\rho u - \frac{\partial(\rho u)}{\partial x}\frac{1}{2}\delta x\right]\delta y\,\delta z - \left[\rho u + \frac{\partial(\rho u)}{\partial x}\frac{1}{2}\delta x\right]\delta y\,\delta z \\
&+ \left[\rho v - \frac{\partial(\rho v)}{\partial y}\frac{1}{2}\delta y\right]\delta x\,\delta z - \left[\rho v + \frac{\partial(\rho v)}{\partial y}\frac{1}{2}\delta y\right]\delta x\,\delta z \\
&+ \left[\rho w - \frac{\partial(\rho w)}{\partial z}\frac{1}{2}\delta z\right]\delta x\,\delta y - \left[\rho w + \frac{\partial(\rho w)}{\partial z}\frac{1}{2}\delta z\right]\delta x\,\delta y \tag{2.2}
\end{aligned}$$

流体要素に直接流入する流れにより，流体要素内の質量が増加し，符号は正となる．流体要素から流出する場合，符号は負となる．

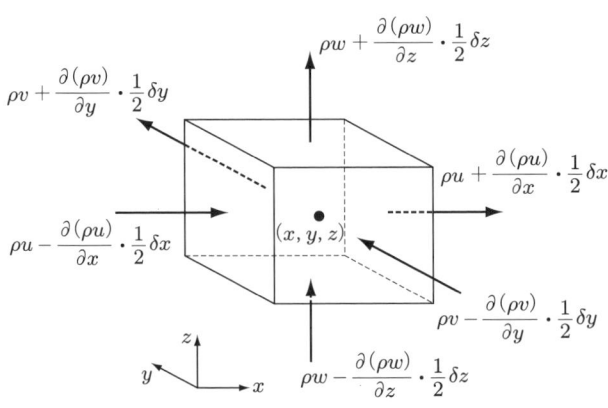

図 **2.2** 流体要素での質量の流入出

ここで，流体要素内での質量が増加する割合を示す式 (2.1) は，流体要素の界面を通過し，流体要素に流入する正味の割合を示す式 (2.2) と等しい．質量収支式の項をすべて左辺に移項し，流体要素の体積 $\delta x\,\delta y\,\delta z$ で除すると，次式を得る．

$$\frac{\partial \rho}{\partial t} + \frac{\partial (\rho u)}{\partial x} + \frac{\partial (\rho v)}{\partial y} + \frac{\partial (\rho w)}{\partial z} = 0 \qquad (2.3)$$

ベクトル表記では，

$$\boxed{\frac{\partial \rho}{\partial t} + \mathrm{div}(\rho \mathbf{u}) = 0} \qquad (2.4)$$

となる．式 (2.4) は**圧縮性流体（compressible fluid）**の非定常，3 次元の**質量収支式（mass conservation）**もしくは**連続の式（continuity equation）**である．左辺の第 1 項は，密度（単位体積あたりの質量）が時刻によって変化する割合である．第 2 項は流体要素の境界を通過し，流出する質量の正味の流れであり，対流項とよばれる．

非圧縮性流体（incompressible fluid）（液体など）の場合，密度は一定であり，式 (2.4) は，次式のようになる．

$$\mathrm{div}\,\mathbf{u} = 0 \qquad (2.5)$$

普通の表記では，次式のようになる．

$$\frac{\partial u}{\partial x} + \frac{\partial v}{\partial y} + \frac{\partial w}{\partial z} = 0 \qquad (2.6)$$

■ 2.1.2 流体粒子と流体要素に対する変化割合

流体粒子の変数の変化を，運動量とエネルギーの保存則から説明する．これはラグランジュ法（Lagrangian approach）とよばれる．このような粒子の変数はそれぞれ位置 (x,y,z) と時刻 t の関数である．単位質量あたりの変数の値を ϕ としよう．流体粒子を同伴する時間に関する ϕ の全微分または実質微分を $D\phi/Dt$ として，

$$\frac{D\phi}{Dt} = \frac{\partial \phi}{\partial t} + \frac{\partial \phi}{\partial x}\frac{\mathrm{d}x}{\mathrm{d}t} + \frac{\partial \phi}{\partial y}\frac{\mathrm{d}y}{\mathrm{d}t} + \frac{\partial \phi}{\partial z}\frac{\mathrm{d}z}{\mathrm{d}t}$$

と表される．流体粒子は流れを同伴するため，$\mathrm{d}x/\mathrm{d}t = u$, $\mathrm{d}y/\mathrm{d}t = v$, $\mathrm{d}z/\mathrm{d}t = w$ となる．ここで，ϕ の実質微分は次式で与えられる．

$$\frac{D\phi}{Dt} = \frac{\partial \phi}{\partial t} + u\frac{\partial \phi}{\partial x} + v\frac{\partial \phi}{\partial y} + w\frac{\partial \phi}{\partial z} = \frac{\partial \phi}{\partial t} + \mathbf{u} \cdot \mathrm{grad}\,\phi \qquad (2.7)$$

$D\phi/Dt$ は単位質量あたりの変数 ϕ の変化割合を表す．

ラグランジュ法に基づく流体計算手法を導出することは可能である．ラグランジュ

法では，移動を追従したり，流体要素の集合に対し保存する変数 ϕ の変化割合を計算する．しかし，空間に固定された領域，たとえば，ダクトやポンプ，加熱炉や同様の工学設備の装置によって定義される領域を構成する流体要素の集まりに対する方程式のほうが，はるかに一般的に用いられる．これはオイラー法（Eulerian approach）とよばれる．

質量保存式の場合，単位体積あたりの変化割合に対する方程式を導出することが目標である．流体粒子に対する単位体積あたりの変数 ϕ の変化割合は，$D\phi/Dt$ と密度 ρ の積で表され，

$$\rho \frac{D\phi}{Dt} = \rho \left(\frac{\partial \phi}{\partial t} + \mathbf{u} \cdot \mathrm{grad}\, \phi \right) \tag{2.8}$$

となる．流体の流れの計算では，空間に固定された流体要素に対し，流れに関する変数の変化を考えることが最も便利な保存則の形となる．ここで，流体粒子を同伴する ϕ の実質微分と流体要素に対する ϕ の変化割合の関係を導出する．

質量保存式には，保存量として単位体積あたりの質量（密度 ρ など）が含まれる．ある流体要素に対する質量保存式 (2.4) の密度の時間変化割合と対流項の和は，

$$\frac{\partial \rho}{\partial t} + \mathrm{div}(\rho \mathbf{u})$$

と表される．任意の保存量に対するこれらの項の一般形は，

$$\frac{\partial (\rho \phi)}{\partial t} + \mathrm{div}(\rho \phi \mathbf{u}) \tag{2.9}$$

で与えられる．式 (2.9) は，単位体積あたりの ϕ の時間変化割合に加えて，単位体積あたりの流体要素から流出する正味の ϕ を表す．ここで，ϕ の実質微分との関係を説明するために，この式を再度記述する．

$$\begin{aligned}\frac{\partial (\rho \phi)}{\partial t} + \mathrm{div}(\rho \phi \mathbf{u}) &= \rho \left[\frac{\partial \phi}{\partial t} + \mathbf{u} \cdot \mathrm{grad}\, \phi \right] + \phi \left[\frac{\partial \rho}{\partial t} + \mathrm{div}(\rho \mathbf{u}) \right] \\ &= \rho \frac{D\phi}{Dt} \end{aligned} \tag{2.10}$$

質量保存式 (2.4) から，項 $[\partial \rho/\partial t + \mathrm{div}(\rho \mathbf{u})]$ はゼロである．言葉で書くと，関係式 (2.10) は，

$$\boxed{\begin{array}{c}\text{流体要素の} \\ \phi \text{の増加割合}\end{array} + \begin{array}{c}\text{流体要素から流出する} \\ \phi \text{の正味の割合}\end{array} = \begin{array}{c}\text{流体粒子に対する} \\ \phi \text{の増加割合}\end{array}}$$

である．3成分の運動量保存式とエネルギー方程式を構築するために，式 (2.8), (2.10) で定義する変数 ϕ と，その単位体積あたりの変化割合の関係は，次のように求められる．

x 方向の運動量	u	$\rho\dfrac{Du}{Dt}$	$\dfrac{\partial(\rho u)}{\partial t}+\operatorname{div}(\rho u\mathbf{u})$
y 方向の運動量	v	$\rho\dfrac{Dv}{Dt}$	$\dfrac{\partial(\rho v)}{\partial t}+\operatorname{div}(\rho v\mathbf{u})$
z 方向の運動量	w	$\rho\dfrac{Dw}{Dt}$	$\dfrac{\partial(\rho w)}{\partial t}+\operatorname{div}(\rho w\mathbf{u})$
エネルギー	E	$\rho\dfrac{DE}{Dt}$	$\dfrac{\partial(\rho E)}{\partial t}+\operatorname{div}(\rho E\mathbf{u})$

物理量の保存を表すために，変化割合の保存型（conservative form）（もしくは発散型（divergence form））と非保存型（non-conservative form）のどちらも用いることができる．2.4節と2.5節では，記号を簡略化し，本来，保存則を流体粒子に適用する式として考えることを強調するため，流体の流れに関する運動量保存式とエネルギー方程式の微分には非保存型を用いる．最後の2.8節では，有限体積法（finite volume method）に基づく数値流体力学の計算で用いられる保存型に戻る．

■ 2.1.3　3次元における運動量保存式

ニュートンの第2法則は，流体粒子の運動量の変化割合が，流体粒子に働く力の総和と等しいことを表している．

> 流体粒子の運動量の増加割合 ＝ 流体粒子に働く力の総和

流体粒子の単位体積あたりの $\boldsymbol{x}$，$\boldsymbol{y}$，$\boldsymbol{z}$ 方向の運動量の増加割合は，次のように与えられる．

$$\rho\frac{Du}{Dt} \quad \rho\frac{Dv}{Dt} \quad \rho\frac{Dw}{Dt} \tag{2.11}$$

流体粒子に働く力を二つに分類する．

- 表面力（**surface force**）
    - ・圧力
    - ・粘性力
    - ・重力
- 体積力（**body force**）
    - ・遠心力
    - ・コリオリ力
    - ・電磁気力

一般に，表面力による影響を運動量保存式において別の項として扱い，体積力による影響を生成項として取り入れる．

流体要素に働く応力を，圧力と図2.3に示す九つの粘性応力成分の項として定義する．垂直応力である圧力をpとし，粘性応力をτとする．粘性応力の方向を示すために，下付き文字を用いる．τ_{ij}の下付き文字iとjは，i方向に垂直な面上の，j方向に働く応力成分を表す．

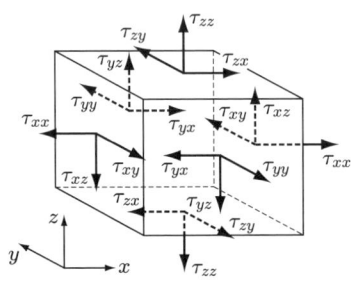

図 2.3 流体要素の三つの界面の応力成分

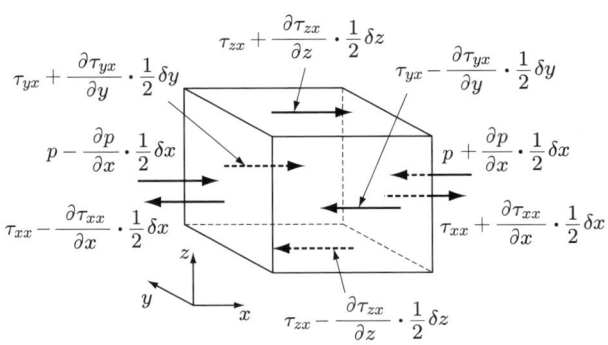

図 2.4 x方向の応力成分

まず，図2.4で示す圧力pと，応力成分τ_{xx}，τ_{yx}，τ_{zx}によるx成分の力を考える．表面力である応力の大きさは，応力と断面積の積である．座標軸方向に沿った応力の符号を正とし，反対の方向の応力の符号を負とする．x方向の正味の応力は，流体要素上の，その方向に働く応力成分の総和である．

一対の界面（E, W）の応力は，

$$\left[\left(p - \frac{\partial p}{\partial x}\frac{1}{2}\delta x\right) - \left(\tau_{xx} - \frac{\partial \tau_{xx}}{\partial x}\frac{1}{2}\delta x\right)\right]\delta y\,\delta z$$

$$+ \left[-\left(p + \frac{\partial p}{\partial x}\frac{1}{2}\delta x\right) + \left(\tau_{xx} + \frac{\partial \tau_{xx}}{\partial x}\frac{1}{2}\delta x\right)\right]\delta y\,\delta z$$

$$= \left(-\frac{\partial p}{\partial x} + \frac{\partial \tau_{xx}}{\partial x}\right)\delta x\,\delta y\,\delta z \tag{2.12a}$$

と表され，一対の界面（N, S）の x 方向の正味の応力は，

$$-\left(\tau_{yx} - \frac{\partial \tau_{yx}}{\partial y}\frac{1}{2}\delta y\right)\delta x\,\delta z + \left(\tau_{yx} + \frac{\partial \tau_{yx}}{\partial y}\frac{1}{2}\delta y\right)\delta x\,\delta z = \left(\frac{\partial \tau_{yx}}{\partial y}\right)\delta x\,\delta y\,\delta z \tag{2.12b}$$

と表される．最後に，一対の界面（T, B）の x 方向の正味の応力は，

$$-\left(\tau_{zx} - \frac{\partial \tau_{zx}}{\partial z}\frac{1}{2}\delta z\right)\delta x\,\delta y + \left(\tau_{zx} + \frac{\partial \tau_{zx}}{\partial z}\frac{1}{2}\delta z\right)\delta x\,\delta y = \left(\frac{\partial \tau_{zx}}{\partial z}\right)\delta x\,\delta y\,\delta z \tag{2.12c}$$

で与えられる．これら表面応力による流体に働く単位体積あたりの全応力は，式 (2.12a)，(2.12b)，(2.12c) の総和を，体積 $\delta x\,\delta y\,\delta z$ で除した式に等しい．

$$\frac{\partial(-p + \tau_{xx})}{\partial x} + \frac{\partial \tau_{yx}}{\partial y} + \frac{\partial \tau_{zx}}{\partial z} \tag{2.13}$$

これ以上詳細な体積力を考えず，単位時間，単位体積あたりの x 方向の運動量の生成 S_{Mx} を定義することで，これら全部の影響を取り入れることができる．

流体粒子の x 方向の運動量の変化割合の式 (2.11) を，流体要素に働く表面応力の式 (2.13) の x 方向の全応力と，生成による x 方向の運動量の増加割合の和と等しいることで，次式の**運動量保存式の x 成分**を得る．

$$\boxed{\rho\frac{Du}{Dt} = \frac{\partial(-p + \tau_{xx})}{\partial x} + \frac{\partial \tau_{yx}}{\partial y} + \frac{\partial \tau_{zx}}{\partial z} + S_{Mx}} \tag{2.14a}$$

同様に，**運動量保存式の y 成分**と**運動量保存式の z 成分**

$$\boxed{\rho\frac{Dv}{Dt} = \frac{\partial \tau_{xy}}{\partial x} + \frac{\partial(-p + \tau_{yy})}{\partial y} + \frac{\partial \tau_{zy}}{\partial z} + S_{My}} \tag{2.14b}$$

$$\boxed{\rho\frac{Dw}{Dt} = \frac{\partial \tau_{xz}}{\partial x} + \frac{\partial \tau_{yz}}{\partial y} + \frac{\partial(-p + \tau_{zz})}{\partial z} + S_{Mz}} \tag{2.14c}$$

をこれらの式から得ることを確認することはあまり難しくない．符号規約では，引張応力が正の垂直応力となり，垂直な圧縮応力として定義される圧力の符号は負であるため，圧力の符号は垂直な粘性応力の符号の逆である．

表面応力の影響は明示的に考慮されており，式 (2.14) 中の生成項 S_{Mx}, S_{My}, S_{Mz} には，体積力による寄与のみが含まれている．たとえば，重力による体積力を $S_{Mx} = 0$，$S_{My} = 0$，$S_{Mz} = -\rho g$ とモデル化する．

2.1.4 3次元におけるエネルギー方程式

エネルギー方程式は**熱力学第1法則**から導出され，流体粒子のエネルギーの変化割合は，流体粒子に加えられる熱の割合と流体粒子になされる仕事の割合の和に等しい．

| 流体粒子のエネルギーの増加割合 | = | 流体粒子に加えられる熱の正味の割合 | + | 流体粒子になされる仕事の正味の割合 |

これまでどおり，単位体積あたり流体粒子の**エネルギーの増加割合**を表す方程式を導出する．これは，次のように与えられる．

$$\rho \frac{DE}{Dt} \tag{2.15}$$

▶ 表面力による仕事

表面力により流体要素中の流体粒子になされる**仕事**の割合は，その力と力の方向の速度成分の積と等しい．たとえば，式 (2.12) の力はすべて，x 方向に働く．これらの力による仕事は，

$$\begin{aligned}
&\left[\left(pu - \frac{\partial(pu)}{\partial x}\frac{1}{2}\delta x\right) - \left(\tau_{xx}u - \frac{\partial(\tau_{xx}u)}{\partial x}\frac{1}{2}\delta x\right)\right.\\
&\left.- \left(pu + \frac{\partial(pu)}{\partial x}\frac{1}{2}\delta x\right) + \left(\tau_{xx}u + \frac{\partial(\tau_{xx}u)}{\partial x}\frac{1}{2}\delta x\right)\right]\delta y\,\delta z\\
&+ \left[-\left(\tau_{yx}u - \frac{\partial(\tau_{yx}u)}{\partial y}\frac{1}{2}\delta y\right) + \left(\tau_{yx}u + \frac{\partial(\tau_{yx}u)}{\partial y}\frac{1}{2}\delta y\right)\right]\delta x\,\delta z\\
&+ \left[-\left(\tau_{zx}u - \frac{\partial(\tau_{zx}u)}{\partial z}\frac{1}{2}\delta z\right) + \left(\tau_{zx}u + \frac{\partial(\tau_{zx}u)}{\partial z}\frac{1}{2}\delta z\right)\right]\delta x\,\delta y
\end{aligned}$$

となる．x 方向に働く表面力による仕事の正味の割合は，次式で与えられる．

$$\left[\frac{\partial(u(-p+\tau_{xx}))}{\partial x} + \frac{\partial(u\tau_{yx})}{\partial y} + \frac{\partial(u\tau_{zx})}{\partial z}\right]\delta x\,\delta y\,\delta z \tag{2.16a}$$

y と z 方向の表面力成分も流体粒子に仕事をする．この過程を繰り返すと，これらの表面力によって流体粒子になされる仕事の増加する割合は，

$$\left[\frac{\partial(v\tau_{xy})}{\partial x} + \frac{\partial(v(-p+\tau_{yy}))}{\partial y} + \frac{\partial(v\tau_{zy})}{\partial z}\right]\delta x\,\delta y\,\delta z \tag{2.16b}$$

$$\left[\frac{\partial(w\tau_{xz})}{\partial x} + \frac{\partial(w\tau_{yz})}{\partial y} + \frac{\partial(w(-p+\tau_{zz}))}{\partial z}\right]\delta x\,\delta y\,\delta z \tag{2.16c}$$

で与えられる．すべての表面力によって流体粒子になされる単位体積あたりの仕事の全割合を，式 (2.16) を体積 $\delta x\,\delta y\,\delta z$ で除した式の総和により求める．圧力を含む項をまとめることができ，ベクトル表記で簡潔に記述すると，次式のようになる．

$$-\frac{\partial(up)}{\partial x} - \frac{\partial(vp)}{\partial y} - \frac{\partial(wp)}{\partial z} = -\mathrm{div}(p\mathbf{u})$$

これにより，**表面力によって流体粒子になされる仕事の全割合**が得られる．

$$-\mathrm{div}(p\mathbf{u}) + \left[\frac{\partial(u\tau_{xx})}{\partial x} + \frac{\partial(u\tau_{yx})}{\partial y} + \frac{\partial(u\tau_{zx})}{\partial z}\right.$$
$$\left. + \frac{\partial(v\tau_{xy})}{\partial x} + \frac{\partial(v\tau_{yy})}{\partial y} + \frac{\partial(v\tau_{zy})}{\partial z} + \frac{\partial(w\tau_{xz})}{\partial x} + \frac{\partial(w\tau_{yz})}{\partial y} + \frac{\partial(w\tau_{zz})}{\partial z}\right] \quad (2.17)$$

▶ 熱伝導によるエネルギー流束

熱流束ベクトル $\mathbf{q}$ には三つの成分があり，q_x, q_y, q_z である（図 2.5）．

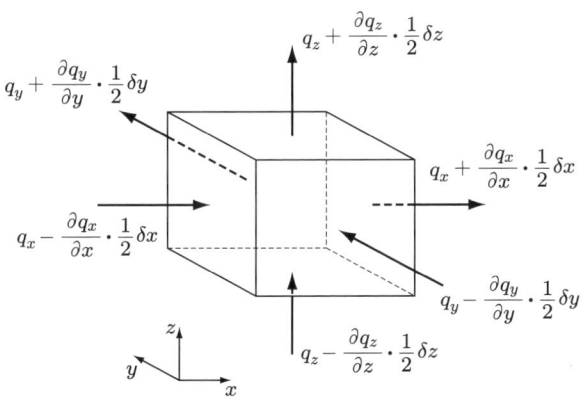

図 **2.5** 熱流束ベクトルの成分

x 方向の熱の流れによる**流体粒子への熱移動の正味の割合**は，界面 W を通過し，流入する熱の割合と，界面 E を通過し，流出する割合の差である．

$$\left[\left(q_x - \frac{\partial q_x}{\partial x}\frac{1}{2}\delta x\right) - \left(q_x + \frac{\partial q_x}{\partial x}\frac{1}{2}\delta x\right)\right]\delta y\,\delta z = -\frac{\partial q_x}{\partial x}\delta x\,\delta y\,\delta z \quad (2.18\mathrm{a})$$

同様に，y 方向と z 方向の熱の流れによる流体への熱移動の正味の割合は，次式で与えられる．

$$-\frac{\partial q_y}{\partial y}\delta x\,\delta y\,\delta z \quad \text{および} \quad -\frac{\partial q_z}{\partial z}\delta x\,\delta y\,\delta z \quad (2.18\mathrm{b, c})$$

流体粒子の境界を通過する熱の流れにより，単位体積あたりの流体粒子に加えられる熱の全体の割合は，式 (2.18) を体積 $\delta x\,\delta y\,\delta z$ で除した式の総和である．

$$-\frac{\partial q_x}{\partial x} - \frac{\partial q_y}{\partial y} - \frac{\partial q_z}{\partial z} = -\mathrm{div}\,\mathbf{q} \quad (2.19)$$

熱伝導のフーリエの法則（Fourier's law）から，熱流束が局所の温度勾配と関連付けられる．

$$q_x = -k\frac{\partial T}{\partial x} \qquad q_y = -k\frac{\partial T}{\partial y} \qquad q_z = -k\frac{\partial T}{\partial z}$$

これを，次式のようなベクトル表記に書き換えることができる．

$$\mathbf{q} = -k\,\mathrm{grad}\,T \tag{2.20}$$

式 (2.19) と式 (2.20) を組み合わせると，流体要素の境界を通過する**熱伝導**により流体粒子に加えられる熱の割合の最終形を得る．

$$-\mathrm{div}\,\mathbf{q} = \mathrm{div}(k\,\mathrm{grad}\,T) \tag{2.21}$$

▶ エネルギー方程式

これまでは，流体の比エネルギー E の定義を行わなかった．流体のエネルギーはしばしば内部（熱）エネルギー i，運動エネルギー $\frac{1}{2}(u^2 + v^2 + w^2)$ と，重力による位置エネルギーの総和として定義される．この定義では，流体要素には重力による位置エネルギーが含まれていると考えている．また，重力を，流体要素が重力場を移動して流体要素に働く体積力とみなすこともできる．

ここでは後者の方法を採用し，位置エネルギーの変化による影響を生成項に含める．これまでどおり，単位体積，単位時間あたりのエネルギー S_E の生成を定義する．流体粒子のエネルギーの保存から，流体粒子のエネルギーの変化の割合 (2.15) は，流体粒子になされる仕事の正味の割合 (2.17)，流体に加えられた正味の熱の割合と，生成によるエネルギーの増加割合の総和とに等しい．**エネルギー方程式**は，次式のようになる．

$$\boxed{\begin{aligned}
\rho\frac{DE}{Dt} = &-\mathrm{div}(p\mathbf{u}) + \left[\frac{\partial(u\tau_{xx})}{\partial x} + \frac{\partial(u\tau_{yx})}{\partial y} + \frac{\partial(u\tau_{zx})}{\partial z} + \frac{\partial(v\tau_{xy})}{\partial x}\right.\\
&\left. + \frac{\partial(v\tau_{yy})}{\partial y} + \frac{\partial(v\tau_{zy})}{\partial z} + \frac{\partial(w\tau_{xz})}{\partial x} + \frac{\partial(w\tau_{yz})}{\partial y} + \frac{\partial(w\tau_{zz})}{\partial z}\right]\\
&+ \mathrm{div}(k\,\mathrm{grad}\,T) + S_E
\end{aligned}} \tag{2.22}$$

ここで，式 (2.22) では，$E = i + \frac{1}{2}(u^2 + v^2 + w^2)$ である．

式 (2.22) は，完全に適切なエネルギー方程式であるものの，一般に，内部エネルギー i，もしくは温度 T に対する方程式を求めるために，力学的な運動エネルギーの変化を消去する．x 方向の運動量保存式 (2.14a) に速度成分 u を，y 方向の運動量保存

式 (2.14b) に速度成分 v を, z 方向の運動量保存式 (2.14c) に速度成分 w を乗じ, これらを加えることで, 運動エネルギーに寄与するエネルギー方程式の一部を求めることができる. これにより, 運動エネルギーに対して次の保存式を求めることができる.

$$\rho \frac{D\left[\frac{1}{2}(u^2+v^2+w^2)\right]}{Dt} = -\mathbf{u}\cdot\operatorname{grad} p + u\left(\frac{\partial \tau_{xx}}{\partial x}+\frac{\partial \tau_{yx}}{\partial y}+\frac{\partial \tau_{zx}}{\partial z}\right) \\ + v\left(\frac{\partial \tau_{xy}}{\partial x}+\frac{\partial \tau_{yy}}{\partial y}+\frac{\partial \tau_{zy}}{\partial z}\right) \\ + w\left(\frac{\partial \tau_{xz}}{\partial x}+\frac{\partial \tau_{yz}}{\partial y}+\frac{\partial \tau_{zz}}{\partial z}\right) + \mathbf{u}\cdot\mathbf{S}_M \qquad(2.23)$$

式 (2.22) から式 (2.23) を差し引き, $S_i = S_E - \mathbf{u}\cdot\mathbf{S}_M$ として新たな生成項を定義すると, 次式の内部エネルギーの方程式を得る.

$$\rho \frac{Di}{Dt} = -p\operatorname{div}\mathbf{u} + \operatorname{div}(k\operatorname{grad} T) + \tau_{xx}\frac{\partial u}{\partial x} + \tau_{yx}\frac{\partial u}{\partial y} + \tau_{zx}\frac{\partial u}{\partial z} \\ + \tau_{xy}\frac{\partial v}{\partial x} + \tau_{yy}\frac{\partial v}{\partial y} + \tau_{zy}\frac{\partial v}{\partial z} \\ + \tau_{xz}\frac{\partial w}{\partial x} + \tau_{yz}\frac{\partial w}{\partial y} + \tau_{zz}\frac{\partial w}{\partial z} + S_i \qquad(2.24)$$

非圧縮性流体の場合には $i = cT$ である. ここで, c は比熱であり, $\operatorname{div}\mathbf{u}=0$ である. これにより, 式 (2.24) を温度の方程式に書き換えることができる.

$$\rho c\frac{DT}{Dt} = \operatorname{div}(k\operatorname{grad} T) + \tau_{xx}\frac{\partial u}{\partial x} + \tau_{yx}\frac{\partial u}{\partial y} + \tau_{zx}\frac{\partial u}{\partial z} + \tau_{xy}\frac{\partial v}{\partial x} \\ + \tau_{yy}\frac{\partial v}{\partial y} + \tau_{zy}\frac{\partial v}{\partial z} + \tau_{xz}\frac{\partial w}{\partial x} + \tau_{yz}\frac{\partial w}{\partial y} + \tau_{zz}\frac{\partial w}{\partial z} + S_i \qquad(2.25)$$

圧縮性流体では, 式 (2.22) を**エンタルピー（enthalpy）**に関する方程式に書き換えることができる場合もある. 流体の比エンタルピー h と比全エンタルピー h_0 を, 次式で定義する.

$$h = i + \frac{p}{\rho} \quad \text{および} \quad h_0 = h + \frac{1}{2}(u^2+v^2+w^2)$$

比エネルギー E について, これら二つの定義をまとめると,

$$h_0 = i + \frac{p}{\rho} + \frac{1}{2}(u^2+v^2+w^2) = E + \frac{p}{\rho} \qquad(2.26)$$

となる. 式 (2.26) を式 (2.22) に代入し, 書き換えると, **(全) エンタルピー方程式**を得る.

$$\boxed{\begin{aligned}\frac{\partial(\rho h_0)}{\partial t} + \mathrm{div}(\rho h_0 \mathbf{u}) = {}& \mathrm{div}(k\,\mathrm{grad}\,T) + \frac{\partial p}{\partial t} \\
& + \bigg[\frac{\partial(u\tau_{xx})}{\partial x} + \frac{\partial(u\tau_{yx})}{\partial y} + \frac{\partial(u\tau_{zx})}{\partial z} \\
& \quad + \frac{\partial(v\tau_{xy})}{\partial x} + \frac{\partial(v\tau_{yy})}{\partial y} + \frac{\partial(v\tau_{zy})}{\partial z} \\
& \quad + \frac{\partial(w\tau_{xz})}{\partial x} + \frac{\partial(w\tau_{yz})}{\partial y} + \frac{\partial(w\tau_{zz})}{\partial z}\bigg] + S_h\end{aligned}} \quad (2.27)$$

式 (2.24), (2.25), (2.27) は新しい（特別な）保存則ではなく, 単にエネルギー方程式 (2.22) の別の形にすぎないことに注意しなければならない.

2.2 状態方程式

3 次元の流体の運動は, 以下の 5 本の連立偏微分方程式として記述される. 質量保存式 (2.4), x, y, z 方向の運動量保存式 (2.14) およびエネルギー方程式 (2.22) である. 未知数は, 4 個の熱力学的な変数 ρ, p, i, T である. 簡単な考察により, これら四つの変数の結び付きがわかる. **熱力学的平衡 (thermodynamic equilibrium)** を仮定することで, これらの熱力学的な変数の関係を求めることができる. 流体の速度は大きいかもしれないが, これは, 流体粒子の変数が場所によって急激に変化したとしても, 流体自体が熱力学的に新しい条件に瞬時に適応することができるほど十分に小さい. したがって, 流体は常に熱力学的平衡を保つ. 唯一の例外は, 強い衝撃波が発生する流れであるが, 熱力学的平衡を仮定することで十分な近似が行える場合もある.

2 個の状態変数を用いて, 熱力学的平衡中の物質の状態を記述することができる. **状態方程式 (equations of state)** は, ほかの変数を 2 個の状態変数と結び付けるものであり, 状態変数として ρ と T を用いると, 圧力 p と比内部エネルギー i に関する状態方程式を得る.

$$p = p(\rho, T) \quad \text{および} \quad i = i(\rho, T) \quad (2.28)$$

理想気体 (perfect gas) の場合, 次の状態方程式がよく知られ, 便利である.

$$p = \rho R T \quad \text{および} \quad i = C_v T \quad (2.29)$$

熱力学的平衡を仮定すると, 2 個の熱力学的な状態変数を除くすべて変数は消去される. **圧縮性流体流れ**の場合, 状態方程式は一方でエネルギー方程式を, もう一方で質量保存式と運動量保存式を結び付ける. この結び付きにより, 流れ場において圧力や

温度が変化した結果，密度が変化する．

　液体や流れの速度が小さい気体は，**非圧縮性流体**として振る舞う．密度が変化しないため，エネルギー方程式，質量保存式と運動量保存式は結び付かない．その場合，流れ場は質量保存式と運動量保存式のみを考慮することで解ける．問題で熱移動を伴う場合のみ，エネルギー方程式をほかの式とは別に解く必要がある．

2.3　ニュートン流体に対するナビエ–ストークス式

　基礎式には，さらに未知数として，粘性応力成分 τ_{ij} が含まれている．粘性応力 τ_{ij} に対して適切なモデルを導入することで，流体の流れに対して最も便利な保存式の形を求める．多くの流体の流れでは，局所の変形の割合もしくは歪み速度の関数として粘性応力を表すことができる．3次元流れでは，局所の変形の割合は，直線的な変形の割合と体積的な変形の割合からなる．

　気体すべてと液体の多くは等方的である．高分子を数多く含む液体は，流れに伴う鎖状の高分子の配列の結果として，非等方的あるいは方向性のある粘性応力の変数として振る舞う場合がある．このような流体は，本書の範囲から外れるため，流体を等方的であると仮定し，導出を続ける．

　流体要素の直線的な変形の割合は，3次元の場合9成分となり，等方的な流体ではそのなかで6成分が独立している（Schlichting, 1979）．これらを記号 s_{ij} で表し，下付き文字により応力成分を区別する（2.1.3項参照）．直線的な伸長により変形する3成分は，

$$s_{xx} = \frac{\partial u}{\partial x} \qquad s_{yy} = \frac{\partial v}{\partial y} \qquad s_{zz} = \frac{\partial w}{\partial z} \tag{2.30a}$$

であり，同様に，直線的なせん断により変形する6成分は，

$$s_{xy} = s_{yx} = \frac{1}{2}\left(\frac{\partial u}{\partial y} + \frac{\partial v}{\partial x}\right) \qquad s_{xz} = s_{zx} = \frac{1}{2}\left(\frac{\partial u}{\partial z} + \frac{\partial w}{\partial x}\right)$$

$$s_{yz} = s_{zy} = \frac{1}{2}\left(\frac{\partial v}{\partial z} + \frac{\partial w}{\partial y}\right) \tag{2.30b}$$

である．体積的な変形の割合は，次式で与えられる．

$$\frac{\partial u}{\partial x} + \frac{\partial v}{\partial y} + \frac{\partial w}{\partial z} = \mathrm{div}\,\mathbf{u} \tag{2.30c}$$

　ニュートン流体の場合，**粘性応力は変形の割合に比例する**．圧縮性流体の粘性に関するニュートンの法則の3次元形は，二つの比例定数を含む．一つ目は（動）粘性 μ であり，直線的に変形する応力に関係がある．二つ目は粘性 λ であり，体積的に変形す

る応力に関係がある．粘性応力の 9 成分のうち 6 成分は独立であり，次式のように表される．

$$\tau_{xx} = 2\mu\frac{\partial u}{\partial x} + \lambda\,\mathrm{div}\,\mathbf{u} \qquad \tau_{yy} = 2\mu\frac{\partial v}{\partial y} + \lambda\,\mathrm{div}\,\mathbf{u} \qquad \tau_{zz} = 2\mu\frac{\partial w}{\partial z} + \lambda\,\mathrm{div}\,\mathbf{u}$$

$$\tau_{xy} = \tau_{yx} = \mu\left(\frac{\partial u}{\partial y} + \frac{\partial v}{\partial x}\right) \qquad \tau_{xz} = \tau_{zx} = \mu\left(\frac{\partial u}{\partial z} + \frac{\partial w}{\partial x}\right) \qquad (2.31)$$

$$\tau_{yz} = \tau_{zy} = \mu\left(\frac{\partial v}{\partial z} + \frac{\partial w}{\partial y}\right)$$

実際は，二つ目の粘性 λ の影響は小さいため，この二つ目の粘性についてはあまり知られていない．気体の場合は，$\lambda = -(2/3)\mu$ とすることで，よい近似を得ることができる（Schlichting, 1979）．液体は非圧縮であるため，質量保存式は $\mathrm{div}\,\mathbf{u} = 0$ となり，粘性応力は，局所の直線的な変形の割合と動的粘性の積のちょうど 2 倍である．

このせん断応力 (2.31) を式 (2.14) に代入すると，それぞれが別々に導出した 19 世紀に 2 人の科学者にちなんで名付けられた，いわゆるナビエ – ストークス式が得られる．

$$\boxed{\begin{aligned}\rho\frac{Du}{Dt} &= -\frac{\partial p}{\partial x} + \frac{\partial}{\partial x}\left[2\mu\frac{\partial u}{\partial x} + \lambda\,\mathrm{div}\,\mathbf{u}\right] + \frac{\partial}{\partial y}\left[\mu\left(\frac{\partial u}{\partial y} + \frac{\partial v}{\partial x}\right)\right] \\ &\quad + \frac{\partial}{\partial z}\left[\mu\left(\frac{\partial u}{\partial z} + \frac{\partial w}{\partial x}\right)\right] + S_{Mx}\end{aligned}} \quad (2.32\mathrm{a})$$

$$\boxed{\begin{aligned}\rho\frac{Dv}{Dt} &= -\frac{\partial p}{\partial y} + \frac{\partial}{\partial x}\left[\mu\left(\frac{\partial u}{\partial y} + \frac{\partial v}{\partial x}\right)\right] + \frac{\partial}{\partial y}\left[2\mu\frac{\partial v}{\partial y} + \lambda\,\mathrm{div}\,\mathbf{u}\right] \\ &\quad + \frac{\partial}{\partial z}\left[\mu\left(\frac{\partial v}{\partial z} + \frac{\partial w}{\partial y}\right)\right] + S_{My}\end{aligned}} \quad (2.32\mathrm{b})$$

$$\boxed{\begin{aligned}\rho\frac{Dw}{Dt} &= -\frac{\partial p}{\partial z} + \frac{\partial}{\partial x}\left[\mu\left(\frac{\partial u}{\partial z} + \frac{\partial w}{\partial x}\right)\right] + \frac{\partial}{\partial y}\left[\mu\left(\frac{\partial v}{\partial z} + \frac{\partial w}{\partial y}\right)\right] \\ &\quad + \frac{\partial}{\partial z}\left[2\mu\frac{\partial w}{\partial z} + \lambda\,\mathrm{div}\,\mathbf{u}\right] + S_{Mz}\end{aligned}} \quad (2.32\mathrm{c})$$

粘性応力項を，次式のように書き換えると便利である．

$$\frac{\partial}{\partial x}\left[2\mu\frac{\partial u}{\partial x} + \lambda\,\mathrm{div}\,\mathbf{u}\right] + \frac{\partial}{\partial y}\left[\mu\left(\frac{\partial u}{\partial y} + \frac{\partial v}{\partial x}\right)\right] + \frac{\partial}{\partial z}\left[\mu\left(\frac{\partial u}{\partial z} + \frac{\partial w}{\partial x}\right)\right]$$

$$= \frac{\partial}{\partial x}\left(\mu\frac{\partial u}{\partial x}\right) + \frac{\partial}{\partial y}\left(\mu\frac{\partial u}{\partial y}\right) + \frac{\partial}{\partial z}\left(\mu\frac{\partial u}{\partial z}\right)$$

$$\quad + \left[\frac{\partial}{\partial x}\left(\mu\frac{\partial u}{\partial x}\right) + \frac{\partial}{\partial y}\left(\mu\frac{\partial v}{\partial x}\right) + \frac{\partial}{\partial z}\left(\mu\frac{\partial w}{\partial x}\right) + \frac{\partial}{\partial x}(\lambda\,\mathrm{div}\,\mathbf{u})\right]$$

$$= \operatorname{div}(\mu \operatorname{grad} u) + [s_{Mx}]$$

y, z 方向成分の方程式中の粘性応力を，同様の方法で書き換えることができる．運動量の生成において，粘性応力項への寄与が小さい角括弧で括った部分を"隠す"ことで運動量保存式を簡略化しよう．新しい生成を

$$S_M = S_M + [s_M] \tag{2.33}$$

で定義することで，有限体積法を導出するのに最も便利な形にナビエ-ストークス式を書き換えることができる．

$$\boxed{\rho \frac{Du}{Dt} = -\frac{\partial p}{\partial x} + \operatorname{div}(\mu \operatorname{grad} u) + S_{Mx}} \tag{2.34a}$$

$$\boxed{\rho \frac{Dv}{Dt} = -\frac{\partial p}{\partial y} + \operatorname{div}(\mu \operatorname{grad} v) + S_{My}} \tag{2.34b}$$

$$\boxed{\rho \frac{Dw}{Dt} = -\frac{\partial p}{\partial z} + \operatorname{div}(\mu \operatorname{grad} w) + S_{Mz}} \tag{2.34c}$$

内部エネルギーの方程式 (2.24) において，粘性応力に対してニュートンのモデルを用い，変形すると次式を得る．

$$\boxed{\rho \frac{Di}{Dt} = -p \operatorname{div} \mathbf{u} + \operatorname{div}(k \operatorname{grad} T) + \Phi + S_i} \tag{2.35}$$

この内部エネルギーの方程式では，粘性応力による影響すべてを消失関数 Φ として記述し，これを代数的に式展開すると，次式のようになる．

$$\begin{aligned}\Phi = \mu &\left\{ 2\left[\left(\frac{\partial u}{\partial x}\right)^2 + \left(\frac{\partial v}{\partial y}\right)^2 + \left(\frac{\partial w}{\partial z}\right)^2 \right] \right. \\ &\left. + \left(\frac{\partial u}{\partial y} + \frac{\partial v}{\partial x}\right)^2 + \left(\frac{\partial u}{\partial z} + \frac{\partial w}{\partial x}\right)^2 + \left(\frac{\partial v}{\partial z} + \frac{\partial w}{\partial y}\right)^2 \right\} \\ &+ \lambda (\operatorname{div} \mathbf{u})^2 \end{aligned} \tag{2.36}$$

消失関数には二乗の項しか含まれず，流体粒子になされる変形の仕事による内部エネルギーの生成を表しているため，負にはならない．この仕事は運動を引き起こす力学的な作用によって生じ，内部エネルギーや熱に変換される．

2.4 流体の流れの基礎式の保存型

これまでわかったことをまとめるため，時間に依存する圧縮性ニュートン流体の3次元の流体の流れと，熱の移動を支配する連立方程式の保存型あるいは発散型を表2.1に示す．

表 2.1 圧縮性ニュートン流体の流れの基礎式

連続の式	$\dfrac{\partial \rho}{\partial t} + \mathrm{div}(\rho \mathbf{u}) = 0$	(2.4)
x 方向の運動量保存式	$\dfrac{\partial (\rho u)}{\partial t} + \mathrm{div}(\rho u \mathbf{u}) = -\dfrac{\partial p}{\partial x} + \mathrm{div}(\mu \,\mathrm{grad}\, u) + S_{Mx}$	(2.37a)
y 方向の運動量保存式	$\dfrac{\partial (\rho v)}{\partial t} + \mathrm{div}(\rho v \mathbf{u}) = -\dfrac{\partial p}{\partial y} + \mathrm{div}(\mu \,\mathrm{grad}\, v) + S_{My}$	(2.37b)
z 方向の運動量保存式	$\dfrac{\partial (\rho w)}{\partial t} + \mathrm{div}(\rho w \mathbf{u}) = -\dfrac{\partial p}{\partial z} + \mathrm{div}(\mu \,\mathrm{grad}\, w) + S_{Mz}$	(2.37c)
エネルギー方程式	$\dfrac{\partial (\rho i)}{\partial t} + \mathrm{div}(\rho i \mathbf{u}) = -p \,\mathrm{div}\, \mathbf{u} + \mathrm{div}(k \,\mathrm{grad}\, T) + \Phi + S_i$	(2.38)
状態方程式	$p = p(\rho, T)$ および $i = i(\rho, T)$	(2.28)
	たとえば，理想気体の場合 $p = \rho R T$ および $i = C_v T$	(2.29)

運動量の生成 S_M と消失関数 Φ は，それぞれ式 (2.33) と式 (2.36) で定義される．

2.2節の熱力学的平衡を仮定することで，流れの連立方程式5本に，さらに代数方程式2本を補う．速度成分の勾配を用いて，粘性応力を表すニュートンのモデルを導入すると，7個の未知数をもつ7本の連立方程式を得る．方程式の数と未知数の数が等しいことから，この連立方程式は数学的に閉じている．すなわち，初期条件や境界条件のような適切な条件を適用することで，解を求めることができる．

2.5 一般輸送方程式の差分形と積分形

表2.1から，これらの方程式には重要な共通点があることがわかる．一般的な変数 ϕ を導入すると，温度や汚染物質の濃度などのスカラー量を含むすべての流体の流れの方程式の保存型を，次の形で書くことができる．

$$\frac{\partial (\rho \phi)}{\partial t} + \mathrm{div}(\rho \phi \mathbf{u}) = \mathrm{div}(\Gamma \,\mathrm{grad}\, \phi) + S_\phi \qquad (2.39)$$

言葉にすると，次のように表される．

流体要素の ϕ の増加割合	+	流体要素から流出する ϕ の正味の割合	=	拡散による ϕ の増加割合	+	生成による ϕ の増加割合

式 (2.39) は，変数 ϕ に対するいわゆる**輸送方程式**となる．これはさまざまな輸送プロセスを表しており，左辺は**変化割合項**（**rate of change term**）と**対流項**（**convection term**）であり，右辺は**拡散項**（**diffusion term**）（Γ = 拡散係数）と**生成項**（**source term**）である．ここでは一般的な表現をしているが，生成項は方程式によって異なるのはいうまでもない．状態方程式を用いて i を T に，もしくは逆に変換することで，式 (2.39) を内部エネルギーの方程式にできることに注意しなければならない．

有限体積法の計算手順のはじめに式 (2.39) を用いる．ϕ を 1, u, v, w および i（もしくは T や h_0）とし，適当な拡散係数 Γ や生成項を選択すると，質量，運動量やエネルギーの保存式の 5 本の偏微分方程式それぞれに対し，表 2.1 に表される特別な式を得る．第 4 章で導出する有限体積法では，3 次元のコントロールボリュームにおける式 (2.39) の積分が重要である．

$$\int_{CV} \frac{\partial(\rho\phi)}{\partial t}\,dV + \int_{CV} \mathrm{div}(\rho\phi\mathbf{u})\,dV = \int_{CV} \mathrm{div}(\Gamma\,\mathrm{grad}\,\phi)\,dV + \int_{CV} S_\phi\,dV \quad (2.40)$$

ガウスの発散定理（Gauss' divergence theorem）を用いて，対流項である左辺の第 2 項と，拡散項である右辺の第 1 項の体積積分を，コントロールボリュームの境界全体における積分に書き換える．ベクトル $\mathbf{a}$ に対してガウスの発散定理を用いると，次式が成り立つ．

$$\int_{CV} \mathrm{div}(\mathbf{a})\,dV = \int_A \mathbf{n}\cdot\mathbf{a}\,dA \quad (2.41)$$

ここで，$\mathbf{n}\cdot\mathbf{a}$ の物理的な意味は，表面要素 dA に対して垂直なベクトル $\mathbf{n}$ 方向のベクトル $\mathbf{a}$ の成分である．したがって，ある体積におけるベクトル $\mathbf{a}$ の発散の積分は，全界面 A における体積の総和（積分）の界面をなす表面に垂直な方向の $\mathbf{a}$ の成分と等しい．ガウスの発散定理を適用すると，式 (2.40) を次式のように書き換えることができる．

$$\frac{\partial}{\partial t}\left(\int_{CV} \rho\phi\,dV\right) + \int_A \mathbf{n}\cdot(\rho\phi\mathbf{u})\,dA = \int_A \mathbf{n}\cdot(\Gamma\,\mathrm{grad}\,\phi)\,dA + \int_{CV} S_\phi\,dV \quad (2.42)$$

式 (2.42) の左辺第 1 項の物理的意味を説明するために積分と微分の順番を変えると，この項は**コントロールボリュームにおける流体の変数 ϕ の全体量の変化割合**であることがわかる．積 $\mathbf{n}\cdot(\rho\phi\mathbf{u})$ は，外向きの垂直ベクトル $\mathbf{n}$ 方向の，流体の流れによる変数 ϕ の流束成分を表す．したがって，対流項である式 (2.42) の左辺の第 2 項は，**対流による流体要素の流体の変数 ϕ の正味の減少割合**である．

拡散流束は流体の変数 ϕ の勾配の負，つまり $-\mathrm{grad}\,\phi$ 方向に正である．たとえば，熱は温度勾配の負の方向に伝わる．したがって，積 $\mathbf{n}\cdot(-\Gamma\,\mathrm{grad}\,\phi)$ は，流体要素の外向

きの垂直ベクトルに沿った，流出する拡散流束の成分である．同様に，積 $\mathbf{n} \cdot (\Gamma \operatorname{grad} \phi)$ を流体要素の内向きの法線ベクトル $-\mathbf{n}$ の正方向に流入する拡散流束として解釈することができる．これは，積 $\Gamma(-\mathbf{n} \cdot (-\operatorname{grad} \phi))$ とも等しい．拡散項である式 (2.42) の右辺第 1 項は，**拡散による流体要素の流体の変数 ϕ の正味の増加割合**を表す．この方程式の右辺の最終項は，流体要素内での**生成として流体の変数 ϕ の正味の増加割合**を表す．

言葉にすると，式 (2.42) を次式のように表すことができる．

コントロールボリューム内の ϕ の増加割合	+	コントロールボリューム境界を通過する対流による ϕ の正味の減少割合	=	コントロールボリューム境界を通過する拡散による ϕ の正味の増加割合	+	コントロールボリューム内の ϕ の正味の生成割合

以上の説明から，有限の大きさの（巨視的な）コントロールボリュームにおける偏微分方程式の積分により，流体の変数が保存されることがわかる．

定常状態の問題では，式 (2.42) の変化割合の項はゼロである．これにより，定常状態の輸送方程式の積分形は，次式のようになる．

$$\int_A \mathbf{n} \cdot (\rho \phi \mathbf{u}) \, dA = \int_A \mathbf{n} \cdot (\Gamma \operatorname{grad} \phi) \, dA + \int_{CV} S_\phi \, dV \tag{2.43}$$

非定常問題では，小さな時間刻み Δt，たとえば，時刻 t から $t + \Delta t$ まで時間 t についても積分する必要がある．これは，輸送方程式の最も一般的な積分形となる．

$$\begin{aligned}
\int_{\Delta t} \frac{\partial}{\partial t} \left(\int_{CV} \rho \phi \, dV \right) dt + \int_{\Delta t} \int_A \mathbf{n} \cdot (\rho \phi \mathbf{u}) \, dA \, dt \\
= \int_{\Delta t} \int_A \mathbf{n} \cdot (\Gamma \operatorname{grad} \phi) \, dA \, dt + \int_{\Delta t} \int_{CV} S_\phi \, dV \, dt
\end{aligned} \tag{2.44}$$

2.6 物理現象の分類

流体の流れの保存式を導出することができるようになったので，流体の流れをうまく表す数学モデルを構築するための方程式とともに，必要となる初期条件や境界条件の問題に注意を向ける．まず，物理的な挙動を二つに大別する．

- 平衡問題（equilibrium problems）
- 進行問題（marching problems）

▶ 平衡問題

一つ目の問題は定常状態であり，これは，固体材料のロッド内の定常状態の温度分布，荷重を加えた固体物の平衡応力分布に加え，流体の定常流れのような定常状態である．これらやほかの多くの定常状態の問題での基礎式は，**だ円型方程式**（**elliptic equation**）である．だ円型方程式の代表例は，非圧縮性流体の内部流れや定常状態の熱伝導を表すラプラス方程式である．これは 2 次元の場合，次式のように表される．

$$\frac{\partial^2 \phi}{\partial x^2} + \frac{\partial^2 \phi}{\partial y^2} = 0 \tag{2.45}$$

非常に簡単な平衡問題の例として，断熱された金属ロッドでの定常状態の熱伝導（ここで，式 (2.45) において $\phi = T$ とする）をあげる．金属ロッドの端 $x = 0$ と $x = L$ では，温度 T_0 と T_L で一定とする．ただし，それぞれの温度は異なる（図 2.6）．

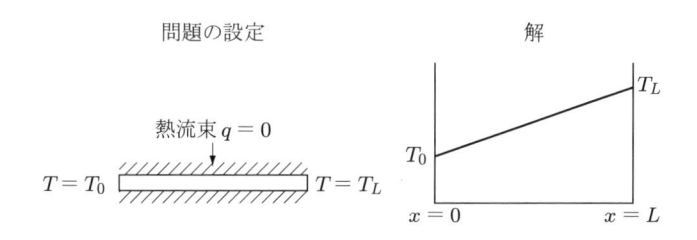

図 2.6 断熱されたロッドの定常状態における温度分布

この問題は 1 次元であり，基礎式は $k\,\mathrm{d}^2 T/\mathrm{d}x^2 = 0$ である．与えた境界条件では，x 方向の温度分布はもちろん直線になる．解析領域の境界すべての従属変数（ここでは温度やその熱流束の微分）についての条件を指定すると，この問題やだ円型の問題すべてに対して，一意的な解を求めることができる．このような境界全体の情報が必要な問題は，**境界値問題**（**boundary-value problems**）とよばれる．

だ円型の問題の重要な性質は，解の内部の乱れ，たとえば，突然局所に小さな熱源が現れることによって生じる温度変化が，ほかの場所の解すべてに影響を及ぼすことである．乱れの情報は，内部の解を通じてすべての方向に伝わる．そのため，仮に境界条件が不連続であっても，だ円型方程式で記述される物理的な問題の解は常に滑らかとなり，このことは数値解法の開発者にとって非常に有用な利点である．すべての方向に情報が伝わることを保証するため，だ円型の問題に対する数値計算手法では，それぞれの点で隣接する点すべての影響を受けることを許容しなければならない．

▶ 進行問題

非定常伝熱，非定常流れや波動現象は，すべて二つ目の問題，すなわち，進行もしくは伝ば問題である．これらの問題の基礎式は，**放物型方程式**（parabolic equations）もしくは**双曲型方程式**（hyperbolic equations）である．しかし，進行問題すべてが非定常とは限らない．ある定常流れが，放物型方程式や双曲型方程式によって記述されることがあとでわかるだろう．これらの場合，流れの方向は，進行が可能な時間軸のように振る舞う．

放物型方程式は，拡散が支配的な時間に依存した問題を記述する．たとえば，非定常粘性流れや非定常熱伝導である．放物型方程式の代表例は，次式の拡散方程式である．

$$\frac{\partial \phi}{\partial t} = \alpha \frac{\partial^2 \phi}{\partial x^2} \tag{2.46}$$

断熱された金属ロッドの端 $x=0$ と $x=L$ において温度が T_0 で一定であるとき，非定常の温度分布（ここでも $\phi=T$ とする）の基礎式は拡散方程式である．時刻 $t=0$ で初期の一様な生成がなくなった後のロッドの冷却問題を考える．このときの初期の温度分布は，$x=L/2$ で最大となる放物線である（図 2.7）．

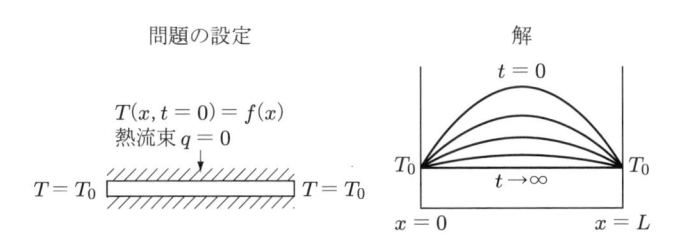

図 2.7 断熱されたロッドの温度分布の変化

定常状態では，ロッドのあらゆる場所で温度分布は $T=T_0$ で一様となる．拡散方程式 (2.46) の解は，初期の放物線の温度分布が指数関数的に減衰する温度分布となる．ロッド全体の初期条件と，時刻 $t>0$ に対するすべての境界条件が必要であり，このような問題は**初期値境界値問題**（initial-boundary-value problems）とよばれる．

解析領域の内部の点の温度分布（すなわち，$0<x<L$ かつ $t_1>0$）の解は，時刻 $t>t_1$ 以降の現象のみに影響を与える（タイムトラベルが可能でない限り！）．解は時間方向に進み，空間方向に拡散する．初期条件が不連続であっても，拡散の影響により時刻 $t>0$ で解析領域の内部の解は常に滑らかであることが保証される．時刻 $t \to \infty$ の定常状態では，だ円型となる．式 (2.46) で，$\partial \phi / \partial t = 0$ とすることで，この特徴の変化を簡単に理解することができる．このときの基礎式は，1 次元の定常状態のロッド中の温度分布の基礎式と等しい．

双曲型方程式は振動問題を記述する．一般に，これらはエネルギーの消失の量を無視した場合の時間に依存する問題に現れる．双曲型方程式の代表例は波動方程式である．

$$\frac{\partial^2 \phi}{\partial t^2} = c^2 \frac{\partial^2 \phi}{\partial x^2} \tag{2.47}$$

この形の方程式は，振幅が小さい振動を伴う，ぴんと張った弦の横方向の変位 ($\phi = y$) や，音響振幅の基礎式である（図 2.8）．ここで定数 c は波の速さである．式 (2.47) を用いて，長さ L の弦の振動の基本モードを解析することは比較的容易である．

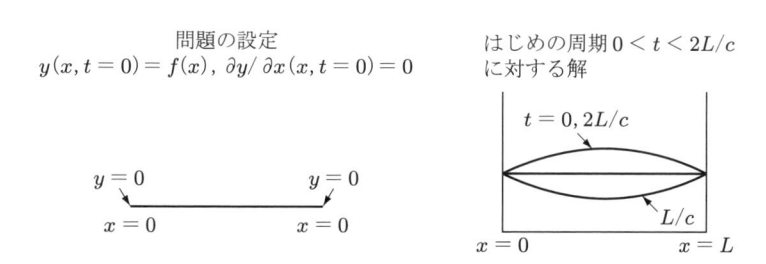

図 2.8 ぴんと張った弦の振動

波動方程式 (2.47) やほかの双曲型方程式では，弦の変位 y での初期条件二つと，時刻 $t > 0$ におけるすべての境界条件を指定することで，解を求めることができる．したがって，双曲型の問題も初期値境界値問題である．

初期の振幅を a とすると，この問題の解は，次式で与えられる．

$$y(x, t) = a \cos \frac{\pi c t}{L} \sin \frac{\pi x}{L}$$

この解は，振動の振幅が一定のまま，系内の振動が減衰しないことを表している．振動が減衰しないことにより，さらに重要な結果が生じる．たとえば，頂点が非常に小さい曲率半径の円の一部である，三角形に近い初期形状に対応する初期条件を考えよう．この初期形状は，頂点では不連続であるものの，正弦波の組合せとしてフーリエ級数展開（Fourier series）を用いて表すことができる．基礎式は線形であるため，それぞれのフーリエ成分は（あるいはこれらの総和も），時間に対して振幅が変化しない．勾配での形を除去する消失機構はないため，最終的な結果には，不連続が衰えないまま残る．

音速に近い，もしくはそれ以上の速度の圧縮性流体では，衝撃波が発生し，これらの速度で非粘性流れの方程式は双曲型になる．このような流れの衝撃波の不連続が双曲型の特徴である．解の中に不連続が存在しうることを許容する必要があるため，双曲型の問題に対する計算アルゴリズムが構築されている．

ある点での乱れは，限られた空間領域に対してのみ影響を与えることができるということは明らかである．双曲型の問題では，乱れが伝ぱする速度は有限であり，波の速度 c と等しい．対照的に，放物型やだ円型の問題では，乱れの伝ぱ速度を無限と仮定する．

2.7 双曲型方程式での特性線の役割

双曲型方程式には，情報が伝ぱする有限の速度，すなわち，波の速度に関連する特別な性質がある．このため，双曲型方程式はほかの二つの方程式と区別される．双曲型の問題での特性線（characteristic lines）の役割の考えを発展させるのに，波動方程式 (2.47) で記述される簡単な双曲型の問題を再び考える．変数を $\zeta = x - ct$ と $\eta = x + ct$ に変換すると，この波動方程式は次式の標準形になることがわかる（The Open University, 1984）．

$$\frac{\partial^2 \phi}{\partial \zeta \partial \eta} = 0 \qquad (2.48)$$

変数変換の微分を用いて式 (2.47) の微分を記述するため，この変換では微分にチェインルール（chain rule）を繰り返し適用する必要がある．式 (2.48) は簡単に解くことができ，この解はもちろん $\phi(\zeta, \eta) = F_1(\zeta) + F_2(\eta)$ である．ここで，F_1, F_2 は任意の関数である．

元の変数に戻すと，式 (2.47) の一般解が得られる．

$$\phi(x, t) = F_1(x - ct) + F_2(x + ct) \qquad (2.49)$$

$x - ct$ が一定の場合，解の第 1 項の関数 F_1 は一定であり，したがって，x-t 平面の勾配 $dt/dx = 1/c$ に沿う．$x + ct$ が一定の場合，第 2 項 F_2 は勾配 $dt/dx = -1/c$ に沿う．直線 $x - ct = $ 一定と $x + ct = $ 一定を特性線という．関数 F_1 と F_2 は，この問題におけるいわゆる**非線形厳密解**（**simple wave solution**）を表し，形状や振幅の大きさが変化せずに，速度 $+c$ や $-c$ で伝ぱする波である．

問題の初期条件や境界条件から，F_1 と F_2 の特別な関数形が得られる．非常に長い弦（$-\infty < x < \infty$）を考え，次式の初期条件を与えよう．

$$\phi(x, 0) = f(x) \qquad \text{および} \qquad \frac{\partial \phi}{\partial t}(x, 0) = g(x) \qquad (2.50)$$

式 (2.49) と式 (2.50) を組み合わせると，

$$F_1(x) + F_2(x) = f(x) \qquad \text{および} \qquad -cF_1'(x) + cF_2'(x) = g(x) \qquad (2.51)$$

となる．初期条件が式 (2.50) で与えられる波動方程式 (2.47) の特殊解は，次式で与えられることが示されている（Bland, 1988）．

$$\phi(x,t) = \frac{1}{2}[f(x-ct) + f(x+ct)] + \frac{1}{2c}\int_{x-ct}^{x+ct} g(s)\,\mathrm{d}s \qquad (2.52)$$

式 (2.52) を注意深く検討すると，解析領域内の点 (x,t) での ϕ が，区間 $(x-ct, x+ct)$ の初期条件にのみ依存することがわかる．つまり，**点 (x,t) での解は**，この区間外の**初期条件に依存しない**．

図 2.9 でこの点の説明をする．点 (x',t') を通る特性線 $x-ct=$ 一定と $x+ct=$ 一定は，点 $(x'-ct',0)$ と点 $(x'+ct',0)$ で，それぞれ x 軸と交差する．x 軸と二つの特性線によって囲まれた x-t 平面の領域は，**従属領域（domain of dependence）**とよばれる．

式 (2.52) に従うと，点 (x',t') の解は，従属領域の外側ではなく，内側の現象のみの影響を受ける．物理的には，解析領域を通過し，相互に影響する上限のある伝ぱ速度（波の速度 c と等しい）によってこのことが起こる．点 (x',t') での変化は，図 2.9 に示す**影響領域（zone of influence）**の中で，後の時刻の現象に影響を及ぼし，やはり特性線に囲まれている．

図 2.10 (a) に，$x=0$ と $x=L$ で固定された弦の振動に対する問題を示す．x 軸に

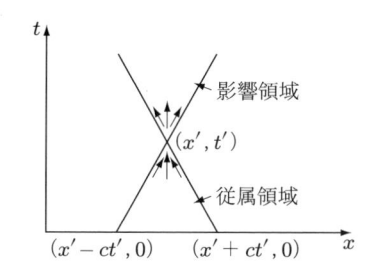

図 2.9 双曲問題に対する従属領域と影響領域

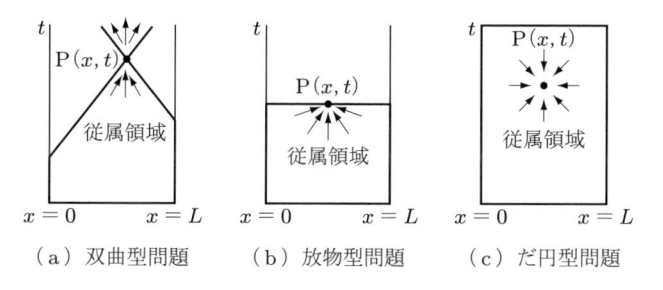

（a）双曲型問題　（b）放物型問題　（c）だ円型問題

図 2.10 さまざまな問題に対する従属領域

非常に近い点に対し，従属領域はもともと x 軸上にあった二つの特性線に囲まれる．点 P のような点を通る特性線は，問題の境界と交差する．点 P の従属領域は，二つの特性線と線 $t=0$，$x=0$，$x=L$ に囲まれる．

情報が伝ぱする速度が無限であると仮定するため，放物型とだ円型の問題の従属領域の形状（図 2.10 (b)，(c) 参照）は異なる．従属領域の境界を定める太線から，それぞれの場合で点 $P(x,t)$ での解を求めるために必要な初期条件や，境界条件に対する領域を得る．

ある点での変化がほかの点の現象にも影響を及ぼすかどうかは，物理的な問題が定常状態であるか非定常状態であるかや，乱れの伝ぱ速度が有限であるか無限であるかに依存する．これにより，偏微分方程式をその物理的な性質，すなわち，だ円型，放物型，双曲型に分類する．二次方程式の簡単な代表例を三つ考えることによって，それぞれの分類の特色を説明する．次節以降では，より複雑な偏微分方程式を分類する方法について説明し，解くべき流れ問題の分類に関して，本書で後ほど導出する計算手法の限界について簡単に述べる．表 2.2 に，これまでに確認した主な性質をまとめる．

表 2.2 物理的挙動の分類

問題の型	方程式の型	方程式の代表例	条件	解析領域	解析の滑らかさ
平衡問題	だ円型	$\operatorname{div} \operatorname{grad} \phi = 0$	境界条件	閉鎖系	常に滑らか
消失を伴う進行問題	放物型	$\dfrac{\partial \phi}{\partial t} = \alpha \operatorname{div} \operatorname{grad} \phi$	初期条件と境界条件	開放系	常に滑らか
消失を伴わない進行問題	双曲型	$\dfrac{\partial^2 \phi}{\partial t^2} = c^2 \operatorname{div} \operatorname{grad} \phi$	初期条件と境界条件	開放系	不連続になりやすい

2.8 簡単な偏微分方程式の分類

x と y に関する一般的な二次の偏微分方程式に対して，偏微分方程式を分類する実用的な方法を導く．次の式を考えよう．

$$a\frac{\partial^2 \phi}{\partial x^2} + b\frac{\partial^2 \phi}{\partial x \partial y} + c\frac{\partial^2 \phi}{\partial y^2} + d\frac{\partial \phi}{\partial x} + e\frac{\partial \phi}{\partial y} + f\phi + g = 0 \tag{2.53}$$

まず，この方程式は線形であり，a，b，c，d，e，f，g は定数と仮定する．

偏微分方程式は高次の微分の性質によって分類されるため，ここでは二次の微分のみ考えればよい．非線形厳密解が存在するかどうかを探索することで，二次の偏微分方程式を分類することができる．もし，これらが存在すれば，この方程式は双曲型方程式となり，存在しなければ，放物型方程式，もしくはだ円型方程式となる．

次式の特性方程式が実数根を二つもつ場合，非線形厳密解が存在する．

$$a\left(\frac{\mathrm{d}y}{\mathrm{d}x}\right)^2 - b\left(\frac{\mathrm{d}y}{\mathrm{d}x}\right) + c = 0 \tag{2.54}$$

特性方程式の根が存在するかどうかは，判別式（$b^2 - 4ac$）の値に依存する．表2.3に三つの場合分けを示す．

表 2.3 線形二次の連立偏微分方程式の分類

$b^2 - 4ac$	方程式の型	特性線
> 0	双曲型	特性線を2本もつ
$= 0$	放物型	特性線を1本もつ
< 0	だ円型	特性線をもたない

判別式による 2.6 節の代表的な偏微分方程式三つの種類の確認は，読者に委ねる．

係数 a, b, c が x と y の関数である，もしくは方程式が非線形である場合でも，特性方程式の根を探索することで，分類する方法を適用することができる．後者の場合，係数 a, b, c は独立変数 ϕ の関数，もしくはその一次の微分の関数となる．ここで，解析領域のさまざまな場所で，この方程式の型が異なる可能性がある．例として，次の方程式を考える．

$$y\frac{\partial^2 \phi}{\partial x^2} + \frac{\partial^2 \phi}{\partial y^2} = 0 \tag{2.55}$$

領域 $-1 < y < 1$ 内での性質に注目する．ここで，$a = a(x, y) = y$，$b = 0$，$c = 1$ である．判別式（$b^2 - 4ac$）の値は $-4y$ である．このとき，y の値により，次の三つの場合分けをする必要がある．

- $y < 0$ の場合　　$b^2 - 4ac > 0$ であり，方程式は双曲型
- $y = 0$ の場合　　$b^2 - 4ac = 0$ であり，方程式は放物型
- $y > 0$ の場合　　$b^2 - 4ac < 0$ であり，方程式はだ円型

このように，式 (2.55) は混合型である．この方程式は y の値に基づき，局所的に双曲型，放物型，だ円型となる．また，偏微分方程式の分類は，局所の変数 a, b, c にも依存する．

$A_{jk} = A_{kj}$ とし，次式の形に書き換えることで，N 個の独立変数（x_1, x_2, $\cdots$, x_N）の二次の偏微分方程式を分類することができる．

$$\sum_{j=1}^{N}\sum_{k=1}^{N} A_{jk} \frac{\partial^2 \phi}{\partial x_j \, \partial x_k} + H = 0 \tag{2.56}$$

Fletcher (1991) は，係数 A_{jk} を要素にもつ行列の固有値により，この方程式を分類す

ることができると説明している．したがって，次式を満たす λ の値を探索する必要がある．

$$\det[A_{jk} - \lambda I] = 0 \tag{2.57}$$

そのときの分類のルールは，以下のとおりである．

- 固有値のいずれかが $\lambda = 0$ である場合，方程式は放物型
- 固有値がすべて $\lambda \neq 0$ であり，これらがすべて同じ符号である場合，方程式はだ円型
- 固有値がすべて $\lambda \neq 0$ であり，一つを除いてすべて同じ符号である場合，方程式は双曲型

ラプラス方程式や拡散方程式，波動方程式の場合，特性方程式 (2.54) の解によって得られる結果と同じになることを検証することは簡単である．

2.9 流体の流れの方程式の分類

二つ以上の独立変数をもつ一次の連立偏微分方程式の系を，同様に行列式に組み込む．これらの分類では，得られる行列の固有値を探索する．二次の偏微分方程式，もしくは一次と二次の偏微分方程式の組合せの系も，この方法で分類することができる．この方法では，まず補助変数を取り入れ，二次の方程式を一次の方程式として表す．得られる行列が正則行列となるように，補助変数を慎重に選択する必要がある．

行列を用いた方法で，ナビエ－ストークス式やその誘導形を分類することができる．この詳細は本書の範囲から外れるため，省略する．表 2.4 に主な分類をあげるので，完全な考察に対して興味のある読者は，Fletcher (1991) を参照していただきたい．

表 **2.4** 主要な流体の流れの分類

	定常流れ	非定常流れ
粘性流れ	だ円型	放物型
非粘性流れ	$M < 1$, だ円型 $M > 1$, 双曲型	双曲型
薄いせん断層	放物型	放物型

表 2.4 の分類は，流れの方程式に対する"形式的な"分類である．実際には，多くの流体の流れは複雑に振る舞う．定常のナビエ－ストークス式やエネルギー（もしくはエンタルピー）方程式は形式上だ円型となり，非定常方程式は放物型となる．

粘性の高次の項が完全に欠けているため，非粘性流れの方程式はナビエ－ストーク

ス式やエネルギー方程式とは数学的な分類が異なる．得られる連立方程式の分類は，流体が果たす役割の範囲，すなわち，マッハ数 M の大きさに依存する．マッハ数が 1 未満で，非粘性流れのだ円型の性質は，圧力作用に由来する．$M < 1$ の場合，圧力は流速よりも大きい音速で乱れを伝ぱすることが可能である．しかし，$M > 1$ の場合，流体の速度は乱れを伝ぱする速度より大きく，圧力が風上方向に影響を与えることはできない．影響領域の限界は双曲型の現象の重要な性質であり，超音速の非粘性流れの方程式は双曲型である．以下に，この性質を表す簡単な例を取りあげる．

薄いせん断層流れでは，すべての流れ (x,z) 方向の速度の微分は，流れに対して交差する (y) 方向の速度の微分よりもかなり小さい．境界層，噴流，混合層や後流と同様に，完全発達したダクト流れはこの分類に落ち着く．これらの条件では，基礎式には二次の拡散項が一つしかないため，放物型として分類される．

非粘性の流れで生じる複雑さの例として，マッハ数 M_∞ で細長い物体（Shapiro, 1953）を通過する定常，等エントロピー，非粘性の圧縮性流体である自由流れのポテンシャル方程式の解析がある．

$$(1 - M_\infty^2)\frac{\partial^2 \phi}{\partial x^2} + \frac{\partial^2 \phi}{\partial y^2} = 0 \tag{2.58}$$

式 (2.56) で，$x_1 = x$ と $x_2 = y$ とすると，行列要素 $A_{11} = 1 - M_\infty^2$，$A_{12} = A_{21} = 0$，$A_{22} = 1$ を得る．この方程式を分類するためには，次式を解く必要がある．

$$\det \begin{vmatrix} (1 - M_\infty^2) - \lambda & 0 \\ 0 & 1 - \lambda \end{vmatrix} = 0$$

この式の二つの解は，$\lambda_1 = 1$ と $\lambda_2 = 1 - M_\infty^2$ である．自由流れのマッハ数が 1 より小さい（亜音速の）場合，固有値は両方ともゼロより大きく，流れはだ円型である．マッハ数が 1 より大きい（超音速の）場合，二つ目の固有値は負であり，流れは双曲型である．特性方程式 (2.54) の判別式によりこれらの結果を確認することは，読者に委ねる．

独立変数がともに空間座標である定常流れが，双曲型の振舞いをすることは非常に興味深い．流れの方向は，双曲型の非圧縮流れや放物型の薄いせん断層でも時間のように振る舞う．このような流れは進行型（marching type）であり，時間のように x 方向を増加させることで計算することができる．

この例から，圧縮性流体の分類はパラメータ M_∞ に依存することがわかる．非粘性の圧縮性流体の一般式（オイラー方程式）も同様の性質をもつが，分類するパラメータは局所のマッハ数 M である．$M = 1$ 前後や，それ以上の流れを計算する場合はさらに複雑となる．このような流れには，衝撃波のような不連続さや，亜音速（だ円型）

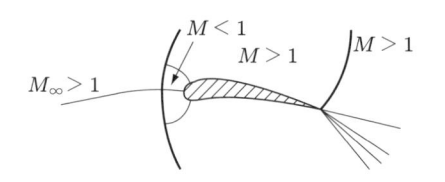

図 2.11 超音速の自由流れの翼周りの流れの概念図

の流れと超音速（双曲型）の流れの領域が含まれ，これらの正確な位置は事前にはわからない．図 2.11 は，マッハ数が 1 より若干大きい翼周りの流れの概念図である．

2.10 粘性流体の流れの方程式に対する補助条件

だ円型，放物型や双曲型の性質が複雑に絡む挙動は，流れの問題に用いる境界，とくに，流体が流体の境界によって区切られる位置での条件に関係がある．残念ながら，圧縮性流体に対して適用可能な境界条件の許容範囲に関する理論的な結果はほとんどない．数値流体力学を実行することは，物理的な考察やそのシミュレーションの成功によって導かれる．**圧縮性粘性流体に対する境界条件**を表 2.5 に示す．

表 2.5 圧縮性粘性流体に対する境界条件

非定常流れに対する初期条件
- 解析領域すべてにおいて，時刻 $t=0$ における ρ, $\mathbf{u}$ と T を与えなければならない

非定常および定常流れに対する境界条件
- 固体壁　　　$\mathbf{u} = \mathbf{u}_w$（すべりなし条件）

  $T = T_w$（固定温度）　もしくは　$k\dfrac{\partial T}{\partial n} = -q_w$（固定熱流束）
- 流体境界上　入口：位置の関数として ρ, $\mathbf{u}$, T は既知でなければならない

  出口：$-p + \mu\dfrac{\partial u_n}{\partial n} = F_n$　および　$\mu\dfrac{\partial u_t}{\partial n} = F_t$（応力の連続性）

表中の下付き文字 n と t は，それぞれ境界に対する（外向きの）垂直方向と接線方向であり，F は表面応力である．

既知の速度場に対して，経路に沿った流体粒子の密度変化を表す連続の式には特別な性質があるため，出口や固体壁での密度に関する境界条件を指定する必要はない．入口での密度は既知である必要がある．密度が解の一部として現れるそのほかの場所では，境界値を指定する必要はない．**非圧縮性粘性流体**の場合，密度に関する境界条件はなく，そのままこれらの条件をすべて適用する．

一般に，流れを一方向と近似し，表面応力が既知である場所に流出境界を配置する．

外部流の固体から遠くの高レイノルズ数流れや，ダクトを流出する完全発達流では，境界を横切る任意の方向の速度成分は変化せず，$F_n = -p$ と $F_t = 0$ である．これにより，有限体積法で一般に用いられる次式の流出境界条件を得る．

$$\boxed{\text{指定圧力} \quad \frac{\partial u_n}{\partial n} = 0 \quad \frac{\partial T}{\partial n} = 0}$$

Gresho (1991) は，非圧縮性流体の開放境界条件の複雑さを調査し，$\partial u_n/\partial n = 0$ を用いる境界条件には "理論的な問題" があることを述べた．しかし，理論を十分に満たす式を比較し，数値流体力学がうまく実行できることから，彼は最も単純でかつ安価な式としてこれを推奨した．

図 2.12 で，一般的な内部や外部の粘性流体に対する境界条件の適用について説明する．

(a) 内部流れ問題に対する境界条件　　　　(b) 外部流れ問題に対する境界条件

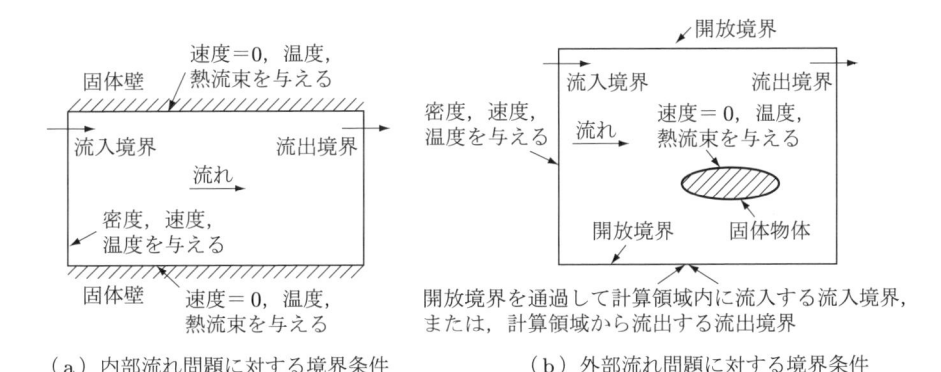

図 2.12 粘性流体の境界条件

一般的な汎用数値流体力学プログラムにも，入口や出口の圧力境界条件がしばしば含まれている．境界上の圧力を一定値と規定し，定圧境界条件を横切って解析領域内に流入出する質量流量を補正するために，質量の生成や減少を境界上に配置する．さらに解析領域が特殊な形状の場合には，対称境界条件（symmetric boundary condition）や周期境界条件（cyclic boundary condition）をうまく利用する．

- 対称境界条件： $\dfrac{\partial \phi}{\partial n} = 0$
- 周期境界条件： $\phi_1 = \phi_2$

図 2.13 に，対称や周期境界条件を用いることができる一般的な境界形状を示す．

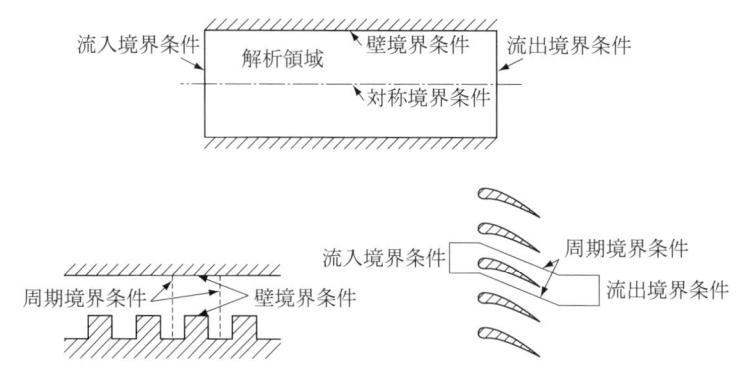

図 2.13 対称条件と周期条件での流れ境界の例

2.11　遷音速や超音速の圧縮性流体の問題

音速近くやそれ以上の速度の流れを計算する場合，いくつか問題が生じる．これらの速度では，たいていレイノルズ数は非常に高く，流れの中の粘性領域は非常に薄い．解析領域の大部分の流れは，実質的に非粘性流体として振る舞う．これは，外部流の場合問題となる．なぜなら，流出境界条件を適用する流れは非粘性のように振る舞い，これは，全体の分類に基づく（粘性）流れの領域とは異なるためである．

有限体積法に対する標準的な SIMPLE 圧力補正アルゴリズム（6.4 節参照）を修正する必要がある．このアルゴリズムを非定常状態に適用する場合には，放物型または双曲型の方法の都合のよい性質を利用する必要がある．解析領域内部の衝撃波の発生や，解析領域境界からの反射をうまく処理するために，人工的な減衰を導入する必要がある．さらに，マッハ数が 1 より大きい，実質的に非粘性の（双曲型の）流体の限定した依存領域を，適切にモデル化していることを保証する必要がある．Issa と Lockwood (1977)，McGuirk と Page (1990) は，有限体積法に関係する主な問題点についてわかりやすい論文を発表した．

汎用数値流体力学プログラムの設計者に対し，開放（遠く離れた）境界条件は最も深刻な問題となる．亜音速で非粘性の圧縮性流体の方程式では，粘性流体の方程式よりも少ない入口境界条件（一般に ρ と $\mathbf{u}$ のみを指定する）と流出境界条件（一般に圧力のみ指定する）を一つしか必要としない．超音速で非粘性の圧縮性流体の方程式では，粘性流体と同じ数の入口境界条件が必要であるものの，流れが双曲型であるため，流出境界条件を許容しない．

問題を解く前にその流れについて知らないまま，遠方の流体と流体の境界に許容できる境界条件の正確な数と性質を指定することは非常に難しい．Issa と Lockwood

(1977) は，粘性の計算の前に実施した非粘性の解から得られた開放境界条件の一部を用いて，衝撃波と境界層の相互作用の問題の解を報告した．残りの遠方境界には，いつもの（粘性の）流出境界条件 $\partial(\rho u_n)/\partial n = 0$ を適用する．

Fletcher (1991) は，境界条件が不定の場合，一般に，一意的な解を求めることはできないと述べた．しかし，過剰に指定すると，これらの条件を適用した境界の近くで深刻な，非物理的な"境界層"の流れの解が生じてしまう．

流出境界条件や遠方境界条件の位置が，解析領域の中で対象とする場所から十分に離れている場合には，物理的に意味のある解を求めることができる．慎重に解を求めるためには，流出境界や開放境界の位置に対する内部の解の影響を確認する．内部の解に何も変化を与えなければ，その境界条件は"透明"となり，その結果を許容することができる．

これらの複雑性により，一般的な亜音速，遷音速，超音速の粘性流体をうまく処理する有限体積法に基づく汎用数値流体力学プログラムを開発することは，非常に難しくなる．利用できるすべての商用プログラムでは，あらゆる流れの問題で計算が可能であると主張しているものの，これまで述べた問題のように，これらはマッハ数が 1 よりはるかに小さい場合にのみ本領を発揮する．

2.12 まとめ

この章では，まずはじめに，基本的な保存則から，流体の流れの完全な基礎式を導出した．また，数学的に系を閉じるための熱力学的平衡の仮定や，粘性応力のニュートンのモデルを求めた．粘性に対して特別な仮定を用いないため，局所の条件に依存する粘度を導入することが容易である．これにより，この方程式の枠組みのなかで，温度に依存した粘度や非ニュートン性の特徴をもつ流体を扱うことが容易になる．

次に，輸送方程式とよばれるすべての流れの方程式に対する一般的な微分形を確認し，有限体積法に基づいた数値流体力学の中核となる，以下の積分形を導出した．これは，定常状態に対しては，

$$\int_A \mathbf{n} \cdot (\rho \phi \mathbf{u}) \, dA = \int_A \mathbf{n} \cdot (\Gamma \operatorname{grad} \phi) \, dA + \int_{CV} S_\phi \, dV \tag{2.43}$$

非定常状態に対しては，

$$\int_{\Delta t} \frac{\partial}{\partial t} \left(\int_{CV} \rho \phi \, dV \right) dt + \int_{\Delta t} \int_A \mathbf{n} \cdot (\rho \phi \mathbf{u}) \, dA \, dt$$
$$= \int_{\Delta t} \int_A \mathbf{n} \cdot (\Gamma \operatorname{grad} \phi) \, dA \, dt + \int_{\Delta t} \int_{CV} S_\phi \, dV \, dt \tag{2.44}$$

と表される．

　最後に，流体の流れの問題を解くために必要な，初期条件や境界条件のような補助条件についても説明した．だ円型，放物型，双曲型の三つの異なる物理的性質の型があることを明らかにし，流体の流れの基礎式を分類した．高レイノルズ数流れでの境界層型の性質や，マッハ数が1前後やそれ以上の場合の圧縮性の影響の結果から，問題の分類の形式を確認した．これらにより，あらゆるレイノルズ数とマッハ数における汎用の数値流体力学の手法に対し，境界条件を指定することは非常に困難となることについても述べた．

　多くの産業に関連した問題に対し，物理的に現実的な流れの解を与える適切な境界条件は，有限体積法を用いた経験によって生み出される．完全な問題設定には，流れに関する変数すべての初期値に加えて，以下の境界条件が含まれる．

- 対象とする流れ場に対して，すべての**入口**（**inlets**）における（圧力を除いた）すべての変数 ϕ の分布を完全に指定する
- 流れ場の内側の1点での圧力を指定する
- 安定した位置にある**出口**（**outlets**）において，流れ方向に対してすべての変数 ϕ の勾配をゼロにする
- 固体壁において，（圧力と密度を除いた）すべての変数 ϕ，もしくはこれらの垂直方向の勾配を指定する

第3章

乱流とそのモデリング

　工業において現実的な2次元噴流，後流流れ，管内流れや平面境界層のような単純な流れと，より複雑な3次元流れは，あるレイノルズ数（UL/ν，ここでUとLは平均流れの特性速度と長さスケール，νは動粘性係数）で不安定になる．低レイノルズ数流れは層流である．高レイノルズ数流れは乱流になることが観察されている．運動がカオスで不規則な状態は，ある流れの領域で時間とともに速度と圧力が連続的に変化する領域で発達する．

　層流流れは，第2章で導出した式によって完全に記述される．単純な場合，連続の式とナビエ–ストークス式を解析的に解くことができる（Schlichting, 1979）．近似をすることなく，有限体積法のような数値流体力学の技術を用いて，さらに複雑な流れを数値的に取り扱うことができる．

　工業的に重要な流れの多くは乱流であるため，乱流流れは理論的な興味だけではない．流体工学では乱流の影響を示すことができる方法を必要とする．本章では，乱流の物理と数値流体力学のモデリングを簡単に紹介する．

　3.1節と3.2節では，乱流流れの性質と層流から乱流への遷移の物理を検証する．3.3節では，乱流流れを最も一般的に記述する定義を示し，3.4節では，単純な2次元乱流流れの性質を記述する．次に，3.5節では，時間平均を施したナビエ–ストークス式の乱れに関連した変動を分析する．速度変動は流体に応力，いわゆるレイノルズ応力をさらに与えることがわかる．これらの特別な応力項に対する主なモデルの分類を，3.6節で示す．3.7節では，最も広く用いられている古典的な乱流モデルの分類について説明する．3.8節では，ラージエディシミュレーション（large eddy simulation, LES）について概説し，3.9節では，直接数値シミュレーション（direct numerical simulation, DNS）について簡単にまとめる．

3.1　乱流とは何か

　まず，乱流流れの主な特徴について簡単にみていく．流れのレイノルズ数から，（対流の影響に関連する）慣性力と粘性力の相対的な重要性の指標がわかる．流体の実験

では，いわゆる臨界レイノルズ数 Re_{crit} 以下の値では，流れは滑らかで，隣接する流体の層は，それぞれ整然と滑らかに動く．適用した境界条件が時間とともに変化しない場合，流れは定常である．この形態は**層流流れ**とよばれる．

レイノルズ数が Re_{crit} 以上では，最終的に流れの特性に根本的な変化を引き起こす，複雑な一連の事情が起こる．最終的な状態では，流れの挙動は不規則でカオスである．運動は，一定に固定した境界条件を用いたとしても，本質的に非定常となる．速度とほかの流れの変数すべては，不規則でカオスに変化する．この形態は**乱流流れ**とよばれる．一般的なある点の速度の値は，図 3.1 のような挙動を示す．

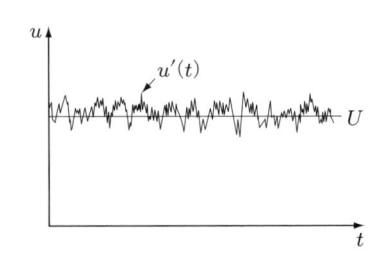

図 3.1 乱流流れにおける，ある 1 点での典型的な速度の測定

乱流流れの**不規則な性質**により，流体粒子すべての運動を簡単に表現することができなくなる．その代わりに，平均速度に重ね合わせる変動成分 $u'(t)$ を用いて，図 3.1 の速度を定常の平均値 U に分解する．すなわち，$u(t) = U + u'(t)$ とする．これは**レイノルズ分解**とよばれている．流れの変数の値（U, V, W, P など）とこれらの変動の統計量（u', v', w', p' など）を用いて，乱流流れを特徴付けることができる．3.3 節において，平均値の定義と最も一般的な変動の統計量について述べる．

平均速度と圧力が 1 次元あるいは 2 次元的にしか変化しない流れでさえ，乱流変動は常に **3 次元**の特徴をもつ．さらに，乱流流れを可視化することで，**幅広い長さスケールをもつ回転流れの構造**，いわゆる乱流渦が明らかになる．図 3.2 は，平板乱流境界層の断面図であり，流れの境界のスケールだけでなく，中間や小さい渦と同程度の長さスケール渦を示している．

最初は長い距離で隔てられている流体の粒子でも，乱流流れ中で渦の運動によって近づく場合がある．その結果，熱，物質，運動量は非常に効率的に交換される．たとえば，乱流流れのある点に入れた染料の縞はすぐに壊れ，流れ方向を横切るように消散する．このような**効率的な混合**により，物質，運動，熱に対する拡散係数が非常に大きい値となる．

最も大きい渦は相互作用し，**渦伸張**とよばれる過程によって平均流れからエネルギー

図 3.2 乱流境界層の可視化［出典：Van Dyke (1982)］

を得る．せん断流れの平均速度の勾配が存在すると，回転する乱流渦は変形する．一端がもう一端より速く動くように力を受けるため，適当に整列した渦は変形する．

大きな渦の特性速度 ϑ と特性長さ l は，平均流れの速度スケール U と長さスケール L と同じオーダーである．そのため，これらの渦スケールと動粘性係数を組み合わせる"大きな渦"のレイノルズ数 $Re_l = \vartheta l / \nu$ は，乱流流れすべてで大きい．これは，このレイノルズ数が UL/ν と大きさがあまり異ならず，それ自体が大きいためである．これにより，これらの大きな渦は慣性の影響に支配され，粘性の影響は無視できる．

大きな渦は事実上非粘性であり，渦伸張で角運動量は保存される．これにより，回転速度は増加し，断面の半径は減少する．そのため，この過程により小さな長さスケールと小さな時間スケールの運動が生まれる．これらの過程で，平均流れが大きな渦になす仕事は，乱流を保持するエネルギーを供給する．

小さな渦は，それ自体がいくらか大きな渦によって大きく，また，平均流れによって小さく伸張する．このようにして，運動エネルギーは段階的に大きな渦から小さな渦に受け渡され，これは**エネルギーカスケード**とよばれる．乱流流れの変動量にはすべて，幅広い周波数と，波数（$= 2\pi f / U$，ここで，f は周波数）にわたるエネルギーが含まれる．これを図 3.3 で説明する．これは，乱れの下流のエネルギースペクトルを示している．

エネルギースペクトル $E(\kappa)$ を波数（$\kappa = 2\pi/\lambda$，ここで，λ は渦の波数）の関数として表す．エネルギースペクトル $E(\kappa)$（単位 $\mathrm{m^3/s^2}$）は，波数 κ 付近の単位質量，単位波数あたりの運動エネルギーである．この図では小さい波数にピークがあるため，大きな渦が最もエネルギーをもつ．大きな渦は平均流れと強く相互作用することでエネルギーを得る．$E(\kappa)$ の値は波数が増加するとともに減少するため，最も小さな渦に含まれるエネルギーは最も小さい．

乱流流れ中の最も小さい運動のスケール（一般的な工業の流れでは，長さのオーダー

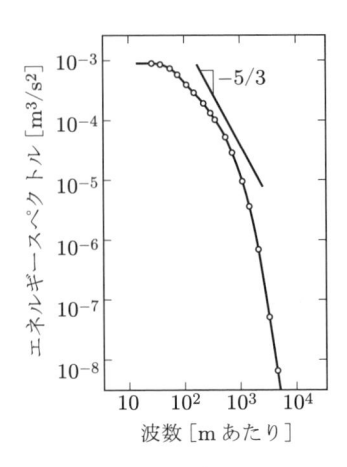

図 3.3 ある計算格子の乱れのエネルギースペクトル

が 0.1〜0.01 mm，周波数が 10 kHz 付近）は，粘性の影響に支配される．特性速度 v と特性長さ η に基づく最も小さい渦のレイノルズ数 Re_η は 1 に等しい（$Re_\eta = v\eta/\nu = 1$）ため，乱流流れに存在する最も小さいスケールは，慣性と粘性の大きさが等しい．これらのスケールは，1940 年代に乱流の構造に関する革新的な研究を行ったロシアの科学者にちなんで，コルモゴロフのマイクロスケールと名付けられている．これらのスケールでは，仕事は粘性応力に対してなされるため，小さなスケールの渦に関連するエネルギーは消散し，熱内部エネルギーに変換される．この消散により，乱流流れに関連したエネルギー損失が増加する．

　小さい渦と大きい渦の長さ，時間と速度スケールの比を求めるために，次元解析を用いることができる．乱流流れのエネルギーの消散率と流体の粘性で，コルモゴロフのマイクロスケールを記述することができる．ここでは，あらゆる乱流流れでは，無制限に乱流エネルギーが生成しないように，乱流エネルギーの生成速度はその消散率と大体つり合うという表現を用いる．これにより，次式に示す小さな渦の長さ，時間と速度スケール η, τ, v および大きな渦の長さ，時間，速度スケール l, T, ϑ の大きさの比のオーダーを推算する．

$$\text{長さスケール比} \quad \frac{\eta}{l} \approx Re_l^{-3/4} \tag{3.1a}$$

$$\text{時間スケール比} \quad \frac{\tau}{T} \approx Re_l^{-1/2} \tag{3.1b}$$

$$\text{速度スケール比} \quad \frac{v}{\vartheta} \approx Re_l^{-1/4} \tag{3.1c}$$

一般的な Re_l の値は 10^3〜10^6 であるため，小さな，消散する渦に関連する長さ，時

間と速度スケールは，大きなエネルギーをもつ渦よりもずっと小さく，その差，いわゆるスケール分離は Re_l の増加に伴い増加する．

大きな渦の挙動は粘性に依存せず，速度スケール ϑ と長さスケール l に依存する．そのため，次元からこれらの渦を含むエネルギースペクトルは $E(\kappa) \propto \vartheta^2 l$（ここで $\kappa = 1/l$）のように振る舞うことが期待される．長さスケール l は乱流生成過程，たとえば，境界層厚さ δ，物体の幅 L，表面粗さ k_s に関連するため，最も**大きな渦**の構造は非常に**非等方的**（すなわち，変動は異なる方向で異なる）で，問題の境界条件の影響を強く受けると考えられる．

コルモゴロフは，最も小さい渦の構造とそのエネルギースペクトルは，乱流エネルギーの消散率 ε（単位 m^2/s^3）と流体の動粘性係数 ν にのみ依存すると論じている．次元解析から，エネルギースペクトルの比例関係 $E(\kappa = 1/\eta) \propto \nu^{5/4}\varepsilon^{1/4}$ を得る．そのため，最も小さい渦のエネルギースペクトル $E(\kappa)$ はエネルギー消散率によってのみ問題に依存し，そのほかの問題の変数とは結び付かない．粘性の拡散挙動は小さいスケールで方向性がなくなる．そのため，高レイノルズ数の平均流れでは，乱流流れ中の**最も小さい渦**は等方的となる（方向性がなくなる）．

最後に，コルモゴロフは中間の大きさの渦の普遍的なスペクトルの性質を導き出した．これは（大きな渦として）粘性の影響を受けるには十分に大きく，（小さい渦として）エネルギーの消散率 ε の関数で表現することができる詳細な挙動としては小さい．これらの渦の大体の長さスケールは $1/\kappa$ であり，彼はこれらの渦のエネルギースペクトル，慣性小領域は，$E(\kappa) = \alpha \kappa^{-5/3} \varepsilon^{2/3}$ の関係を満足することを発見した．測定から $\alpha \approx 1.5$ となることが示されている．図 3.3 に，$-5/3$ の傾きをもつ直線を示す．大きな渦と小さな渦の重なりは $\kappa \approx 1000$ 付近に位置している．これは，測定が示しているように，スケール分離が慣性小領域に対して重要ではないことを表している．

3.2 層流から乱流流れへの遷移

層流流れの乱れに対する安定性を考えることで，初期の乱流への**遷移**の原因を説明することができる．非常に多くの理論的な研究の組織が，**流体力学的不安定性**への遷移の開始についての解析に注力している．多くの事例では，乱流への遷移はせん断流れに関連がある．線形の流体力学的安定性理論では，乱れが増幅する条件を特定しようという試みが行われている．工業的な背景では，乱れに生じるレイノルズ数 Re_crit（$= Ux_\text{crit}/\nu$）の値と，完全発達乱流流れへ遷移するレイノルズ数 Re_tr（$= Ux_\text{tr}/\nu$）の値にとくに興味がもたれている．

数学的な理論について説明することは，本書の目的から外れてしまう．White (1991)

は，有用な理論と実験を概説した．対象は非常に複雑であるが，その確認は層流から乱流流れへの遷移を引き起こす物理プロセスを明らかにする一連の実験につながる．本書の知識のほとんどは，2次元の非圧縮性流れに関する研究から始まっている．このような流れはすべて，比較的長い波長，すなわち，速度変化が生じる横方向距離の数倍（たとえば平板境界層の厚みの6倍）をもつ2次元の乱れに対して敏感である．

▶ **層流流れの流体力学的安定性**

層流流れには，基本的に異なる二つの不安定性の機構が作用する．これは，2次元層流の基本的な流れの速度分布の形状に関連する．図 3.4 (a) に示すように，変曲点を含む速度分布をもつ流れは，レイノルズ数が十分に大きい場合，無限小の乱れに関して常に不安定である．まず，乱れの発生を記述する式中に非粘性を仮定することで，この不安定性を確認する．次に，粘性の影響を考慮することによって理論を改善しても，その結果はほとんど変化しないため，この種の不安定性は**非粘性の不安定性**として知られている．図 3.4 (a) に示すこの種の速度分布は，噴流流れや混合層，後流に関連し，逆圧力勾配 $\partial p/\partial x > 0$ の影響を受ける平板境界層にも関連する．粘性の役割は変動を弱らせようとし，低レイノルズ数流れを安定化する．

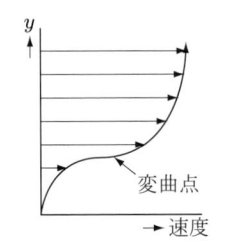

(a) 非粘性不安定性に影響を受ける速度分布

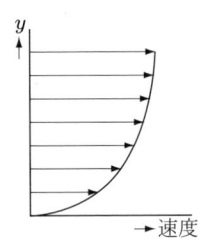

(b) 粘性不安定性に影響を受ける速度分布

図 3.4 2次元層流の速度分布

図 3.4 (b) に示す分布のような変曲点のない層流速度分布をもつ流れは，**粘性不安定性**を受けやすい．近似した非粘性理論では，これらの速度分布に対して無条件安定であり，これは円管，チャネルと境界層流れのような逆圧力勾配 $\partial p/\partial x \leq 0$ がない固体壁近傍の流れに関連がある．粘性の影響は，低レイノルズ数と高レイノルズ数で流れを減衰させる，より複雑な役割を果たすが，中間のレイノルズ数では流れの不安定化に影響を及ぼす．

▶ 乱流への遷移

最初に不安定性が生じる点は常に，完全な乱流流れに遷移する上流である．レイノルズ数が $Re_{x,\text{crit}}$ に等しい不安定な点と，$Re_{x,\text{tr}}$ に等しい遷移する点の距離は，不安定な乱れの増幅度合いに依存する．線形の流体力学的不安定性の理論によって，不安定性の点と遷移過程の始まりを予測することができる．しかし，初期の不安定性から完全乱流流れへの過程に関する理論はない．次に，主に実験で観察される三つの単純な流れ，噴流，平板境界層と管内流れの特徴について述べる．

▶ 噴流流れ：変曲点のある流れの例

一つ以上の変曲点をもつ流れは，一般に，約10以上のレイノルズ数すべてにおいて長波長の乱れを増幅する．噴流流れの概略図（図3.5）を考えることで，遷移過程を説明する．

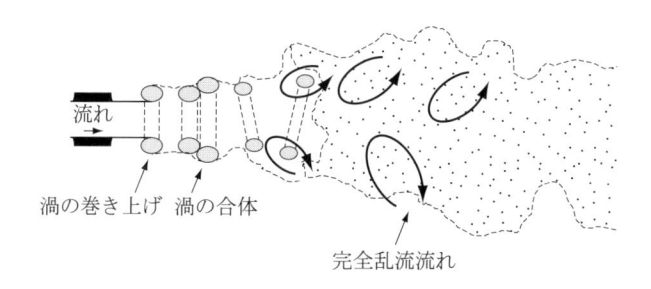

図 3.5 噴流における遷移

流れが開口部を出た後，層流流れは開口部に非常に近くで渦を巻く．その後，渦が組み合わさることで，より大きな単一の渦が生成される．さらに少し下流では，3次元の乱れが渦を大きく変形し，渦の区別がつかなくなる．流れは非常に多くの小さなスケールの渦を生成しながら崩壊する．そして，流れはすぐに完全乱流流れへと遷移する．混合層と物体後方の後流も同じような現象を示し，遷移と乱流流れを引き起こす．

▶ 平板境界層：変曲点のない流れの例

粘性の不安定性理論によると，変曲点のない速度分布をもつ流れでは，$Re_\delta = 1000$（δ は境界厚さ）近傍のレイノルズ数の領域で，無限小の流れが増幅される．平板上で発達する流れはこのような流れであり，この条件に対して遷移過程は広範囲にわたり研究されている．

正確な一連の現象は，流入する流れの乱れの度合いに敏感である．しかし，流れの系が非常に滑らかな条件を生成する場合，境界層流れから比較的長い波長の乱れへの

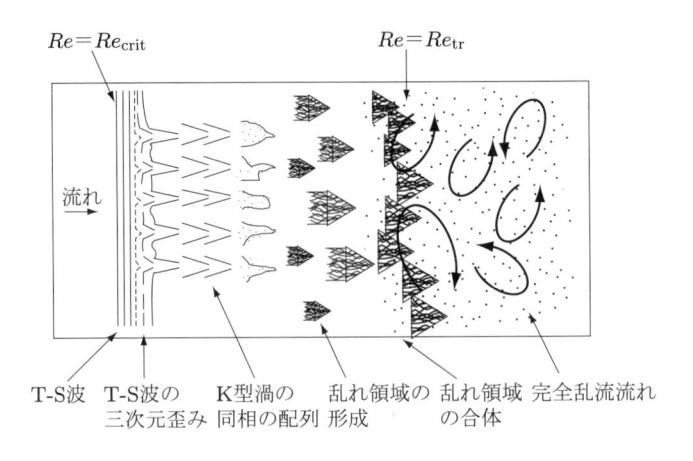

図3.6 平板上の境界層流れにおける遷移過程の模式図

(図中ラベル: $Re = Re_{\text{crit}}$, $Re = Re_{\text{tr}}$, 流れ, T-S波, T-S波の三次元歪み, K型渦の同相の配列, 乱れ領域形成, 乱れ領域の合体, 完全乱流流れ)

不安定性をはっきりとみることができる.遷移と完全乱流流れを引き起こす過程の概略図を図 3.6 に示す.

流入する流れが層流の場合,多くの実験から,初期の線形の不安定性が $Re_{x,\text{crit}} = 91000$ 程度で起こることが確認されている.不安定な 2 次元の乱れは,Tollmien-Schlichting (T-S) 波とよばれている.これらの乱れは流れの方向に増幅される.

その後の発達は,最大(線形)増幅の波の大きさに依存する.増幅が限られた範囲のレイノルズ数の範囲で起こるため,増幅された波は下流で減衰し,流れが層流になる場合がある.増幅が十分に大きい場合,二次で非線形の不安定性機構は,3 次元の,最終的に徐々に発達する U 字型の Λ 渦となる T-S 波を生じる.最も一般的な遷移の機構では,いわゆる K 型遷移,U 字型の渦を生成する.

U 字型の渦の前には,大きなせん断領域が誘導される.これは,その後,増幅し,引き延ばされ,巻き上げられる.その後の遷移過程の段階では,周波数スペクトルをもち,不規則で測定可能な流れのパラメータをもつ高いせん断層が次々と小さな群に崩壊する.非常に強く局所化した変化のある領域が,固体壁近傍で不規則な時間と場所で生成される.三角形の乱れの領域は,これらの場所から生成される.これらの乱れの領域は,流れとともに運ばれ,横に広がることで生成される.これにより,乱れた運動に寄与する層流の流体が増加する.

自然な平板境界層の遷移では,活性部位で乱れの領域が形成され,その後,流れによって下流に移動する異なる乱れの領域が結合する.これは,レイノルズ数が $Re_{x,\text{tr}} \approx 10^6$ で起こる.図 3.7 は,この過程を示す平板境界層の平面図のスナップショットである.

図 3.7　平板境界層の乱れの領域の合体と乱流への遷移［出典：Nakayama (1988)］

▶ 管内流れの遷移

　管内流れの遷移は，変曲点がない特別な種類の流れの例である．流体力学の安定性に関する粘性の理論では，これらの流れは，すべてのレイノルズ数において無限小乱れに対して無条件安定である．実際は，乱流への遷移は $Re\ (=UD/\nu)$ が $2000 \sim 10^5$ の間で起こる．粘性の詳細はいまだ不明であり，これは，現在の不安定性理論の限界を示している．

　理論が不完全な原因は，おそらく入口の速度分布の乱れによる働きと，入口の影響による有限の増幅する乱れである．実験から，管内の流れでは，平板境界層のように乱れの領域が壁近傍に現れることがわかっている．これらは増幅，融合し，その結果，乱流スラグを形成し，管の断面を埋め尽くす．産業用の管内流れでは，レイノルズ数 2000程度で乱流スラグが間欠的に形成され，管の長さに沿って乱流と層流が交互に現れる．レイノルズ数 2300 以上で乱流スラグは結合し，管全体を乱流流れで埋め尽くす．

▶ 最終的なコメント

　噴流や平板境界層と管内流れのこれまでの遷移の記述から，遷移過程には明らかに，(i) 初期の小さな乱れの増幅，(ii) 集中した渦構造がある領域の発達，(iii) 激しい小さなスケールの運動の領域の形成，(iv) 完全乱流流れへのこれら小さなスケールの運動の領域の成長と結合のように，多くの一般的な性質がある．

　乱流への遷移は，圧力勾配，乱れの度合い，壁の粗さと熱移動のような因子に強く影響される．マッハ数 0.7 程度の流れの大きな圧縮の影響が現れる影響により，安定性理論は非常に複雑になる．

　単純な流れから非常に多くのことを学んでいるにもかかわらず，遷移の幅広い理論

はない．スーパーコンピュータの技術の進化により，単純な形状に対して，乱れの小さい領域の形成を含む遷移に至るまでの現象と，完全に時間に依存したナビエ－ストークス式を解くことによって，中間のレイノルズ数の乱流をシミュレーションすることが可能である．Kleiser と Zang (1991) は，実験結果と彼らの計算が非常によく一致したことに焦点を当てた概説を示した．

工業的な目的に対して，遷移過程が流れに大きな領域に影響を及ぼす主な条件は，中間のレイノルズ数の外部境界層流れである．これは，ヘリコプターの回転翼と低速の航空機翼などの特定のターボ機械で起こる．Cebeci (1989) は，臨界レイノルズ数と遷移レイノルズ数を特定するために，線形の安定性解析を用いて壁から離れた非粘性と境界層の組合せに基づく工業的な計算方法を示した．遷移は初期の乱れの（任意の）増幅係数 e^9（≈ 8000）の地点で起こると考えられている．境界層の完全乱流部分に対する混合長モデル（3.6.1 項参照）を含む計算手順は，翼周りの計算に非常に効果的であるが，多くの経験による入力を必要とし，一般性に欠ける．

商用的に用いることができる汎用の数値流体力学の計算手順では，しばしば遷移全体を無視し，層流か完全乱流かを分類する．遷移領域は，しばしば流れの領域の非常に小さい領域であり，このような場合，その構造を無視することによる誤差は非常に小さい．

3.3 乱流流れの記述子

乱流流れ中のある 1 点の測定，すなわちホットワイヤー流速計（Comte-Bellot, 1976）や，レーザードップラー流速計（Buchhave ら，1979）を用いた速度の測定や，小さな変換器を用いたある 1 点の圧力の測定を考えよう．図 3.1 では，乱れが現れることにより，平均値についての速度成分の測定値の不規則変動が現れることがわかった．ほかの流れのすべての変数，すなわち，ほかのすべての速度成分，圧力，温度，密度などにも，時間に依存した挙動が現れる．レイノルズ分解により，その点での流れの変数 φ を，定常の平均成分 Φ と時間変化する変動成分 $\varphi'(t)$（ただし，その平均値はゼロである）の和，$\varphi(t) = \Phi + \varphi'(t)$ と定義する．時間平均 Φ を正式に定義することから始め，最も広く用いられている変動成分 φ' の統計的な記述子も定義する．

▶ 時間平均

流れの変数 φ の**平均** Φ は，次式のように定義される．

$$\Phi = \frac{1}{\Delta t} \int_0^{\Delta t} \varphi(t)\,dt \tag{3.2}$$

理論的には，無限大に近づく時間刻み Δt を用いるが，Δt が（最も大きな渦による）最も遅い変動に関連する時間スケールより大きい場合，式 (3.2) で示す過程から意味のある時間平均となる．時間に依存する流れでは，時刻 t における変数の平均値を，同じ実験を何回も繰り返して得た，瞬時の値を平均化した"アンサンブル平均"として取り扱う．

定義から，変動 φ' の時間平均はゼロである．

$$\overline{\varphi'} = \frac{1}{\Delta t} \int_0^{\Delta t} \varphi'(t)\,dt \equiv 0 \tag{3.3}$$

以降では，φ と φ' の時間依存性をはっきりとは記述しない．すなわち，$\varphi = \Phi + \varphi'$ のように記述する．

乱流流れの変数の変動成分の主な性質を，統計量の観点から最もコンパクトに表現する．

▶ 変動，r.m.s. と乱流エネルギー

平均値 Φ に関する変動 φ' の広がりを示すために用いる記述子は，**分散 (variance)** と**二乗平均平方根 (root mean squre (r.m.s.))** である．

$$\overline{(\varphi')^2} = \frac{1}{\Delta t} \int_0^{\Delta t} (\varphi')^2 dt \tag{3.4a}$$

$$\varphi_{\text{rms}} = \sqrt{\overline{(\varphi')^2}} \left[\frac{1}{\Delta t} \int_0^{\Delta t} (\varphi')^2 dt \right]^{1/2} \tag{3.4b}$$

速度成分の r.m.s. 値は，一般に最も簡単に測定でき，速度変動の平均の大きさを記述するため，とくに重要である．時間平均を施したナビエ–ストークス式を考える場合，3.5 節では，速度変動 $\overline{u'^2}$, $\overline{v'^2}$, $\overline{w'^2}$ に触れ，乱流渦によって生じる運動量流束に比例することがわかる．これらは，乱流流れ中の流体要素が受ける垂直応力を新たに生み出す．

これら分散の 0.5 倍は，さらに，速度の変動それぞれに含まれる単位質量あたりの平均運動エネルギーとして解釈される．ある位置における乱流の単位質量あたりの全運動エネルギー k を，次式のように記述することができる．

$$k = \frac{1}{2}\left(\overline{u'^2} + \overline{v'^2} + \overline{w'^2}\right) \tag{3.5}$$

乱流強度 T_i は，参照する平均流れの速度 U_{ref} で除した平均 r.m.s. 速度であり，次式のように乱流エネルギー k と結び付けられる．

$$T_i = \frac{\left(\frac{2}{3}k\right)^{1/2}}{U_{\text{ref}}} \tag{3.6}$$

▶ **異なる変動変数のモーメント**

分散は，変動の二次モーメントともよばれている．重要な変動の構造の詳細には，異なる対の変数が含まれる．たとえば，$\overline{\varphi'} = \overline{\psi'} = 0$ となる変数 $\varphi = \Phi + \varphi'$ と $\psi = \Psi + \psi'$ を考える．それらの**二次のモーメント**は，次式で定義される．

$$\overline{\varphi'\psi'} = \frac{1}{2}\int_0^{\Delta t} \varphi'\psi' \, \mathrm{d}t \tag{3.7}$$

異なる方向の速度の変動が独立した不規則変動をする場合，速度成分の二次モーメント $\overline{u'v'}$，$\overline{u'w'}$，$\overline{v'w'}$ はゼロになる．しかし，これまでみてきたように，乱流は，渦の流れの構造が現れることに関連があり，生じる速度成分はカオスであるが独立していないため，二次モーメントはゼロにはならない．3.5 節では，時間平均を施した $\overline{u'v'}$，$\overline{u'w'}$，$\overline{v'w'}$ に再度触れる．これらは，乱流流れ中で流体要素が受けるせん断応力と非常に密接している乱流の運動量流束を表す．圧力–速度モーメント $\overline{p'u'}$，$\overline{p'v'}$ などは，乱流エネルギーの拡散で重要な役割を果たす．

▶ **高次モーメント**

高次モーメントから，さらに変動の分布に関連する情報を得ることができる．とくに，三次と四次のモーメントは，それぞれ歪度（非対称）と尖度（峰性）に関連がある．

$$\overline{(\varphi')^3} = \frac{1}{\Delta t}\int_0^{\Delta t} (\varphi')^3 \mathrm{d}t \tag{3.8}$$

$$\overline{(\varphi')^4} = \frac{1}{\Delta t}\int_0^{\Delta t} (\varphi')^4 \mathrm{d}t \tag{3.9}$$

▶ **時間と空間の相関関数**

異なる時間の変動の関係を考察することで，変動の構造に関連するさらに詳細な情報を得ることができる．**自己相関**関数 $R_{\varphi'\varphi'}(\tau)$ は，次式のように定義される．

$$R_{\varphi'\varphi'}(\tau) = \overline{\varphi'(t)\varphi'(t+\tau)} = \frac{1}{\Delta t}\int_0^{\Delta t} \varphi'(t)\varphi'(t+\tau) \, \mathrm{d}t \tag{3.10}$$

同様にして，空間をある距離だけ隔てた二つの値に基づき，さらに自己相関関数 $R_{\varphi'\varphi'}(\xi)$ を定義することができる．

$$R_{\varphi'\varphi'}(\xi) = \overline{\varphi'(\mathbf{x},t)\varphi'(\mathbf{x}+\xi,t)} = \frac{1}{\Delta t}\int_0^{\Delta t} \varphi'(\mathbf{x},t')\varphi'(\mathbf{x}+\xi,t') \, \mathrm{d}t' \tag{3.11}$$

時間差 τ（あるいは移動距離 ξ）がゼロの場合，二つの寄与には完全な相関があるため，自己相関関数 $R_{\varphi'\varphi'}(0)$（あるいは $R_{\varphi'\varphi'}(\mathbf{0})$）がちょうど分散 $\overline{\varphi'^2}$ に対応し，最大値となる．変動 φ' の挙動は，乱流流れではカオスであるため，$\tau \to \infty$（あるいは $|\xi| \to \infty$）に伴い，変動には徐々に相関がなくなる．そのため，時間あるいは空間の相関関数の値は減少し，ゼロになる．乱れが原因となって生じる渦は，流れの中にある程度の構造を形成するため，時刻 t と少し後の時間，あるいはある位置 $\mathbf{x}$ と少し離れた距離の間には相関があるだろう．非相関過程は，ある渦の寿命（あるいは大きさ）に対して起こる．時間経過 τ の関数である $R_{\varphi'\psi'}(\tau)$，あるいは変位ベクトル ξ の成分中のある方向の距離の関数である $R_{\varphi'\varphi'}(\xi)$ を用いて自己相関関数を積分することで，具体的な平均周期の値，あるいは乱流渦の大きさを再現する積分時間や長さスケールを計算することができる．

相似性から，時間経過 τ を関数とする $R_{\varphi'\psi'}(\tau)$ あるいは式 (3.10)，(3.11) 中の二つ目の φ' を ψ' で置き換えた，異なる対の変動の**相互相関関数** $R_{\varphi'\psi'}(\xi)$ を定義することができる．

▶ 確率密度関数

最後に，**確率密度関数** $P(\varphi^*)$ について述べる．これは，φ^* と $\varphi^* + \mathrm{d}\varphi^*$ の間に広がる変動の時間の割合に関連がある．

$$P(\varphi^*)\,\mathrm{d}\varphi^* = \mathrm{Prob}(\varphi^* < \varphi < \varphi^* + \mathrm{d}\varphi^*) \tag{3.12}$$

変数の平均，分散と高次モーメントとその変動は，次式のように確率密度関数に関連付けられる．

$$\overline{\varphi} = \int_{-\infty}^{\infty} \varphi P(\varphi)\,\mathrm{d}\varphi \tag{3.13a}$$

$$\overline{(\varphi')^n} = \int_{-\infty}^{\infty} (\varphi')^n P(\varphi')\,\mathrm{d}\varphi' \tag{3.13b}$$

式 (3.13b) 中で，φ' を求めるために $n=2$ を，高次モーメントを求めるために $n=3,4,\cdots$ を用いることができる．燃焼のモデリングで広範囲にわたって確率密度関数を用いることができ，第 12 章でこれらについて再び触れる．

3.4 単純な乱流流れの特徴

乱流流れのほとんどの理論は，はじめは薄いせん断層の乱流の構造に対する丁寧な実験によって発展した．このような流れでは，大きな速度変化は薄い領域で起こる．

もっと正確に記述すると，流れに平行な x 方向の流れの変数の変化の速度は，流れに垂直な y 方向の変化と比較して無視される（$\partial \phi/\partial x \ll \partial \phi/\partial y$）．さらに，流れに垂直な速度変化が生じる領域の厚さ δ は，常に流れに平行な方向のどんな長さスケール L と比較しても短い（$\delta/L \ll 1$）．まずはじめに，圧力一定の単純な2次元の非圧縮乱流流れのいくつかの性質を概説する．ここでは，以下に示す流れについて説明する．

自由乱流の流れ
- 混合層
- 噴流
- 後流

固体壁近傍の境界層
- 平面境界層
- 円管内流れ

また，平均速度分布 $U = U(y)$ と関連がある二次モーメント $\overline{u'^2}$, $\overline{v'^2}$, $\overline{w'^2}$, $\overline{u'v'}$ に対するデータを概説する．

■ 3.4.1　自由乱流流れ

　工業的に非常に重要な流れのうち，最も単純な流れは，自由乱流の流れに分類されるものであり，それらには混合層，噴流，後流などがある．混合層は一方が速く，もう一方がゆっくり動く流体二つの領域の界面で形成される．噴流では，大きな速度の流れの領域が，よどんだ流体に完全に囲まれる．後流は流れ中の物体の後方に形成されるため，ここでは，ゆっくり動く領域は速く動く流体に囲まれる．図3.8は，これらの自由流れに対して流れ方向の平均速度の分布の発達を示したものである．

　これら三つの流れでは，最初に薄い層を横切る速度の変化が重要であることは明らかである．最初に異なる流れが出会う地点から，流れ方向の非常に短い距離で乱流へ

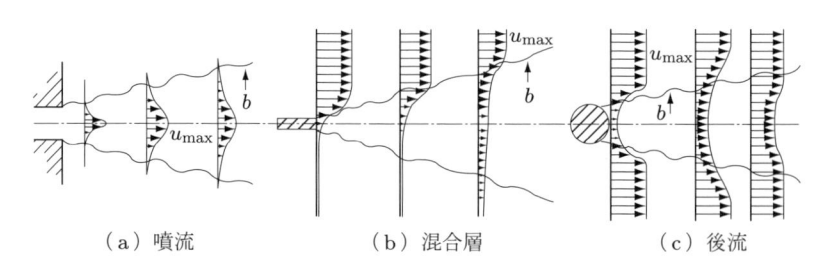

図 **3.8**　自由乱流流れ

の遷移が起こる．乱れにより，速度変化が起こる領域を横切って，近くの流体の層の活発な混合と急激な広がりが生じる．

　図3.9は，噴流流れを可視化したものである．流れの乱れ部分には，広い範囲の長さスケールが含まれていることがすぐにわかる．流れを横切る幅に相当する大きな渦が，非常に小さい渦と同時に生成している．

図3.9 噴流流れの可視化［出典：Van Dyke (1982)］

　可視化したことにより，噴流領域の内部流れは完全に乱流であるが，噴流から離れた外側の領域の流れは滑らかであり，乱流の影響をほとんど受けていないことがわかる．乱流領域の端の位置は，（時間に依存した）個々の大きな渦が通過する領域で決定される．端に近づくと，これらは時々周囲の領域に突き抜ける．**間欠（intermittency）** とよばれる外側の領域の乱流の活動が起こる間，周囲から乱流領域に流体が引き込まれる．この過程は**同伴（entrainment）** とよばれ，（壁境界層を含む）乱流流れが広がる主な原因である．

　最初に速く動く噴流流れは，動かない周囲の流体を加速し，運動量を失う．周囲の流体を同伴することにより，速度勾配の大きさは流れの方向に小さくなる．これにより，中心線の噴流の平均速度が減少する．同じように，後流の流体の速度と速く動く周囲の流体の差は，流れの方向に減少する．混合層では，速度変化を含む層の厚みは

流れ方向に増加し続けるが，外側の領域二つの全体の速度差は変わらない．

このような乱流の多くの実験的な観察から，ある距離より先では，これらの構造は流れの源の性質に依存しないことがわかっている．局所の環境のみが流れ中の乱流を制御するようである．妥当な流れスケールは，流れに垂直な方向の層の厚さ（あるいは半分の厚さ）b である．y が流れに垂直な方向の距離の場合，次式のようになることがわかっている．

$$\boxed{\frac{U - U_{\min}}{U_{\max} - U_{\min}} = f\left(\frac{y}{b}\right)} \quad \boxed{\frac{U}{U_{\max}} = g\left(\frac{y}{b}\right)} \quad \boxed{\frac{U_{\max} - U}{U_{\max} - U_{\min}} = h\left(\frac{y}{b}\right)} \quad (3.14)$$

　　　混合層の場合　　　　　　噴流の場合　　　　　　後流の場合

これらの式中の $U_{\max}$ と $U_{\min}$ は，源から下流に距離 x の位置における最大と最小の平均速度である（図3.8参照）．そのため，これら局所の平均速度のスケールを選び，x が十分に大きい場合，関数 f, g, h は流れ方向の距離 x に依存しない．このような流れは**自己保存**とよばれている．

平均速度より流れの源からかなり離れた位置では，乱流構造も自己保存状態に達する．

$$\boxed{\frac{\overline{u'^2}}{U_{\text{ref}}^2} = f_1\left(\frac{y}{b}\right)} \quad \boxed{\frac{\overline{v'^2}}{U_{\text{ref}}^2} = f_2\left(\frac{y}{b}\right)} \quad \boxed{\frac{\overline{w'^2}}{U_{\text{ref}}^2} = f_3\left(\frac{y}{b}\right)} \quad \boxed{\frac{\overline{u'v'}}{U_{\text{ref}}^2} = f_4\left(\frac{y}{b}\right)} \quad (3.15)$$

速度スケール U_{ref} は，先ほどのように，混合層の場合 ($U_{\max} - U_{\min}$)，噴流の場合 $U_{\max}$ である．関数 f, g, h, f_i の正確な形は流れによって異なる．図3.10に，混合層（Champagneら，1976），噴流（GutmarkとWygnanski，1976）と後流流れ（Wygnanskiら，1986）に対する平均速度と乱流データを示す．

乱流生成とせん断平均流れの関係に注目し，平均速度の勾配が最も大きい領域で $\overline{u'^2}$, $\overline{v'^2}$, $\overline{w'^2}$, $-\overline{u'v'}$ は最も大きな値となる．先ほど示した流れでは，成分 u' から最も大きな垂直応力を生じ，そのr.m.s.値は，局所の最大平均流れの速度の最大15〜40%となる．変動速度は等しくないという事実から，乱流の非等方的な構造となる．

$|y/b|$ が1に近づくにつれ，速度勾配と速度変動はすべてゼロに近づく．乱流の性質は**非等方的**になるということに注意しなければならない．せん断がないということは，乱れがその領域にとどまることができないことを意味する．

平均速度勾配は，噴流や後流の中心線上ではゼロであるため，そこでは乱流は生成されない．それにもかかわらず，渦が乱れを多く生成する領域から中心線を横切って乱れた流体を輸送するため，$\overline{u'^2}$, $\overline{v'^2}$, $\overline{w'^2}$ の値はあまり減少しない．対称性により符号が変化するため，$-\overline{u'v'}$ の値は，噴流や後流流れの中心線上ではゼロにならなければならない．

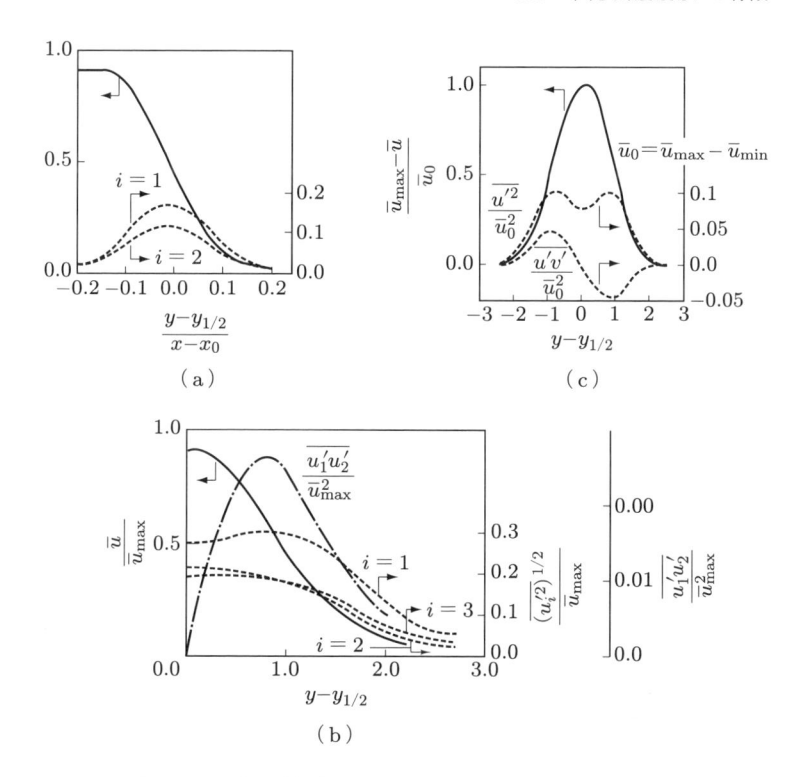

図 3.10 非圧縮混合層，噴流と後流に対する平均速度と二次モーメント $\overline{u'^2}$, $\overline{v'^2}$, $\overline{w'^2}$, $-\overline{u'v'}$ の分布

3.4.2 平板境界層と管内流れ

次に，固体壁近傍の二つの乱流流れの性質について調べる．固体境界が存在するため，流れの挙動と乱流の構造は，自由乱流の流れとは大きく異なる．次元解析は，実験データと相関をとるのに非常に役に立つ．乱流の薄いせん断層流れにおける流れ方向（あるいは円管の半径）の長さスケール L に基づくレイノルズ数 Re_L は，常にとても大きい（たとえば，$U = 1\,\mathrm{m/s}$, $L = 1\,\mathrm{m}$, $\nu = 10^{-6}\,\mathrm{m^2/s}$ で $Re_L = 10^5$ である）．これにより，これらのスケールでは，慣性力は粘性応力より圧倒的に大きい．

壁からの距離 y に基づくレイノルズ数（$Re_y = Uy/\nu$）を用い，y の値が L と同じオーダーの場合の説明を続ける．慣性力は，壁から遠くの流れで支配的になる．しかし，y がゼロに減少するにつれ，y に基づくレイノルズ数もゼロに減少する．y がゼロに近づく直前，Re_y のオーダーが1になる y の値の範囲がある．この壁からの距離とさらに近傍では，粘性力が慣性力と同じオーダー，あるいは慣性力より大きくなる．つまり，固体境界に沿う流れでは，一般に，壁から離れた慣性力支配の流れの領域と粘

性の影響が重要となる薄い層がある．

壁に近づくと，流れは粘性の影響を受け，自由流れのパラメータには依存しない．平均流れの速度は，壁からの距離 y，流体の密度 ρ と，壁のせん断応力 τ_w にのみ依存する．そのため，次式のように考えることができる．

$$U = f(y, \rho, \mu, \tau_w)$$

また，次元解析から，次式が示される．

$$\boxed{u^+ = \frac{U}{u_\tau} = f\left(\frac{\rho u_\tau y}{\mu}\right) = f(y^+)} \tag{3.16}$$

式 (3.16) は**壁法則**（**law of the wall**）とよばれ，この式により，重要な無次元変数 u^+ と y^+ が定義される．適切な速度スケールは $u_\tau = \sqrt{\tau_w/\rho}$ であり，これは，いわゆる摩擦速度である．

壁から離れた場所では，この場所の速度が粘性自体の影響ではなく，壁のせん断応力の値により，壁の影響を遅れて受けることが期待される．この領域に適した長さスケールは，境界層厚さ δ である．この領域では，

$$U = g(y, \delta, \rho, \tau_w)$$

と考えることができる．また，次元解析から，次式が示される．

$$u^+ = \frac{U}{u_\tau} = g\left(\frac{y}{\delta}\right)$$

境界層の端，あるいは円管の中心線に近づくほど減少する速度差 $U_{\max} - U$ に起因する壁のせん断応力に注目すると，次の最も有用な式を得る．

$$\boxed{\frac{U_{\max} - U}{u_\tau} = g\left(\frac{y}{\delta}\right)} \tag{3.17}$$

この式は，**速度欠損則**（**velocity defect law**）とよばれている．

▶ 線形底層または粘性底層——滑らかな壁に接した流体層

固体壁では流体は静止している．乱流渦の運動も，壁の非常に近くでは静止しなければならず，壁に最も近い流体の挙動は粘性の影響に支配される．この**粘性底層**（**viscos sub-layer**）は実際には非常に薄く（$y^+ < 5$），せん断応力はおおむね一定で，層の壁のせん断応力と等しい．そのため，

$$\tau(y) = \mu \frac{\partial U}{\partial y} \cong \tau_w$$

とみなせる．これを y に関して積分し，$y=0$ で $u=0$ の境界条件を適用すると，平均速度と壁からの距離の関係を得る．

$$U = \frac{\tau_w y}{\mu}$$

また，簡単な代数操作と u^+，y^+ の定義式を用いると，次式が示される．

$$\boxed{u^+ = y^+} \tag{3.18}$$

速度と壁からの距離の線形な関係により，壁近傍の流体層は**線形底層（linear sub-layer）**としても知られている．

▶ 対数則層——滑らかな壁に近い乱流領域

粘性底層の外側（$30 < y^+ < 500$）には，粘性と乱流の影響が両方とも重要となる領域がある．せん断応力 τ は壁からの距離とともにゆっくり変化し，この領域内では一定で，壁のせん断応力と等しいと仮定する．長さスケールに関して，さらに仮定（混合長 $l_m = \kappa y$，3.7.1 項と Schlichting, 1979 参照）を一つすることで，正確な次元をもつ u^+ と y^+ の関数関係を導出することができる．

$$\boxed{u^+ = \frac{1}{\kappa}\ln(y^+) + B = \frac{1}{\kappa}\ln(Ey^+)} \tag{3.19}$$

定数の値は実験から見つけることができる．カルマン定数は $\kappa \approx 0.4$ であり，滑らかな壁に対しては定数 $B \approx 0.5$（あるいは $E \approx 9.8$）となる．壁の表面粗さにより B の値は減少する．κ と B は，高レイノルズ数で滑らかな壁を通過する乱流流れすべてに対して妥当な普遍定数である．u^+ と y^+ の対数関係から，式 (3.18) は，しばしば**対数則**とよばれ，y^+ が 30〜500 の層は**対数則層**とよばれている．

▶ 外部層——壁から離れた慣性支配の領域

実験による測定から，対数則は $0.02 < y/\delta < 0.2$ の領域で妥当である．y の値が大きい場合，速度欠損則の式 (3.17) から正しい形を得ることができる．重なる領域では，対数則と速度欠損則は等しくなければならない．Tennekes と Lumley (1972) は，次式の対数の形を仮定することで，重なりを一致させることができることを示した．

$$\boxed{\frac{U_{\max} - U}{u_\tau} = -\frac{1}{\kappa}\ln\left(\frac{y}{\delta}\right) + A} \tag{3.20}$$

ここで，A は定数である．速度欠損則は，しばしば**後流則（law of the wake）**ともよばれる．

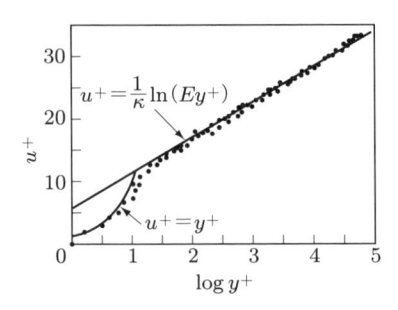

図 3.11 固体壁近傍の速度分布［出典：Schlichting, H. (1979), *Boundary Layer Theory*, 7th edn., McGraw-Hill 社の許可を得て再現］

Schlichting (1979) の図 3.11 から，それぞれの領域で理論的な式 (3.18)，(3.19) は，実験結果と一致していることがわかる．

固体表面に近い乱流境界層は，二つの領域からなる．

- 内部領域：壁の層の厚みの全体の 10〜20% であり，せん断応力はほとんど一定で，壁のせん断応力 τ_w と等しい．この領域内には三つの領域が存在する．
    - 内部層：粘性応力が表面に近い流れを支配する
    - バッファ層：粘性と乱流応力が同じような大きさとなる
    - 対数層：乱流（レイノルズ）応力が支配する
- 外部領域あるいは後流則の層：壁から離れた慣性力支配の中心の流れである．直接粘性の影響を受けない．

図 3.12 に，一定圧力を与えた平板境界層に対する平均速度と，乱流の変数の分布のデータを示す（Klebanoff, 1995）．平均速度は壁から離れた場所で最大になり，すべりなし条件により，$y/\delta \leq 0.2$ で急激に減少する．**乱れの生成が活発になる大きな平均**

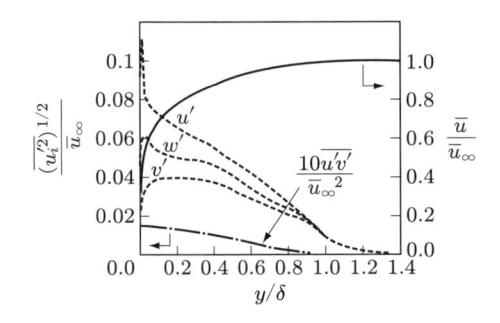

図 3.12 平板境界層に対する平均速度と二次モーメント $\overline{u'^2}$, $\overline{v'^2}$, $\overline{w'^2}$, $-\overline{u'v'}$ の分布

速度の勾配のある壁近傍で，$\overline{u'^2}$, $\overline{v'^2}$, $\overline{w'^2}$, $-\overline{u'v'}$ の値は大きくなる．しかし，渦の運動と関連する速度変動も，壁のすべりなし条件に支配される．そのため，乱流応力はこの領域ですべて急激にゼロに減少する．生成過程では主に成分 $\overline{u'^2}$ が生成されるため，乱流は壁近傍で**非常に非等方的**となる．その証拠に，図 3.12 では，これが平均二乗変動のうち最も大きい．

平板平面境界層の場合，乱流の変数は，y/δ が 0.8 以上に増加するにつれて漸近的にゼロに向かう．乱流構造が壁から離れると等方性を示し，変動する速度すべての r.m.s. 値はほぼ等しくなる．一方，管内流れでは，渦の運動は，生成の活発な領域から中心線を横切って乱れを輸送する．そのため，r.m.s. 変動は円管の中心で比較的大きい．対称性より，$-\overline{u'v'}$ の値はゼロになり，中心線で符号が変わる．

多層構造は，固体表面の乱流境界層の普遍的な性質である．Monin と Yaglom (1971) は，壁近傍の領域の Klebanoff (1955) と Laufer (1952) のデータをプロットし，正しい速度スケール u_τ を用いてこれらを無次元化した．その結果，普遍的な速度分布だけでなく，平面平板と円管に対する二次モーメント $\overline{u'^2}$, $\overline{v'^2}$, $\overline{w'^2}$, $-\overline{u'v'}$ も一つの曲線となることを発見した．これらの異なる層の間には，さまざまな分布が滑らかにつながる中間領域がある．興味がある読者は，内部領域，対数則，後続則層全部を対象とする式を含む詳細を，Schlichting (1979) と White (1991) でみることができる．

■ 3.4.3 まとめ

多くの 2 次元の乱流流れの性質を概説したことで，さまざまな一般的な性質が明らかになった．乱れは平均流れ中のせん断により生成し，保持される．せん断が大きい場所では，r.m.s. 速度変動のような乱流の変数は大きく，その分布は平均流れ中で大きな変動とともに非等方的になる．せん断がなかったり，せん断を保持する作用がない場合，乱れはその過程で消散し，より等方的となる．これらの一般的な性質にもかかわらず，これらの比較的単純な薄いせん断流れ中でさえ，乱流構造の詳細は流れ自体に大きく依存することが明らかになった．固体壁近傍の領域では，壁の摩擦によるせん断と壁に平行な乱流の速度変動によって構造が支配される．これにより，壁近傍の非常に狭い領域において，速度の平均成分と変動成分が急激に変化するという複雑な流れの構造が生じる．工業的な流れのほとんどには固体境界が含まれているため，これらによって生成する乱流の構造は大きく形状に依存する．工業的な流れの計算には，これらの影響すべてと，さらに，乱流と体積力の相互作用を解像する高精度で一般的な乱流の表現が含まれなければならない．

3.5 乱流変動が平均流れの性質に及ぼす影響

本節では，乱流流れの時間平均を施した性質を支配する流れの式を導出する．導出する前に，乱流変動が現れる影響の物理的な原理を簡単に調べる．

図3.13で，y方向の平均速度の勾配がある，x軸に平行な2次元乱流せん断流れ中のコントロールボリュームを考える．そこでは，渦の運動により強力な混合が生じる．コントロールボリュームの境界近傍を通過する渦による不規則な流れが，境界を通過して流体を輸送する．これらの再循環する流体の運動では，質量を生成したり消失したりすることはないが，渦によって輸送される流体はコントロールボリューム内外に運動量とエネルギーを運ぶ．速度勾配が存在することにより，負のy方向の速度をもつ変動がx方向の運動量をもつ．これにより，上の境界を通過してコントロールボリューム内に流体が徐々に運ばれ，下の境界を通過してゆっくり動く流体の領域にコントロールボリュームの流体が輸送される．この様子を，図3.13に示す．同様に，正のy方向の速度の変動は，平均的にゆっくり動く流体を速度が大きい領域に運ぶ．最終的に，流体の渦によって起こる対流の輸送による**運動量交換**となり，これにより速く動く流体の層は減速され，遅く動く流体は加速される．この結果，流体の層はさらに，**レイノルズ応力**（Reynolds stress）として知られる乱流せん断応力を受ける．温度勾配や濃度勾配がある場合，渦の運動はコントロールボリュームを通過する乱流の**熱流束**や，**化学種の濃度流束**も生成する．このことから，運動量やエネルギー保存式は，変動が現れることに影響を受けることがわかる．

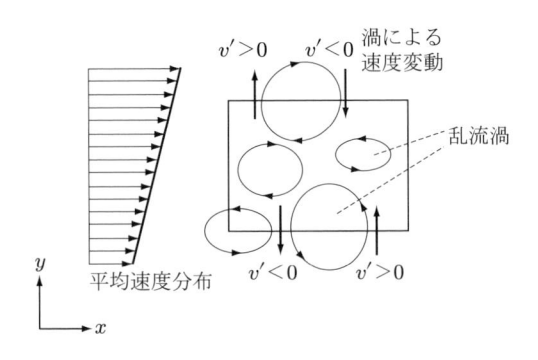

図3.13 2次元乱流せん断流れ内のコントロールボリューム

▶ レイノルズ平均を施した非圧縮性流れに対するナビエ–ストークス式

次に，粘度一定の非圧縮性流れの平均流れの式に対する乱流変動の影響を調べる．これらの仮定から，主旨を損なうことなく代数を単純化する．変動する変数 $\varphi = \Phi + \varphi'$

と $\psi = \Psi + \psi'$ の時間平均値を支配する式と，これらの総和と微分および積分を求めることから始める．

$$\overline{\varphi'} = \overline{\psi'} = 0 \qquad \overline{\Phi} = \Phi \qquad \overline{\frac{\partial \varphi}{\partial s}} = \frac{\partial \Phi}{\partial s} \qquad \overline{\int \varphi \, ds} = \int \Phi \, ds$$
$$\overline{\varphi + \psi} = \Phi + \Psi \qquad \overline{\varphi \psi} = \Phi \Psi + \overline{\varphi' \psi'} \qquad \overline{\varphi \Psi} = \Phi \Psi \qquad \overline{\varphi' \Psi} = 0 \tag{3.21}$$

時間平均操作自体が積分であることに注意し，式 (3.2), (3.3) を適用することで，これらの関係を簡単に確かめることができる．時間平均と総和，さらに積分と微分の順序を変更することができるため，これは**交換則**とよばれる．

div と grad はともに微分であるため，この法則を変動するベクトル量 $\mathbf{a} = \mathbf{A} + \mathbf{a}'$ と，変動するスカラー $\varphi = \Phi + \varphi'$ の組合せにも拡張することができる．

$$\overline{\text{div}\, \mathbf{a}} = \text{div}\, \mathbf{A} \qquad \overline{\text{div}(\varphi \mathbf{a})} = \text{div}(\overline{\varphi \mathbf{a}}) = \text{div}(\Phi \mathbf{A}) + \text{div}(\overline{\varphi' \mathbf{a}'})$$
$$\overline{\text{div}\, \text{grad}\, \varphi} = \text{div}\, \text{grad}\, \Phi \tag{3.22}$$

直交座標系における，瞬時の連続の式とナビエ–ストークス式を考えると，速度ベクトル $\mathbf{u}$ には，x 成分の u, y 成分の v と z 成分の w がある．

$$\text{div}\, \mathbf{u} = 0 \tag{3.23}$$

$$\frac{\partial u}{\partial t} + \text{div}(u\mathbf{u}) = -\frac{1}{\rho}\frac{\partial p}{\partial x} + \nu\, \text{div}(\text{grad}\, u) \tag{3.24a}$$

$$\frac{\partial v}{\partial t} + \text{div}(v\mathbf{u}) = -\frac{1}{\rho}\frac{\partial p}{\partial y} + \nu\, \text{div}(\text{grad}\, v) \tag{3.24b}$$

$$\frac{\partial w}{\partial t} + \text{div}(w\mathbf{u}) = -\frac{1}{\rho}\frac{\partial p}{\partial z} + \nu\, \text{div}(\text{grad}\, w) \tag{3.24c}$$

この連立方程式はあらゆる乱流流れを支配するが，ここでは，式 (3.23) と式 (3.24) にレイノルズ分解を用いて変動が平均流れに及ぼす影響を検討し，流れの変数 $\mathbf{u}$（すなわち u, v, w）と p を，平均成分と変動成分の和で置き換える．すなわち，次式のように置き換える．

$$\mathbf{u} = \mathbf{U} + \mathbf{u}' \qquad u = U + u' \qquad v = V + v' \qquad w = W + w' \qquad p = P + p'$$

次に，式 (3.21), (3.22) で示す規則を適用し，時間平均を施す．連続の式 (3.23) を考え，まず，$\overline{\text{div}\, \mathbf{u}} = \text{div}\, \mathbf{U}$ とする．これにより，**平均流れに対する連続の式**を得る．

$$\boxed{\text{div}\, \mathbf{U} = 0} \tag{3.25}$$

これから x 方向の運動量保存式 (3.24a) に同じ方法を適用する．この式の項それぞれの時間平均を，次式のように記述することができる．

$$\overline{\frac{\partial u}{\partial t}} = \frac{\partial U}{\partial t} \qquad\qquad \overline{\mathrm{div}(u\mathbf{u})} = \mathrm{div}(U\mathbf{U}) + \mathrm{div}(\overline{u'\mathbf{u}'})$$

$$\overline{-\frac{1}{\rho}\frac{\partial p}{\partial x}} = -\frac{1}{\rho}\frac{\partial P}{\partial x} \qquad\qquad \overline{\nu\,\mathrm{div}(\mathrm{grad}\,u)} = \nu\,\mathrm{div}(\mathrm{grad}\,U)$$

これらの結果を代入すると，時間平均を施した x 方向の運動量保存式を得る．

$$\frac{\partial U}{\partial t} + \mathrm{div}(U\mathbf{U}) + \mathrm{div}(\overline{u'\mathbf{u}'}) = -\frac{1}{\rho}\frac{\partial P}{\partial x} + \nu\,\mathrm{div}(\mathrm{grad}\,U) \qquad (3.26\mathrm{a})$$
$$\ \ \ (\mathrm{I}) \qquad\ \ (\mathrm{II}) \qquad\quad (\mathrm{III}) \qquad\quad (\mathrm{IV}) \qquad\quad (\mathrm{V})$$

式 (3.24b)，(3.24c) にこの方法を繰り返すと，時間平均を施した y 方向の運動量保存式と時間平均を施した z 方向の運動量保存式を得る．

$$\frac{\partial V}{\partial t} + \mathrm{div}(V\mathbf{U}) + \mathrm{div}(\overline{v'\mathbf{u}'}) = -\frac{1}{\rho}\frac{\partial P}{\partial y} + \nu\,\mathrm{div}(\mathrm{grad}\,V) \qquad (3.26\mathrm{b})$$
$$\ \ \ (\mathrm{I}) \qquad\ \ (\mathrm{II}) \qquad\quad (\mathrm{III}) \qquad\quad (\mathrm{IV}) \qquad\quad (\mathrm{V})$$

$$\frac{\partial W}{\partial t} + \mathrm{div}(W\mathbf{U}) + \mathrm{div}(\overline{w'\mathbf{u}'}) = -\frac{1}{\rho}\frac{\partial P}{\partial z} + \nu\,\mathrm{div}(\mathrm{grad}\,W) \qquad (3.26\mathrm{c})$$
$$\ \ \ (\mathrm{I}) \qquad\ \ (\mathrm{II}) \qquad\quad (\mathrm{III}) \qquad\quad (\mathrm{IV}) \qquad\quad (\mathrm{V})$$

式 (3.26) 中の項 (I)，(II)，(IV)，(V) は瞬時の式 (3.24) にも現れるが，時間平均の方法により，時間平均を施した運動量保存式に新たな項 (III) が導入される．平均速度成分 U，V，W に追加される乱流応力としてこれらの役割を反映させるため，これらの項を，式 (3.26) の右辺に移項するのが慣例である．式 (3.26) を書き換えると，次式のようになる．

$$\boxed{\begin{aligned}\frac{\partial U}{\partial t} + \mathrm{div}(U\mathbf{U}) &= -\frac{1}{\rho}\frac{\partial P}{\partial x} + \nu\,\mathrm{div}(\mathrm{grad}\,U) \\ &\quad + \frac{1}{\rho}\left[\frac{\partial(-\rho\overline{u'^2})}{\partial x} + \frac{\partial(-\rho\overline{u'v'})}{\partial y} + \frac{\partial(-\rho\overline{u'w'})}{\partial z}\right]\end{aligned}} \qquad (3.27\mathrm{a})$$

$$\boxed{\begin{aligned}\frac{\partial V}{\partial t} + \mathrm{div}(V\mathbf{U}) &= -\frac{1}{\rho}\frac{\partial P}{\partial y} + \nu\,\mathrm{div}(\mathrm{grad}\,V) \\ &\quad + \frac{1}{\rho}\left[\frac{\partial(-\rho\overline{u'v'})}{\partial x} + \frac{\partial(-\rho\overline{v'^2})}{\partial y} + \frac{\partial(-\rho\overline{v'w'})}{\partial z}\right]\end{aligned}} \qquad (3.27\mathrm{b})$$

$$\boxed{\begin{aligned}\frac{\partial W}{\partial t} + \mathrm{div}(W\mathbf{U}) &= -\frac{1}{\rho}\frac{\partial P}{\partial z} + \nu\,\mathrm{div}(\mathrm{grad}\,W) \\ &\quad + \frac{1}{\rho}\left[\frac{\partial(-\rho\overline{u'w'})}{\partial x} + \frac{\partial(-\rho\overline{v'w'})}{\partial y} + \frac{\partial(-\rho\overline{w'^2})}{\partial z}\right]\end{aligned}} \qquad (3.27\mathrm{c})$$

追加される応力項を，構造がわかるように展開して記述する．この結果，応力が六つ

追加され，それらは，次の垂直応力三つと，

$$\tau_{xx} = -\rho\overline{u'^2} \qquad \tau_{yy} = -\rho\overline{v'^2} \qquad \tau_{zz} = -\rho\overline{w'^2} \tag{3.28a}$$

次のせん断応力三つである．

$$\tau_{xy} = \tau_{yx} = -\rho\overline{u'v'} \qquad \tau_{xz} = \tau_{zx} = -\rho\overline{u'w'} \qquad \tau_{yz} = \tau_{zy} = -\rho\overline{v'w'} \tag{3.28b}$$

これらの追加される乱流応力は**レイノルズ応力**とよばれる．垂直応力には，x, y, z 方向の速度変動の分散がそれぞれ含まれる．これらには平方の速度変動が含まれるため，常にゼロではない．せん断応力には，異なる速度成分に関連した二次モーメントが含まれる．前に述べたとおり，変動する速度成分二つ，たとえば，u', v' が独立した不規則変動である場合，時間平均 $\overline{u'v'}$ はゼロになる．しかし，渦の構造による異なる一対の速度成分の関係から，せん断応力もゼロではなく，たいてい乱流流れの粘性応力と比較して非常に大きくなる．式 (3.25) と式 (3.27) は**レイノルズ平均ナビエ–ストークス式**とよばれる．

温度のような任意のスカラー変数に対する輸送方程式を導出すると，同様に乱流輸送の項が追加される．スカラー変数 φ に対する時間平均を施した輸送方程式は，

$$\boxed{\begin{aligned}\frac{\partial \Phi}{\partial t} + \mathrm{div}(\Phi \mathbf{U}) &= \frac{1}{\rho}\mathrm{div}(\Gamma_\Phi\,\mathrm{grad}\,\Phi) \\ &\quad + \left[-\frac{\partial(\overline{u'\varphi'})}{\partial x} - \frac{\partial(\overline{v'\varphi'})}{\partial y} - \frac{\partial(\overline{w'\varphi'})}{\partial z}\right] + S_\Phi\end{aligned}} \tag{3.29}$$

となる．これまで，流体の密度を一定と仮定したが，実際の流れでは，平均密度は変化し，瞬時の密度は常に乱流変動を示す．Bradshaw ら (1981) は，小さな密度変動は，流れに大きな影響を及ぼさないようであると述べた．r.m.s 速度変動が平均速度の 5% のオーダーの場合，密度変動はマッハ数が 3～5 程度までは重要にはならない．自由乱流の流れでは，速度変動がすぐに平均速度の 20% 程度の値まで達する場合がある．このような場合，密度変動はマッハ数 1 付近の乱流に影響を及ぼし始める．本節の結果をまとめるため，証明を省略し，圧縮性の乱流流れに対する密度加重平均（またはファーブル平均；Anderson ら，1984 参照）を施した平均流れの式を，表 3.1 に示す．ここでは密度変動の影響を無視しているが，平均密度の変化を考慮している．この形は商用の数値流体力学プログラムで広く用いられている．記号 $\tilde{U}$ は，ファーブル平均を施した速度である．

表 3.1 圧縮性流れに対する乱流流れの方程式

連続の式

$$\frac{\partial \overline{\rho}}{\partial t} + \text{div}(\overline{\rho}\tilde{\mathbf{U}}) = 0 \tag{3.30}$$

レイノルズ方程式

$$\frac{\partial(\overline{\rho}\tilde{U})}{\partial t} + \text{div}(\overline{\rho}\tilde{U}\tilde{\mathbf{U}}) = -\frac{\partial \overline{P}}{\partial x} + \text{div}(\mu\,\text{grad}\,\tilde{U})$$
$$+ \left[-\frac{\partial(\overline{\rho u'^2})}{\partial x} - \frac{\partial(\overline{\rho u'v'})}{\partial y} - \frac{\partial(\overline{\rho u'w'})}{\partial z} \right] + S_{Mx} \tag{3.31a}$$

$$\frac{\partial(\overline{\rho}\tilde{V})}{\partial t} + \text{div}(\overline{\rho}\tilde{V}\tilde{\mathbf{U}}) = -\frac{\partial \overline{P}}{\partial y} + \text{div}(\mu\,\text{grad}\,\tilde{V})$$
$$+ \left[-\frac{\partial(\overline{\rho u'v'})}{\partial x} - \frac{\partial(\overline{\rho v'^2})}{\partial y} - \frac{\partial(\overline{\rho v'w'})}{\partial z} \right] + S_{My} \tag{3.31b}$$

$$\frac{\partial(\overline{\rho}\tilde{W})}{\partial t} + \text{div}(\overline{\rho}\tilde{W}\tilde{\mathbf{U}}) = -\frac{\partial \overline{P}}{\partial z} + \text{div}(\mu\,\text{grad}\,\tilde{W})$$
$$+ \left[-\frac{\partial(\overline{\rho u'w'})}{\partial x} - \frac{\partial(\overline{\rho v'w'})}{\partial y} - \frac{\partial(\overline{\rho w'^2})}{\partial z} \right] + S_{Mz} \tag{3.31c}$$

スカラーの輸送方程式

$$\frac{\partial(\overline{\rho}\tilde{\Phi})}{\partial t} + \text{div}(\overline{\rho}\tilde{\Phi}\tilde{\mathbf{U}}) = \text{div}(\Gamma_\Phi\,\text{grad}\,\tilde{\Phi}) + \left[-\frac{\partial(\overline{\rho u'\varphi'})}{\partial x} - \frac{\partial(\overline{\rho v'\varphi'})}{\partial y} - \frac{\partial(\overline{\rho w'\varphi'})}{\partial z} \right] + S_\Phi \tag{3.32}$$

上付き線は時間平均を施した変数,チルダは密度変化あるいはファーブル平均を施した変数を表す.

3.6 乱流流れの計算

乱流により,同時に複雑に相互作用する,広範囲の長さと時間スケールをもつ渦の流れが生じる.工学への応用には,乱流の回避と促進が重要であることを考えれば,非常に多くの研究が乱流による重要な影響をとらえるための数値解法の開発にささげられていることは,驚くことではない.これらの方法は以下の3種類に分けることができる.

- レイノルズ平均ナビエ-ストークス式(**Reynolds-averaged Navier-Stokes, RANS**)に対する乱流モデル:平均流れと,乱流が平均流れの性質に及ぼす影響に注目が向けられている.数値解法を適用する前に,ナビエ-ストークス式の時間平均(あるいは時間に依存する境界条件がある流れではアンサンブル平均)をとる.さまざまな乱流変動間の相互作用による追加項が,時間平均(あるいはアンサンブル平均)した流れの式に現れる.古典的な乱流モデルでは,これらの追加項をモデル化する.なかでも最も知られているのが,k-ε モデルとレイノルズ応

力モデル（Reynolds stress model）である．適度な精度の流れの計算に必要な計算機リソースに制限があるため，この方法は，ここ 30 年間，工業的な流れの計算の主要なモデルである．

- ラージエディシミュレーション（large eddy simulation）：これは，大きな渦の挙動をとらえる乱流計算の中間的な形をしている．この方法には，計算の前に大きな渦を受け入れ，小さな渦を受け入れない非定常ナビエ－ストークス式の空間的なフィルタ操作が含まれている．解像されない小さな渦が，解像される流れ（平均流れと大きな渦）に及ぼす影響を，いわゆるサブグリッドスケールモデル（sub-grid scale model）によって考慮する．非定常の流れの式を解かなければならないため，計算メモリの容量と計算量の観点から，計算機リソースへの要求は高くなるが，この方法を用いて，複雑な形状をもつ数値流体力学の問題に対する取組みが始まっている．

- 直接数値シミュレーション（direct numerical simulation, DNS）：このシミュレーションでは，平均流れとすべての乱流速度変動を計算する．エネルギー散逸はコルモゴルフの長さスケールで起こるが，それを解像することができる非常に細かい空間の計算格子上において，最も速い変動周期を解像するために十分に最も小さい時間刻みを用いて非定常のナビエ－ストークス式を解く．これらの計算では，計算機リソースが非常に大きくなるため，この方法は工業的な流れの計算には用いられない．

次節では，これらの方法それぞれの主な特徴と成果について説明する．

3.7 レイノルズ平均ナビエ－ストークス式と古典的な乱流モデル

工業的な目的のほとんどでは，乱流変動の詳細を解像する必要はない．たいていの場合，ほとんどの数値流体力学ユーザは，平均化した流れの性質（平均速度，平均圧力，平均応力など）がわかれば十分である．そのため，**レイノルズ平均ナビエ－ストークス式（Reynolds-averaged Navier-Stokes, RANS）**(3.30), (3.31), (3.32) に基づく計算手順を用いた乱流流れの計算が非常に多く行われ，今後も行われ続けるだろう．運動量保存式を時間平均すると，瞬時の変動に含まれる流れの状態に関連する詳細すべてが破棄されるため，平均流れに及ぼす**乱流の影響**を記述する必要がある．3.5 節ですでにみてきたように，時間平均した運動量保存式(3.31) 中に未知の項 6 個，すなわち，レイノルズ応力 $-\overline{\rho u'^2}$, $-\overline{\rho v'^2}$, $-\overline{\rho w'^2}$, $-\overline{\rho u'v'}$, $-\overline{\rho u'w'}$, $-\overline{\rho v'w'}$ が追加される．同様に，時間平均したスカラー輸送方程式にも，$\overline{u'\varphi'}$, $\overline{v'\varphi'}$, $\overline{w'\varphi'}$ を含む

追加項が現れる.

RANSの式を用いて乱流流れを計算することができるようにするためには,レイノルズ応力とスカラー輸送の項を予測するための**乱流モデル**を開発し,平均流れの式 (3.30), (3.31), (3.32) を閉じる必要がある.乱流モデルを汎用の数値流体力学プログラムで用いるためには,広い適用性があり,正確かつ単純で,計算負荷が小さくなくてはならない.RANSの流れとともに解く必要がある,追加する輸送方程式の数に基づいて,最も一般的な RANS 乱流モデルを以下のように分類する.

別の輸送方程式の数	名称
0	混合長モデル
1	Spalart-Allmaras モデル
2	k-ε モデル
	k-ω モデル
	代数応力モデル
7	レイノルズ応力モデル

これらのモデルは,近年用いることができる商用の数値流体力学プログラムでは標準的な乱流の計算手順となっている.

▶ 乱流粘性と乱流拡散

上にまとめたモデルのなかでは,混合長モデルと k-ε モデルが現在最も広く用いられ,その妥当性が確かめられている.これらは,平均流れにおいて,粘性応力の作用とレイノルズ応力の間に相似性があるという仮定に基づいている.両方の応力は運動量保存式の右辺に現れ,ニュートンの粘性則(Newton's law of viscosity)では,粘性応力は流体要素の歪み速度に比例するとされている.非圧縮流体に対しては,次式が成り立つ.

$$\tau_{ij} = \mu s_{ij} = \mu\left(\frac{\partial u_i}{\partial x_j} + \frac{\partial u_j}{\partial x_i}\right) \tag{2.31}$$

表記を簡略化するために,いわゆる後置表記法(suffix notation)を用いる.この表記法は,$i,j=1$ は x 方向に,$i,j=2$ は y 方向に,$i,j=3$ は z 方向に対応する.そのため,たとえば,

$$\tau_{12} = \tau_{xy} = \mu\left(\frac{\partial u_1}{\partial x_2} + \frac{\partial u_2}{\partial x_1}\right) = \mu\left(\frac{\partial u}{\partial y} + \frac{\partial v}{\partial x}\right)$$

となる.3.4 節では,等温の非圧縮流れ中にせん断がない限り,乱流が減衰することを示す実験的な根拠について説明した.さらに,乱流応力は平均歪み速度の増加に伴い増加することがわかっている.**Boussinesq** は,1877 年にレイノルズ応力は平均歪

速度に比例するだろうと提案している．後置表記を用いると，

$$\tau_{ij} = -\rho \overline{u'_i u'_j} = \mu_t \left(\frac{\partial U_i}{\partial x_j} + \frac{\partial U_j}{\partial x_i} \right) - \frac{2}{3} \rho k \delta_{ij} \qquad (3.33)$$

である．ここで，$k = \frac{1}{2}(\overline{u'^2} + \overline{v'^2} + \overline{w'^2})$ は，単位質量あたりの乱流運動エネルギーである（3.3節参照）．

右辺の第1項は，乱流あるいは渦粘性（次元は Pa·s）が現れる点を除いて，前の式 (2.31) と似ている．次元が m²/s の $\nu_t = \mu_t/\rho$ で表す乱流あるいは渦動粘性の場合もある．右辺の第2項にはクロネッカーのデルタ（Kronecker delta）（$i = j$ の場合 $\delta_{ij} = 1$，$i \neq j$ の場合 $\delta_{ij} = 0$）が含まれる．この寄与により，この式から（$i = j$ の）レイノルズ垂直応力や，$\tau_{xx} = -\rho \overline{u'^2}$，$\tau_{yy} = -\rho \overline{v'^2}$，$\tau_{zz} = -\rho \overline{w'^2}$ という正しい結果が確かに導かれる．追加項の必要性について説明するため，非圧縮流れを考え，式 (3.33) の最初の部分の挙動を調べる．垂直応力すべての和をとる（すなわち，$i = j$ のまま $i = 1, 2, 3$ とする）と，これは連続性を用いてゼロになることがわかる．

$$2\mu_t S_{ii} = 2\mu_t \left(\frac{\partial U}{\partial x} + \frac{\partial V}{\partial y} + \frac{\partial W}{\partial z} \right) = 2\mu_t \operatorname{div} \mathbf{U} = 0$$

どんな流れでも，垂直応力 $-\rho(\overline{u'^2} + \overline{v'^2} + \overline{w'^2})$ は，単位体積あたりの乱流エネルギーの -2 倍（$-2\rho k$）であることは明らかである．式 (3.33) では，垂直応力成分の和が物理的に常に正しいことを保証するために，その値が垂直応力成分それぞれに 1/3 ずつ割り当てられている．これは，3.4節でのデータが，単純な2次元流れでさえ正確ではないことを示したレイノルズ垂直応力に対して，等方性を仮定していることに注意しなければならない．

熱，物質とほかのスカラー変数の乱流輸送を，同様にモデル化することができる．式 (3.33) から，乱流の運動量の輸送が，平均速度の勾配（すなわち単位質量あたりの運動量の勾配）に比例すると仮定していることがわかる．相似性から，スカラーの乱流輸送は，輸送される変数の平均値の勾配に比例するとする．つまり，後置表記では，

$$-\rho \overline{u'_i \varphi'} = \Gamma_t \frac{\partial \Phi}{\partial x_i} \qquad (3.34)$$

である．ここで，Γ_t は乱流あるいは渦の拡散率である．

運動量と熱あるいは物質の輸送は同じ機構，つまり渦混合によるため，乱流拡散率の値は乱流粘性 μ_t の値とかなり近いことが期待される．この仮定は，レイノルズの相似性としてよく知られている．ここで，次式で定義される乱流のプラントル数，シュミット数を導入する．

$$\sigma_t = \frac{\mu_t}{\Gamma_t} \tag{3.35}$$

多くの流れにおける実験から，この比はたいていほぼ一定であることがわかっている．ほとんどの数値流体力学の手順では，この比が一定であると仮定し，σ_t の値に 1 を用いる．

▶ はじめに

3.4 節の単純な乱流流れの考察から，乱れの度合いと乱流応力は，流れの場所によって変化することが明らかになった．**混合長モデル（mixing length model）**では，応力を位置の関数として，μ_t に対する単純な代数方程式によって記述する．k-ε モデルはより洗練され，一般的であるが，計算負荷も大きく，対流と拡散による乱流の変数の輸送と，乱れの生成と消失の影響を考慮することができる．このモデルでは，乱流エネルギー k の輸送方程式と乱流エネルギーの消散率 ε の 2 本の輸送方程式（PDEs）を解く．

これら両方のモデルでは，乱流粘性 μ_t は等方的，言い換えると，レイノルズ応力と歪みの比がすべての方向で小さいと仮定する．この仮定は，複雑な流れの多くに適用することができず，計算精度の低下を招く．そのため，レイノルズ応力自体を導出し，輸送方程式を解く必要がある．応力を輸送と関連付けることは，一見不思議に思われるかもしれない．しかし，レイノルズ応力は，最初は運動量保存式の左辺に現れ，物理的には乱流の速度変動の結果として，対流の運動量の交換によることだけ覚えておけばよい．流体粒子によって，流体の平均運動量だけでなく，変動する運動量も輸送されるため，レイノルズ応力もまた輸送される．

レイノルズ応力それぞれに対する 6 本の輸送方程式には，個々の影響が未知で測定することができない拡散項，圧力–歪み項と消散項が含まれる．**レイノルズ応力方程式モデル（Reynolds stress equation model**，文献では second-order や second-momentum closure モデルとしても知られる）では，これら未知の項を仮定し，その結果得られる PDEs を，乱流エネルギーの消散率 ε の輸送方程式と組み合わせて解く．レイノルズ応力方程式モデルの開発は活発な研究領域であるが，いままではこのモデルは，混合長モデルや k-ε モデルほど幅広く検証されていなかった．別の PDEs を 7 本解くことで，数値流体力学シミュレーションの計算負荷は k-ε モデルと比較してかなり増加するため，学術領域外でレイノルズ応力方程式モデルが適用されるようになったのは比較的最近である．

さらに，モデリングに仮定を施すことで，レイノルズ応力の輸送を記述する PDEs を，k-ε モデルの k と ε 方程式とともに解くべき代数方程式に減らす．この方法により，非等方的な乱れの影響を数値流体シミュレーションに取り入れることを可能にした

最も計算負荷が小さいレイノルズ応力モデルが，**代数応力モデル（algebraic stress model）**である．

次項以降では，混合長モデルとk-εモデルを詳細に説明し，レイノルズ応力方程式モデルと代数応力モデルの主な性質について簡単に説明する．近年，数値流体力学の産業領域で取り入れられている **k-ω** モデルと **Spalart-Allmaras** モデルについても述べ，産業の乱流モデリングに影響を与えているほかのモデルとの区別について説明する．

■ 3.7.1 混合長モデル

次元の見地から，次元m^2/sをもつ乱流の動粘性係数ν_tを，乱流速度スケールϑと乱流長さスケールlの積で表すことができる．**一つの速度スケールと一つの長さスケール**で乱流の効果を記述するのに十分な場合，次元解析から次式を得る．

$$\nu_t = C\vartheta l \tag{3.36}$$

ここで，Cは無次元の比例定数である．もちろん，乱流の動粘性係数は次式で与えられる．

$$\mu_t = C\rho\vartheta l$$

乱流運動エネルギーのほとんどは大きな渦の中に含まれる．そのため，乱流長さスケールlは，平均流れと相互作用するその渦の特性である．平均流れと大きな渦の振舞いの間に強いつながりがある場合，渦の特性速度スケールを平均流れの特徴と結び付けることができる．大きなレイノルズ応力が$\tau_{xy} = \tau_{yx} = -\rho\overline{u'v'}$のみであり，大きな平均速度の勾配が$\partial U/\partial y$のみである単純な2次元の乱流流れにおいて，これがよく働くことがわかる．そのような流れに対し，渦の長さスケールがlの場合，次式は少なくとも次元的には正しい．

$$\vartheta = cl\left|\frac{\partial U}{\partial y}\right| \tag{3.37}$$

ここで，cは無次元定数である．この絶対値は速度勾配の符号にかかわらず，速度スケールが常に正であることを保証する．

式(3.36)と式(3.37)を組み合わせ，二つの定数Cおよびcの絶対値を新しい長さスケールl_mとすると，次式を得る．

$$\boxed{\nu_t = l_m^2\left|\frac{\partial U}{\partial y}\right|} \tag{3.38}$$

これはプラントルの混合長モデル（**Prandtl's mixing length model**）である．式(3.33)を用い，$\partial U/\partial y$が唯一大きな平均の速度勾配であることに注意すると，乱

流レイノルズ応力は，次式で記述される．

$$\tau_{xy} = \tau_{yx} = -\rho\overline{u'v'} = \rho l_m^2 \left|\frac{\partial U}{\partial y}\right|\frac{\partial U}{\partial y} \tag{3.39}$$

乱れは流れの関数であり，乱れが変化する場合，変化する l_m により混合長モデルの範囲内でこれを見積もる必要がある．3.4 節で考察した自由乱流流れや壁面境界層を含む単純な乱流流れに対しては，乱流構造は非常に単純であり，簡単な代数方程式により l_m を記述することができる．これらの例を表 3.2 に示す（Rodi, 1980）．

表 3.2 2 次元乱流流れに対する混合長

流れ	混合長 l_m	L
混合層	$0.07L$	層の幅
噴流	$0.09L$	噴流の幅半分
後流	$0.16L$	後流の幅半分
軸対称の噴流	$0.075L$	噴流の幅半分
境界層 ($\partial p/\partial x = 0$)		
粘性底層と対数則層 ($y/L \leq 0.22$)	$\kappa y[1 - \exp(-y^+/26)]$	境界層厚さ
外部層 ($y/L \geq 0.22$)	$0.09L$	
円管とダクト流路 （完全発達流れ）	$L[0.14 - 0.08(1 - y/L)^2 - 0.06(1 - y/L)^4]$	円管半径もしくはダクトの幅半分

混合長モデルを，乱流によるスカラー量の輸送の予測にも用いることができる．混合長が有用な 2 次元流れにおいて問題になる乱流の輸送項のみを，次式のようにモデル化する．

$$-\rho\overline{v'\varphi'} = \Gamma_t \frac{\partial \Phi}{\partial y} \tag{3.40}$$

ここで，$\Gamma_t = \mu_t/\sigma_t$，$\mu_t = \rho\nu_t$ であり，ν_t は式 (3.38) から求める．Rodi (1980) は，σ_t の値に対し，壁近傍の流れには 0.9 を，噴流や混合層には 0.5 を，軸対称の噴流には 0.7 を推奨した．

表 3.2 の式において，y は壁からの距離を，$\kappa = 0.41$ はカルマン定数（von Karman's constant）を表す．この式により，単純な 2 次元流れにおける平均速度分布，壁面摩擦係数，熱伝達係数とほかの流れ変数に対し，計算結果と実験結果が良好に一致する．図 3.14 (a)，(b) に，Schlichting (1979) が示した二つの流れの結果を示す．

混合長は，流れの方向に遅い変化を伴う 2 次元の単純な流れにおいて非常に有用であることがわかる．これらの場合，流れの至るところで乱れの生成とその消散がつり合い，乱流の変数が平均流れの長さスケール L に比例して発達する．これは，そのよ

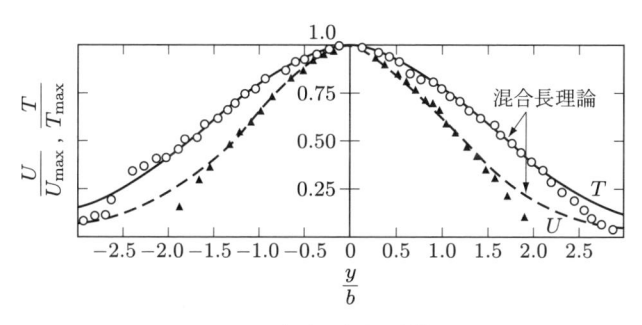

（a）平面の噴流

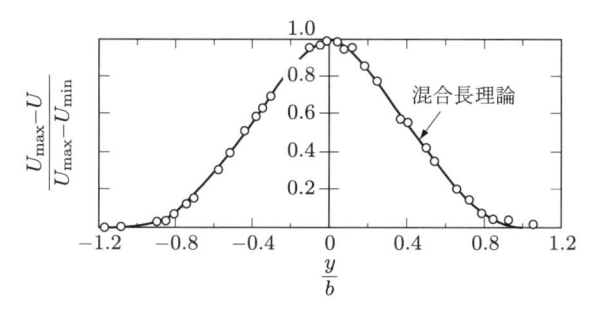

（b）細長い円管後方の後流

図 3.14 混合長モデルを用いた計算結果 [出典：Schlichting, H. (1979) *Boundary Layer Theory*, 7th edn., McGraw-Hill 社の許可を得て再現]

うな流れにおいて混合長 l_m が L に比例し，単純な代数方程式により位置の関数として記述することができることを意味する．しかし，工業上重要な流れの多くには，輸送，すなわち対流と拡散により乱流の変数への影響が加わる．さらに，生成と消散の過程が流れ自身により修正されると考えられる．その結果として，混合長モデルは汎用的な数値流体力学には用いられず，壁境界条件の取扱いの一部として壁近傍流れの振舞いを記述するために，より洗練された乱流モデルに多く組み込まれていることがわかる．混合長モデルの全体の評価を表 3.3 に示す．

表 3.3 混合長モデルの評価

利点
● 実装するのが容易であり，計算負荷の観点から安価である
● 噴流，混合層，後流や境界層である薄いせん断層に対して精度がよい
● 確立されている
欠点
● 分離や再循環を伴う流れを完全に記述することができない
● 平均流れの変数と乱流粘性応力しか計算できない

3.7.2 k-ε モデル

2次元の薄いせん断層において，流れの方向の変化は常に遅いため，乱流を局所の状態とみなすことができる．乱流の生成と消散に大きな差が生じる対流と拡散の流れ，たとえば，再循環流れを混合長に対するコンパクトな代数方程式で表すことはできない．今後の方法は，乱流力学に関して状態を考慮するためのものである．k-ε モデルでは，乱流運動エネルギーに影響を及ぼす機構について焦点を当てる．

まずはじめに，予備的な定義が必要である．乱流流れの瞬間の運動エネルギー $k(t)$ は，平均乱流エネルギー $K = \frac{1}{2}(U^2 + V^2 + W^2)$ と乱流運動エネルギー $k = \frac{1}{2}(\overline{u'^2} + \overline{v'^2} + \overline{w'^2})$ の和である．

$$k(t) = K + k$$

以下の導出において，変形率と乱流応力を用いることが頻繁に必要となる．一連の計算を簡単にするため，テンソル（行列）表記により変化率 s_{ij} と応力 τ_{ij} の成分を表すことが一般的である．

$$s_{ij} = \begin{bmatrix} s_{xx} & s_{xy} & s_{xz} \\ s_{yx} & s_{yy} & s_{yz} \\ s_{zx} & s_{zy} & s_{zz} \end{bmatrix} \quad \text{および} \quad \tau_{ij} = \begin{bmatrix} \tau_{xx} & \tau_{xy} & \tau_{xz} \\ \tau_{yx} & \tau_{yy} & \tau_{yz} \\ \tau_{zx} & \tau_{zy} & \tau_{zz} \end{bmatrix}$$

乱流流れにおける流体要素の変形率を平均成分と変動成分 $s_{ij}(t) = S_{ij} + s'_{ij}$ に分解すると，以下の行列要素を得る．

$$s_{xx}(t) = S_{xx} + s'_{xx} = \frac{\partial U}{\partial x} + \frac{\partial u'}{\partial x}$$

$$s_{yy}(t) = S_{yy} + s'_{yy} = \frac{\partial V}{\partial y} + \frac{\partial v'}{\partial y}$$

$$s_{zz}(t) = S_{zz} + s'_{zz} = \frac{\partial W}{\partial z} + \frac{\partial w'}{\partial z}$$

$$s_{xy}(t) = S_{xy} + s'_{xy} = s_{yx}(t) = S_{yx} + s'_{yx} = \frac{1}{2}\left[\frac{\partial U}{\partial y} + \frac{\partial V}{\partial x}\right] + \frac{1}{2}\left[\frac{\partial u'}{\partial y} + \frac{\partial v'}{\partial x}\right]$$

$$s_{xz}(t) = S_{xz} + s'_{xz} = s_{zx}(t) = S_{zx} + s'_{zx} = \frac{1}{2}\left[\frac{\partial U}{\partial z} + \frac{\partial W}{\partial x}\right] + \frac{1}{2}\left[\frac{\partial u'}{\partial z} + \frac{\partial w'}{\partial x}\right]$$

$$s_{yz}(t) = S_{yz} + s'_{yz} = s_{zy}(t) = S_{zy} + s'_{zy} = \frac{1}{2}\left[\frac{\partial V}{\partial z} + \frac{\partial W}{\partial y}\right] + \frac{1}{2}\left[\frac{\partial v'}{\partial z} + \frac{\partial w'}{\partial y}\right]$$

ベクトル $\mathbf{a}$ とテンソル b_{ij} の積はベクトル $\mathbf{c}$ であり，行列代数の一般則を用いて次式のように計算できる．

$$\mathbf{a}b_{ij} \equiv a_i b_{ij} = \begin{bmatrix} a_1 & a_2 & a_3 \end{bmatrix} \begin{bmatrix} b_{11} & b_{12} & b_{13} \\ b_{21} & b_{22} & b_{23} \\ b_{31} & b_{32} & b_{33} \end{bmatrix}$$

$$= \begin{bmatrix} a_1b_{11} + a_2b_{21} + a_3b_{31} \\ a_1b_{12} + a_2b_{22} + a_3b_{32} \\ a_1b_{13} + a_2b_{23} + a_3b_{33} \end{bmatrix}^T = \begin{bmatrix} c_1 \\ c_2 \\ c_3 \end{bmatrix}^T = c_j = \mathbf{c}$$

テンソル a_{ij} と b_{ij} のスカラーの積は，次式で計算できる．

$$a_{ij} \cdot b_{ij} = a_{11}b_{11} + a_{12}b_{12} + a_{13}b_{13}$$
$$+ a_{21}b_{21} + a_{22}b_{22} + a_{23}b_{23} + a_{31}b_{31} + a_{32}b_{32} + a_{33}b_{33}$$

ここで，x 方向を下付き文字 1 で，y 方向を 2 で，z 方向を 3 で表す．積は繰り返される下付き文字の値の総和であることがわかる．

▶ 平均流れの運動エネルギー K に関する基礎式

平均運動エネルギー K に対する式は，レイノルズ方程式 (3.27a) の x 成分に U を，方程式 (3.27b) の y 成分に V を，方程式 (3.27c) の z 成分に W を乗じることで求めることができる．得られた結果を加え，代数操作をすると，流れの平均運動エネルギーを支配する時間平均の方程式は，以下のように表される（Tennekes と Lumley, 1972）．

$$\boxed{\begin{array}{c}\dfrac{\partial(\rho K)}{\partial t} + \mathrm{div}(\rho K \mathbf{U}) = \mathrm{div}(-P\mathbf{U} + 2\mu \mathbf{U} S_{ij} - \rho \mathbf{U}\overline{u'_i u'_j}) - 2\mu S_{ij} \cdot S_{ij} + \rho \overline{u'_i u'_j} \cdot S_{ij} \\ \text{(I)} \qquad \text{(II)} \qquad \text{(III)} \qquad \text{(IV)} \qquad \text{(V)} \qquad \text{(VI)} \qquad \text{(VII)} \end{array}}$$

(3.41)

言葉にすると，次式のように表される．

平均運動エネルギー K の変化率	+	対流による K の輸送	=	圧力による K の輸送	+	粘性応力による K の輸送
	+	レイノルズ応力による K の輸送	−	K の粘性消散率	−	乱流生成による K の消散率

輸送項 (III), (IV), (V) は div で特徴付けられるので，一対の括弧にまとめるのが一般的である．平均運動エネルギー K における粘性応力の影響は，粘性応力による K の輸送である項 (IV) と，K の粘性の消散である項 (VI) に分けられる．レイノルズ応力 $-\rho \overline{u'_i u'_j}$ を含む二つの項 (V), (VII) では，乱流の効果を考慮している．項 (V) はレイノルズ応力による K の乱流輸送であり，項 (VII) は乱流生成を生じるレイノルズ応力によって変形する仕事による K の正味の減少である．高レイノルズ数流れの場合，乱流項 (V), (VII) は常に，これらに対応する粘性項 (IV), (VI) よりもかなり大きい．

▶ 乱流エネルギー k に関する基礎式

適切な速度成分の変動（すなわち，u' で乗じた x 成分の方程式など）を瞬間的なナビエ–ストークス式のそれぞれに乗じ，レイノルズ方程式 (3.27) においてこの過程を繰り返して求めた結果すべてを加え，得られた 2 本の方程式を差し引き，書き換えると，乱流運動エネルギー k に関する方程式を得る（Tennekes と Lumley, 1972）．

$$\underbrace{\frac{\partial(\rho k)}{\partial t}}_{\text{(I)}} + \underbrace{\mathrm{div}(\rho k \mathbf{U})}_{\text{(II)}} = \underbrace{\mathrm{div}\Big(}_{\text{(III)}}\underbrace{-\overline{p'\mathbf{u'}}}_{\text{(IV)}} + \underbrace{2\mu\overline{\mathbf{u'}s'_{ij}}}_{\text{(V)}} - \rho\tfrac{1}{2}\overline{u'_i \cdot u'_i u'_j}\Big) \underbrace{- 2\mu\overline{s'_{ij} \cdot s'_{ij}}}_{\text{(VI)}} \underbrace{- \rho\overline{u'_i u'_j} \cdot S_{ij}}_{\text{(VII)}} \tag{3.42}$$

言葉にすると，次式のように表される．

$$\begin{array}{c}\text{乱流エネルギー } k \\ \text{の変化率}\end{array} + \begin{array}{c}\text{対流による} \\ k \text{ の輸送}\end{array} = \begin{array}{c}\text{圧力による} \\ k \text{ の輸送}\end{array} + \begin{array}{c}\text{粘性応力による} \\ k \text{ の輸送}\end{array} + \begin{array}{c}\text{レイノルズ応力} \\ \text{による } k \text{ の輸送}\end{array} \\ - \ k \text{ の消散率} \ + \ k \text{ の生成率}$$

式 (3.41) と式 (3.42) は，多くの点でとても似ているようにみえるが，k 方程式の右辺の第 1 項は，乱流運動エネルギーへの変化は主に乱流の相互作用によって支配されることを表している．両方の方程式中の項 (VII) の大きさは等しいが，符号は反対である．平均速度の勾配 $\partial U/\partial y$ の流れで S_{ij} の主要な項が正である場合，2 次元の薄いせん断層において，大きなレイノルズ応力 $-\rho\overline{u'v'}$ のみがたいてい正であることがわかる（3.4 節参照）．したがって，項 (VII) は k 方程式において正の寄与となり，生成項と記述する．しかし，K 方程式において符号が負であるため，その項は平均流れの運動エネルギーを消散させる．この式は，平均運動エネルギーを乱流運動エネルギーに変換することを数学的に表している．

粘性消散項 (VI)

$$-2\mu\overline{s'_{ij} \cdot s'_{ij}} = -2\mu\big(\overline{s'^2_{11}} + \overline{s'^2_{22}} + \overline{s'^2_{33}} + 2\overline{s'^2_{12}} + 2\overline{s'^2_{13}} + 2\overline{s'^2_{23}}\big)$$

は，変動する変形率 s'_{ij} の二乗の総和として現れることにより，式 (3.42) に対して負となる．乱流運動エネルギーの消散は，粘性応力に対して最も小さな渦によってなされる仕事によって引き起こされる．一般に，単位体積あたりの消散率 (VI) は，密度 ρ と単位質量あたりの乱流運動エネルギーの消散率 ε の積として記述する．そのため，

$$\varepsilon = 2\nu\overline{s'_{ij} \cdot s'_{ij}} \tag{3.43}$$

で表される．ここで，ε の次元は m^2/s^3 である．この変数は，乱流力学の研究において極めて重要である．これは，乱流運動エネルギーの方程式における消散項であり，生

成項と大きさのオーダーが同じであり，決して無視することはできない．レイノルズ数が大きい場合，式 (3.42) 中の粘性輸送項 (IV) は，乱流輸送項 (V) と消散項 (VI) と比較して常にとても小さい．

▶ k-ε モデルの方程式

粘性の消散率 ε を含むほかのすべての乱流量に対して，同様の輸送方程式を導出することができる（Bradshaw ら，1981）．しかし，厳密な ε 方程式は多くの未知数と測定不可能な項を含んでいる．**標準型 k-ε モデル**（**standard k-ε model**）（Launder と Spalding, 1974）には k と ε に対する二つのモデル式があり，関連する過程により，二つの変数に変化が生じるという考えに基づいている．

大きなスケールの乱れで代表する速度スケール ϑ と長さスケール l を定義するために，k と ε を用いる．

$$\vartheta = k^{1/2} \qquad l = \frac{k^{3/2}}{\varepsilon}$$

"大きな渦" のスケール l を定義するために "小さな渦" の変数 ε を用いることの妥当性に疑問があるかもしれない．高レイノルズ数で流れが急激に変化しない場合，大きな渦が平均流れからエネルギーを取り出す速度は，エネルギースペクトルを通過して小さな消散する渦にエネルギーが移動する速度と大ざっぱに一致するため，この疑問は許容される．これ以外の場合では，乱流のいくつかのスケールにおけるエネルギーが限界なく増加，もしくは減少する可能性がある．しかし，これは実際には起こることはなく，l の定義において ε を用いることが保証される．

次元解析すると，渦粘性を次式のように特定することができる．

$$\boxed{\mu_t = C\rho\vartheta l = \rho C_\mu \frac{k^2}{\varepsilon}} \tag{3.44}$$

ここで，C_μ は無次元定数である．

標準型 k-ε モデルは，k と ε に対する以下の輸送方程式を用いる．

$$\boxed{\frac{\partial(\rho k)}{\partial t} + \mathrm{div}(\rho k \mathbf{U}) = \mathrm{div}\left[\frac{\mu_t}{\sigma_k}\,\mathrm{grad}\,k\right] + 2\mu_t S_{ij} \cdot S_{ij} - \rho\varepsilon} \tag{3.45}$$

$$\boxed{\frac{\partial(\rho\varepsilon)}{\partial t} + \mathrm{div}(\rho\varepsilon \mathbf{U}) = \mathrm{div}\left[\frac{\mu_t}{\sigma_\varepsilon}\,\mathrm{grad}\,\varepsilon\right] + C_{1\varepsilon}\frac{\varepsilon}{k}2\mu_t S_{ij} \cdot S_{ij} - C_{2\varepsilon}\rho\frac{\varepsilon^2}{k}} \tag{3.46}$$

この方程式を言葉にすると，次式のようになる．

$$\boxed{\begin{array}{c}k\text{もしくは}\varepsilon \\ \text{の変化割合}\end{array} + \begin{array}{c}\text{対流による} \\ k\text{もしくは} \\ \varepsilon\text{の輸送}\end{array} = \begin{array}{c}\text{拡散による} \\ k\text{もしくは} \\ \varepsilon\text{の輸送}\end{array} + \begin{array}{c}k\text{もしくは}\varepsilon \\ \text{の生成割合}\end{array} - \begin{array}{c}k\text{もしくは}\varepsilon \\ \text{の消散割合}\end{array}}$$

この方程式には，五つの調整可能な定数 C_μ, σ_k, σ_ε, $C_{1\varepsilon}$, $C_{2\varepsilon}$ が含まれる．標準型 k-ε モデルでは，幅広い乱流流れの範囲に対して適合する総合的なデータにより得られた，次の値を定数として用いる．

$$\boxed{C_\mu = 0.09 \qquad \sigma_k = 1.00 \qquad \sigma_\varepsilon = 1.30 \qquad C_{1\varepsilon} = 1.44 \qquad C_{2\varepsilon} = 1.92} \qquad (3.47)$$

k 方程式のモデルにおける生成項は，式 (3.33) を代入することにより，式 (3.42) における厳密な生成項から導出される．そこでは，k 方程式と ε 方程式における原理的な輸送過程のモデル式が右辺に現れる．スカラー輸送との関連でこれまでに導入した勾配拡散（gradient diffusion）の考えを用いて，乱流輸送項を記述する (式 (3.34) 参照)．プラントル数 σ_k, σ_ε は，k と ε の拡散と渦粘性 μ_t を結び付ける．厳密な k 方程式の圧力項 (III) は直接的に測定することはできず，その影響を式 (3.45) の勾配拡散の項で考慮する．

乱流運動エネルギーの生成と消散は，常に密接に結び付いている．k の生成が大きい場合，消散率 ε は大きい．ε に対するモデル方程式 (3.46) では，その生成と消散項が k 方程式 (3.45) の生成項と消散項に比例すると仮定する．そのような式を導入することは，k が急速に増加する場合は ε が急速に増加し，また，k が減少する場合は乱流運動エネルギーの（非物理的な）負の値を避けるために，ε が急速に減少することを保証する．生成項と消散項中の ε/k により，ε 方程式におけるこれらの項が次元的に正しくなる．定数 $C_{1\varepsilon}$ と $C_{2\varepsilon}$ により，k 方程式と ε 方程式におけるその項の間の正しい比例関係が考慮されている．

レイノルズ応力を計算するため，よく知られるブジネスク（Boussinesq）近似を用いる．

$$\boxed{-\rho\overline{u'_i u'_j} = \mu_t\left(\frac{\partial U_i}{\partial x_j} + \frac{\partial U_j}{\partial x_i}\right) - \frac{2}{3}\rho k\delta_{ij} = 2\mu_t S_{ij} - \frac{2}{3}\rho k\delta_{ij}} \qquad (3.48)$$

▶ 境界条件

k と ε に対するモデル方程式は，勾配拡散表現の長所によりだ円型であり，これらの振舞いは，ほかのだ円型の流れの方程式と同様であり，以下の境界条件に対する必要条件となる．

- 流入：k と ε の分布を与える
- 流出，対称軸：$\partial k/\partial n = 0,\ \partial \varepsilon/\partial n = 0$ である
- 自由流れ：k と ε を与えるか，$\partial k/\partial n = 0,\ \partial \varepsilon/\partial n = 0$ である
- 固体壁：レイノルズ数に依存する方法を用いる（以下を参照）

予備的な設計計算では，このモデルを実行するのに必要な詳細な境界条件の情報を利用することができない．産業向けの数値流体力学に携わる者が，k と ε の消散について測定することはほとんどない．論文から，k と ε の値を導入することで進めることができ，続いて，それらの流入分布に対する感度解析を行う．利用可能な情報がまったくない場合，乱流強度 T_i と装置の代表長さ（円管相当径）L から簡単に仮定した次式により，内部流れにおける k と ε に対する流入分布に対する粗い近似式を求めることができる．

$$k = \frac{3}{2}(U_{\text{ref}}T_i)^2 \qquad \varepsilon = C_\mu^{3/4}\frac{k^{3/2}}{l} \qquad l = 0.07L$$

この式は，上記で与えられる混合長の式と，以下で与えられる固体壁近傍の全体の分布に密接に関係する．

乱流がない自由流れに対する境界条件に，$k=0$ と $\varepsilon=0$ を選択することが自然にわかるだろう．式 (3.44) を検討すると，これが渦粘性に対して不確定な値を導くことになることがわかる．実際には，小さく，有限な値が用いられ，それらの任意の推測値に対して感度解析をもう一度行う必要がある．

高レイノルズ数の場合，標準型 k-ε モデル（Launder と Spalding, 1974）では，3.4節で説明した壁近傍の流れの普遍的な振舞いを用いることで，壁に対してモデル方程式を積分する必要性を避けた．y が固体壁に対して垂直な方向の座標の場合，y_P が $30 < y_P^+ < 500$ である点での平均速度は対数則 (3.19) を満たし，その乱流運動エネルギーを測定すると，乱流の生成率と消散率が等しいことが示される．これらの仮定と渦粘性の式 (3.44) を用いると，（u_τ を用いて）局所の壁せん断応力を平均速度，乱流運動エネルギーと消散率を結び付ける，次式の**壁関数（wall functions）**を導出することができる．

$$\boxed{u^+ = \frac{U}{u_\tau} = \frac{1}{\kappa}\ln(Ey_P^+) \qquad k = \frac{u_\tau^2}{\sqrt{C_\mu}} \qquad \varepsilon = \frac{u_\tau^3}{\kappa y}} \qquad (3.49)$$

ここで，カルマン定数 $\kappa = 0.41$，滑らかな壁に対する壁粗さのパラメータ $E = 9.8$ である．Schlichting (1979) は，粗い壁に対する有効な E の値も与えている．

熱移動には，高レイノルズ数の場合に有効な，普遍的な壁近傍の温度分布に基づい

た壁関数を用いることができる（LaunderとSpalding, 1974）.

$$T^+ \equiv -\frac{(T-T_w)C_p\rho u_\tau}{q_w} = \sigma_{T,t}\left(u^+ + P\left[\frac{\sigma_{T,l}}{\sigma_{T,t}}\right]\right) \quad (3.50)$$

ただし，T_p = 壁近傍の点 y_P での温度

T_w = 壁温度

C_p = 流体の定圧比熱

q_w = 壁熱流束

$\sigma_{T,t}$ = 乱流プラントル数

$\sigma_{T,l} = \mu C_p/\Gamma_T =$（層流もしくは分子）プラントル数

Γ_T = 熱伝導率

P は層流と乱流のプラントル数の比に依存した，補正関数の pee function である（LaunderとSpalding, 1974）.

低レイノルズ数の場合，対数則は有効ではない．そのため，これまで示した境界条件を用いることはできない．低レイノルズ数流れをうまく取り扱うことが可能な k-ε モデルの修正が，Patel ら (1985) で総説にまとめられている．低レイノルズ数の場合，固体壁近傍の粘性底層において乱流レイノルズ応力の代わりに粘性応力を用いることを保証するために，壁面ダンピングが必要である．低レイノルズ数 k-ε モデルの方程式は，式 (3.44)～(3.46) を置き換えることで，次式のように与えられる．

$$\mu_t = \rho C_\mu f_\mu \frac{k^2}{\varepsilon} \quad (3.51)$$

$$\frac{\partial(\rho k)}{\partial t} + \text{div}(\rho k \mathbf{U}) = \text{div}\left[\left(\mu + \frac{\mu_t}{\sigma_k}\right)\text{grad}\,k\right] + 2\mu_t S_{ij}\cdot S_{ij} - \rho\varepsilon \quad (3.52)$$

$$\frac{\partial(\rho\varepsilon)}{\partial t} + \text{div}(\rho\varepsilon\mathbf{U}) = \text{div}\left[\left(\mu + \frac{\mu_t}{\sigma_\varepsilon}\right)\text{grad}\,\varepsilon\right] + C_{1\varepsilon}f_1\frac{\varepsilon}{k}2\mu_t S_{ij}\cdot S_{ij} - C_{2\varepsilon}f_2\rho\frac{\varepsilon^2}{k} \quad (3.53)$$

一般に行われる最もわかりやすい修正は，式 (3.52), (3.53) 中の拡散項に分子粘性 μ を含めることである．標準型 k-ε モデルの定数 C_μ, $C_{1\varepsilon}$, $C_{2\varepsilon}$ に，それぞれ乱流レイノルズ数（$Re_t = \vartheta l/\nu = k^2/(\varepsilon\nu)$），$Re_y = k^{1/2}y/\nu$ や，同様のパラメータの関数である f_μ, f_1, f_2 を乗じる．例として，Lam と Bremhorst (1981) の壁面ダンピング関数をあげる．

$$\begin{aligned}
f_\mu &= [1-\exp(-0.0165 Re_y)]^2\left(1+\frac{20.5}{Re_t}\right)\\
f_1 &= \left(1+\frac{0.05}{f_\mu}\right)^3 \qquad f_2 = 1-\exp(-Re_t^2)
\end{aligned} \tag{3.54}$$

式 (3.51)〜(3.53) と RANS の方程式は壁で積分する必要があるが，ε に対する境界条件により問題が生じる．最も有効な測定から，壁に近づくにつれ乱流エネルギーの消散率が急激に増加し，（未知の）定数となる傾向が示唆される．Lam と Bremhorst は，境界条件として $\partial\varepsilon/\partial y=0$ を用いている．ほかの低レイノルズ数 k-ε モデルは，Launder と Sharma (1974) によって導入された修正された消散率 $\tilde{\varepsilon}=\varepsilon-2\nu(\partial\sqrt{k}/\partial n)^2$ に基づいており，より単純な境界条件 $\tilde{\varepsilon}=0$ を用いることができる．得られた連立方程式は，数値的に硬い（stiff）ことに注意する必要があり，収束を得るのがかなり困難なものとなる．

▶ 性能の評価

k-ε モデルは，最も広く用いられ，検証された乱流モデルである．これは，薄いせん断層や再循環流が幅広く変化する計算において，モデル定数の個別の修正を必要としない注目すべき成功例である．レイノルズせん断応力が最も重要な内部流れにおいて，このモデルはとくに威力を発揮する．産業の工学応用の幅広い流れにはこれが含まれるため，人気があることがわかる．また，浮力の効果を組み込んだモデル（Rodi, 1980）を利用することができる．このようなモデルは，大気や湖中に分散する汚染物質のような環境の流れや，火炎のモデリングを研究するために用いられる．図 3.15（Jones と Whitelaw, 1982）に，軸対称の燃焼器に対する乱流の燃焼流れの，k-ε モデルを用いた初期の解析結果を示す．計算した軸方向の速度と温度の等高線と実験値を比較すると，よく一致しているが，細部では異なることがわかる．乱流による輸送が燃焼器内の流れの分布を支配するため，流れ場と燃焼過程を開発するためには正しく予測することが極めて重要である．第 12 章では，異なる乱流燃焼モデルを用いてこの問題を振り返る．

数多くの成功例があるにもかかわらず，標準型 k-ε モデルは外部流に対してほどほどの一致しか示さない．このモデルは，弱いせん断層（奥の後流や混合層）においてうまく威力を発揮しないことや，よどんだ環境での軸対称の噴流の拡大率を過剰に見積もることが報告されている．これらの多くの流れでは，乱流運動エネルギーの生成率がその消散率より非常に小さく，モデル定数 C をその場しのぎで修正することによってのみ，この問題を解決することができる．

(a) 軸方向速度の等高線

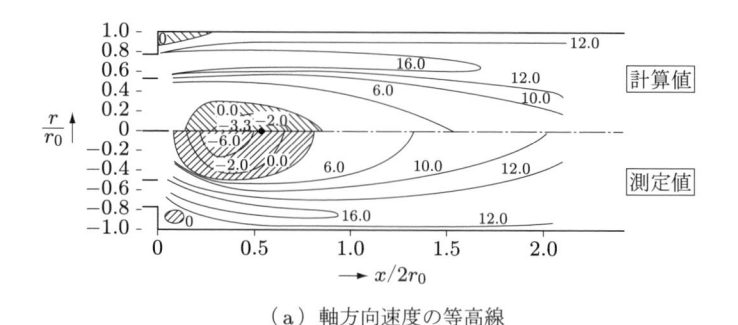

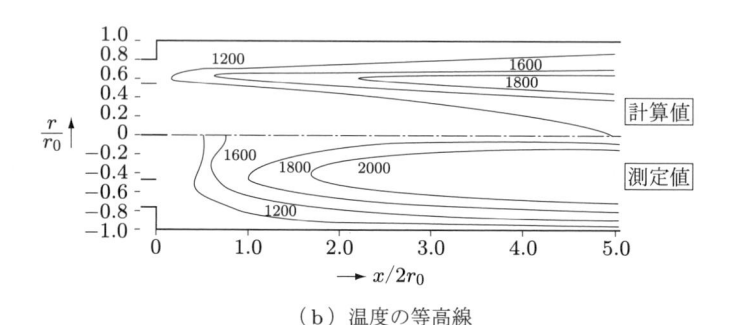

(b) 温度の等高線

図 3.15 軸対称燃焼器中の $k\text{-}\varepsilon$ モデルの計算値と測定値との比較
[出典：Jones と Whitelaw (1982)]

BradShaw ら (1981) は，厳密な k 方程式の圧力輸送項をモデル方程式の勾配拡散項に組み込んでも問題ないと述べた．その理由として，圧力項はたいていの場合とても小さく，考慮しなくても測定した乱流運動エネルギーとつり合うためである．しかし，それらの多くの測定はかなりの量の誤差を含み，圧力拡散の影響を無視することが必ずしも一般的ではない．

$k\text{-}\varepsilon$ モデルやブジネスクの等方的な渦粘性の仮定に基づいたほかのすべてのモデルは，わずかに乱流の構造に影響を与える旋回流や急激に外部に歪む流れ（大きく曲がった境界層や分岐した流路など）に対して問題となる．次に，$k\text{-}\varepsilon$ モデルでは垂直な応力を適切に取扱うことができないため，非等方的な垂直なレイノルズ応力により駆動する円形でない長いダクト流れも予測することはできない．最後に，このモデルは回転による体積力を感知していない．

標準型 $k\text{-}\varepsilon$ モデルの評価を表 3.4 にまとめる．

表 3.4　$k\text{-}\varepsilon$ モデルの評価

利点
- 初期条件や境界条件だけが必要な最も単純なモデル
- 産業に関連した多くの流れに対して優れた性能をもつ
- よく確立され，最も広く有効性が確認された乱流モデル

欠点
- 混合長モデルより計算負荷が大きい（2 本の別の連立方程式）
- 以下のような場合には性能を発揮しない
  (i) 内部流れでない流れ
  (ii) 外側に大きく歪む流れ（曲がった境界層，旋回流れなど）
  (iii) 回転する流れ
  (iv) 非等方的な垂直なレイノルズ応力により駆動する流れ（円形でないダクト流路内の完全発達流れなど）

■ 3.7.3　レイノルズ応力方程式モデル

最も複雑で古典的な乱流モデルは，レイノルズ応力方程式モデル（**Reynolds stress equation model, RSM**）であり，二次もしくは二次モーメントクロジャーモデル（secod-moment closure model）ともよばれる．複雑な歪み場，もしくは大きな体積力を伴う流れを予測する場合に，$k\text{-}\varepsilon$ モデルにおいて広く知られる欠点が現れる．このような条件の場合，乱流エネルギーを小さい計算負荷で正確に計算したとしても，式 (3.48) で記述した個々のレイノルズ応力が過小となる．一方で，厳密なレイノルズ応力の輸送方程式は，レイノルズ応力場の方向性の影響を見積もることができる．

モデル化の基本方針は，Launder ら (1975) によって報告された論文に由来する．レイノルズ応力はより厳密なものであるが，ここでは論文中で確立された方法に従い，$R_{ij} = -\tau_{ij}/\rho = \overline{u'_i u'_j}$ をレイノルズ応力とよぶ．R_{ij} の厳密な輸送方程式を，次式の形で表す．

$$\frac{DR_{ij}}{Dt} = \frac{\partial R_{ij}}{\partial t} + C_{ij} = P_{ij} + D_{ij} - \varepsilon_{ij} + \Pi_{ij} + \Omega_{ij} \tag{3.55}$$

$R_{ij} = \overline{u'_i u'_j}$ の変化率	+	対流による R_{ij} の輸送	=	拡散による R_{ij} の生成率	+	拡散による R_{ij} の輸送	−	R_{ij} の粘性消散率
					+	乱流の圧力−歪み相関による K の消散率	+	回転による R_{ij} の輸送

式 (3.55) は，独立した六つのレイノルズ応力（$\overline{u'_2 u'_1} = \overline{u'_1 u'_2}$, $\overline{u'_3 u'_1} = \overline{u'_1 u'_3}$, $\overline{u'_3 u'_2} = \overline{u'_2 u'_3}$ であるため，$\overline{u'^2_1}$, $\overline{u'^2_2}$, $\overline{u'^2_3}$, $\overline{u'_1 u'_2}$, $\overline{u'_1 u'_3}$, $\overline{u'_2 u'_3}$）それぞれの輸送に対する六つの偏微分方程式を表す．これを乱流運動エネルギーの式 (3.42) に対する厳密な輸送方程式と比較すると，二つの新しい物理過程がレイノルズ応力方程式に現れる．運動エネルギーに

与える影響をゼロとすることができる圧力-歪み相互作用もしくは相関項（correlation term）Π_{ij} と，回転項（rotation term）Σ_{ij} である．

レイノルズ応力の輸送方程式を用いた数値流体力学の解析では，対流項，生成項と回転項に対し，それぞれ厳密な形のまま用いることができる．対流項は次式のとおりである．

$$C_{ij} = \frac{\partial(\rho U_k \overline{u_i' u_j'})}{\partial x_k} + \text{div}(\rho \overline{u_i' u_j'} \mathbf{U}) \tag{3.56}$$

生成項は，次式のとおりである．

$$P_{ij} = -\left(R_{im}\frac{\partial U_j}{\partial x_m} + R_{jm}\frac{\partial U_i}{\partial x_m}\right) \tag{3.57}$$

最後に，回転項は次式で与えられる．

$$\Omega_{ij} = -2\omega_k(\overline{u_j' u_m'} e_{ikm} + \overline{u_i' u_m'} e_{jkm}) \tag{3.58}$$

ここで，ω_k は回転ベクトルである．e_{ijk} は alternation symbol であり，i, j, k が異なり，かつ cyclic order の場合は $e_{ijk} = +1$ であり，i, j, k が異なり，かつ anti-cyclic order の場合は $e_{ijk} = -1$，二つの記号が同じ場合は $e_{ijk} = 0$ である．

式 (3.55) を解くには，右辺の拡散，消散率と圧力-歪み相関項に対するモデルが必要である．Launder ら (1975) と Rodi (1980) は，最も汎用のモデルの包括的な詳細を述べた．簡略化のため，本書では，商用の数値流体力学プログラムで用いられているこの方法から導出されたそれらのモデルを引用する．これらのモデルの詳細を若干省き，理解しやすいようにこれらの構造をより単純化するが，すべての場合において，主旨は損なわれてはいない．

拡散によるレイノルズ応力の輸送率が，レイノルズ応力の勾配に比例するという仮定により，拡散項 D_{ij} をモデル化することができる．この勾配拡散表現は，乱流のモデル化を再び思い出させる．商用の数値流体力学プログラムでは，次式のように最も単純な式がしばしば好まれる．

$$D_{ij} = \frac{\partial}{\partial x_m}\left(\frac{\nu_t}{\sigma_k}\frac{\partial R_{ij}}{\partial x_m}\right) = \text{div}\left(\frac{\nu_t}{\sigma_k}\text{grad}(R_{ij})\right) \tag{3.59}$$

ただし，$\nu_t = C_\mu \dfrac{k^2}{\varepsilon}$, $C_\mu = 0.09$, $\sigma_k = 1.0$

小さな消散する渦を等方的と仮定することで，消散率 ε_{ij} をモデル化する．これらは一組であり，垂直なレイノルズ応力（$i = j$）のみとそれぞれの応力成分に同程度の

影響を及ぼす．これを次式で表すことができる．

$$\varepsilon_{ij} = \frac{2}{3}\varepsilon\delta_{ij} \tag{3.60}$$

ここで，ε は式 (3.43) で定義される乱流運動エネルギーの消散率である．クロネッカーのデルタ δ_{ij} は，$i = j$ の場合は $\delta_{ij} = 1$，$i \neq j$ の場合は $\delta_{ij} = 0$ と与えられる．

　圧力 - 歪み相関は，式 (3.55) 中で最も重要な項の一つであるが，正確にモデル化するなかで最も困難な項である．これらがレイノルズ応力に及ぼす影響は，次の二つの異なる物理過程が原因である．(i) 相互作用により乱流渦の非等方性を減少させる"遅い"過程，(ii) 乱流変動と乱流渦の非等方的な渦を生成する平均流れの歪みとの相互作用による"速い"過程である．これらの過程の全体的な影響は，それらをより等方的に，かつ，レイノルズせん断応力 ($i \neq j$) を減少させるように，垂直なレイノルズ応力 ($i = j$) のなかでエネルギーを再分配することである．遅い過程を最も単純に見積もるには，乱流 k/ε の特性時間スケールで除したレイノルズ応力 $\left(a_{ij} = R_{ij} - \frac{2}{3}k\delta_{ij}\right)$ の非等方性 a_{ij} の度合いに比例すると考えられる等方性の条件へ戻る割合と考える．速い過程の割合は，非等方性が生成する生成過程に比例すると考える．したがって，レイノルズ応力の輸送方程式における圧力 - 歪み項の最も単純な表現は，次式のとおりである．

$$\Pi_{ij} = -C_1 \frac{\varepsilon}{k}\left(R_{ij} - \frac{2}{3}k\delta_{ij}\right) - C_2\left(P_{ij} - \frac{2}{3}P\delta_{ij}\right) \tag{3.61}$$

ただし，$C_1 = 1.8$，$C_2 = 0.6$

　遅い過程をより高度に見積もるには，モデルが不変量（すなわち，座標系にかかわらず，これらの影響が等しい）で構成することを保証するために，式 (3.61) 中の 2 番目の括弧を補正する．

　圧量 - 歪み項 (3.61) の影響により，レイノルズ応力の非等方性が減少する（すなわち，垂直な応力 $\overline{u_1'^2}$，$\overline{u_2'^2}$，$\overline{u_3'^2}$ に等しい）ものの，壁に対して垂直な方向での変動が減衰することにより，測定値が固体壁近傍での垂直なレイノルズ応力の等方性が増加することを 3.4 節でみてきた．したがって，追加される補正には，圧力 - 歪み項における壁近傍の影響を見積もる必要がある．これらの補正は，k-ε モデルの壁面ダンピング関数とはまったく異なり，平均流れのレイノルズ数の値にかかわらず，適用する必要がある．この詳細は，本書の範囲から外れるため，読者には Launder ら (1975) におけるこれらの影響すべてを見積もる総合的なモデルを参照していただきたい．

　乱流運動エネルギー k はこれまでの式に必要であり，三つの垂直応力を単純に加え

ることで求めることができる.

$$k = \frac{1}{2}(R_{11} + R_{22} + R_{33}) = \frac{1}{2}(\overline{u_1'^2} + \overline{u_2'^2} + \overline{u_3'^2})$$

レイノルズ応力の輸送に対する 6 本の方程式を，スカラー消散率 ε に対するモデル方程式とともに解く．より厳密な式は，やはり Launder ら (1975) で見つけられるが，商用の数値流体力学では，簡単のために標準型 k-ε モデルの方程式が用いられる．

$$\boxed{\frac{D\varepsilon}{Dt} = \mathrm{div}\left(\frac{\nu_t}{\sigma_k}\,\mathrm{grad}\,\varepsilon\right) + C_{1\varepsilon}\frac{\varepsilon}{k}2\nu_t S_{ij}\cdot S_{ij} - C_{2\varepsilon}\frac{\varepsilon^2}{k}} \qquad (3.62)$$

ただし，$C_{1\varepsilon} = 1.44$, $C_{2\varepsilon} = 1.92$.

$$\boxed{\begin{array}{c}\varepsilon\text{ の変化率}\end{array} + \begin{array}{c}\text{対流による}\\ \varepsilon\text{ の輸送}\end{array} = \begin{array}{c}\text{拡散による}\\ \varepsilon\text{ の輸送}\end{array} + \begin{array}{c}\varepsilon\text{ の生成率}\end{array} - \begin{array}{c}\varepsilon\text{ の消散率}\end{array}}$$

レイノルズ応力の輸送方程式の解を求めるには，次のようなだ円型の流れに対する境界条件が必要である.

- 入口：R_{ij} および ε の分布を指定する
- 出口および対称：$\partial R_{ij}/\partial n = 0$, $\partial \varepsilon/\partial n = 0$
- 自由流れ：$R_{ij} = 0$, $\varepsilon = 0$ もしくは $\partial R_{ij}/\partial n = 0$, $\partial \varepsilon/\partial n = 0$ を与える
- 固体壁：k または u_τ^2 のどちらかで R_{ij} に関連する壁関数を用いる．たとえば，$\overline{u_1'^2} = 1.1k$, $\overline{u_2'^2} = 0.25k$, $\overline{u_3'^2} = 0.66k$, $-\overline{u_1'u_2'} = 0.26k$

まったく情報がない場合，以下に仮定した関係により，乱流強度 T_i と装置の特性長さ L（パイプの相当径など）から，R_{ij} に対する入口分布の近似値を計算することができる.

$$k = \frac{2}{3}(U_{\mathrm{ref}} T_i)^2 \qquad \varepsilon = C_\mu^{3/4}\frac{k^{3/2}}{l} \qquad l = 0.07L$$
$$\overline{u_1'^2} = k \qquad \overline{u_2'^2} = \overline{u_3'^2} = \frac{1}{2}k$$
$$\overline{u_i'u_j'} = 0 \quad (i \neq j)$$

ただし，仮定した入口境界条件に対して結果の感度を確認せずに，これらの関係を用いるべきではない.

高レイノルズ数の場合に計算するには，k-ε モデルの壁関数と非常によく似た壁関数型の境界条件を用いることができ，壁せん断応力を平均流れの変数と関連付けることができる．壁近傍のレイノルズ応力の値は，$R_{ij} = \overline{u_i'u_j'} = c_{ij}k$ のような式から計算できる．ここで，c_{ij} は測定値から求める．

分子粘性の影響を拡散項に組み込み，R_{ij} の方程式の消散率の項において非等方性を考慮することで，低レイノルズ数への修正をモデルに組み込むことができる．ε の方程式の定数を調整するための壁面ダンピング関数と，Launder と Sharma の修正した消散率の変数 $\tilde{\varepsilon} \equiv \varepsilon - 2\nu(\partial\sqrt{k}/\partial y)^2$（3.7.2 項も参照）により，固体壁近傍でのより現実的なモデリングをすることができる（Launder と Sharma, 1974）．So ら (1991) は壁近傍の取扱いについてそれぞれの性能を概説しており，その詳細を見つけることができる．

式 (3.32) の乱流スカラー流束 $\overline{u'_i\varphi'}$ につき一つの，合計三つの微分方程式を含む同様のモデルをスカラー輸送に用いることができる．興味がある読者は，詳細な資料について Rodi (1980) を参照していただきたい．

商用の数値流体力学プログラムでは，代わりにスカラー輸送方程式一つを解き，プラントル数とシュミット数 σ_ϕ を約 0.7 に指定し，層流粘性係数に乱流粘性係数 $\Gamma_t = \mu_t/\sigma_\phi$ を加えたレイノルズの相似則を用いる簡単な方法を用いるか，または提供している．壁近傍の流れでのスカラー輸送方程式に対する低レイノルズ数の修正については，ほとんど知られていない．

▶ 性能の評価

RSM は，かなり複雑であることは明らかであるが，条件によって調整をすることなく平均流れの変数すべてとレイノルズ応力を記述することができる "最も単純な" 型のモデルである．RSM は，決して k-ε モデルのように検証されたモデルではなく，計算コストが高いために産業分野の流れの計算にはあまり広く用いられてはいない（表3.5）．さらに，このモデルは，生成項を通じて平均速度と乱流応力場の結び付きに関係する数値的な問題により，収束性について苦しむ場合がある．これらのモデルの拡張や改

表 3.5　RSM の評価

利点
- 潜在的には古典的な乱流モデルすべてのなかで最も汎用的である
- 初期条件や境界条件だけが必要である
- 壁の噴流，非対称のチャネルや，円管でないダクト流れと曲がった流れを含む，多くの単純で，より複雑な流れに対し，平均流れの変数とすべてのレイノルズ応力の計算が非常に正確である

欠点
- 計算負荷が非常に大きい（さらに 7 本の偏微分方程式を解かなければならない）
- 混合長モデルや k-ε モデルのようには広く検証されてはいない
- ε 方程式のモデリングに潜在的な問題を伴う流れ（軸対称な噴流や自由な再循環流など）では，k-ε モデルと同様に性能は発揮できない

善はとても盛んな研究分野である．構成されるモデルと最もよい数値解法の基本概念の正確な式について，全体の総意が一度得られると，この種の乱流のモデリングが，産業分野の従事者によってより広く適用されることになるだろう．図3.16（Peyret と Krause, 2000 中の Leschziner）では，アエロスパシアル社の翼に対する圧力係数の分布と吸い込み側の表面摩擦係数の測定結果に対し，RSM と k-ε モデルの性能の比較を行った．Leschziner は，選択した仰角では，翼が失速に近いことに注意している．図では，（LL k-ε と名付けられた）k-ε モデルが，先端と終端の領域での圧力分布の詳細を，いくつか再現していないことが示されている．分離の始まりの予測は，（粘性底層の選択した取扱いを強調するためにRSTM+1eq と名付けられた）RSM モデルによってよりよく解像された上流側の境界層の構造に非常に依存する．このモデルも，測定した翼の吸い込み側の表面摩擦の分布と非常に良好に一致する．

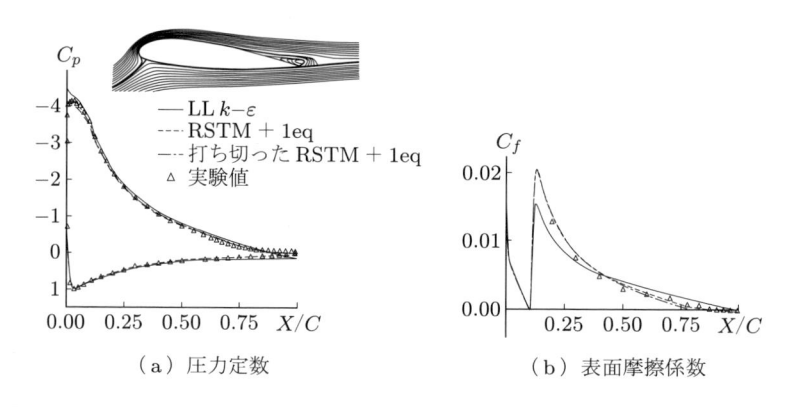

図 3.16 アエロスパシアル社の高揚力の翼上の RSM と標準型 k-ε モデルの計算値と測定値との比較 ［出典：Peyret と Krause (2000) 中の Leschziner］

3.7.4 高度な乱流モデル

初期に導入された k-ε モデルのような二方程式の乱流モデルによって，単純な流れや再循環流れに対してよい結果を得る．しかし，30 年の研究期間によりいくつかの欠点が確認されている．（Peyret と Krause, 2000 中の）Leschziner と Hanjalič (2004) はこれらが現れる問題の性質とその原因を以下のようにまとめた．

- **低レイノルズ数流れ**：このような流れでは，対数則に基づいた壁関数は正確ではなく，壁に対する k 方程式と ε 方程式を積分する必要がある．完全乱流領域と粘性底層の間の緩衝層に達するように，k と ε の分布に非常に速い変化が生じる．これは，その近辺を解像するには非常に多くの格子点が必要であり，乱流支配から粘性支配に変化する壁近傍の性質により，k と ε が正しく振る舞うために，非線形

の壁面ダンピング関数も必要である．結果として，解くべき方程式の系が数値的に硬い，つまり，収束解を得るのが困難であることを意味する．したがって，この結果は格子に依存する場合がある．

- **急速に変化する流れ**：レイノルズ応力 $-\rho\overline{u'_i u'_j}$ は，二方程式モデルの平均歪み率 S_{ij} に比例する．乱流運動エネルギーの生成率と消散率がおおよそつり合うときのみ，これが成り立つ．変化が速い流れでは，これらはつり合わない．

- **応力の等方性**：二方程式モデルを用いて薄いせん断層の流れを計算する場合，垂直なレイノルズ応力 $-\rho\overline{u'^2_i}$ は，$-(2/3)\rho k$ とほぼ等しいとする．3.4 節で示した実験結果はこれが正しくないことを示している．これにもかかわらず，乱流せん断応力 $-\rho\overline{u'v'}$ の勾配と比較して，垂直な乱流応力の勾配が非常に小さいため，このような流れに対して k-ε モデルは威力を発揮している．結果として，垂直な応力は過大となるが，薄いせん断層流れに対して作用しない．すなわち，流れを駆動する原因とはならない．より複雑な流れでは，垂直な乱流応力の勾配は無視できず，流れを駆動する場合がある．標準型 k-ε モデルでは，これらの影響を予測することができない．

- **強い逆圧力勾配と再循環領域**：この問題は，とくに k-ε モデルに影響を及ぼし，垂直なレイノルズ応力の等方性にも寄与し，垂直なレイノルズ応力と乱流エネルギー生成を支配する平均流れの間のとらえにくい相互作用を正しく記述することができない．k-ε モデルはせん断応力を過大に見積もり，曲がった壁の流れでの分離を抑制する．これは，翼の上部の流れ，たとえば，航空宇宙への適用において深刻な問題となる．

- **ほかの歪み**：流線の曲率，回転やほかの体積力すべてにより，平均歪み率とレイノルズ応力との間の相互作用を加えることになる．標準型二方程式モデルでは，これらの物理的な影響をとらえることはできない．

周知のように，RSM はレイノルズ応力を生成する過程の厳密な表現を組み込み，これらの問題のほとんどを適切に対処するが，計算機の容量と計算時間がかなり増大する．これから，上記の問題のいくつか，もしくはすべてを対処しようとする最近の高度なモデリングを考える．

▶ 壁近傍の領域の進歩的な取扱い：二層 k-ε モデル

二層モデルでは，低レイノルズ数での乱流流れにおける壁近傍の取扱いを改善し，記述する．これは，これまで説明した低レイノルズ数型 k-ε モデルのように，粘性底層 ($y^+ < 1$) での壁近傍の格子点を配置し，壁に対して積分する．このモデルでは，壁

に対する k 方程式と，ε 方程式の両方を積分するための低レイノルズ数型 k-ε モデルに必要な非線形の壁面ダンピング関数に関連する数値安定性の問題（Chen と Patel, 1988）を，境界層を次の二つの領域に分割することで回避した（Rodi, 1991）．

- 完全な乱流領域，$Re_y = y\sqrt{k}/\nu \geq 200$：標準型 k-ε モデルを用い，渦粘性を通常の関係式 (3.44)，$\mu_{t,t} = C_\mu \rho k^2/\varepsilon$ で計算する．
- 粘性領域，$Re_y < 200$：この領域では，k 方程式のみを解き，消散率 $\varepsilon = C_\mu^{3/4} k^{3/2}/l$，$A = 2\kappa C_\mu^{-3/4}$ を評価するため，また，渦粘性 $\mu_{t,v} = C_\mu^{1/4} \rho \sqrt{k} l$，$A = 70$ を評価するために，$l = \kappa y [1 - \exp(-Re_y/A)]$ を用いて，長さスケールを特定する．

壁境界層の粘性底層での長さスケールに対し，混合長の式は表 3.2 での式の形と似ている．完全乱流と粘性領域との間を交わる $\mu_{t,t}$ と $\mu_{t,v}$ との間の差に関連する不安定性を回避するために，$\tau_{ij} = -\rho\overline{u_i' u_j'} = 2\mu_t S_{ij} - (2/3)\rho k \delta_{ij}$ の場合，渦粘性を求めるには混合式を用いる．

$$\mu_t = F_\mu \mu_{t,t} + (1 - F_\mu)\mu_{t,v} \tag{3.63}$$

混合関数 $F_\mu = F_\mu(Re_y)$ は，壁ではゼロであり，$Re \gg 200$ の場合，完全乱流領域では 1 となる．$Re_y = 200$ 近傍で滑らかに遷移することが保証されるように，F_μ の関数型が設計されている．

二層モデルは，初期の低レイノルズ数型 k-ε モデルと比較して，格子依存性が減少し，数値安定性が向上している．また，流れの方程式の壁に対して積分する必要な複雑な流れの解析において，かなり人気の高いものとなっている．

▶ **歪み感度：RNG k-ε モデル**

統計に基づいた機械的な方法により，小さなスケールの乱れの統計に関する限定した仮定を組み合わせ，渦粘性モデルの拡張に対する正確な原則を与える新しい数式が導かれる．Princeton 大学の Yakhot と Orszag によって考案された繰り込み群 (renormalization group, RNG) は，最も魅力的なものである．彼らはナビエ－ストークス式における不規則強制関数より，小さなスケールの乱れの影響を表現した．RNG の方法は，大きなスケールの運動と修正した粘性に関する影響を表現することで，基礎式から小さいスケールの運動を体系的に除去する．このことは数学的には非常に難解であるので，ここでは，Yakhot ら (1992) によって導出された高レイノルズ数流れに対する RNG k-ε モデルを引用するのみとする．

$$\frac{\partial(\rho k)}{\partial t} + \mathrm{div}(\rho k \mathbf{U}) = \mathrm{div}(\alpha_k \mu_{\mathrm{eff}} \,\mathrm{grad}\, k) + \tau_{ij} \cdot S_{ij} - \rho\varepsilon \tag{3.64}$$

$$\frac{\partial(\rho\varepsilon)}{\partial t} + \text{div}(\rho\varepsilon\mathbf{U}) = \text{div}(\alpha_\varepsilon \mu_{\text{eff}}\,\text{grad}\,\varepsilon) + C_{1\varepsilon}^* \frac{\varepsilon}{k}\tau_{ij}\cdot S_{ij} - C_{2\varepsilon}\rho\frac{\varepsilon^2}{k} \quad (3.65)$$

ただし,

$$\tau_{ij} = -\rho\overline{u_i' u_j'} = 2\mu_t S_{ij} - \frac{2}{3}\rho k \delta_{ij}$$

$$\mu_{\text{eff}} = \mu + \mu_t \qquad \mu_t = \rho C_\mu \frac{k^2}{\varepsilon}$$

および

$$C_\mu = 0.0845 \qquad \alpha_k = \alpha_\varepsilon = 1.39 \qquad C_{1\varepsilon} = 1.42 \qquad C_{2\varepsilon} = 1.68$$
$$C_{1\varepsilon}^* = C_{1\varepsilon} - \frac{\eta(1-\eta/\eta_0)}{1+\beta\eta^3} \qquad \eta = \frac{k}{\varepsilon}\sqrt{2S_{ij}\cdot S_{ij}} \qquad \eta_0 = 4.377 \qquad \beta = 0.012$$
$$(3.66)$$

である.ここで,定数 β のみが調整パラメータである.これらの値は壁近傍の乱流のデータから計算する.ほかの定数は,すべて RNG の過程の一部として陽的に計算する.

変形率が大きな流れにおいて,ε 方程式が,標準型 k-ε モデルや RSM の精度の限界の主な原因の一つとして長い間疑われてきた.そのため,このモデルには,(減衰項の修正として記述することもできる)RNG モデルの ε 方程式の生成項の定数 $C_{1\varepsilon}$ における歪みに依存した修正項が含まれる.

Yakhot ら (1992) は,急拡大 (backward-facing step) 流れを非常によく予測できることを報告した.この性能の向上により,当初からかなりの興味をひき,いまでは,商用の数値流体力学プログラムの多くで RNG k-ε モデルが組み込まれている.Hanjalič (2004) は,歪みパラメータ η が歪みの大きさに応じて RNG モデルを敏感にさせるため,このモデルが常に好ましいとは限らないと注意した.それゆえに,消散率 ε の影響は,歪みの符号にかかわりなく同じになる.ダクトが急縮小もしくは急拡大したとしても,これは同じ影響を及ぼす.したがって,RNG k-ε モデルの性能は,急拡大流れに対し k-ε モデルより優れているが,同じ空間比がある急縮小流れに対し,実際には悪くなる.

▶ 逆圧力勾配の影響:航空宇宙への適用に対する乱流モデル

航空機全体の解析のような空気力学の計算には,非常に複雑な形状と,(渦の生成によって生じた流れから渦の軌跡や機体の後流までの範囲の)形状に依存する異なる長さスケールにおける現象が含まれる.流れの大部分は,非粘性として働く可能性があ

るが，外部流れの構造は，粘性の境界層や後流の発達に影響し，小さなスケールでの局所の影響が流れ場全体の状態に影響を及ぼす場合がある．そのような複雑な流れでは，混合長を指定することはできず，これまで示したように，k-ε モデルには欠点となる性能があることを表している．（Peyret と Krause, 2000 中の）Leschziner は，以下のような問題をまとめた．

- k-ε モデルは，とくに曲がった壁での分離を妨げるような逆圧力勾配（曲がったせん断層など）がある場合，乱流せん断応力を過大に見積もる
- よどみ，または衝撃領域での乱れの程度を著しく過大に見積もることは，再付着領域での熱移動を過剰に見積もることになる

このような複雑な流れでは，RSM が非常によいと期待されるであろう．しかし，この方法の計算負荷の大きさは，複雑な外部流れの計算に対して適用するのに妨げとなる．航空宇宙への適用に対し，より計算負荷の小さい方法を開発するために，数値流体力学コミュニティにより多大な努力がされてきた．以下で，開発された最新のものについて述べる．

- Spalart-Allmaras の一方程式モデル
- Wilcox の k-ω モデル
- Menter のせん断応力輸送 (shear stress transport, SST) k-ω モデル

▶ **Spalart-Allmaras モデル**

Spalart-Allmaras モデルでは，渦動粘性パラメータ $\tilde{\nu}$ に対する 1 本の輸送方程式が含まれ，代数方程式を用いて長さスケールを指定し，外部の空気力学での境界層を小さい計算負荷で計算する（Spalart と Allmaras, 1992）．（動的な）渦粘性は $\tilde{\nu}$ に関係し，次式で与えられる．

$$\mu_t = \rho \tilde{\nu} f_{\nu 1} \tag{3.67}$$

式 (3.67) には，高レイノルズ数の場合には 1 となる壁面ダンピング関数 $f_{\nu 1} = f_{\nu 1}(\tilde{\nu}/\nu)$ が含まれる．そのため，この場合，運動の渦粘性パラメータ $\tilde{\nu}$ と運動の渦粘性 ν_t はちょうど等しい．壁では $f_{\nu 1}$ はゼロとなる．

レイノルズ応力は，次式で計算される．

$$\tau_{ij} = -\rho \overline{u'_i u'_j} = 2\mu_t S_{ij} = \rho \tilde{\nu} f_{\nu 1} \left(\frac{\partial U_i}{\partial x_j} + \frac{\partial U_j}{\partial x_i} \right) \tag{3.68}$$

$\tilde{\nu}$ に対する輸送方程式は，次式のとおりである．

$$\underbrace{\frac{\partial \rho \tilde{\nu}}{\partial t}}_{\text{(I)}} + \underbrace{\text{div}(\rho \tilde{\nu} \mathbf{U})}_{\text{(II)}} = \underbrace{\frac{1}{\sigma_\nu} \text{div}\left[(\mu + \rho\tilde{\nu})\,\text{grad}\,\tilde{\nu} + C_{b2}\rho \frac{\partial \tilde{\nu}}{\partial x_k}\frac{\partial \tilde{\nu}}{\partial x_k}\right]}_{\text{(III)}} + \underbrace{C_{b1}\rho\tilde{\nu}\tilde{\Omega}}_{\text{(V)}} - \underbrace{C_{w1}\rho\frac{\tilde{\nu}^2}{\kappa y}f_w}_{\text{(VI)}}$$

(3.69)

言葉にすると，次のように表される．

| 粘性パラメータ $\tilde{\nu}$ の変化率 | + | 対流による $\tilde{\nu}$ の輸送 | = | 乱流の拡散による $\tilde{\nu}$ の輸送 | + | $\tilde{\nu}$ の生成率 | − | $\tilde{\nu}$ の消散率 |

式 (3.69) では，$\tilde{\nu}$ の生成率が，局所の平均渦度に以下のように関係する．

$$\tilde{\Omega} = \Omega + \frac{\tilde{\nu}}{(\kappa y)^2} f_{v2}$$

ここで，

$$\Omega = \sqrt{2\Omega_{ij}\Omega_{ij}} = \text{平均渦度}$$

および

$$\Omega_{ij} = \frac{1}{2}\left(\frac{\partial U_i}{\partial x_j} - \frac{\partial U_j}{\partial x_i}\right) = \text{平均渦度テンソル}$$

である．関数 $f_{v2} = f_{v2}(\tilde{\nu}/\nu)$ と $f_w = f_w(\nu/\tilde{\Omega}\kappa^2 y^2)$ は，壁面ダンピング関数である．

k-ε モデルでは，二つの輸送変数 k と ε を結び付けることで長さスケールを求める．すなわち，$l = k^{3/2}/\varepsilon$ である．一方程式の乱流モデルでは，長さスケールを計算することはできないが，輸送される乱流量の消散率を決定するためには指定しなければならない．式 (3.69) の消失項 (IV) を調べると，κy (y = 固体壁との距離) は長さスケールとして用いられている．また，長さスケール κy は，粘性パラメータ $\tilde{\Omega}$ にも含まれ，壁の境界層での対数則を導くために 3.4 節で用いられた混合長とちょうど等しくなる．モデル定数は，以下に示すとおりである．

$$\sigma_\nu = 2/3 \quad \kappa = 0.4187 \quad C_{b1} = 0.1355 \quad C_{b2} = 0.622 \quad C_{w1} = C_{b1} + \kappa^2\frac{1 + C_{b2}}{\sigma_\nu}$$

これらのモデル定数と壁関数に隠れたさらに三つの定数は，外部の空気力学の流れに対して調整されており，このモデルは，失速する流れを予測するのに重要な，逆圧力勾配を伴う境界層に対して性能を示す．翼に適しているため，Spalart-Allmaras モデルは，ターボ機械のコミュニティの間でも注目を集めている．複雑な形状では，長さスケールを定義することは難しく，より汎用的な内部流れには，このモデルは適切ではない．さらに，急速に変化する流れでの輸送過程に対する感度が欠けている．

▶ Wilcox k-ω モデル

k-ε モデルでは，渦動粘度 ν_t を速度スケール $\vartheta = \sqrt{k}$ と長さスケール $l = k^{3/2}\varepsilon$ の積として記述する．乱流エネルギーの消散率 ε だけが長さスケールを決定する変数ではない．実際，ほかの二方程式モデルの多くで前提とされている．最も有名なモデルは，Wilcox (1988, 1993a, b, 1994) が提案した k-ω モデルであり，二つ目の変数として乱れの周期 $\omega = \varepsilon/k$（単位 s^{-1}）を用いる．この変数を使う場合，長さスケールは $l = \sqrt{k}/\omega$ である．渦粘性は次式から求める．

$$\mu_t = \rho k/\omega \tag{3.70}$$

ブジネスク近似を用いた二方程式モデルと同じように，レイノルズ応力は次式のように求められる．

$$\tau_{ij} = -\rho\overline{u'_i u'_j} = 2\mu_t S_{ij} - \frac{2}{3}\rho k \delta_{ij} = \mu_t\left(\frac{\partial U_i}{\partial x_j} + \frac{\partial U_j}{\partial x_i}\right) - \frac{2}{3}\rho k \delta_{ij} \tag{3.71}$$

高レイノルズ数の乱流流れに対する k と ω の輸送方程式は，次式のようになる．

$$\frac{\partial(\rho k)}{\partial t} + \mathrm{div}(\rho k \mathbf{U}) = \mathrm{div}\left[\left(\mu + \frac{\mu_t}{\sigma_k}\right)\mathrm{grad}\,k\right] + P_k - \beta^* \rho k \omega \tag{3.72}$$
$$\quad\text{(I)}\qquad\quad\text{(II)}\qquad\qquad\text{(III)}\qquad\qquad\text{(IV)}\qquad\text{(V)}$$

ここで，

$$P_k = 2\mu_t S_{ij} \cdot S_{ij} - \frac{2}{3}\rho k \frac{\partial U_i}{\partial x_j}\delta_{ij}$$

は乱流エネルギーの生成率であり，

$$\frac{\partial(\rho\omega)}{\partial t} + \mathrm{div}(\rho\omega\mathbf{U}) = \mathrm{div}\left[\left(\mu + \frac{\mu_t}{\sigma_\omega}\right)\mathrm{grad}\,\omega\right]$$
$$+ \gamma_1\left(2\rho S_{ij}\cdot S_{ij} - \frac{2}{3}\rho\omega\frac{\partial U_i}{\partial x_j}\delta_{ij}\right) - \beta_1 \rho\omega^2 \tag{3.73}$$

である．言葉で書くと，次式のように表される．

| k もしくは ω の変化割合 | + | 対流による k もしくは ω の輸送 | = | 乱流拡散による k もしくは ω の輸送 | + | k もしくは ω の生成割合 | − | k もしくは ω の消散割合 |

モデル定数は，以下に示すとおりである．

| $\sigma_k = 2.0$ | $\sigma_\omega = 2.0$ | $\gamma_1 = 0.553$ | $\beta_1 = 0.075$ | $\beta^* = 0.09$ |

k-ω モデルは，低レイノルズ数の場合に適用する壁の減衰関数が，壁までの積分に必要な

いため，最初非常に注目された．壁近傍での乱流エネルギーの値 k の値をゼロとする．振動数 ω は，壁では無限に漸近するが，一般には，壁で非常に大きな値を与えるか，Wilcox (1988) に従い，壁近傍の格子点に双曲線の変動 $\omega_P = 6\nu/(\beta_1 y_P^2)$ を適用する．モデルの実用的な経験から，結果はこの詳細な取扱いにあまり依存しないことがわかっている．

入口境界では，k と ω の値を与えなければならず，また，流出境界では，たいてい勾配ゼロ条件を用いる．乱流エネルギー $k \to 0$ と乱流の振動数 $\omega \to 0$ となる自由流れの ω の境界条件が最も問題となる．式 (3.70) から，$\omega \to 0$ となるにつれ，渦粘性 μ_t は不定か無限となるため，小さいが有限の ω の値を与えなければならない．残念ながら，モデルの結果は仮定した自由流れの ω の値に依存する傾向を示し（Menter, 1992a），これは，自由流れの境界条件がいつも用いられる外部流れの流体力学や航空宇宙への適用において深刻な問題である．

▶ **Menter SST k-ω モデル**

Menter (1992a) は，k-ε モデルの結果が，自由流れ中の（任意の）仮定した値に対してずっと感度が低くなることを述べたが，その壁近傍の性能は，逆圧力勾配がある境界層に対して低い．これにより彼は，(i) 壁近傍の領域で k-ε モデルを k-ω モデルに変換し，(ii) 壁からずっと離れた完全乱流領域で標準的な k-ε モデルを用いるというハイブリッドモデルを提案している．レイノルズ応力の計算と k の式は，Wilcox のオリジナルの k-ω モデルと同じであるが，$\varepsilon = k\omega$ を代入することで ε の式を ω の式に変換する．これにより，

$$\underbrace{\frac{\partial(\rho\omega)}{\partial t}}_{\text{(I)}} + \underbrace{\text{div}(\rho\omega \mathbf{U})}_{\text{(II)}} = \underbrace{\text{div}\left[\left(\mu + \frac{\mu_t}{\sigma_{\omega,1}}\right)\text{grad}\,\omega\right]}_{\text{(III)}} + \underbrace{\gamma_2\left(2\rho S_{ij} \cdot S_{ij} - \frac{2}{3}\rho\omega\frac{\partial U_i}{\partial x_j}\delta_{ij}\right)}_{\text{(IV)}}$$

$$\underbrace{-\beta_2\rho\omega^2}_{\text{(V)}} + \underbrace{2\frac{\rho}{\sigma_{\omega,2}\omega}\frac{\partial k}{\partial x_k}\frac{\partial \omega}{\partial x_k}}_{\text{(VI)}} \quad (3.74)$$

となる．式 (3.73) と比較すると，式 (3.74) の右辺には生成項 (IV)，つまり，拡散項の $\varepsilon = k\omega$ の変換の際に ε 方程式に生じる交差拡散項が追加される．

Menter ら (2003) は，汎用計算のモデルの経験に基づき，SST k-ω の性能を最適化するための一連の修正についてまとめている．主な修正は，以下のとおりである．

- **修正したモデル定数：**

$\sigma_k = 1.0$	$\sigma_{\omega,1} = 2.0$	$\sigma_{\omega,2} = 1.17$	$\gamma_2 = 0.44$	$\beta_2 = 0.083$	$\beta^* = 0.09$

- **混合関数**：壁から離れた標準型 k-ε モデルと，変換した壁近傍の k-ε モデルによる渦粘性の計算値の差によって数値不安定性が生じる．二つのモデル間の推移を滑らかにするために，混合関数を用いる．交差拡散項を修正するために，式中に混合関数を取り入れ，オリジナルの k-ω モデルに対する値 C_1 と，Menter の変換した k-ε モデルに対する値 C_2 の値を取るモデル定数に対してもこの関数を用いる．

$$C = F_C C_1 + (1 - F_C) C_2 \tag{3.75}$$

一般に，混合関数 $F_C = F_C(l_t/y, Re_y)$ は，乱れ $l_t = \sqrt{k}/\omega$ と，壁への距離 y の比と乱流レイノルズ数 $Re_y = y^2\omega/\nu$ の関数である．(i) 壁でゼロ，(ii) 壁から十分離れた場所で 1，(iii) 壁面間の半分の距離と境界層の端で滑らかになるように F_C の関数の形を選ぶ．このように，この方法は，数値的に安定な方法で，k-ω モデルの壁近傍でのよい挙動と，壁から離れた場所での k-ε モデルの安定性を組み合わせている．

- **リミッター**：逆圧力勾配と後流領域のある流れの性能を改善するために渦粘性を制限し，よどみ領域での乱れの生成を抑制するために乱流エネルギーの生成を制限する．そのリミッターは以下のとおりである．

$$\mu_t = \frac{a_1 \rho k}{\max(a_1 \omega, SF_2)} \tag{3.76a}$$

ここで，$S = \sqrt{2S_{ij}S_{ij}}$，$a_1 =$ 定数，F_2 は混合関数である．

$$P_k = \min\left(10\beta^* \rho k \omega, 2\mu_t S_{ij} \cdot S_{ij} - \frac{2}{3}\rho k \frac{\partial U_i}{\partial x_j}\delta_{ij}\right) \tag{3.76b}$$

▶ **航空宇宙への応用に対する乱流モデルの性能の評価**
- **外部空気力学**：Spalart-Allmaras, k-ω モデルと SST k-ω モデルはすべて適用できる．SST k-ω モデルが最も一般的であり，計算から圧力勾配ゼロ，逆圧力勾配の境界層，自由せん断流れと NACA4412 の翼（Menter, 1992b）に対して最も性能を発揮することが示唆されている．しかし，オリジナルの k-ω モデルが急拡大流れに対して最も優れていた．
- **汎用の数値流体力学**：Spalart-Allmaras モデルは不適切であるが，k-ω モデルと SST k-ω モデルをともに適用することができる．これらには，ともに k-ε モデルのように長所と短所があるが，RSM と比較した場合，乱流応力と平均流れのとらえにくい相互作用を考慮することができない．

▶ 非等方性

二方程式の乱流モデル（すなわち k-ε モデル，k-ω モデルやほかの似たモデル）では，乱流エネルギーと垂直応力の非等方性により生じる乱流応力との，わずかな関係をとらえることはできない．これらでは，別の歪みと体積力への影響を正確に再現することはできない．RSM では，これらの影響を正確に組み込んでいるが，未知の乱流の過程（圧力 – 歪み相関，レイノルズ応力の乱流拡散，消散）をモデル化する必要があり，二方程式モデルと比較して，必要な計算機容量と実行時間がかなり増大する．RSM の別の輸送方程式に関連する性能の低下を避けるため，より複雑な影響を"感知する"二方程式モデルの開発がいくつか試みられている．垂直応力の非等方性の感度を組み込んだ最初の方法は，代数応力モデルである．その後，米国の NASA Langley Research Center（Speziale）と英国の UMIST の研究グループは，数多くの非線形二方程式モデルを開発している．以下ではこれらのモデルについて説明する．

▶ 代数応力モデル

代数応力モデル（algebraic stress model, ASM）は最も初期に，輸送方程式すべてを解くことなくレイノルズ応力の非等方性を考慮し，計算負荷を小さくする方法を模索したモデルである．RSM を解く最も大きな計算負荷は，レイノルズ応力の輸送方程式 (3.55) 中のレイノルズ応力 R_{ij} などの勾配が，対流 C_{ij} と拡散輸送項 D_{ij} に現れることによって生じる．Rodi とその研究グループは，これらの輸送項を消去するかモデル化する場合，レイノルズ応力方程式を連立代数方程式に簡略化するという考えを提案している．

最も簡単な方法では，対流項と拡散項を両方とも無視するが，場合によっては，この方法は十分に精度がある（Naot と Rodi, 1982, Demuren と Rodi, 1984）．より汎用的な方法では，レイノルズ応力の対流項と拡散項の総和が，乱流エネルギーの対流項と拡散項の総和に比例すると仮定する．そのため，

$$\frac{D\overline{u'_i u'_j}}{Dt} - D_{ij} \approx \frac{\overline{u'_i u'_j}}{k}\left[\frac{Dk}{Dt} - (k\text{ の輸送（すなわち div）項})\right]$$

$$= \frac{\overline{u'_i u'_j}}{k}\left(-\overline{u'_i u'_j} \cdot S_{ij} - \varepsilon\right) \tag{3.77}$$

と近似する．右辺の括弧内の項は，正確な k の保存式 (3.42) からの乱流エネルギーの生成と消失の和からなる．レイノルズ応力と乱流エネルギーは，ともに乱流の変数であり，深く関連している．そのため，式 (3.77) は，比 $\overline{u'_i u'_j}/k$ が流れを横切ってもあまり急激に変化しない限り，さほど悪くない近似であるようである．乱流エネルギー

の輸送に依存しない対流と拡散による輸送を関連付けることで，さらに改善することができると考えられる．

式 (3.57) の生成項 P_{ij} とともに近似式 (3.77) をレイノルズ応力の輸送方程式 (3.55) に取り入れ，整理すると，右辺のモデル化した消散率の項 (3.60) と圧力－歪み項 (3.61) から，次式の**代数応力モデル**が得られる．

$$R_{ij} = \overline{u'_i u'_j} = \frac{2}{3} k \delta_{ij} + \alpha_{\text{ASM}} \left(P_{ij} - \frac{2}{3} P \delta_{ij} \right) \frac{k}{\varepsilon} \tag{3.78}$$

ただし，$\alpha_{\text{ASM}} = \alpha_{\text{ASM}} \left(\dfrac{P}{\varepsilon} \right)$

$P = $ 乱流運動エネルギーの生成率

係数 α_{ASM} により，代数近似で"失われた"物理すべてを考慮しなければならない．見てわかるように，これは乱流エネルギーの生成と消失の比の関数であり，変化が小さい流れでは 1 に近づく．α_{ASM} の値は，旋回流に対して 0.25 程度である．3.7.3 項で述べた輸送方程式から導出する代数モデルによって，乱流スカラー輸送も表現することができる．興味がある読者に対して，Rodi (1980) はさらに情報を提供している．

レイノルズ応力が式 (3.78) の両辺に現れ，これらが右辺の P_{ij} に含まれるため，k と ε が既知の場合，式 (3.78) は未知の六つのレイノルズ応力に対する 6 本の連立代数方程式であり，逆行列，あるいは反復法を用いて解くことができる．そのため，これらの式を標準型 k-ε 方程式 (3.44)～(3.47) と一緒に解く．

Demuren と Rodi (1986) は，ほぼ均一なせん断流れとチャネル流れの測定データとよく一致するように，圧力－歪み項に対する壁の関係と調整定数の値に修正を含めて高度化したこのモデルを用いて，円形ではないダクト内の二次流れの計算結果を報告した．彼らは正方形と矩形ダクト内の一次流れの歪みと二次流れを現実的に予測した．後者は垂直レイノルズ応力の非等方性によって生じるため，標準型 k-ε モデルで同じ条件のシミュレーションによって表現することはできない．

▶ 性能の評価

ASM は，非等方性の影響をレイノルズ応力の計算に組み込んだ計算負荷の小さい方法であるが，常に標準型 k-ε モデルより性能がよいわけではない（表 3.6）．さらに，AMS では，乱流とはならない流れの領域，すなわち $P \to 0$ かつ $\varepsilon \to 0$ で不定となる係数 $\alpha_{\text{ASM}} = \alpha_{\text{ASM}}(P/\varepsilon)$ に特異点が現れる場合があり，安定性の問題に欠点がある．近年，ASM は，むしろ次節で説明する非線形渦粘性 k-ε モデルの発展により影をひそめている．

表 3.6　ASM の評価

利点
- レイノルズ応力の非等方性を考慮するための計算負荷が小さい方法である
- RSM の方法の一般性（浮力と回転効果のよいモデリング）と k-ε モデルの小さな計算負荷が潜在的に組み合わされている
- 定温で浮力のある薄いせん断層にうまく適用することができる
- 対流項と拡散項を無視する場合，ASM は RSM と同じ性能である

欠点
- k-ε モデル（偏微分方程式二つと連立代数方程式）よりも計算負荷がわずかに大きい
- 混合長モデルや k-ε モデルのようには広く検証されていない
- RSM を適用した場合と同じ欠点をもつ
- モデルは対流と拡散の影響に対する輸送の仮定を適用しない流れで大きな制約を受けるため，性能の限界を知るために検証が必要である

▶ 非線形 k-ε モデル

非線形 k-ε 二方程式モデルの初期の研究は，はじめに Rivlin (1957) と Lumley (1970) によって指摘された粘弾性流体と乱流流れの間の相似性に基づいている．Speziale (1987) は，非線形 k-ε モデルの開発に対して，体系的な骨組みを示した．この考えでは，数学的かつ物理的に正しい形で影響を追加することで，レイノルズ応力を"感知する"．

標準型 k-ε モデルでは，ブジネスク近似 (3.33) と渦粘性の式 (3.44) を用いる．すなわち，

$$-\rho \overline{u'_i u'_j} = \tau_{ij} = \tau_{ij}(S_{ij}, k, \varepsilon, \rho) \tag{3.79}$$

である．この関係から，乱れの特性は局所の状態にのみ依存する．すなわち，流れの領域を通過して移動するため，乱れはそれ自体にすぐに適合することがわかる．粘弾性の相似性から，この適合はすぐに起こらず，保持される．平均歪み速度 S_{ij}, 乱流エネルギー k, 消散率 ε と流体の密度 ρ の依存性に加えて，レイノルズ応力も次式の流体粒子の平均歪みの変化率の関数である．

$$-\rho \overline{u'_i u'_j} = \tau_{ij} = \tau_{ij}\left(S_{ij}, \frac{DS_{ij}}{Dt}, k, \varepsilon, \rho\right) \tag{3.80}$$

RSM を検討する場合，τ_{ij} は実際に輸送される変数であり，すなわち，対流と拡散の再分配，生成と消散の変化率に支配される．DS_{ij}/Dt への依存性を取り入れることで，レイノルズ応力の輸送を部分的に考慮しているとみなすことができる．これにより，乱れの状態は乱れの生成と消散のつり合いを乱す急激な変化からの遅れを認識する．

Speziale が率いる NASA Langley Research Center の研究グループはこの考えを述べ，非線形 k-ε モデルを提案している．この方法は，二次の速度の勾配の項をもち，

レイノルズ応力に対して漸近展開の微分が含まれている（Speziale, 1987）.

$$\tau_{ij} = -\rho \overline{u'_i u'_j} = -\frac{2}{3}\rho k \delta_{ij} + \rho C_\mu \frac{k^2}{\varepsilon} 2S_{ij}$$
$$- 4C_D C_\mu^2 \frac{k^3}{\varepsilon^2}\left(S_{im}\cdot S_{mj} - \frac{1}{3}S_{mn}\cdot S_{mn}\delta_{ij} + \mathring{S}_{ij} - \frac{1}{3}\mathring{S}_{mm}\delta_{ij}\right)$$
(3.81)

ただし，$\quad \mathring{S}_{ij} = \dfrac{\partial S_{ij}}{\partial t} + \mathbf{U}\cdot\mathrm{grad}(S_{ij}) - \left(\dfrac{\partial U_i}{\partial x_m}\cdot S_{mj} + \dfrac{\partial U_j}{\partial x_m}\cdot S_{mi}\right)$
$\quad C_D = 1.68$

実験データを用いて調整することによって調整パラメータの値 C_D は決定された.

式 (3.81) は，中程度と大きい歪みをもつ流れに対して拡張した非線形 k-ε モデルである．標準型 k-ε モデル中のレイノルズ応力に対する式 (3.48) を，速度勾配の二次の項を消去した歪み速度が小さい式 (3.81) の特別な場合と考えることができる．Horiuti (1990) は，速度勾配の三次まで項があるこの方法の改良型に賛成した．

得られるモデルの数学的な形に対して多くの制約を適用することで，このモデルの正確な式を得ることができる．これらのうちほとんどは，Lumley (1978) によって初めてまとめられ，以下のように制定された．

- **骨組みの不変性**：数値流体力学の計算で用いる座標系に依存しない乱流モデルを数学的な形で表現しなければならず，参照する状態の乱れと時間に依存した移動や回転の関係を，一貫して考慮しなければならない．
- **実現可能性**：$\overline{u'^2}$，k と ε のような乱流の変数の値は負になることはありえず，常にゼロより大きくなくてはならない．

余談として，粘弾性の相似性を用いない実現可能な制限を適用すると，realisable k-ε モデルとなり，変数は $C_\mu = C_\mu(Sk/\varepsilon)$ である．ここで，$S = \sqrt{2S_{ij}S_{ij}}$ とし，ε の方程式を修正する（Shih ら，1995 など参照）．

UMIST の Launder とその研究グループは，RSM の考えを二方程式モデルで可能な範囲で保持するように垂直応力の非等方性をモデルに "感知させる" ことを目的とし，非線形 k-ε モデルについて研究した．Pope (1975) は，平均歪み速度 $S_{ij} = \dfrac{1}{2}\left(\dfrac{\partial U_i}{\partial x_j} + \dfrac{\partial U_j}{\partial x_i}\right)$ と平均渦度 $\Omega_{ij} = \dfrac{1}{2}\left(\dfrac{\partial U_i}{\partial x_j} - \dfrac{\partial U_j}{\partial x_i}\right)$ のテンソルの積のべき級数に基づく渦粘性の仮定の一般化を取り入れた．

最も単純な非線形渦粘性モデルでは，次式のように，レイノルズ応力と二次のテン

ソル S_{ij} と Ω_{ij} の積を関連付ける.

$$\tau_{ij} = -\rho\overline{u'_i u'_j} = 2\mu_t S_{ij} - \frac{2}{3}\rho k \delta_{ij}$$

$$\left.\begin{array}{l} -C_1\mu_t\dfrac{k}{\varepsilon}\left(S_{ik}\cdot S_{jk} - \dfrac{1}{3}S_{kl}\cdot S_{kl}\delta_{ij}\right) \\[6pt] -C_2\mu_t\dfrac{k}{\varepsilon}(S_{ik}\cdot \Omega_{jk} + S_{jk}\cdot \Omega_{ik}) \\[6pt] -C_3\mu_t\dfrac{k}{\varepsilon}\left(\Omega_{ik}\cdot \Omega_{jk} - \dfrac{1}{3}\Omega_{kl}\cdot \Omega_{kl}\delta_{ij}\right) \end{array}\right\} \text{二次の項} \quad (3.82)$$

追加した最後の二次の三つの項により，垂直レイノルズ応力が異なるため，このモデルは本質的に非等方性の影響をとらえることができる．オリジナルの k-ε モデルの定数とともに追加される三つのモデル定数 C_1, C_2, C_3 を調整することで，モデルの予測性能を最適化することができる．Craft ら (1996) は，レイノルズ応力の生成と流線の曲率間の相互作用を正しく感知するためには，三次のテンソルを組み込む必要があると説明している．これらには以下の内容も含まれる．

- 局所の歪み速度 S_{ij} と渦度 Ω_{ij} への関数依存性を考慮した，変数 C_μ
- 分離流れでせん断応力の予測値を悪くする，長さスケールの過大評価を減少させるための ε 方程式の修正
- 粘性底層を通過して，壁まで k と ε の方程式を積分することができる壁面ダンピング関数

(Peyret と Krause, 2000 中の) Leschziner は，後縁の分離がちょうど起こる入射角で，翼周りの計算に対して性能が向上していることを示すために，線形と三次の k-ε モデルの性能を RSM と比較した．線形の k-ε モデルでは，失速する状態を示し，ほかのさまざまな境界層のパラメータに対して精度が悪い．一方，三次の k-ε モデルの結果は，RSM の結果と非常に近い．

3.7.5 まとめ——RANS 乱流モデル

乱流場のモデリングから，数値流体力学と流体工学の組織に対する活発な研究活動の場が生まれた．前節では，開発された，あるいは開発中の商用の汎用プログラムに適用される最も優れた RANS 乱流モデルのモデリング方法を説明してきた．高度な乱流モデリングに多くの研究努力がなされ，境界条件や形状に依存しない，（限りある）多くの普遍的な乱流の性質が存在し，正しく識別された場合，これによりエンジニアにとって興味深い流れの変数を完全に表現するための基盤が構築される可能性がある．

現在まさに存在する時間平均を施した式に基づく古典的なモデルは，この領域の有名な専門家によって競って開発されたため，"信頼されている" ということを強調しなければならない．たとえば，外部空気力学で混合長モデルが初期に成功を収めた影響を受け，限られた種類の流れに特化した乱流モデルの開発が行われている．これら二つの観点から，自然と研究が二つに区別される．

1. 限られた種類の流れに対する乱流モデルの開発と最適化
2. 広範囲にわたり完全な汎用乱流モデルのための研究

産業には，普遍的な乱流モデルの完成を待つことなく，急いで解くべき流れの問題が多くある．k-ε モデルは，昔から精度の限界が確認されているにもかかわらず，いまだに産業用途に広く用いられ，有用な結果を示している．幸いなことに，産業部門の多くは，とくに限られた種類の流れ，たとえば，石油輸送部門，電力工学に対するタービンと燃焼器だけを対象としている．乱流研究の大部分は，このような問題に対する個別の試験や既存の乱流モデルの検証である．

ここでは参考文献が多すぎてまとめることさえできない．有用な応用指向の主な情報源は，*Transactions of the American Society of Mechanical Engineers*，とくに *Journal of Fluids Engineering*，*Journal of Heat Transfer* と *Journal of Engineering for Gas Turbines and Power* に加えて，*AIAA Journal*，the *International Journal of Heat and Mass Transfer* と the *International Journal of Heat and Fluid Flow* である．

3.8 ラージエディシミュレーション

RANS 乱流モデルの開発に一世紀にわたる努力がなされているものの，幅広い実用的な応用に適した汎用モデルはいまのところまだないと認識されている．これは大きな渦と小さな渦の挙動の差が大きいことに起因する．小さな渦はほぼ等方的であり，（少なくとも高レイノルズ数の乱流流れに対しては）普遍的な挙動を示す．一方，平均流れと相互作用し，エネルギーを得る大きな渦は，より非等方的であり，これらの挙動は，問題の形状，境界条件と体積力の影響を受ける．レイノルズ平均を施した式を用いると，乱流モデル一つで渦すべての集合的な挙動を表現しなければならないが，大きな渦に依存する問題では，適用することができるモデルを幅広く探すのが困難になる．乱流流れの計算に対する別の方法では，時間に依存するシミュレーションの問題それぞれに対して大きな渦を計算する必要がある．一方，小さい渦の普遍的な挙動を，コンパクトなモデルを用いてとらえることはもっと容易である．これが，乱流の数値的な取扱いに対するラージエディシミュレーション（**large eddy simulation**,

LES）の本質である．

　時間平均の代わりに，LES では，大きい渦と小さい渦を分離するために空間フィルタ操作を用いる．この方法では，非定常流れの計算でカットオフ幅より大きいスケールの渦すべてを解像することを目的としたフィルタ関数とカットオフ幅を選択することから始める．次の段階では，非定常の流れの式上でフィルタ操作を行う．フィルタ操作では，小さい，フィルタから外れた渦の情報を消去する．この解像する大きな渦と解像しない小さな渦の相互作用の影響から，サブグリッドスケール応力（SGS 応力）が生じる．SGS モデルを用いて，これらの影響が解像した流れに及ぼす影響を記述しなければならない．有限体積法を用いる場合，SGS モデルの解像しない応力を用いて，有限の体積をもつ計算格子上で時間に依存した空間フィルタ操作を施した流れの式を解く．これにより，平均流れとカットオフ幅より大きなスケールの乱流渦すべてを求める．本節では，乱流流れの LES の計算方法を説明し，産業に関連した流れの計算の近年の成果をまとめる．

■ 3.8.1　非定常ナビエ‐ストークスの空間フィルタ操作

　フィルタとは，入力を望ましい受け入れる部分と望ましくない受け入れない部分に分けるために設計された，電気工学やプロセス工学のよく知られた分離装置である．フィルタの詳細な設計，とくに関数の形とカットオフ幅 Δ により，何を受け入れ何を受け入れないかが正確に決定される．

▶ フィルタ関数

　LES では，次式のような**フィルタ関数** $G(\mathbf{x}, \mathbf{x}', \Delta)$ によって空間フィルタ操作を定義する．

$$\overline{\phi}(\mathbf{x}, t) \equiv \int_{-\infty}^{\infty} \int_{-\infty}^{\infty} \int_{-\infty}^{\infty} G(\mathbf{x}, \mathbf{x}', \Delta) \phi(\mathbf{x}', t) \, dx'_1 \, dx'_2 \, dx'_3 \quad (3.83)$$

ただし，$\overline{\phi}(\mathbf{x}, t) =$ フィルタされた関数

$\phi(\mathbf{x}, t) =$ オリジナルの（フィルタ操作しない）関数

$\Delta =$ フィルタのカットオフ幅

本節では，上付き線は時間平均ではなく，空間フィルタを表す．式 (3.83) は，RANS の方程式を導出するときの時間平均に似たフィルタの積分を示す．LES の場合のみ，時間ではなく，3 次元空間に対して積分を行う．フィルタ操作は線形の操作であることに注意しなければならない．

　3 次元 LES の計算では，以下のフィルタ関数が最も一般的に使われる．

- トップハットフィルタ（ボックスフィルタ）

$$G(\mathbf{x},\mathbf{x}',\Delta) = \begin{cases} 1/\Delta^3 & |\mathbf{x}-\mathbf{x}'| \leq \Delta/2 \\ 0 & |\mathbf{x}-\mathbf{x}'| > \Delta/2 \end{cases} \tag{3.84a}$$

- ガウシアンフィルタ

$$G(\mathbf{x},\mathbf{x}',\Delta) = \left(\frac{\gamma}{\pi\Delta^2}\right)^{3/2} \exp\left(-\gamma\frac{|\mathbf{x}-\mathbf{x}|^2}{\Delta^2}\right) \tag{3.84b}$$

パラメータ γ の代表値 $= 6$

- スペクトルカットオフフィルタ

$$G(\mathbf{x},\mathbf{x}',\Delta) = \prod_{i=1}^{3} \frac{\sin[(x_i-x_i')/\Delta]}{(x_i-x_i')} \tag{3.84c}$$

有限体積法を用いて LES の計算を行う場合，トップハットフィルタを用いる．ガウシアンフィルタとスペクトルカットオフフィルタは研究論文で好まれている．ガウシアンフィルタは，LES の研究の中心であり，乱流モデリングの道具としての方法に対する厳密な基礎を築いたスタンフォードのグループが，30 年以上前に有限差分法の LES に対して取り入れた．スペクトル法（すなわち，流れの変数を記述するためのフーリエ級数）を乱流の研究でも用い，スペクトルフィルタでは，波長 Δ/π のエネルギースペクトルをシャープにカットオフする．後者は大きい渦スケールと小さい渦スケールを分離する観点から魅力的であるが，スペクトル法を汎用の数値流体力学で用いることはできない．

カットオフ幅は，計算で受け入れる渦と受け入れない渦の大きさの指標となる値を表す．理論的には任意の大きさの**カットオフ幅** Δ を選ぶことができるが，有限体積法を用いた数値流体力学の計算では，計算格子の大きさより小さいカットオフ幅を選ぶことはできない．この種の計算では，それぞれの計算格子上に流れ変数の格子点の値が一つしかないため，これ以上の詳細はない．最も一般的には，カットオフ幅を計算格子の大きさと同じオーダーとする．異なる長さ Δx，幅 Δy，高さ Δz をもつ 3 次元の計算では，たいていの場合，カットオフ幅を計算格子の体積の三乗根とする．

$$\Delta = \sqrt[3]{\Delta x\, \Delta y\, \Delta z} \tag{3.85}$$

▶ フィルタ操作を施した非定常ナビエ–ストークス式

3.3 節以前と同じように，ここで非圧縮性流れに焦点を当てる．いつもどおり，直交座標系を用いるため，速度ベクトル $\mathbf{u}$ は u，v，w 成分をもつ．粘度 μ が一定の流体に対する非定常のナビエ–ストークス式は，次式のようになる．

$$\frac{\partial \rho}{\partial t} + \mathrm{div}(\rho \mathbf{u}) = 0 \tag{2.4}$$

$$\frac{\partial (\rho u)}{\partial t} + \mathrm{div}(\rho u \mathbf{u}) = -\frac{\partial p}{\partial x} + \mathrm{div}(\mu\,\mathrm{grad}\,u) + S_u \tag{2.37a}$$

$$\frac{\partial (\rho v)}{\partial t} + \mathrm{div}(\rho v \mathbf{u}) = -\frac{\partial p}{\partial x} + \mathrm{div}(\mu\,\mathrm{grad}\,v) + S_v \tag{2.37b}$$

$$\frac{\partial (\rho w)}{\partial t} + \mathrm{div}(\rho w \mathbf{u}) = -\frac{\partial p}{\partial z} + \mathrm{div}(\mu\,\mathrm{grad}\,w) + S_w \tag{2.37c}$$

流れも非圧縮性の場合,$\mathrm{div}\,\mathbf{u} = 0$ となるため,粘性の運動量の生成項 S_u, S_v, S_w はゼロである.

計算領域全体で同じフィルタ関数 $G(\mathbf{x},\mathbf{x}') = \mathbf{G}(\mathbf{x}-\mathbf{x}')$ を用いる,すなわち,G が位置 $\mathbf{x}$ に依存しない場合,式をさらに簡略化することができる.このように,同じフィルタ関数を用いる場合,フィルタ操作の線形性を用いることで,フィルタ操作と時間に関する微分の順序のほかに,フィルタ操作と空間に関する微分の順序を変更することができる.時間平均を施した RANS の流れの式を導出したときに,すでに 3.3 節でこの交換性をみてきている.フィルタ操作を施した式 (2.4) から,**LES の連続の式**を得る.

$$\boxed{\frac{\partial \rho}{\partial t} + \mathrm{div}(\rho \overline{\mathbf{u}}) = 0} \tag{3.86}$$

本節のこの式と以下の式すべての上付き線は,フィルタを施した流れの変数を表す.

式 (2.37) に対してこの過程を繰り返すと,

$$\frac{\partial (\rho \overline{u})}{\partial t} + \mathrm{div}(\rho \overline{u}\mathbf{u}) = -\frac{\partial \overline{p}}{\partial x} + \mathrm{div}(\mu\,\mathrm{grad}\,\overline{u}) \tag{3.87a}$$

$$\frac{\partial (\rho \overline{v})}{\partial t} + \mathrm{div}(\rho \overline{v}\mathbf{u}) = -\frac{\partial \overline{p}}{\partial y} + \mathrm{div}(\mu\,\mathrm{grad}\,\overline{v}) \tag{3.87b}$$

$$\frac{\partial (\rho \overline{w})}{\partial t} + \mathrm{div}(\rho \overline{w}\mathbf{u}) = -\frac{\partial \overline{p}}{\partial z} + \mathrm{div}(\mu\,\mathrm{grad}\,\overline{w}) \tag{3.87c}$$

となる.

フィルタ操作を施した速度 $\overline{u}$, $\overline{v}$, $\overline{w}$ と,フィルタ操作を施した圧力 $\overline{p}$ を求めるために,式 (3.86), (3.87) を解く必要がある.ここで,左辺の対流項を $\mathrm{div}(\rho \overline{\phi}\overline{\mathbf{u}})$ の形で計算する必要があるという問題に直面するが,フィルタ操作を施した速度 $\overline{u}$, $\overline{v}$, $\overline{w}$ と,フィルタを施した圧力 $\overline{p}$ しか用いることができない.そこで,次式のように変形する.

$$\mathrm{div}(\rho \overline{\phi}\overline{\mathbf{u}}) = \mathrm{div}(\rho \overline{\phi}\mathbf{u}) + \left[\mathrm{div}(\rho \overline{\phi}\overline{\mathbf{u}}) - \mathrm{div}(\rho \overline{\phi}\mathbf{u})\right]$$

フィルタ操作を施した $\overline{\phi}$ と $\overline{u}$ の場から右辺の第 1 項を計算することができ,第 2 項を

モデルで置き換える．

式 (3.87) に代入し，変形すると，次式の **LES の運動量保存式**を得る．

$$\frac{\partial(\rho\overline{u})}{\partial t}+\mathrm{div}(\rho\overline{u}\,\overline{\mathbf{u}})=-\frac{\partial\overline{p}}{\partial x}+\mathrm{div}\left(\mu\,\mathrm{grad}\,\overline{u}\right)-\left[\mathrm{div}(\rho\overline{u\mathbf{u}})-\mathrm{div}(\rho\overline{u}\,\overline{\mathbf{u}})\right] \quad (3.88\mathrm{a})$$

$$\frac{\partial(\rho\overline{v})}{\partial t}+\mathrm{div}(\rho\overline{v}\,\overline{\mathbf{u}})=-\frac{\partial\overline{p}}{\partial y}+\mathrm{div}\left(\mu\,\mathrm{grad}\,\overline{v}\right)-\left[\mathrm{div}(\rho\overline{v\mathbf{u}})-\mathrm{div}(\rho\overline{v}\,\overline{\mathbf{u}})\right] \quad (3.88\mathrm{b})$$

$$\frac{\partial(\rho\overline{w})}{\partial t}+\mathrm{div}(\rho\overline{w}\,\overline{\mathbf{u}})=-\frac{\partial\overline{p}}{\partial z}+\mathrm{div}\left(\mu\,\mathrm{grad}\,\overline{w}\right)-\left[\mathrm{div}(\rho\overline{w\mathbf{u}})-\mathrm{div}(\rho\overline{w}\,\overline{\mathbf{u}})\right] \quad (3.88\mathrm{c})$$

　(I)　　　　(II)　　　　(III)　　　(IV)　　　　　　(V)

フィルタ操作を施した運動量保存式は，RANS の式 (3.26), (3.27) と非常に似ている．項 (I) は，フィルタ操作を施した x, y, z 方向の運動量の変化率である．項 (II) と (IV) は，フィルタ操作を施した x, y, z 方向の運動量の対流と拡散流束である．項 (III) は，x, y, z 方向のフィルタ操作を施した圧力場の勾配である．最後の項 (V) は，時間平均を施した結果現れる，ちょうど RANS の運動量保存式中のレイノルズ応力に似たフィルタ操作によって生じる項である．これらを応力 τ_{ij} の発散として考えることができる．下付き文字を用いた表記では，これらの項の i 成分を，次式のように記述することができる．

$$\mathrm{div}(\rho\overline{u_i\mathbf{u}}-\rho\overline{u_i}\,\overline{\mathbf{u}})=\frac{\partial(\rho\overline{u_iu}-\rho\overline{u_i}\,\overline{u})}{\partial x}+\frac{\partial(\rho\overline{u_iv}-\rho\overline{u_i}\,\overline{v})}{\partial y}+\frac{\partial(\rho\overline{u_iw}-\rho\overline{u_i}\,\overline{w})}{\partial z}$$

$$=\frac{\partial\tau_{ij}}{\partial x_j} \quad (3.89\mathrm{a})$$

ただし，$\tau_{ij}=\rho\overline{u_i\mathbf{u}}-\rho\overline{u_i}\,\overline{\mathbf{u}}=\rho\overline{u_iu_j}-\rho\overline{u_i}\,\overline{u_j}$ \quad (3.89b)

解像しない渦，あるいは SGS の渦の相互作用により，τ_{ij} の一部が対流の運動量の輸送に起因するので，これらの応力を，一般に**サブグリッドスケール**（**sub-grid-scale**）応力とよぶ．しかし，RANS の式のレイノルズ応力とは異なり，LES の SGS 応力にはさらに多くの寄与が含まれる．これらの寄与の性質は，流れの変数 $\phi(\mathbf{x},t)$ を (i) カットオフした幅よりも大きい空間的な変動をもち，LES の計算から解像するフィルタ操作を施した関数 $\overline{\phi}(\mathbf{x},t)$, (ii) フィルタカットオフ幅より，小さい長さスケールにおける解像しない空間の変動を含む $\phi'(\mathbf{x},t)$ の和として分解することで決定することができる．

$$\phi(\mathbf{x},t)=\overline{\phi}(\mathbf{x},t)+\phi'(\mathbf{x},t) \quad (3.90)$$

式 (3.89b) 中のこの分解を用いて，次式のように右辺第 1 項を記述することができる．

$$\rho \overline{u_i u_j} = \rho \overline{(\overline{u}_i + u'_i)(\overline{u}_j + u'_j)} = \rho \overline{\overline{u}_i \overline{u}_j} + \rho \overline{\overline{u}_i u'_j} + \rho \overline{u'_i \overline{u}_j} + \rho \overline{u'_i u'_j}$$
$$= \rho \overline{u}_i \overline{u}_j + (\rho \overline{\overline{u}_i \overline{u}_j} - \rho \overline{u}_i \overline{u}_j) + \rho \overline{\overline{u}_i u'_j} + \rho \overline{u'_i \overline{u}_j} + \rho \overline{u'_i u'_j}$$

ここで，SGS 応力を次式のように記述することができる．

$$\tau_{ij} = \rho \overline{u_i u_j} - \rho \overline{u}_i \overline{u}_j = \underbrace{(\rho \overline{\overline{u}_i \overline{u}_j} - \rho \overline{u}_i \overline{u}_j)}_{\text{(I)}} + \underbrace{\rho \overline{\overline{u}_i u'_j} + \rho \overline{u'_i \overline{u}_j}}_{\text{(II)}} + \underbrace{\rho \overline{u'_i u'_j}}_{\text{(III)}} \tag{3.91}$$

そのため，SGS 応力には三つのグループの寄与が含まれることがわかる．

- 項 (I)，レナード応力 L_{ij} ： $\quad L_{ij} = \rho \overline{\overline{u}_i \overline{u}_j} - \rho \overline{u}_i \overline{u}_j$
- 項 (II)，クロス応力 C_{ij} ： $\quad C_{ij} = \rho \overline{\overline{u}_i u'_j} + \rho \overline{u'_i \overline{u}_j}$
- 項 (III)，**LES のレイノルズ応力** R_{ij} ： $\quad R_{ij} = \rho \overline{u'_i u'_j}$

レナード応力 L_{ij} は，単に解像したスケールの影響によるものである．これらは，2 回目のフィルタ操作により，フィルタを施した流れの変数に変化が生じることによる．すなわち，空間のフィルタ操作に対して $\overline{\overline{\phi}} \neq \overline{\phi}$ となり，$\overline{\overline{\varphi(t)}} = \overline{\Phi} = \Phi = \overline{\varphi(t)}$ となる時間平均とは異なる（式 (3.31) と比較せよ）．これらの応力の寄与は，フィルタ操作を施した流れ場からこれらを計算するための近似法を初めて構築したアメリカの科学者 A. Leonard にちなんで名付けられた（詳細については Leonard (1974) 参照）．クロス応力 C_{ij} は，SGS の渦と解像した流れの相互作用によるものである．Ferziger (1977) は，この項に対する近似を示している．最後に，LES のレイノルズ応力 R_{ij} は，SGS の渦の相互作用による対流の運動量の輸送により生じ，いわゆる SGS 乱流モデルを用いてモデル化する．ちょうど RANS のレイノルズ応力と同じように，SGS の応力 (3.91) をモデル化しなければならない．以下では，最も有名な SGS モデルについて説明する．

3.8.2 Smagorinsky-Lilly SGS モデル

2 次元の薄い境界層のような単純な流れでは，ブジネスクの渦粘性の仮定 (3.33) は，しばしばレイノルズ平均の乱流応力をうまく再現することがわかっている．乱流の生成と平均歪み速度の深い関係を認め，乱流応力が平均歪み比例するとすると仮定する．この方法をうまく適用するには，

(i) 流れ方向の変化が，生成と消失がある程度つり合う程度にゆっくりである
(ii) 乱流構造に等方性がある（あるいは，非等方的な垂直応力の勾配が動的に作用しない）

ことが必要である．Smagorinsky (1963) は，最も小さい渦がほぼ等方的であるため，ブジネスクの近似が解像した流れにおいて解像しない渦の影響をうまく記述することができると提案している．そのため，Smagorinsky の SGS モデルでは，**局所の SGS 応力** R_{ij} が解像した流れの局所の歪み速度に比例する $\overline{S}_{ij} = \frac{1}{2}\left(\frac{\partial \overline{u}_i}{\partial x_j} + \frac{\partial \overline{u}_j}{\partial x_i}\right)$ とする．

$$R_{ij} = -2\mu_{\text{SGS}}\overline{S}_{ij} + \frac{1}{3}R_{ii}\delta_{ij} = -\mu_{\text{SGS}}\left(\frac{\partial \overline{u}_i}{\partial x_j} + \frac{\partial \overline{u}_j}{\partial x_i}\right) + \frac{1}{3}R_{ii}\delta_{ij} \qquad (3.92)$$

比例定数は動的 SGS 粘性 μ_{SGS} であり，単位は Pa·s である．式 (3.92) の右辺の項 $(1/3)R_{ii}\delta_{ij}$ は，式 (3.33) 中の項 $(-2/3)\rho k \delta_{ij}$ と同じ役割を果たす．これにより，モデル化した垂直 SGS 応力の総和と SGS 渦の乱流エネルギーが等しいことが保証される．LES の研究の文献の多くでは，適用した特別なフィルタ関数に対してレナード応力 L_{ij} と，クロス応力 C_{ij} の形を近似することでこのモデルが用いられる．

(Peyret と Krause, 2000 中の) Meinke と Krause は，複雑で産業に関連のある数値流体力学の計算への有限体積法の LES の適用を概説している．彼らはレナード応力とクロス応力の性質が異なるにもかかわらず，近年の**有限体積法**では，LES のレイノルズ応力を用いてこれらが一緒に取り扱われることを述べている．単一の **SGS 乱流モデル**によって，単一の存在として全応力 τ_{ij} をモデル化する．

$$\tau_{ij} = -2\mu_{\text{SGS}}\overline{S}_{ij} + \frac{1}{3}\tau_{ii}\delta_{ij} = -\mu_{\text{SGS}}\left(\frac{\partial \overline{u}_i}{\partial x_j} + \frac{\partial \overline{u}_j}{\partial x_i}\right) + \frac{1}{3}\tau_{ii}\delta_{ij} \qquad (3.93)$$

Smagorinsky-Lilly SGS モデルでは，プラントルの混合長モデル (3.39) に基づき，SGS の動粘性係数 ν_{SGS}（次元 m^2/s）を定義することができる．これは，長さスケール一つと速度スケール一つで表現することができ，$\nu_{\text{SGS}} = \mu_{\text{SGS}}/\rho$ によって SGS 粘性係数と関連付けられる．SGS の渦の大きさはフィルタ関数の細かさによって決定されるため，長さスケールには，もちろん，フィルタ操作でカットオフされる幅 Δ を選択する．混合長モデルと同様に，長さスケール Δ と解像した流れの平均歪み速度の積 $\Delta \times |\overline{S}|$ として速度スケールを記述することができる．ここで，$|\overline{S}| = \sqrt{2\overline{S}_{ij}\overline{S}_{ij}}$ である．そのため，**SGS の粘性係数**は，次式のように評価される．

$$\mu_{\text{SGS}} = \rho(C_{\text{SGS}}\Delta)^2|\overline{S}| = \rho(C_{\text{SGS}}\Delta)^2\sqrt{2\overline{S}_{ij}\overline{S}_{ij}} \qquad (3.94)$$

ただし，$C_{\text{SGS}} =$ 一定

$$\overline{S}_{ij} = \frac{1}{2}\left(\frac{\partial \overline{u}_i}{\partial x_j} + \frac{\partial \overline{u}_j}{\partial x_i}\right)$$

Lilly (1966, 1967) は，エネルギースペクトルの慣性小領域における等方的な乱流渦の

減衰速度を論理的に解析し，C_{SGS} の値が 0.17 から 0.21 の間にあることを提案している．Rogallo と Moin (1984) は，さまざまな計算格子とフィルタ関数の結果に対し，$C_{\text{SGS}} = 0.19 \sim 0.24$ の値を提案するほかの著者の研究を概説した．彼らは，Deardorff (1970) による，とくに壁近傍における非等方性の強い乱流である乱流チャネル流の初期の LES の計算も引用した．この研究では，この値は過度に減衰することがわかり，この種の内部流れの計算には $C_{\text{SGS}} = 0.1$ が最も適していることを提案した．C_{SGS} の値の違いは，平均流れの歪みか応力の影響である．これにより，小さな渦の挙動が最初に推測したほど普遍的ではなく，LES の乱流モデリングをうまく行うには，条件によって調整するか，より高度な方法が必要であることがわかった．

■ 3.8.3 高次 SGS モデル

ブジネスクの渦粘性の仮定に基づく SGS レイノルズ応力モデルでは，SGS の渦がすぐに解像した流れ場の歪み速度に順応できるように，解像した流れの変化が非常にゆっくりと起こると仮定する．条件により定数 C_{SGS} を調整するほかの方法では，輸送の影響を許容するために，RANS の乱流モデリングの考えを用いる．SGS の渦の特性長さスケールとしてカットオフフィルタ幅 Δ を用いるが，速度スケール $\Delta \times |\overline{S}|$ を，SGS の渦の速度をより再現するもので置き換える．ここでは，SGS 乱流エネルギーの平方根 $\sqrt{k_{\text{SGS}}}$ を選択する．すなわち，

$$\mu_{\text{SGS}} = \rho C'_{\text{SGS}} \Delta \sqrt{k_{\text{SGS}}} \tag{3.95}$$

ただし，$C'_{\text{SGS}} = $ 一定

である．対流，拡散，生成，消散が SGS の速度スケールに及ぼす影響を考慮するために，k_{SGS} の分布を決定するための輸送方程式を解く．

$$\frac{\partial(\rho k_{\text{SGS}})}{\partial t} + \text{div}(\rho k_{\text{SGS}} \overline{\mathbf{u}}) = \text{div}\left(\frac{\mu_{\text{SGS}}}{\sigma_k} \text{grad}\, k_{\text{SGS}}\right) + 2\mu_{\text{SGS}} \overline{S}_{ij} \cdot \overline{S}_{ij} - \rho \varepsilon_{\text{SGS}} \tag{3.96}$$

次元解析から，SGS の乱流エネルギーと長さと速度スケールには，次式のような関係があることがわかる．

$$\varepsilon_{\text{SGS}} = C_\varepsilon \frac{k_{\text{SGS}}^{3/2}}{\Delta} \tag{3.97}$$

ただし，$C_\varepsilon = $ 一定

これは，粘性支配の壁近傍の領域に対する二層 k-ε モデルで用いられる一方程式の RANS

乱流モデルに相当する LES である．Schumann (1975) は，2 次元のチャネルや管内の乱流流れを計算するために，このようなモデルをうまく用いた．最近では，Fureby ら (1997) が均一な等方性乱流の LES の計算をし，このモデルの興味を復活させ，その結果，商用プログラム Star-CD に実装されることになった．

　これらの SGS モデルはすべて，SGS 応力と解像した流れの歪み速度を結び付けるための，一定の SGS 渦粘性におけるブジネスクの仮定に基づいている．この等方性の渦粘性の仮定により，必然的にレイノルズ応力モデルに相当する LES となる．Deardorff (1973) は，フィルタのカットオフ幅が大きいため，解像しない乱流渦が非等方的で，渦粘性の仮定の精度が下がる大気の境界層の計算に，このモデルを用いた．

■ 3.8.4　高度な SGS モデル

　Smagorinsky のモデルは，単にエネルギー流れの方向が解像したスケールの渦からサブグリッドスケールに向かう消散的なものである．Leslie と Quarini (1979) は，この方向の統計的なエネルギーの流れは実際大きく，SGS 渦からより大きい解像したスケールへの逆方向に向かうエネルギーの流れとして，30% の逆輸送により相殺されることを示している．さらに，Clark ら (1979) と McMillan と Ferziger (1979) による直接数値シミュレーション (DNS) の結果の解析から，(高精度な DNS から計算した) 実際の SGS 応力と，Smagorinsky-Lilly モデルを用いてモデル化した SGS 応力の相関は，とくに強くないことがわかった．これらの著者は，SGS 応力を全体の解像した流れの歪み速度の比例項として取り扱うのではなく，実際のエネルギーカスケードの過程 (3.1 節) を認めて，解像した最も小さい渦の歪み速度から推算すべきであると結論づけている．Bardina ら (1980) は，SGS 応力が解像した最も小さい渦による応力に比例するとして，2 回のフィルタ操作に基づき，局所の C_{SGS} の値を計算する方法を提案している．彼らは次式を提案した．

$$\tau_{ij} = \rho C' (\overline{\overline{u_i}\,\overline{u_j}} - \overline{\overline{u}}_i \overline{\overline{u}}_j)$$

ここで，C' は調整定数であり，フィルタ操作を 2 回行って解像した流れ場の情報から括弧内の因子を計算することができる．DNS を用いて計算した実際の SGS 応力と，モデル化した SGS 応力の関係はかなり改善していることがわかっていたが，負の粘性により安定性に問題が生じた．彼らは，計算を安定化するため Smagorinsky のモデル (3.93)，(3.94) の形をもつ減衰項を追加することを提案しており，**混合モデル**となる．

$$\tau_{ij} = \rho C' (\overline{\overline{u_i}\,\overline{u_j}} - \overline{\overline{u}}_i \overline{\overline{u}}_j) - 2\rho C_{\mathrm{SGS}}^2 \Delta^2 |\overline{S}| \overline{S}_{ij} \tag{3.98}$$

定数 C' の値は，二度目のフィルタ操作で用いられるカットオフフィルタに依存するが，常に 1 近い．

Germano (1986) は，異なる乱流応力の分解を提案した．これは，局所の C_SGS の値を計算するための **dynamic SGS モデル**（Germano ら, 1991）の基礎となる．Germano らの乱流応力の分解では，解像した流れのデータから，Δ_1 と Δ_2 それぞれ異なるカットオフフィルタ操作 2 回に対して，異なる SGS 応力を計算することができる．

$$\tau_{ij}^{(2)} - \tau_{ij}^{(1)} = \rho L_{ij} \equiv \rho \overline{\overline{u}_i\, \overline{u}_j} - \rho \overline{\overline{u}}_i\, \overline{\overline{u}}_j \tag{3.99}$$

上付き文字 (1) と (2) は，カットオフ幅 Δ_1 と Δ_2 を示す．

定数 C_SGS が両方のフィルタ操作に対して同じと仮定し，Smagorinsky のモデルの式 (3.93), (3.94) を用いて SGS 応力をモデル化する．これにより，次式を得る．

$$L_{ij} - \frac{1}{3} L_{kk} \delta_{ij} = C_\mathrm{SGS}^2 M_{ij} \tag{3.100a}$$

$$M_{ij} = -2\Delta_2^2 |\overline{\overline{S}}|\overline{\overline{S}}_{ij} + 2\Delta_1^2 \overline{|S|S_{ij}} \tag{3.100b}$$

Lilly (1992) は，局所の C_SGS の値を計算するための最小二乗法を提案した．

$$C_\mathrm{SGS}^2 = \frac{\langle L_{ij} M_{ij} \rangle}{\langle M_{ij} M_{ij} \rangle} \tag{3.101}$$

山括弧 $\langle\ \rangle$ は，平均化処理を示す．Germano ら (1991) は，Bardina ら (1980) と同様に，dynamic SGS モデルにより，負の値の領域を含み大きく変化する渦粘性の場が生じることに気づいた．この問題は，平均化することで解決される．一様な方向がある問題ではその方向（たとえば 2 次元平面流れ）で，複雑な流れでは短い時間間隔で平均化することで，この問題は解決される．

（Peyret と Krause, 2000 中の）Germano は，SGS 渦粘性を動的に計算するために，ほかの定式化を概説した．dynamic モデルとほかの高度な SGS モデルが，Lesieur と Métais (1996) と Meneveau と Katz (2000) によって概説されている．興味がある読者には，この分野の題材に対する出版物をさらに参考にしていただきたい．

■ 3.8.5 LES に対する初期条件と境界条件

LES の計算では，非定常ナビエ–ストークス式を解く．そのため，よい設定問題を生成するために，適切な初期条件と境界条件を与えなければならない．

▶ 初期条件

定常の流れに対しては，初期の流れの状態は，定常状態に達するまでに必要な時間を決定するだけである．また，正確な乱流の度合いやスペクトル成分をもつガウスのランダム変動を用いて重ね合わせた，質量が保存する初期の流れ場を指定することが，たいてい適切である．時間に依存した流れの発達が初期の状態に依存する場合，ほかのデータ（DNS や実験データ）を用いて，より正確に初期条件を指定する必要がある．

▶ 固体壁

LES フィルタを施したナビエ－ストークス式を壁まで積分する場合，すべりなし条件を用いる．これには，壁近傍の格子点が $y^+ \leq 1$ となる細かい計算格子を必要とする．薄い境界層で高レイノルズ数の場合，段階的に不等間隔格子を用いることで計算機リソースを節約する必要がある．またこの代わりに，壁関数を用いることも可能である．Schumann (1975) は，壁に対して平行な，変動する速度と一致させるための変動するせん断応力を用い，RANS k-ε モデルと RSM で用いる式 (3.49) を，同じ種類の対数壁関数を用いて，せん断応力と瞬時の速度を結び付けるモデルを提案している．Moin (2002) は，RANS と LES の渦粘性の値を一致させることで，壁近傍の RANS 混合長モデルでカルマン定数 κ を動的に計算する高度なモデルを概説した．これにより，標準的な値 $\kappa = 0.41$ によってせん断応力を過大に評価することを避けることができる．

▶ 流入境界

入口の流れの性質が下流に伝わるため，流入条件は非常に難しく，流入条件を不正確に指定することがシミュレーションの精度に大きな影響を与えることもある．最も簡単な方法は，平均速度分布を指定し，正しい乱流強度をもつガウスのランダム変動を重ね合わせる方法であるが，実際の乱流流れにおける速度成分（レイノルズ応力）と 2 点相関（すなわち空間的構造）の相互相関を無視することになる．乱れ特性をもつ平均流れが平衡に達するまでに，乱れ特性には非常に長い距離を必要とする場合があり，この距離は問題に依存する．代わりに，以下に示す方法を用いることもできる．

1. RANS 乱流モデルを用いて，正確な形状における入口の流れを再現する．最も一般的な方法では，入口面のレイノルズ応力すべてを推算するために RSM を用いて非定常流れの計算を行い，ガウスのランダム変動を生成し，関連のある自己相関と相互相関の正しい値を保つことによってこれらを与える．
2. 計算領域をさらに上流まで広げ，（大きな容器からの流れを発達させることよる）乱流モデルなしの流入を用いる．これには，完全発達流れに達するまで上流に長

い距離，一般に水力直径の 50 倍のオーダーの距離を必要とするが，境界層が薄い入口の流れが必要な場合に適している．
3. 複雑な形状の内部流に対し，計算開始位置として完全発達流れの入口を指定する．流れ方向に周期境界をもつ補助的な LES の計算から，小さな計算負荷でこのような分布を計算することができる（以下参照）．
4. 与えたせん断応力，運動量厚さと境界層厚さを用いて入口の分布を指定する．Lund ら (1998) は，補助的な LES の計算から，発達する境界層に対して入口の分布を抽出する方法を提案している．Klein ら (2003)，Ferrante と Elgobashi (2004) によって，この目的に対する別の方法が開発されている．前者の方法は，ランダムデータのディジタルフィルタと，2 点相関を生成するための座標の方向それぞれの長さスケールを特定することに基づいている．後者では，Lund らの方法を改善し，正しいエネルギースペクトル分布が波数を横切って再生することを保証するための方法を提案している．これらの両方のアルゴリズムでは，流入境界と，乱流が平衡に達する平均流れの実際の LES の計算の計算領域の位置との間の長さが減少することが報告されている．

▶ **流出境界**

流出境界はあまり問題にならない．平均流れに対し，よく知られている勾配ゼロの境界条件を用い，いわゆる対流境界条件により変動量を外挿する．

$$\frac{\partial \phi}{\partial t} + \bar{u}_n \frac{\partial \phi}{\partial n} = 0$$

▶ **周期境界条件**

乱流は 3 次元であるため，LES と DNS の計算はすべて 3 次元である．周期境界条件は，平均流れが一様な方向（たとえば，2 次元の平面的な流れにおける z 方向）にとくに有用である．変数を，周期境界の点とこれに対応する点ですべて等しくする．対となる周期境界におけるすべての点に対して，2 点の相互関係がゼロとなるように距離を選ばなければならない．これは，一方の境界がもう一方の境界に及ぼす影響を最小にするために，最も大きな渦の少なくとも 2 倍になるように距離を選ぶべきであることを意味する．

3.8.6 複雑な形状をもつ流れへの LES の適用

複雑な形状を含む汎用の数値流体力学の計算に対してロバストな方法を開発するために，この研究分野で多大な努力がされている．ここでは，近年の文献で述べられて

いる内容について簡単にまとめる．

壁近傍の領域の急激な変化を解像するために，**不等間隔格子**は固体境界のある流れに適している．しかし，これには中心部と壁近傍の領域で異なるカットオフフィルタ幅が必要である．そこで，中心部の流れで大きな渦スケールと小さな渦スケールを正しく区別するカットオフフィルタ幅を考えよう．このカットオフ幅は，乱流渦の大きさが固体境界の存在によって制限される壁近傍では適切ではない．そのような場所では，このフィルタのカットオフ幅は大きすぎ，SGS スケールに含めるには非等方的で，エネルギーをもつ壁近傍の渦が生じることになる．式 (3.85) から，3 次元計算に対するカットオフ幅は，コントロールボリュームの大きさの三乗根として取り扱われる．不等間隔格子では，カットオフ幅はコントロールボリュームの大きさによって変化する．Scotti ら (1993) は，3 次元における計算格子の非等方性を考慮するために，Smagorinsky 定数 C_{SGS} を次式のように修正すべきであると示している．

$$C_{\mathrm{SGS}} = 0.16 \times \cosh\sqrt{\frac{4}{27}[(\ln a_1)^2 - \ln a_1 \times \ln a_2 + (\ln a_2)^2]}$$

ここで，計算格子の非等方性の係数を，$a_1 = \Delta x/\Delta z$ と $a_2 = \Delta y/\Delta z$ から求める．

有限体積法では，フィルタのカットオフ幅 $\Delta = \sqrt[3]{\Delta x \Delta y \Delta z}$ を，格子の大きさに近づける必要がある．カットオフ幅の選択により，SGS の渦と計算格子上の式の離散化に関連する数値誤差の影響の区別が不鮮明となるため，精度が下がり，SGS 応力は数値打切り誤差と大きさが同程度になる．**数値誤差**の制御に細心の注意を払わなければ，数値誤差が SGS 応力を超えることすらある．風上差分法（第 5 章参照）は，RANS 乱流モデリングを用いた初期の数値流体力学で標準的な方法であったが，この方法では拡散しすぎ，大きな打切り誤差を生じる．そのため，二次や高次の離散化手法が必要である．Moin (2002) は，ガスタービン燃焼器の計算において，不等間隔格子に対して，ロバストで拡散しない離散化の性能について報告している．

フィルタ操作が時間と空間の微分に作用することを保証するために，LES の式 (3.86)，(3.88) では，等間隔のカットオフ幅が想定されている．Ghosal と Moin (1995) は，**不等間隔のカットオフ幅**に関連した非交換性の誤差が，レナード応力と打切り誤差の大きさと同じ大きさになる場合があることを示している．彼らは，この誤差を制御するために座標系を変換する方法を提案している．この問題を最小にする方法が，さらに提案されている．Vasilyev ら (1998) は，不等間隔の構造格子に対して離散化交換（discrete commutative）フィルタを開発した．これは，Marsden ら (2002) により二次精度の離散化スキームと組み合わせて用いる非構造格子へ拡張された．

■ 3.8.7 LESの性能に対する一般的なコメント

レイノルズ応力とスカラー輸送の項を計算するために，非常に高精度で，エンジニアにとって汎用的な計算手法を開発することが，乱流モデリングの主な研究目的である．そもそも，非定常であるLESの性質から，古典的な乱流モデルと比較して必要になる計算負荷はずっと大きくなる．これは，LESとk-εモデルやk-ωモデルと比較した場合に顕著になる．しかし，RMSではさらに7本の偏微分方程式を解く必要があり，Ferziger (1977) は，同じ計算でRSMと比較した場合，LESにはせいぜい二倍程度の計算機リソースしか必要ないと述べている．必要な計算機リソースの差がこのように小さいため，ある時間依存の"自由な"性質を解像するのに達成することができる解の精度と，LESの能力に焦点が当てられる．LESの結果のポストプロセスにより，平均流れと解像した変動の統計に関連する情報を得る．後者はLESの特徴であり，（両方とも PeyretとKrause, 2000中の）Moinだけでなく，MeinkeとKrauseは，流れの発達に大きな影響を及ぼし存在し続ける大きなスケールの渦，たとえば，物体後方の渦，ディフューザを通過する流れ，曲がり管内流れとエンジン燃焼チャンバー内の旋回の例を示した．LESの結果から，変動する圧力場を求める能力により，ジェットやほかの高速流れからの騒音を計算する航空音にも応用されている．

最も高度なLESの能力として，Moin (2002) によるガスタービンに対する結果を示す．図3.17に，燃焼器の形状の詳細と計算格子を示す．これは，非常に複雑な形状すべてをモデル化した非構造格子である．図3.18に，中央平面と，断面に垂直な四つの面における瞬時の速度の大きさの等高線を示す．乱流流れの物理も非常に複雑で，燃焼，旋回，希釈噴流などが含まれている．流れの不安定さが燃焼に対して非常に大き

図**3.17** PrattとWhitneyのガスタービンのLES計算——燃焼器の形状と計算格子の詳細 ［出典：Moin (2002)］

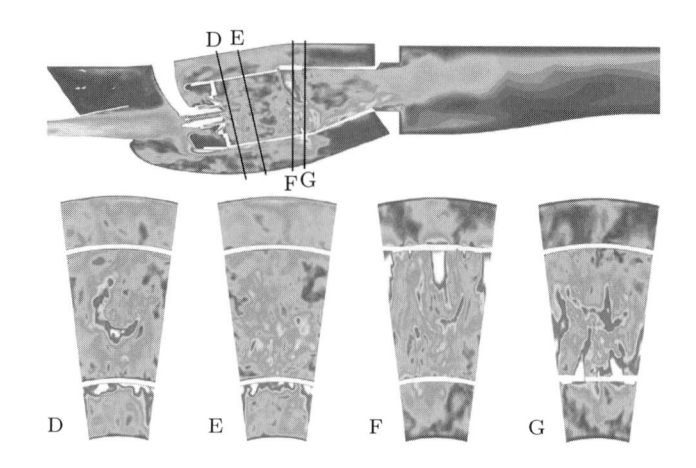

図 3.18 Pratt と Whitney のガスタービンの LES 計算——断面上の瞬時の速度の大きさの等高線［出典：Moin (2002)］

な影響を及ぼし，LES の計算によって生成される情報は，技術開発にとって他に類を見ないほど応用性が高い．

LES は 1960 年代から存在するが，最近になってようやく，産業に関連する問題に適用するための非常に高い計算機能力を用いることができるようなった．商用の数値流体力学に LES が入ったのはさらに最近であり，妥当性の経験の範囲は限られている．通常，たいていのプログラム供給元は，LES モデルによって生成した結果の補間に注意をしなければならないことを述べている．さらに，圧縮性流れや乱流スカラー変動のように，不等間隔格子と非構造格子における非交換性の効果の取扱いに対する方法も比較的最近のものであることに注意しなければならない．この研究は，まだ有限体積法の LES には組み込まれていないようである．Geurts と Leonard (2005) は，誤差の制御と産業に関連する複雑流れへの適用に対して，ロバストな LES の方法の開発に取り組む必要性について説明している．計算機の能力がより向上し，数値流体力学ユーザのグループで乱流モデリングに対する LES の利点を認識することで，その開発ペースも加速するだろう．

3.9 直接数値シミュレーション

非圧縮の乱流流れに対する瞬時の連続の式およびナビエ - ストークス式 (3.23)，(3.24) は，四つの未知数 u, v, w, p が密接に関連した形である．乱流流れの**直接数値シミュレーション**（**direct numerical simulation, DNS**）では，この連立方程

式を用い，最も小さい乱流渦と速い変動さえも解像するために，非常に小さい時間刻みと非常に細かい空間の計算格子上で非定常解を導出する．

Reynolds（Lumley, 1989 中），Moin と Mahesh (1998) は，DNS の潜在的な利点をまとめている．

- DNS を用いて計算することで，あらゆる場所における乱流のパラメータの，その輸送と量の詳細を正確に計算することができる．これらは，新たな乱流モデルの開発や検証に用いることができる．DNS の結果に無償でアクセスが可能なデータベースが提供され始めている（たとえば，ERCOFTAC: http://ercoftac.mech.surrey.ac.uk/dns/homepage.html, 東京大学熱流体工学研究室：http://www.thtlab.t.u-tokyo.ac.jp, マンチェスター大学：http://cfd.mace.manchester.ac.uk/ercoftac)．
- 機器を用いて測定することができない瞬時の結果を生成することができ，乱流構造を可視化し，調査することができる．たとえば，RSM 乱流モデルでは，圧力 – 歪み相関の項を測定することはできないが，DNS から正確な値を計算することができる．
- DNS の流れ場では，高度な実験技術を試し，評価することができる．Reynolds（Lumley, 1989 中）は，壁近傍の乱流中でホットワイヤー流速計のプローブを検査するために，DNS を用いることを述べている．
- 流れの物理過程を考慮したり，考慮しなかったりすることにより，実際は起こり得ない仮想的な流れにおける基礎的な乱流の研究が行われている．Moin と Mahesh (1998) は，自由流について，静止壁において発達するせん断 – 自由流の境界層や初期条件が，自己相似である乱流後流の発達に及ぼす影響や，反応を伴う流れの基礎的な研究（火炎片の歪み速度と混合面の歪み）の例をいくつかあげ，まとめている．

以下では，乱流流れにおいて，渦の出現による長さと時間スケールの範囲が広いため，流れの式を直接解くことは非常に難しいことを述べる．3.1 節では，乱流流れに存在するスケールの範囲の次数の大きさの推算について考え，最も大きい長さスケールに対する最も小さい長さスケールの比が，$Re^{3/4}$ に比例して変化することがわかった．小さいレイノルズ数 10^4 の乱流流れの直接シミュレーションでは，最も小さい乱流の長さスケールと，最も大きい乱流の長さスケールを解像するためには，それぞれの座標軸方向に 10^3 オーダーの格子点が必要となる．そのため，乱流流れは本質的に 3 次元であるため，長さスケールすべての過程を記述するためには，10^9 個の格子点（$N \cong Re^{9/4}$）を用いて計算する必要がある．さらに，最も大きい時間スケールに対する最も小さいスケールの比が $Re^{1/2}$ として変化するため，Re^4 では，少なくても時間

刻み100個に対して計算を行う必要がある．実際は，時間平均した流れの結果と乱流統計量を求めるため，最も大きい渦がいくつか通過することを保証するための多くの時間刻みが必要になる．

Speziale (1991) は，レイノルズ数 500 000 の円管内乱流流れの直接シミュレーションには，当時のCrayスーパーコンピュータよりも一千万倍速いコンピュータが必要であると推算している．Moin と Kim (1997) は，当時用いることができた 150 MFlops の高性能コンピュータの演算速度に基づいて，$10^4 \sim 10^6$ のレイノルズ数の範囲の乱流流れの計算に対して，100時間〜300年の計算時間を推算している．このことから，非定常ナビエ–ストークス式に基づき，DNS を用いて興味がある乱流流れを計算することが可能になり始めていることが確かめられる．現在 (2006) の高度スーパーコンピュータには，1〜10 TFlops オーダーの処理速度がある．性能の向上が，このような大きい演算速度の範囲で維持されるならば，計算時間を数分から数時間に削減することができる．本節では，この急成長している乱流の研究の分野の進展について簡単に概説する．

■ 3.9.1　DNSの数値的な問題

DNS で用いられている方法を詳細に解説することは，もちろん本書の目的から外れるが，この種の計算に特別に必要とされることに触れることには意義がある．Moin と Mahesh (1998) の総説では，DNS の研究の文献で取り組まれている以下の問題に注目している．

▶ 空間の離散化

最初の DNS は，**スペクトル法（spectral methods）**によって行われた（Orszag と Patternson, 1972）．これらは，周期境界方向へのフーリエ級数分解と，固体壁方向へのチェビシェフ（Chebyshev）の多項式展開に基づいている．これらの方法は経済的で高い収束性があるが，複雑な形状に適用することが困難である．それにもかかわらず，これらはいまなお，単純な形状における非定常流れや乱流流れに広く用いられている．最近では，流れを生じる振動（Evangelinos ら，2000）や，歪んだ2次元の後流（Rogers, 2002），回転固定子キャビティ流れ（Serre ら，2002, 2004）などに適用されている．当初のスペクトル法の限界が認識され，**スペクトル要素法（spectral element methods）**が開発された（Orszag と Patera, 1984, Patera, 1986）．これらには，有限要素法の形状柔軟性と，スペクトル法の高い収束性が組み合わされている．これらの方法は，Karniadakis ら（Karniadakis, 1989, 1990など）によって複雑な乱流流れのために開発されている．

現在，高次の有限差分法（Moin, 1991）がより複雑な形状をもつ問題に広く用いられている．この方法が安定であることを保証し，数値的な散逸が乱流渦の散逸を圧倒しないように，空間と時間の離散化の方法に特別な注意を払う必要がある．最近の研究例としては，軸を中心とする回転管内の乱流流れ（Orlandi と Fatica, 1997）や，角柱周りの流れ（Tamura ら，1998），噴流（Jiang と Luo, 2000），拡散火炎（Luo ら，2005）などがあり，幅広く適用されていることがわかる．

▶ **空間の解像度**

DNS に対する空間の計算格子は，一方では解像すべき最も大きな形状の特徴によって，もう一方では生成すべき最も細かい乱流スケールによって決定されることを述べた．実際は，散逸のほとんどがコルモゴロフの長さスケール η のオーダーより十分大きいスケール，たとえば，$5\eta \sim 15\eta$ で起こるので（Moin と Mahesh, 1998），必要な計算格子数 $N \propto Re^{9/4}$ をどうにか緩和することができる．散逸過程の大部分を十分に再現する限り，計算格子数を減らすことができる．一般的な有限差分の計算では，精度をさほど低下させることなく，計算格子数を 100 分の 1 程度に減らすことが可能である．

▶ **時間の離散化**

乱流の流れには幅広い時間スケールがあるため，連立方程式は硬く（stiff）なる．このような硬いシステムに対して，陰的な時間進行や大きな時間刻みが汎用の数値流体力学に用いられている．しかし，エネルギーの散逸過程を正確に記述するためには，完全な時間解像度が必要となるため，DNS は不安定になる．このことに関しては，時間精度と安定性を保証するために特別に考案された陰解法と陽解法が開発されている（Verstappen と Veldman, 1997 など参照）．

▶ **時間の解像度**

Reynolds（Lumely, 1989 中）は，乱流運動のスケールすべてに正確な時間解像度が必要であると述べている．流体粒子が計算格子一つ以上動かないように時間刻みを調整しなければならない．Moin と Mahesh (1998) は，時間刻み幅は小さな振幅と位相誤差に大きな影響を与えることを示している．

▶ **初期条件と境界条件**

初期条件と境界条件に関する問題は，LES と同様である．関連のある説明に関しては，3.8.5 節を参照していただきたい．

3.9.2 DNS の成果

初期の非定常流れの研究は，Kleiser と Zang (1991) に概説されている．Orszag と Patterson (1972) の論文以来，根本的に重要な乱流が非圧縮性流れの範囲で研究されている．本書では最も重要な研究を載せる．それら以外の，平均歪みを伴う一様乱流，自由せん断層，完全発達チャネル流，湾曲したチャネル流，リブレットをもつチャネル流，伝熱を伴うチャネル流，回転チャネル流，横方向の曲率をもつチャネル流，急拡大流れ，平板境界層の分離などの詳細については，Moin と Mahesh (1998) の総説を参照していただきたい．

最近では，DNS の方法論は，圧縮性流れ，つまり，一様圧縮性乱流，等方性とせん断圧縮性乱流，圧縮性チャネル流れ，圧縮性乱流境界層，高速圧縮性乱流の混合層に拡張されている．

Orszag と Patterson による研究の後の 20 年間，DNS の計算に必要な計算機リソースは全世界でたった 100 グループ程度しか使うことができなかった．しかし，1990 年代から高性能なコンピュータが広く普及し，これらがマルチフィジクス，すなわち，気液二相乱流，粒子同伴流（Elghobashi と Truesdell, 1993）や反応を伴う流れ（Poinsot ら，1993）などの基本的な流れの側面を含む，さまざまな流れを対象とした，多くの乱流の研究者の手の届く範囲まできている．また，正確な流れ場を生成する DNS の特有の能力から，（Tam, 1995, Lele, 1997 で総説されている）数値航空音響学の新しい分野が開発されている．

ほとんどの DNS の計算は，比較的低レイノルズ数であるが（Hoarau ら，2003 などを参照），DNS が，工学に関連した乱流流れの現実的な方法には決してなり得なかった 1960 年代と 1970 年代の計算結果は，あまりにも悲観的であった．基本的な数値アルゴリズムの速度と安定性の改善（Verstappen と Veldman, 1997）のほかにも，将来の高性能コンピュータアーキテクチャを最大限に活かすための方法の開発にも多くの努力がなされるであろう．DNS の結果の潜在的な利点から，この分野への興味の急速な成長は今後続くと考えられる．

3.10 まとめ

本章では，乱流流れと数値流体力学における乱流モデリングの実践について簡単に説明した．乱流は非常に複雑な現象であり，100 年以上の間，有力な理論家が挑戦してきた問題である．乱流にかかわる流れの変動により，運動量，熱と物質移動が変化する．流れの特性に対するこの変化は，見方によれば利益（効果的な混合）にも不利益（大きなエネルギー損失）にもなりうる．

3.10 まとめ

　エンジニアは，平均流れの挙動の予測に主に関心があるが，変動により変化するレイノルズ応力が平均流れに影響を及ぼすため，乱流を無視することはできない．工業用途の数値流体力学では，この変化応力をモデル化しなければならない．乱流の影響の予測がそれほどまでに困難であるのは，非常に単純な境界条件をもつ流れの中にさえ，運動の幅広い長さと時間スケールがあるからである．そのため，k-ε モデルのような RANS の乱流モデルが一つの長さスケールと一つの時間スケールを決める変数によって，多くの乱流流れの主な性質を表現することができることは注目すべきことであると考えられる．標準型 k-ε モデルは安定性が評価されており，いまも工業的な内部流れの計算に広く好まれている．k-ω モデルと Spalart-Allmaras モデルは，航空宇宙への応用に対して優れた RANS モデルとして確立されている．多くの専門家は，RMS 乱流モデルが汎用の古典的乱流モデルになりえる唯一の乱流モデルであると主張するが，近年の非線形 k-ε モデルの分野の進歩から，二方程式モデルの研究が再活性化するとも考えられる．注意すべき点として，(Peyret と Krause, 2000 中の) Leschziner は，新しい乱流モデルの性能改善は一貫しておらず，三次 k-ε モデルの性能は RMS と同程度の場合もあるが，見るからに k-ε モデルよりよくない場合もあるということも報告しているため，これらのモデルの性能はいまも検討されている．

　ラージエディシミュレーション（LES）には十分な計算機リソースが必要であり，複雑な形状をもつ流れに対する工業的な汎用ツールとして適用する前に，この技術にはさらなる研究と開発が必要である．しかし，適した実験技術がなく測定することができない乱流特性を生成するために，単純な流れの LES の計算から貴重な情報を得ることができることがすでにわかっている．そのため，研究ツールとして，LES は徐々に比較の研究を通じて古典モデルの開発に用いられるであろう．いまでは商用の数値流体力学プログラムに基本的な LES が組み込まれているものもあり，これらは大きな時間スケールに依存した流れの特性（渦流や旋回など）が重要な役割を果たす流れへの工業的な応用にさらに広がると考えられる．Linux PC クラスタに基づく高性能計算機リソースの出現により，その傾向が強くなっている．

　乱流モデルの数式は非常に複雑であるが，これらにはすべて，不確かさを含む実験データからフィッティングした値として決定される**調整定数**が含まれていることを忘れてはならない．エンジニアは皆，経験値をデータ範囲を超えて外挿する危険性を心配している．乱流モデルを用いる（乱用する）場合にも同じ危険が伴う．"新たな" 乱流流れの数値流体力学の計算は，高品質なデータに対して検証しなければ，決して受け入れられない．データ源は実験であるが，徐々に DNS を用いた数値実験から生成したデータがベンチマークとして用いられている．近い将来，DNS は乱流研究で重要な役割を果たすだろう．

第4章

拡散問題に対する有限体積法

4.1 はじめに

　第2章では,流体の流動および伝熱の輸送方程式の性質と,コントロールボリュームにおける積分の定式化について述べた.ここで,最も単純な輸送過程,すなわち定常状態における純粋な拡散を考えることにより,この積分に基づく数値解法,**有限体積法(finite volume method)**(コントロールボリューム法(control volume (CV) method)に基づく数値解法を発展させる.定常拡散の基礎式は,変数 ϕ に対する一般的な輸送方程式 (2.39) の時間項および対流項を消去することで,容易に導くことができる.これにより,

$$\mathrm{div}(\Gamma \operatorname{grad} \phi) + S_\phi = 0 \tag{4.1}$$

が得られる.有限体積法をほかの数値流体力学技術すべてと区別するうえで重要な手順である,コントロールボリュームにおける積分により次式を得る.

$$\int_{CV} \mathrm{div}(\Gamma \operatorname{grad} \phi)\, \mathrm{d}V + \int_{CV} S_\phi\, \mathrm{d}V = \int_A \mathbf{n}\cdot(\Gamma \operatorname{grad} \phi)\, \mathrm{d}A + \int_{CV} S_\phi\, \mathrm{d}V = 0 \tag{4.2}$$

1次元の定常拡散方程式を解くことで,離散化方程式とよばれる方程式を得る.そのために必要な近似手法を紹介する.その後,この方法を2次元および3次元拡散問題に拡張する.一連の例題を通して,この方法を単純な1次元定常伝熱問題へ適用する方法を示す.そして,数値解を厳密解と比較することでこの方法の精度を評価する.

4.2 定常状態における1次元拡散に対する有限体積法

　図4.1に定義した1次元領域において,変数 ϕ の定常状態における拡散を考えよう.この過程の基礎式は,次式で与えられる.

$$\frac{\mathrm{d}}{\mathrm{d}x}\left(\Gamma \frac{\mathrm{d}\phi}{\mathrm{d}x}\right) + S = 0 \tag{4.3}$$

4.2 定常状態における1次元拡散に対する有限体積法

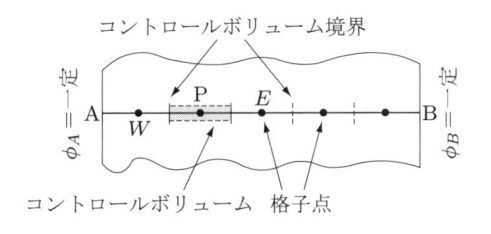

図 4.1　1次元領域

ここで，Γ は拡散係数，S は生成項である．点 A，B における ϕ の境界値は与えられている．ロッド内の1次元熱伝導であるこの種の例題を，4.3節で詳しく検討する．

ステップ1　計算格子生成

有限体積法では，はじめに，領域を離散化したコントロールボリュームに分割する．点 A と点 B の間にある空間の格子点に番号をつけよう．コントロールボリュームの境界（あるいは界面）は，隣接した点の中間に配置されている．そのため，それぞれの格子点はコントロールボリュームあるいはセルに囲まれている．通常，実際の境界がコントロールボリューム境界に一致するように，領域の端にコントロールボリュームを配置する．

ここで，今後用いる記号を定める．数値流体力学で通常用いられる記号を図 4.2 に示す．

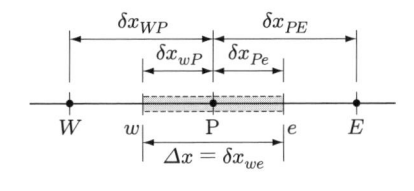

図 4.2　表記記号

一般に，1次元配置において，格子点を P およびその周囲で表し，西と東をそれぞれ W と E で表す．コントロールボリュームの西側の面を w，東側の面を e とする．格子点 W と P の間，および格子点 P と E の間の距離を，それぞれ δx_{WP}，δx_{PE} とする．同様に，面 w と格子点 P の間，および格子点 P と面 e の間の距離を，それぞれ δx_{wP}，δx_{Pe} と表す．図 4.2 より，コントロールボリュームの幅は，$\Delta x = \delta x_{we}$ である．

ステップ2　離散化

有限体積法で重要となる手順は，格子点Pにおける離散化方程式を得るために，コントロールボリュームにおいて基礎式を積分することである．先に定義したコントロールボリュームに対して，

$$\int_{\Delta V} \frac{d}{dx}\left(\Gamma \frac{d\phi}{dx}\right) dV + \int_{\Delta V} S\, dV = \left(\Gamma A \frac{d\phi}{dx}\right)_e - \left(\Gamma A \frac{d\phi}{dx}\right)_w + \overline{S}\,\Delta V = 0 \quad (4.4)$$

が得られる．ここで，A はコントロールボリューム界面の断面積，ΔV はコントロールボリュームの体積，$\overline{S}$ はコントロールボリューム上の生成項 S の平均値である．離散化方程式は物理的に解釈することが可能であり，このことは有限体積法の非常に魅力的な性質である．式 (4.4) は，東側の界面から流出する ϕ の拡散流束と西側から流入する ϕ の拡散流束の差が ϕ の生成に等しいことを示す．すなわち，これはコントロールボリュームにおける ϕ に対する保存式である．

離散化方程式を導出するために，東側 (e) と西側 (w) の界面における係数 Γ と勾配 $d\phi/dx$ が必要となる．十分に確立された方法により，変数 ϕ の値と拡散係数を格子点に定義し，評価する．コントロールボリューム界面における勾配（すなわち流束）を計算するために，格子点間での変数の分布を近似する．線形近似は，界面における値や勾配を求めるうえで，明らかに最も単純な方法である．この手順は，中心差分 (central differencing) とよばれている（付録A参照）．等間隔格子の場合の Γ_w と Γ_e の線形補間した値を，次式から求める．

$$\Gamma_w = \frac{\Gamma_W + \Gamma_P}{2} \quad (4.5a)$$

$$\Gamma_e = \frac{\Gamma_P + \Gamma_E}{2} \quad (4.5b)$$

また，拡散流束は次式のようになる．

$$\left(\Gamma A \frac{d\phi}{dx}\right)_e = \Gamma_e A_e \left(\frac{\phi_E - \phi_P}{\delta x_{PE}}\right) \quad (4.6)$$

$$\left(\Gamma A \frac{d\phi}{dx}\right)_w = \Gamma_w A_w \left(\frac{\phi_P - \phi_W}{\delta x_{WP}}\right) \quad (4.7)$$

後で述べるように，実際は，生成項が解くべき変数の関数となっている場合がある．このような場合，有限体積法では線形化により生成項を近似する．

$$\overline{S}\,\Delta V = S_u + S_P \phi_P \quad (4.8)$$

式 (4.6)〜(4.8) を式 (4.4) に代入すると，次式が得られる．

$$\Gamma_e A_e \left(\frac{\phi_E - \phi_P}{\delta x_{PE}}\right) - \Gamma_w A_w \left(\frac{\phi_P - \phi_W}{\delta x_{WP}}\right) + (S_u + S_P \phi_P) = 0 \qquad (4.9)$$

これを次式のように書き換えることができる.

$$\boxed{\left(\frac{\Gamma_e}{\delta x_{PE}} A_e + \frac{\Gamma_w}{\delta x_{WP}} A_w - S_P\right) \phi_P = \left(\frac{\Gamma_w}{\delta x_{WP}} A_w\right) \phi_W + \left(\frac{\Gamma_e}{\delta x_{PE}} A_e\right) \phi_E + S_u} \qquad (4.10)$$

式 (4.10) における ϕ_W と ϕ_E の係数を a_W と a_E, ϕ_P の離散化係数を a_P と定義すると, 上式を次式のように書くことができる.

$$\boxed{a_P \phi_P = a_W \phi_W + a_E \phi_E + S_u} \qquad (4.11)$$

ここで, それぞれの係数は次のとおりである.

a_W	a_E	a_P
$\dfrac{\Gamma_w}{\delta x_{WP}} A_w$	$\dfrac{\Gamma_e}{\delta x_{PE}} A_e$	$a_W + a_E - S_P$

線形化した生成項の式 (4.8) から, S_u と S_P の値を求めることができる. 式 (4.11), (4.8) は, 式 (4.1) を離散化した形を表す. この種の離散化方程式が今後の式の導出の中心となる.

ステップ3　方程式の解

問題を解くためには, それぞれの格子点において式 (4.11) の離散化方程式を立てなければならない. 境界に隣接するコントロールボリュームに対して境界条件を組み込むために, 一般的な離散化方程式を修正する. 次に, 格子点における変数 ϕ の分布を求めるため, 得られた線形代数システムを解く. これに対しては, 適した方法であればどんな行列方程式の解法でも用いることができるであろう. 第7章では, 数値流体力学に特化した行列方程式の解法について述べる. 異なる種類の境界条件を取り扱う方法を, 第9章で詳細に説明する.

4.3　例題：1次元定常拡散問題

本節では, 有限体積法を, 熱伝導問題である単純な拡散問題に適用する. 1次元の定常状態における熱伝導の基礎式は, 次式で与えられる.

$$\frac{d}{dx}\left(k \frac{dT}{dx}\right) + S = 0 \qquad (4.12)$$

ここで, 熱伝導率 k は式 (4.3) における Γ であり, 従属変数は温度 T である. たとえ

ば，生成項はロッドを通過する電流により発生する熱である．以下の三つの例題で境界条件の組み込みと生成項を取り扱う．

例題 4.1

図に示すような，両端をそれぞれ 100℃ および 500℃ で一定に保ったロッドにおける，生成項がない熱伝導の問題を考えよう．図 4.3 に示す 1 次元問題の基礎式は，次式で与えられる．

$$\frac{d}{dx}\left(k\frac{dT}{dx}\right) = 0 \tag{4.13}$$

このとき，定常状態におけるロッドの温度分布を計算せよ．熱伝導率 k は 1000 W/m·K であり，断面積 A は 10×10^{-3} m^2 である．

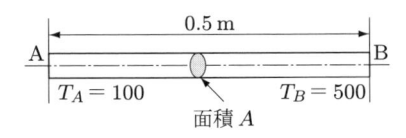

図 4.3 例題 4.1 のモデル

解

図 4.4 に示すように，ロッドを等間隔のコントロールボリューム 5 個に分けよう．これにより，格子幅 $\delta x = 0.1$ m となる．

図 4.4

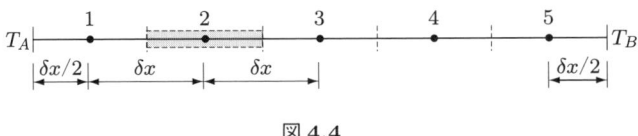

計算格子は 5 個の格子点からなる．格子点 2，3，4 では，それぞれ格子点として東側と西側の温度の値を用いることができる．そのため，これらの格子点の周りのコントロールボリュームに対して，離散化方程式 (4.10) を書くことができる．

$$\left(\frac{k_e}{\delta x_{PE}}A_e + \frac{k_w}{\delta x_{WP}}A_w\right)T_P = \left(\frac{k_w}{\delta x_{WP}}A_w\right)T_W + \left(\frac{k_e}{\delta x_{PE}}A_e\right)T_E \tag{4.14}$$

熱伝導率 ($k_e = k_w = k$)，幅 (δx) および断面積 ($A_e = A_w = A$) は一定である．そのため，**格子点 2，3，4** に対する離散化方程式は，

$$a_P T_P = a_W T_W + a_E T_E \tag{4.15}$$

となる．ここで，それぞれの係数は次のとおりである．

a_W	a_E	a_P
$\dfrac{k}{\delta x}A$	$\dfrac{k}{\delta x}A$	$a_W + a_E$

この場合，基礎式(4.13)には生成項がないため，S_u と S_P はゼロである．

格子点1，5は境界の格子点であるため，特別な注意が必要である．格子点1の周りのコントロールボリュームにおいて式(4.13)を積分すると，次式のようになる．

$$kA\left(\frac{T_E - T_P}{\delta x}\right) - kA\left(\frac{T_P - T_A}{\delta x/2}\right) = 0 \tag{4.16}$$

これは境界の格子点Aを通過する流束を，境界の格子点Aと格子点P間の温度の線形補間で近似することを意味する．式(4.16)を書き換えると，次式のようになる．

$$\left(\frac{k}{\delta x}A + \frac{2k}{\delta x}A\right)T_P = 0 \cdot T_W + \left(\frac{k}{\delta x}A\right)T_E + \left(\frac{2k}{\delta x}A\right)T_A \tag{4.17}$$

式(4.17)と式(4.10)を比較することで，固定温度境界を $S_u = (2kA/\delta x)T_A$，$S_P = -2kA/\delta x$ とした生成項 $S_u + S_P T_P$ として計算し，係数 a_W をゼロとすることで（西側の）境界とのつながりを断つ．

境界の格子点1に対する離散化方程式を得るために，式(4.17)を式(4.11)と同じ形であるととらえることができる．

$$a_P T_P = a_W T_W + a_E T_E + S_u \tag{4.18}$$

ここで，それぞれの係数は次のとおりである．

a_W	a_E	a_P	S_P	S_u
0	$\dfrac{kA}{\delta x}$	$a_W + a_E - S_P$	$-\dfrac{2kA}{\delta x}$	$\dfrac{2kA}{\delta x}T_A$

格子点5の周りのコントロールボリュームも同じように取り扱うことができる．離散化方程式は，

$$kA\left(\frac{T_B - T_P}{\delta x/2}\right) - kA\left(\frac{T_P - T_W}{\delta x}\right) = 0 \tag{4.19}$$

となる．これまで，コントロールボリューム境界を通過する熱流束を近似するために，格子点Pと境界の格子点Bの間の温度分布が線形であると仮定している．式(4.19)は，次式のように書き換えることができる．

$$\left(\frac{k}{\delta x}A + \frac{2k}{\delta x}A\right)T_P = \left(\frac{k}{\delta x}A\right)T_W + 0\cdot T_E + \left(\frac{2k}{\delta x}A\right)T_B \tag{4.20}$$

境界の格子点5に対する離散化方程式は，次のとおりである．

$$\boxed{a_P T_P = a_W T_W + a_E T_E + S_u} \tag{4.21}$$

ここで，係数は次のように与えられる．

a_W	a_E	a_P	S_P	S_u
$\dfrac{kA}{\delta x}$	0	$a_W + a_E - S_P$	$-\dfrac{2kA}{\delta x}$	$\dfrac{2kA}{\delta x}T_B$

離散化により，格子点1~5に対してそれぞれ1本の方程式を得る．数値を代入すると $kA/\delta x = 100$ となり，離散化方程式の係数をそれぞれ簡単に求めることができる．これらの値を表4.1に示す．

表 4.1

格子点	a_W	a_E	S_u	S_P	$a_P = a_W + a_E - S_P$
1	0	100	$200T_A$	-200	300
2	100	100	0	0	200
3	100	100	0	0	200
4	100	100	0	0	200
5	100	0	$200T_B$	-200	300

この例題に対して得られる代数方程式は，次のとおりである．

$$\begin{aligned}300T_1 &= 100T_2 + 200T_A \\ 200T_2 &= 100T_1 + 100T_3 \\ 200T_3 &= 100T_2 + 100T_4 \\ 200T_4 &= 100T_3 + 100T_5 \\ 300T_5 &= 100T_4 + 200T_B\end{aligned} \tag{4.22}$$

この連立方程式を，次式のように書き換えることができる．

$$\begin{bmatrix} 300 & -100 & 0 & 0 & 0 \\ -100 & 200 & -100 & 0 & 0 \\ 0 & -100 & 200 & -100 & 0 \\ 0 & 0 & -100 & 200 & -100 \\ 0 & 0 & 0 & -100 & 300 \end{bmatrix}\begin{bmatrix}T_1 \\ T_2 \\ T_3 \\ T_4 \\ T_5\end{bmatrix} = \begin{bmatrix}200T_A \\ 0 \\ 0 \\ 0 \\ 200T_B\end{bmatrix} \tag{4.23}$$

この連立方程式を解くことで，与えた条件における定常状態の温度分布を求める．格子

点数の少ない単純な問題であればMATLABのようなソフトウェアを用いて，得られた行列方程式を簡単に解くことができる．$T_A = 100$ と $T_B = 500$ に対して，たとえば，ガウス消去法（Gaussian elimination）を用いて式 (4.23) の解を求めることができる．

$$\begin{bmatrix} T_1 \\ T_2 \\ T_3 \\ T_4 \\ T_5 \end{bmatrix} = \begin{bmatrix} 140 \\ 220 \\ 300 \\ 380 \\ 460 \end{bmatrix} \quad (4.24)$$

厳密解は，温度を与えた境界間で直線 $T = 800x + 100$ となる．図 4.5 に，厳密解と有限体積法による数値解を示す．

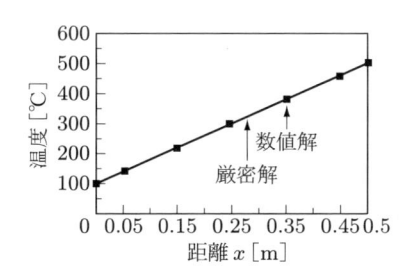

図 **4.5** 数値解と厳密解の比較

例題 4.2

ここから，境界条件以外から生じる生成項を含む問題について考察する．図 4.6 に，熱伝導率 $k = 0.5\,\mathrm{W/m \cdot K}$ で一定，かつ均一な熱発生 $q = 1000\,\mathrm{kW/m^3}$ を伴う厚み $L = 2\,\mathrm{cm}$ の大きな平板を示す．面 A と B はそれぞれ温度 100℃ と 200℃ である．y と z 方向の長さは大きいため，x 方向の温度勾配のみが重要であると仮定し，定常状態の温度分布を計算せよ．また，有限体積法による数値解を厳密解と比較せよ．ここで，基礎式は，次式で与えられる．

$$\frac{\mathrm{d}}{\mathrm{d}x}\left(k\frac{\mathrm{d}\phi}{\mathrm{d}x}\right) + q = 0 \quad (4.25)$$

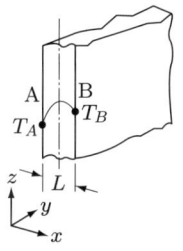

図 **4.6** 例題 4.2 のモデル

解

これまでのように，簡単な計算格子を用いて解法を示す．領域をコントロールボリューム5個（図4.7参照）に分割し，$\delta x = 0.004\,\mathrm{m}$ とし，y-z 面では単位面積を考える．

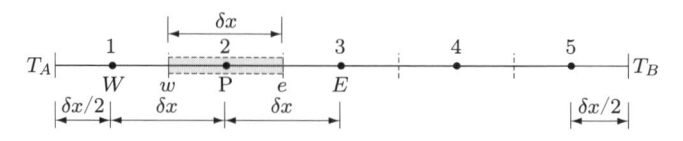

図4.7 用いる計算格子

コントロールボリュームにおいて基礎式を積分すると，

$$\int_{\Delta V} \frac{\mathrm{d}}{\mathrm{d}x}\left(k\frac{\mathrm{d}T}{\mathrm{d}x}\right) \mathrm{d}V + \int_{\Delta V} q\,\mathrm{d}V = 0 \tag{4.26}$$

が得られる．この式の第1項を，例題4.1のように取り扱う．この式の生成項である第2項の積分を，それぞれのコントロールボリュームにおいて平均化することで計算する（たとえば，$\overline{S}\,\Delta V = q\,\Delta V$）．式(4.26)は，次式のように書くことができる．

$$\left[\left(kA\frac{\mathrm{d}T}{\mathrm{d}x}\right)_e - \left(kA\frac{\mathrm{d}T}{\mathrm{d}x}\right)_w\right] + q\,\Delta V = 0 \tag{4.27}$$

$$\left[\left(k_e A\frac{T_E - T_P}{\delta x}\right) - \left(k_w A\frac{T_P - T_W}{\delta x}\right)\right] + qA\,\delta x = 0 \tag{4.28}$$

この式を，次式のように書き換えることができる．

$$\left(\frac{k_e A}{\delta x} + \frac{k_w A}{\delta x}\right)T_P = \left(\frac{k_w A}{\delta x}\right)T_W + \left(\frac{k_e A}{\delta x}\right)T_E + qA\,\delta x \tag{4.29}$$

また，式(4.11)に示す一般形で書くと，次式のようになる．

$$a_P T_P = a_W T_W + a_E T_E + S_u \tag{4.30}$$

$k_e = k_w = k$ であるため，以下の係数を得る．

a_W	a_E	a_P	S_P	S_u
$\dfrac{kA}{\delta x}$	$\dfrac{kA}{\delta x}$	$a_W + a_E - S_P$	0	$qA\,\delta x$

格子点2，3，4 のコントロールボリュームにおいて，式(4.30)を用いることができる．

格子点1と5での境界条件を組み込むため，境界の格子点と隣接する格子点の間

において，温度に対して線形近似を適用する．格子点 1 では西側の温度は既知である．格子点 1 の周りのコントロールボリュームにおいて式 (4.25) を積分すると，次式を得る．

$$\left[\left(kA\frac{\mathrm{d}T}{\mathrm{d}x}\right)_e - \left(kA\frac{\mathrm{d}T}{\mathrm{d}x}\right)_w\right] + q\,\Delta V = 0 \tag{4.31}$$

また，点 A と P の間の温度に対して線形近似を用いると，次式を得る．

$$\left[\left(k_e A \frac{T_E - T_P}{\delta x}\right) - \left(k_A A \frac{T_P - T_A}{\delta x/2}\right)\right] + qA\,\delta x = 0 \tag{4.32}$$

$k_e = k_A = k$ を用い，この式を書き換えると，**境界の格子点 1** に対する離散化方程式を得る．

$$\boxed{a_P T_P = a_W T_W + a_E T_E + S_u} \tag{4.33}$$

ここで，係数は次のとおりである．

a_W	a_E	a_P	S_P	S_u
0	$\dfrac{kA}{\delta x}$	$a_W + a_E - S_P$	$-\dfrac{2kA}{\delta x}$	$qA\,\delta x + \dfrac{2kA}{\delta x}T_A$

格子点 5 では，コントロールボリュームの東側の温度は既知である．この格子点は，境界の格子点 1 と同様の方法で取り扱う．境界の格子点 5 では，次式を得る．

$$\left[\left(kA\frac{\mathrm{d}T}{\mathrm{d}x}\right)_e - \left(kA\frac{\mathrm{d}T}{\mathrm{d}x}\right)_w\right] + q\,\Delta V = 0 \tag{4.34}$$

$$\left[\left(k_B A \frac{T_B - T_P}{\delta x/2}\right) - \left(k_w A \frac{T_P - T_W}{\delta x}\right)\right] + qA\,\delta x = 0 \tag{4.35}$$

境界の格子点 5 に対する離散化方程式を得るため，$k_B = k_w = k$ とすることで，この式を次式のように書き換えることができる．

$$\boxed{a_P T_P = a_W T_W + a_E T_E + S_u} \tag{4.36}$$

ここで，係数は以下のとおりである．

a_W	a_E	a_P	S_P	S_u
$\dfrac{kA}{\delta x}$	0	$a_W + a_E - S_P$	$-\dfrac{2kA}{\delta x}$	$qA\,\delta x + \dfrac{2kA}{\delta x}T_B$

表 4.2

格子点	a_W	a_E	S_u	S_P	$a_P = a_W + a_E - S_P$
1	0	125	$4000 + 250T_A$	-250	375
2	125	125	4000	0	250
3	125	125	4000	0	250
4	125	125	4000	0	250
5	125	0	$4000 + 250T_B$	-250	375

数値 $A = 1$, $k = 0.5\,\text{W/m·K}$, $q = 1000\,\text{kW/m}^3$, $\delta x = 0.004\,\text{m}$ をすべての格子点に代入することで, 表 4.2 にまとめた離散化方程式の係数を得る.

行列表記にすると, 次式のようになる.

$$\begin{bmatrix} 375 & -125 & 0 & 0 & 0 \\ -125 & 250 & -125 & 0 & 0 \\ 0 & -125 & 250 & -125 & 0 \\ 0 & 0 & -125 & 250 & -125 \\ 0 & 0 & 0 & -125 & 375 \end{bmatrix} \begin{bmatrix} T_1 \\ T_2 \\ T_3 \\ T_4 \\ T_5 \end{bmatrix} = \begin{bmatrix} 29000 \\ 4000 \\ 4000 \\ 4000 \\ 54000 \end{bmatrix} \tag{4.37}$$

この式の解は, 次のようになる.

$$\begin{bmatrix} T_1 \\ T_2 \\ T_3 \\ T_4 \\ T_5 \end{bmatrix} = \begin{bmatrix} 150 \\ 218 \\ 254 \\ 258 \\ 230 \end{bmatrix} \tag{4.38}$$

厳密解との比較

式 (4.25) を x について 2 回積分し, 境界条件を適用することで, この問題に対する厳密解を求める. これにより,

$$T = \left[\frac{T_B - T_A}{L} + \frac{q}{2k}(L - x)\right]x + T_A \tag{4.39}$$

が得られる. 有限体積法による数値解と厳密解の比較を, 表 4.3 および図 4.8 に示す. 5 点という粗い計算格子でも, 数値解は厳密解とよく一致していることがわかる.

表 4.3

	1	2	3	4	5
x [m]	0.002	0.006	0.01	0.014	0.018
有限体積法による数値解	150	218	254	258	230
厳密解	146	214	250	254	226
パーセント誤差	2.73	1.86	1.60	1.57	1.76

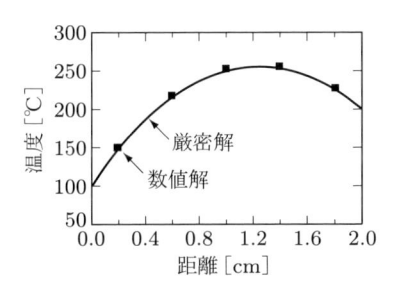

図 **4.8** 数値解と厳密解の比較

例題 4.3

本章の最後の例題として，長さ方向に対する対流伝熱による円柱フィンの冷却について考察する．対流伝熱は，基礎式中で温度依存の熱損失あるいは消失項となる．図 4.9 に，断面積 A が一定の円柱フィンを示す．基準温度 (T_B) は 100°C で，終端は断熱されている．フィンは周囲温度 20°C にさらされている．この条件における 1 次元伝熱は，次式で与えられる．

$$\frac{\mathrm{d}}{\mathrm{d}x}\left(kA\frac{\mathrm{d}T}{\mathrm{d}x}\right) - hP(T - T_\infty) = 0 \tag{4.40}$$

ここで，h は対流熱伝達係数，P は周囲長さ，k は材料の熱伝導率，T_∞ は周囲温度である．このとき，フィンの温度分布を計算し，数値解を次式の厳密解と比較せよ．

$$\frac{T - T_\infty}{T_B - T_\infty} = \frac{\cosh[n(L-x)]}{\cosh(nL)} \tag{4.41}$$

ここで，$n^2 = hP/(kA)$，L はフィンの長さ，x はフィン方向の距離である．データは $L = 1\,\mathrm{m}$，$hP/(kA) = 25/\mathrm{m}^2$（ここで，$kA$ は一定）である．

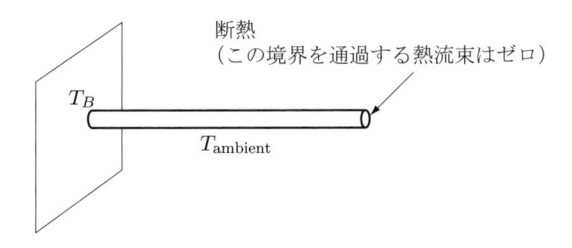

図 **4.9** 例題 4.3 の形状

解

例題の基礎式には，温度の関数である対流熱伝達の消失項 $-hP(T - T_\infty)$ が含まれる．これまでどおり，有限体積法により問題を解くにあたり，まず計算格子を設定する．等間隔格子を用い，格子幅 $\delta x = 0.2\,\mathrm{m}$ のコントロールボリューム 5 個に分割する．この計算格子を図 4.10 に示す．

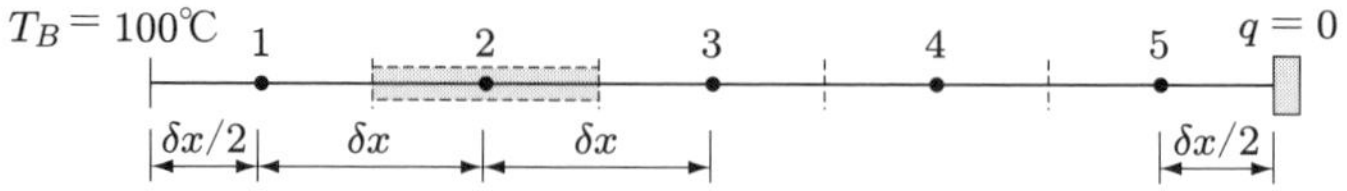

図 4.10 例題 4.3 で用いる計算格子

$kA = $ 一定 の場合，式 (4.40) を次式のように書くことができる．

$$\frac{\mathrm{d}}{\mathrm{d}x}\left(\frac{\mathrm{d}T}{\mathrm{d}x}\right) - n^2(T - T_\infty) = 0 \quad \text{ただし，} \quad n^2 = hp/(kA) \tag{4.42}$$

コントロールボリュームにおいて上式を積分すると，次のようになる．

$$\int_{\Delta V} \frac{\mathrm{d}}{\mathrm{d}x}\left(\frac{\mathrm{d}T}{\mathrm{d}x}\right) \mathrm{d}V - \int_{\Delta V} n^2(T - T_\infty)\,\mathrm{d}V = 0 \tag{4.43}$$

まず，例題 4.1，4.2 と同様に上式を積分する．次に，それぞれのコントロールボリューム内では被積分関数が一定であると仮定することで，式中の生成項を積分する．

$$\left[\left(A\frac{\mathrm{d}T}{\mathrm{d}x}\right)_e - \left(A\frac{\mathrm{d}T}{\mathrm{d}x}\right)_w\right] - \left[n^2(T_P - T_\infty)A\,\delta x\right] = 0$$

温度勾配に対して線形近似を導入することで格子点 2，3，4 に対して有効な定式化を行う．断面積 A で除すると，

$$\left[\left(\frac{T_E - T_P}{\delta x}\right) - \left(\frac{T_P - T_W}{\delta x}\right)\right] - \left[n^2(T_P - T_\infty)\,\delta x\right] = 0 \tag{4.44}$$

となり，これを次式のように書き換えることができる．

$$\left(\frac{1}{\delta x} + \frac{1}{\delta x}\right)T_P = \left(\frac{1}{\delta x}\right)T_W + \left(\frac{1}{\delta x}\right)T_E + n^2\,\delta x\,T_\infty - n^2\,\delta x\,T_P \tag{4.45}$$

内部の格子点 2，3，4 に対して，一般形の式 (4.11) を用いて書くと，

$$\boxed{a_P T_P = a_W T_W + a_E T_E + S_u} \tag{4.46}$$

ただし，

a_W	a_E	a_P	S_P	S_u
$\dfrac{1}{\delta x}$	$\dfrac{1}{\delta x}$	$a_W + a_E - S_P$	$-n^2 \delta x$	$n^2 \delta x\, T_\infty$

となる．次に，格子点1と5に境界条件を適用する．格子点1では，コントロールボリュームの西側の境界は与えられた温度に保たれている．これを，例題4.1と同じ方法で取り扱う．

$$\left[\left(\frac{T_E - T_P}{\delta x}\right) - \left(\frac{T_P - T_B}{\delta x/2}\right)\right] - \left[n^2(T_P - T_\infty)\,\delta x\right] = 0 \tag{4.47}$$

境界の格子点1での離散化方程式の係数は，次のとおりである．

a_W	a_E	a_P	S_P	S_u
0	$\dfrac{1}{\delta x}$	$a_W + a_E - S_P$	$-n^2\,\delta x - \dfrac{2}{\delta x}$	$n^2\,\delta x\, T_\infty + \dfrac{2}{\delta x} T_B$

格子点5では，コントロールボリュームの東側は断熱境界であるため，東側を通過する熱流束はゼロである．

$$\left[0 - \left(\frac{T_P - T_W}{\delta x}\right)\right] - \left[n^2(T_P - T_\infty)\,\delta x\right] = 0 \tag{4.48}$$

そのため，東側の係数をゼロにする．熱流束がゼロの境界に加える生成項はない．**境界の格子点5の離散化係数は，次のように与えられる．**

a_W	a_E	a_P	S_P	S_u
$\dfrac{1}{\delta x}$	0	$a_W + a_E - S_P$	$-n^2\,\delta x$	$n^2\,\delta x\, T_\infty$

数値を代入すると，表4.4の係数を得る．

連立方程式の行列表記は，

表 4.4

格子点	a_W	a_E	S_u	S_P	$a_P = a_W + a_E - S_P$
1	0	5	$100 + 10 T_B$	-15	20
2	5	5	100	-5	15
3	5	5	100	-5	15
4	5	5	100	-5	15
5	5	0	100	-5	10

$$\begin{bmatrix} 20 & -5 & 0 & 0 & 0 \\ -5 & 15 & -5 & 0 & 0 \\ 0 & -5 & 15 & -5 & 0 \\ 0 & 0 & -5 & 15 & -5 \\ 0 & 0 & 0 & -5 & 10 \end{bmatrix} \begin{bmatrix} T_1 \\ T_2 \\ T_3 \\ T_4 \\ T_5 \end{bmatrix} = \begin{bmatrix} 1100 \\ 100 \\ 100 \\ 100 \\ 100 \end{bmatrix} \tag{4.49}$$

であり，この連立方程式の解は，次のようになる．

$$\begin{bmatrix} T_1 \\ T_2 \\ T_3 \\ T_4 \\ T_5 \end{bmatrix} = \begin{bmatrix} 64.22 \\ 36.91 \\ 26.50 \\ 22.60 \\ 21.30 \end{bmatrix} \tag{4.50}$$

厳密解との比較

表 4.5 に，有限体積法による数値解と式 (4.41) による厳密解の比較を示す．最大誤差（(厳密解 − 数値解)/ 厳密解）は 6% 程度である．粗い計算格子を用いたにもかかわらず，数値解は厳密解とかなり近い．

表 4.5

格子点	距離	有限体積法による数値解	厳密解	差	パーセント誤差
1	0.1	64.22	68.52	4.30	6.27
2	0.3	36.91	37.86	0.95	2.51
3	0.5	26.50	26.61	0.11	0.41
4	0.7	22.60	22.53	−0.07	−0.31
5	0.9	21.30	21.21	−0.09	−0.42

より細かい計算格子を用いることで，数値解を改善することができる．ロッドの長さをコントロールボリューム 10 個に分割し，同じ問題を考えてみよう．離散化方程式の導出はこれまでと同じであるが，$\delta x = 0.1\,\mathrm{m}$ と計算格子幅が小さいため，離散化係数と生成項の数値は異なる．このときの計算結果と厳密解の比較を，図 4.11 お

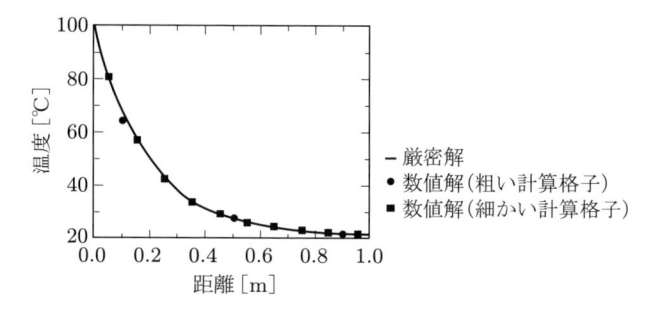

図 4.11 数値解と厳密解の比較

よび表 4.6 に示す．この数値解は，より厳密解と一致している．最大誤差は 2% しかない．

表 4.6

格子点	距離	有限体積法による数値解	厳密解	差	パーセント誤差
1	0.05	80.59	82.31	1.72	2.08
2	0.15	56.94	57.79	0.85	1.47
3	0.25	42.53	42.93	0.40	0.93
4	0.35	33.74	33.92	0.18	0.53
5	0.45	28.40	28.46	0.06	0.21
6	0.55	25.16	25.17	0.01	0.03
7	0.65	23.21	23.19	−0.02	−0.08
8	0.75	22.06	22.03	−0.03	−0.13
9	0.85	21.47	21.39	−0.08	−0.37
10	0.95	21.13	21.11	−0.02	−0.09

4.4　2 次元拡散問題に対する有限体積法

1 次元の離散化方程式を導出するのに用いた方法を，2 次元問題に容易に拡張することができる．方法を説明するために，次式の 2 次元の定常状態における拡散方程式を考えよう．

$$\frac{\partial}{\partial x}\left(\Gamma\frac{\partial \phi}{\partial x}\right) + \frac{\partial}{\partial y}\left(\Gamma\frac{\partial \phi}{\partial y}\right) + S_\phi = 0 \tag{4.51}$$

図 4.12 に，離散化に用いる 2 次元計算格子の一部を示す．

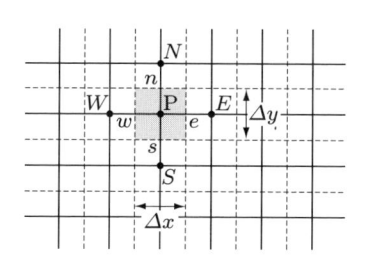

図 4.12　2 次元計算格子の一部

東側（E）および西側（W）の隣接点に加えて，北側（N）および南側（S）も格子点 P の隣接点となる．1 次元解析と同じ記号を界面とセルに用いる．上式を，これまでどおりコントロールボリュームにおいて積分すると，次式が得られる．

$$\int_{\Delta V} \frac{\partial}{\partial x}\left(\Gamma \frac{\partial \phi}{\partial x}\right) \mathrm{d}x \cdot \mathrm{d}y + \int_{\Delta V} \frac{\partial}{\partial y}\left(\Gamma \frac{\partial \phi}{\partial y}\right) \mathrm{d}x \cdot \mathrm{d}y + \int_{\Delta V} S_\phi \, \mathrm{d}V = 0 \quad (4.52)$$

$A_e = A_w = \Delta y$, $A_n = A_s = \Delta x$ と表記することで,次式を得る.

$$\left[\Gamma_e A_e \left(\frac{\partial \phi}{\partial x}\right)_e - \Gamma_w A_w \left(\frac{\partial \phi}{\partial x}\right)_w\right]$$
$$+ \left[\Gamma_n A_n \left(\frac{\partial \phi}{\partial y}\right)_n - \Gamma_s A_s \left(\frac{\partial \phi}{\partial y}\right)_s\right] + \overline{S}\,\Delta V = 0 \quad (4.53)$$

これまでどおり,この式はコントロールボリュームにおける変数 ϕ の保存式,およびセル界面を通過する流束を示している.前節で導入した近似を用いることで,コントロールボリュームの界面を通過する流束を表すことができる.

$$\text{西側の界面を通過する流束} = \Gamma_w A_w \left.\frac{\partial \phi}{\partial x}\right|_w = \Gamma_w A_w \frac{(\phi_P - \phi_W)}{\delta x_{WP}} \quad (4.54\text{a})$$

$$\text{東側の界面を通過する流束} = \Gamma_e A_e \left.\frac{\partial \phi}{\partial x}\right|_e = \Gamma_e A_e \frac{(\phi_E - \phi_P)}{\delta x_{PE}} \quad (4.54\text{b})$$

$$\text{南側の界面を通過する流束} = \Gamma_s A_s \left.\frac{\partial \phi}{\partial y}\right|_s = \Gamma_s A_s \frac{(\phi_P - \phi_S)}{\delta y_{SP}} \quad (4.54\text{c})$$

$$\text{北側の界面を通過する流束} = \Gamma_n A_n \left.\frac{\partial \phi}{\partial y}\right|_n = \Gamma_n A_n \frac{(\phi_N - \phi_P)}{\delta y_{PN}} \quad (4.54\text{d})$$

これらの式を式 (4.53) に代入すると,次式が得られる.

$$\Gamma_e A_e \frac{(\phi_E - \phi_P)}{\delta x_{PE}} - \Gamma_w A_w \frac{(\phi_P - \phi_W)}{\delta x_{WP}}$$
$$+ \Gamma_n A_n \frac{(\phi_N - \phi_P)}{\delta y_{PN}} - \Gamma_s A_s \frac{(\phi_P - \phi_S)}{\delta y_{SP}} + \overline{S}\,\Delta V = 0 \quad (4.55)$$

生成項を線形化 ($\overline{S}\,\Delta V = S_u + S_P \phi_p$) すると,この式を次式のように書き換えることができる.

$$\left(\frac{\Gamma_w A_w}{\delta x_{WP}} + \frac{\Gamma_e A_e}{\delta x_{PE}} + \frac{\Gamma_s A_s}{\delta y_{SP}} + \frac{\Gamma_n A_n}{\delta y_{PN}} - S_P\right)\phi_P$$
$$= \left(\frac{\Gamma_w A_w}{\delta x_{WP}}\right)\phi_W + \left(\frac{\Gamma_e A_e}{\delta x_{PE}}\right)\phi_E + \left(\frac{\Gamma_s A_s}{\delta y_{SP}}\right)\phi_S + \left(\frac{\Gamma_n A_n}{\delta y_{PN}}\right)\phi_N + S_u \quad (4.56)$$

式 (4.56) は,内部の格子点に対して,次の一般的な離散化方程式となる.

$$\boxed{a_P \phi_P = a_W \phi_W + a_E \phi_E + a_S \phi_S + a_N \phi_N + S_u} \quad (4.57)$$

ここで,係数は次のように与えられる.

a_W	a_E	a_S	a_N	a_P
$\dfrac{\Gamma_w A_w}{\delta x_{WP}}$	$\dfrac{\Gamma_e A_e}{\delta x_{PE}}$	$\dfrac{\Gamma_s A_s}{\delta y_{SP}}$	$\dfrac{\Gamma_n A_n}{\delta y_{PN}}$	$a_W + a_E + a_S + a_N - S_P$

2次元の場合，セル界面の面積は $A_w = A_e = \Delta y$，$A_n = A_s = \Delta x$ である．

　分割された領域の，それぞれの格子点における離散化方程式 (4.57) を記述することで，2次元問題における変数 ϕ の分布を求める．温度や熱流束が既知の境界では，例題 4.1，4.2 で示した方法を組み込むことで，離散化方程式を修正する．境界側の離散化係数をゼロとし（境界とのつながりを断ち切り），境界を通過する流束を S_u や S_P に加えることで生成項として組み込む．その後，変数 ϕ の 2 次元分布を求めるために，得られた連立方程式を解く．第 7 章の例題 7.2 では，2 次元問題における熱伝導の計算に応用する方法を示す．

4.5　3次元拡散問題に対する有限体積法

　定常状態における 3 次元の拡散方程式の基礎式は，次式で与えられる．

$$\frac{\partial}{\partial x}\left(\Gamma\frac{\partial \phi}{\partial x}\right) + \frac{\partial}{\partial y}\left(\Gamma\frac{\partial \phi}{\partial y}\right) + \frac{\partial}{\partial z}\left(\Gamma\frac{\partial \phi}{\partial z}\right) + S_\phi = 0 \qquad (4.58)$$

ここで，領域を分割するために 3 次元計算格子を用いる．コントロールボリュームを図 4.13 に示す．

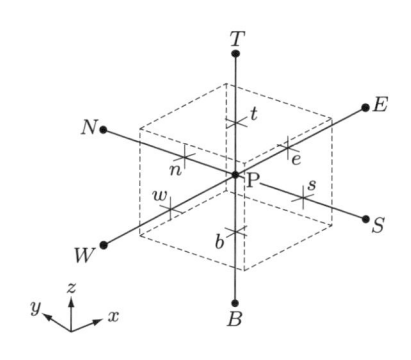

図 4.13　3 次元計算格子と周りの格子点

　格子点 P のセルには西側，東側，南側，北側，下側，上側 (W, E, S, N, B, T) で示す 6 個の隣接点がある．いままでどおり，西側，東側，南側，北側，下側，上側のセル界面を参照するために，記号 w, e, s, n, b, t をそれぞれ用いる．

　図に示したコントロールボリュームにおいて式 (4.58) を積分すると，次式が得られる．

$$\left[\Gamma_e A_e \left(\frac{\partial \phi}{\partial x}\right)_e - \Gamma_w A_w \left(\frac{\partial \phi}{\partial x}\right)_w\right] + \left[\Gamma_n A_n \left(\frac{\partial \phi}{\partial y}\right)_n - \Gamma_s A_s \left(\frac{\partial \phi}{\partial y}\right)_s\right]$$

$$+ \left[\Gamma_t A_t \left(\frac{\partial \phi}{\partial z}\right)_t - \Gamma_b A_b \left(\frac{\partial \phi}{\partial z}\right)_b\right] + \overline{S}\,\Delta V = 0 \tag{4.59}$$

1次元および2次元の場合に示した手順のように，離散化方程式 (4.59) を求める．

$$\left(\Gamma_e A_e \frac{\phi_E - \phi_P}{\delta x_{PE}} - \Gamma_w A_w \frac{\phi_P - \phi_W}{\delta x_{WP}}\right) + \left(\Gamma_n A_n \frac{\phi_N - \phi_P}{\delta y_{PN}} - \Gamma_s A_s \frac{\phi_P - \phi_S}{\delta y_{SP}}\right)$$

$$+ \left(\Gamma_t A_t \frac{\phi_T - \phi_P}{\delta z_{PT}} - \Gamma_b A_b \frac{\phi_P - \phi_B}{\delta z_{BP}}\right) + (S_u + S_P \phi_P) = 0 \tag{4.60}$$

いままでどおり，これを内部の格子点に対する離散化方程式を得るために書き換えることができる．

$$\boxed{a_P \phi_P = a_W \phi_W + a_E \phi_E + a_S \phi_S + a_N \phi_N + a_B \phi_B + a_T \phi_T + S_u} \tag{4.61}$$

ここで，係数は次のとおりである．

a_W	a_E	a_S	a_N	a_B	a_T	a_P
$\dfrac{\Gamma_w A_w}{\delta x_{WP}}$	$\dfrac{\Gamma_e A_e}{\delta x_{PE}}$	$\dfrac{\Gamma_s A_s}{\delta y_{SP}}$	$\dfrac{\Gamma_n A_n}{\delta y_{PN}}$	$\dfrac{\Gamma_b A_b}{\delta z_{BP}}$	$\dfrac{\Gamma_t A_t}{\delta z_{PT}}$	$a_W + a_E + a_S + a_N$ $+ a_B + a_T - S_P$

4.3節で述べたように，セル界面とのつながりを断ち切り，生成項を修正することで，境界条件を組み込むことができる．

4.6 まとめ

- 1次元，2次元，3次元拡散問題に対する離散化方程式を，次式の一般形で記述することができる．

$$\boxed{a_P \phi_P = \sum a_{nb} \phi_{nb} + S_u} \tag{4.62}$$

ここで，$\sum$ はすべての隣接点（nb）での和を示す．a_{nb} は隣接係数であり，1次元の場合，a_W と a_E，2次元の場合，a_W，a_E，a_S，a_N，3次元の場合，a_W，a_E，a_S，a_N，a_B，a_T である．ϕ_{nb} は隣接点における変数の値，$S_u + S_P \phi_P$ は線形化した生成項である．

- いずれの場合も，格子点 P の周囲の係数は，次式の関係を満たす．

$$\boxed{a_P = \sum a_{nb} - S_P} \tag{4.63}$$

- 1次元，2次元，3次元拡散問題に対する隣接係数を表4.7にまとめて示す．

表 4.7

	a_W	a_E	a_S	a_N	a_B	a_T
1D	$\dfrac{\Gamma_w A_w}{\delta x_{WP}}$	$\dfrac{\Gamma_e A_e}{\delta x_{PE}}$	—	—	—	—
2D	$\dfrac{\Gamma_w A_w}{\delta x_{WP}}$	$\dfrac{\Gamma_e A_e}{\delta x_{PE}}$	$\dfrac{\Gamma_s A_s}{\delta y_{SP}}$	$\dfrac{\Gamma_n A_n}{\delta y_{PN}}$	—	—
3D	$\dfrac{\Gamma_w A_w}{\delta x_{WP}}$	$\dfrac{\Gamma_e A_e}{\delta x_{PE}}$	$\dfrac{\Gamma_s A_s}{\delta y_{SP}}$	$\dfrac{\Gamma_n A_n}{\delta y_{PN}}$	$\dfrac{\Gamma_b A_b}{\delta z_{BP}}$	$\dfrac{\Gamma_t A_t}{\delta z_{PT}}$

- 生成項を $\overline{S}\Delta V = S_u + S_P \phi_P$ と線形化し S_u と S_P を与えることで，生成項を組み込むことができる．
- 境界側とのつながりを断ち切り，生成項 S_u と S_P を追加し，境界側の正確な，あるいは線形近似した流束を組み込むことで境界条件を取り入れる．境界 B の幅 $\Delta\zeta$ の1次元コントロールボリュームに対して，以下のように値を設定する．

・つながりを断ち切る

$$\text{係数を設定} \quad a_B = 0 \tag{4.64}$$

・生成項を与える

値 ϕ_B を固定： $\quad S_u = \dfrac{2k_B A_B}{\Delta\zeta}\phi_B$

$$S_P = -\dfrac{2k_B A_B}{\Delta\zeta} \tag{4.65}$$

熱流束 q_B を固定： $\quad S_u + S_P \phi_P = q_B \tag{4.66}$

第5章

対流 – 拡散問題に対する有限体積法

5.1 はじめに

　流体の流動が非常に重要な問題では，対流（convection）の影響を考慮しなければならない．実際，拡散（diffusion）は常に対流と同時に起こるため，ここでは，対流と拡散の組合せを予測する方法を検討する．時間項を消去することで，一般化した変数 ϕ に対する輸送方程式 (2.39) から，定常状態における対流 – 拡散方程式を導出することができる．

$$\mathrm{div}(\rho \mathbf{u}\phi) = \mathrm{div}(\Gamma \,\mathrm{grad}\,\phi) + S_\phi \tag{5.1}$$

コントロールボリューム（control volume）における積分形は，次式で与えられる．

$$\int_A \mathbf{n}\cdot(\rho \mathbf{u}\phi)\,\mathrm{d}A = \int_A \mathbf{n}\cdot(\Gamma\,\mathrm{grad}\,\phi)\,\mathrm{d}A + \int_{\mathrm{CV}} S_\phi\,\mathrm{d}V \tag{5.2}$$

この式は，コントロールボリュームにおける流束の収支を意味する．左辺は正味の対流流束を，右辺は正味の拡散流束と，コントロールボリューム内の変数 ϕ の生成および消失を表す．

　対流項の離散化で大きな問題となるのは，コントロールボリューム界面で輸送される変数 ϕ の値と，これらの界面を通過する対流流束の計算である．第4章では，式 (5.2) の右辺の拡散項と生成項に対する離散化方程式を得るために，中心差分法（central differencing method）を導入した．拡散問題に対して非常にうまく作用したこの方法を，対流項にも試す．しかし，拡散はすべての方向に対して，その勾配に従って輸送される変数の分布に影響を与えるものの，対流は流れの方向のみに対して，影響を与える．中心差分法を用いて安定な対流 – 拡散問題を計算するためには，対流および拡散の相対的な大きさに依存する格子幅に対して厳しい上限がある．

　より制限が少ない条件で安定した解析を行うことができる，対流に対する離散化スキームの事例も示す．本章では，界面における速度の計算方法については触れない．これらは，"どうにかして" 既知であると仮定する．速度の計算方法は第6章で説明する．

5.2 定常 1 次元対流および拡散

生成項を無視すると，1 次元流れ場 u を与えた場合の定常状態における変数 ϕ の対流と拡散の基礎式は，次式で与えられる．

$$\frac{\mathrm{d}}{\mathrm{d}x}(\rho u \phi) = \frac{\mathrm{d}}{\mathrm{d}x}\left(\Gamma \frac{\mathrm{d}\phi}{\mathrm{d}x}\right) \tag{5.3}$$

この流れ場は，次の連続の式も満たさなければならない．

$$\frac{\mathrm{d}(\rho u)}{\mathrm{d}x} = 0 \tag{5.4}$$

図 5.1 に示す 1 次元のコントロールボリュームについて考え，第 4 章で用いた記号を使用する．格子点 P に注目し，隣接点を W と E とし，コントロールボリュームの界面を w と e とする．

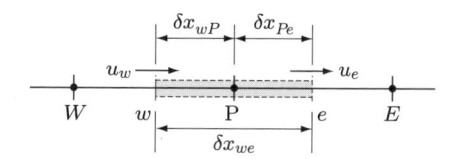

図 5.1　格子点 P 周りにおけるコントロールボリューム

図 5.1 のコントロールボリュームにおいて輸送方程式 (5.3) を積分すると，次式が得られる．

$$(\rho u A \phi)_e - (\rho u A \phi)_w = \left(\Gamma A \frac{\mathrm{d}\phi}{\mathrm{d}x}\right)_e - \left(\Gamma A \frac{\mathrm{d}\phi}{\mathrm{d}x}\right)_w \tag{5.5}$$

そして，連続の式 (5.4) を積分すると，

$$(\rho u A)_e - (\rho u A)_w = 0 \tag{5.6}$$

となる．対流 – 拡散問題に対する離散化方程式を求めるために，式 (5.5) 中の項を近似しなければならない．セル界面における単位面積あたりの対流質量流束と，拡散コンダクタンスを意味する F と D という二つの変数を，次のように定義すると便利である．

$$F = \rho u \quad \text{および} \quad D = \frac{\Gamma}{\delta x} \tag{5.7}$$

変数 F と D のセル界面の値は，次式で与えられる．

$$F_w = (\rho u)_w \qquad F_e = (\rho u)_e \tag{5.8a}$$

$$D_w = \frac{\Gamma_w}{\delta x_{WP}} \qquad D_e = \frac{\Gamma_e}{\delta x_{PE}} \tag{5.8b}$$

$A_w = A_e = A$ と仮定すると，式 (5.5) の左辺と右辺を面積 A で除することができる．これまでのように，右辺の拡散項を評価するために中心差分法を用いる．ここで，積分した対流 – 拡散方程式 (5.5) は，次式のように書き換えることができる．

$$\boxed{F_e \phi_e - F_w \phi_w = D_e(\phi_E - \phi_P) - D_w(\phi_P - \phi_W)} \tag{5.9}$$

積分した連続の式 (5.6) は，次のとおりである．

$$\boxed{F_e - F_w = 0} \tag{5.10}$$

速度場が"どうにかして"既知であるとも仮定し，F_e と F_w の値を決定している．式 (5.9) を解くために，界面 e と w における輸送される変数 ϕ を計算する必要がある．このためのスキームを次節で導出する．

5.3 中心差分法

式 (5.9) の右辺に現れる拡散項を評価するために，中心差分法を用いる．この式の左辺の対流項に対するセル界面の値を計算するために，線形近似を試すのは理にかなっているように思える．等間隔格子に対するセル界面の値 ϕ は，

$$\phi_e = \frac{\phi_P + \phi_E}{2} \tag{5.11a}$$

$$\phi_w = \frac{\phi_W + \phi_P}{2} \tag{5.11b}$$

である．この式を，式 (5.9) の対流項に代入すると，次式が得られる．

$$\frac{F_e}{2}(\phi_P + \phi_E) - \frac{F_w}{2}(\phi_W + \phi_P) = D_e(\phi_E - \phi_P) - D_w(\phi_P - \phi_W) \tag{5.12}$$

これを変形すると，次のようになる．

$$\left.\begin{array}{l}\left[\left(D_w - \dfrac{F_w}{2}\right) + \left(D_e + \dfrac{F_e}{2}\right)\right]\phi_P = \left(D_w + \dfrac{F_w}{2}\right)\phi_W + \left(D_e - \dfrac{F_e}{2}\right)\phi_E \\[2mm] \left[\left(D_w + \dfrac{F_w}{2}\right) + \left(D_e - \dfrac{F_e}{2}\right) + (F_e - F_w)\right]\phi_P = \left(D_w + \dfrac{F_w}{2}\right)\phi_W + \left(D_e - \dfrac{F_e}{2}\right)\phi_E\end{array}\right\} \tag{5.13}$$

ϕ_W と ϕ_E の離散化係数を a_W と a_E と定義すると，離散化した対流 – 拡散方程式に対する**中心差分法**は，

$$a_P \phi_P = a_W \phi_W + a_E \phi_E \tag{5.14}$$

と表される．ここで，係数は次のとおりである．

a_W	a_E	a_P
$D_w + \dfrac{F_w}{2}$	$D_e - \dfrac{F_e}{2}$	$a_W + a_E + (F_e - F_w)$

定常対流 – 拡散問題に対する式 (5.14) は，純粋な拡散問題に対する式 (4.11) と同じ一般形となることは容易にわかる．その違いは，前者の係数に対流を考慮するための項が追加されていることである．1 次元対流 – 拡散問題を解くために，計算格子点すべてに対して離散化方程式 (5.14) を記述する．これにより，輸送される変数 ϕ の分布を求めるために解くべき連立代数方程式を得る．これから，例題を用いてこの方法を説明する．

例題 5.1

変数 ϕ は，図 5.2 に示す 1 次元領域を通過して，対流と拡散により輸送される．基礎式は式 (5.3) であり，境界条件は $x = 0$ において $\phi_0 = 1$，$x = L$ において $\phi_L = 0$ である．等間隔のセル 5 個および対流と拡散に対し中心差分法を用いて，(i) ケース 1: $u = 0.1\,\mathrm{m/s}$，(ii) ケース 2: $u = 2.5\,\mathrm{m/s}$ に対して，x の関数として ϕ の分布を計算し，数値解を次式の厳密解と比較せよ．

$$\frac{\phi - \phi_0}{\phi_L - \phi_0} = \frac{\exp(\rho u x / \Gamma) - 1}{\exp(\rho u L / \Gamma) - 1} \tag{5.15}$$

(iii) ケース 3: セル 20 個を用いて，$u = 2.5\,\mathrm{m/s}$ に対する解をもう一度計算し，数値解と厳密解を比較せよ．ただし，長さ $L = 1.0\,\mathrm{m}$，$\rho = 1.0\,\mathrm{kg/m^3}$，$\Gamma = 0.1\,\mathrm{kg/m \cdot s}$ とする．

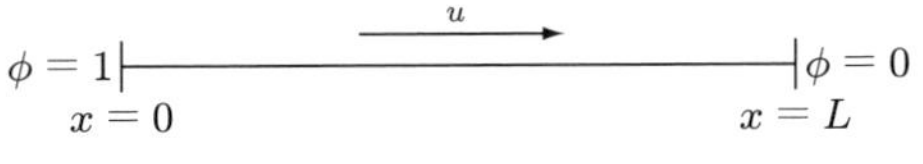

図 5.2 例題 5.1 のモデル

解

図 5.3 に示す単純な計算格子を用いて解法を説明する．格子幅 $\delta x = 0.2\,\mathrm{m}$ とし，計算領域をコントロールボリューム 5 個に分割する．ここで，いずれの場所においても，$F = \rho u$，$D = \Gamma / \delta x$ であり，$F_e = F_w = F$ および $D_e = D_w = D$ であることに注意する．境界を A および B と表す．

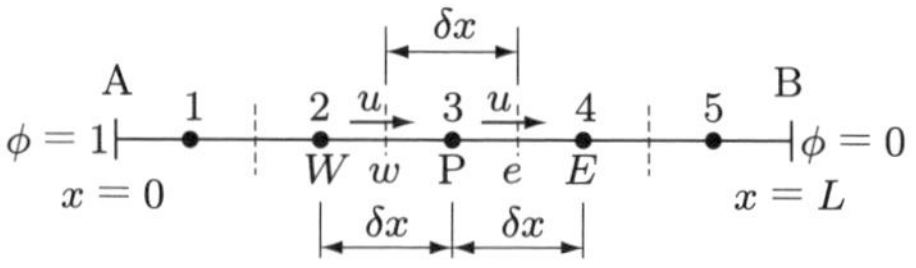

```
                    δx
           A    ┌──┤├──┐        B
   φ=1 ├──1────2 uw 3 ue 4────5──┤ φ=0
       x=0     W  w  P  e  E       x=L
                 ├─δx┤├─δx─┤
```

図 5.3 離散化に用いる計算格子

離散化方程式 (5.14) とその係数を内部の格子点 2, 3, 4 で求めるが，コントロールボリューム 1, 5 は計算領域境界に隣接しているため，特別な取扱いが必要である．基礎式 (5.3) を積分し，拡散項とセル 1 の東側の界面を通過する対流流束の両方に対して中心差分法を用いる．このセルの西側の界面で ϕ の値を与えているため ($\phi_w = \phi_A = 1$)，この境界での対流流束を近似する必要はない．これにより，格子点 1 に対して次式を得る．

$$\frac{F_e}{2}(\phi_P + \phi_E) - F_A\phi_A = D_e(\phi_E - \phi_P) - D_A(\phi_P - \phi_A) \tag{5.16}$$

コントロールボリューム 5 で，東側の界面の ϕ の値は既知である ($\phi_e = \phi_B = 0$)．

$$F_B\phi_B - \frac{F_w}{2}(\phi_P + \phi_W) = D_B(\phi_B - \phi_P) - D_w(\phi_P - \phi_W) \tag{5.17}$$

$D_A = D_B = 2\Gamma/\delta x = 2D$ および $F_A = F_B = F$ とし，式 (5.16)，(5.17) を整理すると，境界の格子点で次式の離散化方程式を得る．

$$\boxed{a_P\phi_P = a_W\phi_W + a_E\phi_E + S_u} \tag{5.18}$$

中心の離散化係数は，

$$\boxed{a_P = a_W + a_E + (F_e - F_w) - S_P}$$

格子点	a_W	a_E	S_P	S_u
1	0	$D - F/2$	$-(2D + F)$	$(2D + F)\phi_A$
2, 3, 4	$D + F/2$	$D - F/2$	0	0
5	$D + F/2$	0	$-(2D - F)$	$(2D - F)\phi_B$

で与えられる．ここで，境界条件を導入するために，境界とのつながりを断ち切り，境界での流束を生成項に入れている．

(i) ケース 1

$u = 0.1\,\mathrm{m/s}$: $F = \rho u = 0.1$, $D = \Gamma/\delta x = 0.1/0.2 = 0.5$ により，得られた係数を表 5.1 にまとめる．

表 5.1

格子点	a_W	a_E	S_u	S_P	$a_P = a_W + a_E - S_P$
1	0	0.45	$1.1\phi_A$	-1.1	1.55
2	0.55	0.45	0	0	1.0
3	0.55	0.45	0	0	1.0
4	0.55	0.45	0	0	1.0
5	0.55	0	$0.9\phi_B$	-0.9	1.45

$\phi_A = 1$, $\phi_B = 0$ を用いて連立方程式を行列表記すると，次式のようになる．

$$\begin{bmatrix} 1.55 & -0.45 & 0 & 0 & 0 \\ -0.55 & 1.0 & -0.45 & 0 & 0 \\ 0 & -0.55 & 1.0 & -0.45 & 0 \\ 0 & 0 & -0.55 & 1.0 & -0.45 \\ 0 & 0 & 0 & -0.55 & 1.45 \end{bmatrix} \begin{bmatrix} \phi_1 \\ \phi_2 \\ \phi_3 \\ \phi_4 \\ \phi_5 \end{bmatrix} = \begin{bmatrix} 1.1 \\ 0 \\ 0 \\ 0 \\ 0 \end{bmatrix} \quad (5.19)$$

この線形システムの解は，次式で与えられる．

$$\begin{bmatrix} \phi_1 \\ \phi_2 \\ \phi_3 \\ \phi_4 \\ \phi_5 \end{bmatrix} = \begin{bmatrix} 0.9421 \\ 0.8006 \\ 0.6276 \\ 0.4163 \\ 0.1579 \end{bmatrix} \quad (5.20)$$

厳密解との比較

条件を式 (5.15) に代入すると，この問題の厳密解は，次式で与えられる．

$$\phi(x) = \frac{2.7183 - \exp(x)}{1.7183}$$

表 5.2 と図 5.4 に，数値解と厳密解の比較を示す．粗い計算格子を用いたが，中心差分法（CD）は厳密解と良好に一致した．

表 5.2

格子点	距離	有限体積法による解	厳密解	差	パーセント誤差
1	0.1	0.9421	0.9387	-0.003	-0.36
2	0.3	0.8006	0.7963	-0.004	-0.53
3	0.5	0.6276	0.6224	-0.005	-0.83
4	0.7	0.4163	0.4100	-0.006	-1.53
5	0.9	0.1579	0.1505	-0.007	-4.91

(ii) ケース 2

$u = 2.5\,\mathrm{m/s}$: $F = \rho u = 2.5$, $D = \Gamma/\delta x = 0.1/0.2 = 0.5$ により，得られた係数を表 5.3 にまとめる．

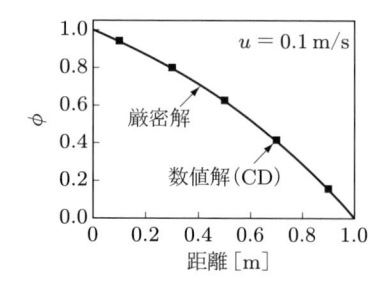

図 5.4 ケース1における数値解と厳密解の比較

表 5.3

格子点	a_W	a_E	S_u	S_P	$a_P = a_W + a_E - S_P$
1	0	−0.75	$3.5\phi_A$	−3.5	2.75
2	1.75	−0.75	0	0	1.0
3	1.75	−0.75	0	0	1.0
4	1.75	−0.75	0	0	1.0
5	1.75	0	$-1.5\phi_B$	1.5	0.25

数値解と厳密解の比較

ケース1と同じ方法で，表5.3に示す係数から行列方程式を構築し，解く．この条件に対する厳密解は，次式で与えられる．

$$\phi(x) = 1 + \frac{1 - \exp(25x)}{7.20 \times 10^{10}}$$

表5.4と図5.5に，数値解と厳密解の比較を示す．中心差分法は，厳密解に対して振動しているようにみえる．これは，参考書において"振動（wiggles）"とよばれる現象であり，数値解と厳密解は一致しない．

表 5.4

格子点	距離	有限体積法による解	厳密解	差	パーセント誤差
1	0.1	1.0356	1.0000	−0.036	−3.56
2	0.3	0.8694	0.9999	0.131	13.05
3	0.5	1.2573	0.9999	−0.257	−25.74
4	0.7	0.3521	0.9994	0.647	64.70
5	0.9	2.4644	0.9179	−1.546	−168.48

(iii) ケース3

$u = 2.5\,\text{m/s}$: 計算格子を20個とすると，$\delta x = 0.05$，$F = \rho u = 2.5$，$D = \Gamma/\delta x = 0.1/0.05 = 2.0$ となる．表5.5にこれらの係数をまとめ，図5.6で得られた解を厳密

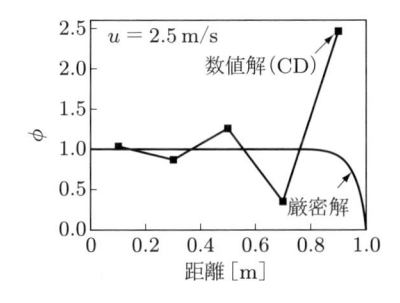

図 5.5 ケース 2 における数値解と厳密解の比較

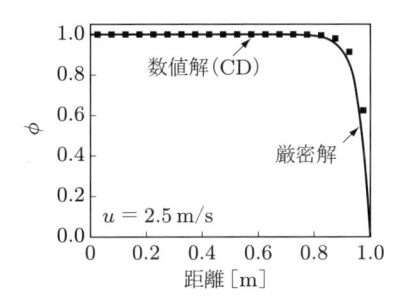

図 5.6 ケース 3 における数値解と厳密解の比較

表 5.5

格子点	a_W	a_E	S_u	S_P	$a_P = a_W + a_E - S_P$
1	0	0.75	$6.5\phi_A$	-6.5	7.25
2–19	3.25	0.75	0	0	4.00
20	3.25	0	$1.5\phi_B$	-1.5	4.75

解と比較する．

数値解と厳密解は良好に一致している．この条件で計算した結果と，ケース 2 の計算格子 5 個で計算した結果を比較すると，計算格子を細かくすることにより，F/D の比が 5 から 1.25 に減少していることがわかる．F/D 比の値が小さい場合，中心差分法を用いると正確な結果を得ることができるようである．F/D 比の影響と F/D 比が大きい場合に中心差分法の解に "振動" が現れる理由を以下で考察する．

5.4 離散化スキームの性質

対流 – 拡散問題に中心差分法を適用することができない場合があったため，離散化スキームの性質をより詳細にみなければならない．理論的には，中心差分法を用いる用いないにかかわらず，計算格子数を無限に多くすると，輸送方程式の "厳密解" と一致する数値解を得ることができるだろう．しかし，実際の計算においては，ときには非常に少ない有限の計算格子数しか用いることができず，離散化スキームにある基本的な性質をもつ場合のみ，計算結果は物理的に妥当になる．その最も重要な要素は，

- 保存性（Conservativeness）
- 有界性（Boundedness）
- 輸送性（Transportiveness）

である．

5.4.1 保存性

　有限個のコントロールボリュームにおける対流－拡散方程式を積分すると，コントロールボリュームの界面を通過し，輸送される変数 ϕ の流束を含む離散化した保存式を得る．計算領域全体に対して ϕ が保存するためには，あるコントロールボリュームの界面を通過して流出する ϕ の流束が，隣接するコントロールボリュームの同じ界面を通過して流入する ϕ の流束と等しくなければならない．これを達成するため，共通の界面を通過する**流束**を，隣接するコントロールボリュームにおいて，一つの，同じ表記により**整合性がある**方法で表さなければならない．
　たとえば，図 5.7 に示す，生成項がない 1 次元定常状態の拡散問題を考えよう．

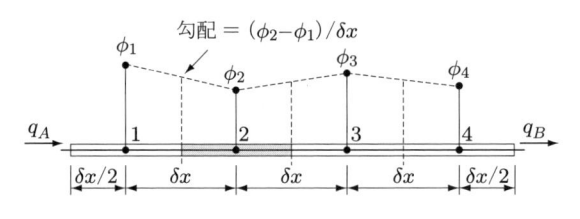

図 5.7 拡散流束が線形の例

　計算領域の境界を通過する流束を q_A および q_B とする．4 個のコントロールボリュームを考え，セル界面を通過する拡散流束を計算するために中心差分法を適用しよう．西側の界面を通過して格子点 2 のセルから流出する流束は $\Gamma_{w_2}(\phi_2 - \phi_1)/\delta x$ であり，東側の界面を通過して流入する流束は $\Gamma_{e_2}(\phi_3 - \phi_2)/\delta x$ である．格子点 1 と 4 周りのコントロールボリュームに対する境界の流束を考慮し，それぞれのコントロールボリュームの境界を通過する正味の流束を合計することで，全体の流束の収支を求める．

$$\left[\Gamma_{e_1}\frac{(\phi_2 - \phi_1)}{\delta x} - q_A\right] + \left[\Gamma_{e_2}\frac{(\phi_3 - \phi_2)}{\delta x} - \Gamma_{w_2}\frac{(\phi_2 - \phi_1)}{\delta x}\right]$$
$$+ \left[\Gamma_{e_3}\frac{(\phi_4 - \phi_3)}{\delta x} - \Gamma_{w_3}\frac{(\phi_3 - \phi_2)}{\delta x}\right] + \left[q_B - \Gamma_{w_4}\frac{(\phi_4 - \phi_3)}{\delta x}\right]$$
$$= q_B - q_A \tag{5.21}$$

$\Gamma_{e_1} = \Gamma_{w_2}$，$\Gamma_{e_2} = \Gamma_{w_3}$，$\Gamma_{e_3} = \Gamma_{w_4}$ であるため，コントロールボリュームの界面を通過する流束には整合性があり，計算領域全体で和をとると，コントロールボリュームの界面を通過する流束は対で相殺される．q_A と q_B の二つの境界の流束のみが残り，式 (5.21) は変数 ϕ の全体の保存を表す．拡散流束に中心差分法を用いた場合，流束に

整合性があるため，領域全体において ϕ が保存することがわかる．

整合性のない流束の近似法は，全体の保存を満たさない不適切なスキームとなる．たとえば，コントロールボリューム 2 に対して格子点 1，2，3 の値に基づく二次補間を用い，コントロールボリューム 3 に対して格子点 2，3，4 の値に基づく二次補間を用いるという状況を考えよう．

図 5.8 に示すように，二次曲線の形が大きく異なる可能性がある．

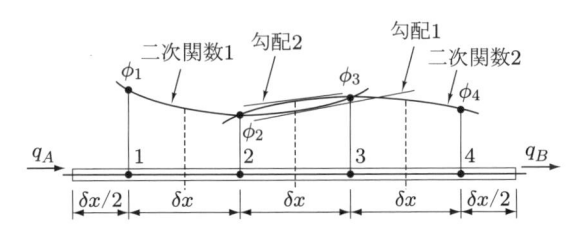

図 5.8 拡散流束が非線形の例

そのため，そのセル界面で二つの曲線の勾配が異なる場合，コントロールボリューム 2 の東側の界面で計算した流束の値と，コントロールボリューム 3 の西側の界面で計算した流束の値が等しくない可能性がある．この場合，和をとると二つの流束は相殺されず，全体の保存は満たされない．この例は，すべての二次補間が悪いものであるということを意味しているわけでは決してない．後に，QUICK スキームとよばれる整合性がある二次精度の離散化スキームを取り扱う．

5.4.2 有界性

各格子点での離散化方程式は，解くべき連立代数方程式で表される．通常，多くの連立方程式を解くためには反復法を用いる．この方法では，はじめに変数 ϕ の分布を予測し，収束解が得られるまで繰り返し更新する．Scarborough (1958) は，離散化係数の値で**反復法が収束する十分条件**を表すことができることを示している．

$$\frac{\sum |a_{nb}|}{|a'_P|} \begin{cases} \leq 1 & \text{すべての点で} \\ < 1 & \text{少なくとも一つの点で} \end{cases} \tag{5.22}$$

ここで，a'_P は中心の格子点 P の正味の係数であり（すなわち $a_P - S_P$），分子の総和にはすべての隣接点（nb）が含まれている．離散化スキームからこの式を満たす係数行列が得られる場合，その係数行列は**対角優位（diagonally dominant）**である．対角優位にするためには，正味の係数（$a_P - S_P$）の値は大きい必要があり，**生成項を線形化**することで S_P は常に**負**となる．この場合，$-S_P$ は常に正であり，a_P に加え

ることになる.

対角優位性は"有界性"を満たすために望ましい性質である. **生成項がない場合, 内部の格子点の変数 ϕ の値は境界値によって有界となる.** したがって, 生成項がなく, 境界の温度が 500℃ と 200℃ の定常状態の熱伝導問題では, 内部の T の値はすべて 500℃ より低く, 200℃ より高い. ほかの有界性の必要条件は, **離散化方程式のすべての係数が同一の符号である**（たいていはすべて正）ことである. 物理的には, これはある 1 点での変数 ϕ が増加すると, 隣接点の ϕ も増加することを意味している. 離散化スキームが有界性の必要条件を満たさない場合, 解法はまったく収束しない可能性があり, もし解が得られたとしても"振動解"を示す可能性がある. これは, 例題 5.1 のケース 2 の結果でよく表されている. ほかの例題では, すべて正の係数 a_P と a_{nb} である離散化方程式を導出した. しかし, ケース 2 では東側の係数のほとんどが負であり（表 5.3 を参照）, 解は大きなアンダーシュートとオーバーシュートを示す.

■ 5.4.3 輸送性

流体流れの変数の輸送性（Roache, 1976）は, 図 5.9 に示すように, 隣接点 W と E での二つの変数 ϕ により格子点 P が受ける影響を考えることで説明できる. ここで, 無次元数の対流と拡散の相対的な強さの指標として, セルの無次元ペクレ数（Peclet number）を定義する.

$$Pe = \frac{F}{D} = \frac{\rho u}{\Gamma/\delta x} \tag{5.23}$$

ただし, $\delta x =$ 代表長さ（格子幅）

図 5.9 での等値線は, 異なる Pe の値をもつ 2 点による ϕ 一定（たとえば $\phi=1$）の一般的な外形を表す. ϕ の値は, すべての点で 2 点による寄与の和として考えることができる.

点 W と E での生成による点 P における影響を確認するために, 極端な例を二つ考えよう.

- 対流がない拡散の場合（$Pe \to 0$）

（a）拡散のみ（$Pe \to 0$） （b）拡散と対流

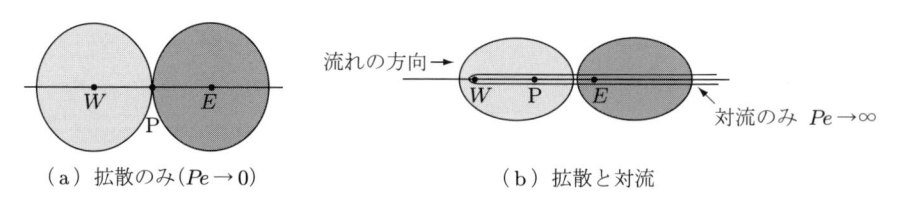

図 5.9 異なるペクレ数をもつ 2 点付近の ϕ の分布

- 拡散がない対流の場合（$Pe \to \infty$）

拡散のみの場合（$Pe \to 0$），流体はよどんでおり，拡散はϕがすべての方向に等しく広がる傾向があるため，ϕ一定の等値線は点WとEを中心とする円になる．図5.9(a)から，どちらの$\phi=1$も点Pを通過し，この点での状態が点WとE両方の影響を受けていることがわかる．一方，図5.9(b)に示すように，Peが増大するにつれて，等値線が円からだ円に変化し，流れ方向に移動する．さらに増大すると，等値線はますます上流方向に偏るようになる．そのため，流れがx方向に正である場合では，点Pの状態は上流の点Wの影響を主に受ける．対流のみの場合（$Pe \to \infty$），だ円の等値線は完全に流れ方向に伸びる．点WとEから輸送される変数ϕはすべて，すぐに下流に輸送される．したがって，点Pの状態は下流の点Eの影響を受けず，完全に上流の点Wの影響を受ける．拡散がまったくないため，ϕ_Pはϕ_Wと等しくなる．流れがx方向に負の場合は，ϕ_Pはϕ_Eと等しくなる．離散化スキームにおいて，**輸送性**として知られる影響を及ぼす方向性と流れの方向の関係，およびペクレ数の大きさは非常に重要である．

5.5 対流－拡散問題に対する中心差分法の評価

保存性：中心差分法では，コントロールボリューム界面での対流流束と拡散流束を計算するために，整合性のある表記を用いる．5.4.1項で説明したとおり，このスキームには保存性がある．

有界性：

(i) 離散化したスカラー輸送方程式(5.14)の内部の格子点の離散化係数は，次のとおりである．

a_W	a_E	a_P
$D_w + \dfrac{F_w}{2}$	$D_e - \dfrac{F_e}{2}$	$a_W + a_E + (F_e - F_w)$

連続の式(5.10)も定常1次元流れ場の基礎式である．流れ場が連続の式を満足するとき，$(F_e - F_w)$がゼロであることがわかる．したがって，式(5.14)のa_Pは$a_P = a_W + a_E$と等しくなり，この中心差分法の離散化係数は，Scarboroughの条件(5.22)を満たす．

(ii) $a_E = D_e - F_e/2$の場合，東側の離散化係数a_Eに対する対流の影響は負である．対流が支配的であれば，a_Eは負となりうる．$F_w > 0$かつ$F_e > 0$のとき（すなわ

ち流れが一方向のとき), a_E を正とするためには, D_e と F_e は以下の条件を満たさなければならない.

$$\frac{F_e}{D_e} = Pe_e < 2 \tag{5.24}$$

Pe_e が 2 より大きい場合, 東側の離散化係数 a_E は負になる. これは有界性の必要条件を逸脱し, 非物理的な解となる.

5.3 節の例題では, ケース 2 において $Pe = 5$ としたため, 式 (5.24) の条件を満たさない. そのため, 結果には大きな"アンダーシュート"と"オーバーシュート"がはっきりと現れる. ケース 1 や 3 においては Pe を 2 より小さくすることで, 厳密解に近い有界な数値解が得られた.

輸送性: 対流と拡散の流束を計算するために, 中心差分法では, 格子点 P の隣接点のすべての方向からの影響を取り入れる. したがって, この方法では流れの方向や拡散に対する対流の相対的な強さを評価しておらず, ペクレ数が大きい場合, 輸送性をもたない.

精度: 中心差分法のテイラー級数の打切り誤差は二次精度である (詳細については付録 A を参照). 式 (5.24) で与えられる中心差分法の係数が正であることは, $Pe = F/D < 2$ の場合のみ, この方法が安定で正確であることを示している. 式 (5.23) で定義したセルのペクレ数は, 流体の物性 (ρ や Γ), 流れ場 (u), 格子幅 (δx) の組合せであることに注目することが重要である. ρ と Γ の値は流体の物性で決まるので, 式 (5.24) を満たすためには, 速度が小さい, すなわち拡散が支配的な低レイノルズ数流れである, もしくは格子幅が細かいことが必要である. この制限があるため, 一般的な流れの計算にとって, 中心差分法は安定な離散化の方法ではない. このことから, もっとよい性質をもった離散化方法が必要であることがわかる. 次節以降, 風上差分法, ハイブリッド法, べき乗法, QUICK スキーム, TVD スキームについて説明する.

5.6 風上差分法

中心差分法の大きな欠点の一つは, 流れの方向を評価することができないことである. 中心差分法では, 西側のセル界面での変数 ϕ の値は, 常に ϕ_P と ϕ_W の影響を受ける. 西から東へ対流が強い流れの場合, 西側のセル界面は格子点 P より格子点 W からの影響をより強く受けるため, この取扱いは不十分である. 風上差分法 (upwind differencing scheme) または "ドナーセル (donor cell)" 法では, セル界面での値を決定するときに流れ方向を考慮している. すなわち, 対流によるセル界面での ϕ の値を,

風上点の値と等しいとする．図 5.10 では，流れの方向が正（西から東）の場合に，セル界面の値を計算するために用いられる格子点の値を表しており，図 5.11 では，流れの方向が負の場合を表している．

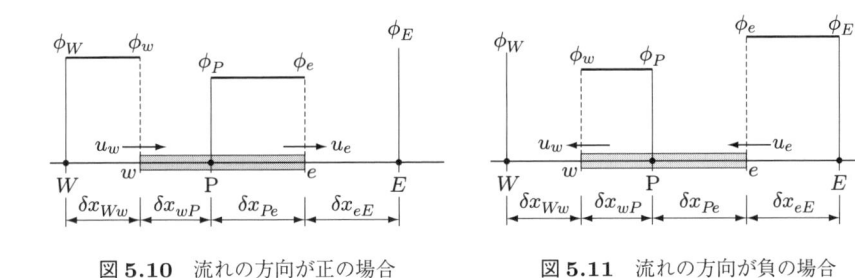

図 5.10 流れの方向が正の場合　　**図 5.11** 流れの方向が負の場合

流れ方向が正，$u_w > 0$，$u_e > 0$（$F_w > 0$，$F_e > 0$）の場合，風上差分法では，

$$\phi_w = \phi_W \quad \text{および} \quad \phi_e = \phi_P \tag{5.25}$$

である．離散化方程式 (5.9) は，

$$F_e\phi_P - F_w\phi_W = D_e(\phi_E - \phi_P) - D_w(\phi_P - \phi_W) \tag{5.26}$$

であり，これを次式のように書き換えることができる．

$$(D_w + D_e + F_e)\phi_P = (D_w + F_w)\phi_W + D_e\phi_E$$

よって，次式が得られる．

$$[(D_w + F_w) + D_e + (F_e - F_w)]\phi_P = (D_w + F_w)\phi_W + D_e\phi_E \tag{5.27}$$

流れの方向が負，$u_w < 0$，$u_e < 0$（$F_w < 0$，$F_e < 0$）の場合，風上差分法では，

$$\phi_w = \phi_P \quad \text{および} \quad \phi_e = \phi_E \tag{5.28}$$

である．ここで，離散化方程式は，

$$F_e\phi_E - F_w\phi_P = D_e(\phi_E - \phi_P) - D_w(\phi_P - \phi_W) \tag{5.29}$$

もしくは，

$$[D_w + (D_e - F_e) + (F_e - F_w)]\phi_P = D_w\phi_W + (D_e - F_e)\phi_E \tag{5.30}$$

で与えられる．ϕ_W と ϕ_E の離散化係数をそれぞれ a_W と a_E とすると，式 (5.27)，(5.30) をいつもの一般形で記述することができる．

$$a_P \phi_P = a_W \phi_W + a_E \phi_E \qquad (5.31)$$

中心の離散化係数は,

$$a_P = a_W + a_E + (F_e - F_w)$$

隣接点の離散化係数は,

	a_W	a_E
$F_w > 0,\ F_e > 0$	$D_w + F_w$	D_e
$F_w < 0,\ F_e < 0$	D_w	$D_e - F_e$

である．また，両方向の流れに対応した**風上差分法の隣接点の離散化係数**は，次のようになる．

a_W	a_E
$D_w + \max(F_w, 0)$	$D_e + \max(0, -F_e)$

例題 5.2

例題 5.1 で考えた問題を，粗い計算格子 5 個で，(i) $u = 0.1\,\mathrm{m/s}$，(ii) $u = 2.5\,\mathrm{m/s}$ に対して風上差分法を用いて解け．

解

図 5.3 に示した計算格子を，離散化に対して再度用いる．内部の格子点 2, 3, 4 での離散化方程式と関連する隣接点の係数は，式 (5.31) と下表で与えられる．この例題では，すべての格子点で $F = F_e = F_w = \rho u$ であり，$D = D_e = D_w = \Gamma/\delta x$ であることに注意せよ．

境界の格子点 1 では，対流項に対して風上差分法を用いると，

$$F_e \phi_P - F_A \phi_A = D_e(\phi_E - \phi_P) - D_A(\phi_P - \phi_A) \qquad (5.32)$$

となる．境界の格子点 5 では，次式のようになる．

$$F_B \phi_P - F_w \phi_w = D_B(\phi_B - \phi_P) - D_w(\phi_P - \phi_W) \qquad (5.33)$$

境界の格子点では，$D_A = D_B = 2\Gamma/\delta x = 2D$ と $F_A = F_B = F$ とし，いつもどおり，境界条件を生成項として離散化方程式に組み込む．

$$a_P \phi_P = a_W \phi_W + a_E \phi_E + S_u \tag{5.34}$$

ここで，係数はそれぞれ次のとおりである．

$$a_P = a_W + a_E + (F_e - F_w) - S_P$$

格子点	a_w	a_E	S_u	S_P
1	0	D	$-(2D+F)$	$(2D+F)\phi_A$
2, 3, 4	$D+F$	D	0	0
5	$D+F$	0	$-2D$	$2D\phi_B$

読者は，係数を算出することや行列方程式を構築し解くことにそろそろ慣れてきているだろう．簡略化のために，これを演習として読者に委ね，ここでは結果の評価のみにとどめる．式 (5.15) から厳密解を再度求め，風上差分法による数値解と比較する．

(i) ケース1

$u = 0.1\,\mathrm{m/s}$: $F = \rho u = 0.1$, $D = \Gamma/\delta x = 0.1/0.2 = 0.5$ であるため，$Pe = F/D = 0.2$ である．表 5.6 にその結果をまとめる．図 5.12 から，このセルのペクレ数において，風上差分（UD）法では精度のよい結果が得られていることがわかる．

表 5.6

格子点	距離	有限体積法による解	厳密解	差	パーセント誤差
1	0.1	0.9337	0.9387	0.005	0.53
2	0.3	0.7879	0.7963	0.008	1.05
3	0.5	0.6130	0.6224	0.009	1.51
4	0.7	0.4031	0.4100	0.007	1.68
5	0.9	0.1512	0.1505	-0.001	-0.02

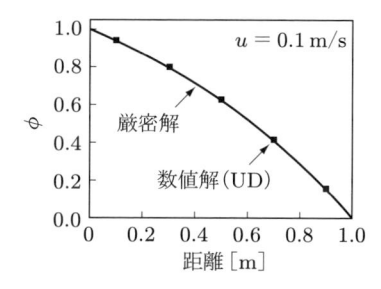

図 **5.12** ケース1における風上差分法による数値解と厳密解の比較

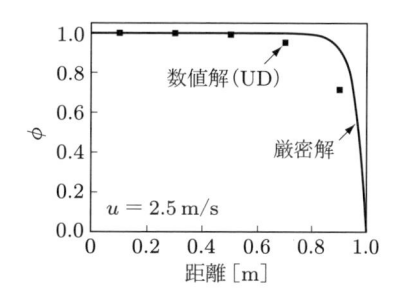

図 **5.13** ケース2における風上差分法による数値解と厳密解の比較

(ii) ケース2

$u = 2.5\,\mathrm{m/s}$: $F = \rho u = 2.5$, $D = \Gamma/\delta x = 0.1/0.2 = 0.5$ であるため,$Pe = 5$ である.表 5.7 と図 5.13 で,数値解を厳密解と比較する.

中心差分法では,同じ格子で妥当な解を得ることができない.風上差分法ではずっと現実的な解であるものの,境界 B 近傍ではあまり厳密解と近くない.

表 5.7

格子点	距離	有限体積法による解	厳密解	差	パーセント誤差
1	0.1	0.9998	1.0000	0.0002	0.02
2	0.3	0.9987	0.9999	0.001	0.13
3	0.5	0.9921	0.9999	0.008	0.79
4	0.7	0.9524	0.9994	0.047	4.71
5	0.9	0.7143	0.9179	0.204	22.18

■ 5.6.1　風上差分法の評価

保存性:風上差分法では,セル界面を通過する流束を計算するため,整合性のある表現を用いている.すなわち,離散化方程式の定式化は保存されていることが容易にわかる.

有界性:離散化方程式の係数は常に正であり,有界性の必要条件を満たす.流れが保存性を満たすとき,a_P(式 (5.31) 参照)の $(F_e - F_w)$ の項はゼロであり,安定した反復解法に対して望ましい $a_P = a_W + a_E$ となる.係数がすべて正で,係数行列は対角優位であるため,"振動解"を生じない.

輸送性:風上差分法では流れの方向を考慮しているため,輸送性は定式化に組み込まれている.

精度:風上差分法は後退差分法に基づいているため,テイラー級数展開の打切り誤差に起因し,一次精度である(付録 A 参照).

この簡便性のために,風上差分法は初期の数値流体力学の計算に広く適用されてきた.座標軸方向それぞれに式 (5.31) の係数の風上化を適用することで,風上差分法を多次元問題に容易に拡張することができる.風上差分法の大きな欠点は,流れの方向が計算格子線に沿わない場合に誤った結果を生じるという点である.このような問題の場合,風上差分法では輸送される変数の分布は乱れるようになる.生じた誤差は拡散のような振舞いをし,"**偽拡散 (false diffusion)**"とよばれる.直交格子に対して,ある角度で流れる計算領域で,風上差分法を用いて輸送されるスカラー変数 ϕ を計算することで,この影響を説明することができる.

図 5.14 の全計算領域の速度場は $u = v = 2\,\mathrm{m/s}$ である.そのため,速度場は一様で

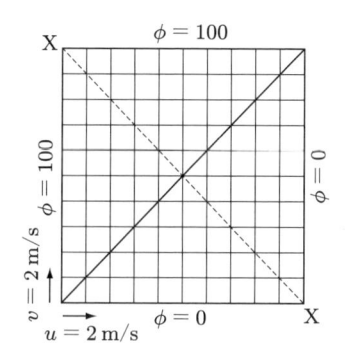

図 5.14 偽拡散を説明するための流れ領域

あり，計算格子を横切る対角線（実線）に平行である．スカラー変数に対する境界条件は，南側と東側の境界で $\phi = 0$，西側と北側の境界で $\phi = 100$ である．対角線が境界と交わる最初と最後の格子点に $\phi = 50$ を与える．

　風上差分法による偽拡散を推定するために，物理的な拡散がない純粋な対流を考える．ϕ に対して生成項がない定常解を求める．この問題では厳密解が知られている．流れが実線の対角線に平行である場合，対角線より上のすべての点で ϕ の値は 100 であり，対角線より下のすべての点で ϕ の値は 0 である．ϕ の分布を計算し，対角線（X-X）の結果をプロットすることで，偽拡散の程度を説明することができる．物理的な拡散がまったくないため，実線の対角線と対角線 X-X が交差する点において，厳密解は ϕ が 100 から 0 までステップ関数的に変化する．図 5.15 に，異なる計算格子に対する数値解と厳密解を示す．数値解は，厳密解とほとんど一致していない．

　粗い計算格子の場合，誤差が最も大きく，この図から計算格子を細かくすることで，原理的には偽拡散の問題を改善することができることがわかる．50×50 と 100×100

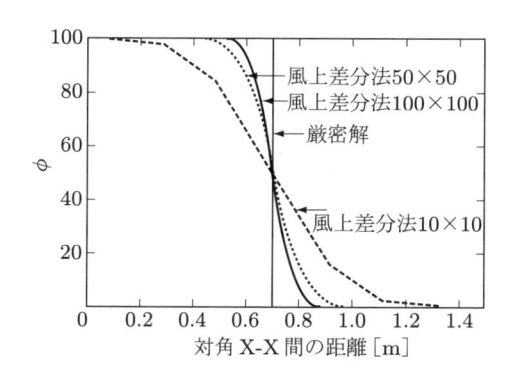

図 5.15 異なる計算格子に対する数値解と厳密解

の計算格子に対する数値解が，厳密解に近づいていることがわかる．しかし，実際の流れの計算では，偽拡散がなくなるまで計算格子を細かくすると，計算負荷が非常に大きくなる可能性がある．高レイノルズ数流れでは，偽拡散が非現実的な結果を与えるほど大きくなることがあることがわかっている (Leschziner, 1980, Huang ら，1985)．そのため，流れを高精度に計算するためには，風上差分法は必ずしも適しておらず，離散化スキームの改善に向けて多くの研究が行われている．

5.7 ハイブリッド法

Spalding (1972) のハイブリッド法（hybrid differencing scheme）は，風上差分法と中心差分法の組合せに基づいている．ペクレ数が小さい（$Pe < 2$）場合には，二次精度である中心差分法を用い，ペクレ数が大きい（$Pe \geq 2$）場合には，一次精度であるものの，輸送性を考慮する風上差分法を用いる．これまでどおり，生成項がない 1 次元対流 – 拡散方程式の離散化を行う．この離散化方程式は，流束の収支式として解釈することができる．ハイブリッド法では，それぞれのコントロールボリューム界面を通過する正味の流束を計算するために，局所のペクレ数に応じて区分的な式を用いる．コントロールボリュームの界面でペクレ数を計算する．たとえば，西側の界面では，次式のようになる．

$$Pe_w = \frac{F_w}{D_w} = \frac{(\rho u)_w}{\Gamma_w / \delta x_{WP}} \tag{5.35}$$

西側の界面を通過する単位面積あたりの正味の流束に対するハイブリッド法の定式化では，次式のようになる．

$$\begin{aligned}
q_w &= F_w \left[\frac{1}{2}\left(1 + \frac{2}{Pe_w}\right)\phi_W + \frac{1}{2}\left(1 - \frac{2}{Pe_w}\right)\phi_P \right] & -2 < Pe_w < 2 \text{ の場合} \\
q_w &= F_w \phi_W & Pe_w \geq 2 \text{ の場合} \\
q_w &= F_w \phi_P & Pe_w \leq -2 \text{ の場合}
\end{aligned} \tag{5.36}$$

ペクレ数が小さい場合，対流項と拡散項に対して中心差分法を用いて計算し，$|Pe| > 2$ の場合，拡散項をゼロとし，対流項に対して風上差分法を用いて計算することは容易にわかる．離散化方程式の一般形は，

$$\boxed{a_P \phi_P = a_W \phi_W + a_E \phi_E} \tag{5.37}$$

であり，中心の離散化係数は，

$$a_P = a_W + a_E + (F_e - F_w)$$

である．定常1次元対流 – 拡散に対するハイブリッド法の隣接点の係数を以下のように書くことができることは，容易に確認することができる．

a_W	a_E
$\max\left[F_w, \left(D_w + \dfrac{F_w}{2}\right), 0\right]$	$\max\left[F_e, \left(D_e + \dfrac{F_e}{2}\right), 0\right]$

例題 5.3

例題 5.1 のケース 2 で考えた問題を，$u = 2.5\,\mathrm{m/s}$ としてハイブリッド法を用いて解け．また，格子点が 5 個の解を，25 個の解と比較せよ．

解

格子点 5 個と，例題 5.1 のケース 2 の条件と $u = 2.5\,\mathrm{m/s}$ を用いると，$F = F_e = F_w = \rho u = 2.5$ および $D = D_e = D_w = \Gamma/\delta x = 0.5$ となるため，ペクレ数は $Pe_w = Pe_e = \rho u\,\delta x/\Gamma = 5$ である．セルのペクレ数 Pe が 2 より大きいため，ハイブリッド法は対流項に対して風上差分法を用い，拡散項をゼロにする．

式 (5.37) およびその係数で，内部の格子点 2，3，4 での離散化方程式を定義する．格子点 1 と 5 では，特別な取扱いが必要な境界条件も組み込む必要がある．境界の格子点 1 では，

$$F_e\phi_P - F_A\phi_A = 0 - D_A(\phi_P - \phi_A) \tag{5.38}$$

である．境界の格子点 5 では，

$$F_B\phi_P - F_w\phi_W = D_B(\phi_B - \phi_P) - 0 \tag{5.39}$$

である．境界の拡散流束を右辺に移項し，風上差分法により対流流束が与えられることがわかる．ここで，$F_A = F_B = F$ と $D_B = 2\Gamma/\delta x = 2D$ であり，離散化方程式を次式のように書き換えることができる．

$$a_P\phi_P = a_W\phi_W + a_E\phi_E + S_u \tag{5.40}$$

ここで，係数は次のとおりである．

$$a_P = a_W + a_E + (F_e - F_w) - S_P$$

格子点	a_W	a_E	S_P	S_u
1	0	0	$-(2D+F)$	$(2D+F)\phi_A$
2, 3, 4	F	0	0	0
5	F	0	$-2D$	$2D\phi_B$

数値を代入し，得られた結果を表 5.8 にまとめる．

表 5.8

格子点	a_W	a_E	S_u	S_P	$a_P = a_W + a_E - S_P$
1	0	0	$3.5\phi_A$	-3.5	3.5
2	2.5	0	0	0	2.5
3	2.5	0	0	0	2.5
4	2.5	0	0	0	2.5
5	2.5	0	$1.0\phi_B$	-1.0	3.5

連立方程式の行列表記は，次式で与えられ，

$$\begin{bmatrix} 3.5 & 0 & 0 & 0 & 0 \\ -2.5 & 2.5 & 0 & 0 & 0 \\ 0 & -2.5 & 2.5 & 0 & 0 \\ 0 & 0 & -2.5 & 2.5 & 0 \\ 0 & 0 & 0 & -2.5 & 3.5 \end{bmatrix} \begin{bmatrix} \phi_1 \\ \phi_2 \\ \phi_3 \\ \phi_4 \\ \phi_5 \end{bmatrix} = \begin{bmatrix} 3.5 \\ 0 \\ 0 \\ 0 \\ 0 \end{bmatrix} \quad (5.41)$$

この線形システムを解くと，次のようになる．

$$\begin{bmatrix} \phi_1 \\ \phi_2 \\ \phi_3 \\ \phi_4 \\ \phi_5 \end{bmatrix} = \begin{bmatrix} 1.0 \\ 1.0 \\ 1.0 \\ 1.0 \\ 0.7143 \end{bmatrix} \quad (5.42)$$

厳密解との比較

表 5.9 で数値解を厳密解と比較すると，セルのペクレ数が大きいため，純粋な風上差分法と同じ結果を示す．セルのペクレ数 $Pe < 2$ の範囲まで計算格子を細かくすると，ハイブリッド法は中心差分法となり，正確な解となる．このことは，$\delta x = 0.04\,\mathrm{m}$

表 5.9

格子点	距離	有限体積法による解	厳密解	差	パーセント誤差
1	0.1	1.0	1.0000	0.0	0.0
2	0.3	1.0	0.9999	-0.0001	-0.01
3	0.5	1.0	0.9999	-0.0001	-0.01
4	0.7	1.0	0.9994	-0.0006	-0.06
5	0.9	0.7143	0.9179	0.204	22.18

の 25 個の格子点，すなわち，$F = D = 2.5$ を用いることによって示される．図 5.16 に，粗い計算格子と細かい計算格子で計算した数値解を，厳密解とともに示す．ここで，$Pe = 1$ の場合，ハイブリッド法は中心差分法となり，細かい計算格子を用いて得られる解と良好に一致していることがわかる．

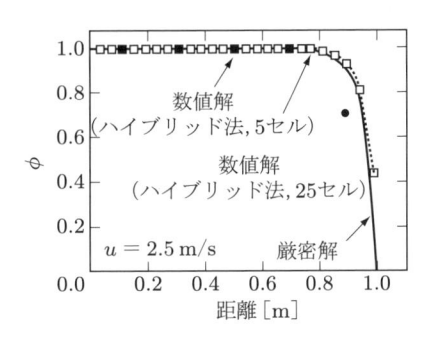

図 5.16 異なる計算格子に対する数値解と厳密解

5.7.1 ハイブリッド法の評価

ハイブリッド法は，風上差分法と中心差分法のよい性質を利用したスキームである．ペクレ数 Pe が大きい場合，中心差分法では不正確な結果となるため，風上差分法に切り替える．このスキームは保存性を十分に満たしており，離散化係数は常に正であるため，無条件で有界である．ペクレ数 Pe が大きい場合，風上差分法を用いることで輸送性を満たす．ハイブリッド法では物理的に妥当な解が得られ，本章で後述する QUICK スキームのような高次精度スキームに比べると非常に安定している．ハイブリッド法はさまざまな数値流体力学で広く用いられ，実用的な流れの解析で非常に有用であることが証明されている．ハイブリッド法の欠点は，テイラー展開における打切り誤差が一次精度であることである．

5.7.2 多次元対流 - 拡散に対するハイブリッド法

ほかの次元に対してそれぞれ導出を繰り返すことにより，ハイブリッド法を容易に 2 次元および 3 次元問題に拡張することが可能である．3 次元の問題に対する離散化方程式は，次のとおりである．

$$a_P \phi_P = a_W \phi_W + a_E \phi_E + a_S \phi_S + a_N \phi_N + a_B \phi_B + a_T \phi_T \tag{5.43}$$

中心の離散化係数は，次式のようになる．

$$a_P = a_W + a_E + a_N + a_S + a_B + a_T + \Delta F$$

ハイブリッド法に対するこの離散化方程式の係数を，以下にまとめる．

	1次元流れ	2次元流れ	3次元流れ
a_W	$\max\left[F_w, \left(D_w + \frac{F_w}{2}\right), 0\right]$	$\max\left[F_w, \left(D_w + \frac{F_w}{2}\right), 0\right]$	$\max\left[F_w, \left(D_w + \frac{F_w}{2}\right), 0\right]$
a_E	$\max\left[-F_e, \left(D_e - \frac{F_e}{2}\right), 0\right]$	$\max\left[-F_e, \left(D_e - \frac{F_e}{2}\right), 0\right]$	$\max\left[-F_e, \left(D_e - \frac{F_e}{2}\right), 0\right]$
a_S	—	$\max\left[F_s, \left(D_s + \frac{F_s}{2}\right), 0\right]$	$\max\left[F_s, \left(D_s + \frac{F_s}{2}\right), 0\right]$
a_N	—	$\max\left[-F_n, \left(D_n - \frac{F_n}{2}\right), 0\right]$	$\max\left[-F_n, \left(D_n - \frac{F_n}{2}\right), 0\right]$
a_B	—	—	$\max\left[F_b, \left(D_b + \frac{F_b}{2}\right), 0\right]$
a_T	—	—	$\max\left[-F_t, \left(D_t - \frac{F_t}{2}\right), 0\right]$
ΔF	$F_e - F_w$	$F_e - F_w + F_n - F_s$	$F_e - F_w + F_n - F_s + F_t - F_b$

上式中の F と D の値を，次のように計算する．

面	w	e	s	n	b	t
F	$(\rho u)_w A_w$	$(\rho u)_e A_e$	$(\rho v)_s A_s$	$(\rho v)_n A_n$	$(\rho w)_b A_b$	$(\rho w)_t A_t$
D	$\dfrac{\Gamma_w}{\delta x_{WP}} A_w$	$\dfrac{\Gamma_e}{\delta x_{PE}} A_e$	$\dfrac{\Gamma_s}{\delta y_{SP}} A_s$	$\dfrac{\Gamma_n}{\delta y_{PN}} A_n$	$\dfrac{\Gamma_b}{\delta z_{BP}} A_b$	$\dfrac{\Gamma_t}{\delta z_{PT}} A_t$

2次元および3次元の境界条件に対する離散化係数の修正には，式 (5.40) のような式を用いることができる．

5.8 べき乗法

Patankar (1980) のべき乗法（power-law scheme）は，1次元の厳密解をより正確に近似することができ，ハイブリッド法よりもよい結果が得られる．このスキームでは，ペクレ数 Pe が 10 を超える場合に拡散をゼロにする．$0 < Pe < 10$ の場合，流束を多項式として計算する．たとえば，コントロールボリュームの西側の界面での単位面積あたりの正味の流束は，

$$q_w = F_w[\phi_W - \beta_w(\phi_P - \phi_W)] \qquad 0 < Pe < 10 \text{ の場合} \qquad (5.44a)$$

ただし，$\beta_w = \dfrac{(1 - 0.1 Pe_w)^5}{Pe_w}$

および

$$q_w = F_w \phi_W \qquad Pe > 10 \text{ の場合} \qquad (5.44b)$$

で評価される．定常1次元対流 – 拡散に対するべき乗法の離散化方程式の係数は，以下のとおりである．

中心の離散化係数： $a_P = a_W + a_E + (F_e - F_w)$

a_W	a_E
$D_w \max\left[0, (1-0.1|Pe_w|)^5\right] + \max[F_w, 0]$	$D_e \max\left[0, (1-0.1|Pe_e|)^5\right] + \max[-F_e, 0]$

べき乗法の特徴はハイブリッド法と似ている．べき乗法は，厳密解により近づくように定式化されているため，1次元問題に対してより正確である．このスキームは実用の流体計算に役立ち，ハイブリッド法に代わる手法として用いることができる．FLUENT version 6.2 に代表される商用プログラムでは，ユーザが離散化スキームを選択するオプションとしてべき乗法を用いることが可能である（FLUENT 資料，2006）．

5.9 対流 – 拡散問題に対する高次精度差分スキーム

ハイブリッド法と風上差分法は，テイラー級数の打切り誤差（Taylor series truncation error, TSTE）が一次精度しかない．風上点の物理量を用いるため，これらのスキームはとても安定であり，輸送性の必要条件を満たすものの，一次精度のため，偽拡散による誤差を生じる傾向がある．高次精度の離散化スキームを用いることで，このような誤差を最小限に抑えることができる．高次精度スキームは多くの隣接点を参照し，より広い影響を考慮することで離散化誤差を減少させる．二次精度である中心差分法は不安定であり，輸送性をもたない．流れ方向を考慮しない定式化は不安定であることから，安定性と流れの方向を考慮する風上化を行う，精度がより高い高次精度スキームが必要である．これから，高次精度スキームとして，最も古い Leonard の QUICK スキームについて説明する．

5.9.1 二次風上差分スキーム：QUICK スキーム

Leonard の QUICK（quadratic upstream interpolation for convective kinetics）スキームは，セル界面の値に対して3点の，風上点に重みを付けた二次の補間を用いる．（その界面の両側を）取り囲む2点と風上1点を通る二次関数から，界面の ϕ の値を求める（図 5.17）．

たとえば，$u_w > 0$ かつ $u_e > 0$ の場合，格子点 WW, W, P を通る二次関数から ϕ_w を計算し，また，格子点 W, P, E を通る二次関数から ϕ_e を計算する．$u_w < 0$ か

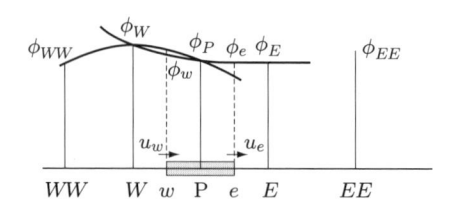

図 5.17 QUICK スキームで用いる二次関数の形状

つ $u_e < 0$ の場合，格子点 W, P, E を通る二次関数から ϕ_w を計算し，また，格子点 P, E, EE を通る二次関数から ϕ_e を計算する．等間隔格子の場合，i と $i-1$ の 2 点に取り囲まれ，風上点 $i-2$ との間のセル界面での ϕ の値を次式から求める．

$$\phi_{face} = \frac{6}{8}\phi_{i-1} + \frac{3}{8}\phi_i - \frac{1}{8}\phi_{i-2} \tag{5.45}$$

$u_w > 0$ の場合，西側の界面 w に対して取り囲む格子点は格子点 W と P であり，風上の格子点は格子点 WW（図 5.17）である．

$$\phi_w = \frac{6}{8}\phi_W + \frac{3}{8}\phi_P - \frac{1}{8}\phi_{WW} \tag{5.46}$$

$u_e > 0$ の場合，東側の界面 e に対して取り囲む格子点は格子点 P と E であり，風上の格子点は格子点 W である．

$$\phi_e = \frac{6}{8}\phi_P + \frac{3}{8}\phi_E - \frac{1}{8}\phi_W \tag{5.47}$$

放物線近似の勾配を用いて拡散項を計算する．等間隔格子の場合，放物線上の 2 点間の弦の勾配は，中点での放物線の接線の勾配と等しいため，この方法は拡散項に対する中心差分法と同じ式である．$F_w > 0$ かつ $F_e > 0$ であるとき，対流項に式 (5.46)，(5.47) を用い，拡散項に中心差分法を用いた場合の離散化した 1 次元対流-拡散の輸送方程式 (5.9) は，次式のようになる．

$$F_e\left(\frac{6}{8}\phi_P + \frac{3}{8}\phi_E - \frac{1}{8}\phi_W\right) - F_w\left(\frac{6}{8}\phi_W + \frac{3}{8}\phi_P - \frac{1}{8}\phi_{WW}\right)$$
$$= D_e(\phi_E - \phi_P) - D_w(\phi_P - \phi_W)$$

この式を整理し，次式のように変形する．

$$\left(D_w - \frac{3}{8}F_w + D_e + \frac{6}{8}F_e\right)\phi_P$$
$$= \left(D_w + \frac{6}{8}F_w + \frac{1}{8}F_e\right)\phi_W + \left(D_e - \frac{3}{8}F_e\right)\phi_E - \frac{1}{8}F_w\phi_{WW} \tag{5.48}$$

ここで，これを離散化方程式の一般形で書くと，

$$a_P \phi_P = a_W \phi_W + a_E \phi_E + a_{WW} \phi_{WW} \tag{5.49}$$

となり，ここで，係数は以下のとおりである．

a_W	a_E	a_{WW}	a_P
$D_w + \dfrac{6}{8}F_w + \dfrac{1}{8}F_e$	$D_e - \dfrac{3}{8}F_e$	$-\dfrac{1}{8}F_w$	$a_W + a_E + a_{WW} + (F_e - F_w)$

$F_w < 0$ かつ $F_e < 0$ である場合，西側の界面と東側の界面を通過する流束を次式から得る．

$$\begin{aligned}\phi_w &= \frac{6}{8}\phi_P + \frac{3}{8}\phi_W - \frac{1}{8}\phi_E \\ \phi_e &= \frac{6}{8}\phi_E + \frac{3}{8}\phi_P - \frac{1}{8}\phi_{EE}\end{aligned} \tag{5.50}$$

離散化した対流 - 拡散方程式 (5.9) の対流項にこれらの二つの式を代入し，拡散項に中心差分法を用いて上の式を整理すると，以下の係数を得る．

a_W	a_E	a_{EE}	a_P
$D_w + \dfrac{3}{8}F_w$	$D_e - \dfrac{6}{8}F_e - \dfrac{1}{8}F_w$	$\dfrac{1}{8}F_e$	$a_W + a_E + a_{EE} + (F_e - F_w)$

上の二組の係数を組み合わせると，流れが正および負の方向に有効な一般形を得ることができる．

1 次元対流 - 拡散問題に対する QUICK スキームを，以下のようにまとめることができる．

$$a_P \phi_P = a_W \phi_W + a_E \phi_E + a_{WW} \phi_{WW} + a_{EE} \phi_{EE} \tag{5.51}$$

中心の離散化係数は，

$$a_P = a_W + a_E + a_{WW} + a_{EE} + (F_e - F_w)$$

であり，隣接点の離散化係数は，次のとおりである．

a_W	a_{WW}	a_E	a_{EE}
$D_w + \dfrac{6}{8}\alpha_w F_w + \dfrac{1}{8}\alpha_e F_e$ $+ \dfrac{3}{8}(1-\alpha_w)F_w$	$-\dfrac{1}{8}\alpha_w F_w$	$D_e - \dfrac{3}{8}\alpha_e F_e - \dfrac{6}{8}(1-\alpha_e)F_e$ $- \dfrac{1}{8}(1-\alpha_w)F_w$	$\dfrac{1}{8}(1-\alpha_e)F_e$

ただし，

$$F_w > 0 \text{ の場合，} \alpha_w = 1 \quad \text{および} \quad F_e > 0 \text{ の場合，} \alpha_e = 1$$
$$F_w < 0 \text{ の場合，} \alpha_w = 0 \quad \text{および} \quad F_e < 0 \text{ の場合，} \alpha_e = 0$$

例題 5.4

QUICK スキームを用いて，計算格子 5 個で $u = 0.2\,\mathrm{m/s}$ に対して，例題 5.1 で考えた問題を解け．QUICK の数値解を，厳密解および中心差分法の数値解と比較せよ．

解

これまでのように，例題 5.1 で用いた計算格子 5 個を用いて離散化する．この例題のデータを $u = 0.2\,\mathrm{m/s}$ とすると，格子点すべてにおいて $F = F_e = F_w = 0.2$ および $D = D_e = D_w = 0.5$ であり，セルのペクレ数は $Pe_w = Pe_e = \rho u\,\delta x/\Gamma = 0.4$ である．式 (5.51) と離散化係数により，内部の格子点 3 と 4 に対して QUICK スキームを用いた場合の離散化方程式を得る．

QUICK スキームでは，格子点 3 個を用いる式 (5.46), (5.47) からセル界面の ϕ の値を計算する．格子点 1, 2, 5 はすべて領域の境界近傍の影響を受け，別々に取り扱う必要がある．境界の格子点 1 で，西側 (w) の境界の値から ϕ を求めるが ($\phi_w = \phi_A$)，式 (5.47) による東側の界面における ϕ_e の値を計算するための西側 (W) の点はない．この問題を解決するために，Leonard (1979) は物理的な境界の西側に距離 $\delta x/2$ だけ離れた "仮想 (mirror)" 格子点を作り，線形に外挿補間することを提案した．これを図 5.18 に示す．

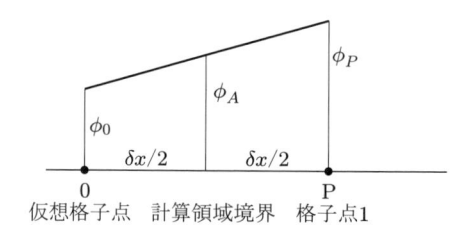

図 5.18 境界での仮想格子点の取扱い

線形に外挿することにより，仮想格子点の値を求めることができる．

$$\phi_0 = 2\phi_A - \phi_P \tag{5.52}$$

"仮想"格子点に外挿することにより，コントロールボリューム1の東側の界面の値 ϕ_e を計算するための式 (5.47) に対して必要な格子点 W が与えられる．

$$\phi_e = \frac{6}{8}\phi_P + \frac{3}{8}\phi_E - \frac{1}{8}(2\phi_A - \phi_P)$$
$$= \frac{7}{8}\phi_P + \frac{3}{8}\phi_E - \frac{2}{8}\phi_A \tag{5.53}$$

境界の格子点では，式 (5.53) を用いて整合性のある方法により勾配を計算しなければならない．西側の界面を通過する拡散流束を次式から求められることがわかる．

$$\Gamma\frac{\delta\phi}{\delta x}\bigg|_A = \frac{D_A^*}{3}(9\phi_P - 8\phi_A - \phi_E) \tag{5.54}$$

ただし，$D_A^* = \frac{\Gamma}{\delta x}$

QUICKスキームでは，上付き記号 "$*$" は境界の格子点での拡散コンダクタンスを表す．また，内部の格子点の拡散コンダクタンスは境界の格子点の値と等しい．すなわち，$D_A^* = D = \Gamma/\delta x$ である．これは，これまで説明してきた離散化スキームと異なっており，あとで詳しく考察する．半セルを近似すると，セル界面の拡散コンダクタンスは常に $D_A = 2D = 2\Gamma/\delta x$ である．

格子点1での離散化方程式は，次式のようになる．

$$F_e\left(\frac{7}{8}\phi_P + \frac{3}{8}\phi_E - \frac{2}{8}\phi_A\right) - F_A\phi_A$$
$$= D_e(\phi_E - \phi_P) - \frac{D_A^*}{3}(9\phi_P - 8\phi_A - \phi_E) \tag{5.55}$$

コントロールボリューム5で，東側の界面の ϕ の値は既知であり（$\phi_e = \phi_B$），東側の界面を通過する拡散流束は，次式で与えられる．

$$\Gamma\frac{\partial\phi}{\partial x}\bigg|_B = \frac{D_B^*}{3}(8\phi_B - 9\phi_P + \phi_W) \tag{5.56}$$

ただし，$D_B^* = \frac{\Gamma}{\delta x}$

格子点5での離散化方程式は，次式のようになる．

$$F_B\phi_B - F_w\left(\frac{6}{8}\phi_W + \frac{3}{8}\phi_P - \frac{1}{8}\phi_{WW}\right)$$
$$= \frac{D_B^*}{3}(8\phi_B - 9\phi_P + \phi_W) - D_w(\phi_P - \phi_W) \tag{5.57}$$

コントロールボリューム1の東側の界面の ϕ を特別な方法で計算したので，流束の

整合性を保証するために，コントロールボリューム2の西側の界面を通過する拡散流束を計算するには同じ方法を用いなければならない．そのため，格子点2では次式を用いる．

$$F_e\left(\frac{6}{8}\phi_P + \frac{3}{8}\phi_E - \frac{1}{8}\phi_W\right) - F_w\left(\frac{7}{8}\phi_W + \frac{3}{8}\phi_P - \frac{2}{8}\phi_A\right)$$
$$= D_e(\phi_E - \phi_P) - D_w(\phi_P - \phi_W) \tag{5.58}$$

ここで，格子点1, 2, 5の離散化方程式を一般形で書き表すと，

$$a_P\phi_P = a_{WW}\phi_{WW} + a_W\phi_W + a_E\phi_E + S_u \tag{5.59}$$

であり，係数は以下のとおりである．

$$a_P = a_{WW} + a_W + a_E + (F_e - F_w) - S_P$$

格子点	a_{WW}	a_W	a_E
1	0	0	$D_e + \frac{1}{3}D_A^* - \frac{3}{8}F_e$
2	0	$D_w + \frac{7}{8}F_w + \frac{1}{8}F_e$	$D_e - \frac{3}{8}F_e$
5	$-\frac{1}{8}F_w$	$D_w + \frac{1}{3}D_B^* + \frac{6}{8}F_w$	0

格子点	S_P	S_u
1	$-\left(\frac{8}{3}D_A^* + \frac{2}{8}F_e + F_A\right)$	$\left(\frac{8}{3}D_A^* + \frac{2}{8}F_e + F_A\right)\phi_A$
2	$\frac{1}{4}F_w$	$-\frac{1}{4}F_w\phi_A$
5	$-\left(\frac{8}{3}D_B^* - F_B\right)$	$\left(\frac{8}{3}D_B^* - F_B\right)\phi_B$

数値を代入して得られる係数を，表5.10にまとめる．

表 5.10

格子点	a_W	a_E	a_{WW}	S_u	S_P	a_P
1	0	0.592	0	$1.583\phi_A$	-1.583	2.175
2	0.7	0.425	0	$-0.05\phi_A$	0.05	1.075
3	0.675	0.425	-0.025	0	0	1.075
4	0.675	0.425	-0.025	0	0	1.075
5	0.817	0	-0.025	$1.133\phi_B$	-1.133	1.925

5.9 対流－拡散問題に対する高次精度差分スキーム

連立方程式を行列表記すると，次式のようになり，

$$\begin{bmatrix} 2.175 & -0.592 & 0 & 0 & 0 \\ -0.7 & 1.075 & -0.425 & 0 & 0 \\ 0.025 & -0.675 & 1.075 & -0.425 & 0 \\ 0 & 0.025 & -0.675 & 1.075 & -0.425 \\ 0 & 0 & 0.025 & -0.817 & 1.925 \end{bmatrix} \begin{bmatrix} \phi_1 \\ \phi_2 \\ \phi_3 \\ \phi_4 \\ \phi_5 \end{bmatrix} = \begin{bmatrix} 1.583 \\ -0.05 \\ 0 \\ 0 \\ 0 \end{bmatrix} \quad (5.60)$$

この線形システムを解くと，解は次のように求められる．

$$\begin{bmatrix} \phi_1 \\ \phi_2 \\ \phi_3 \\ \phi_4 \\ \phi_5 \end{bmatrix} = \begin{bmatrix} 0.9648 \\ 0.8707 \\ 0.7309 \\ 0.5226 \\ 0.2123 \end{bmatrix} \quad (5.61)$$

厳密解との比較

図 5.19 から，QUICK スキームによる数値解は厳密解とほぼ等しいことがわかる．また，表 5.11 から粗い計算格子を用いても誤差が非常に小さいことがわかる．例題 5.1 で示した手順に従い，このデータを用いて中心差分法による解についても計算する．表 5.11 に示す絶対誤差の総和から，QUICK スキームが中心差分法よりも精度が高いことがわかる．

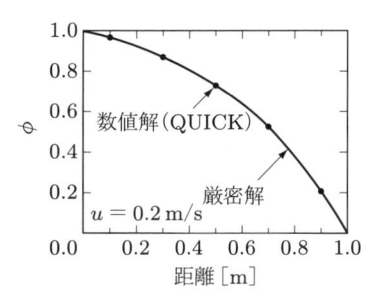

図 5.19 QUICK スキームによる数値解と厳密解の比較

表 5.11

格子点	距離	厳密解	QUICK による数値解	差	CD による数値解	差
1	0.1	0.9653	0.9648	0.0005	0.9696	0.0043
2	0.3	0.8713	0.8707	0.0006	0.8786	0.0073
3	0.5	0.7310	0.7309	0.0001	0.7421	0.0111
4	0.7	0.5218	0.5226	-0.0008	0.5374	0.0156
5	0.9	0.2096	0.2123	-0.0027	0.2303	0.0207
Σ 絶対誤差				0.0047		0.059

▎5.9.2　QUICK スキームの評価

　QUICK スキームでは，常にセル界面に取り囲まれた格子点 2 個と風上点の間の二次の補間により流束の値を計算する整合性のある二次関数を用いるため，このスキームには保存性がある．QUICK スキームは二次関数に基づいているため，テイラー級数展開の打切り誤差の精度は，等間隔格子では三次精度である．風上 2 点と風下 1 点の格子点の値に基づく二次関数として，スキームに輸送性が組み込まれている．流れ場が保存性を満たす場合，離散化係数 a_P はすべての隣接点の離散化係数の和に等しく，有界性を満たす．

　風下側では主な離散化係数（E と W）が正であることは保証されず，離散化係数 a_{WW} および a_{EE} は負である．たとえば，$u_w > 0$ かつ $u_e > 0$ である場合，東側の離散化係数は比較的小さなセルのペクレ数（$Pe_e = F_e/D_e > 8/3$）に対して負となる．これにより安定性に問題が生じ，ある流れ条件では発散解となる．同様に，流れの方向が負である場合，西側の係数が負になる可能性がある．したがって，QUICK スキームは条件付きで安定である．

　ほかに注目すべき性質は，離散化方程式が直近の隣接点だけではなく，さらに遠い点も参照することである．したがって，三重対角行列解法（第 7 章参照）をそのまま適用することはできない．

▎5.9.3　QUICK スキームの安定性と修正

　これまで示した形の QUICK スキームは，主な係数が負となることにより不安定となる場合がある．安定性の問題を解決するために，これまでと異なる方法で再定式化する．この定式化では，主な正の係数をそのままにするために，問題となる負の係数をすべて生成項に移項する．その寄与する部分には，できる限り，より安定に，かつ正の係数となるように適切な重みを付ける．Han ら (1981)，Pollar と Siu (1982)，Hayase ら (1992) が発表した実用的な方法がよく知られている．Hayase らは，QUICK スキームを再定式化する方法を一般化し，安定でかつ収束が速い変形 QUICK スキームを導出した．

　Hayase ら (1992) の QUICK スキームは，以下のようにまとめられる．

$$\begin{aligned}
F_w > 0 \text{ の場合,} \quad & \phi_w = \phi_W + \frac{1}{8}(3\phi_P - 2\phi_W - \phi_{WW}) \\
F_e > 0 \text{ の場合,} \quad & \phi_e = \phi_P + \frac{1}{8}(3\phi_E - 2\phi_P - \phi_W) \\
F_w < 0 \text{ の場合,} \quad & \phi_w = \phi_P + \frac{1}{8}(3\phi_W - 2\phi_P - \phi_E) \\
F_e < 0 \text{ の場合,} \quad & \phi_e = \phi_E + \frac{1}{8}(3\phi_P - 2\phi_E - \phi_{EE})
\end{aligned} \quad (5.62)$$

離散化方程式は，次式のようになる．

$$a_P \phi_P = a_W \phi_W + a_E \phi_E + \overline{S} \tag{5.63}$$

中心の離散化係数は，次式のようになり，

$$a_P = a_W + a_E + (F_e - F_w)$$

また，それぞれの係数は次のように表される．

a_W	a_E	$\overline{S}$
$D_w + \alpha_w F_w$	$D_e - (1-\alpha_e)F_e$	$\dfrac{1}{8}(3\phi_P - 2\phi_W - \phi_{WW})\alpha_w F_w$ $+ \dfrac{1}{8}(\phi_W + 2\phi_P - 3\phi_E)\alpha_e F_e$ $+ \dfrac{1}{8}(3\phi_W - 2\phi_P - \phi_E)(1-\alpha_w)F_w$ $+ \dfrac{1}{8}(2\phi_E + \phi_{EE} - 3\phi_P)(1-\alpha_e)F_e$

ただし，

$$F_w > 0 \text{ の場合}, \quad \alpha_w = 1 \quad \text{および} \quad F_e > 0 \text{ の場合}, \quad \alpha_e = 1$$
$$F_w < 0 \text{ の場合}, \quad \alpha_w = 0 \quad \text{および} \quad F_e < 0 \text{ の場合}, \quad \alpha_e = 0$$

この方法の利点は，主な離散化係数が正であり，保存性，有界性，輸送性に対する必要条件を満たすことである．負の係数を含む離散化の一部を生成項に割り当てることは**遅延される修正（deferred correction）**とよばれ，反復ループ構造の一部として適用されるスキームに依存する．反復計算 n 回目での生成項を，前回の反復計算 $(n-1)$ 回目の最後の既知の値を用いて計算する．すなわち，主な離散化係数の"修正"は，反復計算1回分"遅延される"．しかし，十分に多くの反復計算をすると，修正は解に"追いつき"，そのため，Hayase らが導出したものを含む QUICK スキームはすべて同じ収束解となる．

■ 5.9.4　QUICK スキームの一般論

QUICK スキームは，中心差分法もしくはハイブリッド法よりも精度が高くなり，風上に重みを付けた性質をもっている．偽拡散が小さく，粗い計算格子に対しての解は風上差分法やハイブリッド法よりもかなり精度が高いことが多い．図 5.20 に，5.6.1 項で考えた2次元検証問題に対する，風上差分法と QUICK スキームの比較を示す．50×50 の計算格子で，QUICK スキームは，風上差分法に比べ，より厳密解に一致している

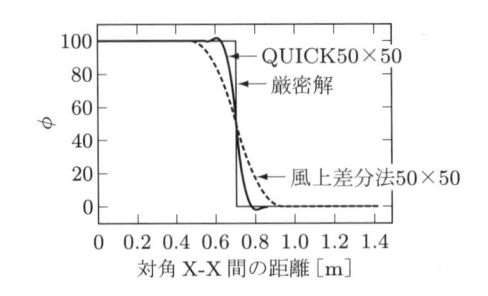

図 5.20 5.6.1 項における 2 次元検証問題に対する QUICK スキームと風上差分法による数値解の比較

ようにみえる．

しかし，図 5.20 からわかるように，QUICK スキームでは（小さいながら）アンダーシュートとオーバーシュートが生じる．複雑な流れの計算では，QUICK スキームを用いることは，有界ではない結果によって生じる微妙な問題を引き起こす場合がある．たとえば，k-ε モデル（第 3 章参照）の計算で乱流運動エネルギー（k）が負になる可能性がある．そのため，結果を考察する際には，アンダーシュートとオーバーシュートの可能性を考慮する必要がある．

5.10 TVD スキーム

対流項の離散化に対して，三次精度以上のスキームが，さまざまな成功の度合いで開発されている．このような高次精度スキームでは，境界条件を設定することが難しい場合がある．QUICK スキームやほかの高次精度スキームではアンダーシュートやオーバーシュートを生じる可能性があるため，これらの問題を避けるための新たな二次精度スキームが開発された．TVD（total variation diminishing, 全変動減少）スキームの類は，振動のない解を得るために特別な手法で定式化され，数値流体力学の計算に用いられる．TVD は，時間に依存する気体力学の問題の基礎式の離散化で用いられる性質である．近年，この性質をもつスキームが一般的な数値流体力学の解法でも有名になっている．TVD の原理の発展にはかなり深い数学的背景がある．しかし，一般的なスキームの基本的な性質とその欠点を考えることで，TVD スキームの背景は，前節で説明した離散化の方法の背景から簡単に説明することができる．

これまでの説明によって，基本的な風上差分法は最も安定であり，無条件に有界なスキームである．しかし，低次精度（一次精度）であるため，大きな偽拡散が生じる．ペクレ数が高い場合，中心差分法や QUICK スキームのような高次精度のスキームでは，

偽振動や"振動"が生じる可能性がある．乱流量，すなわち乱流エネルギーや消散率を解くためにこのような高次精度スキームを用いる場合，振動が物理的に非現実的な負の値や不安定性を招く可能性がある．TVD スキームは，高次精度スキームの，この望ましくない振動挙動に対応するために開発された．TVD スキームでは，人工的に拡散項を加える，もしくは風上点の重みを大きくすることで振動の影響を抑える．文献によると，これらの考えに基づく初期のスキームは，flux corrected transport（FCT）法とよばれるスキームであった．Boris と Book (1973, 1976) を参照していただきたい．さらに，Van Leer (1974, 1977a,b, 1979)，Harten (1983, 1984)，Sweby (1984)，Roe (1985)，Osher と Chakravarthy (1984)，そして，そのほかの多くの人々の貢献により，現在の TVD スキームが開発された．以下では，TVD スキームの原理の基礎を説明する．

5.10.1　風上差分法に基づく離散化スキームの一般化

1 次元対流 – 拡散方程式 (5.3) の有限体積法の離散化を考えよう．中心差分法を用いた拡散項の離散化は一般的であり，これ以上考える必要はない．特別な注意が必要なのは，対流項の離散化である．流れが x 方向に正の場合 $u > 0$ を仮定し，1 次元のコントロールボリュームの東側の界面での輸送される変数 ϕ を算出するために，風上に重みをつけた一般式として TVD の概念を発展させる．

東側の界面の値 ϕ_e に対する風上差分（UD）法では，

$$\phi_e = \phi_P \tag{5.64}$$

である．2 点の風上点を参照する線形風上差分（linear upwind difference, LUD）法では，次の ϕ_e に対する式を用いる．

$$\phi_e = \phi_P + \frac{(\phi_P - \phi_W)}{\delta x}\frac{\delta x}{2} = \phi_P + \frac{1}{2}(\phi_P - \phi_W) \tag{5.65}$$

これは，ϕ の勾配 $(\phi_P - \phi_W)/\delta x$ に格子点 P と東側の界面の間の距離 $\delta x/2$ を乗じた，風上差分法に基づく修正を加えた UD スキームの式 (5.64) の二次精度への拡張として考えることができる．視点を変え，対流流束 $F_e \phi_e$ を導出することが目的であることを再び考える．ここで，流れの方向が正の場合，LUD スキームを用いた対流流束の離散化は，解析精度を向上させるために UD スキームの対流流束 $F_e \phi_P$ に流束 $F_e(\phi - \phi_W)/2$ を加えた和と考えることができる．

同様に，QUICK スキームの式 (5.7) を，UD スキームに補正を加えた形に変形することができる．

$$\phi_e = \phi_P + \frac{1}{8}[3\phi_E - 2\phi_P - \phi_W] \tag{5.66}$$

中心差分（CD）法も，次式のように書くことができる．

$$\phi_e = \frac{(\phi_P + \phi_E)}{2} = \phi_P + \frac{1}{2}(\phi_E - \phi_P) \tag{5.67}$$

高次精度スキームの一般式を，次式のように考える．

$$\phi_e = \phi_P + \frac{1}{2}\psi(\phi_E - \phi_P) \tag{5.68}$$

ここで，ψ は適当な関数である．

この形式を選択するにあたって，UD スキームと追加する対流流束 $F_e\psi(\phi_E - \phi_P)/2$ を用いる場合に得られる流束 $F_e\phi_P$ の和として，東側の界面での対流流束を表す．追加する寄与を中心差分法 $(\phi_E - \phi_P)$ で示されるような，東側の界面で輸送される変数 ϕ の勾配と"どうにかして"関連付ける．中心差分法 (5.68) では，関数 $\psi = 1$ となることは容易にわかる．しかし，計算格子が非常に粗い場合，有界性を満たさないため，この ψ の選択により，追加する対流流束が解の振動を招くことを 5.3〜5.5 節で確認した．風上差分法 (5.64) では $\psi = 0$ であるものの，この ψ の選択により偽拡散が生じる．高次精度スキームを考えると，LUD スキームの式 (5.65) を，次式のように書き換えることができる．

$$\phi_e = \phi_P + \frac{1}{2}\left(\frac{\phi_P - \phi_W}{\phi_E - \phi_P}\right)(\phi_E - \phi_P) \tag{5.69}$$

したがって，LUD スキームに対する関数は $\psi = (\phi_P - \phi_W)/(\phi_E - \phi_P)$ である．

式を展開すると，QUICK スキームを次式のように書き換えることができる．

$$\phi_e = \phi_P + \frac{1}{2}\left[\left(3 + \frac{\phi_P - \phi_W}{\phi_E - \phi_P}\right)\frac{1}{4}\right](\phi_E - \phi_P) \tag{5.70}$$

式 (5.70) と式 (5.68) を比較すると，QUICK スキームに対する関数を次のように表すことができる．

$$\psi = \left(3 + \frac{\phi_P - \phi_W}{\phi_E - \phi_P}\right)\frac{1}{4}$$

式 (5.69) と式 (5.70) を比較すると，下流側の勾配に対する上流側の勾配の比 $(\phi_P - \phi_W)/(\phi_E - \phi_P)$ が，関数 ψ の値とスキームの性質を決定することがわかる．したがって，

$$\boxed{\psi = \psi(r)} \tag{5.71}$$

ただし，

$$r = \left(\frac{\phi_P - \phi_W}{\phi_E - \phi_P}\right)$$

を用いて，対流流束に対する離散化スキームの東側の界面の値 ϕ_e の一般式を，以下のように書き換えることができる．

$$\phi_e = \phi_P + \frac{1}{2}\psi(r)(\phi_E - \phi_P) \tag{5.72}$$

UD スキームの場合，　　$\psi(r) = 0$
CD スキームの場合，　　$\psi(r) = 1$
LUD スキームの場合，　$\psi(r) = r$
QUICK スキームの場合，$\psi(r) = \dfrac{3+r}{4}$

図 5.21 に，これらの四つのスキームの ψ と r の関係を示す．この図は r-ψ 図としてよく知られている．これらの式では，流れの方向がすべて正（たとえば西から東へ）と仮定している．流れの方向が負の場合にも同様に式が導出でき，r は，やはり下流側の勾配に対する上流側の勾配の比であることが示される．

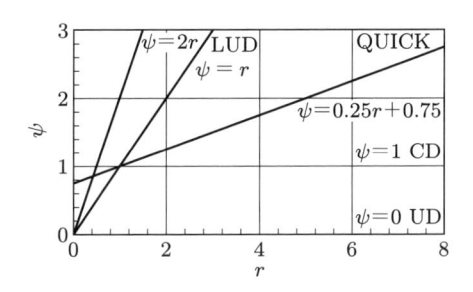

図 **5.21**　さまざまな離散化スキームに対する関数 ψ

■ 5.10.2　全変動と TVD スキーム

これまでの考察から，UD スキームは最も安定なスキームであり，振動をまったく伴わないことがわかった．一方で，CD スキームや QUICK スキームは高次精度であるが，ある条件下では振動を伴うことがわかった．ここでの目標は，振動を伴わない高次精度スキームを見つけることである．この話題のはじめに，TVD スキームが当初時間に依存する気体力学の問題で発展したことを述べた．この場合，安定で振動しない高次精度のスキームに対して望まれる性質は，**単調性を維持すること**（**monotonicity preserving**）である．スキームが単調性を維持するためには，(i) 極値をもたない，(ii) 存在する局所の最小値がまったく減少せず，局所の最大値がまったく増加しない

ことが求められる．簡単にまとめると，単調性を維持するスキームは，解に対して新たなアンダーシュートやオーバーシュートを生じない，もしくは存在する極値が大きくならないスキームである．

これらの単調性を維持するスキームの性質は，いわゆる離散化した解の**全変動（total variation）** に対して影響をもつ．図 5.22（Lien と Leschziner, 1993）に示す離散データを考えよう．この離散データに対する全変動を，次式のように定義する．

$$TV(\phi) = |\phi_2 - \phi_1| + |\phi_3 - \phi_2| + |\phi_4 - \phi_3| + |\phi_5 - \phi_4|$$
$$= |\phi_3 - \phi_1| + |\phi_5 - \phi_3| \tag{5.73}$$

単調性を維持するためには，この全変動はまったく増加してはならない（Lien と Leschziner, 1993 参照）．

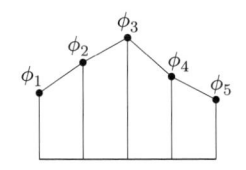

図 5.22 全変動を説明するための離散データの例

単調性を維持するスキームは，時間とともに離散化した解の全変動が減少するという性質をもっている．これを**全変動減少（TVD）** という．参考文献（Harten, 1983, 1984, Sweby, 1984）では，**非定常 1 次元輸送方程式**に対して全変動を考えている．そのため，$TV(\phi^{n+1}) \leq TV(\phi^n)$ の場合，全変動を時間刻みごとに考慮し，解は全変動減少といわれる．ここで，n と $n+1$ は連続した時間刻みを表す．次節では，この性質がどのように**定常対流-拡散問題**に対する離散化スキームの望ましい挙動にもつながるかについて示す．

■ 5.10.3 TVD スキームの基準

Sweby (1984) は r-ψ の相関を用いて，スキームが **TVD** となるための必要十分条件を，次のように与えている．

- $0 < r < 1$ ならば，上限は $\psi(r) = 2r$ であり，$\psi(r) \leq 2r$ でなければならない
- $1 \geq r$ ならば，上限は $\psi(r) = 2$ であり，$\psi(r) \leq 2$ でなければならない

図 5.23 に，これから説明する有限差分スキームすべてに対する r-ψ 図とともに，r-ψ 図に影付きの TVD 領域を示す．

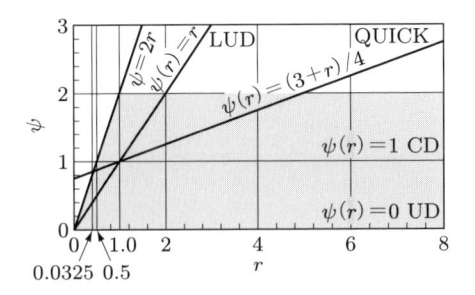

図 5.23 さまざまな離散化スキームに対する関数 ψ と TVD 領域

Sweby の基準に従うと，以下のことがわかる．

- UD スキームは，TVD である
- LUD スキームは，$r > 2.0$ の場合 TVD でない
- CD スキームは，$r < 0.5$ の場合 TVD でない
- QUICK スキームは，$r < 3/7$，または $r > 5$ の場合 TVD でない

UD スキームを除き，これらのスキームはすべて，ある r の値に対して TVD の領域外にある．TVD スキームを考案するには，できるだけ多くの r の値に対して r-ψ の相関を影付きの領域内に含めるように，これらのスキームに修正を加える．スキームを TVD とするためには，そもそもスキームを高次精度にするために組み込んだ対流流束 $F_e \psi(r)(\phi_E - \phi_P)/2$ の取りうる値の範囲に制約，制限をしなければならないことがわかる．したがって，関数 $\psi(r)$ は流束**制限関数（limiter function）**とよばれる．

Sweby (1984) は $\psi = \psi(r)$ の関係を用いて，次の**二次精度の必要条件**も導入した．

- 二次精度の流束制限関数スキームは，r-ψ 図において点 $(1, 1)$ を通る必要がある

図 5.23 は，二次精度である CD スキームと QUICK スキームがこの条件を満たすものの，一次精度の UD スキームはこの条件を満たさないことを表している．

Sweby は，さらに，**二次精度スキームとなりうる範囲**が CD スキームや LUD スキームによって次のように制限されることも示した．

- $0 < r < 1$ の場合，下限は $\psi(r) = r$，上限は $\psi(r) = 1$ であり，$r \leq \psi(r) \leq 1$ でなければならない
- $r \geq 1$ の場合，下限は $\psi(r) = 1$，上限は $\psi(r) = r$ であり，$1 \leq \psi(r) \leq r$ でなければならない

選択した $\psi(r)$ により，そのスキームの精度や有界性の性質が決定される．二次精度

の流束制限スキームは，どんなスキームでも $\psi(r) = r$ と $\psi(r) = 1$ の間に位置し，点 (1,1) を通り，上限よりも下にとどまる制限関数に基づいている．したがって，TVD 領域内にとどまる CD スキームや LUD スキームに重みをつけたスキームは，どんなスキームでも二次精度 TVD スキームとなる．図 5.24 に，二次精度 TVD スキームとなるための影付きの領域を示す．

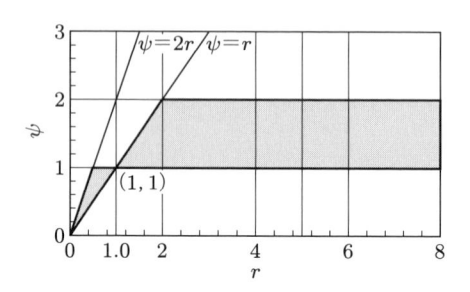

図 5.24 二次精度 TVD スキームの領域

Sweby は最終的に，制限関数に対して**対称性（symmetry property）**を導入した．

$$\frac{\psi(r)}{r} = \psi\left(\frac{1}{r}\right) \quad (5.74)$$

対称性 (5.74) を満たす制限関数では，特別なコーディングをすることなく，後方面および前方面の勾配を同じ方法で取り扱うことができる．

■ 5.10.4　流束制限関数

Sweby の必要条件を満たす数多くの制限スキームが長年をかけて開発され，成功を収めている．以下に，文献から最も有名な制限関数をあげる．

名称	制限関数 $\psi(r)$	参考文献
Van Leer	$\dfrac{r + |r|}{1 + r}$	Van Leer (1974)
Van Albada	$\dfrac{r + r^2}{1 + r^2}$	Van Albada ら (1982)
Min-Mod	$\psi(r) = \begin{cases} \min(r, 1) & r > 0 \text{ の場合} \\ 0 & r \leq 0 \text{ の場合} \end{cases}$	Roe (1985)
Roe の SUPERBEE	$\max[0, \min(2r, 1), \min(r, 2)]$	Roe (1985)
Sweby	$\max[0, \min(\beta r, 1), \min(r, \beta)]$	Sweby (1984)
QUICK	$\max[0, \min(2r, (3 + r)/4, 2)]$	Leonard (1988)
UMIST	$\max[0, \min(2r, (1+3r)/4, (3+r)/4, 2)]$	Lien と Leschziner (1993)

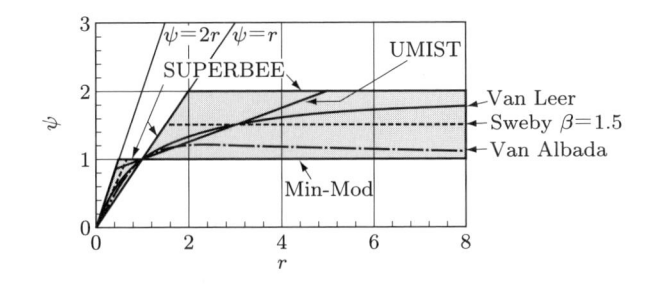

図 5.25 $r\text{-}\psi$ 線図におけるすべての制限関数

制限関数を比較するため，すべての制限関数を図 5.25 に示す．付録 D に，それぞれの制限関数について個別の図を示す．

制限関数はすべて TVD 領域内に存在し，$r\text{-}\psi$ 図において点 $(1,1)$ を通る．そのため，これらはすべて二次精度の TVD の離散化手法である．図 5.25 から，Van Leer と Van Albada の制限関数はなめらかな関数であり，その一方で，ほかの制限関数は区分的に線形な関数であることがわかる．Min-Mod 制限関数は，厳密に TVD 条件領域の最下限をたどり，その一方で，Roe の SUPERBEE は最上限をたどる．Sweby の式は，パラメータ β を用いた Min-Mod 制限関数や SUPERBEE 制限関数の一般形である．制限関数は $\beta=1$ の場合，Min-Mod 制限関数となり，$\beta=2$ の場合，SUPERBEE 制限関数となる．TVD 領域内にとどめるために，β の範囲として $1\leq\beta\leq 2$ だけを考えればよい．図 5.25 から，$\beta=1.5$ の場合，Sweby の制限関数となることがわかる．Leonard の QUICK 制限関数だけが唯一非対称であり，そのほかの制限関数はすべて対称であることは，比較的容易に確認できる．Lien と Leschziner の UMIST 制限関数は，QUICK 制限関数の対称版として考案された．

5.10.5 TVD スキームの実装

TVD スキームを用いるうえで最も重要な特徴を示すため，ここで，よく知られる 1 次元対流 – 拡散方程式を考える．

$$\frac{d}{dx}(\rho u \phi) = \frac{d}{dx}\left[\Gamma\frac{d\phi}{dx}\right] \tag{5.3}$$

拡散項は，これまでどおり中心差分法を用いて離散化する．しかし，ここでは対流項には TVD スキームを用いて評価する．いつもの記号を用いると，次式の離散化方程式を得る．

$$F_e\phi_e - F_w\phi_w = D_e(\phi_E - \phi_P) - D_w(\phi_P - \phi_W) \tag{5.75}$$

x 方向に正の流れ $u > 0$ に対して，TVD スキームを用いた場合の ϕ_e と ϕ_w を次式で記述することができる．

$$\phi_e = \phi_P + \frac{1}{2}\psi(r_e)(\phi_E - \phi_P) \tag{5.76a}$$

$$\phi_w = \phi_W + \frac{1}{2}\psi(r_w)(\phi_P - \phi_W) \tag{5.76b}$$

ただし，$\quad r_e = \left(\dfrac{\phi_P - \phi_W}{\phi_E - \phi_P}\right) \quad$ および $\quad r_w = \left(\dfrac{\phi_W - \phi_{WW}}{\phi_P - \phi_W}\right)$

ここで，それぞれの界面の流束項に対する r は，局所的な上流の勾配と下流の勾配の比であることに注意しなければならない．制限関数 $\psi(r_e)$ と $\psi(r_w)$ はこれまで示した関数のどれでもよい．式 (5.76a, b) を式 (5.75) に代入すると，

$$F_e\left[\phi_P + \frac{1}{2}\psi(r_e)(\phi_E - \phi_P)\right] - F_w\left[\phi_W + \frac{1}{2}\psi(r_w)(\phi_P - \phi_W)\right]$$
$$= D_e(\phi_E - \phi_P) - D_w(\phi_P - \phi_W)$$

これを，次式のように書き換えることができる．

$$(D_e + F_e + D_w)\phi_P = (D_w + F_w)\phi_W + D_e\phi_E - F_e\left[\frac{1}{2}\psi(r_e)(\phi_E - \phi_P)\right]$$
$$+ F_w\left[\frac{1}{2}\psi(r_w)(\phi_P - \phi_W)\right] \tag{5.77}$$

また，これは以下のように書くことができる．

$$a_P\phi_P = a_W\phi_W + a_E\phi_E + S_u^{DC} \tag{5.78a}$$

$$\text{ただし，} \quad a_W = D_w + F_w \tag{5.78b}$$

$$a_E = D_e \tag{5.78c}$$

$$a_P = a_W + a_E + (F_e - F_w) \tag{5.78d}$$

$$S_u^{DC} = -F_e\left[\frac{1}{2}\psi(r_e)(\phi_E - \phi_P)\right] + F_w\left[\frac{1}{2}\psi(r_w)(\phi_P - \phi_W)\right] \tag{5.78e}$$

ここで，a_W，a_E，a_P は UD スキームの係数と同じであり，TVD スキームは数値安定性を示す．制限関数を用いた場合に追加される流束から生じる寄与は，遅延される修正値 S_u^{DC} として生成項に導入される．Hayase の QUICK スキームの実装において，5.9.3項で偶然にもこの方法を用いている．遅延される修正により，離散化方程式中の係数が負になることで安定性の問題を回避し，さらに，TVD の振舞いとして望まれる，最終的な収束解を得ることが保証される．これまで述べたように，この導出は流れの方向が正である場合を対象にしている．ここで，流れの方向に注意するため，上

付き記号 "+" を用いる．したがって，r_e と r_w を r_e^+ と r_w^+ に書き換える．生成項を書き直すと，次式のようになる．

$$S_u^{DC} = -F_e\left[\frac{1}{2}\psi(r_e^+)(\phi_E - \phi_P)\right] + F_w\left[\frac{1}{2}\psi(r_w^+)(\phi_P - \phi_W)\right] \quad (5.79)$$

$u < 0$，つまり x 方向の流れが負の場合，離散化方程式はこれまでどおりである．

$$F_e\phi_e - F_w\phi_w = D_e(\phi_E - \phi_P) - D_w(\phi_P - \phi_W) \quad (5.80)$$

また，TVD スキームを用いた場合の ϕ_e と ϕ_w の値は，次式で与えられる．

$$\phi_e = \phi_E + \frac{1}{2}\psi(r_e^-)(\phi_P - \phi_E) \quad (5.81a)$$

$$\phi_w = \phi_P + \frac{1}{2}\psi(r_w^-)(\phi_W - \phi_P) \quad (5.81b)$$

ただし，$r_e^- = \left(\dfrac{\phi_{EE} - \phi_E}{\phi_E - \phi_P}\right)$ および $r_w^- = \left(\dfrac{\phi_E - \phi_P}{\phi_P - \phi_W}\right)$

ここで，x 方向の流れが負であることを表すために上付き記号 "−" を用いる．r は，やはり局所的な上流の勾配と下流の勾配の比である．式 (5.81a, b) を式 (5.80) に代入すると，次式が得られ，

$$F_e\left[\phi_E + \frac{1}{2}\psi(r_e^-)(\phi_P - \phi_E)\right] - F_w\left[\phi_P + \frac{1}{2}\psi(r_w^-)(\phi_W - \phi_P)\right]$$
$$= D_e(\phi_E - \phi_P) - D_w(\phi_P - \phi_W)$$

これを書き換えると，次式のようになる．

$$(D_e - F_w + D_w)\phi_P = D_w\phi_W + (D_e - F_e)\phi_E + F_e\left[\frac{1}{2}\psi(r_e^-)(\phi_E - \phi_P)\right]$$
$$- F_w\left[\frac{1}{2}\psi(r_w^-)(\phi_P - \phi_W)\right] \quad (5.82)$$

この式は次のように書くことができる．

$$a_P\phi_P = a_W\phi_W + a_E\phi_E + S_u^{DC} \quad (5.83a)$$

$$\text{ただし，} \quad a_W = D_w \quad (5.83b)$$

$$a_E = D_e - F_e \quad (5.83c)$$

$$a_P = a_W + a_E + (F_e - F_w) \quad (5.83d)$$

$$S_u^{DC} = F_e\left[\frac{1}{2}\psi(r_e^-)(\phi_E - \phi_P)\right] - F_w\left[\frac{1}{2}\psi(r_w^-)(\phi_P - \phi_W)\right] \quad (5.83e)$$

この場合もやはり，主な係数の式は UD スキームに対するものと同じである．x 方向

の流れが負である場合，F_w と F_e は負であることに注意すると，係数 a_W, a_E, a_P は常に正である．式 (5.78) と式 (5.83) を組み合わせると，正と負の流れの両方で用いることができる式を得る．したがって，**1 次元対流 – 拡散問題に対する TVD スキーム**を，次式で表すことができる．

$$\boxed{a_P\phi_P = a_W\phi_W + a_E\phi_E + S_u^{DC}} \tag{5.84}$$

中心の離散化係数は，

$$\boxed{a_P = a_W + a_E + (F_e - F_w)}$$

であり，隣接点の離散化係数と TVD スキームの遅延される修正の生成項は以下のようになる．

TVD 隣接点の離散化係数	
a_W	$D_w + \max(F_w, 0)$
a_E	$D_e + \max(-F_e, 0)$
TVD の遅延される修正の生成項	
S_u^{DC}	$\dfrac{1}{2}F_e[(1-\alpha_e)\psi(r_e^-) - \alpha_e\ \psi(r_e^+)](\phi_E - \phi_P)$
	$\quad + \dfrac{1}{2}F_w[\alpha_w\ \psi(r_w^+) - (1-\alpha_w)\psi(r_w^-)](\phi_P - \phi_W)$

ただし，

$$F_w > 0 \text{ の場合,} \quad \alpha_w = 1 \quad \text{および} \quad F_e > 0 \text{ の場合,} \quad \alpha_e = 1$$

$$F_w < 0 \text{ の場合,} \quad \alpha_w = 0 \quad \text{および} \quad F_e < 0 \text{ の場合,} \quad \alpha_e = 0$$

である．

▶ 境界での取扱い

流入もしくは流出境界において r の値を求めるために，上流もしくは下流の値を用意する必要がある．例題 5.4（5.9.1 項参照）で QUICK スキームに対して示したように，仮想格子点を外挿することでこれらを求めることができる．

境界値 $\phi = \phi_A$ を与える流入条件と単位面積あたりの対流質量流束，すなわち，$F = F_A$ を考えよう．TVD の離散化方程式は，次式で与えられる．

$$F_e\left[\phi_P + \frac{1}{2}\psi(r_e)(\phi_E - \phi_P)\right] - F_A\phi_A = D_e(\phi_E - \phi_P) - D_A^*(\phi_P - \phi_A)$$

$$(D_e + F_e + D_A^*)\phi_P = D_e\phi_E + (D_A^* + F_A)\phi_A - F_e\frac{1}{2}\psi(r_e)(\phi_E - \phi_P)$$

ただし，$D_A^* = \dfrac{\Gamma}{\delta x}$

問題は，遅延される修正項に対する

$$r_e = \left(\frac{\phi_P - \phi_W}{\phi_E - \phi_P}\right)$$

を求めることである．勾配の比には，存在しない格子点の値 $\phi = \phi_W$ がある．

Leonard の仮想格子点の外挿値は，

$$\phi_0 = 2\phi_A - \phi_P \quad \text{したがって，} \quad r_e = \left(\frac{\phi_P - \phi_0}{\phi_E - \phi_P}\right) = \frac{2(\phi_P - \phi_A)}{\phi_E - \phi_P}$$

と求められる．高次精度スキームに対する境界条件のさらなる説明は，Leonard (1988) を参照していただきたい．

▶ 2 次元と 3 次元への拡張

TVD の式を 2 次元に拡張するのは容易である．**2 次元直交座標系での TVD スキームを用いた離散化方程式**は，次式で与えられる．

$$\boxed{a_P \phi_P = a_W \phi_W + a_E \phi_E + a_S \phi_S + a_N \phi_N + S_u^{DC}} \tag{5.85}$$

中心の離散化係数は，

$$\boxed{a_P = a_W + a_E + a_S + a_N + (F_e - F_w) + (F_n - F_s)}$$

であり，隣接点の離散化係数と，TVD スキームの遅延される修正の生成項は以下のようになる．

TVD 隣接点の離散化係数	
a_W	$D_w + \max(F_w, 0)$
a_E	$D_e + \max(-F_e, 0)$
a_S	$D_s + \max(F_s, 0)$
a_N	$D_n + \max(-F_n, 0)$
TVD の遅延される修正の生成項	
S_u^{DC}	$\dfrac{1}{2} F_e [(1-\alpha_e)\psi(r_e^-) - \alpha_e \cdot \psi(r_e^+)](\phi_E - \phi_P)$
	$\quad + \dfrac{1}{2} F_w [\alpha_w \cdot \psi(r_w^+) - (1-\alpha_w)\psi(r_w^-)](\phi_P - \phi_W)$
	$\quad + \dfrac{1}{2} F_n [(1-\alpha_n)\psi(r_n^-) - \alpha_n \cdot \psi(r_n^+)](\phi_N - \phi_P)$
	$\quad + \dfrac{1}{2} F_s [\alpha_s \cdot \psi(r_s^+) - (1-\alpha_s)\psi(r_s^-)](\phi_P - \phi_S)$

ただし，

$$F_w > 0 \text{ の場合}, \quad \alpha_w = 1 \quad \text{および} \quad F_e > 0 \text{ の場合}, \quad \alpha_e = 1$$
$$F_w < 0 \text{ の場合}, \quad \alpha_w = 0 \quad \text{および} \quad F_e < 0 \text{ の場合}, \quad \alpha_e = 0$$
$$F_s > 0 \text{ の場合}, \quad \alpha_s = 1 \quad \text{および} \quad F_n > 0 \text{ の場合}, \quad \alpha_n = 1$$
$$F_s < 0 \text{ の場合}, \quad \alpha_s = 0 \quad \text{および} \quad F_n < 0 \text{ の場合}, \quad \alpha_n = 0$$

である．ここで，遅延される修正の生成項も，南側と北側を関連付ける項を含んでいることに注意すると，3次元への拡張は容易である．

■ 5.10.6 TVD スキームの評価

TVD スキームは，従来の離散化方程式の一般化であり，そのため，本質的に輸送性，保存性，有界性の必要条件すべてを満たしている．図 5.26 に，Van Leer と Van Albada の二つの TVD スキームと，UD スキームと Leonard の QUICK スキームとの比較を示す．検証問題は，5.6.1 項で考えた生成項のない 50×50 の計算格子に対して，$45°$ の流れとともに輸送される ϕ の純粋な対流である．この問題の厳密解は，$x \approx 0.7$ でのステップ関数である．TVD スキームによる解は，UD スキームと比較して偽拡散をほとんど示さず，QUICK スキームと同様に厳密解に近いことがわかる．さらに，非物理的なオーバーシュートおよびアンダーシュートをまったく示さない．二つの TVD スキームの解は互いに近い値をとり，これは文献中での広範囲に及ぶ比較でも示されている性質である．

Lien と Leschziner (1993) は，複雑な制限関数ほど CPU 時間が必要であることを示した．一般的なスキームと比較して，TVD スキームを用いた計算では，どんな TVD

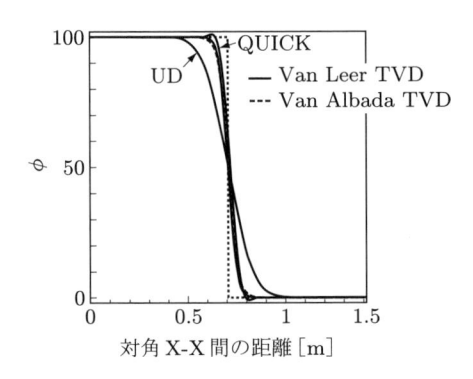

図 5.26 Van Leer と Van Albada の二つの TVD スキームと UD スキームと QUICK スキームとの比較

スキームでも生成項を算出する場合に追加される計算があるため，CPU 時間をより多く必要とする（5.10.5 項参照）．たとえば，UMIST スキームは，一般的な QUICK スキームより CPU 時間を 15% 多く必要とする（Lien と Leschziner, 1993）．しかし，TVD スキームによる解は，振動解にならないという利点がある．結局どの TVD スキームも決め手がなく，その選択は個人の好みによる．TVD スキームを非構造格子に適用した Darwish と Moukalled (2003) の研究も参照していただきたい（第 11 章参照）．

5.11 まとめ

流れ場が既知であると仮定して，対流–拡散方程式の離散化について考察した．対流–拡散方程式で対流の影響を考える場合，セル界面での輸送される変数 ϕ の値に対して適切な定式化が重要な問題である．

- 本章で述べたすべての有限体積法の離散化スキームでは，離散化係数が，単位体積あたりの対流質量流束 F と拡散コンダクタンス D の重みを付けた組合せである離散化方程式を用いて，対流と拡散が同時に起こる影響を記述した．
- 1 次元対流–拡散問題で，中心差分法，風上差分法，ハイブリッド法とべき乗法を用いた場合の，一般的な内部の格子点に対する離散化方程式は，次式で表される．

$$a_P \phi_P = a_W \phi_W + a_E \phi_E \tag{5.86}$$

中心の離散化係数は，次式で与えられる．

$$a_P = a_W + a_E + (F_e - F_w)$$

- これらの離散化スキームに対する隣接点の離散化係数は，次のとおりである．

スキーム	a_W	a_E
中心差分法	$D_w + F_w/2$	$D_e - F_e/2$
風上差分法	$D_w + \max(F_w, 0)$	$D_e + \max(0, -F_e)$
ハイブリッド法	$\max[F_w, (D_w + F_w/2), 0]$	$\max[-F_e, (D_e - F_e/2), 0]$
べき乗法	$D_w \max[0, (1 - 0.1|Pe_w|)^5]$ $+ \max(F_w, 0)$	$D_e \max[0, (1 - 0.1|Pe_w|)^5]$ $+ \max(-F_e, 0)$

- 境界条件は生成項として離散化方程式に組み込む．これらの取扱いはそれぞれの離散化スキームに特有である．
- 保存性，有界性，輸送性を備える離散化スキームにより，物理的に現実的な結果

と安定的な反復解法を得た.

- 中心差分法には輸送性が欠け，ペクレ数が大きい際に非現実的な解となるため，一般的な対流－拡散問題に対して不適切である.
- 風上差分法，ハイブリッド法とべき乗法にはすべて保存性，有界性，輸送性があり，安定性が高いものの，速度ベクトルがある座標方向に対して平行ではない場合，多次元流れで偽拡散を生じる.

- Leonard (1979) の標準の QUICK スキームを用いた離散化方程式は，一般的な内部の格子点に対して，次式の離散化方程式を用いる.

$$\boxed{a_P \phi_P = a_W \phi_W + a_E \phi_E + a_{WW} \phi_{WW} + a_{EE} \phi_{EE}} \tag{5.87}$$

ここで，その係数は，

$$\boxed{a_P = a_W + a_E + a_{WW} + a_{EE} + (F_e - F_w)}$$

であり，標準の QUICK スキームの隣接点の離散化係数は，次のとおりである.

	標準の QUICK
a_W	$D_w + \dfrac{6}{8}\alpha_w F_w + \dfrac{1}{8}\alpha_e F_e + \dfrac{3}{8}(1-\alpha_w)F_w$
a_{WW}	$-\dfrac{1}{8}\alpha_w F_w$
a_E	$D_e - \dfrac{3}{8}\alpha_e F_e - \dfrac{6}{8}(1-\alpha_e)F_e - \dfrac{1}{8}(1-\alpha_w)F_w$
a_{EE}	$\dfrac{1}{8}(1-\alpha_e)F_e$

ただし，

$F_w > 0$ の場合，$\alpha_w = 1$　および　$F_e > 0$ の場合，$\alpha_e = 1$

$F_w < 0$ の場合，$\alpha_w = 0$　および　$F_e < 0$ の場合，$\alpha_e = 0$

- QUICK スキームのような高次精度スキームは，偽拡散による誤差を最小限に抑えることができるものの，数値安定性が低くなる．これは，ϕ の勾配が大きい問題で，解が小さなオーバーシュートおよびアンダーシュートとして非物理的な挙動を示す．たとえば，極端な場合では，乱流の係数 k や ε が負となる場合がある．それでもなお，よく注意して用いれば，QUICK スキームでも対流－拡散問題に対して非常に精度の高い解を得ることができる．
- 一般的な内部の格子点に対する TVD スキームの離散化方程式を，次式のように

書くことができる．

$$a_P\phi_P = a_W\phi_W + a_E\phi_E + S_u^{DC} \tag{5.88}$$

ここで，係数は次式で与えられる．

$$a_P = a_W + a_E + (F_e - F_w)$$

隣接点の離散化係数と TVD スキームの遅延される修正の生成項は，次のようになる．

TVD 隣接点の離散化係数	
a_W	$D_w + \max(F_w, 0)$
a_E	$D_e + \max(-F_e, 0)$
TVD の遅延される修正の生成項	
S_u^{DC}	$\dfrac{1}{2}F_e[(1-\alpha_e)\psi(r_e^-) - \alpha_e \cdot \psi(r_e^+)](\phi_E - \phi_P)$
	$+ \dfrac{1}{2}F_w[\alpha_w \cdot \psi(r_w^+) - (1-\alpha_w)\psi(r_w^-)](\phi_P - \phi_W)$

ただし，

$$F_w > 0 \text{ の場合}, \quad \alpha_w = 1 \quad \text{および} \quad F_e > 0 \text{ の場合}, \quad \alpha_e = 1$$

$$F_w < 0 \text{ の場合}, \quad \alpha_w = 0 \quad \text{および} \quad F_e < 0 \text{ の場合}, \quad \alpha_e = 0$$

- 最もよく用いられる制限関数には，以下のものがある．

名称	制限関数 $\psi(r)$
Van Leer	$\dfrac{r+\|r\|}{1+r}$
Van Albada	$\dfrac{r+r^2}{1+r^2}$
Min-Mod	$\psi(r) = \begin{cases} \min(r,1) & r > 0 \text{ の場合} \\ 0 & r \leq 0 \text{ の場合} \end{cases}$
Roe の SUPERBEE	$\max[0, \min(2r,1), \min(r,2)]$
Sweby	$\max[0, \min(\beta r, 1), \min(r, \beta)]$
QUICK	$\max[0, \min(2r, (3+r)/4, 2)]$
UMIST	$\max[0, \min(2r, (1+3r)/4, (3+r)/4, 2)]$

- 制限関数の性能はどれもかなり似ていることがわかった．すなわち，上記の制限関数に基づいた TVD スキームによる離散化では，どれも非物理的な振動のない二次精度の解となり，汎用的な数値流体力学の計算に適している．

第6章

定常流れにおける圧力場と速度場

6.1 はじめに

　スカラー変数 ϕ の対流は，局所の流れ場の強さと方向に依存する．前章では，計算方法を発展させるため，流れ場は"どうにかして"既知であると仮定した．しかし，一般に流れ場は未知であり，流れに関するほかの変数すべてとともに，全体の計算の進行の一部として明らかになる．本章では，流れ場全体を計算するための最も有名な方法に注目する．

　一般化した輸送方程式 (2.39) の変数 ϕ を u, v, w に置き換えることで，それぞれの速度成分の輸送方程式，つまり，運動量保存式を導くことができる．それぞれの速度成分は，すべての運動量保存式に現れ，速度場は連続の式も満たさなければならない．これは，2 次元層流の定常流れの基礎式を考えることではっきりとする．

　x 方向運動量保存式

$$\frac{\partial}{\partial x}(\rho uu) + \frac{\partial}{\partial y}(\rho vu) = \frac{\partial}{\partial x}\left(\mu \frac{\partial u}{\partial x}\right) + \frac{\partial}{\partial y}\left(\mu \frac{\partial u}{\partial y}\right) - \frac{\partial p}{\partial x} + S_u \tag{6.1}$$

　y 方向運動量保存式

$$\frac{\partial}{\partial x}(\rho uv) + \frac{\partial}{\partial y}(\rho vv) = \frac{\partial}{\partial x}\left(\mu \frac{\partial v}{\partial x}\right) + \frac{\partial}{\partial y}\left(\mu \frac{\partial v}{\partial y}\right) - \frac{\partial p}{\partial y} + S_v \tag{6.2}$$

　連続の式

$$\frac{\partial}{\partial x}(\rho u) + \frac{\partial}{\partial y}(\rho v) = 0 \tag{6.3}$$

これからの説明をしやすくするため，工業上重要となる流れ場のほとんどで主な運動量の生成項をなす，圧力勾配項を分けて記述する．

　式 (6.1)〜(6.3) を解くうえで，新たな問題が二つ生じる．

- 運動量保存式の対流項には，非線形の変数が含まれる．たとえば，式 (6.1) の第 1 項は ρu^2 の x に関する微分である．
- それぞれの速度成分は，すべての運動量保存式および連続の式に現れるため，こ

れら三つの式はすべて複雑に結び付いている．圧力の役割は，問題を解決するうえで最も複雑である．圧力は，両方の運動量保存式に現れるが，明らかに圧力に対する（輸送やほかの）式がない．

圧力勾配が既知であれば，運動量保存式から速度の離散化方程式を求める方法は，ほかのスカラー変数の離散化方程式を求める方法とまったく同じであり，第 5 章で説明した方法を用いることができる．一般の流れの計算では，圧力場も解の一部として計算したいと考えるし，そのため，圧力勾配は通常未知である．流れが圧縮性であれば，連続の式を密度の輸送方程式として用い，式 (6.1)〜(6.3) に加えて，エネルギー保存式は温度を求めるための輸送方程式となる．そして，状態方程式 $p = p(\rho, T)$ を用いて密度と温度から圧力を求める．しかし，流れが非圧縮性であれば密度は一定であるため，圧力とは独立して定義される．この場合，圧力場と速度の結び付きは流れ場の解を制限する．正しい圧力場を運動量保存式中に適用すれば，得られる速度場は連続の式を満たす．

Patankar と Spalding (1972) の SIMPLE アルゴリズムなどの反復計算手法を適用することで，式中における非線形性と圧力場と速度場の結び付きに関する両問題を解決することができる．このアルゴリズムでは，いわゆる推測した速度成分から，セル界面を通過する単位質量あたりの対流流束 F を計算する．さらに，運動量保存式を解くために推測した圧力場を用い，次に，速度場および圧力場を更新するのに用いる圧力の補正値を求めるために，連続の式から導出する圧力の補正式を解く．反復計算を始めるため，推測した速度場および圧力場の初期値を用いる．アルゴリズムが進行するにつれ，これらの推測した場は次第に改善されなければならない．速度場および圧力場が収束するまで，この過程を繰り返す．本章では，この SIMPLE アルゴリズムの主な特徴と最近の改良法について説明する．

6.2 スタッガード格子

当然のことながら，運動量保存式を解くためには，第 5 章において述べた一般化した変数の輸送方程式の計算手順を用いる．しかし，特別な取扱いが必要な運動量保存式の圧力に関する生成項の問題があるため，ことは単純ではない．

有限体積法では，流れ場の領域と式 (6.1)〜(6.3) に関連した輸送方程式の離散化から始める．はじめに，速度をどこに保存するか決定する必要がある．圧力や温度などのスカラー変数と同じ場所に定義することは理にかなっているように思われる．しかし，もし，速度と圧力を両方ともコントロールボリューム格子点に定義すると，離散化

した運動量保存式中に極めて不規則な圧力場が出現することがある．図 6.1 に示す単純な 2 次元問題で，これを説明することができる．ここでは，簡単のため等間隔格子を用いる．図 6.1 に示す値をもつ非常に不規則な "チェッカーボード（checker-board）" 圧力場を得たと仮定しよう．

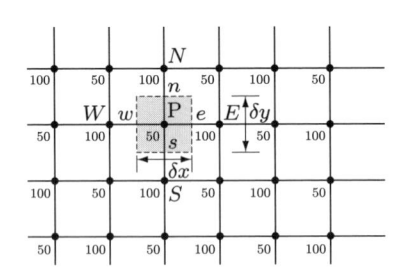

図 6.1 "チェッカーボード" 圧力場

e と w における圧力を線形補間により求めるとすると，u 運動量保存式における圧力勾配項 $\partial p/\partial x$ は，次式のようになる．

$$\frac{\partial p}{\partial x} = \frac{p_e - p_w}{\delta x} = \frac{\left(\frac{p_E + p_P}{2}\right) - \left(\frac{p_P + p_W}{2}\right)}{\delta x} \tag{6.4}$$

$$= \frac{p_E - p_W}{2\delta x}$$

同様にして，v 運動量保存式における圧力勾配項 $\partial p/\partial y$ は，次式で与えられる．

$$\frac{\partial p}{\partial y} = \frac{p_N - p_S}{2\delta y} \tag{6.5}$$

中心の格子点 P における圧力は，式 (6.4)，(6.5) には現れない．図 6.1 に示す "チェッカーボード" 圧力場から得る仮定した圧力を式 (6.4)，(6.5) に代入すると，たとえ圧力がどちらの方向において空間的に振動を示したとしても，中心の格子点において離散化した勾配はすべてゼロである．その結果，この圧力場は一様な圧力場として，離散化方程式中において同じ（ゼロ）運動量生成となる．この挙動は明らかに物理的ではない．

速度をスカラーの格子点に定義すると，圧力の影響が離散化した運動量保存式において適切に現れないことは明らかである．速度成分に対して**スタッガード格子（staggered grid）**を用いることで，この問題を改善することができる（Harlow と Welsh，1965）．この考えでは，圧力，密度，温度などのスカラー変数を通常の格子点で計算し，速度成分をセル界面の中心のスタッガード格子で計算する．図 6.2 に，2 次元の流れの計算に対するこの配置を示す．

6.2 スタッガード格子

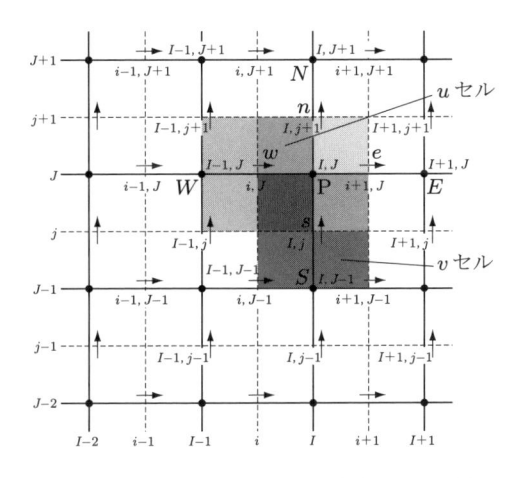

図 6.2 スタッガード格子での速度成分の配置

　圧力を含むスカラー変数を，(●) で示す格子点に保存する．速度成分を格子点間の (スカラー) セル界面に定義し，矢印で示す．水平な矢印 (→) は u 速度成分の位置を，垂直な矢印 (↑) は v 速度成分の位置を示す．図 6.2 では，E, W, N, S の表記に加え，格子線およびセル界面の番号にも新たな記号を導入する．これからこの記号を説明し，本章で後に使用する．

　さしあたり E, W, N, S の記号を使い続ける．u 速度成分をスカラーセル界面 e と w に，v 速度成分をスカラーセル界面 n と s に保存する．3 次元の流れでは，w 速度成分をスカラーセル界面 t と b で評価する．u と v に対するコントロールボリュームは，お互いに異なり，また，スカラーコントロールボリュームとも異なる．後述するように，離散化した連続の式はスカラーのコントロールボリュームにおいて導出する圧力の補正式となるため，スカラーコントロールボリュームは圧力のコントロールボリュームとして参照されることがある．

　スタッガード格子では，圧力の格子点は u コントロールボリュームのセル界面と一致する．圧力勾配項 $\partial p/\partial x$ は，次式で与えられる．

$$\frac{\partial p}{\partial x} = \frac{p_P - p_W}{\delta x_u} \tag{6.6}$$

ここで，δx_u は u コントロールボリュームの幅である．同様に，v コントロールボリュームに対する $\partial p/\partial y$ は，次式のとおりである．

$$\frac{\partial p}{\partial y} = \frac{p_P - p_S}{\delta y_v} \tag{6.7}$$

ここで，δy_v は v コントロールボリュームの幅である．

"チェッカーボード" 圧力場について再び考えると，適当な格子点の圧力を式 (6.6), (6.7) に代入することで，ゼロではない非常に重要な圧力勾配項が得られる．速度をスタッガード格子上に定義することで，離散化した運動量保存式は，圧力が "チェッカーボード" のような空間的に振動する非現実的な挙動をまぬがれることができる．スタッガード格子を用いるさらなる利点は，スカラー輸送方程式，対流 – 拡散の計算に必要な速度が，まさにその場所にあることである．そのため，セル界面において速度を算出する際に補間する必要がない．

6.3 運動量保存式

これまで述べたように，圧力場が既知であれば，運動量保存式の離散化とその後の計算手順は，スカラーの保存式の離散化と同じである．速度の計算格子をずらして配置しているため，格子線とセル界面に基づく新たな記号を用いる．図 6.2 において，直線に大文字の番号をつける．x 方向では番号を $\cdots, I-1, I, I+1, \cdots$ とし，y 方向では $\cdots, J-1, J, J+1, \cdots$ とする．スカラーセル界面を構成する破線を小文字で記述し，x 方向と y 方向においてそれぞれ $\cdots, i-1, i, i+1, \cdots$ と $\cdots, j-1, j, j+1, \cdots$ とする．

この下付き文字の番号を用いることで，正確に格子線とセル界面の位置を定義することができる．大文字二つを用いて格子線の交点に位置するスカラー点を表す．たとえば，図 6.2 において，点 P を (I, J) と表す．また，スカラーコントロールボリュームの e と w 界面に u 速度成分を保存する．これらはセル界面と格子線の交点に位置するため，小文字と大文字の組合せにより定義する．たとえば，点 P 周りのセル w 界面を (i, J) とする．同じ理由から，v 速度成分の保存位置は，大文字と小文字の組合せとなり，s 界面は (I, j) と表される．

前進あるいは後退スタッガード格子を用いることもできる．図 6.2 に示す等間隔格子では，u 速度 $u_{i,J}$ に対する i の位置がスカラー点 (I, J) から $-\delta x_u/2$ の距離にあるため，後退スタッガード格子である．v 速度 $v_{I,j}$ に対する j の位置は同様に，点 (I, J) から $-\delta y_v/2$ の距離のところである．

新しい座標系で表すと，位置 (i, J) における速度に対する離散化した u 運動量保存式は，

$$a_{i,J} u_{i,J} = \sum a_{nb} u_{nb} - \frac{p_{I,J} - p_{I-1,J}}{\delta x_u} \Delta V_u + \overline{S} \Delta V_u$$

あるいは，

$$a_{i,J}u_{i,J} = \sum a_{nb}u_{nb} + (p_{I-1,J} - p_{I,J})A_{i,J} + b_{i,J} \tag{6.8}$$

で与えられる．ここで，ΔV_u は u セルの体積，$b_{i,J} = \overline{S}\,\Delta V_u$ は運動量の生成項，$A_{i,J}$ は u コントロールボリュームの（e あるいは w の）セル界面の面積である．式 (6.8) における圧力勾配の生成項を，u コントロールボリュームの境界における圧力点間の線形補間により離散化する．

新しい記号では，総和 $\sum a_{nb}u_{nb}$ に含まれる $E,\ W,\ N,\ S$ は，それぞれ $(i-1, J)$, $(i+1, J)$, $(i, J-1)$, $(i, J+1)$ である．これらの位置と一般的な速度を，図 6.3 に詳細に示す．対流－拡散問題に適した方法であれば，どんな差分法（風上，ハイブリッド，QUICK，TVD）を用いても，係数 $a_{i,J}$ と a_{nb} の値を計算することができる．係数には，u コントロールボリュームのセル界面における単位質量あたりの対流流束 F と，拡散コンダクタンス D が組み合わされている．新しい記号を用いることで，u コントロールボリュームの界面 $e,\ w,\ n,\ s$ それぞれにおいて $F,\ D$ の値を求める．

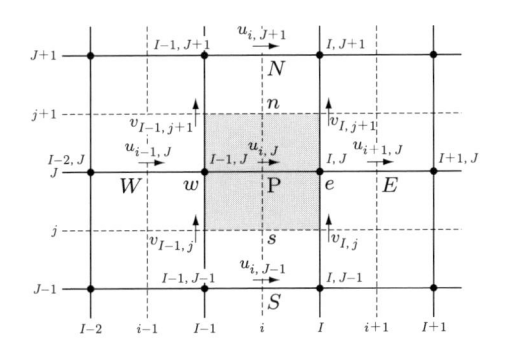

図 6.3 u コントロールボリュームと周囲の速度成分

$$F_w = (\rho u)_w = \frac{F_{i,J} + F_{i-1,J}}{2}$$
$$= \frac{1}{2}\left[\left(\frac{\rho_{I,J} + \rho_{I-1,J}}{2}\right)u_{i,J} + \left(\frac{\rho_{I-1,J} + \rho_{I-2,J}}{2}\right)u_{i-1,J}\right] \tag{6.9a}$$

$$F_e = (\rho u)_e = \frac{F_{i+1,J} + F_{i,J}}{2}$$
$$= \frac{1}{2}\left[\left(\frac{\rho_{I+1,J} + \rho_{I,J}}{2}\right)u_{i+1,J} + \left(\frac{\rho_{I,J} + \rho_{I-1,J}}{2}\right)u_{i,J}\right] \tag{6.9b}$$

$$F_s = (\rho v)_s = \frac{F_{I,j} + F_{I-1,j}}{2}$$
$$= \frac{1}{2}\left[\left(\frac{\rho_{I,J} + \rho_{I,J-1}}{2}\right)v_{I,j} + \left(\frac{\rho_{I-1,J} + \rho_{I-1,J-1}}{2}\right)v_{I-1,j}\right] \tag{6.9c}$$

$$F_n = (\rho v)_n = \frac{F_{I,j+1} + F_{I-1,j+1}}{2}$$

$$= \frac{1}{2}\left[\left(\frac{\rho_{I,J+1} + \rho_{I,J}}{2}\right)v_{I,j+1} + \left(\frac{\rho_{I-1,J+1} + \rho_{I-1,J}}{2}\right)v_{I-1,j+1}\right] \quad (6.9d)$$

$$D_w = \frac{\Gamma_{I-1,J}}{x_i - x_{i-1}} \quad (6.9e)$$

$$D_e = \frac{\Gamma_{I,J}}{x_{i+1} - x_i} \quad (6.9f)$$

$$D_s = \frac{\Gamma_{I-1,J} + \Gamma_{I,J} + \Gamma_{I-1,J-1} + \Gamma_{I,J-1}}{4(y_J - y_{J-1})} \quad (6.9g)$$

$$D_n = \frac{\Gamma_{I-1,J+1} + \Gamma_{I,J+1} + \Gamma_{I-1,J} + \Gamma_{I,J}}{4(y_{J+1} - y_J)} \quad (6.9h)$$

式 (6.9) は，u コントロールボリュームのセル界面において，スカラー変数あるいは速度成分がない場所では，隣接した 2 個あるいは 4 個の値の平均値を用いることを示している．反復計算において，これらを評価するために用いる u, v 速度成分は，反復計算で前に求めた値（1 回目の計算では推測値）である．これら**既知**の u, v の値は，式 (6.8) における係数 a に寄与することに注意しなければならない．これらは，式中の**未知**のスカラーである $u_{i,J}$ および u_{nb} と区別される．

同様に，v 運動量保存式は，次式のようになる．

$$a_{I,j}v_{I,j} = \sum a_{nb}v_{nb} + (p_{I,J-1} - p_{I,J})A_{I,j} + b_{I,j} \quad (6.10)$$

総和 $\sum a_{nb}v_{nb}$ に含まれる隣接点および速度は，図 6.4 に示すとおりである．

やはり，係数 $a_{I,j}$ と a_{nb} には，v コントロールボリュームのセル界面における単位質量あたりの流束 F と拡散コンダクタンス D が組み合わされている．u コントロールボリュームに適用した同じ平均化により，これらの値を求める．

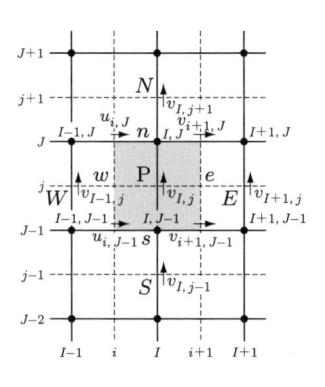

図 **6.4** v コントロールボリュームと周囲の速度成分

$$F_w = (\rho u)_w = \frac{F_{i,J} + F_{i,J-1}}{2}$$
$$= \frac{1}{2}\left[\left(\frac{\rho_{I,J} + \rho_{I-1,J}}{2}\right)u_{i,J} + \left(\frac{\rho_{I-1,J-1} + \rho_{I,J-1}}{2}\right)u_{i,J-1}\right] \quad (6.11a)$$

$$F_e = (\rho u)_e = \frac{F_{i+1,J} + F_{i+1,J-1}}{2}$$
$$= \frac{1}{2}\left[\left(\frac{\rho_{I+1,J} + \rho_{I,J}}{2}\right)u_{i+1,J} + \left(\frac{\rho_{I,J-1} + \rho_{I+1,J-1}}{2}\right)u_{i+1,J-1}\right] \quad (6.11b)$$

$$F_s = (\rho v)_s = \frac{F_{I,j-1} + F_{I,j}}{2}$$
$$= \frac{1}{2}\left[\left(\frac{\rho_{I,J-1} + \rho_{I,J-2}}{2}\right)v_{I,j-1} + \left(\frac{\rho_{I,J} + \rho_{I,J-1}}{2}\right)v_{I,j}\right] \quad (6.11c)$$

$$F_n = (\rho v)_n = \frac{F_{I,j} + F_{I,j+1}}{2}$$
$$= \frac{1}{2}\left[\left(\frac{\rho_{I,J} + \rho_{I,J-1}}{2}\right)v_{I,j} + \left(\frac{\rho_{I,J+1} + \rho_{I,J}}{2}\right)v_{I,j+1}\right] \quad (6.11d)$$

$$D_w = \frac{\Gamma_{I-1,J-1} + \Gamma_{I,J-1} + \Gamma_{I-1,J} + \Gamma_{I,J}}{4(x_I - x_{I-1})} \quad (6.11e)$$

$$D_e = \frac{\Gamma_{I,J-1} + \Gamma_{I+1,J-1} + \Gamma_{I,J} + \Gamma_{I+1,J}}{4(x_{I+1} - x_I)} \quad (6.11f)$$

$$D_s = \frac{\Gamma_{I,J-1}}{y_j - y_{j-1}} \quad (6.11g)$$

$$D_n = \frac{\Gamma_{I,J}}{y_{j+1} - y_j} \quad (6.11h)$$

やはり，反復計算で前に求めた速度成分を用いて F の値を計算する．

圧力場 p を与えると，速度場を求めるために，u と v コントロールボリュームに対して式 (6.8)，(6.10) で示す離散化した運動量保存式を記述し，解くことができる．圧力場が正しければ，その結果得られる速度場は連続の式を満たすだろう．圧力場が未知であるため，圧力を計算する方法が必要になる．

6.4 SIMPLE アルゴリズム

SIMPLE は semi-implicit method for pressure-linked equations の頭文字である．このアルゴリズムは Patankar と Spalding (1972) により提案され，基本的には，先に導入したスタッガード格子において圧力の計算を行うための推測と補正の手順である．直交座標系において 2 次元層流の定常流れの式を考えることで，この方法を説明する．

SIMPLE の計算手順を始めるために圧力場 p^* を予測する．次式に示す速度成分 u^*

と v^* を求めるために推測した圧力場を用い,**離散化した運動量保存式** (6.8) と式 (6.10) を次のように解く.

$$a_{i,J} u^*_{i,J} = \sum a_{nb} u^*_{nb} + (p^*_{I-1,J} - p^*_{I,J})A_{i,J} + b_{i,J} \qquad (6.12)$$

$$a_{I,j} v^*_{I,j} = \sum a_{nb} v^*_{nb} + (p^*_{I,J-1} - p^*_{I,J})A_{I,j} + b_{I,j} \qquad (6.13)$$

ここで,真の圧力場 p と推測した圧力場 p^* の差として補正値 p' を定義する.

$$p = p^* + p' \qquad (6.14)$$

同様にして,真の速度 u, v と推測した速度 u^*, v^* とを結び付けるための速度の補正値 u', v' を定義する.

$$u = u^* + u' \qquad (6.15)$$

$$v = v^* + v' \qquad (6.16)$$

真の圧力場を運動量保存式に代入することにより,真の速度 (u,v) を求める.離散化方程式 (6.8),(6.10) は,真の速度場を真の圧力場と結び付ける.

式 (6.8) と式 (6.10),および式 (6.12) と式 (6.13) の差をそれぞれとると,次式のようになる.

$$a_{i,J}(u_{i,J} - u^*_{i,J})$$
$$= \sum a_{nb}(u_{nb} - u^*_{nb}) + [(p_{I-1,J} - p^*_{I-1,J}) - (p_{I,J} - p^*_{I,J})]A_{i,J} \quad (6.17)$$
$$a_{I,j}(v_{I,j} - v^*_{I,j})$$
$$= \sum a_{nb}(v_{nb} - v^*_{nb}) + [(p_{I,J-1} - p^*_{I,J-1}) - (p_{I,J} - p^*_{I,J})]A_{I,j} \quad (6.18)$$

補正式 (6.14)〜(6.16) を用い,式 (6.17), (6.18) を次式のように書き換えることができる.

$$a_{i,J} u'_{i,J} = \sum a_{nb} u'_{nb} + (p'_{I-1,J} - p'_{I,J})A_{i,J} \qquad (6.19)$$

$$a_{I,j} v'_{I,j} = \sum a_{nb} v'_{nb} + (p'_{I,J-1} - p'_{I,J})A_{I,j} \qquad (6.20)$$

ここで,近似を一つ導入する.速度の補正値に対する式 (6.19), (6.20) を簡略化するため,$\sum a_{nb} u'_{nb}$, $\sum a_{nb} v'_{nb}$ を省略する.これらの項を省略することが SIMPLE アルゴリズムの重要な近似である.以上より,次式が得られる.

$$u'_{i,J} = d_{i,J}(p'_{I-1,J} - p'_{I,J}) \qquad (6.21)$$

$$v'_{I,j} = d_{I,j}(p'_{I,J-1} - p'_{I,J}) \tag{6.22}$$

$$\text{ただし,} \quad d_{i,J} = \frac{A_{i,J}}{a_{i,J}} \quad \text{および} \quad d_{I,j} = \frac{A_{I,j}}{a_{I,j}} \tag{6.23}$$

式 (6.21), (6.22) は,式 (6.15), (6.16) により速度に適用される補正を意味し,これらは,次式のように書くことができる.

$$\boxed{u_{i,J} = u^*_{i,J} + d_{i,J}(p'_{I-1,J} - p'_{I,J})} \tag{6.24}$$

$$\boxed{v_{I,j} = v^*_{I,j} + d_{I,j}(p'_{I,J-1} - p'_{I,J})} \tag{6.25}$$

$u_{i+1,J}$, $v_{I,j+1}$ に対しても同様にすると,次式のようになる.

$$u_{i+1,J} = u^*_{i+1,J} + d_{i+1,J}(p'_{I,J} - p'_{I+1,J}) \tag{6.26}$$

$$v_{I,j+1} = v^*_{I,j+1} + d_{I,j+1}(p'_{I,J} - p'_{I,J+1}) \tag{6.27}$$

$$\text{ただし,} \quad d_{i+1,J} = \frac{A_{i+1,J}}{a_{i+1,J}} \quad \text{および} \quad d_{I,j+1} = \frac{A_{I,j+1}}{a_{I,j+1}} \tag{6.28}$$

これまでは運動量保存式のみ考慮してきたが,これまでにも取りあげたように,速度場は連続の式 (6.3) も満たさなければならない.連続性は,図 6.5 に示すスカラーコントロールボリュームに対する離散化の形で満たされる.

$$\left[(\rho uA)_{i+1,J} - (\rho uA)_{i,J}\right] - \left[(\rho vA)_{I,j+1} - (\rho vA)_{I,j}\right] = 0 \tag{6.29}$$

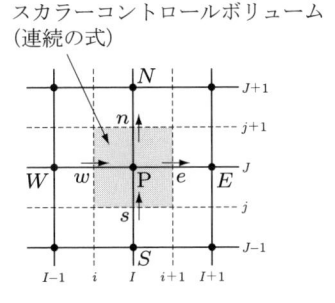

図 **6.5** 連続の式の離散化に用いるスカラーコントロールボリューム

式 (6.24)〜(6.27) で示す補正した速度を離散化した連続の式 (6.29) に代入すると,次式が得られる.

$$\begin{aligned} &\left[\rho_{i+1,J} A_{i+1,J}(u^*_{i+1,J} + d_{i+1,J}(p'_{I,J} - p'_{I+1,J}))\right.\\ &\left. - \rho_{i,J} A_{i,J}(u^*_{i,J} + d_{i,J}(p'_{I-1,J} - p'_{I,J}))\right] \end{aligned}$$

$$+ \left[\rho_{I,j+1}A_{I,j+1}(v^*_{I,j+1} + d_{I,j+1}(p'_{I,J} - p'_{I,J+1}))\right.$$
$$\left. - \rho_{I,j}A_{I,j}(v^*_{I,j} + d_{I,j}(p'_{I,J-1} - p'_{I,J}))\right] = 0 \qquad (6.30)$$

これは次式のように書き換えることができる.

$$\left[(\rho dA)_{i+1,J} + (\rho dA)_{i,J} + (\rho dA)_{I,j+1} + (\rho dA)_{I,j}\right]p'_{I,J}$$
$$= (\rho dA)_{i+1,J}p'_{I+1,J} + (\rho dA)_{i,J}p'_{I-1,J} + (\rho dA)_{I,j+1}p'_{I,J+1} + (\rho dA)_{I,j}p'_{I,J-1}$$
$$+ \left[(\rho u^*A)_{i,J} - (\rho u^*A)_{i+1,J} + (\rho v^*A)_{I,j} - (\rho v^*A)_{I,j+1}\right] \qquad (6.31)$$

p' に対する係数を次式のように記述する.

$$\boxed{a_{I,J}p'_{I,J} = a_{I+1,J}p'_{I+1,J} + a_{I-1,J}p'_{I-1,J} + a_{I,J+1}p'_{I,J+1} + a_{I,J-1}p'_{I,J-1} + b'_{I,J}} \qquad (6.32)$$

ただし,$a_{I,J} = a_{I+1,J} + a_{I-1,J} + a_{I,J+1} + a_{I,J-1}$ であり,それぞれの係数は以下のとおりである.

$a_{I+1,J}$	$a_{I-1,J}$	$a_{I,J+1}$	$a_{I,J-1}$	$b'_{I,J}$
$(\rho dA)_{i+1,J}$	$(\rho dA)_{i,J}$	$(\rho dA)_{I,j+1}$	$(\rho dA)_{I,j}$	$(\rho u^*A)_{i,J} - (\rho u^*A)_{i+1,J}$ $+ (\rho v^*A)_{I,j} - (\rho v^*A)_{I,j+1}$

式 (6.32) は,**圧力の補正値 p' に対する式**として離散化した連続の式を意味する. 式中の生成項 b' は,正しくない速度場 u^* と v^* から生じる不連続性である. 式 (6.32) を解くことで,格子点すべてにおける圧力の補正値 p' を求めることができる. 圧力の補正値が既知となれば,式 (6.14) から真の圧力場を,補正式 (6.24)〜(6.27) から速度成分を求めることができる. 圧力と速度の補正値は収束した時点でゼロであり,$p^* = p$,$u^* = u$,$v^* = v$ となるため,導出する際に $\sum a_{nb}u'_{nb}$ のような項を省略しても,最終的な解に影響を及ぼさない.

圧力の補正式は,反復計算中に**不足緩和(under-relaxation)**を用いなければ発散を起こしやすく,新しい,改善された圧力 p^{new} を次式から求める.

$$p^{\text{new}} = p^* + \alpha_p p' \qquad (6.33)$$

ここで,α_p は圧力の緩和係数である. α_p を 1 とすれば,推測した圧力場 p^* は p' により補正される. しかし,推測された圧力場 p^* が最終的な解からかけ離れている場合,圧力の補正値 p' は安定な計算を行うには大きすぎることがある. α_p を 0 にすると,補正は一切行われず,これもまた望ましくない. α_p に 0 から 1 の間の値を用いることで,推測した圧力場 p^* に繰り返し補正するうえでは十分に大きく,しかも安定な

計算を保証するうえでは十分に小さい圧力の補正値 p' の一部を加えることができる.

速度にもまた不足緩和を用いる.反復計算により改善する速度成分 u^{new} と v^{new} を,次式から求める.

$$u^{\text{new}} = \alpha_u u + (1-\alpha_u) u^{(n-1)} \tag{6.34}$$

$$v^{\text{new}} = \alpha_v v + (1-\alpha_v) v^{(n-1)} \tag{6.35}$$

ここで,u と v は不足緩和を含まない補正した速度成分であり,α_u と α_v はそれらの不足緩和係数,$u^{(n-1)}$ と $v^{(n-1)}$ は前回の反復計算で求めた値である.整理すると,不足緩和を含む離散化した u 運動量保存式は,

$$\frac{a_{i,J}}{\alpha_u} u_{i,J} = \sum a_{nb} u_{nb} + (p_{I-1,J} - p_{I,J}) A_{i,J} + b_{i,J} + \left[(1-\alpha_u) \frac{a_{i,J}}{\alpha_u}\right] u_{i,J}^{(n-1)} \tag{6.36}$$

また,離散化した v 運動量保存式は,

$$\frac{a_{I,j}}{\alpha_v} v_{I,j} = \sum a_{nb} v_{nb} + (p_{I,J-1} - p_{I,J}) A_{I,j} + b_{I,j} + \left[(1-\alpha_v) \frac{a_{I,j}}{\alpha_v}\right] v_{I,j}^{(n-1)} \tag{6.37}$$

で与えられる.圧力の補正式は速度の緩和の影響も受け,圧力の補正式の d の項が次式のようになることを示すことができる.

$$d_{i,J} = \frac{A_{i,J} \alpha_u}{a_{i,J}} \quad d_{i+1,J} = \frac{A_{i+1,J} \alpha_u}{a_{i+1,J}} \quad d_{I,j} = \frac{A_{I,j} \alpha_v}{a_{I,j}} \quad d_{I,j+1} = \frac{A_{I,j+1} \alpha_v}{a_{I,j+1}}$$

これらの式中の $a_{i,J}$,$a_{i+1,J}$,$a_{I,j+1}$,$a_{I,j+1}$ は,点 P を中心とするスカラーセルの位置 (i,J),$(i+1,J)$,(I,j),$(I,j+1)$ における離散化した運動量保存式の係数であることに注意しなければならない.

不足緩和係数 α を適切に選択することは,計算時間に対して重要である.α の値が大きすぎると振動だけでなく発散さえも引き起こし,小さすぎると収束が極端に遅くなる.残念ながら,不足緩和係数の最適値は流れ場に依存し,試行錯誤により求めなければならない.不足緩和については,第 7 章と第 8 章でさらに考察する.

6.5 SIMPLE のまとめ

SIMPLE アルゴリズムは,圧力場と速度場を計算する方法である.この方法は反復計算であり,ほかのスカラーが運動量保存式に結び付く場合,計算を連続して行う必要がある.SIMPLE アルゴリズムを採用した数値流体力学の計算手順を図 6.6 に示す.

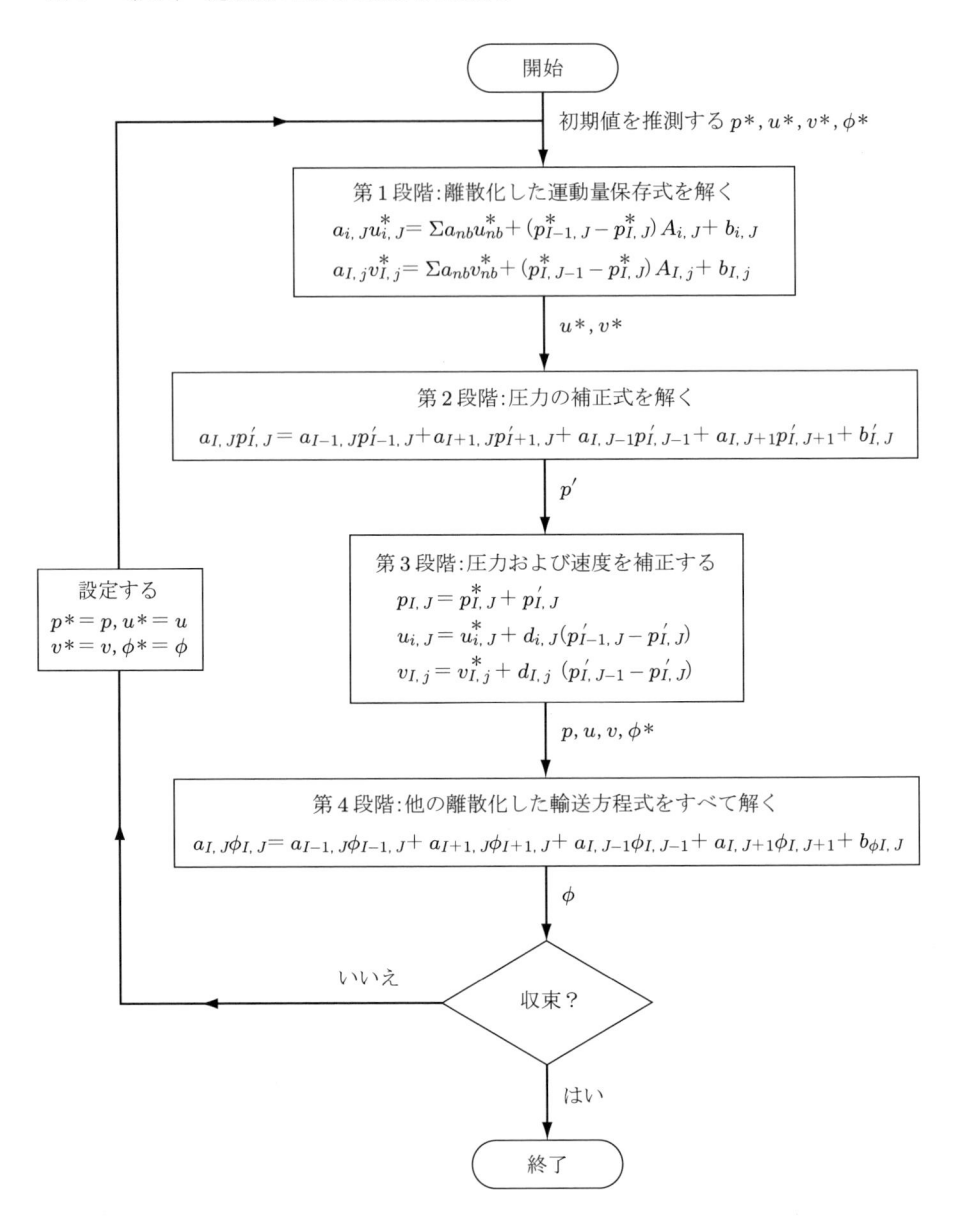

```
                         ┌──────┐
                         │ 開始 │
                         └──────┘
                             │
                 初期値を推測する $p^*, u^*, v^*, \phi^*$
                             │
          ┌──────────────────▼──────────────────┐
          │   第1段階:離散化した運動量保存式を解く   │
          │ $a_{i,J}u^*_{i,J} = \Sigma a_{nb}u^*_{nb} + (p^*_{I-1,J} - p^*_{I,J})A_{i,J} + b_{i,J}$ │
          │ $a_{I,j}v^*_{I,j} = \Sigma a_{nb}v^*_{nb} + (p^*_{I,J-1} - p^*_{I,J})A_{I,j} + b_{I,j}$ │
          └──────────────────┬──────────────────┘
                          $u^*, v^*$
          ┌──────────────────▼──────────────────┐
          │        第2段階:圧力の補正式を解く        │
          │ $a_{I,J}p'_{I,J} = a_{I-1,J}p'_{I-1,J} + a_{I+1,J}p'_{I+1,J} + a_{I,J-1}p'_{I,J-1} + a_{I,J+1}p'_{I,J+1} + b'_{I,J}$ │
          └──────────────────┬──────────────────┘
                            $p'$
          ┌──────────────────▼──────────────────┐
          │    第3段階:圧力および速度を補正する     │
          │         $p_{I,J} = p^*_{I,J} + p'_{I,J}$          │
          │   $u_{i,J} = u^*_{i,J} + d_{i,J}(p'_{I-1,J} - p'_{I,J})$   │
          │   $v_{I,j} = v^*_{I,j} + d_{I,j}(p'_{I,J-1} - p'_{I,J})$   │
          └──────────────────┬──────────────────┘
                       $p, u, v, \phi^*$
     ┌─────────┐  ┌──────────▼──────────────────┐
     │ 設定する │  │ 第4段階:他の離散化した輸送方程式をすべて解く │
     │$p^*=p, u^*=u$│  │ $a_{I,J}\phi_{I,J} = a_{I-1,J}\phi_{I-1,J} + a_{I+1,J}\phi_{I+1,J} + a_{I,J-1}\phi_{I,J-1} + a_{I,J+1}\phi_{I,J+1} + b_{\phi I,J}$ │
     │$v^*=v, \phi^*=\phi$│  └──────────────────┬──────────────────┘
     └─────────┘                        $\phi$
          ▲                              │
          │いいえ                    ◇収束?◇
          └──────────────────────────┘
                                     │はい
                                  ┌──────┐
                                  │ 終了 │
                                  └──────┘
```

図 6.6 SIMPLE アルゴリズム

6.6 SIMPLER アルゴリズム

Patankar (1980) の SIMPLER（SIMPLE revised）アルゴリズムは，SIMPLE を改良したものである．このアルゴリズムでは，SIMPLE の圧力の補正式の代わりに，

離散化した圧力方程式を導出するために，離散化した連続の式 (6.29) を用いる．そのため，補正を用いることなく直接圧力場が得られる．しかし，速度は SIMPLE の速度の補正式 (6.24)〜(6.27) から求めなければならない．

離散化した運動量保存式 (6.12)〜(6.13) を，次式のように書き換える．

$$u_{i,J} = \frac{\sum a_{nb} u_{nb} + b_{i,J}}{a_{i,J}} + \frac{A_{i,J}}{a_{i,J}}(p_{I-1,J} - p_{I,J}) \tag{6.38}$$

$$v_{I,j} = \frac{\sum a_{nb} v_{nb} + b_{I,j}}{a_{I,j}} + \frac{A_{I,j}}{a_{I,j}}(p_{I,J-1} - p_{I,J}) \tag{6.39}$$

SIMPLER アルゴリズムでは，次式で偽速度（pseudo-velocities）$\hat{u}$, $\hat{v}$ を定義する．

$$\hat{u}_{i,J} = \frac{\sum a_{nb} u_{nb} + b_{i,J}}{a_{i,J}} \tag{6.40}$$

$$\hat{v}_{I,j} = \frac{\sum a_{nb} v_{nb} + b_{I,j}}{a_{I,j}} \tag{6.41}$$

ここで，式 (6.38), (6.39) は，それぞれ次式のように書くことができる．

$$u_{i,J} = \hat{u}_{i,J} + d_{i,J}(p_{I-1,J} - p_{I,J}) \tag{6.42}$$

$$v_{I,j} = \hat{v}_{I,j} + d_{I,j}(p_{I,J-1} - p_{I,J}) \tag{6.43}$$

6.4 節の説明で取り入れた d の定義を，式 (6.42), (6.43) に適用する．離散化した連続の式 (6.29) にこれらの式の $u_{i,J}$ と $v_{I,j}$ を代入し，$u_{i+1,J}$ と $v_{I,j+1}$ も同様に代入すると，次式が得られる．

$$\begin{aligned}
&\left[\rho_{i+1,J} A_{i+1,J}(\hat{u}_{i+1,J} + d_{i+1,J}(p_{I,J} - p_{I+1,J}))\right.\\
&\quad \left. - \rho_{i,J} A_{i,J}(\hat{u}_{i,J} + d_{i,J}(p_{I-1,J} - p_{I,J}))\right]\\
&\quad + \left[\rho_{I,j+1} A_{I,j+1}(\hat{v}_{I,j+1} + d_{I,j+1}(p_{I,J} - p_{I,J+1}))\right.\\
&\quad \left. - \rho_{I,j} A_{I,j}(\hat{v}_{I,j} + d_{I,j}(p_{I,J-1} - p_{I,J}))\right] = 0
\end{aligned} \tag{6.44}$$

式 (6.44) を離散化した圧力方程式となるように書き換えることができる．

$$\boxed{a_{I,J} p_{I,J} = a_{I+1,J} p_{I+1,J} + a_{I-1,J} p_{I-1,J} + a_{I,J+1} p_{I,J+1} + a_{I,J-1} p_{I,J-1} + b_{I,J}} \tag{6.45}$$

ここで，$a_{I,J} = a_{I+1,J} + a_{I-1,J} + a_{I,J+1} + a_{I,J-1}$ であり，係数は以下に示すとおりである．

```
                          ┌──────┐
                          │ 開始 │
                          └──┬───┘
      ┌──────────────────→ 初期値を推測する $p^*, u^*, v^*, \phi^*$
      │                      ↓
      │         ┌──────────────────────────────────┐
      │         │ 第1段階:偽速度を計算する          │
      │         │                                  │
      │         │ $\hat{u}_{i,J} = \dfrac{\Sigma a_{nb} u_{nb}^* + b_{i,J}}{a_{i,J}}$ │
      │         │                                  │
      │         │ $\hat{v}_{I,j} = \dfrac{\Sigma a_{nb} v_{nb}^* + b_{I,j}}{a_{I,j}}$ │
      │         └──────────────┬───────────────────┘
      │                        ↓ $\hat{u}, \hat{v}$
      │         ┌──────────────────────────────────┐
      │         │ 第2段階:圧力の式を解く            │
      │         │ $a_{I,J} p_{I,J} = a_{I-1,J} p_{I-1,J} + a_{I+1,J} p_{I+1,J} + a_{I,J-1} p_{I,J-1} + a_{I,J+1} p_{I,J+1} + b_{I,J}$ │
      │         └──────────────┬───────────────────┘
      │                        ↓ $p$
      │                設定する $p^* = p$
      │                        ↓ $p^*$
      │         ┌──────────────────────────────────┐
      │         │ 第3段階:離散化した運動量保存式を解く │
      │         │ $a_{i,J} u_{i,J}^* = \Sigma a_{nb} u_{nb}^* + (p_{I-1,J}^* - p_{I,J}^*) A_{i,J} + b_{i,J}$ │
      │         │ $a_{I,j} v_{I,j}^* = \Sigma a_{nb} v_{nb}^* + (p_{I,J-1}^* - p_{I,J}^*) A_{I,j} + b_{I,j}$ │
┌─────┴─────┐   └──────────────┬───────────────────┘
│ 設定する  │                  ↓ $u^*, v^*$
│ $p^*=p, u^*=u$│ ┌──────────────────────────────────┐
│ $v^*=v, \phi^*=\phi$│ │ 第4段階:圧力の補正式を解く      │
└─────┬─────┘   │ $a_{I,J} p'_{I,J} = a_{I-1,J} p'_{I-1,J} + a_{I+1,J} p'_{I+1,J} + a_{I,J-1} p'_{I,J-1} + a_{I,J+1} p'_{I,J+1} + b'_{I,J}$ │
      │         └──────────────┬───────────────────┘
      │                        ↓ $p'$
      │         ┌──────────────────────────────────┐
      │         │ 第5段階:速度を補正する            │
      │         │ $u_{i,J} = u_{i,J}^* + d_{i,J}(p'_{I-1,J} - p'_{I,J})$ │
      │         │ $v_{I,j} = v_{I,j}^* + d_{I,j}(p'_{I,J-1} - p'_{I,J})$ │
      │         └──────────────┬───────────────────┘
      │                        ↓ $p, u, v, \phi^*$
      │         ┌──────────────────────────────────┐
      │         │ 第6段階:他の離散化した輸送方程式をすべて解く │
      │         │ $a_{I,J} \phi_{I,J} = a_{I-1,J} \phi_{I-1,J} + a_{I+1,J} \phi_{I+1,J} + a_{I,J-1} \phi_{I,J-1} + a_{I,J+1} \phi_{I,J+1} + b_{\phi I,J}$ │
      │         └──────────────┬───────────────────┘
      │                        ↓ $\phi$
      │                     ◇ 収束? ◇
      └──── いいえ ──────────┤
                             はい ↓
                          ┌──────┐
                          │ 終了 │
                          └──────┘
```

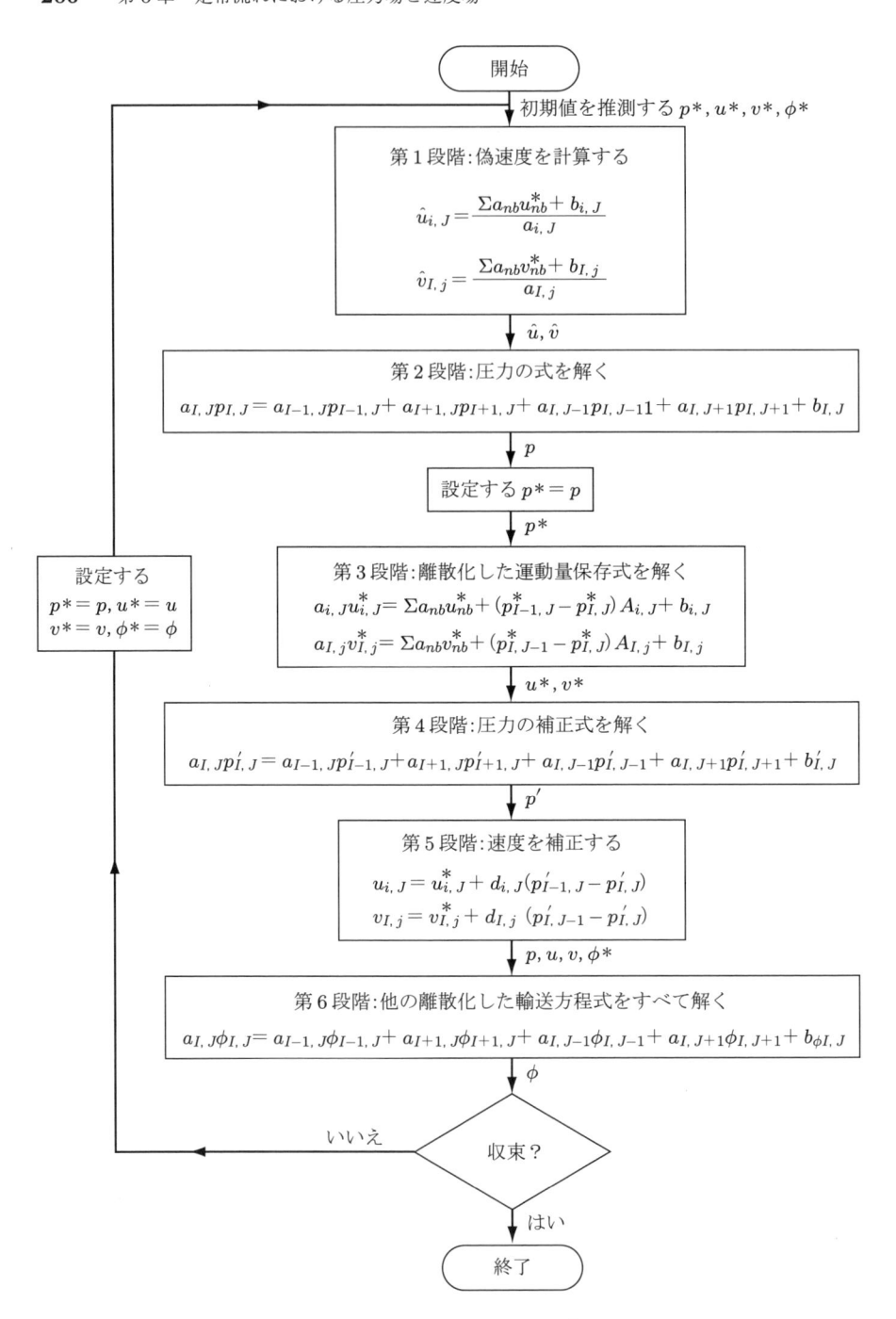

図 6.7 SIMPLER アルゴリズム

$a_{I+1,J}$	$a_{I-1,J}$	$a_{I,J+1}$	$a_{I,J-1}$	$b_{I,J}$
$(\rho dA)_{i+1,J}$	$(\rho dA)_{i,J}$	$(\rho dA)_{I,j+1}$	$(\rho dA)_{I,j}$	$(\rho \hat{u} A)_{i,J} - (\rho \hat{u} A)_{i+1,J}$ $+ (\rho \hat{v} A)_{I,j} - (\rho \hat{v} A)_{I,j+1}$

偽速度を用いて生成項 b を評価するという違いがあるものの，式 (6.45) の係数は離散化した圧力の補正式 (6.32) と同じである．その次に，先に求めた圧力場を用いて離散化した運動量保存式 (6.12), (6.13) を解く．これにより速度成分 u^*, v^* を得る．SIMPLER アルゴリズムでは，速度の補正値を求めるために式 (6.24)〜(6.27) を用いる．そのため，p' の式 (6.32) も，速度の補正値に必要な圧力の補正値を求めるために解かなければならない．全計算手順を図 6.7 に示す．

6.7 SIMPLEC アルゴリズム

Van Doormal と Raithby (1984) の SIMPLEC（SIMPLE-consistent）アルゴリズムは，運動量保存式の取扱いに違いがあるものの，SIMPLE と同様の計算手順に従う．そのため，SIMPLEC の速度の補正式では，SIMPLE で省略される項ほど重要ではない項を省略する．

SIMPLEC の u 速度の補正式は次式で与えられ，

$$u'_{i,J} = d_{i,J}(p'_{I-1,J} - p'_{I,J}) \tag{6.46}$$

$$\text{ただし，} \quad d_{i,J} = \frac{A_{i,J}}{a_{i,J} - \sum a_{nb}} \tag{6.47}$$

同様にして，改良した v 速度の補正式は，次式で与えられる．

$$v'_{I,j} = d_{I,j}(p'_{I,J-1} - p'_{I,J}) \tag{6.48}$$

$$\text{ただし，} \quad d_{I,j} = \frac{A_{I,j}}{a_{I,j} - \sum a_{nb}} \tag{6.49}$$

離散化した圧力の補正式は，d の項を式 (6.47), (6.49) から計算すること以外は SIMPLE と同じである．SIMPLEC の計算手順は SIMPLE と同様である（6.5 節参照）．

6.8 PISO アルゴリズム

pressure implicit with splitting of operators を意味する Issa (1986) の PISO アルゴリズムは，本来，非定常の圧縮性流れの反復計算を伴わない計算のために開発された，圧力 – 速度の計算手順である．これは定常問題の反復計算にもうまく適用されて

いる．PISO には，予測（predictor）手続きが 1 回，補正（corrector）手続き 2 回が含まれており，SIMPLE を改善するための**補正手続きをもう 1 回含む**，拡張版ともとらえることができる．

予測手続き

SIMPLE アルゴリズムと同じ方法を用いて速度成分 u^*，v^* を計算するため，予測した，あるいは計算途中の圧力場 p^* を用いて離散化した運動量保存式 (6.12), (6.13) を解く．

補正手続き 1

圧力場 p^* が正しくなければ，速度場 u^*，v^* は連続の式を満足しないだろう．離散化した連続の式を満たす速度場 (u^{**}, v^{**}) を求めるために，SIMPLE の最初の補正手続きを取り入れる．その結果得られる式は，SIMPLE の速度の補正式 (6.21), (6.22) と同じである．しかし，PISO アルゴリズムには補正手順がさらにあるため，SIMPLE とは少し異なる記号を用いる．

$$p^{**} = p^* + p'$$
$$u^{**} = u^* + u'$$
$$v^{**} = v^* + v'$$

補正した速度 u^{**}，v^{**} を定義するために，以下の式を用いる．

$$u^{**}_{i,J} = u^*_{i,J} + d_{i,J}(p'_{I-1,J} - p'_{I,J}) \tag{6.50}$$
$$v^{**}_{I,j} = v^*_{I,j} + d_{I,j}(p'_{I,J-1} - p'_{I,J}) \tag{6.51}$$

SIMPLE アルゴリズムと同様に，圧力の補正式 (6.32) を求めるために，係数と生成項とともに式 (6.50), (6.51) を離散化した連続の式 (6.29) に代入する．PISO アルゴリズムでは，式 (6.32) は一度目の圧力の補正式とよばれる．一度目の圧力の補正値 p' を求めるためにこれを解く．圧力の補正値が既知となれば，式 (6.50), (6.51) を用いて速度成分 u^{**}，v^{**} を求めることができる．

補正手続き 2

SIMPLE を改善するために，PISO では二度目の補正手続きを実行する．u^{**}，v^{**} に対する離散化した運動量保存式は，次式で与えられ，

$$a_{i,J} u^{**}_{i,J} = \sum a_{nb} u^*_{nb} + (p^{**}_{I-1,J} - p^{**}_{I,J}) A_{i,J} + b_{i,J} \tag{6.12}$$

$$a_{I,j}v^{**}_{I,j} = \sum a_{nb}v^{*}_{nb} + (p^{**}_{I,J-1} - p^{**}_{I,J})A_{I,j} + b_{I,j} \tag{6.13}$$

もう一度運動量保存式を解くことにより，二度補正した速度場 (u^{***}, v^{***}) を求める．

$$a_{i,J}u^{***}_{i,J} = \sum a_{nb}u^{**}_{nb} + (p^{***}_{I-1,J} - p^{***}_{I,J})A_{i,J} + b_{i,J} \tag{6.52}$$

$$a_{I,j}v^{***}_{I,j} = \sum a_{nb}v^{**}_{nb} + (p^{***}_{I,J-1} - p^{***}_{I,J})A_{I,j} + b_{I,j} \tag{6.53}$$

前回の補正手続きにおいて計算した速度 u^{**}, v^{**} を用いて，右辺第1項を求めることに注意しなければならない．

式 (6.52) と式 (6.12) の差，および式 (6.53) と式 (6.13) の差をとると，次式のようになる．

$$\boxed{u^{***}_{i,J} = u^{**}_{i,J} + \frac{\sum a_{nb}(u^{**}_{nb} - u^{*}_{nb})}{a_{i,J}} + d_{i,J}(p''_{I-1,J} - p''_{I,J})} \tag{6.54}$$

$$\boxed{v^{***}_{I,j} = v^{**}_{I,j} + \frac{\sum a_{nb}(v^{**}_{nb} - v^{*}_{nb})}{a_{I,j}} + d_{I,j}(p''_{I,J-1} - p''_{I,J})} \tag{6.55}$$

ここで，p'' は二度目の圧力の補正値であり，次式から p^{***} を求める．

$$p^{***} = p^{**} + p'' \tag{6.56}$$

u^{***}, v^{***} を離散化した連続の式 (6.29) に代入すると，二度目の圧力の補正式を得る．

$$\boxed{a_{I,J}p''_{I,J} = a_{I+1,J}p''_{I+1,J} + a_{I-1,J}p''_{I-1,J} + a_{I,J+1}p''_{I,J+1} + a_{I,J-1}p''_{I,J-1} + b''_{I,J}} \tag{6.57}$$

ここで，$a_{I,J} = a_{I+1,J} + a_{I-1,J} + a_{I,J+1} + a_{I,J-1}$ であり，隣接した格子の係数は次のようになる．

$a_{I+1,J}$	$a_{I-1,J}$	$a_{I,J+1}$	$a_{I,J-1}$
$(\rho dA)_{i+1,J}$	$(\rho dA)_{i,J}$	$(\rho dA)_{I,j+1}$	$(\rho dA)_{I,j}$

$$\boxed{\begin{array}{l} b''_{I,J} \\ \left[\left(\dfrac{\rho A}{a}\right)_{i,J}\sum a_{nb}(u^{**}_{nb}-u^{*}_{nb}) - \left(\dfrac{\rho A}{a}\right)_{i+1,J}\sum a_{nb}(u^{**}_{nb}-u^{*}_{nb})\right. \\ \left. + \left(\dfrac{\rho A}{a}\right)_{I,j}\sum a_{nb}(v^{**}_{nb}-v^{*}_{nb}) - \left(\dfrac{\rho A}{a}\right)_{I,j+1}\sum a_{nb}(v^{**}_{nb}-v^{*}_{nb})\right] \end{array}}$$

式 (6.57) の導出において，生成項

第6章 定常流れにおける圧力場と速度場

```
                    開始
                     │
                     ▼
         初期値を推測する $p^*, u^*, v^*, \phi^*$
                     │
                     ▼
   ┌─────────────────────────────────┐
   │ SIMPLEアルゴリズムの第1～3段階を実行する │
   │ -離散化した運動量保存式を解く           │
   │ -圧力の補正式を解く                   │
   │ -圧力および速度を補正する              │
   └─────────────────────────────────┘
                     │ $p^*, u^*, v^*, p'$
                     ▼
```

第4段階:2度目の圧力の補正式を解く

$$a_{I,J}p''_{I,J} = a_{I-1,J}p''_{I-1,J} + a_{I+1,J}p''_{I+1,J} + a_{I,J-1}p''_{I,J-1} + a_{I,J+1}p''_{I,J+1} + b''_{I,J}$$

第5段階:圧力および速度を補正する

$$p^{***}_{I,J} = p^*_{I,J} + p'_{I,J} + p''_{I,J}$$

$$u^{***}_{i,J} = u^*_{i,J} + d_{i,J}(p'_{I-1,J} - p'_{I,J}) + \frac{\Sigma a_{nb}(u^{**}_{nb} - u^*_{nb})}{a_{i,J}} + d_{i,J}(p''_{I-1,J} - p''_{I,J})$$

$$v^{***}_{I,j} = v^*_{I,j} + d_{I,j}(p'_{I,J-1} - p'_{I,J}) + \frac{\Sigma a_{nb}(v^{**}_{nb} - v^*_{nb})}{a_{I,j}} + d_{I,j}(p''_{I,J-1} - p''_{I,J})$$

設定する
$p^* = p, u^* = u$
$v^* = v, \phi^* = \phi$

設定する
$p = p^{***}$
$u = u^{***}$
$v = v^{***}$

p, u, v, ϕ^*

第6段階:ほかの離散化した輸送方程式をすべて解く

$$a_{I,J}\phi_{I,J} = a_{I-1,J}\phi_{I-1,J} + a_{I+1,J}\phi_{I+1,J} + a_{I,J-1}\phi_{I,J-1} + a_{I,J+1}\phi_{I,J+1} + b_{\phi I,J}$$

ϕ

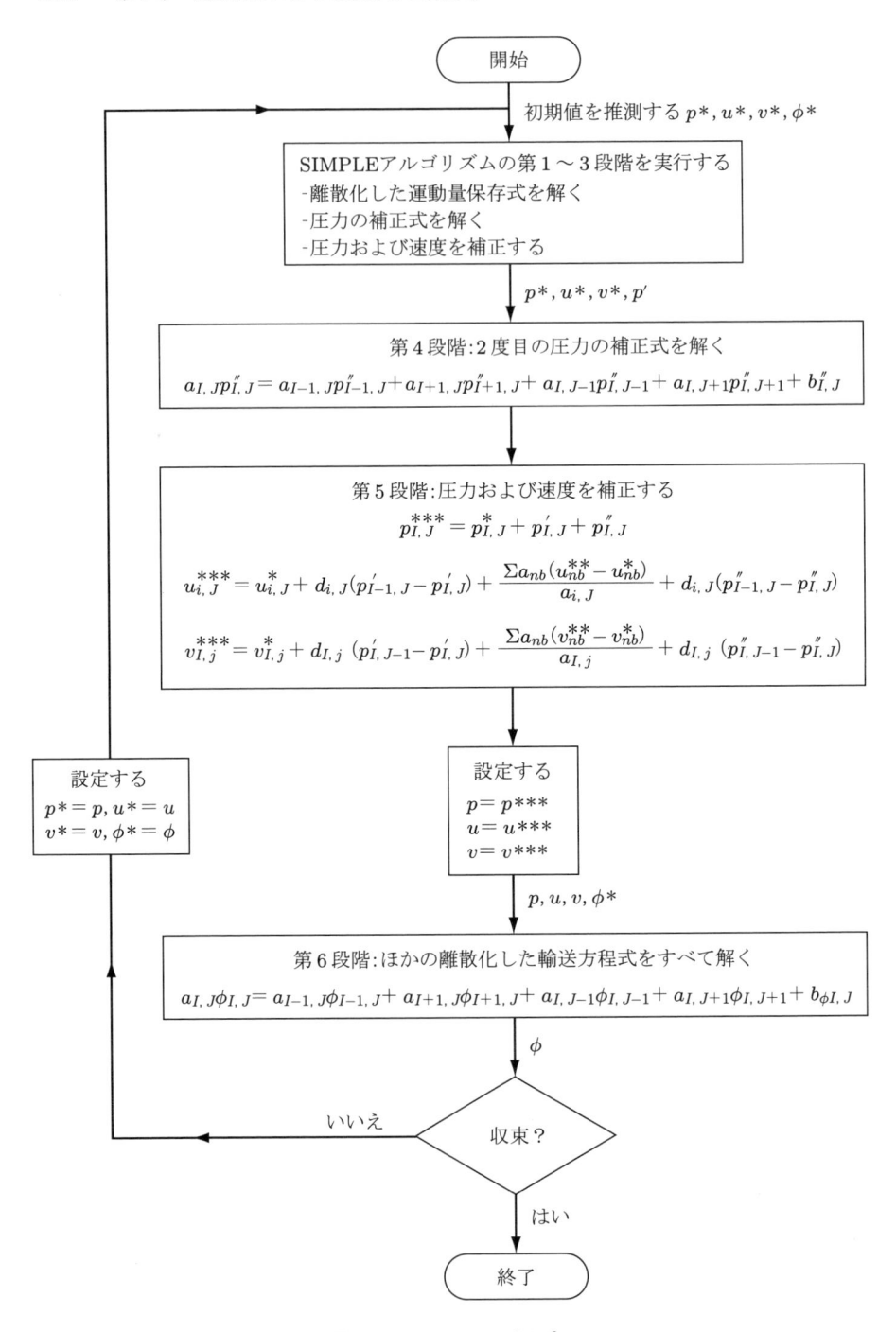

収束? いいえ / はい

終了

図 **6.8** PISO アルゴリズム

$$\left[(\rho A u^{**})_{i,J} - (\rho A u^{**})_{i+1,J} + (\rho A v^{**})_{I,j} - (\rho A v^{**})_{I,j+1}\right]$$

は，速度成分 u^{**}，v^{**} が連続の式を満たすためゼロとなる．

二度目の圧力の補正値 p'' を求めるために式 (6.57) を解き，次式から二度補正した圧力場を求める．

$$\boxed{p^{***} = p^{**} + p'' = p^* + p' + p''} \tag{6.58}$$

最終的に，式 (6.54)，(6.55) から二度補正した速度場を求める．

非定常流れの反復計算を伴わない計算では，圧力場 p^{***} および速度場 u^{***}，v^{***} は正しい p と u，v であると考えられる．反復計算を伴う定常流れに対する PISO の一連の計算手順を，図 6.8 に示す．

PISO アルゴリズムでは圧力の補正式を二度解くため，この方法では二度目の圧力の補正式の生成項を計算するための計算機容量をさらに必要とする．これまでのように，計算の進行を安定化させるため，以上の手順に不足緩和が必要である．この方法では，かなり計算量が増加するが，有効であり，収束が速いことがわかっている．たとえば，Issa ら (1986) は，層流の急拡大流れのベンチマーク問題に対して，標準の SIMPLE と比較して計算時間が半分であると報告している．

これまで示した PISO アルゴリズムは，本来，反復計算を伴わない非定常流れの計算のために開発されたものを定常流れに適用したアルゴリズムである．この非定常アルゴリズムは，予測した初期条件を用いて計算を始め，定常状態が達成されるまでの長い期間を非定常問題として解く定常流れの計算にも適用することができる．第 8 章においてこれを説明する．

6.9 SIMPLE, SIMPLER, SIMPLEC および PISO に対する一般的なコメント

SIMPLE アルゴリズムは比較的単純であり，数々の数値流体力学の計算手順によく採用されている．SIMPLE のほかの改良版では，収束性を向上させることにより計算コストを削減することができる．SIMPLE では，速度は圧力補正 p' により十分に補正されるが，圧力の補正はあまりよくない．そのため，改良された手順である SIMPLER アルゴリズムでは，速度の補正値を求めるためだけに圧力の補正値を用いる．これとは別に，真の圧力場を求めるために効率的な圧力の式を解く．SIMPLER では，離散化した圧力方程式を導出するうえで省略する項はないため，得られる圧力場は速度場と対応する．そのため，SIMPLER では，SIMPLE では適用しない真の速度場を適用

することで，真の圧力場を求める．その結果，この方法は圧力場を正確に計算するうえで非常に有効である．SIMPLER に含まれる計算量は，SIMPLE と比較して 30% 程度多いものの，速やかな収束性により計算時間が 30〜50% 削減されると報告されている（Anderson ら，1984）．SIMPLE の詳細とその改良版は，Patankar (1980) で見つけることができる．

SIMPLEC アルゴリズムと PISO アルゴリズムは特定の流れ場において，SIMPLER アルゴリズムと同じくらい効率的である．しかし，SIMPLER と比較してこれらがよいとはっきりということはできない．比較により，それぞれのアルゴリズムの性能は，流れ場の状態，運動量とスカラー保存式の結び付き具合（燃焼を伴う流れにおける密度の濃度や温度の依存性など），用いる不足緩和や，線形代数方程式を解くために用いる解法にさえ依存することがあることがわかっている．Jang ら (1986) は，さまざまな定常流れの問題に対して PISO, SIMPLER および SIMPLEC を総合的に比較し，スカラー変数と結び付きがない運動量保存式に対する問題において，PISO アルゴリズムは SIMPLER, SIMPLEC と比較して強い収束性を示し，必要とする計算時間が少ないことを示した．スカラー変数と速度との結び付きが強い場合，PISO はほかの方法と比較してあまり利点がないことも確認された．SIMPLER と SIMPLEC を用いた反復計算は，強い結び付きのある問題に対してはよい収束性を示すという特徴をもっているが，SIMPLER と SIMPLEC のどちらが優れているかは確かめられていない．

6.10 SIMPLE アルゴリズムの例題

SIMPLE アルゴリズムを説明するために，詳細な例題を二つ考える．それぞれの計算量を抑えるために，第 4 章と第 5 章で取りあげた 1 次元流れに限定する．はじめの例題では，断面積一定のダクトを通過する，摩擦がない非圧縮流れの場合の速度場を更新する方法を示す．この問題では，速度一定の自明な解をもつが，圧力の補正値を用いて，質量保存を満たすようにダクトの長さ方向に沿って変化させた速度の推測値を更新する方法を示す．二つ目の例題では，縮小する平面ノズルを通過する，摩擦がない非圧縮流れに注目する．いままで用いた x-y 直交座標系では，ノズル形状を正確に表現することはできない．しかし，流れが一方向であり，流れに関する変数がすべて流れの方向に対して垂直な断面で等しいと仮定することで，この問題に対する基礎式を立てることができる．これらは，2 次元および 3 次元のナビエ–ストークス式と同じ，圧力場–速度場を結び付ける問題である．速度場と圧力場を求めるためには，離散化した運動量保存式と圧力の補正式の反復計算が必要である．二つ目の例題の数値解の精度を，よく知られたベルヌーイの式（Bernoulli equation）を用いて確認する．

例題 6.1

断面積一定のダクトを通過する，定常，1次元，密度一定の流体の流れを考える．図 6.9 に示すスタッガード格子を用いる．ここで，中心の格子点 $I = A, B, C, D$ で圧力 p を計算し，後退スタッガード格子点 $i = 1, 2, 3, 4$ で速度を計算する．

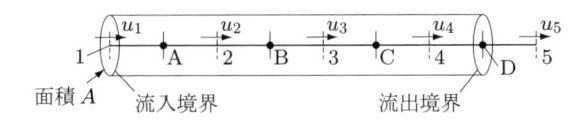

図 6.9 断面積一定のダクト

まず，速度場の推測値を求めるため，離散化した運動量保存式に推測した圧力 p^* を用いる．この例では，SIMPLE アルゴリズムの基礎となる推測と補正の手順を示す．圧力の補正値 p' を求めるために式 (6.32) を適用し，次に，速度の補正値 u' を求める．

$$u' = d(p'_I - p'_{I+1}) \tag{6.59}$$

そのため，補正する速度場は，次式のようになる．

$$u = u^* + u' \tag{6.60}$$

問題のデータ

問題のデータを以下に示す．

- 密度は $\rho = 1.0 \, \text{kg/m}^3$ で一定である．
- ダクトの面積 A は一定である．
- 式 (6.59) における d の値を一定であると仮定する．ここでは $d = 1.0$ とする．
- 境界条件は $u_1 = 10 \, \text{m/s}, \; p_D = 0 \, \text{Pa}$ とする．
- 速度場の初期の推測値を $u_2^* = 8.0 \, \text{m/s}, \; u_3^* = 11.0 \, \text{m/s}, \; u_4^* = 7.0 \, \text{m/s}$ とする．

格子点 $I = A, B, C, D$ における圧力の補正値を計算し，格子点 $i = 2, 3, 4$ における補正した速度場を求めるために，SIMPLE アルゴリズムと問題のデータを用いよ．一定の面積と密度を用いるこの単純な問題では，連続性により，速度場はすべての格子点において一定でなければならないことは簡単にわかる．そのため，数値解を厳密解 $u_2 = u_3 = u_4 = 10 \, \text{m/s}$ と比較することができる．

解

この1次元問題に対する圧力の補正式は，式 (6.32) である．

$$a_P p'_P = a_W p'_W + a_E p'_E + b'$$

ただし，$a_W = (\rho dA)_w \quad a_E = (\rho dA)_e \quad a_P = a_W + a_E$

$$b' = (\rho u^* A)_w - (\rho u^* A)_e$$

格子点BとCは内部の格子点である．

格子点B

$$a_W = (\rho dA)_w = (\rho dA)_2 = 1.0 \times 1.0 \times A = 1.0A$$
$$a_E = (\rho dA)_e = (\rho dA)_3 = 1.0 \times 1.0 \times A = 1.0A$$
$$a_P = a_W + a_E = 1.0A + 1.0A = 2.0A$$
$$b' = (\rho u^* A)_w - (\rho u^* A)_e = (\rho u^* A)_2 - (\rho u^* A)_3$$
$$= (1.0 \times 8. \times A) - (1.0 \times 11. \times A) = -3.0A$$

格子点Bにおける離散化した圧力の補正式は，次式のようになり，

$$(2.0A)p'_B = (1.0A)p'_A + (1.0A)p'_C + (-3.0A)$$

両辺を面積 A で除すと，次式が得られる．

$$2p'_B = p'_A + p'_C - 3$$

格子点C

$$a_W = (\rho dA)_w = (\rho dA)_3 = 1.0 \times 1.0 \times A = 1.0A$$
$$a_E = (\rho dA)_e = (\rho dA)_4 = 1.0 \times 1.0 \times A = 1.0A$$
$$a_P = a_W + a_E = 1.0A + 1.0A = 2.0A$$
$$b' = (\rho u^* A)_w - (\rho u^* A)_e = (\rho u^* A)_3 - (\rho u^* A)_4$$
$$= (1.0 \times 11. \times A) - (1.0 \times 7. \times A) = 4.0A$$

格子点Cにおける離散化した圧力の補正式は，次式のようになる．

$$(2.0A)p'_C = (1.0A)p'_B + (1.0A)p'_D + (4.0A)$$

$$2p'_C = p'_B + p'_D + 4$$

格子点 A と D は境界の格子点である.

格子点 A

係数をゼロとすることで西側の境界とのつながりを断ち切り，適切な流束（この場合は，境界側からコントロールボリュームに流入する質量流量）を生成項 b' として取り入れる.

$$a_W = 0.0$$
$$a_E = (\rho dA)_e = (\rho dA)_2 = 1.0 \times 1.0 \times A = 1.0A$$
$$a_P = a_W + a_E = 0.0 + 1.0A = 1.0A$$
$$b' = (\rho u^* A)_w - (\rho u^* A)_e + (\rho u A)_{\text{boundary}} = -(\rho u^* A)_2 + (\rho u^* A)_1$$
$$= -(1.0 \times 8. \times A) + (1.0 \times 10. \times A) = 2.0A$$

生成項 b' の計算で，格子点 1 において与えた速度を用いることに注意しなければならない．これらを用いることで，次式のように，格子点 A における離散化した圧力の補正式が得られる.

$$(1.0A)p'_A = 0 + (1.0A)p'_B + (2.0A)$$
$$p'_A = p'_B + 2$$

格子点 D

格子点 D における境界条件は，固定圧力 $p_D = 0$ である．圧力が既知であるため，圧力の補正値は必要ない．そのため，格子点 D では,

$$p'_D = 0$$

とする．よって，圧力の補正値四つに対して四つの方程式をもつ次の連立方程式を解く必要がある.

$$p'_A = p'_B + 2$$
$$2p'_B = p'_A + p'_C - 3$$
$$2p'_C = p'_B + p'_D + 4$$

$$p'_D = 0$$

格子点 C に対する圧力の補正式に $p'_D = 0$ を直接用いる．そのため，

$$2p'_C = p'_B + 4$$

となる．これにより，未知数三つを含む方程式を三つもつ連立方程式となる．行列表記を用いると圧力の補正式は次式で与えられ，

$$\begin{bmatrix} 1 & -1 & 0 \\ -1 & 2 & -1 \\ 0 & -1 & 2 \end{bmatrix} \begin{bmatrix} p'_A \\ p'_B \\ p'_C \end{bmatrix} = \begin{bmatrix} 2 \\ -3 \\ 4 \end{bmatrix}$$

これらの式の解は，次のようになる．

$$p'_A = 4.0, \ p'_B = 2.0, \quad p'_C = 3.0 \quad (\text{上記のとおり } p'_D = 0)$$

式 (6.59) と式 (6.60) を組み合わせることで，速度の補正値を求める．

$$u = u^* + d(p'_I - p'_{I+1})$$

問題のデータと計算した p' の値を代入すると，次のように値が求められる．

速度の格子点 2： $u_2 = u_2^* + d(p'_A - p'_B) = 8.0 + 1.0 \times (4.0 - 2.0) = 10.0\,\text{m/s}$

速度の格子点 3： $u_3 = u_3^* + d(p'_B - p'_C) = 11.0 + 1.0 \times (2.0 - 3.0) = 10.0\,\text{m/s}$

速度の格子点 4： $u_4 = u_4^* + d(p'_C - p'_D) = 7.0 + 1.0 \times (3.0 - 0.0) = 10.0\,\text{m/s}$

以上のように，推測と補正の手順が非常に単純なこの例題に対して反復計算 1 回で厳密な速度場を求めることができる．より一般的な流れ場を問題とする場合，圧力場と速度場は結び付き，そのため，離散化した運動量保存式とともに圧力の補正式を解かれなければならない．さらに，速度の補正値に対する式 (6.59) の d の値を一定と仮定したことに注意しなければならない．通常，d の値は格子点により異なり，コントロールボリューム界面の面積と離散化した運動量保存式の中心の係数（a_P）を用いて，式 (6.23) と式 (6.28) から計算しなければならない．この過程を次の例題で示す．

例題 6.2

図 6.10 に 2 次元平面ノズルを示す．流れは定常で，摩擦はなく，流体の密度は一定である．

6.10 SIMPLEアルゴリズムの例題

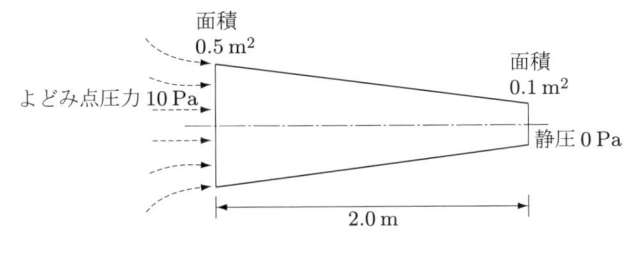

図6.10 2次元平面ノズル形状

図6.11(a), (b)に示す圧力の格子点5個と速度の格子点4個をもつ後退スタッガード格子を用いよ．入口によどみ点圧力を与え，出口に静圧を与える．SIMPLEアルゴリズムを用いて運動量保存式および圧力の補正式を記述し，格子点 $I = \text{B, C, D}$ における未知の圧力と格子点 $i = 2, 3, 4, 5$ における速度を求めよ．計算した速度場が連続性を満たすことを確認し，厳密解と比較することで誤差を計算せよ．

(a) 圧力コントロールボリューム (b) 速度コントロールボリューム

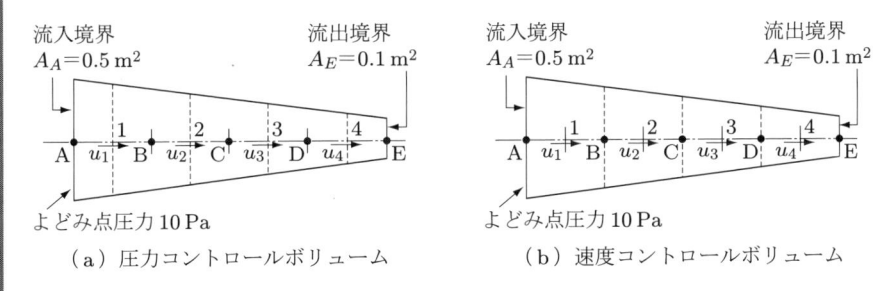

図6.11 圧力コントロールボリューム，速度コントロールボリュームに対する計算格子

問題のデータ

- 流体の密度は $1.0\,\text{kg/m}^3$ である．
- 計算格子幅：ノズルの長さは $L = 2.00\,\text{m}$ である．計算格子は等間隔であるため，$\Delta x = L/4 = 2.00/4 = 0.5\,\text{m}$ である．
- 入口における断面積は $A_A = 0.5\,\text{m}^2$ であり，出口における断面積は $A_E = 0.1\,\text{m}^2$ である．断面積はノズル入口からの距離に比例して変化する．下表に速度および圧力の格子点における断面積をすべて示す．
- 境界条件：入口では，大きなプレナムチャンバーからノズルに流入する流れを想定する．入口における流体の運動量はゼロであり，よどみ点圧力は $p_0 = 10\,\text{Pa}$, 出口における静圧は $p_E = 0\,\text{Pa}$ である．

- 初期速度場：この問題に対する初期速度場を生成するために，質量流量をたとえば $\dot{m} = 1.0\,\mathrm{kg/s}$ と予測する．初期速度場を計算するために，速度の格子点における断面積を用いて $u = \dot{m}/(\rho A)$ とする．すなわち，次の値を用いる．

$$u_1 = \frac{\dot{m}}{\rho A_1} = \frac{1.0}{1.0 \times 4.5} = 2.22222\,\mathrm{m/s}$$

$$u_2 = \frac{\dot{m}}{\rho A_2} = \frac{1.0}{1.0 \times 3.5} = 2.85714\,\mathrm{m/s}$$

$$u_3 = \frac{\dot{m}}{\rho A_3} = \frac{1.0}{1.0 \times 2.5} = 4.00000\,\mathrm{m/s}$$

$$u_4 = \frac{\dot{m}}{\rho A_4} = \frac{1.0}{1.0 \times 1.5} = 6.66666\,\mathrm{m/s}$$

[注意] この例題ではすべて小数点5桁で示しているが，倍精度を用いて計算を行っている．

- 初期圧力場：圧力場の予測値を生成するために，格子点AとEの間では，圧力は線形に変化すると仮定する．つまり，$p_A^* = p_0 = 10.0\,\mathrm{Pa}$, $p_B^* = 7.5\,\mathrm{Pa}$, $p_C^* = 5.0\,\mathrm{Pa}$, $p_D^* = 2.5\,\mathrm{Pa}$, $p_E^* = 0.0\,\mathrm{Pa}$（与える境界条件）とする．

ベルヌーイの式 $p_0 = p_N + (1/2)\rho u_N^2 = p_N + (1/2)\rho \dot{m}^2/(\rho A_N)^2$ を用いて，この定常，1次元，非圧縮，摩擦がない流れの問題の厳密解を求めることができる．

問題のデータから，$p_0 = 10\,\mathrm{Pa}$, $\rho = 1\,\mathrm{kg/m^3}$, および $N = E$ より，$A_N = A_E = 0.1\,\mathrm{m^2}$ である．そのため，$\dot{m} = 0.44721\,\mathrm{kg/s}$ となる．格子点における圧力および速度を下表に示す．

ノズル形状とベルヌーイの式による厳密解					
格子点	$A\,[\mathrm{m^2}]$	$p\,[\mathrm{Pa}]$	格子点	$A\,[\mathrm{m^2}]$	$u\,[\mathrm{m/s}]$
A	0.5	9.60000	1	0.45	0.99381
B	0.4	9.37500	2	0.35	1.27775
C	0.3	8.88889	3	0.25	1.78885
D	0.2	7.50000	4	0.15	2.98142
E	0.1	0			

解

平面ノズルを通過する，定常状態における1次元，非圧縮，摩擦がない流れ問題に対する基礎式は，次式のようになる．

$$\text{質量保存式：} \quad \frac{\mathrm{d}}{\mathrm{d}x}(\rho A u) = 0 \tag{6.61}$$

$$\text{運動量保存式：} \quad \rho u A \frac{du}{dx} = -A \frac{dp}{dx} \tag{6.62}$$

これらの式は，基礎的な流体力学の入門書で見慣れたものである．付録 E にその導出を示す．

離散化した u 運動量保存式

運動量保存式 (6.62) の離散化方程式は，次式で与えられる．

$$(\rho u A)_e u_e - (\rho u A)_w u_w = \frac{\Delta p}{\Delta x} \Delta V$$

ここで，右辺はコントロールボリューム ΔV と，$\Delta p = p_w - p_e$ において積分した圧力勾配である．

この 1 次元問題に対する離散化した運動量保存式を，次式のように記述することができる．

$$a_P u_P^* = a_W u_W^* + a_E u_E^* + S_u$$

風上差分法を用いる場合，以下のように係数を求める（5.6 節参照）．

$$a_W = D_W + \max(F_w, 0)$$
$$a_E = D_E + \max(0, -F_e)$$
$$a_P = a_W + a_E + (F_e - F_w)$$

流れには摩擦がないので，基礎式には粘性項が含まれない．そのため，$D_w = D_e = 0$ である．F_w と F_e は，u コントロールボリュームの西と東の界面を通過する質量流束である．界面間の格子点における速度の値の平均から F_w と F_e に必要な界面の速度を計算し，上表に示した西側と東側の界面における面積の値をそのまま用いる．計算のはじめでは，推測した質量流量から計算した初期速度場を用いる．その後の反復計算では，圧力の補正式を解いた後に得られる補正した速度を用いる．

生成項 S_u にはコントロールボリュームにおいて積分した圧力勾配が含まれる．

$$S_u = \frac{\Delta p}{\Delta x} \times \Delta V = \frac{\Delta p}{\Delta x} \times A_{av} \Delta x = \Delta p \times \frac{1}{2}(A_w + A_e)$$

断面積が異なる形状であるため，ΔV を計算するために平均化した面積を用いる．一見，雑な近似のように思われるが，S_u の精度は運動量の流束に用いる風上差分法ほど悪くないことを示すことは可能である．

最終的に，離散化した u 運動量保存式の係数は次のようになる．

$$F_w = \rho A_w u_w \qquad F_e = \rho A_e u_e$$

$$a_W = F_w$$

$$a_E = 0$$

$$a_P = a_W + a_E + (F_e - F_w)$$

$$S_u = \Delta p \times \frac{1}{2}(A_w + A_e) = \Delta p \times A_P$$

この段階において，圧力の補正式で必要なパラメータ d を次式から計算する．

$$d = \frac{A_{av}}{a_P} = \frac{(A_w + A_e)}{2a_P}$$

圧力の補正式

1次元における連続の式の離散化は，次式を用いて表される．

$$(\rho u A)_e - (\rho u A)_w = 0$$

対応する圧力の補正式は，次のとおりである．

$$a_P p'_P = a_W p'_W + a_E p'_E + b'$$

$$\text{ただし，} \quad a_W = (\rho d A)_w \qquad a_E = (\rho d A)_e$$

$$b' = (F_w^* - F_e^*)$$

離散化した運動量保存式からパラメータ d の値を求める（上記と 6.4 節参照）．

SIMPLE アルゴリズムでは，速度の補正値 u' を計算するために圧力の補正値 p' を用い，次式を用いて補正した圧力場と速度場を求める．

$$u' = d(p'_I - p'_{I+1})$$

$$p = p^* + p'$$

$$u = u^* + u'$$

数値解 – 運動量保存式

まず，内部の格子点 2, 3 について考える．

- **速度の格子点 2**

$$F_w = (\rho u A)_w = 1.0 \times \frac{u_1 + u_2}{2} \times 0.4$$

$$= 1.0 \times \frac{2.2222 + 2.8571}{2} \times 0.4 = 1.01587$$

$$F_e = (\rho u A)_e = 1.0 \times \frac{u_2 + u_3}{2} \times 0.3$$

$$= 1.0 \times \frac{2.8571 + 4.0}{2} \times 0.3 = 1.02857$$

$a_W = F_w = 1.01587$

$a_E = 0$

$a_P = a_W + a_E + (F_e - F_w) = 1.01587 + 0 + (1.02857 - 1.01587)$
$$= 1.02857$$

$S_u = \Delta p \times A_2 = (p_B - p_C) \times A_2 = (7.5 - 5.0) \times 0.35 = 0.875$

格子点2における離散化した運動量保存式は，次式のようになる．

$$1.02857 u_2 = 1.01587 u_1 + 0.875$$

後で圧力の補正式に用いるこの格子点におけるパラメータ d も計算する必要がある．

$$d_2 = \frac{A_2}{a_P} = \frac{0.35}{1.02857} = 0.34027$$

- **速度の格子点3**

  上記の計算手順を格子点3のまわりのコントロールボリュームに適用すると次式が得られる．その確認は，練習として読者に委ねる．

$$1.06666 u_3 = 1.02857 u_2 + 0.625$$

および

$$d_3 = \frac{A_3}{a_P} = \frac{0.25}{1.06666} = 0.23437$$

次に，ともに境界面が含まれているため，特別な取扱いが必要な運動量のコントロールボリューム1と4について考える．

- **速度の格子点1**

  流体が静止している，入口より上流のプレナムチャンバーによどみ点圧力 $p_0 = 10\,\mathrm{Pa}$ を与える．計算をするために，圧力の格子点Aと一致する運動量のコントロールボリューム1の実際の入口面に条件が必要である．この場所では，流れがノズルに流入し，加速するため，速度はゼロではなく，実際の圧力はよ

どみ点圧力より低い．点 A における（まだ未知の）速度を u_A で示し，p_0 および u_A が含まれる生成項 S_u で必要な点 A における静圧を表現するためにベルヌーイの式を用いる．

$$p_A = p_0 - \frac{1}{2}(\rho u_A^2) \tag{6.63}$$

次に，連続性から，速度 u_1 を用いて u_A を求める．

$$u_A = u_1 \frac{A_1}{A_A} \tag{6.64}$$

式 (6.63) と式 (6.64) を組み合わせると，次式が得られる．

$$p_A = p_0 - \frac{1}{2}\rho u_1^2 \left(\frac{A_1}{A_A}\right)^2 \tag{6.65}$$

ここで，風上差分法を用いて，u 運動量のコントロールボリューム 1 における離散化した運動量保存式を記述する．

$$F_e u_1 - F_w u_A = (p_A - p_B) \times A_1 \tag{6.66}$$

式(6.64)から推算したu_Aを用いてF_wを計算する．すなわち，$F_w = \rho u_A A_A = \rho u_1 A_1$ となる．

式 (6.64)，(6.65) を式 (6.66) に代入すると，

$$F_e u_1 - F_w u_1 \frac{A_1}{A_A} = \left[\left(p_0 - \frac{1}{2}\rho u_1^2 \left(\frac{A_1}{A_A}\right)^2\right) - p_B\right] \times A_1 \tag{6.67}$$

となる．圧力を含む項をすべて右辺に，速度を含む項をすべて左辺に移項すると，次式が得られる．

$$\left[F_e - F_w \frac{A_1}{A_A} + F_w \times \frac{1}{2}\left(\frac{A_1}{A_A}\right)^2\right] u_1 = (p_0 - p_B) A_1 \tag{6.68}$$

そのため，この格子点に対する中心の係数は $a_P = F_e - F_w A_1/A_A + F_w \times (A_1/A_A)^2/2$ となる．右辺の最初の 2 項は，離散化した運動量保存式 (6.66) の左辺の質量流束である．第 3 項は，入口における**よどみ点圧力**を与えたことによって生じる特別な項である（代わりに，入口に**静圧**を与えれば，この特別な項は省略される）．

式 (6.68) はこの形で用いることができるが，これらの計算では，係数 a_1 に対して負となる項を右辺に移項する．そのため，次のように変形する．

$$\left[F_e + F_w \times \frac{1}{2}\left(\frac{A_1}{A_A}\right)^2\right] u_1 = (p_0 - p_B) A_1 + F_w \frac{A_1}{A_A} \times u_1^{\text{old}} \tag{6.69}$$

ただし，u_1^{old} は反復計算の前の速度である

これは，遅延される修正法（deferred correction approach）とよばれ，初期速度場の予測がよくない場合，反復計算を安定させるために効果的になりうる（第5章の QUICK と TVD も参照）．

計算すると，次の値が得られる．

$$u_A = u_1 \frac{A_1}{A_A} = 2.22222 \times \frac{4.5}{0.5} = 2.0$$

$$F_w = (\rho u A)_w = \rho u_A A_A = 1.0 \times 2.0 \times 0.5 = 1.0$$

内部の格子点と同じ方法で，出口の質量流束 F_e を計算する．

$$F_e = (\rho u A)_e = 1.0 \times \frac{u_1 + u_2}{2} \times 0.4$$
$$= 1.0 \times \frac{2.2222 + 2.8571}{2} \times 0.4 = 1.01587$$

$a_W = 0$

$a_E = 0$

$a_P = F_e + F_w \times \frac{1}{2}\left(\frac{A_1}{A_A}\right)^2 = 1.01587 + 1.0 \times 0.5 \times \left(\frac{0.45}{0.5}\right)^2 = 1.42087$

生成項には，$p_0 = 10\,\text{Pa}$ と初期の速度 $u_1^{\text{old}} = 2.22222\,\text{m/s}$ を適用する．

$$S_u = (p_0 - p_B)A_1 + F_w \frac{A_1}{A_A} \times u_1^{old}$$
$$= (10 - 7.5) \times 0.45 + 1.0 \times \frac{0.45}{0.5} \times 2.22222$$
$$= 3.125$$

そのため，格子点1における離散化した運動量保存式は次式のようになり，

$$1.42087 u_1 = 3.125$$

この格子点におけるパラメータ d は，次のようになる．

$$d_1 = \frac{A_1}{a_P} = \frac{0.45}{1.4209} = 0.31670$$

- 速度の格子点4

$$F_w = (\rho u A)_w = 1.0 \times \frac{u_3 + u_4}{2} \times 0.2 = 1.06666$$

運動量のコントロールボリューム4の東側では，圧力を固定している．しかし，

東界面をまたぐ速度が二つない．この境界を通過する質量流束を計算するために，次の連続性を用いる．

$$F_e = (\rho u A)_4$$

最初の反復計算では，仮定した質量流量を用いることができるため，$F_e = 1.0\,\mathrm{kg/s}$ とする．そのため，次の値が得られる．

$a_W = F_w = 1.06666$

$a_E = 0$

$a_P = a_W + a_E + (F_e - F_w) = 1.06666 + 0 + (1.0 - 1.06666) = 1.0$

運動量の生成項には，既知の出口の境界圧力 $p_E = 0\,\mathrm{Pa}$ を適用する．

$$S_u = \Delta p \times A_{av} = (p_D - p_E) \times A_4 = (2.5 - 0.0) \times 0.15 = 0.375$$

格子点 4 の離散化した運動量保存式は，

$$1.0 u_4 = 1.0666 u_3 + 0.375$$

と求められ，この格子点のパラメータ d は，次のようになる．

$$d_4 = \frac{A_4}{a_P} = \frac{0.15}{1.0} = 0.15$$

風上差分法を用いて得られた u 運動量保存式を，次にまとめて示す．

$$1.42087 u_1 = 3.125$$

$$1.02857 u_2 = 1.01587 u_1 + 0.875$$

$$1.06666 u_3 = 1.02857 u_2 + 0.625$$

$$1.00000 u_4 = 1.06666 u_3 + 0.375$$

格子点 1 から始める前進代入を用いて，これらの式を解くことができる．その解は，次のようになる．

u_1 [m/s]	u_2 [m/s]	u_3 [m/s]	u_4 [m/s]
2.19935	3.02289	3.50087	4.10926

これらは SIMPLE アルゴリズムの圧力の補正手順に用いる，予測した速度である．そのため，以下の圧力の補正の計算でこれら u の値を参照するために，アスタリス

ク (∗) を用いる.

d の値を以下に示す.

d_1	d_2	d_3	d_4
0.31670	0.34027	0.23437	0.15000

数値解 – 圧力の補正式

内部の格子点は B, C, D である.

- **圧力の格子点 B**

$$a_W = (\rho dA)_1 = 1.0 \times 0.3167 \times 0.45 = 0.14251$$
$$a_E = (\rho dA)_2 = 1.0 \times 0.34027 \times 0.35 = 0.11909$$
$$F_w^* = (\rho u^* A)_1 = 1.0 \times 2.199352 \times 0.45 = 0.98971$$
$$F_e^* = (\rho u^* A)_2 = 1.0 \times 3.022894 \times 0.35 = 1.05801$$
$$a_P = a_W + a_E = 0.14251 + 0.11909 = 0.26161$$
$$b' = F_w^* - F_e^* = 0.98971 - 1.05801 = -0.06830$$

格子点 B における圧力の補正式は, 次式のとおりである.

$$0.26161 p'_B = 0.14251 p'_A + 0.11909 p'_C - 0.06830$$

- **圧力の格子点 C, D**

格子点 C, D に対する圧力の補正式の確認を読者に委ねる.

$$0.17769 p'_C = 0.11909 p'_B + 0.058593 p'_D + 0.18279$$
$$0.081093 p'_D = 0.058593 p'_C + 0.02249 p'_E + 0.25882$$

格子点 A, E は境界の格子点であるため, これらには特別な取扱いが必要である.

- **圧力の格子点 A, E**

圧力の補正値を両方の格子点に対してゼロとする.

$$p'_A = 0.0$$
$$p'_E = 0.0$$

点 E では, ノズル出口において静圧を与えているため, 例題 6.1 と同じである. 入口において静圧を与えるならば, そのままこれを格子点 A にも与える. しか

し，この問題ではよどみ点圧力を与えるため注意する必要がある．よどみ点圧力 p_0 と速度 u_1 が既知である場合，p_A は式 (6.65) により固定されることに注意する．SIMPLE アルゴリズムで圧力の補正式を解き始める段階では，離散化した運動量保存式を解くことで求める推測した速度 u_1^* を用いることができる．この速度が反復計算の進行に伴い常に更新されるが，反復計算ごとに p_A は p_0 と u_1^* の値により固定されるため，$p_A' = 0.0$ を用いることは妥当である．

$p_A' = 0.0$ と $p_E' = 0.0$ を内部の格子点 B，C，D の圧力の補正式に代入することにより，次の連立方程式を得る．

$$0.26161 p_B' = 0.11909 p_C' - 0.06830$$
$$0.17769 p_C' = 0.11909 p_B' + 0.058593 p_D' + 0.18279$$
$$0.081093 p_D' = 0.058593 p_C' + 0.25882$$

格子点 B，C，D における圧力の補正値を求めるために，これら三つの式を解く．得られる解は，次のようになる．

p_A'	p_B'	p_C'	p_D'	p_E'
0.0	1.63935	4.17461	6.20805	0.0

これらの圧力の補正値を用いて圧力を補正する．

$$p_B = p_B^* + p_B' = 7.5 + 1.63935 = 9.13935$$
$$p_C = p_C^* + p_C' = 5.0 + 4.17461 = 9.17461$$
$$p_D = p_D^* + p_D' = 2.5 + 6.20805 = 8.70805$$

最初の反復計算の最後に得る補正した速度は，以下のとおりである．

$u_1 = u_1^* + d_1(p_A' - p_B') = 2.19935 + 0.31670 \times (0.0 - 1.63935) = 1.68015 \, \text{m/s}$
$u_2 = u_2^* + d_2(p_B' - p_C') = 3.02289 + 0.34027 \times (1.63935 - 4.17461) = 2.16020 \, \text{m/s}$
$u_3 = u_3^* + d_3(p_C' - p_D') = 3.50087 + 0.23437 \times (4.17461 - 6.20805) = 3.02428 \, \text{m/s}$
$u_4 = u_4^* + d_4(p_D' - p_E') = 4.10926 + 0.15 \times (6.20805 - 0.0) = 5.04047 \, \text{m/s}$

式 (6.65) を用いて，格子点 A における圧力も補正することができる．

$$p_A = p_0 - \frac{1}{2}\rho u_1^2 \left(\frac{A_1}{A_A}\right)^2 = 10 - \frac{1}{2} \times 1.0 \times \left(1.68015 \times \frac{0.45}{0.5}\right)^2 = 8.85671$$

まず，速度場が連続性を満たすかを確認する．u の格子点において計算した質量流量 $\rho u A$ は，次のように求められる．

連続性の確認				
格子点	1	2	3	4
$\rho u A$	0.75607	0.75607	0.75607	0.75607

ベルヌーイの式から得られる正確な質量流量は $0.44721\,\mathrm{kg/s}$ であるため，解析解の誤差は $+69\%$ である．1 回の反復計算の後の解には精度を期待しないため，これは問題ない．それにもかかわらず，速度の格子点すべてにおいて質量流量が正確に同じであるという事実は，SIMPLE アルゴリズムの重要な特徴である．これは，より複雑な 2 次元および 3 次元問題にも当てはまる．このアルゴリズムの目的は，それぞれの反復計算の最後に連続性を満たす速度場を求めることである．この重要な保存則との結び付きが，SIMPLE アルゴリズムとその改良版の主な強みである．

1 回の反復計算の最後に計算した速度は，計算した圧力場とはつり合わない．すなわち，運動量はまだ保存しない．もちろん，これは予測した初期速度場に基づいて計算している事実による．そのため，連続の式と運動量保存式を満たすまで反復計算を行う必要がある．

不足緩和

反復計算において，SIMPLE アルゴリズムでは不足緩和が必要である．次の反復計算に対して，速度と圧力の両方に不足緩和（たとえば，ともに 0.8 とする）を用い，次式の速度場および圧力場を用いて次の反復計算を開始する．

$$u_{\mathrm{new}} = (1 - 0.8) \times u_{\mathrm{old}} + 0.8 \times u_{\mathrm{calculated}}$$
$$p_{\mathrm{new}} = (1 - 0.8) \times p_{\mathrm{old}} + 0.8 \times p_{\mathrm{calculated}}$$

次の反復計算に対する速度場は，以下のように求められる．

u_1 [m/s]	u_2 [m/s]	u_3 [m/s]	u_4 [m/s]
1.78856	2.29959	3.21942	5.36571

6.4 節の式 (6.37)，(6.38) で説明したように，離散化した運動方程式における a_P，S_u，d にも不足緩和が用いられる．ただし，これまでに示した離散化した運動量保存式の a_P，S_u，d の値には，これら不足緩和は含まれていないことに注意しなければならない．実際の計算では，最初から不足緩和を用いるため，不足緩和を用いた解はこれまで示した解と少し異なる．

反復計算における収束と誤差

不足緩和した速度および圧力を運動量保存式に代入した場合，偶然，反復計算 1 回で最終的な解を計算しない限り（初期速度場および圧力場の選択がよかった場合など），これらの式は保存式を満足しない．たとえば，次の反復計算において格子点 1 の離散化した運動量保存式は，次式のようになる．

$$1.20425 u_1 = 1.98592$$

速度の格子点すべてにおいて，離散化した運動量保存式の左辺と右辺の差を**運動量の残差**（**momentum residual**）とよぶ．現在の速度の値 $u_1 = 1.78856$ を代入すると，次式のように求められる．

格子点 1 における u 運動量保存式の残差 $= 1.20425 \times 1.78856 - 1.98592 = 0.16795$

反復計算の結果，収束が得られたならば，この残差は減少し，計算した速度と圧力場の収支が改善したことを示す．理想的には，離散化した圧力の補正値と運動量保存式における質量と運動量の収支が完全にとれたとき，計算を終了させたい．しかし実際は，計算機における数値の精度が有限であるため，これは不可能である．高精度な数値を用いて計算したとしても，計算時間が膨大となってしまう．そのため，これ以上改善しても実用的に意味がないほど，厳密な収支に十分に近づいたならば，反復計算を終了させる．

計算結果の収束判定として，速度の格子点すべてにおける運動量の残差を計算し，残差の絶対値の総和を確認する．残差は正にも負にもなりうることに注意する．絶対値の総和を用いることで，正負の打ち消しあいによる誤った判断を避ける．残差の絶対値の総和が前もって決めた小さな値（10^{-5} など）よりも小さくなれば，収束解が得られたとする．反復計算を終了させる回数を決めるのはよくないことに注意しなければならない．残差の総和は，格子点すべてにおいておおむね同じ量が減少する残差により減少する場合や，残差がまったく減少しない計算格子と減少する計算格子が少しある場合の残差により減少する場合がある．格子点が多くある計算格子では，大幅に減少している多くの残差に隠れて，少しずつ増加している残差すらある．それにもかかわらず，流体の流れの計算の収束判定にはいつも残差の総和が用いられている．残差の利用と反復計算における収束に関するさらなる考察については，第 10 章を参照していただきたい．

解

圧力と速度の両方に緩和係数 0.8 を与え，運動量残差の絶対値の総和に対する許容誤差を 10^{-5} とした場合，反復計算 19 回で収束する．解を下表に示す．

繰り返し計算 19 回後の圧力場および速度場の収束解							
圧力 [Pa]				速度 [m/s]			
格子点	数値解	理論解	誤差 [%]	格子点	数値解	理論解	誤差 [%]
A	9.22569	9.60000	−3.9	1	1.38265	0.99381	39.1
B	9.00415	9.37500	−4.0	2	1.77775	1.27775	39.1
C	8.25054	8.88889	−7.2	3	2.48885	1.78885	39.1
D	6.19423	7.50000	−17.4	4	4.14808	2.98142	39.1
E	0	0	—				

この格子点 5 個の計算格子に対する質量流量の収束解は 0.62221 kg/s である．これは，厳密解と比較して 39% 大きい．計算格子を細かくすると，徐々に厳密解に近い解を得ることができる．格子点を 10 個，20 個，50 個とすると，質量流量はそれぞれ 0.5205，0.4805，0.4597 kg/s となる．これは，体系的に計算格子を細かくすることにより，解の誤差を減らすことができることを示している．格子点を 200 個，500 個，1000 個などとさらに細かくすると，質量流量は厳密解 0.44721 kg/s に収束する．これを図 6.12 に示す．

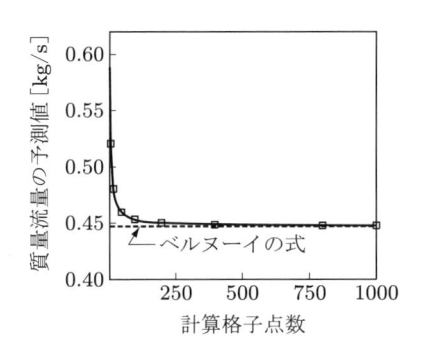

図 **6.12** 計算格子に対する質量流量の計算結果

流出境界条件に対するコメント

最後に，下流の境界条件の問題について簡単に考察する．例題 6.1 では出口における圧力を $p_D = 0$ とした．圧力の補正式を解くことで，(p_D と相対的な）ゲージ圧（**gauge pressure**）として格子点 D 以外の点の圧力を求める．点 D における絶

対圧は，この場所におけるゼロではない参照値 $p_{\mathrm{Abs},D} = p_{\mathrm{Ref}}$ である．点 D における絶対圧にゲージ圧を加えることで，点 N における**絶対圧（absolute pressure）** $p_{\mathrm{Abs},N} = p_{\mathrm{Ref}} + p_{\mathrm{Gauge},N}$ を求めることができる．計算領域において，ほかのどこか参照点 R における絶対圧が既知の場合（$p_{\mathrm{Abs},R} = p_{\mathrm{Ref}}$），点 N における絶対圧を $p_{\mathrm{Abs},N} = p_{\mathrm{Ref}} + (p_{\mathrm{Gauge},N} - p_{\mathrm{Gauge},R})$ から求めることができる．離散化した運動量保存式の生成項には圧力差で現れるため，物性値が一定の流れでは，実際の圧力 p_{Ref} は重要ではない．絶対圧力に依存した物性を伴う流れ場を解く場合（圧縮性流れなど），新しい絶対圧を計算するたびに，反復計算に流体の物性値を更新する構造を追加することで，SIMPLE アルゴリズムを改良する．

2.10 節で示したとおり，既知の流入速度と，連動する下流の境界の流出境界条件を用いることも可能である．流出境界条件では，下流の境界において速度の勾配をゼロにする必要がある．これは，境界をまたぐ 2 個の格子の速度を等しくすることで設定することができる．すなわち，

$$u_5 = u_4 \tag{6.70}$$

である．例題 6.1 では，圧力の補正値をゼロとすることで固定圧力境界を設定した．これは，元の圧力の補正式の連立方程式から式を一つ減らしている．式 (6.70) から圧力を求めることはできないため，例題 6.1 において，この速度勾配ゼロの境界を用いた場合，格子点 A，B，C の三つの圧力の補正式しかないが，四つの（未知の）圧力の補正値（p'_A, p'_B, p'_C, p'_D）がある．そのため，式が一つ足りないかのよう思われる．この問題を解決するために，離散化した運動量保存式において圧力差が重要であることに再び注意し，これまでの方法を用いて，出口の面における任意の参照圧力 $p_D = p_{\mathrm{Ref}}$ を設定する．便宜上，$p_D = p_{\mathrm{Ref}} = 0$ とするのが最も簡単である．圧力を固定することで，圧力の補正値をゼロとし，これまでの例題のように圧力の補正式を解き，ゲージ圧力として圧力の解を求める．

6.11 まとめ

有限体積法を用いて圧力と速度を計算するための，最も有名な解法のアルゴリズムを説明してきた．これらには，すべて以下の一般的な特徴がある．

- 反復解法を適用することにより，運動量の非線形性や輸送方程式間の結び付きに関する問題を解く．
- 高い頻度で起こる圧力場の空間的な振動を回避するために，速度成分をスタッガー

ド格子上に定義する.
- スタッガード格子では,スカラーコントロールボリュームのセル界面に速度を保存する.セル界面に圧力の格子点があるスタッガードコントロールボリュームにおいて離散化した運動量保存式を解く.
- SIMPLE アルゴリズムは,圧力場と速度場を計算するための反復手順である.初期圧力場 p^* から始め,主な手順は,以下のとおりである.
  - 計算途中の速度場 (u^*, v^*) を求めるために,運動量保存式を解く.
  - 圧力補正 p' に対する式の形で連続の式を解く.
  - 圧力と速度を以下のように補正する.

  $$p_{I,J} = p^*_{I,J} + p'_{I,J}$$
  $$u_{i,J} = u^*_{i,J} + d_{i,J}(p'_{I-1,J} - p'_{I,J})$$
  $$v_{I,j} = v^*_{I,j} + d_{I,j}(p'_{I,J-1} - p'_{I,J})$$

  - スカラー変数 ϕ に対するほかの離散化した輸送方程式をすべて解く.
  - p, u, v, ϕ がすべて収束するまで繰り返す.
- SIMPLE の改良版は,より経済的かつ安定な繰り返し計算となる.
- 定常状態の PISO アルゴリズムには,反復計算 1 回に対する性能を改善するため,SIMPLE に特別な補正手順が加えられている.
- 一般的な計算に対して,どの手順が最もよいかははっきりしない.
- 反復計算の安定性を保証するために,すべての方法に不足緩和が必要である.

第7章

離散化方程式の解法

7.1 はじめに

　前章まででは，流動と伝熱の基礎式を離散化する方法について説明してきた．この過程では，連立一次方程式を解くことが必要である．連立方程式の複雑さと大きさは，その問題の次元，格子数や，離散化方法に依存する．妥当な方法であればどんな方法でも連立一次方程式を解くことができるものの，利用できる計算機リソースはかなり限られている．連立一次方程式を解くための方法は大別して二つあり，**直接法（direct method）**と**間接法（indirect method）**もしくは**反復法（iterative method）**である．直接法の単純な例として，クラメール行列反転公式（Cramer's rule matrix inversion）やガウス消去法（Gaussian elimination）がある．直接法を用いた場合，N 個の未知数をもつ N 本の連立方程式を解くための実行回数はあらかじめ決定することができ，N^3 回程度である．また，連立方程式の N^2 個の係数をすべて同時に記憶する必要がある．

　反復法は比較的簡単なアルゴリズムを繰り返し，ときには多くの反復回数で最終的な収束解を導く方法である．よく知られる例として，ヤコビ法（Jacobi method）やガウス－ザイデル法（Gauss-Seidel point-iterative method）がある．一般に，1回の反復計算あたり N 回程度であるが，全反復回数をあらかじめ予測することはできない．連立方程式が厳しい条件を満たさない限り，収束することが保証されない場合もある．反復法の大きな利点は，連立方程式の非ゼロ要素しか記憶する必要がないことである．

　4.3節では，1次元熱伝導問題は三重対角行列，つまり，1本の方程式あたり非ゼロ要素を3個もつ行列となった．QUICK スキームを対流－拡散問題に適用した場合，非ゼロ要素を5個もつ五重対角行列となり，取扱いがさらに複雑である．通常，有限体積法では連立方程式を得るが，それぞれの式の大部分はゼロ要素である．実際の数値流体力学の問題では，連立方程式が10万〜100万本と非常に多くなる可能性があるため，一般に，反復法は直接法よりも計算容量がずっと少なくて済むことがわかる．

　Thomas (1949) は，現在トーマスアルゴリズムもしくは三重対角行列アルゴリズム（tri-diagonal matrix algorithm, TDMA）とよばれる，三重対角行列となる連立方程式を速く解くための解法を開発した．TDMA は，実際には1次元に対する直接法で

あるものの，線順法（line-by-line fashion）を用いることで多次元問題にも反復的に適用することができ，数値流体力学の問題で広く用いられる．TDMA は計算負荷が小さく，必要な記憶容量が最小限で済むという利点がある．本章では，TDMA を 7.2 節から 7.5 節で詳しく説明する．

ヤコビ法やガウス-ザイデル法は容易に実装可能な汎用反復計算のアルゴリズムである．しかし，連立方程式が多い場合，収束は遅くなりやすい．当初，これらは数値流体力学の計算に適していないと考えられていた．しかし，マルチグリッド法（multigrid acceleration techniques）の開発により，いまでは商用の数値流体力学プログラムに選ばれるほど，反復解法の収束性が改善された．点反復法とマルチグリッド法について 7.6 節と 7.7 節で述べ，この章の終わりではほかの方法についても簡単に解説する．

7.2 TDMA

三重対角行列となる連立方程式を考えよう．

$$
\begin{aligned}
\phi_1 &= C_1 & (7.1\text{a}) \\
-\beta_2\phi_1 + D_2\phi_2 - \alpha_2\phi_3 &= C_2 & (7.1\text{b}) \\
-\beta_3\phi_2 + D_3\phi_3 - \alpha_3\phi_4 &= C_3 & (7.1\text{c}) \\
-\beta_4\phi_3 + D_4\phi_4 - \alpha_4\phi_5 &= C_4 \\
&\cdots \\
-\beta_n\phi_{n-1} + D_n\phi_n - \alpha_n\phi_{n+1} &= C_n & (7.1n) \\
\phi_{n+1} &= C_{n+1} & (7.1n+1)
\end{aligned}
$$

この連立方程式では，ϕ_1 と ϕ_{n+1} は既知の境界値である．どの単一の方程式も，一般形は次の形で表される．

$$-\beta_j\phi_{j-1} + D_j\phi_j - \alpha_j\phi_{j+1} = C_j \tag{7.2}$$

この式 (7.1b–n) は，次式のように書き換えることができる．

$$\phi_2 = \frac{\alpha_2}{D_2}\phi_3 + \frac{\beta_2}{D_2}\phi_1 + \frac{C_2}{D_2} \tag{7.3a}$$

$$\phi_3 = \frac{\alpha_3}{D_3}\phi_4 + \frac{\beta_3}{D_3}\phi_2 + \frac{C_3}{D_3} \tag{7.3b}$$

$$\phi_4 = \frac{\alpha_4}{D_4}\phi_5 + \frac{\beta_4}{D_4}\phi_3 + \frac{C_4}{D_4} \tag{7.3c}$$

$$\vdots$$

$$\phi_n = \frac{\alpha_n}{D_n}\phi_{n+1} + \frac{\beta_n}{D_n}\phi_{n-1} + \frac{C_n}{D_n} \tag{7.3n-1}$$

これらの方程式を，前進代入（forward elimination）と後退代入（backward elimination）

により解くことができる．式 (7.3a) を代入し，式 (7.3b) から ϕ_2 を消去することで**前進代入**を始めると，次式が得られる．

$$\phi_3 = \left(\frac{\alpha_3}{D_3 - \beta_3 \frac{\alpha_2}{D_2}}\right)\phi_4 + \left[\frac{\beta_3\left(\frac{\beta_2}{D_2}\phi_1 + \frac{C_2}{D_2}\right) + C_3}{D_3 - \beta_3 \frac{\alpha_2}{D_2}}\right] \quad (7.4a)$$

次の記号

$$A_2 = \frac{\alpha_2}{D_2} \quad \text{および} \quad C_2' = \frac{\beta_2}{D_2}\phi_1 + \frac{C_2}{D_2} \quad (7.4b)$$

を導入すると，式 (7.4a) を次式のように書き換えることができる．

$$\phi_3 = \left(\frac{\alpha_3}{D_3 - \beta_3 A_2}\right)\phi_4 + \left(\frac{\beta_3 C_2' + C_3}{D_3 - \beta_3 A_2}\right) \quad (7.4c)$$

同様に，

$$A_3 = \frac{\alpha_3}{D_3 - \beta_3 A_2} \quad \text{および} \quad C_3' = \frac{\beta_3 C_2' + C_3}{D_3 - \beta_3 A_2}$$

を用いて，式 (7.4c) を次式のように書き換えることができる．

$$\phi_3 = A_3 \phi_4 + C_3' \quad (7.5)$$

ここで，式 (7.3c) から ϕ_3 を消去するために式 (7.5) を用いることができ，この方法を連立方程式の最後の式まで繰り返し適用する．これが前進代入である．

後退代入に対しては，次に示す漸化式 (7.5) の一般形を用いる．

$$\phi_j = A_j \phi_{j+1} + C_j' \quad (7.6a)$$

ここで，係数はそれぞれ次式で与えられる．

$$A_j = \frac{\alpha_j}{D_j - \beta_j A_{j-1}} \quad (7.6b)$$

$$C_j' = \frac{\beta_j C_{j-1}' + C_j}{D_j - \beta_j A_{j-1}} \quad (7.6c)$$

この式に，境界点 $j = 1$ と $j = n+1$ での A と C' の値を適用することができる．

$$A_1 = 0 \quad \text{および} \quad C_1' = \phi_1$$

$$A_{n+1} = 0 \quad \text{および} \quad C_{n+1}' = \phi_{n+1}$$

連立方程式を解くために，まず式 (7.2) の形に変形し，α_j，β_j，D_j，C_j を定義する．

その後，式 (7.6b, c) を用いて $j=2$ から $j=n$ まで A_j と C'_j の値を計算する．境界点 $(n+1)$ での ϕ は既知であるため，漸化式 (7.6a) により，逆順 (ϕ_n, ϕ_{n-1}, ϕ_{n-2}, $\cdots$, ϕ_2) に ϕ_j を求めることができる．この方法は単純であり，数値流体力学の問題に組み込みやすい．TDMA の Fortran サブルーチンが，Anderson ら (1984) によって提供されている．

この TDMA の導出では，境界値 ϕ_1 と ϕ_{n+1} を既知であると仮定した．固定勾配（もしくは流束）境界条件を用いるためには，たとえば，$j=1$ で式 (7.1b) の係数 β_2 をゼロにし，境界を通過する流束を生成項 C_2 に組み込む．ここで，境界での変数の実際の値は式には直接用いない．以下の例で説明するように，TDMA を適用するうえで，最初の値もしくは最後の値がなくても問題にならない．

7.3 2 次元問題に対する TDMA の適用

2 次元問題に対しては，連立方程式を解くために TDMA を反復的に適用することができる．図 7.1 のような計算格子と，一般的な 2 次元の離散化した輸送方程式を考えよう．

$$a_P \phi_P = a_W \phi_W + a_E \phi_E + a_S \phi_S + a_N \phi_N + b \tag{7.7}$$

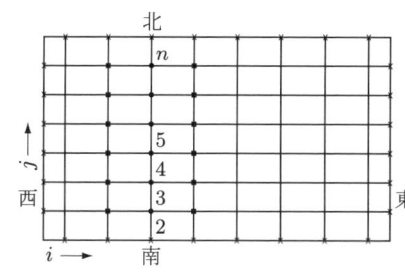

図 7.1 TDMA を適用した線順法

連立方程式を解くために，たとえば，北 – 南 (n-s) 線に TDMA を適用する．そこで，離散化方程式を次式の形に書き換える．

$$-a_S \phi_S + a_P \phi_P - a_N \phi_N = a_W \phi_W + a_E \phi_E + b \tag{7.8}$$

式 (7.8) の右辺を，一時的に既知であると仮定する．$\alpha_j \equiv a_N$，$\beta_j \equiv a_S$，$D_j \equiv a_P$，$C_j \equiv a_W \phi_W + a_E \phi_E + b$ とすると，式 (7.8) は式 (7.2) の形で表される．ここで，図 7.1 で示したように，選んだ線の北 – 南方向に沿って，$j=2,3,4,\cdots,n$ の変数の値を求

めることができる．

　その後，計算を次の北－南線に移す．移動した線の列は掃引方向として知られている．西から東へ掃引する場合，前の線の計算から格子点 P の西側の ϕ_W の値は既知である．しかし，その東側の ϕ_E の値は未知であり，解法を反復しなければならない．それぞれの反復において，ϕ_E は前回の反復の最後の値とするか，最初の反復の初期値（たとえばゼロ）とする．この線順法を，収束解が得られるまで何度も繰り返す．

7.4　3 次元問題に対する TDMA の適用

　3 次元問題の場合，選択したある平面において，線順法により TDMA を適用する．その後，面から面に計算領域を走査しながら，次の平面に移動する．たとえば，図 7.2 の x-y 平面で北－南線に沿って解く場合，離散化した輸送方程式を次式のように書き換える．

$$-a_S\phi_S + a_P\phi_P - a_N\phi_N = a_W\phi_W + a_E\phi_E + a_B\phi_B + a_T\phi_T + b \qquad (7.9)$$

式 (7.9) の右辺の点 B，T での値と同様に，点 W，E での値を一時的に既知であると考える．TDMA を用い，選んだ北－南線に沿って ϕ の値を計算する．計算を次の線に移動し，その後，それぞれの線で未知の値がすべて計算されるまで，平面すべてに対して掃引する．一つの平面が終わった後，計算を次の平面に進める．

　2 次元や 3 次元計算の場合，すべての境界条件をより効果的に計算に組み込むために，**掃引方向を交互**にし，収束性を高めることがある．3 次元の問題で，東－西線に沿って解く場合は，離散化方程式を次式のように書き換える．

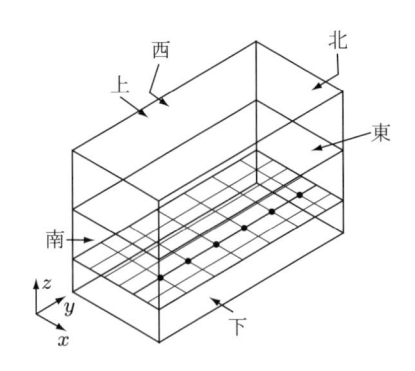

$$-a_W\phi_W + a_P\phi_P - a_E\phi_E = a_S\phi_S + a_N\phi_N + a_B\phi_B + a_T\phi_T + b \qquad (7.10)$$

図 7.2　3 次元問題に対する TDMA の適用

7.5 例題

例題 7.1　1次元でのTDMAの詳細

4.3 節の例題 4.3 のはじめに説明した，ロッドの 1 次元定常伝導 – 対流伝熱を考える．図 7.3 にその模式図を示す．左側の境界の温度を 100℃ とし，右側の境界を通過する熱流束がゼロとなるように断熱とする．熱は対流伝熱により周囲に奪われる．TDMA を用いて，この問題に対する行列方程式 (4.49) を解け．

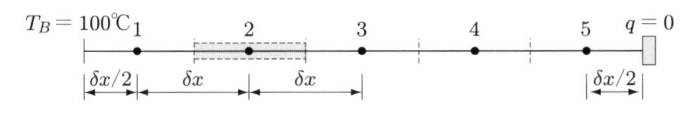

図 7.3　例題 7.1 の計算格子

解

4.3 節で示した行列方程式は，次のとおりである．

$$\begin{bmatrix} 20 & -5 & 0 & 0 & 0 \\ -5 & 15 & -5 & 0 & 0 \\ 0 & -5 & 15 & -5 & 0 \\ 0 & 0 & -5 & 15 & -5 \\ 0 & 0 & 0 & -5 & 10 \end{bmatrix} \begin{bmatrix} \phi_1 \\ \phi_2 \\ \phi_3 \\ \phi_4 \\ \phi_5 \end{bmatrix} = \begin{bmatrix} 1100 \\ 100 \\ 100 \\ 100 \\ 100 \end{bmatrix} \tag{4.49}$$

TDMA で用いる方程式の一般形は，次のとおりである．

$$-\beta_j \phi_{j-1} + D_j \phi_j - \alpha_j \phi_{j+1} = C_j \tag{7.2}$$

格子点 1 と 5 は境界点であり，$\beta_1 = 0$，$\alpha_5 = 0$ とする．境界での ϕ を用いずに，生成項 C_j を用いて境界条件を計算に組み込む．

この結果をはっきり示すために，格子点それぞれに対する α，β，D，C の値を表 7.1 に示し，漸化式 (7.6b)，(7.6c) を用いて反復計算した A_j，C_j' の値を表 7.2 に示す．

式 (7.6a)，$\phi_j = A_j \phi_{j+1} + C_j'$ の後退代入による解は，次式のように求められる．

$$\phi_5 = 0 + 21.30 = 21.30$$

$$\phi_4 = 0.3816 \times 21.30 + 14.4735 = 22.60$$

$$\phi_3 = 0.3793 \times 22.60 + 17.9308 = 26.50$$

$$\phi_2 = 0.3636 \times 26.50 + 27.2727 = 36.91$$

$$\phi_1 = 0.25 \times 36.91 + 55 = 64.23$$

表 7.1

格子点	β_j	D_j	α_j	C_j	A_j	C'_j
1	0	20	5	1100	0.25	55
2	5	15	5	100	0.3636	27.2727
3	5	15	5	100	0.3793	17.9308
4	5	15	5	100	0.3816	14.4735
5	5	10	0	100	0.00	21.3009

表 7.2 計算値

$$A_j = \frac{\alpha_j}{D_j - \beta_j A_{j-1}} \qquad C'_j = \frac{\beta_j C'_{j-1} + C_j}{D_j - \beta_j A_{j-1}}$$

$$A_1 = \frac{5}{(20-0)} = 0.25 \qquad C'_1 = \frac{0+1100}{(20-0)} = 55$$

$$A_2 = \frac{5}{(15-5\times 0.25)} = 0.3636 \qquad C'_2 = \frac{5\times 55 + 100}{(15-5\times 0.25)} = 27.2727$$

$$A_3 = \frac{5}{(15-5\times 0.3636)} = 0.3793 \qquad C'_3 = \frac{5\times 27.2727 + 100}{(15-5\times 0.3636)} = 17.9308$$

$$A_4 = \frac{5}{(15-5\times 0.3793)} = 0.3816 \qquad C'_4 = \frac{5\times 17.9308 + 100}{(15-5\times 0.3793)} = 14.4735$$

$$A_5 = 0 \qquad C'_5 = \frac{5\times 14.4735 + 100}{(10-5\times 0.3816)} = 21.3009$$

例題 7.2 2 次元で線順法を適用した TDMA

図 7.4 に, 厚さ 1 cm の 2 次元平板を示す. 平板の熱伝導率は, $k = 1000\,\mathrm{W/m\cdot K}$ である. 西側の境界は固定熱流束 $500\,\mathrm{kW/m^2}$ であり, 南側と東側の境界は断熱である. 北側の境界を温度 100℃ に固定した場合, 格子点 1, 2, 3, 4, … における定常状態の温度分布を計算するために, 等間隔格子 $\Delta x = \Delta y = 0.1\,\mathrm{m}$ を用いよ.

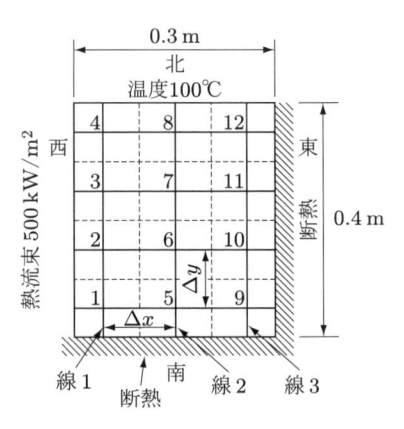

図 7.4 例題 7.2 の 2 次元伝熱問題に対する境界条件

解

平板における2次元定常状態の伝熱の基礎式は次式で与えられ,

$$\frac{\partial}{\partial x}\left(k\frac{\partial T}{\partial x}\right) + \frac{\partial}{\partial y}\left(k\frac{\partial T}{\partial y}\right) = 0 \tag{7.11}$$

これを離散化方程式に書き換えることができる.

$$a_P T_P = a_W T_W + a_E T_E + a_S T_S + a_N T_N \tag{7.12a}$$

ここで, それぞれの係数は次のように与えられる.

$$a_W = \frac{k}{\Delta x}A_w \quad a_E = \frac{k}{\Delta x}A_e \quad a_S = \frac{k}{\Delta y}A_s \quad a_N = \frac{k}{\Delta y}A_n \tag{7.12b}$$

$$a_P = a_W + a_E + a_S + a_N \tag{7.12c}$$

この場合, 隣接点の離散化係数の値はすべて等しい.

$$a_W = a_E = a_S = a_N = \frac{1000}{0.1} \times (0.1 \times 0.01) = 10$$

内部の格子点6, 7では,

$$a_P = a_W + a_E + a_S + a_N = 40$$

であるから, 格子点6での離散化方程式は, 次式のようになる.

$$40T_6 = 10T_2 + 10T_{10} + 10T_5 + 10T_7$$

格子点6, 7以外の点はすべて境界に接している.

境界点での離散化方程式は, 次の形で表される.

$$a_P T_P = a_W T_W + a_E T_E + a_S T_S + a_N T_N + S_u$$

$$a_P = a_W + a_E + a_S + a_N - S_p$$

離散化係数をゼロにし, S_u と S_p を用いた生成項として, 境界条件を離散化方程式に組み込む. そうすると, この方法は1次元の例題7.1と同じである. 境界点1, 4に対する離散化方程式を定式化し, この方法を説明する.

格子点1

西側は固定流束境界であり, 西側からの寄与を生成項 b_W に与える.

$$a_W = 0$$

$$b_W = q_w \cdot A_w = 500 \times 10^3 \times (0.1 \times 0.01) = 500$$

南側は断熱境界であり，南側の境界を通過してコントロールボリュームに流入する流束はない．

$$a_S = 0$$
$$b_S = 0$$

生成項の合計は，

$$S_u = b_W + b_S = 500$$
$$S_P = 0$$

であり，格子点1での離散化方程式は，次式で与えられる．

$$20T_1 = 10T_2 + 10T_5 + 500$$

格子点4

西側は固定流束境界である．

$$a_W = 0$$
$$b_W = 500 \times 10^3 \times (0.1 \times 0.01) = 500$$

北側は固定温度境界である．

$$a_N = 0$$
$$b_N = \frac{2k}{\Delta y} A_n \times 100 = 2000$$
$$S_{P_N} = -\frac{2k}{\Delta y} A_n = -20$$

生成項の合計は，

$$S_u = b_W + b_N = 500 + 2000 = 2500$$
$$S_P = -20$$

であり，ここで，係数は，

$$a_P = a_S + a_E - S_P = 10 + 10 + 20 = 40$$

である. 格子点 4 での離散化方程式は，次式のようになる.

$$40T_4 = 10T_3 + 10T_8 + 2500$$

表 7.3 に，すべての格子点での離散化方程式の離散化係数と生成項をまとめる.

表 **7.3**

格子点	a_N	a_S	a_W	a_E	a_P	S_u
1	10	0	0	10	20	500
2	10	10	0	10	30	500
3	10	10	0	10	30	500
4	0	10	0	10	40	2500
5	10	0	10	10	30	0
6	10	10	10	10	40	0
7	10	10	10	10	40	0
8	0	10	10	10	50	2000
9	10	0	10	0	20	0
10	10	10	10	0	30	0
11	10	10	10	0	30	0
12	0	10	10	0	40	2000

西から東に掃引し，TDMA を北 – 南線に沿って適用しよう. 離散化方程式は，次のとおりである.

$$-a_S T_S + a_P T_P - a_N T_N = a_W T_W + a_E T_E + b \tag{7.13}$$

便宜的に，図 7.4 で格子点 1〜4 を含む線を線 1，格子点 5〜8 を含む線を線 2，格子点 9〜12 を含む線を線 3 とする. 格子点 1, 2, 3, 4 での西側の離散化係数はすべてゼロである. したがって，線 1 の西側の値は計算に組み込まれない. 東側の値 (格子点 5, 6, 7, 8) は C を計算するために必要である. これらはこの段階では未知であり，初期値としてゼロと仮定する. 式 (7.2), (7.13) を用いて α_j, β_j, D_j, C_j の値を計算することができる. ここで，$\alpha_j = a_N$, $\beta_j = a_S$, $D_j = a_P$, $C_j = a_W T_W + a_E T_E + S_u$ である. 線 1 に対する α_j, β_j, D_j, C_j, A_j, C'_j の値を表 7.4 にまとめ，A_j, C'_j の計算値を表 7.5 にまとめる.

後退代入することで得られる解は，次のとおりである.

$$T_4 = 0 + 77.667 = 77.67$$
$$T_3 = 0.385 \times 77.667 + 30.769 = 60.67$$

$$T_2 = 0.4 \times 60.67 + 30 = 54.27$$

$$T_1 = 0.5 \times 54.268 + 25 = 52.13$$

表 7.4

格子点	β_j	D_j	α_j	C_j	A_j	C'_j
1	0	20	10	500	0.5	25
2	10	30	10	500	0.4	30
3	10	30	10	500	0.385	30.769
4	10	40	0	2500	0	77.667

表 7.5 計算値

$$A_j = \frac{\alpha_j}{D_j - \beta_j A_{j-1}} \qquad C'_j = \frac{\beta_j C'_{j-1} + C_j}{D_j - \beta_j A_{j-1}}$$

$$A_1 = \frac{10}{(20-0)} = 0.5 \qquad C'_1 = \frac{0+500}{(20-0)} = 25$$

$$A_2 = \frac{10}{(30-10 \times 0.5)} = 0.4 \qquad C'_2 = \frac{10 \times 25 + 500}{(30-10 \times 0.5)} = 30$$

$$A_3 = \frac{10}{(30-10 \times 0.4)} = 0.385 \qquad C'_3 = \frac{10 \times 30 + 500}{(30-10 \times 0.4)} = 30.769$$

$$A_4 = 0 \qquad C'_4 = \frac{10 \times 30.769 + 2500}{(40-10 \times 0.385)} = 77.667$$

線 2 に対する TDMA の計算方法は，線 1 と同様である．ここで，この計算から西側の値は既知であり，東側の値をゼロと仮定する．演習として，詳細な計算を読者に委ねる．格子点 5, 6, 7, 8 での α_j, β_j, D_j, C_j の値を表 7.6 にまとめる．

表 7.6

格子点	β_j	D_j	α_j	C_j
5	0	30	10	521.3
6	10	40	10	542.6
7	10	40	10	606.5
8	10	50	0	2776.7

表 7.7

格子点	β_j	D_j	α_j	C_j
9	0	20	10	273.8
10	10	30	10	300.3
11	10	30	10	384.7
12	10	40	0	2632.3

線 2 に対する TDMA の解は，$T_5 = 27.38$, $T_6 = 30.03$, $T_7 = 38.47$, $T_8 = 63.23$ である．ここで，格子点 9, 10, 11, 12 を含む線 3 に取りかかる．表 7.7 に α_j, β_j, D_j, C_j の値をまとめる．

1 回目の反復計算の最後に，全領域に対して表 7.8 に示す値を得る．

ここで，収束解を得るまでこの方法を繰り返す．この場合，反復計算 37 回後に，表 7.9 に示す（全誤差が 1.0 より小さい）収束解を得る．

表 7.8　1 回目の反復計算の最後に得る値

格子点	1	2	3	4	5	6	7	8	9	10	11	12
T	52.13	54.27	60.67	77.67	27.38	30.03	38.47	63.23	32.79	38.21	51.82	78.76

表 7.9　37 回目の反復後に得る収束解

格子点	1	2	3	4	5	6	7	8	9	10	11	12
T	260.0	242.2	205.6	146.3	222.7	211.1	178.1	129.7	212.1	196.5	166.2	124.0

7.5.1　結びの言葉

これまで，TDMA を用いた連立方程式の解法について説明してきた．このアルゴリズムは，三重対角行列に対して非常に効果的である．TDMA は，前進代入と後退代入の組合せである．

- 前進代入
    - 式 (7.2) の形をした連立方程式に変形する．

$$-\beta_j \phi_{j-1} + D_j \phi_j - \alpha_j \phi_{j-1} = C_j$$

    - α_j, β_j, D_j, C_j の係数を計算する．
    - $j = 2$ から始め，式 (7.6b, c) を用いて A_j と C'_j を計算する．

$$A_j = \frac{\alpha_j}{D_j - \beta_j A_{j-1}} \qquad \text{および} \qquad C'_j = \frac{\beta_j C'_{j-1} + C_j}{D_j - \beta_j A_{j-1}}$$

    - $j = 3$ から $j = n$ まで繰り返す．
- 後退代入
    - $j = n$ から始め，式 (7.6a) を計算して ϕ_n を求める．
    - ϕ_{n-1} から ϕ_2 を求めるために，逆順に $j = n-1$ から $j = 2$ まで繰り返す．

2 次元や 3 次元問題に対しては，線順法を用いて TDMA を反復的に適用しなければならず，計算領域の境界条件を反映させるのが遅くなる可能性がある．数値流体力学の計算では，収束性は掃引方向に依存し，流れの方向の逆や流れ方向に対して平行に掃引するよりも，流れ方向に沿って上流から下流に掃引する方法が速く収束する．内部流れの流れ方向があらかじめわからない，とくに複雑な 3 次元再循環流れの場合，掃引方向を交互にすることで収束性を改善することができる．一般的な安定性を考えると，計算領域全体の変数間の結び付きが必要であり，TDMA は離散化方程式の解法には十分であるとは限らない．

高次精度スキームでは，離散化する過程において，それぞれの離散化方程式とこれ

らに接する隣接点以外の格子点とを結び付ける．この場合，隣接点の寄与を生成項に組み込むことでのみ，TDMA を適用することができる．しかし，このことは安定性の観点から望ましくなく，高次精度スキームの影響が弱まる可能性がある．また，非定常流れに適用する場合（第 8 章参照），スキームの陰的な性質が妨げになる場合がある．QUICK スキームやほかの高次精度離散化スキームの場合のような，解くべき連立方程式が五重対角行列の形となる特別な場合には，代わりとなる解法があり，五重対角行列アルゴリズムとして知られる，TDMA を一般化した解法を用いることができる．基本的には，一連の計算において，元の行列方程式を上三角行列まで減らし，解を求めるために後退代入を行う．この方法の詳細を Fletcher (1991) で見つけることができる．しかし，この方法は TDMA ほど効果的ではない．

7.6 点反復法

簡単な例を用いて点反復法を紹介する．未知数 3 個をもつ方程式 3 本を考えよう．

$$
\begin{aligned}
2x_1 + x_2 + x_3 &= 7 \\
-x_1 + 3x_2 - x_3 &= 2 \\
x_1 - x_2 + 2x_3 &= 5
\end{aligned}
\tag{7.14}
$$

反復法では，x_1 を左辺に残すために最初の式を，x_2 を左辺に残すために 2 番目の式を次式のように書き換える．

$$
\begin{aligned}
x_1 &= (7 - x_2 - x_3)/2 \\
x_2 &= (2 + x_1 + x_3)/3 \\
x_3 &= (5 - x_1 + x_2)/2
\end{aligned}
\tag{7.15}
$$

式 (7.15) の両辺に未知数 x_1，x_2，x_3 があることがわかる．右辺の x_1，x_2，x_3 に対して推測した初期値を代入することで，この連立方程式を反復的に解くことが可能である．これにより，式 (7.15) の左辺の未知数の新たな値を計算することができる．次の段階で右辺にその新たな値を代入し，左辺の未知数を再度計算する．収束した場合，この未知数は連立方程式の真の解に近づく．解に変化がなくなるまでこの方法を繰り返す．

反復法が収束する条件の一つとして，行列が対角優位でなければならない（5.4.2 項での有界性の説明を参照のこと）．一般的な連立方程式を解く場合には，方程式を書き換えなければならないこともあるものの，有限体積法では離散化の過程の一部として

対角優位となるため，この性質に特別な注意を払う必要はない．

ヤコビ法やガウス – ザイデル法では，行列方程式の右辺に少し異なる代入を行う．以下で，これらの方法の主な特徴について述べる．

■ 7.6.1 ヤコビ法

ヤコビ法では，k 回目の反復計算において，$k-1$ 回目の反復計算後で得た既知の $x_1^{(k-1)}$, $x_2^{(k-1)}$, $\cdots$ などの値を右辺に代入することで，左辺の $x_1^{(k)}$, $x_2^{(k)}$, $\cdots$ の値を求める．この例では，推測した初期値として $x_1^{(0)} = x_2^{(0)} = x_3^{(0)} = 0$ を用いよう．式 (7.15) の右辺にこれらの値を代入すると，

$$x_1^{(1)} = 3.500 \qquad x_2^{(1)} = 0.667 \qquad x_3^{(1)} = 2.500$$

となる．2 回目の反復計算では，式 (7.15) の右辺にこれらの値を代入する．この過程を繰り返すと，表 7.10 に示す結果を得る．

表 7.10 ヤコビ法を用いた連立方程式 (7.14) の解

反復回数	0	1	2	3	4	5	$\cdots$	17
x_1	0	3.5000	1.9167	1.6250	1.2292	1.1563	$\cdots$	1.0000
x_2	0	0.6667	2.6667	1.6667	2.1667	1.9167	$\cdots$	2.0000
x_3	0	2.5000	1.0833	2.8750	2.5208	2.9688	$\cdots$	3.0000

反復計算 17 回後に $x_1 = 1.0000$, $x_2 = 2.0000$, $x_3 = 3.0000$ が得られ，反復回数を増やしても，これ以上解が変化しない．これらの値を元の式 (7.14) に代入すると，この解にはすべて小数第 4 位の精度があることがわかる．

この方法を一般化するために，行列形式 $\mathbf{A} \cdot \mathbf{x} = \mathbf{b}$，もしくは行列 $\mathbf{A}$ の係数を明示的に表す式で，n 個の未知数をもつ n 本の連立方程式を考える．

$$\sum_{j=1}^{n} a_{ij} x_j = b_i \tag{7.16}$$

すべての反復法では，i 番目の方程式において，x_i の寄与を左辺に，そのほかの項を右辺に移項する．

$$a_{ii} x_i = b_i - \sum_{\substack{j=1 \\ j \neq i}}^{n} a_{ij} x_j \qquad (i = 1, 2, \cdots, n) \tag{7.17}$$

ヤコビ法では，両辺を係数 a_{ii} で除し，前回の $k-1$ 回目の反復の最後における x_j の右辺の値を用い，k 回目の反復での左辺を計算する．

$$\boxed{x_i^{(k)} = \sum_{\substack{j=1 \\ j \neq i}}^{n} \left(\frac{-a_{ij}}{a_{ii}}\right) x_j^{(k-1)} + \frac{b_i}{a_{ii}} \qquad (i = 1, 2, \cdots, n)} \qquad (7.18)$$

式 (7.18) は，実際の計算に用いる**ヤコビ法**に対する**反復方程式**である．行列形式では，この方程式を次式のように書き換えることができる．

$$\mathbf{x}^{(k)} = \mathbf{T} \cdot \mathbf{x}^{(k-1)} + \mathbf{c} \qquad (7.19\text{a})$$

ただし，$\mathbf{T} =$ 反復行列

$\mathbf{c} =$ 定数ベクトル

反復行列の係数 T_{ij} は，次のとおりである．

$$T_{ij} = \begin{cases} -\dfrac{a_{ij}}{a_{ii}} & i \neq j \text{ の場合} \\ 0 & i = j \text{ の場合} \end{cases} \qquad (7.19\text{b})$$

定数ベクトルの要素は，次式で与えられる．

$$c_i = \frac{b_i}{a_{ii}} \qquad (7.19\text{c})$$

■ 7.6.2 ガウス-ザイデル法

式 (7.15) を再び考えることで，ガウス-ザイデル法の説明を始める．ヤコビ法では，前回の反復計算で求めた値，もしくは初期の予測した値を用いて右辺を算出した．右辺をすべて同時計算するならば，これ以上議論の余地はないが，ほとんどの計算機では逐次計算を行う．したがって，反復計算の 1 回目で予測した初期値 $x_2^{(0)} = 0$ と $x_3^{(0)} = 0$ を用いて，次の解を求めるために逐次計算を開始する．

$$x_1^{(1)} = \frac{7 - x_2^{(0)} - x_3^{(0)}}{2} = \frac{7 - 0 - 0}{2} = 3.5$$

次に，2 番目の方程式 $x_2 = (2 + x_1 + x_3)/3$ を計算する．右辺に x_1 と x_3 が含まれていることに注意する．ヤコビ法では，予測した初期値から $x_2^{(0)} = 0$ と $x_3^{(0)} = 0$ を用いたが，逐次計算の場合，更新した $x_1^{(1)}$ の値，すなわち $x_1^{(1)} = 3.5$ をすでに求めていること注意する．ガウス-ザイデル法では，直前に得た値を直接用いて計算する．

$$x_2^{(1)} = \frac{2 + x_1^{(1)} + x_3^{(0)}}{3} = \frac{2 + 3.5 + 0}{3} = 1.8333$$

3 番目の式 $x_3 = (5 - x_1 + x_2)/2$ を計算するために，ガウス-ザイデル法では $x_1^{(1)} = 3.5$，$x_2^{(1)} = 1.8333$ のように，用いることができる右辺の最新の値を用いる．

$$x_3^{(1)} = \frac{5 - x_1^{(1)} + x_2^{(1)}}{2} = \frac{5 - 3.5 + 1.8333}{2} = 1.6667$$

同じ方法で 2 回目以降の反復計算を続ける．その解を表 7.11 に示す．

表 7.11 ガウス-ザイデル法を用いた連立方程式 (7.14) の解

反復回数	0	1	2	3	4	5	⋯	13
x_1	0	3.5000	1.7500	1.3333	1.1181	1.0475	⋯	1.0000
x_2	0	1.8333	1.8056	1.9537	1.9761	1.9922	⋯	2.0000
x_3	0	1.6667	2.5278	2.8102	2.9290	2.9724	⋯	3.0000

反復計算 13 回後に最終的な解を得る．Ralston と Rabinowitz (1978) は，ガウス-ザイデル法は速く収束するため，ヤコビ法より優れていると言及している．

この例は簡単に一般化することができ，**ガウス-ザイデル法に対する反復計算の式は**次式のように示される．

$$x_i^{(k)} = \sum_{j=1}^{i-1}\left(\frac{-a_{ij}}{a_{ii}}\right)x_j^{(k)} + \sum_{j=i+1}^{n}\left(\frac{-a_{ij}}{a_{ii}}\right)x_j^{(k-1)} + \frac{b_i}{a_{ii}} \quad (i = 1, 2, \cdots, n) \quad (7.20)$$

行列形式で表すと，次式のようになる．

$$\mathbf{x}^{(k)} = \mathbf{T}_1 \cdot \mathbf{x}^{(k)} + \mathbf{T}_2 \cdot \mathbf{x}^{(k-1)} + \mathbf{c} \quad (7.21\text{a})$$

行列 $\mathbf{T}_1$ と $\mathbf{T}_2$ の係数は，以下のとおりである．

$$T_{1ij} = \begin{cases} -\dfrac{a_{ij}}{a_{ii}} & i > j \text{ の場合} \\ 0 & i \leq j \text{ の場合} \end{cases} \quad (7.21\text{b})$$

$$T_{2ij} = \begin{cases} 0 & i \geq j \text{ の場合} \\ -\dfrac{a_{ij}}{a_{ii}} & i < j \text{ の場合} \end{cases} \quad (7.21\text{c})$$

また，定数ベクトルの要素はこれまでのとおりである．

$$c_i = \frac{b_i}{a_{ii}} \quad (7.21\text{d})$$

■ 7.6.3 緩和法

ヤコビ法やガウス-ザイデル法の収束性は，反復行列の性質に依存する．緩和係数 (relaxation parameter) α とよばれるパラメータを導入することで，これらの収束性が向上することがわかっている．ヤコビ法に対して，反復計算の式 (7.18) を考えよう．

これも，次式のように書き換えられることが簡単にわかる．

$$x_i^{(k)} = x_i^{(k-1)} + \sum_{j=1}^{n}\Big(\frac{-a_{ij}}{a_{ii}}\Big)x_j^{(k-1)} + \frac{b_i}{a_{ii}} \quad (i=1,2,\cdots,n) \qquad (7.22)$$

右辺の第2項と第3項に**緩和係数**αを乗じることで，反復法における解の収束性の改善を試みる．

$$x_i^{(k)} = x_i^{(k-1)} + \alpha\Bigg[\sum_{j=1}^{n}\Big(\frac{-a_{ij}}{a_{ii}}\Big)x_j^{(k-1)} + \frac{b_i}{a_{ii}}\Bigg] \quad (i=1,2,\cdots,n) \qquad (7.23)$$

式 (7.23) で $\alpha=1$ を用いた場合，元のヤコビ法 (7.18) に帰着するが，緩和係数 α を変化させると，異なる反復法となる．緩和係数を $0<\alpha<1$ とした場合は**不足緩和法** (under-relaxation method) とよばれるのに対し，$\alpha>1$ とした場合は**過緩和法** (over-relaxation method) とよばれる．

式 (7.23) を適用する前に，緩和係数 α を組み込み，最終的な解が変化することなく収束過程が変化することを確認する．まず，式 (7.23) の角括弧の中の式を行列方程式 (7.16) と比較する．反復計算が収束する場合，ベクトル $x_j^{(k\to\infty)}$ は，連立方程式の真の解になる．

$$\sum_{j=1}^{n} a_{ij} x_j^{(k\to\infty)} = b_i \quad (i=1,2,\cdots,n)$$

両辺を係数 a_{ii} で除し，書き換えると，

$$\frac{b_i}{a_{ii}} + \sum_{j=1}^{n}\frac{-a_{ij}}{a_{ii}}x_j^{(k\to\infty)} = 0 \quad (i=1,2,\cdots,n) \qquad (7.24)$$

となる．また，反復計算 k 回後では，計算途中の解ベクトル $x_j^{(k)}$ は真の解と等しくならないため，次式が成り立つ．

$$\sum_{j=1}^{n} a_{ij} x_j^{(k)} \neq b_i \quad (i=1,2,\cdots,n) \qquad (7.25)$$

式 (7.25) の左辺と右辺の差として，反復計算 k 回目後の，i 番目の方程式の**残差** (residual) $r_i^{(k)}$ を，次式で定義する．

$$r_i^{(k)} = b_i - \sum_{j=1}^{n} a_{ij} x_j^{(k)} \quad (i=1,2,\cdots,n) \qquad (7.26)$$

この反復法が収束する場合，反復回数 k が増加するのに伴い，計算途中の解ベクトル $x_j^{(k)}$ は次第に収束解に近づく．したがって，$k\to\infty$ に伴い，n 本の方程式に対する残差 $r_i^{(k)}$ もすべてゼロに近づく．最終的に，式 (7.23) の角括弧の式は，$k-1$ 回の反

復計算後の残差 $r_i^{(k-1)}$ を，離散化係数 a_{ii} で除したものに一致する．

$$x_i^{(k)} = x_i^{(k-1)} + \alpha \left(\frac{r_i^{(k)}}{a_{ii}} \right) \qquad (i = 1, 2, \cdots, n) \tag{7.27}$$

$k \to \infty$ のとき，式 (7.27) の括弧の中の残差 $r_i^{(k)}$ がすべてゼロとなるため，緩和係数 α を組み込んでも収束解に影響を及ぼさないことがわかる．

次に，この方程式の反復行列形式 (7.19) において，式 (7.23) に緩和係数を組み込むと，反復行列の係数 T_{ij} と定数ベクトル c_i は次のように変化することに注意する必要がある．

$$T_{ij} = \begin{cases} -\alpha \dfrac{a_{ij}}{a_{ii}} & i \neq j \text{ の場合} \\ (1-\alpha) & i = j \text{ の場合} \end{cases} \tag{7.28a}$$

$$c_i = \alpha \frac{b_i}{a_{ii}} \tag{7.28b}$$

したがって，緩和係数により反復行列を変形することで，最終的な解が変化することなく反復過程が変化することがわかる．これにより，収束解を求めるまでに必要な反復計算回数を最小にする最適な α の値を選択すると，緩和が有利に働くことがわかる．

実際にこの効果を確かめるために，以前と同じ初期値，すなわち $x_1^{(0)} = x_2^{(0)} = x_3^{(0)} = 0$ と $\alpha = 0.75$, 1.0, 1.25 を用いて，連立方程式 (7.14) を式 (7.23) のように緩和し，ヤコビ法により計算する．この過程は，それぞれ 25, 17, 84 回後に真の解 $x_1 = 1$, $x_2 = 2$, $x_3 = 3$ に収束する．ヤコビ法の場合，$\alpha = 1$ が最適値であり，少なくともこの例題に対しては，α を変化させてもあまり効果はない．

これはわずかに期待を裏切る結果であったが，次にガウス–ザイデル法にも緩和を試みよう．この場合，反復計算 k 回後の反復計算の式を，次式のように書き換えることができる．

$$x_i^{(k)} = x_i^{(k-1)} + \sum_{j=1}^{i-1} \left(\frac{-a_{ij}}{a_{ii}} \right) x_j^{(k)} + \sum_{j=i}^{n} \left(\frac{-a_{ij}}{a_{ii}} \right) x_j^{(k-1)} + \frac{b_i}{a_{ii}} \qquad (i = 1, 2, \cdots, n)$$

これまでどおり，緩和係数 α を組み込むと，次式のようになる．

$$\boxed{x_i^{(k)} = x_i^{(k-1)} + \alpha \left[\sum_{j=1}^{i-1} \left(\frac{-a_{ij}}{a_{ii}} \right) x_j^{(k)} + \sum_{j=i}^{n} \left(\frac{-a_{ij}}{a_{ii}} \right) x_j^{(k-1)} + \frac{b_i}{a_{ii}} \right] \qquad (i = 1, 2, \cdots, n)} \tag{7.29}$$

これは，**緩和したガウス–ザイデル法**に対する反復計算の式である．$\alpha = 0.75$, 1.0,

1.25 とし，例題の連立方程式 (7.14) の係数や右辺を用いると，この反復計算の式 (7.29) はそれぞれ反復計算 21，13，27 回後に収束するが，これを練習として読者に委ねる．また，緩和により収束性が改善しないように思われるものの，過緩和係数 α がわずかに $1.06 \sim 1.08$ の範囲で，反復計算回数が 10 回以下で小数点第 4 位まで収束することがわかる．

残念ながら，緩和係数の最適値は問題や計算格子に依存し，的確な指針を作ることは難しい．しかし，経験を通して似たような問題の特定の範囲の値を用いることで，少なくとも原理上は，標準のガウス–ザイデル法よりも速く収束する緩和係数 α の値を選ぶことができる．よく知られている**逐次過緩和**（successive over-relaxation, **SOR**）**法**は，この原理に基づいている．

7.7 マルチグリッド法

これまでの章では，計算格子間隔を小さくすることで離散化の誤差を小さくしてきた．言い換えれば，計算格子が細かいほど，数値流体力学シミュレーションの精度は向上する．反復法は直接法よりも計算容量が少ないため，非常に細かい計算格子による大規模な連立方程式の解を求めるのに非常に魅力的である．さらに，第 6 章からもわかるとおり，SIMPLE アルゴリズムでは連続の式と運動量保存式を結び付けるため，それ自体が反復法である．そのため，反復計算が最終的に真の解に収束する限り，途中の解にはさほど精度を必要としない．残念ながら，ヤコビ法やガウス–ザイデル法のような**反復法の収束性は，計算格子を細かくするほど極端に低下する**．

ある問題の反復法の収束性と計算格子数の関係を調べるため，単純な 2 次元キャビティ流れを考える．図 7.5 の差し込み図に，計算領域が $1\,\mathrm{cm} \times 1\,\mathrm{cm}$ の大きさの正方キャビティを示す．キャビティの上のふたは，x の正方向に速度 $2\,\mathrm{m/s}$ で移動している．キャビティ内の流体は空気であり，流れは層流であると仮定する．10×10，20×20，40×40 と異なる 3 種類の計算格子を用いた場合の解を計算するために，線順法による反復解法を用いる．

反復法において，計算途中の解が真の解にどれくらい近づいているかを評価するため，i 番目の式に対して式 (7.26) で定義する誤差を用いる．連立方程式の n 本すべてに対する**平均残差** $\bar{r}$（すなわち，流れの問題の計算領域における，全コントロールボリュームの平均）は，与えられた問題に対して反復法が収束したかどうかを判断するのに便利である．

$$\bar{r} = \frac{1}{n} \sum_{i=1}^{n} |r_i| \tag{7.30}$$

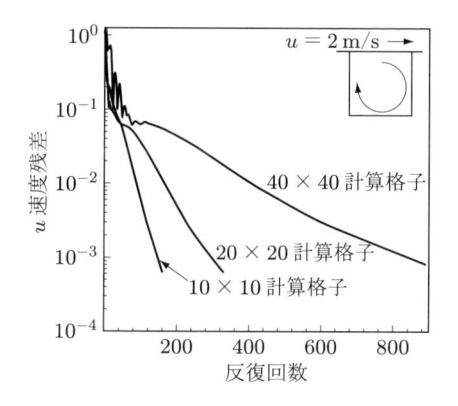

図 7.5　異なる計算格子数を用いた線順法による反復解の残差減少の傾向

$k \to \infty$ に伴い，残差はすべて $r_i \to 0$ となるため，反復法が収束した場合，平均残差はゼロになる．一般に，たとえば，u 速度成分の解の平均誤差を規格化することで，条件により異なる残差の値を解釈しやすくなり，それぞれが非常に異なる大きさをもつ v や w 速度成分，あるいは圧力の解の平均誤差と比較しやすくなる．最も一般的な**規格化**として，反復計算1回目の平均残差に対する k 回目の平均残差の比を考える．

$$R_{\text{norm}}^{(k)} = \frac{\overline{r}^{(k)}}{\overline{r}^{(l)}} \tag{7.31}$$

図 7.5 に，反復回数に対する u 運動量保存式の規格化した残差をプロットしている．解くべき変数すべて（この場合，速度と圧力）に対する規格化した残差が 10^{-3} 以下になった場合に計算を終了させている．10×10 の計算格子を用いた計算では，反復計算 161 回で収束しているのに対し，20×20，40×40 の計算格子を用いた計算では，それぞれ反復計算 331 回，891 回で収束していることに注意してほしい．数値流体力学のプログラムでは，緩和係数を含む解法のパラメータを調整することで収束性を改善することが可能であるが，整合性を保つため，解法のパラメータをすべて一定にした．残差の減少傾向は図から明らかである．残差は計算初期に速やかに減少し，その後，その減少速度は最終的に小さい値に落ち着く．**最終的な残差の減少速度は，計算格子が最も細かい場合に最も小さいこともわかる**．さらに計算格子を細かくすれば，収束解を得るのにさらに反復計算回数を要するだろう．

▶ マルチグリッドの概念

マルチグリッド法を簡単に説明するために，行列表記を用い，残差の定義に戻る．流れの領域における保存式を有限体積法を用いて離散化した場合に得られる，次式の連

立方程式を考えよう．

$$\mathbf{A} \cdot \mathbf{x} = \mathbf{b} \tag{7.32}$$

ここで，ベクトル $\mathbf{x}$ は連立方程式 (7.32) の真の解である．

　反復法を用いてこの連立方程式を解くと，ある反復計算回数後に計算途中の解 $\mathbf{y}$ を得る．この計算途中の解 $\mathbf{y}$ は，式 (7.32) を厳密には満たさない．そこで，これまでどおり残差ベクトル $\mathbf{r}$ を次式のように定義する．

$$\mathbf{A} \cdot \mathbf{y} = \mathbf{b} - \mathbf{r} \tag{7.33}$$

真の解と計算途中の解の差として，誤差ベクトル $\mathbf{e}$ も次式のように定義する．

$$\mathbf{e} = \mathbf{x} - \mathbf{y} \tag{7.34}$$

式 (7.32) から式 (7.33) を差し引くと，次式に示す誤差ベクトルと残差ベクトルの関係を得る．

$$\mathbf{A} \cdot \mathbf{e} = \mathbf{r} \tag{7.35}$$

計算途中の解を式 (7.33) に代入することで，反復計算のどの段階でも簡単に残差ベクトルを計算することができる．連立方程式 (7.35) を解くために反復計算を用い，誤差ベクトルを求めることを考える．このためには，連立方程式を反復計算の行列表記で記述すると便利である．

$$\mathbf{e}^{(k)} = \mathbf{T} \cdot \mathbf{e}^{(k-1)} + \mathbf{c} \tag{7.36a}$$

係数行列 $\mathbf{A}$ は，連立方程式 (7.32) と式 (7.35) において同じであるため，反復計算の行列の係数 T_{ij} は選んだ反復法，たとえば，緩和のない，あるいは緩和のあるヤコビ法やガウス–ザイデル法と同じである．しかし，定数ベクトルの要素は異なる．

$$c_i = \frac{r_i}{a_{ii}} \tag{7.36b}$$

実際は，元の連立方程式 (7.32) と同じ反復法を用いて連立方程式 (7.35) を解こうとしても，収束性に違いはない．しかし，ある反復計算から次の反復計算に誤差がどのように広がるかがわかるため，連立方程式 (7.35) は重要である．さらに，式 (7.36) では，反復計算の行列が果たす重要な役割に着目している．緩和法を用いた場合にわかったとおり，反復計算の行列の性質によって，誤差の広がる速度，すなわち収束性が決まる．

　これらの性質は，反復法，計算格子数，離散化スキームなどに応じて，誤差の広がりの数学的な挙動として広範囲にわたり研究されている．解の誤差には，計算格子の

大きさの倍数程度の波長をもつ成分があることがわかっている．反復計算により，計算格子の大きさの数倍までの短い波長の誤差成分はすぐに減少する．しかし，長い波長の誤差成分は，反復計算回数の増加に伴い，非常にゆっくりと減衰する傾向がある．

この誤差の挙動により，図 7.5 で観察した傾向は説明できる．粗い計算格子に対しては，誤差成分の最も長い波長は計算格子の短い波長の範囲内に存在する．そのため，誤差成分はすべて速やかに減少する．しかし，計算格子が細かくなると，誤差成分は徐々に減衰が速い，短い波長の範囲を逸脱する．

マルチグリッド法は，この誤差の挙動の特有の違いを有効に使うために考案された方法であり，**大きさが異なる計算格子における反復計算**を用いる．短い波長の誤差は，細かい計算格子上において効果的に減少する．一方で，長い波長の誤差は，粗い計算格子上において速やかに減少する．さらに，反復計算回数の演算量は，粗い計算格子よりも細かい計算格子上での計算のほうが多いため，粗い計算格子上で反復計算をすることによる演算量の増加は，収束性がかなり改善することにより，相殺される．

■ 7.7.1　マルチグリッドの計算手順の概要

ここで，二段階マルチグリッドの計算手順を簡単に説明する．

ステップ1　細かい計算格子での反復計算

連立方程式 $\mathbf{A}^h \cdot \mathbf{x} = \mathbf{b}$（$\mathbf{x}$ は真の解ベクトル）に対する計算途中の解ベクトル $\mathbf{y}^h$ を計算するために，計算格子幅 h の細かい計算格子上で反復計算を行う．誤差の短波長の振動成分を十分小さくするように反復計算回数を選ぶ．しかし，誤差の長波長の振動成分を小さくする必要はない．この計算格子における解に対する残差ベクトル $\mathbf{r}^h$ は $\mathbf{r}^h = \mathbf{b} - \mathbf{A}^h \cdot \mathbf{y}^h$ を満たし（式 (7.33) を参照），誤差ベクトル $\mathbf{e}^h$ を $\mathbf{e}^h = \mathbf{x} - \mathbf{y}^h$ から求める（式 (7.34) を参照）．誤差ベクトルと残差ベクトルの関係も，$\mathbf{A}^h \cdot \mathbf{e}^h = \mathbf{r}^h$ のように成り立つ（式 (7.35) を参照）．

ステップ2　制限補間（restriction）

計算格子幅 h の細かい計算格子から，計算格子幅 ch の粗い計算格子に解を補間する．ここで，$c > 1$ である．粗い計算格子の大きな計算格子幅により，細かい計算格子上の長波長の誤差は，新しい計算格子では短波長のようにみえ，速やかに減少するだろう．粗い計算格子を細かい計算格子の 2 倍とすることで，補間の過程は単純になる．計算途中の解ベクトル $\mathbf{y}^{ch}$ を求める代わりに，初期の予測値 $\mathbf{e}^{ch} = \mathbf{0}$ を用いて，粗い計算格子上で誤差の式 $\mathbf{A}^{ch} \cdot \mathbf{e}^{ch} = \mathbf{r}^{ch}$ を解く．解法を実行するためには，残差ベクトルと係数行列の値が必要である．$\mathbf{r}^h$ は細かい計算格子上で与えられているため，粗い

計算格子上の残差ベクトル $\mathbf{r}^{ch}$ を計算するために適切な平均化手順を用いなければならない．粗い計算格子上で再計算する，あるいは平均化や補間を用いて，細かい計算格子上の係数行列 $\mathbf{A}^h$ から，行列 $\mathbf{A}^{ch}$ の係数を計算することができる．粗い計算格子上の反復計算 1 回あたりの計算負荷は小さいため，誤差ベクトル $\mathbf{e}^{ch}$ の収束解を求めるために十分な回数の反復計算を行う余裕がある．

> ステップ 3　延長補間（prolongation）

粗い計算格子に対して誤差ベクトル $\mathbf{e}^{ch}$ の収束解を得た後，細かい計算格子に補間する必要があるが，得られたデータは，細かい計算格子に対して必要なデータ数よりも少ないことに注意しなければならない．細かい計算格子の中間の格子点における誤差ベクトル $\mathbf{e}'^h$ の値を生成するのに，補間（線形補間など）を用いると便利である．

> ステップ 4　補正と最後の反復計算

延長補間した誤差ベクトル $\mathbf{e}'^h$ を計算したならば，細かい計算格子上における内部の格子点の解を，$\mathbf{y}^{\text{improved}} = \mathbf{y}^h + \mathbf{e}'^h$ のように修正すればよい．長波長の誤差を消去したので，この修正した解は真の解ベクトル $\mathbf{x}$ に近づく．しかし，近似をいくつかしたので，制限補間および延長補間によって生じた誤差を除くために，修正した解に対して反復計算をさらに数回実行する．

これらの説明は，二段階の計算手順（細かい計算格子一段階と粗い計算格子一段階）である．しかし，実際には多くの，段階的に粗くなる計算格子に制限補間を行う．そして，元の計算格子に戻るように，それぞれの計算格子で延長補間も行う．

■ 7.7.2　例題

> **例題 7.3**
>
> 内部に熱の生成がある，断熱されたロッドに対する 1 次元熱伝導を解くことを考えよう．
>
> $$k\frac{\mathrm{d}^2 T}{\mathrm{d}x^2} + g = 0$$
>
> 寸法とほかのデータは以下のとおりである．ロッドの長さは 1 m，断面積は $0.01\,\mathrm{m}^2$，熱伝導率は $k = 5\,\mathrm{W/m \cdot K}$，熱の生成は $g = 20\,\mathrm{kW/m}^3$，端は 100°C と 500°C である．解を求めるために，幅 $\Delta x = 0.05\,\mathrm{m}$ の計算格子を 20 個用いる．これを計算格子 1 とする．

解

図 7.6 に，端に境界条件を記述した計算格子 1 を示す．この問題に対する離散化方程式を記述する方法を説明する必要はない．この手順は例題 4.2 と同様である．表 7.12 に計算格子 1, 2, 3, …, 20 に対する離散化方程式の係数をまとめる．

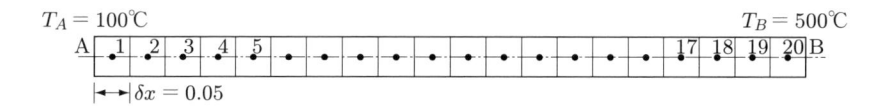

$T_A = 100℃$ $T_B = 500℃$

A | 1 | 2 | 3 | 4 | 5 | ・・・ | 17 | 18 | 19 | 20 | B

$\mid\!\leftarrow\!\rightarrow\!\mid \delta x = 0.05$

図 7.6 問題を解くために用いた 20 点の計算格子点――計算格子 1

表 7.12 それぞれの格子点での離散化方程式の係数

格子点	a_W	a_E	S_u	S_p	a_p
1 (最初の格子点)	0	$\dfrac{kA}{\delta x}$	$qA\,\delta x + \dfrac{2kA}{\delta x}T_A$	$-\dfrac{2kA}{\delta x}$	$a_W + a_E - S_p$
2, 3, …, 19 (内部の格子点)	$\dfrac{kA}{\delta x}$	$\dfrac{kA}{\delta x}$	$qA\,\delta x$	0.0	$a_W + a_E - S_p$
20 (最後の格子点)	$\dfrac{kA}{\delta x}$	0	$qA\,\delta x + \dfrac{2kA}{\delta x}T_B$	$-\dfrac{2kA}{\delta x}$	$a_W + a_E - S_p$

行列方程式 $\mathbf{A}\cdot\mathbf{x}=\mathbf{b}$ を構築するために表 7.12 の式を用い，表 7.13 の係数の数値を求める．ここで，解ベクトル $\mathbf{x}$ は計算格子 1 の計算格子の温度である．この行列方程式は，次のように書くことができる．

$$\begin{bmatrix} 3.0 & -1.0 & 0 & \cdot & \cdot & \cdot & 0 \\ -1.0 & 2.0 & -1.0 & \cdot & \cdot & \cdot & 0 \\ 0 & -1.0 & 2.0 & -1.0 & \cdot & \cdot & 0 \\ \cdot & \cdot & \cdot & \cdot & \cdot & \cdot & \cdot \\ \cdot & \cdot & \cdot & \cdot & \cdot & \cdot & \cdot \\ \cdot & \cdot & \cdot & -1.0 & 2.0 & -1.0 \\ \cdot & \cdot & \cdot & \cdot & -1.0 & 3.0 \end{bmatrix} \begin{bmatrix} x_1 \\ x_2 \\ x_3 \\ \cdot \\ \cdot \\ x_{19} \\ x_{20} \end{bmatrix} = \begin{bmatrix} 210 \\ 10 \\ 10 \\ \cdot \\ \cdot \\ 10 \\ 1010 \end{bmatrix} \quad (7.37)$$

この係数行列は三重対角であり，一度で解を求めるために TDMA を用いることができる．後でマルチグリッド法による解を確認するために，表 7.14 にその結果を示す．

表 7.13 離散化方程式の係数の数値

格子点	a_W	a_E	S_u	S_p	a_p
1	0	1.0	210	-2.0	3.0
2, 3, …, 19	1.0	1.0	10	0.0	2.0
20	1.0	0	1010	-2.0	3.0

表 **7.14** TDMA による解

計算格子 1 ——格子点での温度																				
1	2	3	4	5	6	7	8	9	10	11	12	13	14	15	16	17	18	19	20
160	270	370	460	540	610	670	720	760	790	810	820	820	810	790	760	720	670	610	540

ステップ 1：細かい計算格子での反復計算

これらの式を解くために，ガウス–ザイデル法の式 (7.20) を用いる．反復計算を開始するために，初期の予測値として，全領域において温度を 150°C と初期化する（最終的な解に近い温度では，この方法の利点はあまり強調されない）．ガウス–ザイデル法で反復計算を 5 回行った後の解ベクトル $\mathbf{y}^h$ を，以下に示す．

$$\begin{bmatrix} y_1 \\ y_2 \\ y_3 \\ \cdot \\ \cdot \\ \cdot \\ y_{19} \\ y_{20} \end{bmatrix} = \begin{bmatrix} 116.755 \\ 141.994 \\ 160.427 \\ \cdot \\ \cdot \\ \cdot \\ 394.392 \\ 468.130 \end{bmatrix} \tag{7.38}$$

この段階における残差ベクトル $\mathbf{r}^h = \mathbf{b} - \mathbf{A}^h \cdot \mathbf{y}^h$ は，次式のように求められる．

$$\mathbf{r}^h = \begin{bmatrix} r_1^h \\ r_2^h \\ r_3^h \\ \cdot \\ \cdot \\ \cdot \\ r_{19}^h \\ r_{20}^h \end{bmatrix} = \begin{bmatrix} 210 \\ 10 \\ 10 \\ \cdot \\ \cdot \\ \cdot \\ 10 \\ 1010 \end{bmatrix} - \begin{bmatrix} 3.0 & -1.0 & 0 & \cdot & \cdot & \cdot & 0 \\ -1.0 & 2.0 & -1.0 & \cdot & \cdot & \cdot & 0 \\ 0 & -1.0 & 2.0 & -1.0 & \cdot & \cdot & 0 \\ \cdot & \cdot & \cdot & \cdot & \cdot & \cdot & \cdot \\ \cdot & \cdot & \cdot & -1.0 & 2.0 & -1.0 \\ \cdot & \cdot & \cdot & \cdot & -1.0 & 3.0 \end{bmatrix} \begin{bmatrix} y_1 \\ y_2 \\ y_3 \\ \cdot \\ \cdot \\ \cdot \\ y_{19} \\ y_{20} \end{bmatrix}$$

$$= \begin{bmatrix} 1.728 \\ 3.193 \\ 4.658 \\ \cdot \\ \cdot \\ \cdot \\ 7.461 \\ 0.000 \end{bmatrix}$$

残差の二乗平均平方根の合計値は 14.951 である．反復計算を続けると，残差ベクトルは収束判定を満たすまでゆっくりと減少する．この節の最後の図 7.9 に，ガウス–ザイデル法による反復計算の収束傾向を示す．収束判定として，残差の二乗平均平方根の合計を 10^{-6} 以下とすると，反復計算 644 回で最終的な解を得る．収束解は，

もちろん表 7.14 の TDMA と一致している.

ステップ2：制限補間

マルチグリッド法を適用するため，まず，粗い格子を構築しなければならない．最も単純な方法は，計算格子数半分の計算格子を構築する方法である．図 7.7 に，細かい格子，およびその真下に粗い計算格子を示す．はじめの粗い計算格子には幅 0.1 m の計算格子が 10 個があり，計算格子 2 とする．次の粗い計算格子 3 には幅 0.2 m の計算格子が 5 個ある．

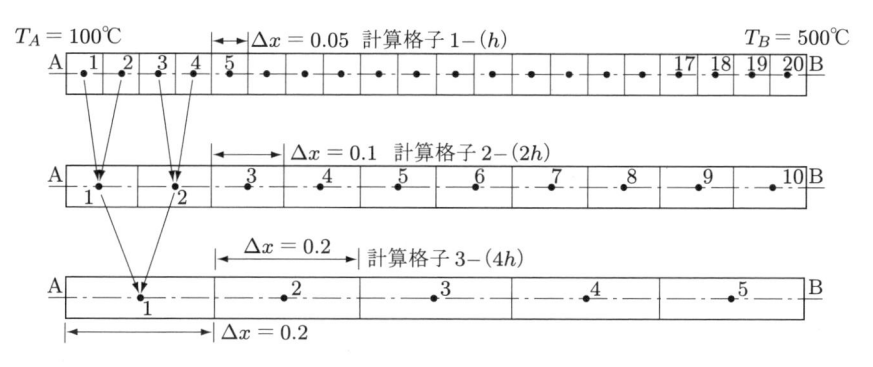

図 **7.7** 問題を解くために用いた計算格子

細かい計算格子の幅が h の場合，半分の計算格子数を用いる計算格子の幅は $2h$ である．マルチグリッドの参考文献では，計算格子幅を上付き文字で表している．この表記では，細かい計算格子上における残差は $\mathbf{r}^h$ である．

ここで，細かい計算格子から粗い計算格子に残差ベクトルを補間しなければならない．計算格子 2 の格子点は計算格子 1 のちょうど中点にあるため，粗い計算格子に対する残差ベクトル $\mathbf{r}^{2h}$ を求めるには，$\mathbf{r}^h$ の単純な平均化により補間することができる．この値を表 7.15 にまとめる．表には，実際の値の小数点第 3 位までを示していることに注意しなければならない．はじめに述べたとおり，この補間過程は"制

表 **7.15** 細かい計算格子 1 から粗い計算格子 2 への遷移する制限補間過程の，細かい計算格子と粗い計算格子の残差

細かい計算格子（計算格子1）の残差——（$\mathbf{r}^h$）
1	2	3	4	5	6 7 8 9 10 11 12 13 14 15 16 17	18	19	20
1.728	3.193	4.658	5.976	7.075	· · ·	33.962	22.385	7.461	0.000

粗い計算格子（計算格子2）の残差——制限補間後（$\mathbf{r}^{2h}$）
1	2	3	4 5 6 7 8	9	10
2.460	5.317	7.506	· · ·	28.173	3.731

限補間" として知られている.

行列表記にすると，"制限補間" 後の計算格子 2 の残差ベクトルは次のようになる.

$$\mathbf{r}^{2h} = \begin{bmatrix} r_1^{2h} \\ r_2^{2h} \\ r_3^{2h} \\ \cdot \\ \cdot \\ \cdot \\ r_9^{2h} \\ r_{10}^{2h} \end{bmatrix} = \begin{bmatrix} 2.460 \\ 5.317 \\ 7.506 \\ \cdot \\ \cdot \\ \cdot \\ 28.173 \\ 3.730 \end{bmatrix}$$

ここでは，値が 10 個しかないことに注意する．粗い計算格子における誤差は，式 $\mathbf{A}^{2h} \cdot \mathbf{e}^{2h} = \mathbf{r}^{2h}$ を満たす．$\mathbf{r}^{2h}$ を計算したが，$\mathbf{e}^{2h}$ を求めるためにこの式を解くには，行列 $\mathbf{A}^{2h}$ も必要である．マルチグリッドの参考文献では，$\mathbf{A}^{2h}$ を導出するために補間を用いるすばらしい方法が数多くある．この例題に対しては，係数行列を補間せず，表 7.12 の式をそのまま用いて，粗い計算格子における行列の係数を計算する．その結果，誤差ベクトル $\mathbf{e}^{2h}$ に対する次の行列方程式を得る．

$$\begin{bmatrix} 1.5 & -0.5 & 0 & \cdot & \cdot & \cdot & 0 \\ -0.5 & 1.0 & -0.5 & \cdot & \cdot & \cdot & 0 \\ 0 & -0.5 & 1.0 & -0.5 & \cdot & \cdot & 0 \\ \cdot & \cdot & \cdot & \cdot & \cdot & \cdot & \cdot \\ \cdot & \cdot & \cdot & \cdot & \cdot & \cdot & \cdot \\ \cdot & \cdot & \cdot & \cdot & -0.5 & 1.0 & -0.5 \\ \cdot & \cdot & \cdot & \cdot & \cdot & -0.5 & 1.5 \end{bmatrix} \begin{bmatrix} e_1^{2h} \\ e_2^{2h} \\ e_3^{2h} \\ \cdot \\ \cdot \\ e_9^{2h} \\ e_{10}^{2h} \end{bmatrix} = \begin{bmatrix} 2.460 \\ 5.317 \\ 7.506 \\ \cdot \\ \cdot \\ 28.173 \\ 3.730 \end{bmatrix} \quad (7.39)$$

ここで，ガウス-ザイデル法による反復計算により，初期の予測値 $\mathbf{e}^{2h} = (0, 0, 0, \cdots, 0)$ を用いて連立方程式 (7.39) を解く．ここでの反復計算は粗い計算格子上であるため，残差の減少速度は大きく，反復計算 1 回あたりの演算量は非常に少ない．この粗い計算格子上で反復計算を 10 回すると，最初の粗い計算格子（計算格子 2）における誤差ベクトル $\mathbf{e}^{2h}$ は次のようになる．

$$\begin{bmatrix} e_1^{2h} \\ e_2^{2h} \\ e_3^{2h} \\ \cdot \\ \cdot \\ \cdot \\ e_9^{2h} \\ e_{10}^{2h} \end{bmatrix} = \begin{bmatrix} 19.156 \\ 58.310 \\ 96.049 \\ \cdot \\ \cdot \\ \cdot \\ 158.591 \\ 55.351 \end{bmatrix} \tag{7.40}$$

反復計算を10回しか行っていないため，この解はある程度しか収束しておらず，誤差 $\hat{\mathbf{r}}^{2h} = \mathbf{r}^{2h}_{\text{at start}} - \mathbf{A}^{2h} \cdot \mathbf{e}^{2h}$ が残る．その値と，計算格子3に制限補間した残差 $\mathbf{r}^{4h}$ を，表7.16に示す．

表 **7.16** 計算格子2の残差と計算格子3の制限補間後の残差

細かい計算格子（計算格子2）の残差 ── ($\hat{\mathbf{r}}^{2h}$)									
1	2	3	4	5	6	7	8	9	10
2.881	4.609	5.929	·	·	·	·	·	0.9192	0.000

粗い計算格子（計算格子3）の残差 ── 制限補間後 ($\mathbf{r}^{4h}$)				
1	2	3	4	5
3.745	6.277	6.204	3.615	0.459

ここで，残差 $\mathbf{r}^{4h}$ を求めるために，計算格子5個のさらに粗い計算格子に残差を補間している．その後，連立方程式 $\mathbf{A}^{4h} \cdot \mathbf{e}^{4h} = \mathbf{r}^{4h}$ を用いて計算格子3における誤差 $\mathbf{e}^{4h}$ を求める．ここで，表7.12の式を用いて $\mathbf{A}^{4h}$ の係数を再度計算する．反復計算1回あたりの演算量が非常に少ないので，誤差を効率的に減少させるために，計算格子3において反復計算を多く行う余裕がある．反復計算を10回行うと，誤差ベクトル $\mathbf{e}^{4h}$ に対して表7.17に示す解を得る．

この計算格子を粗くする手順を続けることはできるが，この例題では，格子点5個で制限補間を終了する．

表 **7.17** 計算格子3の誤差ベクトル

計算格子3 ── 解（計算格子3の誤差ベクトル e^{4h}）				
1	2	3	4	5
23.408	55.831	63.731	47.205	16.348

ステップ3：延長補間

次の手順では，粗い計算格子から次の細かい計算格子に誤差ベクトルをそれぞれ補

間することで戻る．これは延長補間とよばれる．粗い計算格子の値から細かい計算格子の値を構築するために，線形補間やほかの補間方法を用いることができる．線形補間を用いると，たとえば，次の値などが得られる．

$$\begin{aligned} e_1'^{2h} &= (0.75 e_1^{4h}) \\ e_2'^{2h} &= (0.75 e_1^{4h} + 0.25 e_2^{4h}) \\ e_3'^{2h} &= (0.25 e_1^{4h} + 0.75 e_2^{4h}) \end{aligned} \tag{7.41}$$

計算格子 2 における延長補間した誤差ベクトル $\mathbf{e}'^{2h}$ と誤差ベクトル $\mathbf{e}^{2h}$ を区別するために，延長補間した誤差ベクトルにプライム記号を用いる．さらに，境界に最も近い計算格子に対して値が既知であるため，境界での誤差をゼロとする．式 (7.41) を計算すると，次に示す延長補間した誤差ベクトル $\mathbf{e}'^{2h}$ の値を得る．

$$\begin{bmatrix} e_1'^{2h} \\ e_2'^{2h} \\ e_3'^{2h} \\ \cdot \\ \cdot \\ \cdot \\ e_9'^{2h} \\ e_{10}'^{2h} \end{bmatrix} = \begin{bmatrix} 17.556 \\ 31.514 \\ 47.726 \\ \cdot \\ \cdot \\ \cdot \\ 24.062 \\ 12.261 \end{bmatrix}$$

ここで，計算格子 2 における式 (7.40) に示す元の誤差ベクトル $\mathbf{e}^{2h}$ を修正するために，延長補間した誤差ベクトル $\mathbf{e}'^{2h}$ を用いる．

$$\mathbf{e}_{\text{corrected}}^{2h} = \mathbf{e}^{2h} + \mathbf{e}'^{2h} \tag{7.42}$$

これにより，次式を得る．

$$\begin{bmatrix} e_1^{2h} \\ e_2^{2h} \\ e_3^{2h} \\ \cdot \\ \cdot \\ \cdot \\ e_9^{2h} \\ e_{10}^{2h} \end{bmatrix} = \begin{bmatrix} 19.156 \\ 58.310 \\ 96.049 \\ \cdot \\ \cdot \\ \cdot \\ 158.591 \\ 55.351 \end{bmatrix} + \begin{bmatrix} 17.556 \\ 31.514 \\ 47.726 \\ \cdot \\ \cdot \\ \cdot \\ 24.062 \\ 12.261 \end{bmatrix} = \begin{bmatrix} 36.713 \\ 89.825 \\ 143.775 \\ \cdot \\ \cdot \\ \cdot \\ 182.654 \\ 67.612 \end{bmatrix}$$

この段階で，この誤差を次の計算格子に補間する前に，平滑化を行うために反復計算

を数回行う．まず，ガウス–ザイデル法による平滑化を行うための反復計算を 2 回行い，計算格子 2 における修正および平滑化を行った誤差ベクトルを得る．

$$\begin{bmatrix} e_1^{2h} \\ e_2^{2h} \\ e_3^{2h} \\ \cdot \\ \cdot \\ \cdot \\ e_9^{2h} \\ e_{10}^{2h} \end{bmatrix} = \begin{bmatrix} 32.639 \\ 95.749 \\ 152.494 \\ \cdot \\ \cdot \\ \cdot \\ 188.283 \\ 65.248 \end{bmatrix}$$

次に，式 (7.41) に示す過程を用いて，線形補間により計算格子 1 上における延長補間した誤差ベクトルを計算するために，この結果を用いる．ただし，上付き文字 $2h$ を h に，$4h$ を $2h$ に置き換える．

$$\begin{bmatrix} e_1^h \\ e_2^h \\ e_3^h \\ \cdot \\ \cdot \\ \cdot \\ e_{19}^h \\ e_{20}^h \end{bmatrix} = \begin{bmatrix} 24.479 \\ 48.416 \\ 79.971 \\ \cdot \\ \cdot \\ \cdot \\ 96.007 \\ 48.936 \end{bmatrix}$$

ステップ 4：修正と最終的な反復計算

最後に，計算格子 1 における修正した途中の解 $\mathbf{y}$ を計算するために，延長補間した誤差ベクトル $\mathbf{e}^h$ を用いる．

$$\mathbf{y}_{\text{corrected}} = \mathbf{y} + \mathbf{e}^h \tag{7.43a}$$

これにより，次式が得られる．

$$\begin{bmatrix} y_1 \\ y_2 \\ y_3 \\ \cdot \\ \cdot \\ \cdot \\ y_{19} \\ y_{20} \end{bmatrix} = \begin{bmatrix} 116.755 \\ 141.994 \\ 160.427 \\ \cdot \\ \cdot \\ \cdot \\ 394.392 \\ 468.130 \end{bmatrix} + \begin{bmatrix} 24.479 \\ 48.416 \\ 79.971 \\ \cdot \\ \cdot \\ \cdot \\ 96.007 \\ 48.936 \end{bmatrix} = \begin{bmatrix} 141.235 \\ 190.411 \\ 240.399 \\ \cdot \\ \cdot \\ \cdot \\ 490.399 \\ 517.067 \end{bmatrix} \tag{7.43b}$$

修正した解 (7.43a) を，計算途中の解 (7.38)，および表 7.14 に示す TDMA による解と比較すると，マルチグリッド法による計算では，誤差が非常に減少していることがわかる．修正した解を $\mathbf{r} = \mathbf{b} - \mathbf{A} \cdot \mathbf{y}$ に代入すると，残差の二乗平均平方根は 8.786 であり，これは計算格子 1 における 1 回前の反復計算の二乗平均平方根 14.951 より小さい．制限補間と延長補間には誤差が含まれるため，マルチグリッドサイクル 1 回で真の解を求めることは期待できない．さらに解を改善するためには，細かい計算格子で反復計算を数回（たとえば 2 回）行い，収束解を得るまで "細かい計算格子 - 粗い計算格子" の計算手順を繰り返す．3 種類の計算格子を用いて，二乗平均平方根の残差が 10^{-6} に減少するために必要な回数だけ粗い計算格子に行ったり，細かい計算格子に戻ったりする．このマルチグリッドサイクルは，**V サイクル**とよばれる．この過程を，サイクルそれぞれの段階の反復計算回数とともに図 7.8 に示す．図から "V サイクル" の語源がわかる．

細かい計算格子上で反復計算 2 回，粗い計算格子上で反復計算をそれぞれ 10 回行う V サイクルを繰り返したときの収束の様子を，図 7.9 に示す．同じ残差の値を達

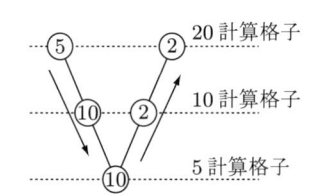

図 7.8 この例で用いた V サイクルのマルチグリッド概略図

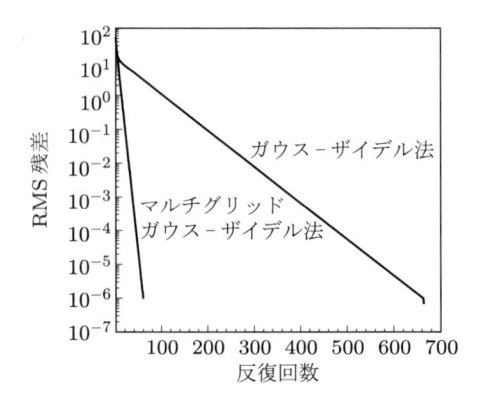

図 7.9 一般的なガウス - ザイデル法とマルチグリッドガウス - ザイデル法の残差減少の傾向

成するのに反復計算664回を要するガウス−ザイデル法と比較して，細かい計算格子において反復回数60回で収束するため，マルチグリッド法は収束が速く，効果的である．粗い計算格子上での反復計算により追加される演算量を許容しても，マルチグリッド法による収束性の改善度合いは明らかに有効である．マルチグリッド法を2次元や3次元問題に適用する場合，得られる収束性の向上は魅力的であり，このことから，この方法が数値流体力学ユーザの間で人気があることがわかる．

7.7.3 マルチグリッドサイクル

マルチグリッド法は，どんな反復法とでも組み合わせることができる．先の単純な例題では，マルチグリッド法の主な概念を説明した．実際の数値流体力学の計算では，マルチグリッド法の補間過程はもっと高度であり，計算格子を細かくする際，制限補間と延長補間に特別な順序を用いて計算格子を変更する，異なるサイクルを用いる．一般的なマルチグリッドサイクルとして，図7.10に示すVサイクル，Wサイクル，Fサイクルが用いられている．

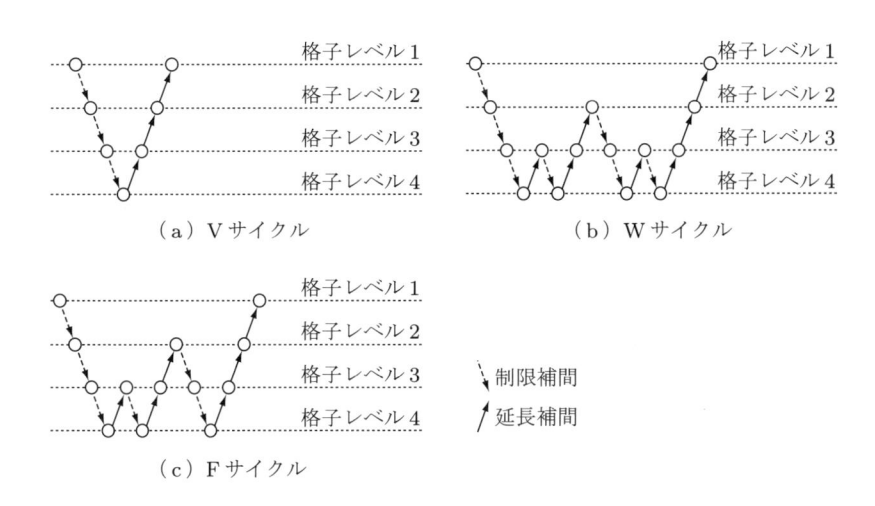

図7.10 異なるマルチグリッドのサイクル方法の実例

図7.10(a)に示す単純なVサイクルには，脚が二つ含まれている．まず，最も細かいレベルから計算を始める．反復はどのレベルでも緩和とよばれる．最も細かいレベルで緩和を数回行い，残差を次の粗いレベルに制限補間し，そのレベルで緩和を行った後，残差をさらに粗いレベルに制限補間する，などのようにして最も粗いレベルに達するまで行う．最も粗いレベルで最終的な緩和を行った後，最も細かいレベルに達するまで，Vサイクルの上向きの脚で延長補間を行う．

Wサイクルでは，長波長の誤差をより減少させるため，粗い計算格子で制限補間と延長補間を追加する．一般的なWサイクルを図 7.10 (b) に示す．Fサイクル（flexible cycle）は W サイクルに非常に似ているが，図 7.10 (c) に示すように，粗い計算格子での反復計算パターンが異なる．

full multigrid（FMG）法として知られる方法では，細かい計算格子からではなく，粗い計算格子から計算を始める．最も細かい計算格子まで，解を次々に細かい計算格子に射影し，反復計算を始める際の初期の予測値として，延長補間した解を用いる．サイクルの計算手順を用いることで，この解法をさらに加速することができる．たとえば，図 7.11 に示すように，計算格子を細かくするそれぞれの段階で V サイクルを用いることができる．

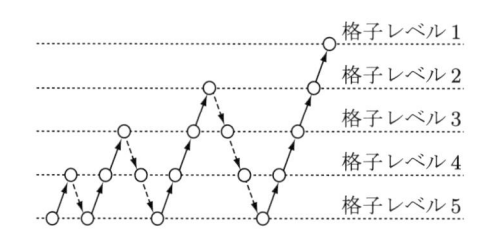

図 7.11 full multigrid 法で用いたサイクル方法

■ 7.7.4 マルチグリッド法に対する計算格子生成

例題で説明したとおり，粗い計算格子を生成するために，計算格子を生成する必要がある．最も単純な方法は，コントロールボリュームを組み合わせるか，細かい計算格子の半分の格子点数を用いて計算格子を再生成する方法である．図 7.12 に示す直交座標系の計算格子のような 2 次元構造格子に対して，計算格子線を消去することで簡単に粗い計算格子を生成することができる．すなわち，細かい計算格子 4 個から粗い計算格子 1 個を構築する．また，これを粗い計算格子 1 個あたりに細かい計算格子 8 個を用いる 3 次元計算格子に簡単に拡張することができる．

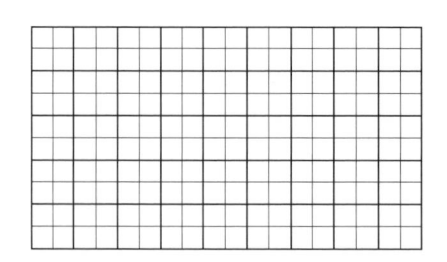

図 7.12 2 次元直交座標系——粗い計算格子は互い違いの計算格子線，もしくは 4 個のコントロールボリュームの組合せによって構築する

例題 7.13 では，実際の粗い計算格子の形状の値（表 7.12）を用いて，粗い計算格子の行列と，ほかに必要な変数を計算した．この種のマルチグリッド法は，**幾何マルチグリッド法（geometric multigrid method）** とよばれる．ほかのマルチグリッド法では，演算量を少なくするため，計算格子の形状からではなく，細かい計算格子の係数を線形結合することで近似する．このようなマルチグリッド法は，**代数マルチグリッド法（algebraic multigrid method）** とよばれ，商用の数値流体力学の解法で広く用いられている．Hutchinson と Raithby (1986) の **additive correction multigrid**（ACM）法として知られる方法も，数値流体力学の計算で多く用いられる有名なマルチグリッド法である．

7.8 まとめ

ガウス–ザイデル法によるマルチグリッド法は，近年では商用数値流体力学プログラムの解法に用いられるアルゴリズムである．

(i) 制限補間において，細かい計算格子から粗い計算格子へ残差ベクトルと係数行列を補間する
(ii) 延長補間において，粗い計算格子から細かい計算格子へ誤差ベクトルを補間する
(iii) 制限補間と延長補間に特別な順序を用いて計算格子を粗くしたり，細かくしたりするサイクルを選ぶ

ことで，この計算手順の収束性を最適化することができる．高度なマルチグリッド法の詳細については，該当する文献を参照していただきたい．インターネット上にマルチグリッド法を学ぶうえですばらしい資料もいくつかあり，たとえば，マルチグリッドネットワーク，MGNET（http://www.mgnet.org/）を参照してほしい．

隣接点の寄与を多く含む離散化方程式の数値流体力学の問題に対して用いることができる解法アルゴリズムがいくつかある．この場合，Stone (1968) や，とくに Schneider と Zedan (1981) の提案する，改良を加えた strongly implicit procedure（SIP）がより適している．簡略のためここでは詳細を示さないが，興味がある読者には Anderson ら (1984) を参照していただきたい．数値流体力学で用いられるほかの解法手順として，Hestenes と Stiefel (1952) の共役勾配法（conjugate gradient method, CGM）がある．この方法は，行列因数分解に基づいている．数値流体力学の計算において，Reid (1971)，Concus ら (1976)，Kershaw (1978) の改良により，収束性が加速している．CGM は，これまで述べたほかの方法より記憶容量をかなり必要とする．この方法の詳細は，Ress ら (1992) を参照していただきたい．

第 8 章

非定常流れに対する有限体積法

8.1 はじめに

定常流れに対する有限体積法を導くことが終わったので，これから，より複雑な非定常問題について考える．非定常流れでのスカラーの輸送に対する保存則の一般形は，次式で表される．

$$\frac{\partial}{\partial t}(\rho\phi) + \mathrm{div}(\rho\mathbf{u}\phi) = \mathrm{div}(\Gamma\,\mathrm{grad}\,\phi) + S_\phi \tag{8.1}$$

この式の第 1 項は非定常項を表し，定常流れではゼロである．非定常問題を解析するためには，離散化の過程でこの項を取り扱わなければならない．そのため，式 (8.1) をコントロールボリューム（control volume, CV）において有限の体積で積分することに加え，さらに，有限の時間刻み Δt において積分しなければならない．これまでのように，対流項と拡散項の体積の積分を界面の面積の積分に置き換え（2.5 節参照），非定常項の積分の順序を入れ換えることで次式を得る．

$$\int_{\mathrm{CV}}\left[\int_t^{t+\Delta t}\frac{\partial}{\partial t}(\rho\phi)\,\mathrm{d}t\right]\mathrm{d}V + \int_t^{t+\Delta t}\left[\int_A \mathbf{n}\cdot(\rho\mathbf{u}\phi)\,\mathrm{d}A\right]\mathrm{d}t$$
$$= \int_t^{t+\Delta t}\left[\int_A \mathbf{n}\cdot(\Gamma\,\mathrm{grad}\,\phi)\,\mathrm{d}A\right]\mathrm{d}t + \int_t^{t+\Delta t}\int_{\mathrm{CV}} S_\phi\,\mathrm{d}V\,\mathrm{d}t \tag{8.2}$$

これまで，積分を計算するための近似を用いることはなかったものの，時間を積分するためには必要となる．コントロールボリュームの積分は，基本的には定常流れの場合と同じであり，対流項，拡散項と生成項をうまく取り扱うために，第 4 章と第 5 章で説明した手段を再び用いる．ここでは，時間積分に必要な方法について注意を払う必要がある．これから非定常 1 次元拡散（伝熱）方程式を用いてその過程を説明し，その後，多次元の非定常拡散問題と非定常対流 – 拡散問題に拡張する．

8.2　1 次元非定常熱伝導

非定常 1 次元熱伝導の基礎式は，次のとおりである．

8.2 1次元非定常熱伝導

$$\rho c \frac{\partial T}{\partial t} = \frac{\partial}{\partial x}\left(k \frac{\partial T}{\partial x}\right) + S \tag{8.3}$$

いつもの変数に加えて，c は材料の比熱（J/kg·K）である．

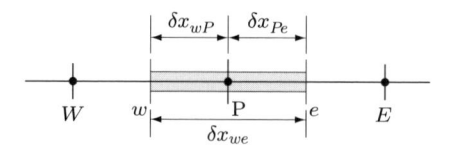

図 8.1 1次元のコントロールボリューム

図8.1に示す1次元のコントロールボリュームを考えよう．このコントロールボリュームと t から $t+\Delta t$ までの時間刻みについて，式 (8.3) を積分すると次式のようになる．

$$\int_t^{t+\Delta t}\int_{\mathrm{CV}} \rho c \frac{\partial T}{\partial t}\,\mathrm{d}V\,\mathrm{d}t = \int_t^{t+\Delta t}\int_{\mathrm{CV}} \frac{\partial}{\partial x}\left(k \frac{\partial T}{\partial x}\right)\mathrm{d}V\,\mathrm{d}t + \int_t^{t+\Delta t}\int_{\mathrm{CV}} S\,\mathrm{d}V\,\mathrm{d}t \tag{8.4}$$

また，この式は次のように書くことができる．

$$\int_w^e \left(\int_t^{t+\Delta t} \rho c \frac{\partial T}{\partial t}\,\mathrm{d}t\right)\mathrm{d}V = \int_t^{t+\Delta t}\left[\left(kA\frac{\partial T}{\partial x}\right)_e - \left(kA\frac{\partial T}{\partial x}\right)_w\right]\mathrm{d}t + \int_t^{t+\Delta t} \overline{S}\,\Delta V\,\mathrm{d}t \tag{8.5}$$

式 (8.5) において，A はコントロールボリュームの断面積である．ΔV はコントロールボリュームの体積であり，$A\Delta x$ と等しい．ここで，$\Delta x = \delta x_{we}$ はコントロールボリュームの幅，$\overline{S}$ は平均化した生成項である．格子点における温度がコントロールボリューム全体で一様であると仮定すると，左辺は次式のように書くことができる．

$$\int_{\mathrm{CV}}\left(\int_t^{t+\Delta t} \rho c \frac{\partial T}{\partial t}\,\mathrm{d}t\right)\mathrm{d}V = \rho c (T_P - T_P^o)\Delta V \tag{8.6}$$

式 (8.6) において，時刻 t の温度には上付き文字 (o) を付け，時刻 $t+\Delta t$ の温度には上付き文字を付けない．$\partial T/\partial t$ に対して $(T_P - T_P^o)/\Delta t$ を代入することで，式 (8.6) と同じ結果を得る．この項を一次精度（後退）差分スキームで離散化する．この項を離散化するために用いる高次精度スキームについては，8.2.2 項で簡単に説明する．右辺の拡散項に中心差分法を適用した場合，式 (8.5) を次式のように書き換えることができる．

$$\rho c (T_P - T_P^o)\Delta V$$
$$= \int_t^{t+\Delta t}\left[\left(k_e A \frac{T_E - T_P}{\delta x_{PE}}\right) - \left(k_w A \frac{T_P - T_W}{\delta x_{WP}}\right)\right]\mathrm{d}t + \int_t^{t+\Delta t} \overline{S}\,\Delta V\,\mathrm{d}t \tag{8.7}$$

この式の右辺を計算するためには，時間とともに変化する T_P, T_E, T_W を仮定する必要がある．積分を計算するために，時刻 t または $t+\Delta t$ の温度，あるいはその代わりに，時刻 t と時刻 $t+\Delta t$ の温度の両方を用いることができるだろう．0 と 1 の間を取る重み関数 θ を用いることでこの方法を一般化し，時間の関数である温度 T_P の積分 I_T を，次式のように記述する．

$$I_T = \int_t^{t+\Delta t} T_P \, \mathrm{d}t = [\theta T_P + (1-\theta) T_P^o] \Delta t \tag{8.8}$$

θ	0	1/2	1
I_T	$T_P^o \Delta t$	$\dfrac{1}{2}(T_P + T_P^o)\Delta t$	$T_P \Delta t$

積分 I_T の値は以下のようになる．すなわち，$\theta = 0$ の場合，（過去の）時刻 t での温度を用い，$\theta = 1$ の場合，新しい時刻 $t+\Delta t$ での温度を用い，そして $\theta = 1/2$ の場合，時刻 t と $t+\Delta t$ での温度を同じ重みで用いる．

式 (8.7) の T_W と T_E に対し式 (8.8) を用い，両辺を $A\Delta t$ で除すると，

$$\rho c \left(\frac{T_P - T_P^o}{\Delta t}\right) \Delta x = \theta \left[\frac{k_e(T_E - T_P)}{\delta x_{PE}} - \frac{k_w(T_P - T_W)}{\delta x_{WP}}\right] \\ + (1-\theta)\left[\frac{k_e(T_E^o - T_P^o)}{\delta x_{PE}} - \frac{k_w(T_P^o - T_W^o)}{\delta x_{WP}}\right] + \overline{S}\Delta x \tag{8.9}$$

となり，さらに，この式を書き換えると，次式のようになる．

$$\left[\rho c \frac{\Delta x}{\Delta t} + \theta\left(\frac{k_e}{\delta x_{PE}} + \frac{k_w}{\delta x_{WP}}\right)\right] T_P \\ = \frac{k_e}{\delta x_{PE}}[\theta T_E + (1-\theta) T_E^o] + \frac{k_w}{\delta x_{WP}}[\theta T_W + (1-\theta) T_W^o] \\ + \left[\rho c \frac{\Delta x}{\Delta t} - (1-\theta)\frac{k_e}{\delta x_{PE}} - (1-\theta)\frac{k_w}{\delta x_{WP}}\right] T_P^o + \overline{S}\Delta x \tag{8.10}$$

ここで，T_W と T_E の係数として a_W と a_E を用い，よく知られる一般形で式 (8.10) を書くと，次式が得られる．

$$\boxed{\begin{aligned} a_P T_P = {} & a_W[\theta T_W + (1-\theta) T_W^o] + a_E[\theta T_E + (1-\theta) T_E^o] \\ & + [a_P^o - (1-\theta) a_W - (1-\theta) a_E] T_P^o + b \end{aligned}} \tag{8.11}$$

ここで，それぞれの係数は次式で与えられる．

$$\boxed{a_P = \theta(a_W + a_E) + a_P^o}$$

$$\boxed{a_P^o = \rho c \frac{\Delta x}{\Delta t}}$$

8.2　1次元非定常熱伝導

a_W	a_E	b
$\dfrac{k_w}{\delta x_{WP}}$	$\dfrac{k_e}{\delta x_{PE}}$	$\overline{S}\,\Delta x$

最終的な離散化方程式の形は θ の値に依存する．θ がゼロの場合，新しい時刻の温度 T_P を計算するために，式 (8.11) の右辺の過去の時刻 t の温度 T_P^o, T_W^o, T_E^o のみを用い，このスキームは**陽解法（explict method）**とよばれる．$0 < \theta \le 1$ の場合，式 (8.11) の両辺の新しい時刻の温度を用い，このスキームは**陰解法（implicit method）**とよばれる．とくに，$\theta = 1$ の場合は**完全陰解法（fully implicit method）**，$\theta = 1/2$ の場合は**クランク‐ニコルソン法（Crank-Nicolson method）**とよばれる（Crank と Nicolson, 1947）．

■ 8.2.1　陽解法

陽解法では，生成項を $b = S_u + S_P T_P^o$ のように線形化する．ここで，式 (8.11) に $\theta = 0$ を代入すると，**陽解法**により**離散化**した非定常熱伝導方程式を得る．

$$a_P T_P = a_W T_W^o + a_E T_E^o + [a_P^o - (a_W + a_E - S_P)]T_P^o + S_u \tag{8.12}$$

ここで，それぞれの係数は次式のとおりである．

$a_P = a_P^o$	
$a_P^o = \rho c \dfrac{\Delta x}{\Delta t}$	

a_W	a_E
$\dfrac{k_w}{\delta x_{WP}}$	$\dfrac{k_e}{\delta x_{PE}}$

式 (8.12) の右辺には，過去の時刻の値のみ含まれる．そのため，左辺は時間について前進代入することで計算することができる．このスキームは後方差分に基づいており，テイラー級数展開の打切り誤差は時間に関して一次精度である．第 5 章で説明したように，離散化方程式では係数がすべて正である必要がある．T_P^o の係数を，過去の時刻の値と新しい時刻の値を結び付ける隣接した格子の係数とみなすことができる．この係数を正とするには，$a_P^o - a_W - a_E > 0$ でなければならない．k が一定で，$\delta x_{PE} = \delta x_{WP} = \Delta x$ の等間隔格子を用いた場合，この条件は次式のように書き換えることができる．

$$\rho c \frac{\Delta x}{\Delta t} > \frac{2k}{\Delta x} \tag{8.13a}$$

$$\Delta t < \rho c \frac{(\Delta x)^2}{2k} \tag{8.13b}$$

この不等式は時間刻みの大きさに対して厳しい上限値を与え，陽解法を用いる場合に深刻な制約となることを表している．計算を行うには，最大の時間刻みを Δx の 2 乗で小さくする必要があるため，空間の精度を向上させると計算負荷が増大する．したがって，この方法は一般的な非定常問題に対して好ましくない．上記の方法よりも優れた陽解法も提案されている．たとえば，2 個以上の時刻の温度を用いる Richardson 法や DuFort-Frankel 法があり，これらの方法は，一般的な陽解法よりも安定条件が緩い．このようなスキームの詳細を，Abbot と Basco (1990)，Anderson ら (1984)，Fletcher (1991) で見つけることができる．それにもかかわらず，時間刻みの大きさを慎重に選択しさえすれば，これまで述べた陽解法は簡単な伝熱の計算に対して効果的である．これについては 8.3 節の例題で説明する．

■ 8.2.2 クランク–ニコルソン法

式 (8.11) で $\theta = 1/2$ とすることで，クランク–ニコルソン法が得られる．この方法では，生成項を $b = S_u + (1/2)S_P T_P + (1/2)S_P T_P^o$ のように線形化する．ここで離散化した非定常熱伝導方程式は，次式のようになる．

$$\begin{aligned} a_P T_P &= a_E \left(\frac{T_E + T_E^o}{2} \right) + a_W \left(\frac{T_W + T_W^o}{2} \right) \\ &\quad + \left(a_P^o - \frac{a_E}{2} - \frac{a_W}{2} \right) T_P^o + S_u + \frac{1}{2} S_P T_P^o \end{aligned} \tag{8.14}$$

ここで，それぞれの係数は次のようになる．

$$a_P = \frac{1}{2}(a_W + a_E) + a_P^o - \frac{1}{2}S_P$$

$$a_P^o = \rho c \frac{\Delta x}{\Delta t}$$

a_W	a_E
$\dfrac{k_w}{\delta x_{WP}}$	$\dfrac{k_e}{\delta x_{PE}}$

式 (8.14) には新しい時刻の未知数 T が 2 個以上あるため，この方法は陰的であり，格子点すべてに対する連立方程式をそれぞれの時刻で解く必要がある．クランク–ニコルソン法を含め，$1/2 \leq \theta \leq 1$ であるスキームはすべての時間刻みに対して無条件に安定であるにもかかわらず（Fletcher, 1991），物理的に現実的で有界な解を得るには，

係数がすべて正であることを保証することが最も重要である．これは，T_P^o の係数が以下の条件を満たす場合である．

$$a_P^o > \left[\frac{a_E + a_W}{2}\right]$$

展開すると，次式のようになる．

$$\Delta t < \rho c \frac{(\Delta x)^2}{k} \tag{8.15}$$

この時間刻みに関する制限は，陽解法を用いた式 (8.13) よりもわずかに緩い制限である．クランク–ニコルソン法は中心差分法に基づいており，そのため，時間に関して二次精度である．時間刻みが十分に小さい場合，陽解法よりもかなりよい精度を達成することが可能である．全体的な解析精度は空間差分にも依存するため，クランク–ニコルソン法は一般的に空間の二次中心差分法と同時に用いられる．

■ 8.2.3 完全陰解法

θ の値を 1 とした場合，完全陰解法となる．ここで，生成項を $b = S_u + S_P T_P$ と線形化する．この離散化方程式は，次式のようになる．

$$a_P T_P = a_W T_W + a_E T_E + a_P^o T_P^o + S_u \tag{8.16}$$

ここで，係数は次のようになる．

$$a_P = a_P^o + a_W + a_E - S_P$$

$$a_P^o = \rho c \frac{\Delta x}{\Delta t}$$

a_W	a_E
$\dfrac{k_w}{\delta x_{WP}}$	$\dfrac{k_e}{\delta x_{PE}}$

この式の両辺には新しい時間刻みでの温度が含まれており，それぞれの時刻で連立方程式を解かなければならない（例題 8.2 参照）．初期温度場 T^o を与え，時間進行法により開始する．時間刻み Δt を選び，式 (8.16) の連立方程式を解く．次に，解 T を T^o とし，時間刻みによりさらに解を進行させるこの手順を繰り返す．

離散化係数がすべて正であり，陰解法は時間刻みによらず無条件安定であるように思われる．このスキームの解析精度は時間に関して一次精度しかないため，結果の正確性を保証するには，小さい時間刻みが必要である．陰解法は，収束性や無条件安定性により，一般的な非定常計算に対して推奨されている．

8.3 例題

非定常1次元伝導問題を用いて，陽解法と陰解法の解析精度について数値解と厳密解を比較し，これらの方法の特徴を説明する．

例題8.1

厚さの薄い平板が，はじめ温度200℃で均一に保たれている．時刻 $t=0$ において平板の東側の面の温度を突然0℃にする．他方の面は断熱である．平板の非定常温度分布を計算するために，安定な時間刻みの大きさで陽解法に基づく有限体積法を用い，時刻 (i) $t=40$ s, (ii) $t=80$ s, (iii) $t=120$ s での厳密解と比較せよ．式(8.13)で与える時間刻みの上限と同じ時間刻みを用いて，$t=40$ s に対する数値解を再度計算し，数値解を厳密解と比較せよ．平板厚さは $L=2$ cm，熱伝導率は $k=10$ W/m·K, $\rho c = 10 \times 10^6$ J/m³·K とする．

解

非定常1次元熱伝導方程式は，

$$\rho c \frac{\partial T}{\partial t} = \frac{\partial}{\partial x}\left(k\frac{\partial T}{\partial x}\right) \tag{8.17}$$

である．初期条件は，

$$T = 200 \quad t = 0 \text{ の場合}$$

であり，境界条件は，

$$\frac{\partial T}{\partial x} = 0 \quad x = 0, \ t > 0 \text{ の場合}$$

$$T = 0 \quad x = L, \ t > 0 \text{ の場合}$$

である．Özişik (1985) により，この問題に対する厳密解は，次式のように与えられている．

$$\frac{T(x,t)}{200} = \frac{4}{\pi}\sum_{n=1}^{\infty}\frac{(-1)^{n+1}}{2n-1}\exp(-\alpha\lambda_n^2 t)\cos(\lambda_n x) \tag{8.18}$$

ただし，$\lambda_n = \dfrac{(2n-1)\pi}{2L}, \quad \alpha = \dfrac{k}{\rho c}$

計算領域の幅 L を $\Delta x = 0.004$ m の等間隔コントロールボリューム5個に分割し，陽解法により数値解を求める．図8.2に1次元計算格子を示す．

陽解法を用いた内部のコントロールボリュームに対する基礎式(8.17)の離散化は，

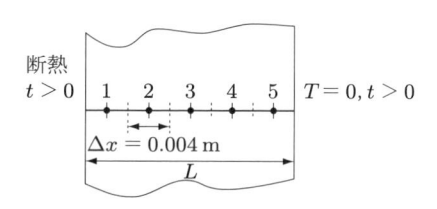

```
                    断熱
                    t > 0  │ 1  2  3  4  5 │  T = 0, t > 0
                           │ •  •  •  •  • │
                           │  Δx = 0.004 m │
                           └───────L───────┘
```

図 8.2 例題 8.1 の形状

式 (8.12) で与えられる．コントロールボリューム 1 と 5 は境界に隣接するので，境界の方向へのつながりを断ち切り，境界を通過する流束を生成項に組み込む．コントロールボリューム 1 では西側の境界は断熱であるから，境界を通過する流束はゼロである．伝熱を最も簡単に理解することができる式 (8.9) を修正する．格子点 1 での離散化方程式は，次式で与えられる．

$$\rho c \frac{(T_P - T_P^o)}{\Delta t} \Delta x = \left[\frac{k}{\Delta x}(T_E^o - T_P^o)\right] - 0 \tag{8.19}$$

時刻 $t > 0$ の場合，コントロールボリューム 5 の東側の境界の温度は一定である（たとえば T_B）．したがって，格子点 5 での離散化方程式は，次式のようになる．

$$\rho c \frac{(T_P - T_P^o)}{\Delta t} \Delta x = \left[\frac{k}{\Delta x/2}(T_B - T_P^o)\right] - \left[\frac{k}{\Delta x}(T_P^o - T_W^o)\right] \tag{8.20}$$

すべての離散化方程式を，次の一般形で書くことができる．

$$a_P T_P = a_W T_W^o + a_E T_E^o + [a_P^o - (a_W + a_E)]T_P^o + S_u \tag{8.21}$$

ここで，係数は次のようになる．

$$a_P = a_P^o = \rho c \frac{\Delta x}{\Delta t}$$

格子点	a_W	a_E	S_u
1	0	$\dfrac{k}{\Delta x}$	0
2, 3, 4	$\dfrac{k}{\Delta x}$	$\dfrac{k}{\Delta x}$	0
5	$\dfrac{k}{\Delta x}$	0	$\dfrac{2k}{\Delta x}(T_B - T_P^o)$

陽解法に対する時間刻みには，以下の制限がある．

$$\Delta t < \frac{\rho c (\Delta x)^2}{2k}$$

$$\Delta t < \frac{10 \times 10^6 (0.004)^2}{2 \times 10}$$

$$\Delta t < 8$$

$\Delta t = 2\,\mathrm{s}$ としよう．数値を代入すると，次のように値が求められる．

$$\frac{k}{\Delta x} = \frac{10}{0.004} = 2500$$

$$\rho c \frac{\Delta x}{\Delta t} = 10 \times 10^6 \times \frac{0.004}{2} = 20000$$

数値を代入し整理すると，格子点それぞれに対する離散化方程式は，次式のようになる．

$$\left. \begin{array}{ll} \text{格子点}\,1: & 200T_P = 25T_E^o + 175T_P^o \\ \text{格子点}\,2\sim4: & 200T_P = 25T_W^o + 25T_E^o + 150T_P^o \\ \text{格子点}\,5: & 200T_P = 25T_W^o + 125T_P^o \end{array} \right\} \qquad (8.22)$$

格子点をすべて温度 200℃ にするという初期条件から開始し，式 (8.22) を用いてそれぞれの時間刻みでの解を得る．計算は複雑ではないが，計算量が多く，コンピュータプログラムで実行するのが最も効果的である．表 8.1 に，はじめの時間刻み 2 個に対する計算例を示す．

表 8.2 に連続した 10 個の時間刻みの結果を示し，表 8.3 に時刻 40, 80, 120 s における数値解と厳密解を示す．表に示すように，誤差を評価すると，数値解と厳密解は良好に一致している．図 8.3 に，グラフとしてこの比較を示す．

表 8.1 陽解法の計算例

時刻	格子点 1	格子点 2	格子点 3
$t = 0\,\mathrm{s}$	$T_1^0 = 200$	$T_2^0 = 200$	$T_3^0 = 200$
	$200T_1^1 = 25 \times 200$ $+ 175 \times 200$	$200T_2^1 = 25 \times 200$ $+ 25 \times 200$ $+ 150 \times 200$	$200T_3^1 = 25 \times 200$ $+ 25 \times 200$ $+ 150 \times 200$
$t = 2\,\mathrm{s}$	$T_1^1 = 200$	$T_2^1 = 200$	$T_3^1 = 200$
	$200T_1^2 = 25 \times 200$ $+ 175 \times 200$	$200T_2^2 = 25 \times 200$ $+ 25 \times 200$ $+ 150 \times 200$	$200T_3^2 = 25 \times 200$ $+ 25 \times 200$ $+ 150 \times 200$
$t = 4\,\mathrm{s}$	$T_1^2 = 200$	$T_2^2 = 200$	$T_3^2 = 200$

時刻	格子点 4	格子点 5	
$t = 0\,\mathrm{s}$	$T_4^0 = 200$	$T_5^0 = 200$	
	$200T_4^1 = 25 \times 200$ $+ 25 \times 200$ $+ 150 \times 200$	$200T_5^1 = 25 \times 200$ $+ 125 \times 200$	
$t = 2\,\mathrm{s}$	$T_4^1 = 200$	$T_5^1 = 150$	
	$200T_4^2 = 25 \times 200$ $+ 25 \times 150$ $+ 150 \times 200$	$200T_5^2 = 25 \times 200$ $+ 125 \times 150$	
$t = 4\,\mathrm{s}$	$T_4^2 = 193.75$	$T_5^2 = 118.75$	

注意：下付き文字は格子点の番号，上付き文字は時間刻みである．

表 8.2　例題 8.1 の解（陽解法）

時間刻み	時刻 [s]	格子番号						
		1 $x=0.0$	2 $x=0.002$	$x=0.006$	3 $x=0.01$	4 $x=0.014$	5 $x=0.016$	$x=0.018$
0	0	200	200	200	200	200	200	200
1	2	200	200	200	200	200	150	0
2	4	200	200	200	200	193.75	118.75	0
3	6	200	200	200	199.21	185.16	98.43	0
4	8	200	200	199.9	197.55	176.07	84.66	0
5	10	199.98	199.98	199.62	195.16	167.33	74.92	0
6	12	199.94	199.94	199.11	192.24	159.26	67.74	0
7	14	199.83	199.83	198.35	188.98	151.94	62.24	0
8	16	199.65	199.65	197.36	185.52	145.36	57.89	0
9	18	199.37	199.37	196.17	181.98	139.45	54.35	0
10	20	198.97	198.97	194.79	178.44	134.12	51.40	0

表 8.3

格子点	時刻 40 s			時刻 80 s			時刻 120 s		
	数値解	厳密解	パーセント誤差	数値解	厳密解	パーセント誤差	数値解	厳密解	パーセント誤差
1	188.64	188.39	−0.13	153.33	152.65	−0.43	120.53	119.87	−0.55
2	176.41	175.76	−0.36	139.05	138.36	−0.50	108.82	108.21	−0.56
3	148.29	147.13	−0.79	111.29	110.63	−0.59	86.47	85.96	−0.58
4	100.76	99.50	−1.26	72.06	71.56	−0.69	55.58	55.25	−0.60
5	35.94	35.38	−1.57	24.96	24.77	−0.75	19.16	19.05	−0.59

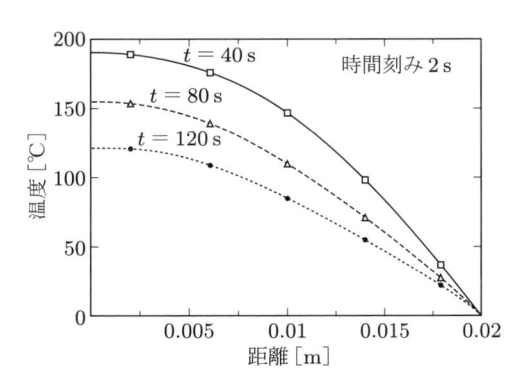

図 8.3　異なる時間における数値解と厳密解の比較

図 8.4 に，時間刻みを 8 s とした場合の時刻 $t=40$ s での解を示す．時間刻みが 2 s とした場合の数値解と厳密解も比較のために示す．結果として，時間刻みの制限値

と等しい時間刻み 8 s では,精度が非常に悪く,厳密解に対して振動する非現実な数値解となる.

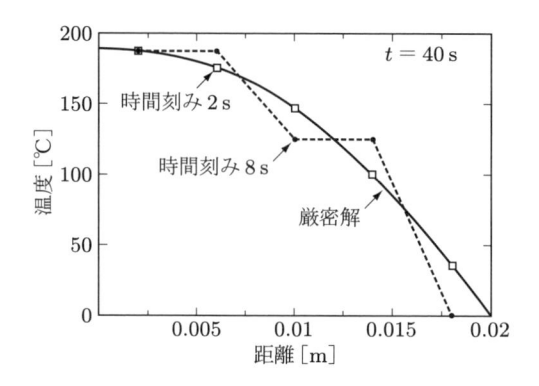

図 8.4 異なる時間刻みを用いて得られる解の比較

例題 8.2

完全陰解法を用いて例題 8.1 の問題をもう一度解き,時間刻みを 8 s とした場合の陽解法と陰解法の数値解を比較せよ.

解

図 8.2 と同じ計算格子を用いよう.完全陰解法では,離散化方程式 (8.16) を用いて内部のコントロールボリューム 2, 3, 4 を記述する.境界のコントロールボリューム 1, 5 には,やはり特別な取扱いが必要である.境界条件を式 (8.9) に組み込むと,格子点 1 に対して次式を得る.

$$\rho c \left(\frac{T_P - T_P^o}{\Delta t}\right)\Delta x = \left[\frac{k}{\Delta x}(T_E - T_P)\right] - 0 \tag{8.23}$$

また,格子点 5 に対して,次式が得られる.

$$\rho c \left(\frac{T_P - T_P^o}{\Delta t}\right)\Delta x = \left[\frac{k}{\Delta x/2}(T_B - T_P)\right] - \left[\frac{k}{\Delta x}(T_P - T_W)\right] \tag{8.24}$$

この離散化方程式を一般形に書き換えると,次式のようになる.

$$a_P T_P = a_W T_W + a_E T_E + a_P^o T_P^o + S_u \tag{8.25}$$

ここで,それぞれの係数は次式のとおりである.

$$a_P = a_W + a_E + a_P^o - S_P$$

$$a_P^o = \rho c \frac{\Delta x}{\Delta t}$$

格子点	a_W	a_E	S_P	S_u
1	0	$\dfrac{k}{\Delta x}$	0	0
2, 3, 4	$\dfrac{k}{\Delta x}$	$\dfrac{k}{\Delta x}$	0	0
5	$\dfrac{k}{\Delta x}$	0	$-\dfrac{2k}{\Delta x}$	$\dfrac{2k}{\Delta x}T_B$

陰解法は時間刻み Δt を大きくすることができるものの，ここでは精度を保証するために，適度に小さい時間刻み 2 s を用いる．計算格子の幅やそのほかのデータはこれまでのとおりであり，次の値を用いる．

$$\frac{k}{\Delta x} = \frac{10}{0.004} = 2500$$

$$\rho c \frac{\Delta x}{\Delta t} = 10 \times 10^6 \times \frac{0.004}{2} = 20000$$

数値を代入し，簡単化すると，それぞれの格子点に対する離散化方程式は，次式のようになる．

格子点 1： $\quad 225T_P = 25T_E + 200T_P^o$

格子点 2〜4： $\quad 250T_P = 25T_W + 25T_E + 200T_P^o$

格子点 5： $\quad 275T_P = 25T_W + 200T_P^o + 50T_B$

$T_B = 0$ であることに注意すると，それぞれの時間刻みで解くべき連立方程式は，次式のようになる．

$$\begin{bmatrix} 225 & -25 & 0 & 0 & 0 \\ -25 & 250 & -25 & 0 & 0 \\ 0 & -25 & 250 & -25 & 0 \\ 0 & 0 & -25 & 250 & -25 \\ 0 & 0 & 0 & -25 & 275 \end{bmatrix} \begin{bmatrix} T_1 \\ T_2 \\ T_3 \\ T_4 \\ T_5 \end{bmatrix} = \begin{bmatrix} 200T_1^o \\ 200T_2^o \\ 200T_3^o \\ 200T_4^o \\ 200T_5^o \end{bmatrix} \quad (8.26)$$

この行列形式により，それぞれの格子点に対する方程式には，隣接する格子の未知の温度が含まれていることがはっきりとする．陽解法では，それぞれの格子点において新しい時刻の温度を求めるために単独の代数方程式を単純に計算するが，完全陰解法では，それぞれの時刻で（より計算負荷の大きい）連立方程式 (8.26) の解が必要である．右辺を計算するために，過去の時刻の温度の値を用いる．表 8.4 と図 8.5 で，数値解と厳密解を再び比較する．

図 8.6 に，時間刻み 8 s の場合の，$t = 40$ s での陰解法と陽解法による数値解を厳

密解とともに示す．陽解法はこの時間刻みでは非現実的な振動解を示すものの，陰解法は厳密解と良好に一致している．これは陰解法には時間刻みを大きくすることができるという大きな強みがあることをはっきりと示している．しかし，小さい時間刻みでのみ高い解析精度を達成できることを，念のため強調しておく．

表8.4

格子点	時刻 40 s			時刻 80 s			時刻 120 s		
	数値解	厳密解	パーセント誤差	数値解	厳密解	パーセント誤差	数値解	厳密解	パーセント誤差
1	187.38	188.38	0.51	153.72	152.65	−0.70	121.52	119.87	−1.42
2	176.28	175.76	−0.29	139.79	138.36	−1.03	109.78	108.21	−1.24
3	150.04	147.13	−1.97	112.38	110.63	−1.57	87.33	85.96	−1.59
4	103.69	99.50	−4.20	73.09	71.56	−2.13	56.20	55.25	−1.71
5	37.51	35.38	−6.02	25.38	24.77	−2.46	19.39	19.05	−1.78

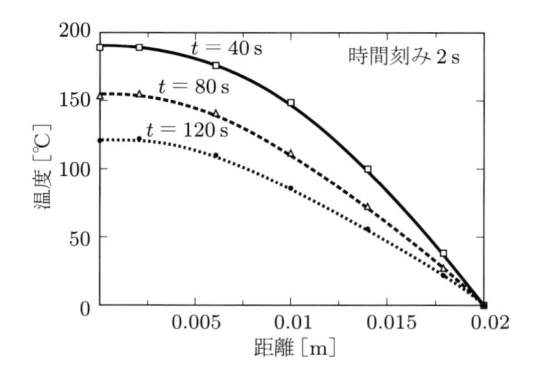

図 8.5 数値解と厳密解の比較（陰解法）

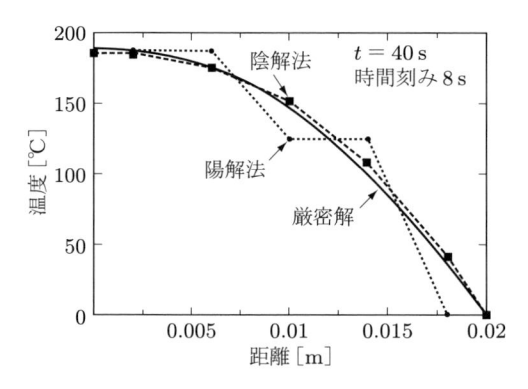

図 8.6 $\Delta t = 8\,\mathrm{s}$ における陰解法と陽解法の比較

8.4 2次元および3次元問題に対する陰解法

完全陰解法は優れた安定性をもつため，一般的な数値流体力学の計算に推奨されている．これから，この手法を2次元および3次元の問題計算に拡張する．3次元の非定常拡散問題は，次の基礎式で与えられる．

$$\rho c \frac{\partial \phi}{\partial t} = \frac{\partial}{\partial x}\left(\Gamma \frac{\partial \phi}{\partial x}\right) + \frac{\partial}{\partial y}\left(\Gamma \frac{\partial \phi}{\partial y}\right) + \frac{\partial}{\partial z}\left(\Gamma \frac{\partial \phi}{\partial z}\right) + S \tag{8.27}$$

3次元コントロールボリュームの離散化を考える．その方程式は，次のとおりである．

$$a_P \phi_P = a_W \phi_W + a_E \phi_E + a_S \phi_S + a_N \phi_N + a_B \phi_B + a_T \phi_T + a_P^o \phi_P^o + S_u \tag{8.28}$$

ここで，それぞれの係数は，次式で与えられる．

$$a_P = a_W + a_E + a_S + a_N + a_B + a_T + a_P^o - S_P$$

$$a_P^o = \rho c \frac{\Delta V}{\Delta t}$$

隣接する離散化係数は，1次元問題の場合は a_W と a_E，2次元問題の場合は a_W, a_E, a_S, a_N，3次元問題の場合は a_W, a_E, a_S, a_N, a_B, a_T であり，$b = (S_u + S_P \phi_P)$ は線形化した生成項である．これらの離散化係数を以下にまとめる．

	a_W	a_E	a_S	a_N	a_B	a_T
1次元	$\dfrac{\Gamma_w A_w}{\delta x_{WP}}$	$\dfrac{\Gamma_e A_e}{\delta x_{PE}}$	—	—	—	—
2次元	$\dfrac{\Gamma_w A_w}{\delta x_{WP}}$	$\dfrac{\Gamma_e A_e}{\delta x_{PE}}$	$\dfrac{\Gamma_s A_s}{\delta y_{SP}}$	$\dfrac{\Gamma_n A_n}{\delta y_{PN}}$	—	—
3次元	$\dfrac{\Gamma_w A_w}{\delta x_{WP}}$	$\dfrac{\Gamma_e A_e}{\delta x_{PE}}$	$\dfrac{\Gamma_s A_s}{\delta y_{SP}}$	$\dfrac{\Gamma_n A_n}{\delta y_{PN}}$	$\dfrac{\Gamma_b A_b}{\delta z_{BP}}$	$\dfrac{\Gamma_t A_t}{\delta z_{PT}}$

各次元に対して，次に示す体積と表面積を適用する．

	1次元	2次元	3次元
ΔV	Δx	$\Delta x \, \Delta y$	$\Delta x \, \Delta y \, \Delta z$
$A_w = A_e$	1	Δy	$\Delta y \, \Delta z$
$A_n = A_s$	—	Δx	$\Delta x \, \Delta z$
$A_b = A_t$	—	—	$\Delta x \, \Delta y$

8.5 非定常対流 – 拡散方程式の離散化

多次元の拡散問題に対してこれまで述べた完全陰解法では，時間項の離散化により，(i) a_P^o を中心の離散化係数 a_P に，(ii) $a_P^o \phi_P^o$ を右辺の生成項にそれぞれ追加する．そのほかの係数には変更はなく，定常状態問題に対する離散化方程式と同じである．これを基礎式として用いると，非定常対流 – 拡散方程式に対しても離散化方程式が簡単に得られる．変数 ϕ に関する非定常輸送方程式は，次式で与えられる．

$$\frac{\partial}{\partial t}(\rho\phi) + \mathrm{div}(\rho\mathbf{u}\phi) = \mathrm{div}(\Gamma\,\mathrm{grad}\,\phi) + S_\phi \tag{8.29}$$

対流項の取扱いに対する好ましい方法として，第 5 章においてハイブリッド法を推奨した．そのため，ここでは非定常対流 – 拡散方程式に対して，陰的にハイブリッド法を用いる．

速度場 $\mathbf{u}$ での一般化した変数 ϕ に対する非定常 3 次元対流 – 拡散の基礎式は，次式で与えられる．

$$\begin{aligned}&\frac{\partial(\rho\phi)}{\partial t} + \frac{\partial(\rho u\phi)}{\partial x} + \frac{\partial(\rho v\phi)}{\partial y} + \frac{\partial(\rho w\phi)}{\partial z} \\ &= \frac{\partial}{\partial x}\left(\Gamma\frac{\partial \phi}{\partial x}\right) + \frac{\partial}{\partial y}\left(\Gamma\frac{\partial \phi}{\partial y}\right) + \frac{\partial}{\partial z}\left(\Gamma\frac{\partial \phi}{\partial z}\right) + S\end{aligned} \tag{8.30}$$

また，完全陰解法の離散化方程式は，次式のようになる．

$$\boxed{a_P\phi_P = a_W\phi_W + a_E\phi_E + a_S\phi_S + a_N\phi_N + a_B\phi_B + a_T\phi_T + a_P^o\phi_P^o + S_u} \tag{8.31}$$

ここで，それぞれの係数は，次に示すとおりである．

$$\boxed{a_P = a_W + a_E + a_S + a_N + a_B + a_T + a_P^o + \Delta F - S_P}$$

$$\boxed{a_P^o = \frac{\rho_P^o \Delta V}{\Delta t}}$$

$$\boxed{\overline{S}\,\Delta V = S_u + S_P\phi_P}$$

ハイブリッド法に対するこの方程式の隣接する離散化係数は，次のとおりである．

	1 次元流れ	2 次元流れ	3 次元流れ
a_W	$\max\left[F_w, \left(D_w + \dfrac{F_w}{2}\right), 0\right]$	$\max\left[F_w, \left(D_w + \dfrac{F_w}{2}\right), 0\right]$	$\max\left[F_w, \left(D_w + \dfrac{F_w}{2}\right), 0\right]$
a_E	$\max\left[-F_e, \left(D_e - \dfrac{F_e}{2}\right), 0\right]$	$\max\left[-F_e, \left(D_e - \dfrac{F_e}{2}\right), 0\right]$	$\max\left[-F_e, \left(D_e - \dfrac{F_e}{2}\right), 0\right]$
a_S	—	$\max\left[F_s, \left(D_s + \dfrac{F_s}{2}\right), 0\right]$	$\max\left[F_s, \left(D_s + \dfrac{F_s}{2}\right), 0\right]$
a_N	—	$\max\left[-F_n, \left(D_n - \dfrac{F_n}{2}\right), 0\right]$	$\max\left[-F_n, \left(D_n - \dfrac{F_n}{2}\right), 0\right]$
a_B	—	—	$\max\left[F_b, \left(D_b + \dfrac{F_b}{2}\right), 0\right]$
a_T	—	—	$\max\left[-F_t, \left(D_t - \dfrac{F_t}{2}\right), 0\right]$
ΔF	$F_e - F_w$	$F_e - F_w + F_n - F_s$	$F_e - F_w + F_n - F_s + F_t - F_b$

上式での F と D の値を,下表から計算する.

面	w	e	s	n	b	t
F	$(\rho u)_w A_w$	$(\rho u)_e A_e$	$(\rho v)_s A_s$	$(\rho v)_n A_n$	$(\rho w)_b A_b$	$(\rho w)_t A_t$
D	$\dfrac{\Gamma_w}{\delta x_{WP}} A_w$	$\dfrac{\Gamma_e}{\delta x_{PE}} A_e$	$\dfrac{\Gamma_s}{\delta y_{SP}} A_s$	$\dfrac{\Gamma_n}{\delta y_{PN}} A_n$	$\dfrac{\Gamma_b}{\delta z_{BP}} A_b$	$\dfrac{\Gamma_t}{\delta z_{PT}} A_t$

体積とセル界面の面積は,8.4 節で適用したものと同様である.

以下の例題で示すように,係数に対して近似式を代入することで,線形風上法,QUICK スキーム,TVD スキームなどのほかのスキームをこれらの方程式に組み込んでもよい.

8.6 QUICK スキームを用いた非定常対流 – 拡散の例題

例題 8.3

図 8.7 に示す 1 次元の対流と拡散を考えよう.初期の温度がすべてゼロで,境界条件が $x=0$ で $\phi=0$,かつ $x=L$ で $\partial\phi/\partial x=0$ の場合の非定常の温度場を計算せよ.ただし,$L=1.5$ m,$u=2$ m/s,$\rho=1.0$ kg/m^3,$\Gamma=0.03$ kg/m·s である.図 8.8 で定義した生成項分布を,時刻 $t>0$ で $a=-200$,$b=100$,$x_1=0.6$ m,$x_2=0.2$ m

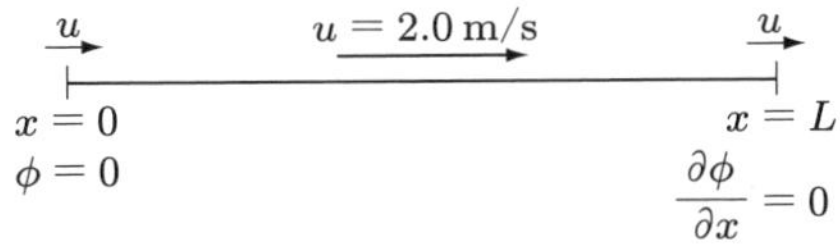

図 **8.7** 1 次元の対流と拡散

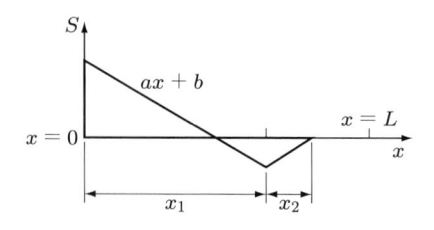

図 8.8 例題 8.3 に対する形状および生成項分布

として適用する．時間積分については陰解法を，対流項と拡散項については Hayase らの QUICK スキームを用い，非定常の温度分布を定常状態に達するまで計算するための計算プログラムを書き，この数値解と定常状態の厳密解を比較せよ．

解

生成項の分布に伴う変数 ϕ に対する非定常の対流-拡散問題の基礎式は，次式で与えられる．

$$\frac{\partial(\rho\phi)}{\partial t} + \frac{\partial(\rho u\phi)}{\partial x} = \frac{\partial}{\partial x}\left(\Gamma\frac{\partial\phi}{\partial x}\right) + S \tag{8.32}$$

計算領域を 45 分割し，コンピュータプログラムを用いてすべての計算を行う．Hayase らの QUICK スキームの定式化（5.9.3 項参照）では，TDMA（7.3 節参照）を用いて反復計算することができる三重対角行列となるため便利である．

速度は $u = 2.0\,\mathrm{m/s}$，格子幅は $\Delta x = 0.0333$ であるため，すべての格子点で $F = \rho u = 2.0$，$D = \Gamma/\Delta x = 0.9$ である．Hayase らの式では，次式によりセル界面での ϕ を求める．

$$\phi_e = \phi_P + \frac{1}{8}(3\phi_E - 2\phi_P - \phi_W) \tag{8.33}$$

$$\phi_w = \phi_W + \frac{1}{8}(3\phi_P - 2\phi_W - \phi_{WW}) \tag{8.34}$$

Hayase らの QUICK スキームを用いると，格子点での陰解法に基づく離散化方程式は次式で与えられる．

$$\frac{\rho(\phi_P - \phi_P^o)\Delta x}{\Delta t} + F_e\left[\phi_P + \frac{1}{8}(3\phi_E - 2\phi_P - \phi_W)\right] - F_w\left[\phi_W + \frac{1}{8}(3\phi_P - 2\phi_W - \phi_{WW})\right]$$
$$= D_e(\phi_E - \phi_P) - D_w(\phi_P - \phi_W) \tag{8.35}$$

最初と最後の点を別々に取り扱う必要がある．コントロールボリューム 1 では，$x = 0$ での境界の逆側に西（W）側の点を設けるために，5.9.1 項で取り入れた仮想格子点

を用いることができる．この境界（A）では $\phi_A = 0$ であるため，仮想格子点の値を線形に外挿して求める．

$$\phi_0 = -\phi_P \tag{8.36}$$

境界での拡散流束は次式で与えられる．

$$\Gamma \frac{\partial \phi}{\partial x}\bigg|_A = \frac{D_A^*}{3}(9\phi_P - 8\phi_A - \phi_E) \tag{8.37}$$

$$\text{ただし，} \quad D_A^* = \frac{\Gamma}{\Delta x}$$

また，格子点 1 での離散化方程式を，次式のように書くことができる．

$$\frac{\rho(\phi_P - \phi_P^o)\Delta x}{\Delta t} + F_e\left[\phi_P + \frac{1}{8}(3\phi_E - \phi_P)\right] - F_A \phi_A$$
$$= D_e(\phi_E - \phi_P) - \frac{D_A^*}{3}(9\phi_P - 8\phi_A - \phi_E) \tag{8.38}$$

最後のコントロールボリュームでは，勾配ゼロの境界条件を適用するため，境界 B を通過する拡散流束はゼロであり，この境界での ϕ の値は上流の格子点の値と等しく，$\phi_B = \phi_P$ である．コントロールボリューム 45 に対する離散化方程式は，次式のようになる．

$$\frac{\rho(\phi_P - \phi_P^o)\Delta x}{\Delta t} + F_B \phi_P - F_w\left[\phi_W + \frac{1}{8}(3\phi_P - 2\phi_W - \phi_{WW})\right]$$
$$= 0 - D_w(\phi_P - \phi_W) \tag{8.39}$$

ここで，これらの離散化方程式 (8.35)，(8.38)，(8.39) を一般形に書き換えると，次式のようになる．

$$a_P \phi_P = a_W \phi_W + a_E \phi_E + a_P^o \phi_P^o + S_u \tag{8.40}$$

$$a_P = a_W + a_E + a_P^o + (F_e - F_w) - S_P$$

$$a_P^o = \frac{\rho \Delta x}{\Delta t}$$

また，係数は次のとおりである．

格子点	a_W	a_E	S_P	S_u
1	0	$D_e + \dfrac{D_A^*}{3}$	$-\left(\dfrac{8}{3}D_A^* + F_A\right)$	$\left(\dfrac{8}{3}D_A^* + F_A\right)\phi_A + \dfrac{1}{8}F_e(\phi_P - 3\phi_E)$
2	$D_w + F_w$	D_e	0	$\dfrac{1}{8}F_w(3\phi_P - \phi_W)$ $+ \dfrac{1}{8}F_e(\phi_W + 2\phi_P - 3\phi_E)$
3〜44	$D_w + F_w$	D_e	0	$\dfrac{1}{8}F_w(3\phi_P - 2\phi_W - \phi_{WW})$ $+ \dfrac{1}{8}F_e(\phi_W + 2\phi_P - 3\phi_E)$
45	$D_w + F_w$	0	0	$\dfrac{1}{8}F_w(3\phi_P - 2\phi_W - \phi_{WW})$

セル界面を通過する対流流束を導出するために用いた特別な式を考慮するため，コントロールボリューム 2 に対する離散化方程式を修正している．これはコントロールボリューム 1 と同様である．

陽解法に対して十分に安定条件の範囲内となる時間刻み $\Delta t = 0.01$ を用いると，陰解法を用いた場合にも，妥当な精度で安定な解を期待することができる．任意の時刻で数値を代入すると，表 8.5 に示す係数を得る．

表 8.5 各格子点における離散化方程式の係数

格子点	a_W	a_E	a_P^o	全生成項	S_P	a_P
1	0	1.2	3.33	$4.4\phi_A + 0.25(\phi_P - 3\phi_E) + 3.33\phi_P^o$	-4.4	8.93
2	2.9	0.9	3.33	$0.25(5\phi_P - 3\phi_E) + 3.33\phi_P^o$	0	7.13
3〜44	2.9	0.9	3.33	$0.25(5\phi_P - \phi_W - \phi_{WW} - 3\phi_E) + 3.33\phi_P^o$	0	7.13
45	2.9	0	3.33	$0.25(3\phi_P - 2\phi_W - \phi_{WW}) + 3.33\phi_P^o$	0	6.23

すべての格子点で初期値 $\phi_P^o = 0$ から計算を開始し，収束解 ϕ_P が得られるまで表 8.5 に示した離散化係数と，生成項分布で定義した連立方程式を反復計算する．その後に，現在の時刻での ϕ_P の値を ϕ_P^o とし，解を次の時刻に進行させる．定常状態に達したかどうかを確認するため，ϕ_P の過去の値と新しい値の差を計算する．これが設定した誤差（たとえば 10^{-9}）より小さくなった場合，この解を定常状態に達したとみなす．

厳密解

式 (8.32) の定常状態の厳密解を求めるために，時間微分項をゼロとし，その結果得られる常微分方程式を x について 2 回積分する．区間 $(-L, L)$ における生成項分布の対称的な広がりはフーリエ余弦級数により表され，これにより常微分方程式の

強制関数が与えられる．与えた境界条件下では，この問題の厳密解は次式のようになる．

$$\phi(x) = C_1 + C_2 e^{Px} - \frac{a_0}{P^2}(Px+1)$$
$$-\sum_{n=1}^{\infty} a_n \left(\frac{L}{n\pi}\right)\left[P\sin\left(\frac{n\pi x}{L}\right)+\left(\frac{n\pi}{L}\right)\cos\left(\frac{n\pi x}{L}\right)\right] \bigg/ \left[P^2+\left(\frac{n\pi}{L}\right)^2\right] \quad (8.41)$$

ただし，

$$P = \frac{\rho u}{\Gamma} \qquad C_2 = \frac{a_0}{P^2 e^{PL}} + \sum_{n=1}^{\infty} \frac{a_n}{e^{PL}} \cos(n\pi) \bigg/ \left[P^2+\left(\frac{n\pi}{L}\right)^2\right]$$

$$C_1 = -C_2 + \frac{a_0}{P^2} + \sum_{n=1}^{\infty} a_n \bigg/ \left[P^2+\left(\frac{n\pi}{L}\right)^2\right]$$

$$a_0 = \frac{(x_1+x_2)(ax_1+b)+bx_1}{2L}$$

$$a_n = \frac{2L}{n^2\pi^2}\left\{\left(\frac{a(x_1+x_2)+b}{x_2}\right)\cos\left(\frac{n\pi x_1}{L}\right)\right.$$
$$\left.-\left[a+\left(\frac{ax_1+b}{x_2}\right)\cos\left(\frac{n\pi(x_1+x_2)}{L}\right)\right]\right\}$$

図 8.9 で定常状態での厳密解と数値解を比較する．図からわかるように，空間の離散化に関して QUICK スキームと細かい計算格子を用いることで，厳密解と数値解はほぼ完全に一致している．

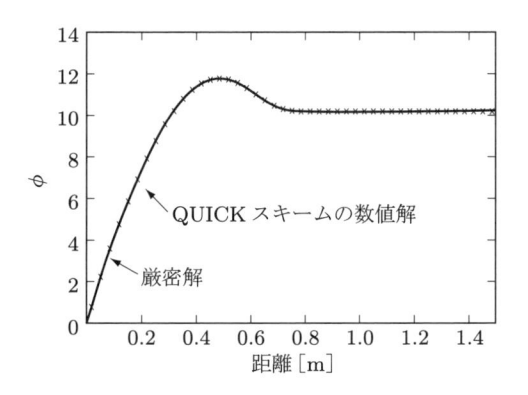

図 **8.9** 数値解と厳密解の比較

8.7 非定常流計算に対する解析手法

8.7.1 非定常 SIMPLE アルゴリズム

第 6 章で述べた定常流れに対する計算のための SIMPLE のようなアルゴリズムは，非定常計算にも拡張することができる．ここでは，離散化した運動量保存式には 8.5 節で述べた方法を用いて定式化した非定常項が含まれる．また，圧力の補正式にも項を追加する必要がある．非定常 2 次元流れでの連続の式は，次式のように与えられる．

$$\frac{\partial \rho}{\partial t} + \frac{\partial (\rho u)}{\partial x} + \frac{\partial (\rho v)}{\partial y} = 0 \tag{8.42}$$

2 次元のスカラーコントロールボリュームにおいてこの方程式を積分すると，次式が得られる．

$$\frac{\rho_P - \rho_P^o}{\Delta t} \Delta V + [(\rho u A)_e - (\rho u A)_w] + [(\rho v A)_n - (\rho v A)_s] = 0 \tag{8.43}$$

圧力の補正式は連続の式から導かれるため，この方程式には非定常な振舞いを示す項が含まれる．たとえば，2 次元非定常流れに対する圧力の補正式 (6.32) は，次式のような形になる．

$$a_{I,J} p'_{I,J} = a_{I+1,J} p'_{I+1,J} + a_{I-1,J} p'_{I-1,J} + a_{I,J+1} p'_{I,J+1} + a_{I,J-1} p'_{I,J-1} + b'_{I,J} \tag{8.44}$$

ここで，係数は，

$$a_{I,J} = a_{I+1,J} + a_{I-1,J} + a_{I,J+1} + a_{I,J-1}$$

また，生成項は，

$$b'_{I,J} = (\rho u^* A)_{i,J} - (\rho u^* A)_{i+1,J} + (\rho v^* A)_{I,j} - (\rho v^* A)_{I,j+1} + \frac{\rho_P^o - \rho_P}{\Delta t} \Delta V$$

である．隣接する離散化係数は，

$a_{I-1,J}$	$a_{I+1,J}$	$a_{I,J-1}$	$a_{I,J+1}$
$(\rho dA)_{i,J}$	$(\rho dA)_{i+1,J}$	$(\rho dA)_{I,j}$	$(\rho dA)_{I,j+1}$

となる．3 次元流れに拡張しても，生成項には同じ追加項が含まれる．

陰解法を用いた非定常流れの計算では，定常計算に対して述べた SIMPLE，SIMPLER，SIMPLEC アルゴリズムを用いて，それぞれの時刻で収束に達するまで反復計算を行う．図 8.10 にそのアルゴリズムの構造を示す．

8.7 非定常流計算に対する解析手法　**287**

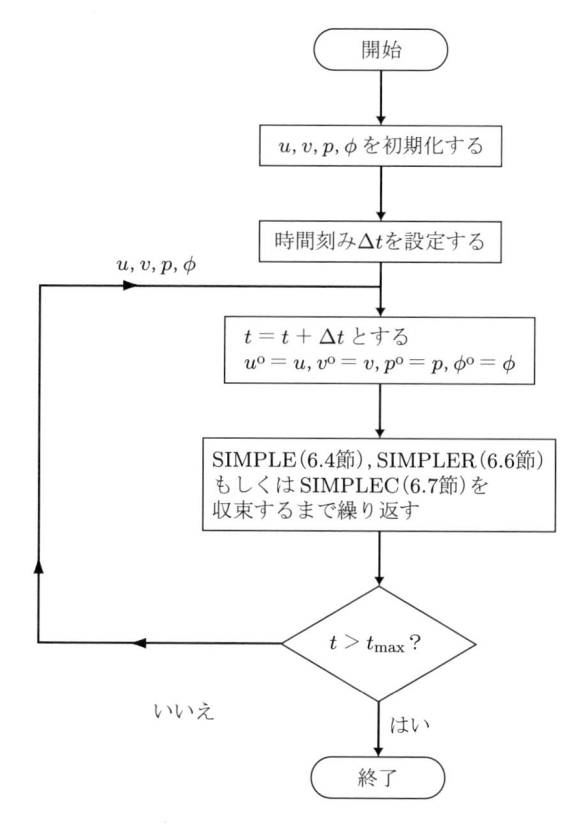

図 8.10　非定常流れ SIMPLE アルゴリズムとその改良

■ 8.7.2　非定常 PISO アルゴリズム

　PISO アルゴリズムは，反復計算をしない非定常計算手法である．PISO ではとくに，分離解法（Issa, 1986）における離散化により得られる時間精度を期待できる．非定常アルゴリズムでは，時間依存の項が運動量保存式と連続の式すべてに含まれる．これにより，非定常 PISO アルゴリズムにおける運動量保存式と圧力の補正式に，以下の追加をする．

- 離散化した u，v 運動量保存式 (6.12)，(6.13) と式 (6.52)，(6.53) の中心係数に，$a_P^o = \rho_P^o \, \Delta V / \Delta t$ をそれぞれ加える
- u，v 運動量保存式の生成項に，$a_P^o u_P^o$，$a_P^o v_P^o$ を加える
- 最初と 2 番目の離散化した圧力の補正式の両方の生成項に，$(\rho_P^o - \rho_P) \Delta V / \Delta t$ を加える

そのほかの点では，非定常 PISO アルゴリズムに含まれる基礎式と手順は，6.8 節で述

べたものと同じである．速度場と圧力場を計算するために，それぞれの時刻において 6.8 節で説明した PISO アルゴリズムを実行する．Issa (1986) は圧力と運動量に対して予測子-修正子法により達成する時間精度が，それぞれ三次精度（Δt^3）と四次精度（Δt^4）であることを示している．したがって，適度に小さい時間刻みを用いた PISO アルゴリズムで最終的に得られる圧力場と速度場は，すぐに次の時間刻みに進行させるのに十分な精度であると考えられ，このアルゴリズムでは反復計算をしない．

このアルゴリズムは，分離解法により時間に関して高次精度であるため，解析精度を保証するには小さい時間刻みが推奨される．必要であれば，精度を向上させるために，Δt の間隔で三つの時刻 $n+1, n, n-1$ を用いる，二次精度陰解法のような，時間に関して高次精度スキームを PISO アルゴリズムと組み合わせることができる．$\partial T/\partial t$ を導出するために，時刻 n での T_{n+1}, T_n, T_{n-1} を通過する放物線の勾配を用いることができる．時間に関して二次精度の離散化は，次式で表される．

$$\frac{\partial T}{\partial t} = \frac{1}{2\Delta t}(3T^{n+1} - 4T^n + T^{n-1}) \tag{8.45}$$

このスキームを離散化方程式に組み込むことは比較的容易である．過去の時間刻みからわかる時刻 n と $n-1$ での値を生成項として取扱い，方程式の右辺に移項する．

十分に小さい時間刻みを用いた場合，PISO アルゴリズムの解は高精度となる（Issa ら，1986 や Kim と Benson，1992 などを参照）．PISO アルゴリズムは各時刻での反復計算の必要がないため，陰的な SIMPLE アルゴリズムより計算負荷が小さい．数値流体力学を用いた内燃機関内の流れや熱移動の解析では，とくに 3 次元の場合に非常に時間がかかり，計算負荷が大きい非定常計算が必要である．Ahmadi-Befrui ら (1990) は，内燃機関内流れの解析に対して適した PISO の変形アルゴリズムを提案しており，それは EPISO として知られている．

8.8 擬定常スキームを用いた定常状態計算

第 6 章では，定常解を得る反復計算を安定に行うには不足緩和が必要であると述べた．たとえば，2 次元の u 運動量保存式の不足緩和した式は次の形となる．

$$\frac{a_{i,J}}{\alpha_u}u_{i,J} = \sum a_{nb}u_{nb} + (p_{I-1,J} - P_{I,J})A_{i,J} + b_{i,J} + \left[(1-\alpha_u)\frac{a_{i,J}}{\alpha_u}\right]u_{i,J}^{(n-1)} \tag{8.46}$$

これを次の非定常の（陰的な）u 運動量保存式と比較しよう．

$$\left(a_{i,J} + \frac{\rho_{i,J}^o \Delta V}{\Delta t}\right)u_{i,J} = \sum a_{nb}u_{nb} + (p_{I-1,J} - P_{I,J})A_{i,J} + b_{i,J} + \frac{\rho_{i,J}^o \Delta V}{\Delta t}u_{i,J}^o \tag{8.47}$$

式 (8.46) では上付き文字 $(n-1)$ は前回の反復を表し，式 (8.47) では上付き文字 (o) は過去の時刻を表す．これにより，非定常計算と定常計算での不足緩和の間に，はっきりとした相似性があることがすぐにわかる．そのため，次式の関係を簡単に推定することができる．

$$(1-\alpha_u)\frac{a_{i,J}}{\alpha_u} = \frac{\rho^o_{i,J}\Delta V}{\Delta t} \qquad (8.48)$$

式 (8.48) を満たす時間刻みを用い，与えた初期値から始める擬定常計算を行うことで，同じ初期値から，不足緩和した定常の反復計算と同じ効果を達成することが可能であることがわかる．または，定常の計算を，時間刻みが空間的に変化する擬定常計算として解釈することができる．擬定常計算方法は，たとえば，浮力流れ，強旋回流れや衝撃波を伴う圧縮流れのような安定性の問題が生じる問題に対して役に立つ．

8.9 ほかの非定常スキームの概要

MAC (Harlow と Welch, 1965)，SMAC (Amsden と Harlow, 1970)，ICE (Harlow と Amsden, 1971)，ICED-ALE (Hirt ら, 1974) などのほかの非定常流れの計算方法を用いることもできる．この種のスキームの計算方法の主な特徴は，圧力に関するポアソン方程式を直接解くことである．全体の計算方法は，ここで述べた方法とは異なるので，興味のある読者にはより詳細な参考文献を参照していただきたい．エンジン解析プログラムで知られる KIVA では，解法の核として ICED-ALE を用いる．この方法は，実用内燃機関流れの解析に対して信頼性が高く，内燃機関の燃焼研究に対して広く用いられる（Amsden ら，1985, 1989, Zellat ら，1990 や Blunsdon ら，1992, 1993 参照）．Kim と Benson (1992) は，非定常流れの解析に対して PISO と SMAC アルゴリズムを比較し，SMAC が PISO より効率的で計算時間が短く，より精度が高いと報告した．しかし，MAC/ICE のような方法は数学的に複雑で，一般的な数値流体力学の方法には用いられない．

8.10 まとめ

非定常拡散方程式と非定常対流-拡散方程式を考えることで，非定常流れの問題の解法を導いた．新しい時刻での変数 ϕ を計算するための時間進行法を，以下のように区別する．

- 陽解法：過去の時刻での ϕ のみを用いる．

- クランク–ニコルソン法：過去の時刻での ϕ と新しい時刻での ϕ を用いる．
- 陰解法：主に新しい時刻での ϕ を用いる．

それぞれの方法の安定性と解析精度を表 8.6 に示し，以下で述べる．

表 8.6

スキーム	安定性	精度	正の係数の基準
陽解法	条件付安定	一次	$\Delta t < \dfrac{\rho(\Delta x)^2}{2\Gamma}$
クランク–ニコルソン法	無条件安定	二次	$\Delta t < \dfrac{\rho(\Delta x)^2}{\Gamma}$
陰解法	無条件安定	一次	常に正

- 一般的な非定常の数値流体力学を安定的に行うには，陰解法が推奨される．陰解法とクランク–ニコルソン法は無条件安定であるものの，それぞれの時刻で連立方程式を解くための計算負荷が大きい．2 次元や 3 次元計算では，途中に反復計算が必要である．
- （完全陰解法の）拡散や対流–拡散に対する非定常の離散化方程式は，中心係数 a_P や生成項 b_P を少し変更すること以外は，定常問題と同じである．

$$a_P^{(t)} = a_P^{(s)} + a_P^o \qquad b_P^{(t)} = b_P^{(s)} + a_P^o \phi_P^o \qquad \text{ただし，} a_P^o = \rho_P^o \Delta V / \Delta t$$

上付き文字 (t) は非定常項であり，(s) は定常項である．

- SIMPLE アルゴリズムでの運動量保存式に上記の修正を施し，圧力の補正式においても生成項 b_P に $(\rho_P^o - \rho_P)\Delta V/\Delta t$ を追加する必要がある．時間進行法では，SIMPLE アルゴリズムの主な反復計算ループの外側にループを追加する．
- PISO アルゴリズムの二度目の補正の時間精度が高いので，反復計算をしない非定常計算が非常に魅力的である．
- 不足緩和した反復解法と擬定常解法の相似性を強調した．擬定常解析は，複雑な物理過程を伴う流れにおいて，安定性の問題を解決するために広く用いられている．

第9章

境界条件の適用

9.1 はじめに

　すべての数値流体力学の問題では，初期条件と境界条件を定義する．これらを正しく指定し，数値アルゴリズムにおける役割を理解することが重要である．非定常問題では，流れ場の解くべき点すべてにおいて，流れに関する変数の初期値をすべて指定する必要がある．数値流体力学プログラムでは，適当な値を初期値とする以外には特別な方法がないため，これ以上説明する必要はない．本章では，有限体積法の離散化方程式のなかで最も一般的な，以下の境界条件について述べる．

- 流入（inlet）
- 流出（outlet）
- 壁（wall）
- 圧力固定（prescribed pressure）
- 対称性（symmetry）
- 周期性（periodicity）

スタッガード格子配置を構築する場合，図9.1に示すように，物理的な境界の周りにさらに格子点を用意する．ただし，内部の格子点（$I=2$, $J=2$ 以降）のみで計算を行う．このような配置には注目すべき特徴が二つあり，それらは，

(i) 物理的な境界がスカラーコントロールボリューム境界と一致すること
(ii) 領域の入口のすぐ外側の（図9.1で $I=1$ に沿う）点に流入条件を保存することができること

である．これにより，境界近くの内部の格子点に対する離散化方程式を少し修正することで，境界条件を組み込むことが可能になる．

　第4章と第5章では，境界のつながりを断ち，生成項を修正することで，境界条件を離散化方程式に組み込んだ．離散化方程式の離散化係数をゼロにし，そのまま，あるいは線形補間した境界側の流束を生成項 S_u, S_P に組み込む．セル界面での変数の

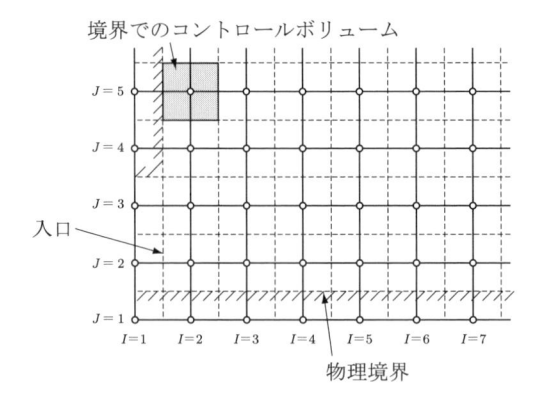

図9.1 境界での格子配列

流束を固定するためにこの方法をよく用いるが，格子点での変数の値を固定する必要がある場合に対しても，うまく処理する方法が必要である．これは，離散化方程式に非常に大きな生成項を二つ組み込むことで可能となる．たとえば，格子点 P での変数 ϕ を ϕ_{fix} とするために，次のように修正した生成項を離散化方程式に用いる．

$$S_P = -10^{30} \quad \text{および} \quad S_u = 10^{30}\phi_{\text{fix}} \tag{9.1}$$

これらの生成項を離散化方程式に加えると，次式のようになる．

$$(a_P + 10^{30})\phi_P = \sum_n a_{nb}\phi_{nb} + 10^{30}\phi_{\text{fix}} \tag{9.2}$$

10^{30} という数の実際の大きさは，元の離散化方程式のすべての離散化係数と比較して十分大きい数であれば，どのような数でもよい．したがって，a_P と a_{nb} がすべて無視できるほど小さい場合，離散化方程式は事実上，

$$\phi_P = \phi_{\text{fix}} \tag{9.3}$$

となり，格子点 P の ϕ は固定される．

内部の格子点の変数の値を設定することに加え，計算領域内にある固体障害物内の格子点で $\phi_{\text{fix}} = 0$（あるいは任意の値）にすることで，固体障害物（solid obstacles）を取り扱うことができる．これにより障害物の取扱いを別々にすることなく，いつもどおり流れの離散化方程式を解くことができる．

箇条書きにした境界条件を設定するために必要な修正を，次節以降で詳細に説明する．ここで，以下の仮定を行う．

(i) 流れは常に音速以下である（$M < 1$）

(ii) k-ε 乱流モデルを用いる
(iii) 離散化にはハイブリッド法を用いる
(iv) SIMPLE アルゴリズムを適用する

9.2 流入境界条件

　流入境界に，流れに関する変数すべての分布を設定する必要がある．ここでは，x 軸方向に対して垂直な入口の場合について説明する．図 9.2〜図 9.5 に，u, v 方向の運動量保存式，スカラー方程式と圧力の補正式のセルに対する流入境界近傍の計算格子の配置を示す．流れの方向は，大ざっぱに図の左から右へ移動すると仮定する．このように，計算格子を物理境界の外側に拡張し，流れに関する変数 (u_{in}, v_{in}, ϕ_{in}, p'_{in}) の入口での値を保存するために，$I = 1$（u 速度に対しては $i = 2$）の線に沿った格子点を用いる．この外部の格子点のすぐ下流，影付きで示す第一の内部の格子点に対する離散化方程式から解く．

　図には，ハイブリッド法を用いた場合に影付きのセルに対する離散化方程式中に現れる"アクティブな"隣接点とセル界面も示す．たとえば，図 9.2 では，アクティブな隣接点の速度を矢印で，アクティブな界面圧力を白丸で表す．これらの図では，u, v, ϕ のセルに対して，隣接点とのつながりがすべてアクティブのままであることを示しており，これらの変数に対して流入境界条件を適用するために離散化方程式を修正する必要はない．図 9.4 は，離散化した境界側（西）の係数 a_W をゼロとすることによって，離散化した圧力の補正式において境界側とのつながりを断ったことを表す．入口での速度が既知であるため，ここでは速度を修正する必要もなく，そのため，離散化した圧力の補正式 (6.32) において，次のようにおく．

$$u_W^* = u_W \tag{9.4}$$

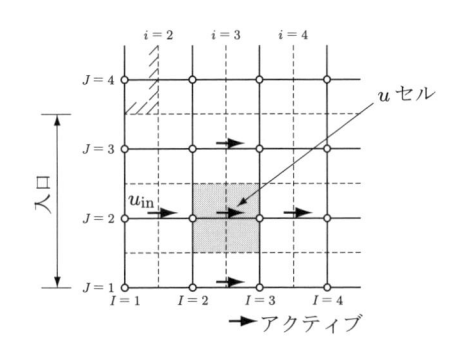

図 9.2　流入境界での u 速度セル 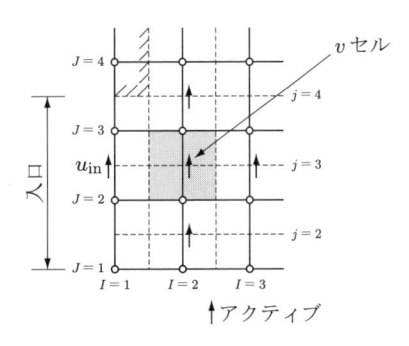　　　　図 9.3　流入境界での v 速度セル

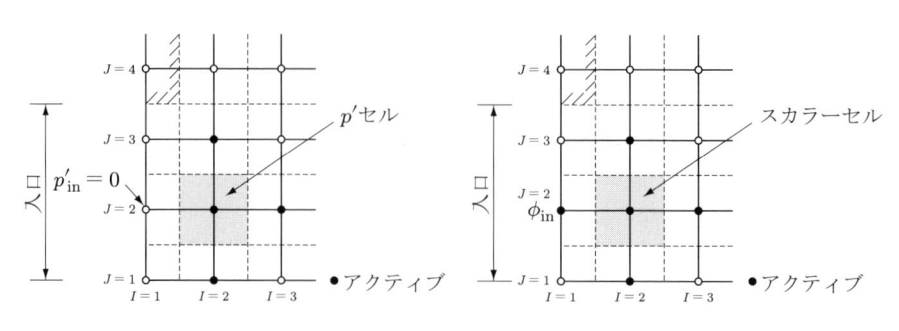

図 9.4　流入境界での圧力補正セル　　　図 9.5　流入境界でのスカラーセル

▶ 圧力参照点

圧力の補正式を解いて得られる圧力場は，絶対圧力ではない（Patankar, 1980）．入口にある格子点 1 点の絶対圧力を固定し，その点での圧力補正をゼロにする方法が一般的である．特定の参照点を用いると，計算領域内で絶対圧力場を得ることができる．

▶ 流入境界での k と ε の評価

入口における乱流エネルギー k と消散率 ε の測定値を与えなければ，非常に高精度な数値解析を行うことはできない．しかし，設計のための計算をする場合には，しばしばそのようなデータが得られないことが多い．この場合，商用プログラムでは，k と ε を 3.7.2 項で示した乱流強度（一般的に 1～6%）と長さスケールに基づいた近似式で推算することが多い．

▶ y 方向に垂直な流入境界

もちろん，上記の方法は x 方向に垂直な境界のみに限定されているわけではない．y 方向に垂直な入口の場合，速度成分 v の入口の値は $j = 2$ で $v_{\rm in}$ である．そして，速度成分 v を速度成分 u に置き換え，$j = 3$ から計算を始める．さらに，入口におけるほかの変数の値を $J = 1$ に保存し，$J = 2$ から計算を始める．ほかの場合についても同様に取り扱う．

9.3　流出境界条件

流出境界条件は，9.2 節の流入境界条件と組み合わせて用いられる．出口の位置を幾何学的な外乱から遠く離れた場所に選んだ場合，流れは最終的に，流れの方向で変化が起きない完全に発達した状態に達する．そのような領域の場合，出口面を設置し，圧力以外のすべての変数の流れの方向の勾配をゼロとすることができる．一般に，障

害物から流れの方向に距離をとることで，精度の高い解析を行うことが可能である．これにより，流れの方向に垂直な出口面を設置し，出口面に垂直な方向で勾配をゼロにすることができる．

図9.6〜図9.9に，このような流出境界近傍の計算格子を示す．出口のすぐ上流の解くべき離散化方程式に対するセルに影を付け，これまでのようにアクティブな隣接点と界面を強調している．

NI を x 方向の格子点の総数とすると，I（もしくは i）$= NI - 1$ までのセルについて方程式を解く．方程式を解く前に，計算領域のすぐ外側の隣接点（NI）での流れに関する変数の値を，出口面での勾配がゼロと仮定した内部から外挿することで決定する．v 方程式とスカラー方程式に対し，$v_{NI,j} = v_{NI-1,j}$ と $\phi_{NI,J} = \phi_{NI-1,J}$ を適用する．これらの変数に対し，つながりがすべてアクティブであることを図9.7と図9.9に示す．これらの離散化方程式は，通常の方法で解くことができる．

u 速度の場合，とくに注意が必要である．勾配ゼロと仮定し，出口面 $i = NI$ での u を計算すると，次式のようになる．

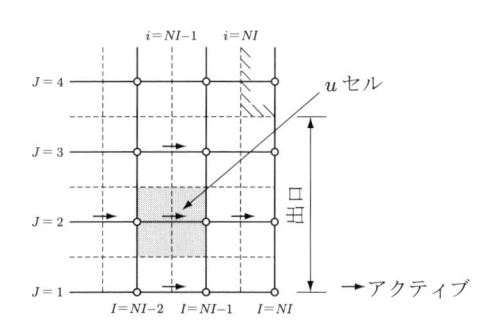

図9.6 流出境界での u コントロールボリュームセル

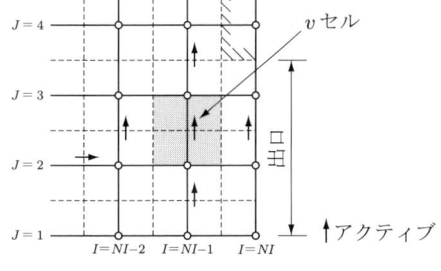

図9.7 流出境界での v コントロールボリュームセル

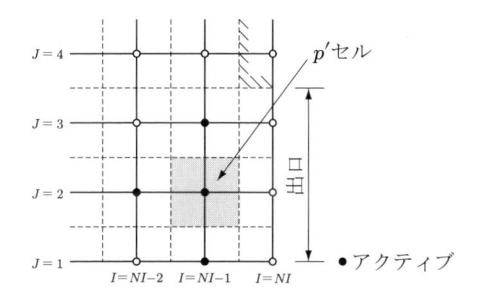

図9.8 流出境界での p' コントロールボリュームセル

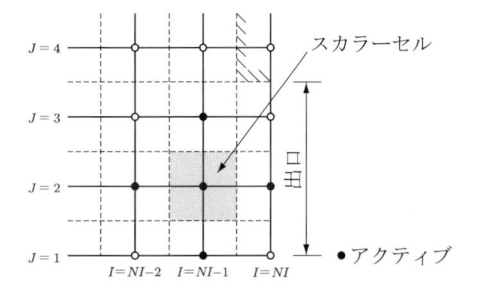

図9.9 流出境界でのスカラーセル

$$u_{NI,J} = u_{NI-1,J} \tag{9.5}$$

SIMPLE アルゴリズムの反復計算の間，計算領域全体でこれらの速度が質量を保存することは保証されない．全体の連続性を満たすために，まず，外挿したすべての流出速度 (9.5) の総和をとることで，計算領域から流出する全質量流束 M_{out} を計算する．計算領域から流出する質量流束と計算領域に流入する質量流束 M_{in} を等しくするために，式 (9.5) の流出速度成分 $u_{NI,J}$ すべてに $M_{\text{in}}/M_{\text{out}}$ を乗じる．したがって，連続性を満たすための修正した出口面の速度は，次式で与えられる．

$$u_{NI,J} = u_{NI-1,J} \times \frac{M_{\text{in}}}{M_{\text{out}}} \tag{9.6}$$

$u_{NI-1,J}$ に対する離散化した運動量保存式の東側の隣接点として，これらの値を用いる．

流出境界での速度は圧力補正により修正されない．したがって，離散化した p' 方程式 (6.32) において $a_E = 0$ とすることで，流出境界側（東）へのつながりを断つ．この式の生成項への寄与は通常の方法で計算するが，$u_E^* = u_E$ であるので，さらに修正する必要はない．

▌9.4 壁境界条件

壁は閉空間の流体流れの問題で最も一般的な境界条件である．本節では，x 軸方向に平行な固体の壁を考える．図 9.10～図 9.12 に u 速度成分（壁に平行），v 速度成分（壁に垂直），スカラー変数に対する壁近傍での計算格子を詳細に示す．

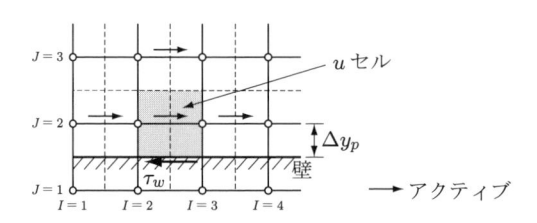

図 9.10 壁境界での u 速度セル

固体の壁での速度成分に対しては，すべりなし条件 (no-slip condition) ($u = v = 0$) が適切な条件である．速度の垂直成分を境界 ($j = 2$) で単純にゼロにすることができ，流れ ($j = 3$) の中の隣の v セルでの離散化した運動量保存式を，修正しないで評価することができる．壁速度は既知であるため，ここで圧力補正を行うことも必要ない．したがって，最も壁に近いセルに対する p' の離散化方程式 (6.32) では，壁のつながり（南）を $a_s = 0$ とすることで断ち切り，その生成項において $v_s^* = v_s$ とする．

9.4 壁境界条件

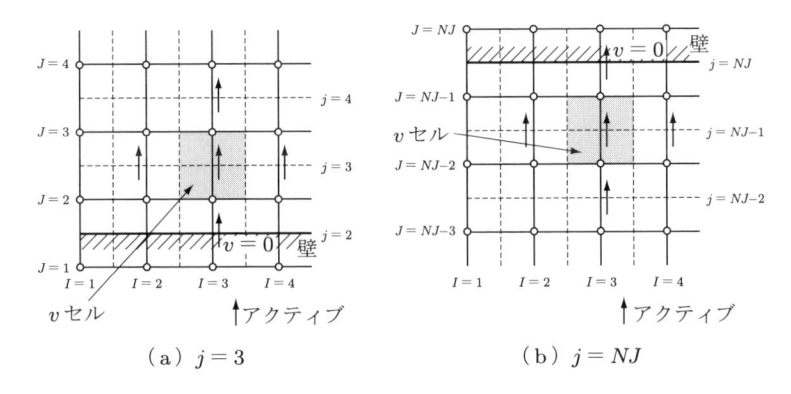

図 9.11 壁境界での v 速度セル

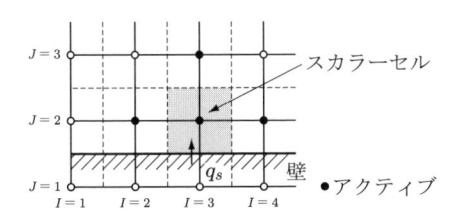

(a) $j=3$ 　　(b) $j=NJ$

図 9.12 壁境界でのスカラーセル

ほかの変数すべてに対しては特別な生成項を構築するが，この生成項は流れが層流か乱流かに依存する．第 3 章では，壁近傍の乱流境界層の多層構造について述べた．壁のすぐ近くには非常に薄い粘性底層があり，続いて緩衝層，乱流の核がある．乱流境界層での詳細をすべて解像するのに必要な格子数は非常に多く，一般には，壁境界の影響を表すために，第 3 章で紹介した "壁関数（wall function）" を用いる．

流れが乱流の場合，壁境界条件を適用するには，まず式 (9.7) を計算する．

$$y^+ = \frac{\Delta y_P}{\nu}\sqrt{\frac{\tau_w}{\rho}} \tag{9.7}$$

ここで，Δy_P は壁近傍の格子点 P から壁表面までの距離である（図 9.10 参照）．$y^+ \leq 11.63$ の場合，壁近傍の流れを層流として取り扱う．壁のせん断応力はすべて粘性に起因するものと仮定する．$y^+ > 11.63$ の場合，流れは乱流であり，壁関数を用いる．層流と乱流の対数則領域の間の緩衝層において，壁近傍の流れが層流から乱流に遷移する場所がある．$y^+ = 11.63$ の厳密な値は直線と対数則の交点であり，式 (9.8) の解から求める．

$$y^+ = \frac{1}{\kappa}\ln(Ey^+) \tag{9.8}$$

ここで，κ はカルマン定数（$\kappa = 0.4187$）であり，E は壁の粗さに依存する積分定数で

ある（3.4.2 項参照）．せん断応力が一定の滑らかな壁に対しては，E の値は 9.793 である．

▶ 層流/線形底層

本節で示す壁境界条件を，次の二つの場合に適用する．すなわち，(i) 層流の式，および (ii) $y^+ \leq 11.63$ の場合での乱流流れの式の解に対してである．どちらの場合でも，壁近傍の流れは層流となる．壁の応力を生成項として，離散化した u 運動量保存式に組み込む．壁のせん断応力を式 (9.9) から求める．

$$\tau_w = \mu \frac{u_P}{\Delta y_P} \tag{9.9}$$

ここで，u_P は格子点での速度である．図 9.13 に示すように，この式は流れが層流の場合，速度が壁からの距離とともに線形的に変化するという仮定に基づいている．

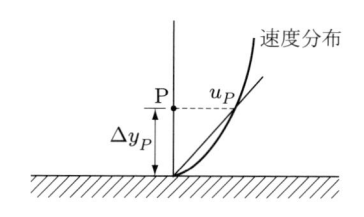

図 **9.13** 壁での速度分布

ここで，せん断応力 F_s は次式で与えられる．

$$F_s = -\tau_w A_{\text{Cell}} = -\mu \frac{u_P}{\Delta y_P} A_{\text{Cell}} \tag{9.10}$$

ただし，A_{Cell} はコントロールボリュームの壁の面積である．u 運動量保存式での生成項は，式 (9.11) で定義される．

$$S_P = -\frac{\mu}{\Delta y_P} A_{\text{Cell}} \tag{9.11}$$

流れが層流の場合，固定した温度 T_w の壁から壁近傍のセルへの熱移動は，次式で与えられる．

$$q_s = -\frac{\mu}{\sigma} \frac{C_P (T_P - T_w)}{\Delta y_P} A_{\text{Cell}} \tag{9.12}$$

ここで，C_P は流体の比熱，T_P は格子点 P での温度，σ は層流プラントル数（laminar Prandtl number）である．温度の方程式に対する生成項は，式 (9.13) から得られることが容易にわかる．

$$S_P = -\frac{\mu}{\sigma}\frac{C_P}{\Delta y_P}A_{\text{Cell}} \quad \text{および} \quad S_u = \frac{\mu}{\sigma}\frac{C_P T_w}{\Delta y_P}A_{\text{Cell}} \tag{9.13}$$

次式のように，いつもどおり生成項を線形化することで，固定した熱流束を生成項に直接組み込む．

$$q_s = S_u + S_P T_P \tag{9.14}$$

もちろん，断熱の壁では $S_u = S_P = 0$ である．

▶ 乱流流れ

y^+ の値が 11.63 より大きい場合，格子点 P は，乱流境界層の対数則領域内であると考えられる．この領域では，せん断応力，熱流束やほかの変数を計算するために，対数則に関連する壁関数（式 (3.49)，(3.50)）を用いる．対数則の式は数多くの異なる方法で適用されているが，広範囲に計算を行うことで得られた最適な壁近傍の関係を表 9.1 に示す．

表 9.1 標準型 k-ε モデルに対する壁近傍の関係式

- 壁に対して接線方向の運動量保存式

  壁のせん断応力　$\tau_w = \rho C_\mu^{1/4} k_P^{1/2} u_P / u^+$ (9.15)

  壁の応力　$F_s = -\tau_w A_{\text{Cell}} = -\left(\rho C_\mu^{1/4} k_P^{1/2} u_P / u^+\right) A_{\text{Cell}}$ (9.16)

- 壁に対して垂直方向の運動量保存式

  速度の垂直成分 $= 0$

- 乱流エネルギー方程式

  単位体積あたりの正味の k 生成 $= \left(\tau_w u_P - \rho C_\mu^{3/4} k_P^{3/2} u^+\right)\Delta V / \Delta y_P$ (9.17)

- 消散率方程式

  格子点の値を設定　$\varepsilon_P = C_\mu^{3/4} k_P^{3/2} / (\kappa \Delta y_P)$ (9.18)

- 温度（もしくはエネルギー）方程式

  壁の熱流束　$q_w = -C_P \rho C_\mu^{1/4} k_P^{1/2} (T_P - T_w) / T^+$ (9.19)

これらの関係を，次の式 (3.49)，(3.50) の壁近傍が乱流流れの場合の無次元速度と無次元温度分布とともに用いる．

$$u^+ = \frac{1}{\kappa} \ln(Ey^+) \tag{3.49}$$

$$T^+ = \sigma_{T,t}\left(u^+ + P\left[\frac{\sigma_{T,l}}{\sigma_{T,t}}\right]\right) \tag{3.50}$$

これらの方程式中の κ と E の値は式 (9.8) で与えられており，$\sigma_{T,l}$ は層流（もしくは分子）プラントル数，$\sigma_{T,t}$ は乱流プラントル数（≈ 0.9），$P(\sigma_{T,l}/\sigma_{T,t})$ は "pee function"

とよばれ，Jayatilleke (1969) が導出した次の式を用いて評価することができる．

$$P\left(\frac{\sigma_{T,l}}{\sigma_{T,t}}\right) = 9.24\left[\left(\frac{\sigma_{T,l}}{\sigma_{T,t}}\right)^{0.75} - 1\right] \times \left\{1 + 0.28\exp\left[-0.007\left(\frac{\sigma_{T,l}}{\sigma_{T,t}}\right)\right]\right\} \quad (9.20)$$

表 9.1 で示した順番に従い，変数をそれぞれの離散化方程式で以下のように扱う．

- 壁に平行な u 速度成分：$a_S = 0$ とすることで，壁（南）とのつながりを断ち切り，式 (9.16) の壁応力 F_s を生成項として，離散化した u 運動量保存式に組み込む．

$$S_P = -\frac{\rho C_\mu^{1/4} k_P^{1/2}}{u^+} A_{\text{Cell}} \quad (9.21)$$

- k の方程式：$a_S = 0$ とすることで，境界とのつながりを断ち切る．式 (9.17) の単位体積あたりの生成項の第 2 項には $k^{3/2}$ が含まれる．これを $k_P^{*1/2} \cdot k_P$ と線形化する．ここで，k^* は前の反復計算の最後に得た k の値であり，これにより，次に示す離散化した k 方程式の生成項 S_P，S_u を得る．

$$S_P = -\frac{\rho C_\mu^{3/4} k_P^{*1/2} u^+}{\Delta y_P} \Delta V \quad \text{および} \quad S_u = \frac{\tau_w u_p}{\Delta y_P} \Delta V \quad (9.22)$$

- ε の方程式：離散化した ε の方程式では，次のように生成項 S_P，S_u を設定することで，壁近傍の格子点を式 (9.18) の値に固定する．

$$S_P = -10^{30} \quad \text{および} \quad S_u = \frac{C_\mu^{3/4} k_P^{3/2}}{\kappa \Delta y_P} \times 10^{30} \quad (9.23)$$

- 温度の方程式：境界側の離散化係数を $a_S = 0$ とすることで，T の方程式での壁とのつながりを断ち切る．式 (9.19) を用いて壁の熱流束を計算し，次の生成項を用いて組み込む．

$$S_P = -\frac{\rho C_\mu^{1/4} k_P^{1/2} C_P}{T^+} A_{\text{Cell}} \quad \text{および} \quad S_u = \frac{\rho C_\mu^{1/4} k_P^{1/2} C_P T_{\text{wall}}}{T^+} A_{\text{Cell}} \quad (9.24)$$

垂直方向の生成項を線形化することで，固定した熱流束を直接生成項に組み込む．

$$q_s = S_u + S_P T_P \quad (9.25)$$

断熱壁の場合には，これまでのように $S_u = S_P = 0$ とする．

▶ **粗い壁**

上記の壁関数を用いた方法では，$E = 9.8$ とした式 (9.8) の解から，壁からの距離が増加するのに伴い，層流から乱流へ遷移が $y^+ = 11.63$ で生じると仮定した．壁が滑らかな場合にこれを適用する．壁が滑らかではない場合，それに応じて E を調整し，こ

れにより y^+ も新たな値となる．測定した粗さの絶対値に基づいて E を計算する．とくに，Schlichting (1979) がその詳細を述べている．

▶ **移動壁**

これまで，壁は静止していると仮定した．流体は壁せん断応力の変化により，壁が x 方向に移動することを感知する．速度 u_P を相対速度 $u_P - u_{\text{wall}}$ に置き換えることで値を変更する．これにより，流れが層流の場合の壁の応力の式 (9.10) を，次式のように修正する．

$$F_s = -\mu \frac{u_P - u_{\text{wall}}}{\Delta y_P} A_{\text{Cell}} \tag{9.26}$$

流れが乱流の場合の壁の応力の式 (9.16) は，次式のように書くことができる．

$$F_s = -\frac{\rho C_\mu^{1/4} k_P^{1/2} (u_P - u_{\text{wall}})}{u^+} A_{\text{Cell}} \tag{9.27}$$

関連する生成項 (9.11) と式 (9.21) も同様に修正する．

壁の移動により，k の方程式の体積あたりの生成項も変更する．

$$\left[\tau_w (u_P - u_{\text{wall}}) - \rho C_\mu^{3/4} k_P^{3/2} u^+ \right] \frac{\Delta V}{\Delta y_P} \tag{9.28}$$

これまで述べた壁関数は，以下の仮定に基づいて導出されていることに注意しなければならない．

- 速度は壁に対して平行であり，壁に対して垂直方向にのみ変化する
- 流れの方向に圧力勾配はない
- 壁で化学反応は起こらない
- 高レイノルズ数

これらの仮定が一つでも成り立たない場合，壁関数を用いた方法は解析精度が低下するか，非常に信頼性に欠ける可能性がある．

9.5　定圧境界条件

流れ場の詳細がわからなくても，境界の圧力が既知である場合には，定圧境界条件を用いる．一般的に，この境界条件は物体周りの外部流れ，自由表面流れ，自然換気，火炎による浮力流れ，複数の出口をもつ内部流れなどに適している．

固定した圧力境界を適用する場合，その点での圧力補正をゼロとする．図 9.14, 図 9.15 に，流れの入口と出口近傍の p' セルの計算格子を示す．

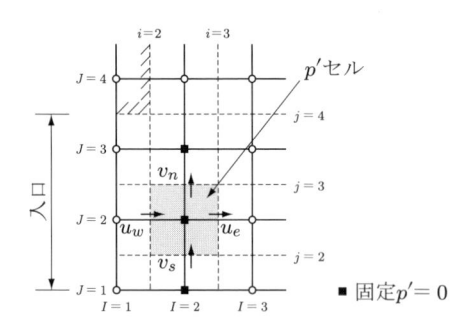

図 9.14 流入境界での p' セル

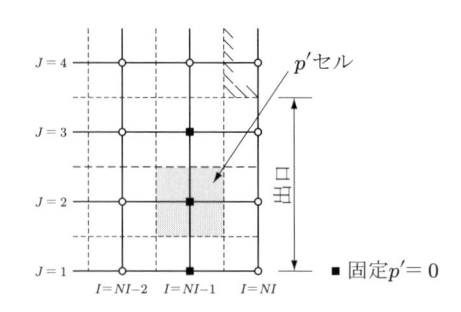

図 9.15 流出境界での p' セル

定圧境界条件を用いるのに，図に示すように，実線で囲まれた四角形の物理境界のちょうど内側の点で圧力を固定すると便利である．$S_u = 0.0$, $S_P = -10^{30}$ とすることで圧力補正をゼロにし，格子点の圧力を境界圧力 p_{fix} にする．u 運動量保存式を $i = 3$ から解き，v 運動量保存式やほかの方程式を $I = 2$ から解く．未解決の主な問題は，計算領域内部の条件により支配される流れの方向がわからないことである．すべてのセルで連続の式が満たされるように，計算領域の境界を通過する u 速度成分を解の一部として求める．たとえば，図 9.14 で，計算領域内で離散化した u, v 運動量保存式を解くことで u_e, v_s, v_n の値を求める．これらの値を用い，p' セルに対して質量が保存することから，u_w の値を計算することができる．これは，次式により計算される．

$$u_w = \frac{(\rho v A)_n - (\rho v A)_s + (\rho u A)_e}{(\rho A)_w} \tag{9.29}$$

この境界条件を適用すると，境界に最も近い p' セルが質量の生成もしくは消失として作用する．圧力の境界セルそれぞれに対してこの過程を繰り返す．流れが計算領域に**流入**する場合，v, T, k, ε のようなほかの変数に流入する値を与えなければならない．**流出**する場合，計算領域のすぐ外側の値を外挿により求める（9.3 節参照）．

実際に用いる場合，これらを変形して用いることができる．(i) 計算領域のすぐ内側（$i = 2$ で）の静圧の代わりに計算領域のすぐ外側（$i = 1$ で）の入口の流れのよどみ点圧力を固定するという流入条件や，(ii) u を含む変数すべてに対して出口で外挿する流出条件を適用する計算プログラムもある．

9.6 対称境界条件

対称境界条件とは，流れが境界を通過せず，スカラー流束が境界を通過しないことである．この条件を適用する場合，対称境界での速度の垂直成分をゼロとし，計算領

域のすぐ外側の点（I もしくは $i=1$）での変数の値すべてを，計算領域のすぐ内側の点（I もしくは $i=2$）の値と等しいとする．

$$\phi_{1,J} = \phi_{2,J} \tag{9.30}$$

p' の離散化方程式では，離散化係数をゼロにすることで，対称境界側からのつながりを断ち切る．それ以上の特別な修正は必要ない．

9.7　周期境界条件

周期境界条件は，対称境界条件とは異なる境界条件である．たとえば，図 9.16 に示す円筒型燃焼器内での旋回流を考えよう．バーナは気体燃料を六つの対称に配置した孔から導入し，旋回空気をバーナの外管から導入する構造である．

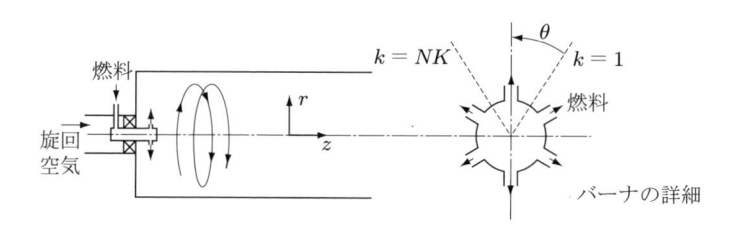

図 9.16　周期境界条件の例

図に示すように，円筒座標 (z, r, θ) を用いて 60° の領域を考えることで，この問題を解くことができる．ここで，k は θ 方向における r-z 平面である．流れはこの方向に旋回し，この条件下で，領域の最初の k 平面に流入する流れを，最後の k 平面から流出する流れと厳密に等しくする必要がある．これは周期境界条件の一例であり，一対の境界 $k=1$ と $k=NK$ を周期境界とよぶ．

周期境界条件を適用するためには，出口の周期境界から流出する流れに関する変数すべての流束と，入口の周期境界から流入する流束を一致させる必要がある．入口面の上流と下流での格子点の変数をそれぞれ，出口面の上流と下流での格子点の変数と等しくすることでこの条件は満たされる．入口面と出口面を通過する速度成分（たとえば w）を除くすべての変数に対して，

$$\phi_{1,J} = \phi_{NK-1,J} \qquad \phi_{NK,J} = \phi_{2,J} \tag{9.31}$$

境界を通過する速度成分に対して，次の条件を課す．

$$w_{1,J} = w_{NK-1,J} \qquad w_{NK+1,J} = w_{3,J} \tag{9.32}$$

9.8 落し穴の可能性とまとめ

数値流体力学の解析領域内での流れは，境界条件によって決まる．ある意味，実際の問題（流体の流れなど）を解くことは，境界の等高線，または等値面に基づき計算領域内部に定義される値を補間することにほかならない．したがって，物理的に現実的で，適切な境界条件を設定することが最も重要であり，そうでなければ，解を求めるのは困難である．数値流体力学において解が発散する場合，その原因は不適切な境界条件であることが最も多い．

第 2 章では，流入，流出と壁の条件を含む粘性流体に対する"最善な"境界条件をまとめた．9.2 節から 9.4 節で，これらを有限体積法に適用する方法について説明し，さらに，9.5 節から 9.7 節で，物理的に現実的であり，実計算でとても有用な定圧，対称と周期の三つの条件を導出した．境界条件は決してこれだけではない．商用数値流体力学プログラムには時間依存の移動境界，回転や加速を含む境界や，遷音速や超音速の流れに関する特別な条件が含まれていることがある．それらすべてを適用する方法を説明することは，本書の範囲を越えてしまうことになる．

間違った境界条件の簡単な説明として，壁と入口があるのに出口がない領域の定常状態における解を求めようとする場合を考える．定常状態で質量が保存されることはなく，数値流体力学の解がすぐに"発散する"ことは明らかである．この例から，ある境界条件は，ほかの特定の境界条件と一緒に用いられなければならないこともわかる．ここで，音速以下の流れでの許容される境界条件の組合せを簡単に示す．

- 壁のみ
- 壁と入口と少なくとも一つ以上の出口
- 壁と入口と少なくとも一つ以上の定圧境界
- 壁と定圧境界

図 9.17 に，単純なダクト流れに対する形状を示す．

流出境界条件を適用する場合，とくに注意を払う必要がある．計算領域に流入する流れをすべて流入境界条件（すなわち，入口で固定した速度とスカラー）で与える場合に限り，流出境界を用いることができ，出口が一つある流れの領域のみが推奨される．物理的には，出口の圧力が複数の出口間の流れを分けるため，勾配ゼロの流出境界条件よりも出口での流出量を与えるほうがよい．勾配ゼロの流出境界条件では，出口での流量も圧力もわからず，不定の問題となるため，一つ以上の定圧力境界と流出境界を組み合わせることは**許されていない**．

いままでは亜音速流れしか考えておらず，多くの非常に複雑な問題には触れていな

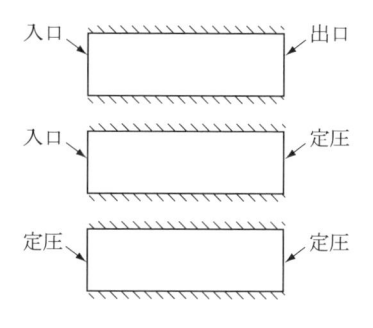

図 **9.17** ダクト流れの形状

い．したがって，遷音速や超音速の流れの領域の流れに取り組む場合には，かなり注意が必要であるということを警告したにすぎない．

これまで，個々の境界条件での精度の限界を指摘してきた．ここで，最善の解析精度を保証するために，数値流体解析の小さな落し穴について注意しなければならない．

- **流出境界条件の位置**：流出境界が固体の障害物に非常に近い場合，流れが完全発達流れ（流れの方向で勾配ゼロ）に達せず，非常に大きな誤差を生じる可能性がある．図 9.18 に，誤差を生じる場合のある障害物下流の一般的な速度成分を示す．

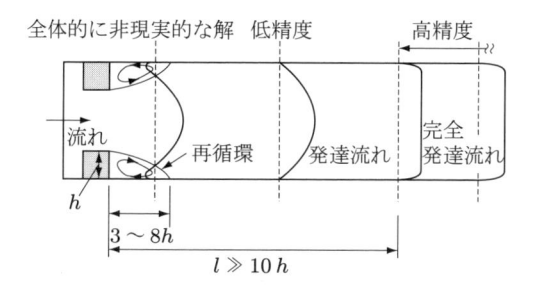

図 **9.18** 障害物下流の異なる位置での速度分布

出口が障害物の近くにある場合，出口は再循環を伴う後流を通過する領域にある．外に流出する流れを仮定しているのに，仮定した勾配条件を満たさないだけでなく，流体が計算領域に流入する逆流の領域が存在する．もちろん，この条件下で得られる解は信頼性に欠ける．もう少し下流では逆流がないものの，速度成分は流れの方向で変化するため，勾配ゼロの条件は満たされない．正確な結果を得るためには，流出境界を最後の障害物の高さの 10 倍より下流に設定することが必須である．高精度な解を得るためには，下流の距離を検討し，内部の解が出口の位置に依存していないことを確認する必要がある．

- **壁近傍の計算格子**：汎用数値流体力学プログラムを用いて，最も高精度に乱流の流れを解くためには，壁関数による精度のよい経験式を利用する．（層流）線形の粘性底層の内側の点を含む解析で同じ精度を得るためには，計算格子を非常に細かくしなければならず，経済的ではない．y^+ を 11.63 より大きくしなければならないという条件のため，壁からの最も近い計算格子点の距離 Δy_p には**下限値**がある．数値計算を行ううえで，計算格子を細かくすることで精度を改善することができるが，乱流計算の場合，計算格子を細かくする際に y^+ の値が 11.63 より大きく，なるべく 30 から 500 の間になるようにしなければならない．

  一般的な流れのあらゆる位置において，これを保証することは不可能である．ここで，再循環を伴う流れの例をあげる．再付着点近傍で，壁に平行な速度成分はゼロで，y^+ の値は 11.63 以上でなければならないという条件があるため，解析は層流の場合に帰着する．これらの領域では k-ε モデルに関連する問題が生じ，さらに不正確になる．それにもかかわらず，y^+ を下限よりも大きく保つことは困難である．

- **対称条件の誤り**：流れの領域の形状が対称だからといって，流れが同じように対称になるとは限らないことを認識することは重要である．図 9.19 に示す例は，側面から円管を通過する噴流である．

  計算領域は軸対称であるにもかかわらず，直交噴流のために流れは非軸対称となる．円筒座標系で問題を解きたくなるが，流れが中心線を横切らない可能性があるため，流れの解は正確性に欠ける．

本章では，最も重要な境界条件の適用について説明した．さらに，境界条件の適切な組合せの概要を示し，個々の問題点を明らかにした．数値流体力学ユーザが有限体積法を用いた高精度な流れ解析を目指すためのはじめの一歩として，境界条件についてすべて理解することは非常に重要である．

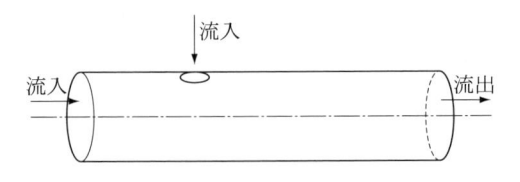

図 9.19 円筒座標系での非対称流れ

第 10 章

数値流体力学モデリングにおける誤差と不確かさ

本章では,以下について説明する.

- 数値流体力学の計算における誤差と不確かさについて知ることがなぜ重要なのか
- 誤差と不確かさの定義と原因
- 数値流体力学の結果における誤差と不確かさを定量化するための方法(確認と検証)
- 利用可能な計算機リソースに対して,可能な限り最も信頼性の高い数値流体力学シミュレーションの結果を追求した,体系的な方法としての数値流体力学の実施

10.1 数値流体力学の誤差と不確かさ

1990 年代,中小企業と同様に,大企業においても数値流体力学の利益が認識され,いまでは広範囲の産業において,設計や開発環境に数値流体力学が用いられている.これにより,"金額に見合う対価"と,数値流体力学の結果に基づいて間違った決定をする可能性が着目されている.不正確な数値流体力学の結果は,良くても時間,費用と努力の無駄であり,最悪の場合,部品,システムあるいは計算機の突発的な故障を招く.さらに,数値流体力学には,次のように費用がかなりかかる可能性もある.

- 計算機の資本費
- 直接運営費:ソフトウェアのライセンスと数値流体力学の専門家の給料
- 間接運営費:計算機のメンテナンス費と数値流体力学の活動を支えるための情報資源の準備

モデリングの結果の価値は明らかであり,検討中の工業的な問題の理解を深めることで,設計や製品の改善の時間が削減される.しかし,定量化することは難しい.工業的な道具としての数値流体力学の適用は,精度と信頼性に基づいてのみ正当化される.学術的な研究のルーツでは,当初,信頼性に関する意見を述べる必要性が理解されないまま,数値流体力学の新しい機能性に注目が集まり,理解が深められてきた.しかし,エンジニアリング産業では,信頼性の限界を知りながら,現在の知識の範囲内

で物作りをする長い伝統がある．たとえば，実験データの不確かさを評価する方法は確立されており，関連のある技術はエンジニアすべての基礎教育の一環である（べきである）．

数値流体力学の信頼性の問題に取り組むために，シミュレーション結果に影響を及ぼす要因の大々的な調査が，いまでは組織全体で行われている．また，実験結果の不確かさを推算するのと同じように，信頼性の度合いを定量的に評価するための体系的なプロセスの開発も行われている．これにより，数値流体力学を最善に実施するための指針が数多く出されており，なかでも，最も影響力があるのは，AIAA (1998) とERCOFTAC (2000) である．本節では，数値流体力学の誤差と不確かさの研究において最も重要な概念を説明し，数値流体力学シミュレーションに対して，二つの指針で推奨されていることをまとめる．

数値流体力学のモデリングの信頼と信用のために，以下に示す誤差と不確かさの定義が広く受け入れられている（AIAA, 1998, Oberkampf と Trucano, 2002）．

- 誤差：知識不足が原因ではなく，数値流体力学のモデルにおいて，認識することができる不備．このように定義される誤差の原因として，以下があげられる．
  (i) 数値誤差：丸め誤差，反復計算の収束の誤差，離散化の誤差
  (ii) コーディングの間違い：ソフトウェア内の間違いや"バグ"
  (iii) ユーザの間違い：ソフトウェアを適切に使わないことによるヒューマンエラー
- 不確かさ：知識不足が原因である，数値流体力学のモデル中の潜在的な不備．不確かさの主な原因として，以下があげられる．
  (i) 入力の不確かさ：限られた情報あるいは形状，境界条件，材料物性などの近似による不確かさ
  (ii) 物理モデルの不確かさ：物理あるいは化学過程（たとえば乱流，燃焼）の不適切な表現，あるいはモデリング過程の簡略化による実際の流れと数値流体力学との間の相違

コーディングの間違いとユーザの間違いは，最もたちの悪い間違いである．よく知られている 1999 年 9 月 23 日の NASA の火星探査機の宇宙飛行の失敗は，SI 単位とヤード・ポンド法で書かれたソフトウェアの一部の不整合によるもので，このことから，最も教養のあるユーザや組織にさえ間違いがあることがわかる．適切な訓練や経験を通して，かなりの程度までユーザの間違いを減らしたり，なくしたりすることができる．コーディングの間違いやユーザの間違いを体系的に減らすことは，ソフトウェア工学や品質保証にも通じる．本書では，プログラムは正しく，ユーザの誤差は無視できると仮定する．この章では，残りの回避できない誤差の原因と不確かさに焦点を

当て，これらが数値流体力学の結果に及ぼす影響を確認する．また，結果に含まれる誤差や不確かさを定量的に評価することを目的とした，数値流体力学の確認と検証の手順について述べる．最後に，最善の実施をするのに用いることができる指針について説明し，数値流体力学のモデルの結果の報告について提言する．

10.2 数値誤差

　数値流体力学では，有限の時間刻みと，対象とする領域とその境界の範囲の有限のコントロールボリューム上において，離散化した形で非線形の連立常微分方程式を解く．これにより，数値誤差の原因が三つ生じる．

- 丸め誤差（roundoff error）
- 反復計算の収束の誤差（iterative convergence error）
- 離散化の誤差（discretisation error）

これらの誤差の原因それぞれについて順に簡単に説明し，これらの大きさを制御する方法に注目する．

▶ 丸め誤差

　丸め誤差は機械精度ともよばれ，実数を十分な桁数の有限数でコンピュータ上に表現することに起因する．丸め誤差は数値流体力学の数値結果に寄与する．大きさがほぼ同じ大きな数字の引き算や，大きさに非常に大きな差がある数字の足し算を避けるために，浮動小数点演算に注意を払うことで，丸め誤差を制御することができる．数値流体力学の計算では，指定した基準圧力に対して相対的なゲージ圧を用いるのが一般的である（たとえば，非圧縮性流れのシミュレーションでは，計算領域内の任意の位置の圧力の値をゼロにする）．領域内の圧力の値は流れを駆動する圧力差と同じオーダーであり，これはよいプログラムを設計するために誤差を制御した簡単な例である．そのため，隣接する格子点間の圧力の差の浮動小数点演算では，比較的大きな絶対圧力の差として計算した場合にみられるような桁落ちは起きない．

▶ 反復計算の収束の誤差

　図 6.6～6.8 から，流れの問題の数値解法には反復計算が必要であることがわかる．最終的な解は，領域内部と境界に指定した条件において離散化した流れの式を厳密に満たす．反復計算が収束した場合，反復計算回数が増加するのに伴い，一連の離散化した流れの式の最終的な解と，反復計算 k 回後の現在の解の差は減少する．実際には，

用いることができる計算機リソースの性能と時間により，解が最終的な解に十分に近づいた場合に反復計算を終了する．反復計算を終了することで，数値流体力学の解に数値誤差を生じる．

　これから，数値流体力学プログラムにおいて反復計算を終了させるために用いる方法を簡単に考える．さらに計算してまで最終的な解により近づける価値があるかどうかを決定するために，計算を始める前に，終了基準となる数字を一つ定めておくのが理想的である．数値流体力学で実用的に用いることができる終了基準を構築するための方法がいくつかあるが，間違いなく最も用いられている基準は，いわゆる残差に基づくものである．計算格子 i における一般的に流れの変数 ϕ に対する離散化方程式を，次式のように書くことができる．

$$(a_P\phi_P)_i = \left(\sum_{nb} a_{nb}\phi_{nb}\right)_i + b_i \tag{10.1}$$

ただし，下付き文字 i はコントロールボリュームを表す

最終的な解は，計算格子すべてにおいて厳密に式 (10.1) を満たすが，反復計算 k 回後では，左辺と右辺に差がある．計算格子 i におけるこの差の**絶対値**を，**局所の残差** R_i^ϕ とよぶ．

$$(R_i^\phi)^{(k)} = \left|\left(\sum_{nb} a_{nb}\phi_{nb}\right)_i^{(k)} + b_i^{(k)} - (a_P\phi_P)_i^{(k)}\right| \tag{10.2}$$

ただし，上付き文字 (k) は現在の反復回数を表す

　流れ場全体の誤差の挙動を把握するため，計算領域内の M 個のコントロールボリュームすべての局所の残差の総和である，全体の残差 $\hat{R}^\phi$ を定義する．反復計算 k 回後では，次式のように書くことができる．

$$(\hat{R}^\phi)^{(k)} = \sum_{i=1}^{M}(R_i^\phi)^{(k)} = \sum_{i=1}^{M}\left|\left(\sum_{nb} a_{nb}\phi_{nb}\right)_i^{(k)} + b_i^{(k)} - (a_P\phi_P)_i^{(k)}\right| \tag{10.3}$$

局所の残差の定義中の絶対値をつけることで，局所の残差にゼロでないものがあるにもかかわらず，同じ大きさの正と負の寄与が相殺し，全体の残差がゼロになってしまうことを回避していることに注意しなければならない．

　式 (10.3) を検討すると，収束する過程で局所の残差は減少するので，全体の残差 $\hat{R}^\phi$ の大きさも減少することがわかり，$\hat{R}^\phi$ は数字一つによる収束判定でよいと考えられる．しかし，シミュレーションでは流れの変数 ϕ の値が大きいほど全体の残差は大きくなる．そのため，$\hat{R}^\phi$ に対して終了する値を異なる ϕ ごとに指定する必要がある．ϕ の大きさに依存しない全体の残差を用いることで，これを解決することができる．そ

のため，反復計算 k 回後の流れの変数 ϕ に対する規格化した全体の残差 $\hat{R}_N^\phi$ を，次式のように定義する．

$$(\hat{R}_N^\phi)^{(k)} = \frac{(\hat{R}^\phi)^{(k)}}{\hat{F}_{R\phi}} \tag{10.4}$$

ただし，$\hat{F}_{R\phi}$ は規格化係数である

規格化係数 $\hat{F}_{R\phi}$ は，流れの変数に対する残差の基準値である．一般的な規格化の方法三つを以下に示す．

$$\hat{F}_{R\phi} = (\hat{R}^\phi)^{(k_0)} \quad\Rightarrow\quad (\hat{R}_N^\phi)^{(k)} = (\hat{R}^\phi)^{(k)} \big/ (\hat{R}^\phi)^{(k_0)} \tag{10.5a}$$

$$\hat{F}_{R\phi} = \sum_j^{\text{inlet cells}} (\rho A \mathbf{U}\cdot\mathbf{n})_j \phi_j \quad\Rightarrow\quad (\hat{R}_N^\phi)^{(k)} = (\hat{R}^\phi)^{(k)} \bigg/ \sum_j^{\text{inlet cells}} (\rho A \mathbf{U}\cdot\mathbf{n})_j \phi_j \tag{10.5b}$$

$$\hat{F}_{R\phi} = \sum_{i=1}^M |(a_P \phi_P)_i^{(k)}| \quad\Rightarrow\quad (\hat{R}_N^\phi)^{(k)} = (\hat{R}^\phi)^{(k)} \bigg/ \sum_{i=1}^M |(a_P \phi_P)_i^{(k)}| \tag{10.5c}$$

定義式 (10.5a) では，反復計算 k_0 回目（$k_0 \neq 1$ かつ，たいてい $k_0 < 10$ とする）の全体の残差の大きさで規格化している．定義式 (10.5b) では，規格化係数として領域に流入する ϕ の全流量を用いる．最後に，定義式 (10.5c) では，式 (10.1) の左辺の絶対値の全計算格子における総和を用いる．異なる規格化係数三つのそれぞれの選択には，条件によって利点と欠点がある．どの定義式を用いても，最終的な解に達すれば，規格化した残差は常にゼロである．さらに，$\hat{R}_N^\phi$ を条件によって合わせる必要はないので，最終的な解と反復計算 k 回後の解との相違の目安となる．

　商用の数値流体力学プログラムでは，反復計算（図 6.6〜6.8 参照）の収束判定において，質量，運動量，エネルギーの規格化した残差に対する許容誤差を指定する．これらの残差すべてがあらかじめ設定した最大値よりも小さくなった場合，反復計算は自動的に終了する．許容誤差の初期設定値はプログラム供給元から供給されており，これはさまざまな流れに対して計算を行い，得られた結果が許容できるものかどうかを体系的に検証することによって決定されている．高精度な計算を行うためには，反復計算を早くに終了することによる数値誤差への寄与の大きさを制御し，減らすために，初期設定値からこれらの許容誤差の値を小さくする必要があるかもしれない．

▶ 離散化の誤差

　選択した時間と空間の計算格子を用いる有限体積法では，基礎式中の変化率，流束，生成，消失に現れる流れの変数の，時間および空間に関する微分を近似する．第 4 章

と第5章では，このことは流れの変数 ϕ に対して簡略化した分布を仮定することに関係していることを示した．また，付録 A から，この方法はテイラー級数の打切りに対応することがわかる．離散化の誤差は高次の項を無視することが原因であり，これは数値流体力学の結果に誤差を生じさせる．精度の高い数値流体力学を行ううえで，注意深く計算格子を生成し，離散化の誤差の大きさと分布を制御することは大きな懸念事項である．理論的には，時間刻みと空間の計算格子の大きさを小さくすることで，離散化の誤差を任意に小さくすることができる．しかし，これは記憶容量と計算時間が増加することにつながる．そのため，数値流体力学ユーザの能力に加え，計算機リソースの制約が，簡略化した分布の仮定が数値誤差に及ぼす度合いを決定する．

10.3 入力の不確かさ

入力の不確かさは，実際の流れと数値流体力学のモデル中の問題定義の差異に関連する．以下の項目でデータの入力を考える．

- 領域の形状
- 境界条件
- 流体の物性

これら三つの種類の入力データそれぞれに対して，数値流体力学の結果における不確かさを引き起こす原因の例を以下に示す．

▶ 領域の形状

領域形状の定義には，形状の特定と対象とする領域の大きさの特定が含まれる．工業的には，これは，たとえば，流路のような CAD モデルに由来する．設計仕様に対して完璧に流路を製造することは不可能である．すなわち，製造許容誤差により，設計意図と製造部品に差異が生じる．さらに，数値流体力学に適合するように CAD モデルを変換する必要がある．この変換過程により，設計意図と数値流体力学の形状に相違が生じる．同じことが，表面粗さについてもいえる．最終的に，数値流体力学の境界形状は実際の境界を離散的にすること，たとえば，格子点間を直線や単純な曲線で結ぶことによって再現される．要約すると，数値流体力学のモデル中の巨視的および微視的な形状は，実際の流路とはいくらか異なり，これはモデルの結果における入力の不確かさの原因になる．

▶ 境界条件

　形状と固体境界の表面の状態とは別に，速度，温度，化学種などのほかの流れの変数すべてに対する表面の状態を指定する必要もある．この種の入力を高精度にすることは困難な場合がある．たとえば，固定温度，固定熱流束，断熱壁という単純な仮定をすることがしばしばあるが，これらの精度は計算結果に影響を及ぼす．

　流れが領域に流入あるいは領域から流出する開放境界の種類と位置の選択は，数値流体力学モデリングの特別な課題である．用いることができる限られた境界の種類から，境界条件を選択する．第2章では，流れの入口の主な条件，(a) 固定圧力，(b) 固定質量流量，(c) 速度分布と乱流パラメータの固定について説明した．流れの出口では，(i) 任意の入口の条件と連動した圧力，あるいは (ii) 指定した質量流量条件 (b) または速度条件 (c) と連動した流出境界条件（流れの変数すべてに対して流れの方向の変化率ゼロ）を指定することができる．

　選んだ開放境界条件の種類と，選んだ表面の場所において用いることができる情報に，整合性がなければならない．たとえば，平均速度や速度分布はあるが乱流パラメータはないといったように，部分的な情報しかないことがある．このような場合は，過去の経験や推測に基づき，欠けている情報を生成しなければならない．仮定した境界条件は，近似的にしか正確ではない場合もある．たとえば，固定圧力境界では，圧力は均一と仮定するが，実際はいくらか不均一であるかもしれない．入力の不確かさの原因は，境界条件を定義する過程に含まれる仮定すべての不正確さに関連がある．

　開放境界の場所は対象とする領域の流れに影響を及ぼさないように，この領域から十分に離れていなければならない．一方で，計算の無駄をなくすために，領域を極端に大きくすべきではないため，妥協点を見つけなければならない．そのため，これは実際の流れと数値流体力学モデルの間に差異を生じ，入力の不確かさの原因となるかもしれない．

▶ 流体の物性

　すべての流体の物性（密度，粘度，熱伝導率など）は，多かれ少なかれ圧力や温度のような局所の流れのパラメータの値に依存する．空間的，かつ時間的に変化する流れのパラメータが物性に及ぼす影響は小さいとすることで，しばしば流体の物性を一定と仮定することができる．この仮定を適用することにより，計算に無駄がなくなるが，流体の物性を一定と仮定することは不正確であるため，誤差が生じる．流体の物性が流れのパラメータの関数として変化することを許容すると，流体の物性を記述する関係式における実験の不確かさによる誤差も許容しなければならない．

10.4 物理モデルの不確かさ

▶ サブモデルの精度の限界や妥当性の欠如

複雑な流れの現象の数値流体力学モデリングには，乱流，燃焼，熱や物質移動のような半経験的なサブモデルが含まれている．これらにより，複雑な物理と化学の過程を科学的にモデル化する．サブモデルには，必ず限られた単純な流れにおける高精度な測定から導出された調整パラメータが含まれる．より複雑な流れにサブモデルを適用する場合，これらのデータの範囲を超えた外挿をする．外挿するということは，物理と化学があまり大きく変化しないと暗に仮定していることになり，(i) サブモデルをそのまま適用し，(ii) 調整パラメータの値を変化させる必要はないことになる．サブモデルを適用することにより数値流体力学中に不確かさが生じる原因には，以下のようなものがある．

- 複雑な流れでは，オリジナルのサブモデルでは考慮していないような，新しい予期しない物理，化学の過程が含まれる．よりよいサブモデルがない場合，精度の低い流れ場を求めることになる．
- より広範囲に適用することができるサブモデルがあるにもかかわらず，ユーザは意図的に，たとえば計算時間を節約するために，物理と化学を考慮するうえで精度の低いより単純なサブモデルを選択するかもしれない．
- 複雑な流れにはオリジナルの単純な流れと同じように物理と化学が混在しているが，正確には同じではなく，サブモデルの定数を調整する必要がある．
- サブモデルの経験定数は実験データをうまく再現するが，経験定数自体に不確かさが含まれている．

これらの点を分類するために，第3章で取り入れた k-ε モデルの不確かさについて考察する．二方程式モデルには，C_μ, σ_k, σ_ε, $C_{1\varepsilon}$, $C_{2\varepsilon}$ の五つの調整定数がある．乱流の生成と消散がほぼつり合う等方性乱流の減衰，および境界層のような薄いせん断層の性質に対する結果に合うようにこれら五つの定数が調整されているため，このモデルは半経験モデルである．実行するのに比較的計算負荷が低く，多くの場合許容できる結果が得られるため，k-ε モデルは工業的には標準である．この性能は広く評価されており，欠点もよく文書にまとめられている．実際の流れがモデル定数を調整するために用いられた条件に近い場合は性能はよいが，たとえば，大きな逆圧力勾配がある境界層，分離流，再付着流，強旋回流など，歪みが複雑な場の流れをとらえる場合は，精度は低い．このような流れでは，乱流パラメータに影響を与える物理過程と全体の流れ場を，k-ε モデリングではとらえることはできない．これにより，物理モ

デリングの不確かさが生じる．

　標準型k-εモデルには壁関数を用いる．壁関数は計算負荷の小さい方法であり，代数方程式から壁近傍の乱流境界層の性質を再現することによって，境界層全体の分布を解像することを避けることができる．対数則自体，経験的な流れの挙動を記述する方法である．さらに，壁表面粗さを考慮して対数則の式 (3.49) 中の定数 E を調整しなければならない．3.7.2 項で述べたように，壁からの格子点の位置に厳しい必要条件があり，無次元距離 $30 < y^+ < 500$ の範囲内にすべきである．分離流，再付着流を伴う複雑な 2 次元や 3 次元流れでは，あらゆる場所で y^+ の必要条件を満たすのは不可能であり，下流の流れの発達に影響を及ぼす，必要条件を満たさない場所が存在し，物理モデルの不確かさに影響を及ぼす．

　最後に，対数則は高レイノルズ数流れにおいて，圧力勾配が小さい乱流境界層だけしか記述できないことはすでに述べている．低レイノルズ数の乱流と境界層の分布全体を解像する必要があると考えられる流れを取り扱うための技術が開発されている．第 3 章では，低レイノルズ数 k-ε モデルについて説明した．近年，最も人気がある方法では，二層モデルを用い，壁近傍の変数を代数方程式からではなく，一方程式モデルの解から求める．この場合，これらの必要条件を満たさないことがないように，境界層分布を解像するために壁近傍の計算格子を $y^+ < 1$ に位置するようにし，少なくとも 10 個から 20 個の計算格子を用いなければならない．このように，計算格子の生成には細心の注意を払わなければならない．

　商用の数値流体力学プログラムでは，ほかの乱流モデルの選択肢に，一方程式モデル（Spalart-Allmaras モデルなど），ほかの二方程式モデル（k-ω モデルなど），レイノルズ応力モデル（RSM），ラージエディシミュレーション（LES）がある．これらにはすべて調整定数が含まれているため，定数を調整するために用いた種類の流れのみを正確にとらえることができる．商用プログラムには，乱流モデル以外にも，たとえば，燃焼のようなほかの重要な応用分野に対するさまざまなサブモデルが含まれている．サブモデルには，それぞれ妥当性が限られている経験定数が含まれている．要約すると，検討する流れに対して選んだ数値流体力学プログラムのサブモデルの経験的な性質，サブモデル定数の値の実験的不確かさ，およびサブモデルの妥当性が，物理モデルの不確かさによる数値流体力学の結果の誤差を決定する．

▶ 単純化した仮定の精度の限界と妥当性の欠如

　数値流体力学のモデリングをはじめるにあたり，一つ以上の簡略化を適用することが可能かどうか検討するのが一般的である．流れを以下のように取り扱うことができる場合は，計算負荷を低減することができることがある．

- 定常 vs. 非定常
- 2次元，軸対称，一つ以上の対称面 vs. 完全な3次元
- 圧縮 vs. 非圧縮
- 一成分あるいは単相 vs. 多成分あるいは多相

多くの場合，簡略化が精度に対して妥当であるかどうかは比較的簡単にわかる．たとえば，非圧縮流れの仮定の妥当性は，マッハ数 M の値に依存する．$M < 0.3$ の場合，非圧縮と圧縮の数値流体力学シミュレーションの違いは小さい．M が1に近づくと，二つの方法の違いは徐々に大きくなるため，非圧縮の仮定に関連した物理モデルの不確かさが増加する．$M = 1$ 近傍では，衝撃波を再現することができないため，非圧縮流れの仮定に基づく数値流体力学の結果には意味がなくなる．

ほかの場合，問題はいっそう簡単ではなくなる．流れの多くは，一つあるいは二つの面について形状的な対称性を示す．しかし，入口の流れが対称ではないと，形状的な対称性に基づく簡略化モデルは不正確になる．対称的な流路を通過する流れには，流入条件に大きく依存するものがある．たとえば，徐々に断面積が増加する領域を通過する流れ（ディフューザ）があげられる．対称領域に流入するほぼ均一な流れを対称性により近似することで，数値流体力学モデルを簡略化するのは魅力的である．しかし，平面のディフューザの発散角が20〜60°の場合，流入する流れの小さな非対称性は増幅し，逆の壁による逆流によって側壁に付着する流れを生じる．これにより，もちろん実際の流れと対称性に基づく数値流体力学の結果に違いが生じる．

流れに垂直な軸をもつ円柱周りに定常で均一に流入する流れを考える場合，違う種類の問題に遭遇する．非常に広い速度の範囲に対して，円柱後方にカルマン渦列として知られる周期的なはく離流れが発達する．定常流れや対称性の仮定のシミュレーションでは精度を失い，この現象をとらえることはできない．

与えられた流れに対する単純化の仮定すべての精度と妥当性により，物理モデルの不確かさに及ぼす影響の度合いが決定される．

10.5 確認と検証

誤差と不確かさを，数値流体力学のモデリングで回避できないものと認める以上，結果の信頼性を定量化する厳密な方法を開発する必要がある．これに関連して，AIAA (1998) と Oberkampf と Trucano (2002) による以下の用語が，いまでは広く受け入れられている．

- 確認（**verification**）：モデルとその解法が，開発者の意図どおりに実行されている

かを決定する過程．Roache (1998) はこれを "正しく式を解く" とよんだ．この過程では，誤差を定量化する．
- **検証（validation）**：モデルの使用目的の視点から，モデルがどれくらい実際の世界を正確に再現するかを決定する過程である．Roache (1988) はこれを "正しい式を解く" とよんだ．この過程では，不確かさを定量化する．

以下では，確認と検証の方法について説明する．

▶ **確認**

確認の過程では，誤差を定量化する．本書では，計算プログラムの間違いとユーザの間違いを無視しているため，丸め誤差，反復計算の誤差と離散化の誤差を推算する必要がある．

- **丸め誤差**：異なる機械精度（たとえば，Fortran の有効数字 7 桁の単精度，16 桁の倍精度）を用いて得られる数値流体力学の結果を比較することで評価することができる．
- **反復計算の収束の誤差**：内部流の圧力損失や質量流量，外部流の物体にかかる力，対象とする位置一つ以上での速度など，目的の変数の残差すべてに対して打切り誤差を体系的に変化させた場合の影響を調べることで，定量化することができる．打切り誤差を変化させた場合の目的の変数の値の違いから，収束値にどれくらい近づいているかを定量化する．
- **離散化の誤差**：空間と時間の計算格子を，体系的に細分化することで定量化することができる．高精度な数値流体力学では，**2 段階か 3 段階の計算格子の細分化**により，目的の変数と流れ場の離散化の誤差が単調減少を示すことを目指すべきである．離散化の誤差の推算に用いる方法を簡単に述べる．

数値解は，以下の条件を満足すると仮定する（Roache, 1997）．

- 流れ場は，テイラー級数展開を用いることが妥当であるくらい十分に滑らかである（流れの変数がいずれも不連続ではない）
- 収束は単調である（粗い計算格子から中間の計算格子にすると，対象の変数の値が X だけ増加（減少）する場合，中間の計算格子から細かい計算格子にすると，その値はやはり増加（減少）する．変化の大きさは，そのときの X よりも小さくなければならない）
- 数値解法が漸近する領域内にある（テイラー級数展開の最高次の項が打切り誤差を支配する）

以上で規定した条件で定常流れの問題の数値解法を考える場合，計算格子内部のコントロールボリュームが参照する大きさ h の関数として，対象とする変数 U の誤差 E_U の推算式を記述することができる．

$$E_U(h) = U_{\text{exact}} - U \approx Ch^p \tag{10.6}$$

ただし，C は定数，p は数値スキームの次数

細分化の比 $r = h_2/h_1$ および解 U_1, U_2 の計算格子二つに対して，二つの解の差 $U_2 - U_1$ から離散化の誤差の推算式を記述することができることは簡単にわかる．

$$E_{U,1} = \frac{U_2 - U_1}{1 - r^p} \tag{10.7a}$$

$$E_{U,2} = r^p \left(\frac{U_2 - U_1}{1 - r^p} \right) \tag{10.7b}$$

ただし，$E_{U,1}$ は粗い計算格子の解の誤差

$E_{U,2}$ は細かい計算格子の解の誤差

有限の時間刻みによる離散化の誤差を推算するために，計算格子の細分化と似た方法を用いることができる．Roache (1997) は元の時間刻み幅を用いる陽解法を追加し，これに基づき，完全陰解法の非定常解法に対する誤差の推算式も示した．これは，時間刻みを細かくするより経済的である．

Roache (1997) は，推算式 (10.7a, b) は近似であり，離散化の誤差の限界を決めるわけではないことを述べた．彼は，数値流体力学の解法中の数値誤差を定量化するために，いわゆる計算格子収束判定（grid convergence indicator, GCI）を提案した．

$$\text{GCI}_U = F_S E_U \tag{10.8}$$

ただし，F_S は安全係数

安全係数の値には $F_S = 3$ が提案されている．

Roache は，数値解の実際の打切り誤差は基本的な数値スキームの精度の次数 p に従って厳密に減少することが当然であると注意している．調査により，彼は数値解法に小さな間違いもない例をいくつかあげ，3 段階に細分化した計算格子上で観察される打切り誤差の減少の次数を用いることが好ましいという例を示した．一定の細分化の比 $r = h_2/h_1 = h_3/h_2$ に対しては，観察される打切り誤差の減少の次数 $\tilde{p}$ を，次式から求めることができる．

$$\tilde{p} = \ln\left(\frac{U_3 - U_2}{U_2 - U_1}\right) \Big/ \ln r \tag{10.9}$$

ただし，$U_2 - U_1$ は中間の格子と粗い格子の解の差

$U_3 - U_2$ は細かい格子と中間の格子の解の差

間違いのあるプログラムでは，観察される打切り誤差の減少率 $\tilde{p}$ は常に，基本的な数値スキームの精度 p の次数よりも小さい．二つ以上の細分化を用いた質の高い計算では，式 (10.9) から観察した値 $\tilde{p}$ を用いて離散化の誤差の式 (10.7) を計算し，計算格子の収束判定の式 (10.8) 中に小さい安全係数 $F_S = 1.25$ を用いることが推奨される．

最後に，これらの方法では単にプログラム自体の数値誤差を推算するだけであり，プログラム自体にプログラム開発者が予想する流れの数学モデルが反映されるかを確認するわけではないことに注意してほしい．そのため，Oberkampf と Trucano (2002) は，確認作業をした完全なプログラムを，数値流体力学の結果と信頼性のあるベンチマーク，すなわち，解析解や高解像度の数値解のようなたいてい単純な流れの問題の高精度な解と，常に体系的に比較すべきであると論じている．

▶ 検証

検証の過程では，入力の不確かさと物理モデルの不確かさを定量化する．

- **入力の不確かさ**：感度解析や不確かさの解析によって推算することができる．これには，平均値と予想される変動に基づく確率分布から抽出した異なる入力データを用いた数値流体力学の多くの実際の計算が含まれる．予想される範囲に対する上限値と下限値を定めるために，目的の変数において測定された変化を用いることができ，入力の不確かさの評価に便利である．感度解析では，入力データそれぞれの変化の影響を個別に検討する．一方，不確かさの解析では，異なる入力データが同時に変動することによる相互作用を考え，数値流体力学の試計算を行ううえでモンテカルロ法を用いる．
- **物理モデルの不確かさ**：Oberkampf と Trucano (2002) は，物理モデルの不確かさの定量評価には数値流体力学の結果を高精度な実験結果と比較することが必要であると述べている．彼らは，意味のある検証は，(i) 数値誤差すべて，(ii) 入力の不確かさ，(iii) 比較で用いる実験データの不確かさを定量評価して初めて可能であるとも述べている．

このように，数値流体力学の最終的な確認では，数値結果と実験結果を比較する．しかし，最善の比較を行う方法にはまだ議論の余地がある．検証の結果を説明する最も一般的な方法は，y 軸に目的の変数（オリフィスの流量係数や流体内の物体に働く力など），x 軸に流れのパラメータ（流れの速度やレイノルズ数など）をとったグラフを

描くことである．計算値と実験値の差が十分に小さい場合，その数値流体力学モデルは妥当であると考える．後者の判断はむしろ主観的であり，Coleman と Stern (1997) は，独立した不確かさの原因をいくつか含む実験結果の不確かさを推算し，妥当性の比較に対してより厳密な基準を提案している．彼らは，妥当性の不確かさを推算するために，数値誤差，入力の不確かさと実験の不確かさの推算値の平方の総和を計算することによって，誤差を統計的に組み合わせることを提案している．数値流体力学モデル中の信頼性は，妥当性の不確かさの大きさによって示される．

Oberkampf と Trucano (2002) は，この方法には，データがばらついている精度の低い実験結果を用いて数値流体力学の妥当性を確認することが簡単であるという矛盾が含まれることを指摘した．彼らは代わりに，統計的な寄与を含む妥当性の判断基準を提案しており，その基準においては，実験の繰り返し回数が増加し，実験データの分散が減少するとともにその影響は小さくなる．そのため，(i) 実験データと数値流体力学の結果の差が小さく，(ii) 実験の不確かさが小さい場合，検証された数値流体力学プログラムの信頼性が向上する．

個々の利点にかかわりなく，これら両方の方法では，妥当性の比較に対してさらに客観的な基盤を提供しているが，この内容はいまでも研究段階にあるため，興味がある読者は今後の開発に注目を向けてほしい．

▶ 確認と検証のデータ源

いまのところ，数値流体力学の結果には，当然のように精度があると考えることはできず，確認と検証は，信頼性を確立する過程の重要な要素であることがわかった．このためには，

(i) 問題の形状と境界条件の総合的な資料
(ii) 速度成分，静圧と全圧，温度などの流れの変数の分布の詳細な測定
(iii) 質量流量，圧力損失などの補足的な全体の測定のある実験データ

が必要である．当然，信頼性のある検証を行うためには，信頼性のあるデータからの情報のみを用いなければならない．いまでは，数値流体力学の検証を支える公開データバンクがいくつかある．そのなかで最も有名なものを以下に示す．

- ERCOFTAC: http://ercoftac.mech.surrey.ac.uk/ ―実験のデータベースと LES と DNS を含む高精度な数値流体力学シミュレーションへのリンクがある優れたデータベース
- NASA: http://www.larc.nasa.gov/reports/reports.html ―ダウンロードでき

る形式の NACA と NASA のレポート
- Flownet: http://dataserv.inria.fr/flownet/ ——EU のデータベース
- 近年の検証データベースの概説: http://www.cfd-online.com/Resources/refs.html

以下に，かつて有用であったジャーナルをあげる．

- *Annual Review of Fluid Mechanics*
- *Journal of Fluid Mechanics*
- *AIAA Journal*
- *Journal of Fluids Engineering, Transactions of the ASME*
- *Journal of Heat Transfer, Transactions of the ASME*
- *International Journal of Heat and Mass Transfer*
- *International Journal of Heat and Fluid Flow*
- *Combustion and Flame*
- *Physics of Fluids*
- *Experiments in Fluids*
- *International Journal of Wind Engineering and Industrial Aerodynamics*
- *Journal of Power Engineering, Transactions of the ASME*
- *Journal of Turbomachinery, Transactions of the ASME*
- *Proceedings of the IMechE, Part C: Journal of Mechanical Engineering Science*

　総合的な検証に対して適した実験結果がない場合，関連した問題に対するデータを確認する必要がある．検証に選んだ問題が検討すべき実際の問題に非常に近い場合，両方にほぼ同じ数値流体力学の方法を適用することができる．しかし，流れの問題には，境界条件や問題の形状の一見小さな変化に非常に敏感な場合があることをすでにみてきた．そのため，検証の条件の構築に慎重にならなくてはならず，選んだ方法の正当化を見極めるうえで，過去の経験が重要な役割を果たす．

　高精度な測定がない場合，数値流体力学の結果を学術的，あるいは工業的なジャーナル中のほかのデータと比較しなければならない．Engineering Science Data Unit (ESDU) データベースも，慎重に審査された流体の流れのデータを多く含む工業上の設計の情報に関するとりわけ広範囲に及ぶデータを提供している (http://www.esdu.com/ ——このデータベースにアクセスするには費用が発生することを承認する必要がある)．最後に，数値流体力学シミュレーションの信頼性は，厳しい確認と検証によってのみ高められることに気をつけなければならない．もし，検証データに関する研究がまったく行われていないならば，設計勧告に対して確かな根拠を与えるために，数値流体

10.6 数値流体力学を最善に実施するための指針

前述したように，ユーザの入力とモデリングの選択が多種多様であるため，数値流体力学を用いる複雑な産業の系を検討するのに，誤差と不確かさが膨大であることがわかった．確認と検証の目的は，誤差と不確かさの定量である．一方，数値流体力学を最善に実施するための指針は，現存知識と利用可能な計算機リソースの範囲内で，数値流体力学のモデルの精度と信頼性を最大にする方法を明示しようとするものである．以下では，最も影響力の大きい指針 AIAA (1998) と ERCOFTAC (2000) の二つを説明する．これらは産業分野での信頼性を構築することを目的として，数値流体力学のモデリングの研究を行うための主な規則を設定する．これまで誤差，不確かさ，確認と検証の概念の展開について大ざっぱにみてきた．本節では，まだ取り上げていない二つの指針の側面に焦点を当てる．

▶ AIAA の指針 (1998)

AIAA の指針は，複雑な系に対する数値流体力学にとくに注目し，最初に編集されたものである．AIAA の指針では，異分野の情報を相互参照することによって，数値流体力学に対して精度の妥当性とソフトウェア工学の基盤を開発し，数値流体力学の結果に対して信頼性を構築するための確認と検証の方法を説明している．

- AIAA の指針では，確認と検証の過程は，計算プログラムの結果の高精度なベンチマークと高精度な実験との比較で用いる**特定の事例に対して**，数値流体力学が満足のいく性能を示すことができるだけであると述べている．この考えは産業の流体の流れの問題が複雑であることと，数値流体力学の結果を得るために入力値としてユーザが選ぶ必要がある数値パラメータの種類が多いことに起因する．

このことは，現状の技術では，実際の問題に対する高精度な実験結果がないと，新たな，実際の産業の流れの問題に対する数値流体力学プログラムの検証を行うことは不可能であることを示している．検証のまとめにおいて，十分に近い問題に満足のいく性能を示した場合，新たな実際の問題に対する数値流体力学の結果にはおそらく信頼性があるだろうと述べた．関連する知識の基礎，たとえば，流体力学の原理とこれに関連したテーマの知識，実験データおよび市場にすでにある設計や似た装置を用いた経験がある場合，このことは認められると信じている．産業の装置では，これに当てはまる場合があり，妥当性を検証するために，どの問題が十分に理解され，新たな

10.6 数値流体力学を最善に実施するための指針　**323**

流れの問題に近いかを判断するのに用いることができる．

AIAAの指針には，系全体で高精度なデータを得るのは不可能あるいは計算負荷が大きすぎると認識されるような，複雑な問題のモデリングの検討に対する具体的な提案が含まれている．以下にこの方法をまとめる．

- 数値流体力学のモデルの計算結果の信頼性は，取り込む問題の複雑さの度合いに直接影響を受ける．実際の流れの問題には多次元，非定常流れ，形状の複雑さ，複雑な流れの物理および化学に関連した複雑さが多く含まれる．非常に複雑な系（航空用エンジンや加熱炉など）と単純な問題（直管やオリフィスを通過する内部流，翼や物体周りの外部流など）の数値流体力学のモデルに対して，同じ信頼性を期待するのは非現実的である．AIAAの指針では，複雑な系のモデリングに対して，**ビルディングブロック法（building block approach）** を適用することを提案している．系全体を単純な部分系に分解することで，系全体の複雑さを軽減する．高精度な実験データを用いることができる一連の単純な問題が定義されるまで段階的にこの複雑さを軽減する過程を実行することで，総合的な検証が可能となる．複雑さが増加するに従い，さまざまな段階で部分系を検討し，数値流体力学シミュレーションに関連する学習（数値パラメータの選択や計算格子の生成など）を行う．それぞれの段階でモデリングの方法を改善するために，数値流体力学の結果を実験データと比較し，実際の流れの系に近づくにつれて，問題定義と測定データが一致しなくならないように注意する．

したがって，AIAAの指針では，複雑な産業の流れの問題のモデリングに対して，以下のように広範囲の戦略を提供している．

(i) よく検証された単純な流れの問題に対して確固たる基礎を築く
(ii) モデルの複雑さを体系的に増加させる
(iii) 学んだ経験すべてを取り込む
(iv) 単純な問題から完全な問題に向かって，妥当性を確認するための機会を最大限に活用する

▶ ERCOFTACの指針 (2000)

ERCOFTACの指針では，さほど複雑ではない流れの問題に対する信頼性のある数値流体力学の最善の実施について述べられている．単相の流体の流れと熱移動の計算および誤差と不確かさを定量化し，最小にする方法に焦点が当てられている．これには，古典的な乱流モデル，すなわちレイノルズ平均を施したナビエ–ストークス式の

適用に関する節まで含まれている．この指針は，あまり経験のないユーザを対象としており，広範囲の確認項目により，実用的な数値流体力学のモデリングの実装を促進している．さらに，指針の応用に 8 条件の検討が示されており，管の急拡大流れから低速遠心コンプレッサまで，複雑さが異なる流れで達成可能な精度に対する指針が示されている．

AIAA と ERCOFTAC の指針に基づく高精度な数値流体力学の方法を開発するために努力し，両方の文献と MARNET-CFD（https://pronet.wsatkins.co.uk/marnet/guidelines/guide.html），Chen と Srebric (2001, 2002)，Srebric と Chen (2002) のような，さらに産業に特化した指針を参考にすることを，読者すべてに勧める．また，流体工学に加えて，流体力学の最善の実施に関連する情報の普及に向けた QNET（http://www.qnet-cfd.net/）と eFluids（http://www.efluids.com/）のような新たなネットワークにも注目すべきである．

10.7 数値流体シミュレーションの入力と結果の説明と文書化

産業の組織内で独立した調査に数値流体力学シミュレーションを広めるためには，総合的な一定の説明を行う体制が重要である．このことは，過去に学んだ経験を蓄え，組織内のユーザのグループにおいて最善の実施を行うことを究極の目的として，将来役立てるためにいままでのシミュレーションの内容を蓄積することの基礎となる．まず，ユーザの入力を文書として記録するのに必要な項目をあげる．

▶ 入力の文書化
- 問題の一般的な記述と数値流体力学シミュレーションの目的
- 問題を解くために選んだプログラム
- 実行に用いる計算プラットホーム
- 重要な寸法，流れの入口と出口を含む興味がある領域の概略図
- 境界条件―仮定の妥当性と近似した領域あるいは情報の不足に対するコメントを含む
- 非定常流れのシミュレーションに対する初期条件や，定常流れに対する場の初期化
- 流体の物性―仮定とデータ源の妥当性に対するコメントを含む
- モデルの選択肢―その選択に対するコメントと妥当性：(i) 層流，乱流＋乱流モデル＋壁近傍の取扱い，(ii) 燃焼モデル，(iii) ほかの物理モデル
- 計算格子の設計：計算格子の設計に関する方法を十分に説明するための，時間と空間に対する一つ以上の計算格子．妥協点と格子依存性のケーススタディについ

てコメントも記述した概略図
- 解法アルゴリズムの選択—とくに標準設定ではない場合の選択：数値流体解析プログラムが開発されるにつれ標準設定は変化するので，長期間の記録には，主な選択すべての広範囲の概要（一次，二次スキーム，マルチグリッドの設定，分離，連成ソルバーなど）をまとめておく
- 反復計算の収束判定の選択：残差に対する打切り誤差の度合いと，収束判定に追加した目的の変数の選択
- シミュレーションを行い，高精度な結果を得るための特別な注意を必要としたシミュレーションの設計に関する概要と未解決の問題

次に，結果の分析と報告を行ううえで，精密さと信頼性の助けとなる項目をあげる．

▶ 結果の解釈と説明

商用数値流体力学プログラムでは，英数字出力の選択肢とともに，以下のような幅広いさまざまな結果を可視化することができる．

- 速度ベクトルのプロット
- 流線と粒子の軌跡
- 流れの変数の等高線のプロット
- 分布のプロット
- 計算格子の表示
- 視覚的な操作

質の高い**説明**が必ずしも高精度の**結果**と同意ではないことに気づくことは重要である．あまり経験のないユーザは，数値流体力学プログラムの後処理（post-processing）に注力すべきではない．数値流体力学の研究でわかったことを伝え，結論を述べる前に，確認と検証によって結果の質を確かめることが重要である．以下に確認および文書化すべき主な要素をまとめる．

- **確認**により数値誤差を推算する．高精度な計算をするためには，重要な目的の変数すべてに反復計算の収束判定と計算格子の依存性があってはならない．全体の残差が反復計算の収束を示すほど十分に小さいとしても，残差の空間分布図を描くことで，許容できない大きな残差の存在領域を示すことができる．結果に計算格子の依存性がまだある場合，妥協が必要だった場所を特定せよ．
- **入力の不確かさの定量化**の主な問題は，一般に境界条件の指定であり，流体の物性も考える必要がある．

- **検証**により，数値流体力学の妥当性を確認するために用いた方法をまとめる．複雑な系を検討する場合，AIAA のビルディングブロック法をどのように適用したかの要点を述べよ．モデリングの方法を変更することで，どのように実験データと一致するようになったかを述べよ．
- 流体力学と保存則の基本的な知識を用いて結果を分析することで，結果の**さらなる信頼性**を構築することができる．これには，どこで予想が外れたかを特定するための一貫した確認が含まれる．たとえば，対象とする領域内の生成と消失すべての総和をとり，領域に流入および流出する流束の収支をとることによる全体の質量，運動量，エネルギーと化学種の保存を確かめるのは，わかりやすい確認方法の一つである．

これまでしばしば，時間の制約と計算機リソースにより，許容することができる数値流体力学シミュレーションの収束度合いが決定されることを述べた．これは，全体の保存を確認しても，関連のある流束すべてや，生成および消失の収支を必ずしも正確に示すことができないことを意味する．しかし，全体の保存から大きくずれると問題となる．

唯一の真の確認方法は，妥当性を確認することであることは明らかである．一方，新しい流れの問題を考える場合，常識的な範囲で質の確認をすることは当を得ている．これらは，一般的な流体力学と，検討する問題に対するある特定の知識の理解に基づいている．ここで，数値流体力学シミュレーションの結果を得た場合に，確認すべき（自明で広範囲にわたる）項目をいくつか示す．

- 流れは高圧から低圧に向かって流れる（圧力駆動流）
- 速度が増加する場合，静圧が減少する（非粘性流体に対するベルヌーイの理論）
- 摩擦損失により流れ方向の全圧が減少する（粘性流れ）
- 熱移動のない流れ方向においてエントロピーは増加する（熱力学第 2 法則）
- 固定壁近傍の流体の速度は，壁から遠い流体の速度より小さい（境界層の形成）
- 一定断面の直管では，十分に長い距離の後，流れは完全に発達する
- 逆圧力勾配の影響を受けると，境界層はすぐに分離する（圧力は境界層の外側に向かう流れの方向に増加する）
- 一般に，流れは角で分離する
- 流れが分離する場合，常に再循環が起こる
- 流れが小さい穴から拡大する場合，一般に噴流を形成する
- 遠心力により，曲り管（あるいは湾曲した流線）の外側の圧力は高く，内側の圧力は低い

- 重力により，液体中の深さ方向に圧力が増加する
- 熱流体は高温領域から低温領域に流れる
- 重力の影響を受け，暖かい流体は上昇し，冷たい流体は下降する
- 乱流はせん断流れ，すなわち速度勾配の大きい領域に生成する

多岐にわたる項目をあげることは明らかに不可能であり，流体力学，熱移動などの知識と広範囲の背景の調査に基づき，検討する流れの問題に対する確認方法の開発を行わなければならない．

10.8 まとめ

数値流体力学モデリングを工業的に応用する場合，信頼性と確かさは重要な問題である．本章では，以下を定義した．

- 誤差：知識不足から生じるものではない数値流体力学モデル中の欠陥
- 不確かさ：知識不足から生じる数値流体力学モデル中の欠陥

誤差の主な原因は，以下のとおりである．

- 数値誤差：丸め誤差，反復計算の打切り誤差，離散化の誤差
- プログラムの間違い
- ユーザの間違い

反復計算についての説明では，最も用いられている収束判定，すなわち規格化した全体の誤差を取り入れた．離散化の誤差の大きさと分布を制御するために，よい計算格子を生成することの重要性にも触れた．

不確かさの原因には，以下のものがある．

- 入力の不確かさ：領域の形状，境界条件や流体の物性の限界や，不正確な知識に関連したモデルの欠陥
- 物理モデルの不確かさ：精度の限界，サブモデルの検証の不足や，簡略化した仮定によるモデルの欠陥

これらモデリングの誤差と不確かさの原因それぞれの例を示し，これらが数値流体力学の結果に及ぼす影響について述べた．数値流体力学の結果の誤差と不確かさを定量化するために，確認と検証の過程を定義した．

- 確認：誤差を定量化するため，数値流体力学の結果と流体の流れに対する概念の

モデルの適合度合いを決定する過程
- 検証：不確かさを定量化するため，数値流体力学の結果と実際の流れの問題の適合度合いを決定する過程

また，多くの実用的な数値流体力学シミュレーションにおける離散化の誤差の支配的な寄与を示し，確認の過程における体系的な計算格子の細分化が果たす重要な役割について強調し，以下の細かい格子と粗い格子における解の誤差の推算式を得た．

$$E_{U,1} = \frac{U_2 - U_1}{1 - r^p} \tag{10.7a}$$

$$E_{U,2} = r^p \left(\frac{U_2 - U_1}{1 - r^p} \right) \tag{10.7b}$$

Roache が提案する，次式の計算格子収束指針も取り入れた．

$$\text{GCI}_U = F_S E_U \tag{10.8}$$

離散化の誤差が減少する実際の次数 $\tilde{p}$ を用いる彼の提案について説明した．二つの細分化の度合い（すなわち計算格子三つ）を用いて計算格子の細分化を行うことで，$\tilde{p}$ は次式のように求めることができる．

$$\tilde{p} = \ln \left(\frac{U_3 - U_2}{U_2 - U_1} \right) \bigg/ \ln r \tag{10.9}$$

確認が果たす非常に重要な役割について説明し，数値流体力学のプログラムとモデルの検証に対して用いることができる信頼性のある質の高い実験データの出典を示した．

最後に，数値流体力学を最善に実施するための，有名な AIAA と ERCOFTAC 指針の一部を説明した．これは，ユーザが用いることができる計算機リソースにより，可能な限り最良の結果を出すことを手助けするように開発されている．数値流体力学のモデルと結果の一貫した報告と文書化についても提言した．

第11章
複雑な形状を取り扱う方法

11.1 はじめに

これまでの章で示した流体の流れの式を解く方法は，直交座標系を用いた離散化手順に基づいていた．これは最も単純であり，理解するのに最も簡単な形で有限体積法の基礎を取り入れることができる．第4章～第6章で導出した方法を，ほかの座標系（円柱，3次元軸対称や極座標系）に拡張するのは比較的簡単であり，選んだ座標系に対して適切な形で div や grad の演算子を用いて書くことができる（関連する微分演算子については，Bird ら (2002) 参照）．しかし，工業的な問題の多くには直交座標系やほかの座標系では正確には適合しない複雑な形状が含まれている．流れの境界が構造格子の座標の線と一致しない場合，形状を近似して計算しなければならない．これを図 11.1 に示す．ここで，半円柱を通過する流れの2次元の計算を考える．

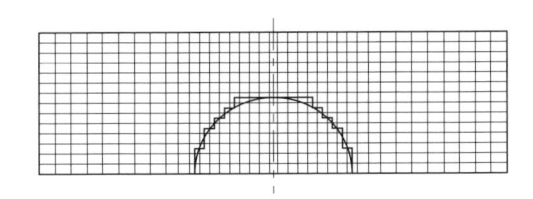

図 11.1 半円柱周りの流れを計算するための直交格子

直交座標系を用いて半円柱の曲面を再現するには，階段状に近似をするしかない．このように境界の形状を近似するのは退屈な仕事であり，時間を消費する．さらに，円柱の固体内部の計算格子を計算しないため，これらを外して計算する必要があり，それは計算機の記憶容量と資源の無駄である．最後に，滑らかな円柱の壁を階段状に再現すると，壁のせん断応力や熱流束などの計算に誤差を生じる．壁の領域に非常に細かい直交格子を用いることでこれらの誤差を低減することができるが，計算格子線の構造上，対象としない内部の領域まで不必要に計算格子が細かくなるため，計算機の記憶容量がさらに無駄になる．

この例題から，直交座標系あるいは円筒座標系には，不規則な形状に対して明らかに

限界があることがわかる．実際には複雑な形状をもつ重要な流れはたくさんあり，ビルの形状，加熱炉，近年の内燃機関（IC）のペントルーフ型燃焼室，吸気および排気口ポート内の流れ，翼周りの流れ，ガスタービン燃焼器やターボ機械などがある．このような場合，曲面や複雑な形状をより自然に取り扱うことができる計算格子を用いて計算するほうが明らかにずっと有利である．

複雑な形状に対する数値流体力学は，(i) 構造曲線格子，(ii) 非構造格子の二つのグループに分類される．直交格子は構造格子の一例である．構造格子の特徴は，次のとおりである．

- 格子点は座標の線の交点に位置する
- 内部の格子点の周りには，一定の数の隣接格子点がある
- 計算格子点をマトリックスに写像することができる．すなわち，計算格子の構造とマトリックス中の位置は添え字によって与えられる（2次元では I, J, 3次元では I, J, K）

構造曲線格子（structured curvilinear grids）あるいは**境界適合格子（body-fitted grids）**では，流れの領域を簡単な形の計算空間に写像する．これらの方法では，先ほどの半円柱のような流れを効率的に処理することができる．しかし，残念ながら，形状が非常に複雑になった場合，写像が非常に困難となる．このような場合，流れの領域を異なる領域やブロックに分割し，これらを別々に生成し，隣接するものと結合する．これは，直交格子や境界適合格子と比較して柔軟性をもつ，いわゆる**ブロック構造格子（block-structured grids）**となる．境界適合格子あるいはブロック構造格子の基本を，11.2節〜11.5節にまとめる．

複雑な形状に対してはブロックを多く用いる必要があり，この考えを拡張すると，論理的には計算格子それぞれがブロックである**非構造格子（unstructured grid）**となる．これにより，複雑な流れに対して形状柔軟性には制限はなく，計算機リソースを最も有効に使うことができる．そのため，この方法は現在，工業的な数値流体力学で広く用いられている．11.6節〜11.11節で非構造格子に対する有限体積法の主な要素について，さらに詳細に調べる．

11.2 複雑な形状に対する境界適合格子

境界適合格子に基づく方法は，翼周りのような曲線境界を取り扱うために開発された（RhieとChow, 1983, Peric, 1985, Demirdzicら，1987, Shyyら1988, KarkiとPatankar, 1988）．境界適合格子には，(i) 直交曲線座標系，(ii) 非直交曲線座標系

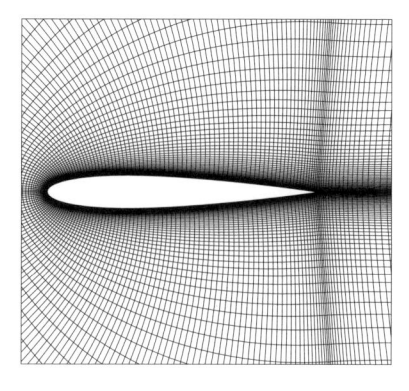

図 11.2 翼周りの流れを計算するための直交曲線格子の例［出典：Haselbacher (1999)］

の2種類がある．直交曲線格子では，格子線は交点で直交する．図 11.2 に，翼周りの流れに対する**直交曲線格子（orthogonal curvilinear mesh）**の例を示す．

図 11.3 に，先ほど述べた半円柱の問題に対する**非直交境界適合格子（non-orthogonal body-fitted grid）**を示す．ここでは，計算格子線は 90° で交わらない．両方の境界適合格子とも領域の境界はすべて座標の線と一致するため，階段状の近似を必要とすることなく形状の詳細をそのまま組み込むことができる．さらに，図 11.2 に示すとおり，たとえば，境界層のような勾配が多い領域の流れの重要な特徴を解像するために，簡単に計算格子を細かくすることができる．

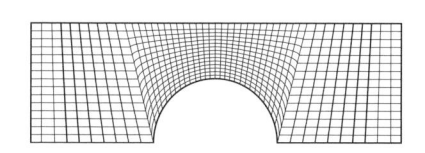

図 11.3 円柱周りの流れを計算するための非直交境界適合格子の利用

11.3 直交格子 vs. 曲線格子の例

図 11.4 に，流れ場を計算するために数値流体力学を用いることができる熱交換用の管群の一部を示す．対称性を考慮することで，形状の影付きの領域のみを考えればよい．図 11.5 にこの流れを計算するための直交格子を示す．40×15 の計算格子を用いた場合，円柱を計算しない固体壁とし，階段状に形状を近似する．図 11.6 (a) に，同じ問題に対して同じ計算格子数（すなわち 40×15）を用いた非直交境界適合格子を示す．ここでは全計算格子が計算領域であり，より正確に円柱の表面を再現している．

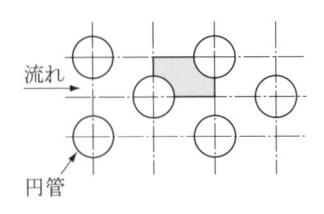

図 11.4 熱交換用の管群周りの流れ（一部のみ表示）

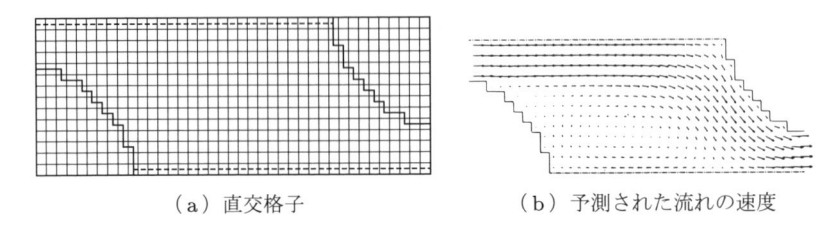

（a）直交格子　　　　　　　　　（b）予測された流れの速度

図 11.5 直交格子（40×15）を用いた円柱表面での流れの計算

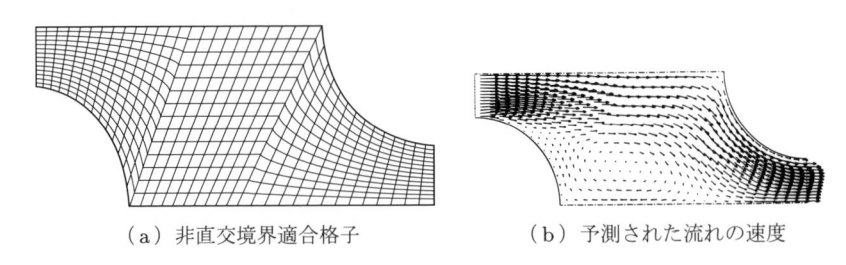

（a）非直交境界適合格子　　　　　（b）予測された流れの速度

図 11.6 非直交境界適合格子（40×15）を用いた円柱表面での流れの計算

図 11.5 (a) と図 11.6 (a) を比較すると，流れの領域を再現するために約 75% の直交格子しか用いることができず，残りの 25% は物体を取り扱うために無駄になっていることがわかる．

　図 11.5 (b) と図 11.6 (b) に速度の計算結果をそれぞれ示す．図 11.6 (b) では，流入境界と流出境界の近くで大きく湾曲している領域の流れをよく解像している．このことから，明らかに境界適合格子のほうが優れていることがわかる．すなわち，計算機リソースをより効果的に用いることができる．そのため，粗い計算格子を用いた場合でも，直交格子に基づく方法と比較して，流れを詳細に解像することができる（Peric, 1985, Rodi ら, 1989 参照）．

11.4 曲線格子の難しさ

境界適合格子は，直交格子と比較して非常に有利であるが，形状の柔軟性と引き換えに払うべき代償がある．すなわち，曲線座標系の基礎式がずっと複雑になることである．基礎式を定式化する方法についての詳細な説明を，Demirdzic (1982)，Shyy と Vu (1991)，Ferziger と Peric (2001) で見つけることができる．異なる定式化の主な違いは，計算格子と運動量保存式中の従属変数の選択に現れる．境界適合格子に基づく数値流体力学の計算手順では，速度に対してスタッガード格子（staggered grids）よりもむしろ，スタッガード格子ではない格子，つまりコロケート格子（co-located grids）が好んで用いられるが，その場合，記憶容量をさらに必要とする．しかし，スタッガード格子ではない格子の場合，圧力と速度を適切に結び付け，6.2 節で述べたチェッカーボード（checker-board）の圧力の振動解が発生しないようにする必要がある．非構造格子でもこれらのコロケート格子を用いる．これらを 11.14 節で詳細に説明する．

式が非常に複雑になることに加え，境界適合格子はあくまで構造格子であるため，一般には，単純に局所で計算格子を細かくすることはできないことに注意しなければならない．たとえば，図 11.2 では境界層を解像するために計算格子を細かくする必要があり，後縁の細かい形状は内部の計算格子内のほかの場所に影響する．これにより，後縁から生じる 3 本の線に沿う翼の上部，下部，下流の領域において計算格子の密度が増加する．下流の計算格子数がとくに多く，これは記憶容量の無駄である．

直交あるいは非直交境界適合格子を用いることで，形状の詳細をとらえることができるが，その計算格子の生成が困難になる場合がある．形状の詳細をすべて考慮する格子を生成するためには，物理的な形状を計算空間に写像する必要がある．ここでは，数学的な写像過程を詳細には示さない．興味がある読者には，代わりに参考文献を参照していただきたい（Thomson 1984, 1988）．円管群の一部に対する写像過程の例を図 11.7 (a)，(b) に示す．この比較的単純な形状に対して写像するのは簡単である．しかし，領域の形状がもっと複雑だったり，内部に物体がたくさんある場合，写像は非常に退屈な仕事になりうる．

図 11.8 (a)，(b) から，円柱の形状を 3 次元立方体格子に写像することにより，ペントルーフ型の IC エンジン燃焼室に対する境界適合格子を生成することが難しいことがわかる（Henson, 1998）．円形の弁を正方領域に丁寧に写像することで，弁の詳細を作成した．さらに，表面計算格子を図 11.8 (a) に示すピストンボウルの細部に適合しなければならなかった．計算格子を改善するためにさまざまな平滑化を行ったが，平滑化を行った後でさえ，最終的な計算格子にはまだ非常に鋭い角度や望まれないアスペ

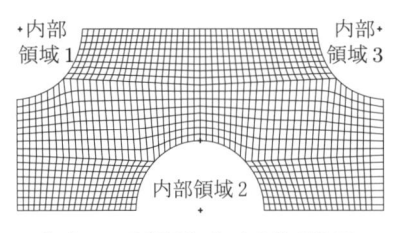

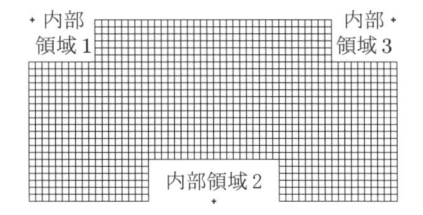

(a) x, y 座標系における物理格子　　(b) 計算領域における (a) を写像した構造

図 11.7 構造格子中の計算格子への物理格子の写像

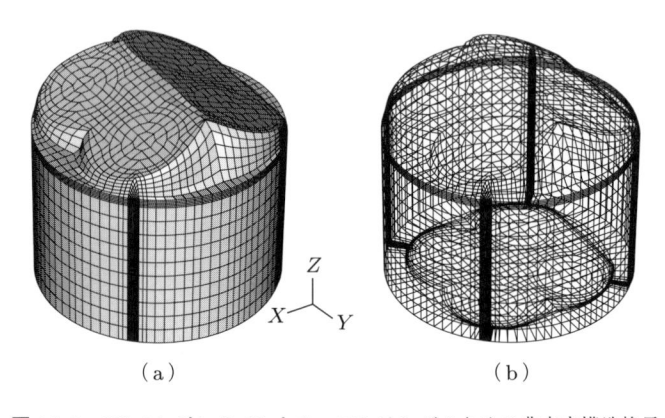

図 11.8 IC エンジンのペントルーフシリンダのための非直交構造格子

クト比の計算格子を含む領域がある．表面の計算格子が密集した四つの領域は，弁とペントルーフの細部に適合させた結果である．非常に歪んだ計算格子が集まると，数値流体力学の解法に対して安定性の問題を引き起こす可能性があるため，そのような計算格子の悪い領域を手作業で整えなければならない場合もある．

以上より，単純な直交格子と比較して疑いの余地がないほど優位であるにもかかわらず，一般的な直交あるいは非直**構造**格子には以下の問題がある．

- 計算格子の生成はいまだ難しく，時間を消費する
- 計算領域を正方形（2次元の場合）あるいは立方体（3次元の場合）に簡単に写像できない場合，局所で不必要に歪んだ格子線を生成することがある
- 写像が難しい場合，不必要に計算格子が細かくなることがある
- 内部に物体や部品がある複雑な3次元形状に対しては，写像が不可能なことがある

11.5 ブロック構造格子

複雑な形状に対する構造格子生成に関する問題を解決するために，ブロック構造格子を用いた数値流体力学の方法が開発されてきた．**ブロック構造格子（block-structured grid）**では，計算領域をそれぞれが構造格子をもつ領域に分割する．それぞれの領域の計算格子の構造は異なり，異なる座標系さえ用いることができる．このような計算格子は，前節までに述べた（"単一ブロック"の）構造格子より柔軟性がある．ブロック構造格子では，解像度が必要な領域の計算格子を細かくすることができる．隣接したブロックとの接合部分では，隣接側の計算格子と整合していてもしていなくてもよい．しかし，いずれにせよ，完全に保存する方法でそれらを適切に取り扱わなければならない．計算プログラムによっては，解法を各ブロックに適用（境界条件をまとめるためにブロックごとに反復計算）し，局所で格子を細かくすることが可能である．領域が重なりあうブロック構造格子は，重合格子（composite grids）あるいはキメラ格子（chimera girds）とよばれている．図 11.9 に，翼周りの流れの計算に用いる直交ブロック構造格子を示す．計算格子の構造では，生成が簡単で，方程式を簡単に離散化し解くことができる直交格子と，曲がった複雑な境界に適合する曲線格子の利点が組み合わされている（Courier と Powell, 1996 参照）．

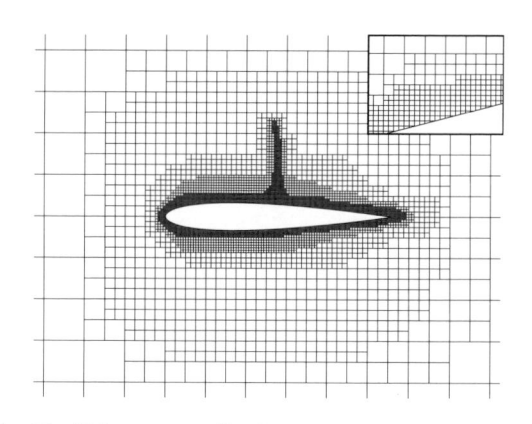

図 11.9 亜音速の翼に対するブロック構造格子．差し込み図は翼表面近傍のカットセルを表している．翼の上の衝撃を解像するために流れの領域に細かい計算格子が追加されていることにも注意すること．[出典：Haselbacher (1999)]

ブロック構造格子は，IC エンジンのペントルーフシリンダと入口ポートの形状のように，いくつかの部品からなる複雑な形状を取り扱う場合，非常に便利である．入口ポート，バルブ領域，エンジンシリンダを別々のブロックで定義し，エンジンプログラム KIVA-3V を用いてブロック格子生成を適用することで，計算格子の品質が改善

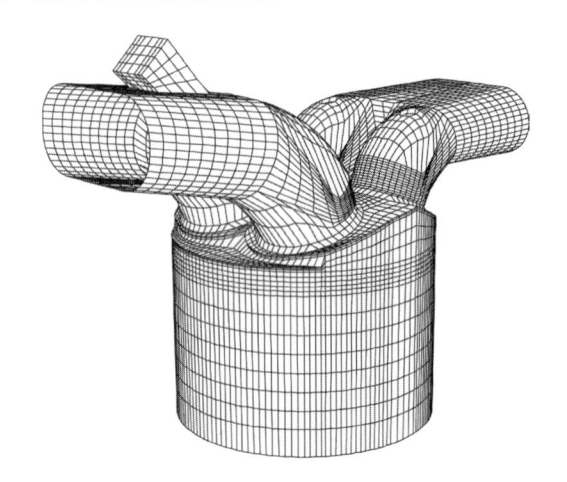

図 11.10　KIVA-3V のエンジンシミュレーションに用いる，入口ポートと出口ポートを含むエンジン形状に対するブロック構造格子

していることが図 11.10 からわかる（Kiva 3V（Amsden, 1997 参照）のプリプロセッサを用いて生成した）．

11.6　非構造格子

非構造格子（**unstructured grid**）は，計算格子をそれぞれブロックとして取り扱うマルチブロックの極端な場合として考えることができる．この取扱いの利点は，計算格子によって課せられる座標の線の絶対的な構造がないことであり，そのため非構造格子と名付けられている．また，計算機の容量を無駄にすることなく，必要な場所に計算格子を集めることができる．さらに，コントロールボリュームはどんな形でもよく，点（2 次元の場合）あるいは線（3 次元の場合）で接するセルの数に制限がない．実用的な数値流体力学では，2 次元問題に対しては三角形や四角形が，3 次元問題に対しては四面体や六面体が最もよく用いられる．図 11.11 に，2 次元翼周りの流れを計算するための三角形の非構造格子を示す．

非構造格子では，ある特定の計算格子の種類に制限されることはなく，計算格子の種類を混在させて用いることができる．2 次元問題では，格子を構築するために，三角形と四角形の計算格子を混在させて用いることができる．3 次元の流れの計算では，四面体と六面体の計算格子を組み合わせて用いることがよくある．このような計算格子は，ハイブリッドメッシュ（hybrid mesh）とよばれる．境界層での粘性の影響をよりよく解像するために，固体壁近傍では四角形の計算格子を用い，それ以外の場所では計算機リソースを有効に利用するために，徐々に大きくなる三角形の計算格子

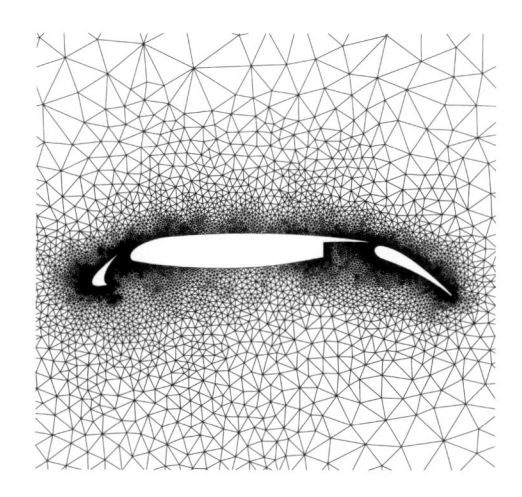

図 11.11 三要素の翼に対する三角格子 [出典：Haselbacher (1999)]

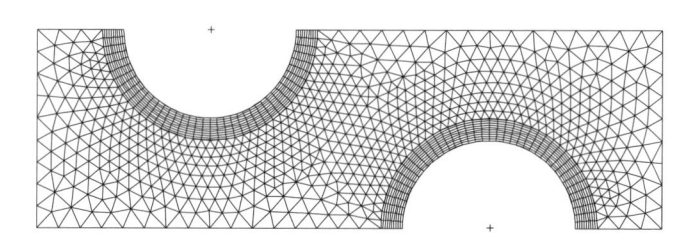

図 11.12 要素が混在した非構造格子の例

を用いる円管群内の流れの計算に対するハイブリッド非構造格子の例を，図 11.12 に示す．

　非構造格子の最も魅力的な性質は，計算格子生成と写像に長い時間をかけることなく任意の複雑な形状の内部，あるいは周りの流れの計算をすることができることである．計算格子生成は非常に簡単であり（とくに三角形と四面体の計算格子），もともとは有限要素法に対して開発された計算格子自動生成法が現在広く用いられている．さらに，非構造格子の場合，計算格子の細分化や適合（勾配が大きい領域の解像度を改善するための計算格子の半自動細分化）がずっと簡単である．非構造格子は，現在最も人気がある方法であり，今日の商用数値流体力学プログラムの業界すべてに組み込まれているため，次節では非構造格子の方法論について，より詳細に考察する．

11.7 非構造格子の離散化

非構造格子は，最も複雑な形状に対して最も一般的な計算格子の配置である．ここで，任意の数のコントロールボリューム表面で囲まれる，任意の形状をもつ非構造格子に対する離散化の方法の概要を簡単に示す．ここでは主要な考えに限定するため，興味がある読者には，詳細な方法を記述した文献を参照していただきたい．

非構造格子のコントロールボリュームを定義するには，(i) セル中心のコントロールボリューム（cell-centred control volume），(ii) 節点中心のコントロールボリューム（vertex-centred control volume）の二つの方法がある．図 11.13 に，2 次元問題に対してこれら二つを示す．

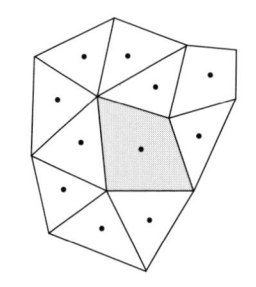

（a）セル中心コントロールボリューム　　（b）節点中心コントロールボリューム

図 11.13　2 次元非構造格子のコントロールボリュームの構造

図 11.13(a) に示すように，**セル中心法（cell-centred method）**では，格子点をコントロールボリュームの中心に配置する．また，**節点中心法（vertex-centred method）**では，計算格子の節点に格子点を配置する．図 11.13(b) に示すように，これは medidan-dual tessellation として知られる，要素の中心と節点の間の中点を結び，サブボリューム（sub-volumes）を生成する過程に従う．その後，離散化するために，格子点を取り囲むサブボリュームでコントロールボリュームを生成する．セル中心法および節点中心法はともに，実際に用いられている方法である．ここで，理解するのに簡単なセル中心法に対する非構造格子の離散化の考えを展開させる．コントロールボリュームは，常に中心点よりも節点のほうが多いため，セル中心法は，節点中心法と比較して必要な記憶容量が若干少ない．

これまでの章で取り入れた有限体積法の基礎から，非構造格子の離散化を導出することができる．ここで，出発点として保存式の積分形 (2.40) を用いる．

$$\int_{CV} \frac{\partial}{\partial t}(\rho \phi) \, dV + \int_{CV} \mathrm{div}(\rho \phi \mathbf{u}) \, dV = \int_{CV} \mathrm{div}(\Gamma \, \mathrm{grad}\, \phi) \, dV + \int_{CV} S_\phi \, dV \quad (11.1)$$

好都合なことに，セルの体積と関連するセル中心の値の積から，左辺の非定常項と右辺の生成項の体積積分を計算することができる．時間項の積分は，第8章で発展させた陽解法あるいは陰解法を用いて取り扱うことができる．

式 (11.1) には，対流流束（$\rho\phi\mathbf{u}$）と拡散流束（$\Gamma\,\mathrm{grad}\,\phi$）の発散項も含まれている．特別な座標系がない場合，これらの項を慎重に取り扱う必要がある．コントロールボリュームのどんな形状にも適用することができるガウスの定理 (2.41) を再び考える．

$$\int_{\mathrm{CV}} \mathrm{div}\,\mathbf{a}\,\mathrm{d}V = \int_A \mathbf{n}\cdot\mathbf{a}\,\mathrm{d}A \tag{11.2}$$

コントロールボリュームの境界表面 A において面積分を実行しなければならない．$\mathbf{n}\cdot\mathbf{a}$ の物理的な意味は，微小面要素 $\mathrm{d}A$ に垂直な外向きの単位ベクトル $\mathbf{n}$ の方向のベクトル $\mathbf{a}$ の成分である．

図 11.14 に，異なる種類のコントロールボリュームの単純な 2 次元の例をいくつか示す．2 次元コントロールボリュームそれぞれの境界表面あるいは表面は，有限の長さの直線要素で構成される閉輪郭であり，その面積を ΔA で表すことに注意する．3 次元の場合，コントロールボリュームは三角形要素あるいは四角形要素で囲まれる．

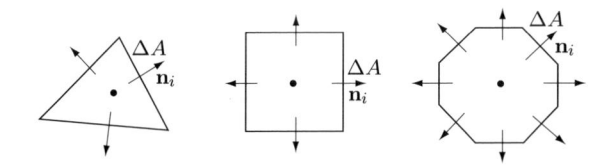

図 11.14 表面要素の数が異なる一般的な 2 次元コントロールボリューム

ガウスの定理を式 (11.1) に適用すると，次式のようになる．

$$\frac{\partial}{\partial t}\left(\int_{\mathrm{CV}} \rho\phi\,\mathrm{d}V\right) + \int_A \mathbf{n}\cdot(\rho\phi\mathbf{u})\,\mathrm{d}A = \int_A \mathbf{n}\cdot(\Gamma\,\mathrm{grad}\,\phi)\,\mathrm{d}A + \int_{\mathrm{CV}} S_\phi\,\mathrm{d}V \tag{11.3}$$

式 (11.3) 中の A はコントロールボリュームの表面の全領域，$\mathrm{d}A$ は微小表面要素を意味する．線分（2次元）あるいは表面要素（3次元）すべてに対して面積分を実行すると，これらを次式のように書くことができる．

$$\frac{\partial}{\partial t}\left(\int_{\mathrm{CV}} \rho\phi\,\mathrm{d}V\right) + \sum_{\mathrm{all\,surfaces}} \int_{\Delta A_i} \mathbf{n}_i\cdot(\rho\phi\mathbf{u})\,\mathrm{d}A$$
$$= \sum_{\mathrm{all\,surfaces}} \int_{\Delta A_i} \mathbf{n}_i\cdot(\Gamma\,\mathrm{grad}\,\phi)\,\mathrm{d}A + \int_{\mathrm{CV}} S_\phi\,\mathrm{d}V \tag{11.4}$$

定常流れに対しては，保存式は次式で与えられる．

$$\int_A \mathbf{n} \cdot (\rho \phi \mathbf{u}) \, dA = \int_A \mathbf{n} \cdot (\Gamma \operatorname{grad} \phi) \, dA + \int_{CV} S_\phi \, dV \tag{11.5}$$

そのため，次式のように書くことができる．

$$\sum_{\text{all surfaces}} \int_{\Delta A_i} \mathbf{n}_i \cdot (\rho \phi \mathbf{u}) \, dA = \sum_{\text{all surfaces}} \int_{\Delta A_i} \mathbf{n}_i \cdot (\Gamma \operatorname{grad} \phi) \, dA + \int_{CV} S_\phi \, dV \tag{11.6}$$

面積分を計算するためには，流束ベクトル $\rho\phi\mathbf{u}$ と $\Gamma \operatorname{grad} \phi$ に加えて，幾何学量 $\mathbf{n}_i$ と ΔA_i が必要である．11.7 節と 11.8 節では，線分あるいは面要素を通過する拡散流束 $\mathbf{n}_i \cdot (\Gamma \operatorname{grad} \phi)$ と対流流束 $\mathbf{n}_i \cdot (\rho\phi\mathbf{u})$ に対する特別な式を導出する．ここで，非構造格子の節点の座標から，単純な三角法およびベクトル代数を用いて，外向きの単位ベクトル $\mathbf{n}_i$ と表面要素の面積 ΔA_i を計算することができることを示す．

図 11.15 に，一般的なセル中心計算格子を示す．また，離散化手順を記述するために用いる記号も図中に示す．

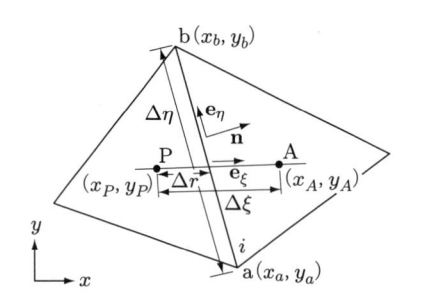

図 11.15 セル中心のコントロールボリューム

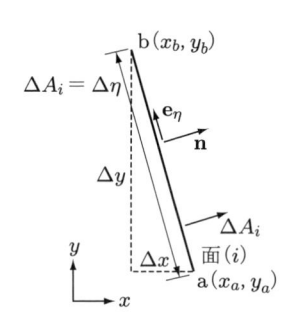

図 11.16 コントロールボリュームの面と単位法線ベクトル

この図で，点 P は離散化を行うコントロールボリューム中心である．点 A は隣接するコントロールボリュームの中心であり，$\mathbf{e}_\xi$ は点 P と点 A を結ぶ線に平行な単位ベクトルである．二つのコントロールボリュームを分ける面を i と定義し，ab は二つのコントロールボリュームが共有する節点 a と点 b を結ぶ線である．点 a と点 b の座標は，それぞれ (x_a, y_a) と (x_b, y_b) である．単位ベクトル $\mathbf{n}$ と $\mathbf{e}_\eta$ は，それぞれ面 i の外向きの単位ベクトルと接線ベクトルである．

ここで，式 (11.4) と式 (11.6) で必要な形状パラメータを次式のように計算する．図 11.16 に示すコントロールボリュームの表面を考えよう．

この面の面積を，次式から求める．

$$\Delta A_i = \sqrt{(\Delta x)^2 + (\Delta y)^2}$$

ただし，$\Delta x = x_b - x_a$ および $\Delta y = y_b - y_a$

表面に対する単位法線ベクトルを次式で定義する．

$$\mathbf{n} = \frac{\Delta y}{\Delta A_i}\mathbf{i} - \frac{\Delta x}{\Delta A_i}\mathbf{j} \tag{11.7}$$

格子の構造がない場合，節点，セル番号，関連する節点および隣接するセル番号間の関係を定義する方法とともに，形状の情報に対するデータ構造を作成する必要がある．

11.8 拡散項の離散化

式 (11.4) と式 (11.6) 中の拡散項を，コントロールボリュームの境界面を構成する表面要素の総和として記述する．

$$\sum_{\text{all surfaces}} \int_{\Delta A_i} \mathbf{n}_i \cdot (\Gamma \operatorname{grad} \phi) \, \mathrm{d}A$$

要素それぞれの面積分を，コントロールボリュームの表面要素 ΔA_i に対する外向きの単位法線ベクトル $\mathbf{n}_i$ と拡散流束ベクトル ($\Gamma \operatorname{grad} \phi$) の内積で近似する．線 PA に沿う**中心差分法（central differencing method）**を用いて，次式のように簡単に近似することができる．

$$\int_{\Delta A_i} \mathbf{n}_i \cdot (\Gamma \operatorname{grad} \phi) \, \mathrm{d}A \cong \mathbf{n}_i \cdot (\Gamma \operatorname{grad} \phi) \Delta A_i \cong \Gamma \left(\frac{\phi_A - \phi_P}{\Delta \xi} \right) \Delta A_i \tag{11.8}$$

式 (11.8) 中の $\Delta \xi$ は，中心点 A と点 P の間の距離である．格子点 P と点 A を結ぶ線と単位法線ベクトル $\mathbf{n}_i$ が同じ方向である場合のみ，中心差分法 (11.8) は正確であることに注意しなければならない．そのため，この近似は格子が完全に直交している場合のみ正確である．図 11.15 に示すように，非構造格子では一般に格子点 P と点 A を結ぶ線と単位法線ベクトル $\mathbf{n}_i$ は平行ではない．これは，計算格子の歪みあるいは非直交性として知られている．そのため，流束の計算の式 (11.8) に，非直交性に起因する寄与を加えることで修正しなければならない．流束を修正するには，さまざまな方法がある（Davidson, 1996, Mathur と Murthy, 1997, Haselbacher, 1999, Kim と Choi, 2000, Ferziger と Peric, 2001 など）が，一般には，**交差拡散（cross-diffusion）**として知られる項を導入し，離散化方程式を構築する際に生成項として取り扱う．

Mathur と Murthy (1997) に従い，格子点 P と点 A を結ぶ線に沿う ξ とコントロールボリュームの面に沿う η（すなわち節点 a と点 b を結ぶ線に沿う）の座標系を導入することで，交差拡散項に対する式を導出する．図 11.17 (a) から，外向きの単位ベクトル $\mathbf{n}_i$ は，接線座標 η に対して垂直であることがわかる．そのため，次式のように，

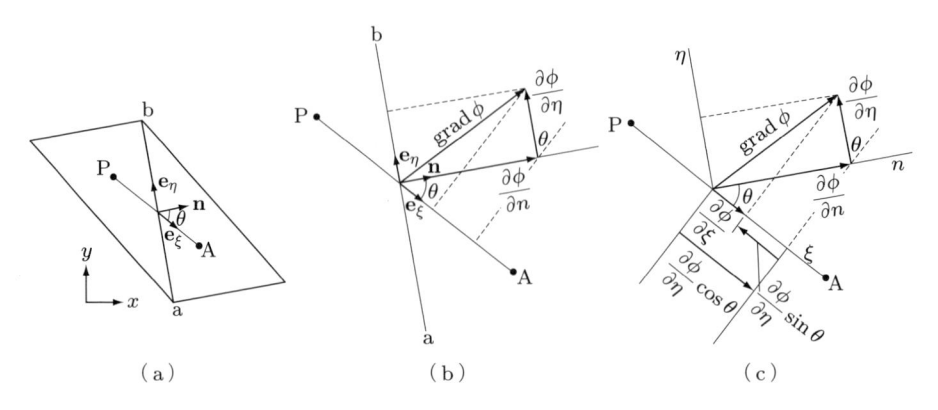

図 11.17 交差拡散項を計算するための定義

x, y あるいは，n, η 座標系を用いて grad ϕ の項を記述することができる．

$$\operatorname{grad}\phi = \frac{\partial \phi}{\partial x}\mathbf{i} + \frac{\partial \phi}{\partial y}\mathbf{j} = \frac{\partial \phi}{\partial n}\mathbf{n} + \frac{\partial \phi}{\partial \eta}\mathbf{e}_\eta \tag{11.9}$$

ここで，$\mathbf{n}$ および $\mathbf{e}_\eta$ は法線および接線方向の単位ベクトルである．

余談であるが，次式のようにコントロールボリュームの格子点と節点の x, y 座標から，法線単位ベクトル $\mathbf{n}$ と ξ, η 方向それぞれに対するほかのベクトル二つ $\mathbf{e}_\xi$ と $\mathbf{e}_\eta$ を計算することができる（図 11.16，図 11.17 (a) 参照）．

$$\mathbf{n} = \frac{\Delta y}{\Delta A_i}\mathbf{i} - \frac{\Delta x}{\Delta A_i}\mathbf{j} = \frac{y_b - y_a}{\Delta \eta}\mathbf{i} - \frac{x_b - x_a}{\Delta \eta}\mathbf{j} \tag{11.10}$$

$$\mathbf{e}_\xi = \frac{x_A - x_P}{\Delta \xi}\mathbf{i} + \frac{y_A - y_P}{\Delta \xi}\mathbf{j} \tag{11.11}$$

$$\mathbf{e}_\eta = \frac{x_b - x_a}{\Delta \eta}\mathbf{i} + \frac{y_b - y_a}{\Delta \eta}\mathbf{j} \tag{11.12}$$

交差拡散項の式を導出する前に，式 (11.8) の右辺の中心差分法ではいうまでもなく $\partial \phi / \partial \xi$ を近似しているだけであるのに対し，実際には，左辺では $\mathbf{n} \cdot \operatorname{grad}\phi = \partial \phi / \partial n$ を必要とすることに注意する．計算格子が直交する場合，$\partial \phi / \partial \xi = \partial \phi / \partial n$ となり，中心差分による近似は正確である．しかし，計算格子が直交しない場合，$\partial \phi / \partial \xi$ は $\partial \phi / \partial n$ とはかなり異なる．

図 11.17 (b), (c) から，$\partial \phi / \partial \xi$ はベクトル grad ϕ を ξ 方向に投影した長さに対応していることがわかる．式 (11.9) を用いると，図 11.17 (b) に示すように，grad ϕ を二つの成分，$(\partial \phi / \partial n)\mathbf{n}$ と $(\partial \phi / \partial \eta)\mathbf{e}_\eta$ の合成ベクトルで表すこともできる．法線流束 $\mathbf{n} \cdot \operatorname{grad}\phi = \partial \phi / \partial n$ の推算を改善するために，ξ 方向の grad ϕ の投影，すなわち $\partial \phi / \partial \xi$ と grad ϕ の二つの成分，$(\partial \phi / \partial n)\mathbf{n} \cdot \mathbf{e}_\xi$ および $(\partial \phi / \partial \eta)\mathbf{e}_\eta \cdot \mathbf{e}_\xi$ の方向の投影の関係を

11.8 拡散項の離散化

調べる．図 11.17 において，二つのベクトルの投影を計算する方法を説明する．$\mathbf{n}$ と ξ 方向のなす角度を θ とした場合，

$$\frac{\partial \phi}{\partial n} \mathbf{n} \cdot \mathbf{e}_\xi = \frac{\partial \phi}{\partial n} \cos\theta \tag{11.13}$$

$$\frac{\partial \phi}{\partial \eta} \mathbf{e}_\eta \cdot \mathbf{e}_\xi = -\frac{\partial \phi}{\partial \eta} \sin\theta \tag{11.14}$$

となる．ξ 方向の $\mathrm{grad}\,\phi$ 成分の大きさは $\partial\phi/\partial\xi$ であり，投影の式 (11.13) と式 (11.14) の和とも等しい．そのため，次式のように表すことができる．

$$\frac{\partial \phi}{\partial \xi} = \frac{\partial \phi}{\partial n} \cos\theta - \frac{\partial \phi}{\partial \eta} \sin\theta \tag{11.15}$$

$\mathbf{n} \cdot \mathrm{grad}\,\phi = \partial\phi/\partial n$ であることを再考し，式 (11.8) で必要な拡散流束の接線成分である次式を求めるために式 (11.15) を変形する．

$$\mathbf{n} \cdot \mathrm{grad}\,\phi = \frac{\partial \phi}{\partial n} = \frac{\partial \phi}{\partial \xi}\frac{1}{\cos\theta} + \frac{\partial \phi}{\partial \eta}\tan\theta \tag{11.16}$$

式 (11.16) の右辺の輸送される変数 ϕ の勾配二つは両方とも，中心差分法を用いて近似することができる．

$$\frac{\partial \phi}{\partial \xi} = \frac{\phi_A - \phi_P}{\Delta \xi} \tag{11.17}$$

$$\frac{\partial \phi}{\partial \eta} = \frac{\phi_b - \phi_a}{\Delta \eta} \tag{11.18}$$

ただし，$\Delta\xi = d_{PA}$ は格子点 A と格子点 P の間の距離

$\Delta\eta = d_{ab}$ は節点 a と節点 b の間の距離（$= \Delta A_i$）

文献では，$\partial\phi/\partial\xi$ と $\partial\phi/\partial\eta$ はそれぞれ直接勾配（direct gradient）と交差拡散（cross-diffusion）とよばれる．中心差分法の近似式 (11.17)，(11.18) を式 (11.16) に代入すると，次式が得られる．

$$\mathbf{n} \cdot \mathrm{grad}\,\phi\, \Delta A_i = \frac{\Delta A_i}{\cos\theta}\frac{\phi_A - \phi_P}{\Delta\xi} + \Delta A_i \tan\theta \frac{\phi_b - \phi_a}{\Delta\eta} \tag{11.19}$$

図 11.17 から，次の関係が簡単にわかる．

$$\frac{1}{\cos\theta} = \frac{1}{\mathbf{n} \cdot \mathbf{e}_\xi} = \frac{\mathbf{n} \cdot \mathbf{n}}{\mathbf{n} \cdot \mathbf{e}_\xi} \tag{11.20}$$

$$\tan\theta = \frac{\sin\theta}{\cos\theta} = -\frac{\mathbf{e}_\xi \cdot \mathbf{e}_\eta}{\mathbf{n} \cdot \mathbf{e}_\xi} \tag{11.21}$$

そのため，式 (11.9) を次式のようにベクトル表記で書くことができる．

$$\mathbf{n} \cdot \operatorname{grad} \phi \, \Delta A_i = \underbrace{\frac{\mathbf{n} \cdot \mathbf{n} \, \Delta A_i}{\mathbf{n} \cdot \mathbf{e}_\xi} \frac{\phi_A - \phi_P}{\Delta \xi}}_{\text{直接勾配項}} - \underbrace{\frac{\mathbf{e}_\xi \cdot \mathbf{e}_\eta \, \Delta A_i}{\mathbf{n} \cdot \mathbf{e}_\xi} \frac{\phi_b - \phi_a}{\Delta \eta}}_{\text{交差拡散項}} \tag{11.22}$$

係数 $(\mathbf{n} \cdot \mathbf{n} \, \Delta A_i)/(\mathbf{n} \cdot \mathbf{e}_\xi)$ と $(\mathbf{e}_\xi \cdot \mathbf{e}_\eta \, \Delta A_i)/(\mathbf{n} \cdot \mathbf{e}_\xi)$ は，格子の形状から計算することができる．式 (11.22) を求めるためのほかの導出を，付録 F に示す．

通常の場合，離散化方程式中では交差拡散項を生成項として取り扱う．そのため，交差拡散項を分離し，式 (11.22) を次式のように記述する．

$$\mathbf{n} \cdot \operatorname{grad} \phi \, \Delta A_i = \frac{\mathbf{n} \cdot \mathbf{n} \, \Delta A_i}{\mathbf{n} \cdot \mathbf{e}_\xi} \frac{\phi_A - \phi_P}{\Delta \xi} + S_{D\text{-cross}} \tag{11.23}$$

交差拡散項を計算するためには，線 ab に沿う ϕ の勾配が必要である．この計算に用いる方法はたくさんある．その一つに，ϕ_a と ϕ_b を計算するために格子点の ϕ の値を補間し，勾配を計算するためにこれらを用いる方法がある．隣接点で単純に平均化すると，次式が得られる．

$$\phi_a = \frac{\phi_P + \phi_A + \phi_B + \cdots}{N} \tag{11.24}$$

ここで，N は節点 a の周囲の節点の数である．この代わりに，精度は高いが計算負荷も高い距離の重みをつけた平均化を行ってもよい．

節点における勾配を求めるために次節で述べる勾配の再構築法を用い，その後，面の中心における勾配を求めるために，線形補間を用いることもできる．

計算格子が直交する場合，単位ベクトル $\mathbf{e}_\xi$ と単位法線ベクトル $\mathbf{n}$ は同じである．さらに，単位ベクトル $\mathbf{e}_\xi$ と $\mathbf{e}_\eta$ は直交するため，これらの内積はゼロとなる．そのため，式 (11.22) 中の交差拡散項はゼロになる．ここで，式 (11.8) から流束を求める．

まとめると，非構造格子に対して，それぞれの計算格子を通過する**拡散流束**を次式から計算することができる．

$$\boxed{\mathbf{n} \cdot \Gamma \operatorname{grad} \phi \, \Delta A_i = D_i (\phi_A - \phi_P) + S_{D\text{-cross},i}} \tag{11.25}$$

ただし，

$$\boxed{D_i = \frac{\Gamma}{\Delta \xi} \frac{\mathbf{n} \cdot \mathbf{n}}{\mathbf{n} \cdot \mathbf{e}_\xi} \Delta A_i}$$

$$\boxed{S_{D\text{-cross},i} = -\Gamma \frac{\mathbf{e}_\xi \cdot \mathbf{e}_\eta \, \Delta A_i}{\mathbf{n} \cdot \mathbf{e}_\xi} \frac{\phi_b - \phi_a}{\Delta \eta}}$$

である．拡散流束のパラメータ D_i は質量流量の次元（kg/s）をもつことに注意せよ．D_i には表面要素の面積 ΔA_i が含まれるため，第 4 章〜第 6 章で用いた拡散コンダク

タンス D(単位は $kg/m^2 \cdot s$)とは異なる.

図 11.18 から,$\mathbf{n} \cdot \mathrm{grad}\,\phi\,\Delta A_i$ の中心の値を用いて中心差分法を導出すると,コントロールボリュームの表面要素の積分に含まれる中心差分法には 2 次精度しかないため,さらに誤差を生じる項があることがわかる.これは計算格子が直交せず,線 PA と ab が ab の中心 m で交わらないからではない.この誤差は,計算格子の歪みやアスペクト比の増加に伴い増加するため,非構造格子では,計算格子の歪みやアスペクト比を制御するためにあらゆる努力をする必要がある.

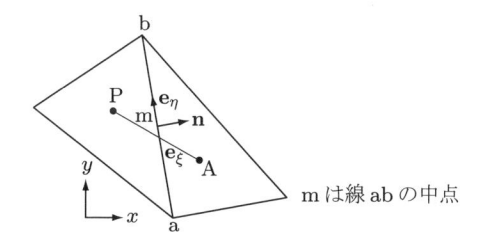

図 11.18 線 ab の中点と,線 PA と線 ab の交点が一致しない歪んだ格子形状

11.9 対流項の離散化

式 (11.4) と式 (11.6) の対流項は,次のように書くことができる.

$$\sum_{\text{all surfaces}} \int_{\Delta A_i} \mathbf{n}_i \cdot (\rho \phi \mathbf{u})\, dA \tag{11.26}$$

コントロールボリュームの表面要素 ΔA_i においてすべて積分し,和をとるように面積分を計算する.外向きの単位法線ベクトル $\mathbf{n}_i$ とコントロールボリュームの表面要素の面積 ΔA_i を乗じた対流流束ベクトル ($\rho\phi\mathbf{u}$) の内積で,これらの積分をそれぞれ近似する.表面要素に垂直な質量流量と等しい対流流束パラメータ F_i を,次式で定義する.

$$F_i = \int_{\Delta A_i} \mathbf{n}_i \cdot (\rho \mathbf{u})\, dA \cong \mathbf{n}_i \cdot (\rho \mathbf{u})\, \Delta A_i \tag{11.27}$$

やはり,対流流束パラメータ F_i の単位は第 5 章と第 6 章で用いた単位面積あたりの対流質量流束 F(単位 $kg/m^2 \cdot s$)とは異なり,質量流量の単位(kg/s)であることに注意せよ.

式 (11.27) の最後の式には,代表速度一つによる被積分関数の近似が含まれている.値一つを用いて F_i を 2 次精度で計算するには,界面 i の中心の速度ベクトル $\mathbf{u}$ を必要とする中点公式を用いて積分する.スタッガード格子では,界面の速度を運動量保

存式から求め，界面の中心に保存する．一方，コロケート格子では，界面を通過する質量流束を計算するために，補間した界面の速度成分を用いる必要がある．また，コロケート格子に対する"チェッカーボード"圧力の問題を解決するために，特別な補間方法を採用する．これらを 11.14 節で詳細に説明する．

"どうにかして"界面の速度の適切な補間値を求めたと仮定すると，内積によってコントロールボリュームの界面を通過して輸送される変数 ϕ の質量流束を $F_i \phi_i$ として記述することができる．

$$\sum_{\text{all surfaces}} \int_{\Delta A_i} \mathbf{n}_i \cdot (\rho \phi \mathbf{u}) \, dA = \sum_{\text{all surfaces}} F_i \phi_i \tag{11.28}$$

ここで，ϕ_i は表面要素 i の中心における ϕ の値である．

これまでどおり，第 5 章で定式化した保存性，有界性および輸送性の必要条件を満足する輸送される変数 ϕ_i の界面の中心の値を求める方法を導出する必要もある．一般化した流れの変数 ϕ を変更することなく，速度成分 u, v, w にも適用できるように取り扱わなくてはならないことにも注意しなければならない．

▶ 非構造格子の風上差分法

対流流束を計算するために，5.6 節で取り入れた**風上（upwind）差分法**を用いることができる．対流流束は $F_i \phi_i$ である．

$$F_i > 0 \text{ の場合}, \quad \phi_i = \phi_P$$
$$F_i < 0 \text{ の場合}, \quad \phi_i = \phi_A$$

流れベクトル $\mathbf{u}$ が PA の方向と同じ場合，これは正確である（図 11.15 参照）．一般的な状況では，速度ベクトルは PA の方向と同じ場合もあるし，違う場合もある．流れの方向が離散化の方向（すなわち PA）とは異なる場合，風上差分法では**偽拡散（false diffusion）**が生じることをこれまで説明した．そのため，対流項流束を計算するために，高次精度スキームあるいは TVD スキームを用いることを考えなければならない．

▶ 非構造格子の高次精度差分法

式 (5.65) で与えられる，1 次元直交格子における**線形風上差分（linear upwind differencing）**法を再び考える．

$$\phi_e = \phi_P + \left(\frac{\phi_P - \phi_W}{\Delta x} \right) \frac{1}{2} \Delta x$$

ここで，$(\phi_P - \phi_W)/\Delta x$ は点 P における勾配，$\Delta x/2$ は点 P から界面 e までの距離で

ある．このスキームでは，界面の値 $\phi_i = \phi_e$ を計算するために点 P における勾配の風上側の値を推算する．中心点 P に関する ϕ のテイラー級数展開を用いることで，これを非構造格子に拡張することができる．

$$\phi(x,y) = \phi_P + (\nabla\phi)_P \cdot \Delta\mathbf{r} + O(|\Delta\mathbf{r}|^2) \tag{11.29}$$

ここで，$(\nabla\phi)_P$ は点 P における ϕ の勾配である．

$\Delta\mathbf{r}$ を点 P から界面までの距離とすると（図 11.15 参照），輸送される変数 ϕ の界面の値を，次式のように書くことができる．

$$\phi_i = \phi_P + (\nabla\phi)_P \cdot \Delta\mathbf{r} \tag{11.30}$$

式 (11.29) は無視した項の大きさが格子点 P と界面 i の間の距離の二乗に比例するため，二次精度の近似である．

非構造格子で ϕ_i を計算するために式 (11.30) を用いるには，点 P での $\nabla\phi$ を計算する必要がある．文献では，この値を計算するための方法がいくつかあげられている．そのなかで有名な方法の一つに，点 P における**勾配再構築のための最小二乗法** (**least-square gradient reconstruction**) を用いる方法がある．

図 11.19 をみると，中心を取り囲む格子点それぞれでの輸送される変数 ϕ の値を，次式のように書くことができる．

$$\phi_i = \phi_0 + \left(\frac{\partial\phi}{\partial x}\right)\bigg|_0 (x_i - x_0) + \left(\frac{\partial\phi}{\partial y}\right)\bigg|_0 (y_i - y_0) \tag{11.31}$$

ほかの形で書くと，次式のようになる．

$$\phi_i = \phi_0 + \left(\frac{\partial\phi}{\partial x}\right)\bigg|_0 \Delta x_i + \left(\frac{\partial\phi}{\partial y}\right)\bigg|_0 \Delta y_i \tag{11.32}$$

また，(0) を取り囲む格子点それぞれに対しては，次式のように書ける．

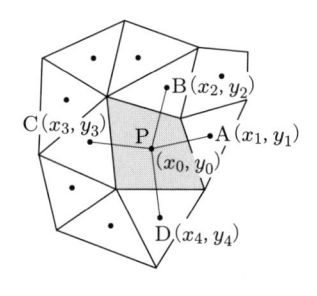

図 11.19 コントロールボリュームと隣接点

$$\phi_1 - \phi_0 = \left(\frac{\partial \phi}{\partial x}\right)\bigg|_0 \Delta x_1 + \left(\frac{\partial \phi}{\partial y}\right)\bigg|_0 \Delta y_1 \qquad (11.33\text{a})$$

$$\phi_2 - \phi_0 = \left(\frac{\partial \phi}{\partial x}\right)\bigg|_0 \Delta x_2 + \left(\frac{\partial \phi}{\partial y}\right)\bigg|_0 \Delta y_2 \qquad (11.33\text{b})$$

$$\phi_3 - \phi_0 = \left(\frac{\partial \phi}{\partial x}\right)\bigg|_0 \Delta x_3 + \left(\frac{\partial \phi}{\partial y}\right)\bigg|_0 \Delta y_3 \qquad (11.33\text{c})$$

$$\vdots$$

$$\phi_N - \phi_0 = \left(\frac{\partial \phi}{\partial x}\right)\bigg|_0 \Delta x_N + \left(\frac{\partial \phi}{\partial y}\right)\bigg|_0 \Delta y_N \qquad (11.33n)$$

この連立方程式を，次式のように行列表記にまとめることができる．

$$\begin{bmatrix} \Delta x_1 & \Delta y_1 \\ \Delta x_2 & \Delta y_2 \\ \Delta x_3 & \Delta y_3 \\ \vdots & \vdots \\ \Delta x_N & \Delta y_N \end{bmatrix} \begin{bmatrix} \left(\frac{\partial \phi}{\partial x}\right)\big|_0 \\ \left(\frac{\partial \phi}{\partial y}\right)\big|_0 \end{bmatrix} = \begin{bmatrix} \phi_1 - \phi_0 \\ \phi_2 - \phi_0 \\ \phi_3 - \phi_0 \\ \vdots \\ \phi_N - \phi_0 \end{bmatrix} \qquad (11.34)$$

これは $\mathbf{AX} = \mathbf{B}$ の形をした線形システムであることがわかり，最小二乗法を用いることで $\mathbf{X} = [(\partial \phi/\partial x)|_0 \ (\partial \phi/\partial y)|_0]^T$ を求めることができる．この式の両辺に転置行列 $\mathbf{A}^T$ を乗じると，次式を得る．

$$\mathbf{A}^T \mathbf{A} \mathbf{X} = \mathbf{A}^T \mathbf{B} \qquad (11.35)$$

その結果，$\mathbf{A}^T \mathbf{A}$ は 2×2 の行列になり，$\mathbf{X}$ を求めるために簡単に逆行列を求めることができる．行列 $\mathbf{A}$ は幾何学的な形状にしか依存しないため，格子点それぞれに対して一度だけこの計算を行えばよい．必要な勾配のベクトルを次式から求める．

$$\mathbf{X} = (\mathbf{A}^T \mathbf{A})^{-1} \mathbf{A}^T \mathbf{B} \qquad (11.36)$$

Anderson と Bonhaus (1994) は，計算格子が大きく歪んだ場合，この手順は精度がかなり低下すると批評している．このような場合，彼らは QR 分解法を推奨している．QR 法の詳細は Golub と Van Loan (1989) で，勾配の再構築に関する詳細は Haselbacher と Blazek (2000) で見つけることができる．

▶ 非構造格子における TVD スキーム

対流流束を計算するための TVD スキームの概念を第 5 章で紹介した．説明したとおり，離散化スキームの一般形である TVD の枠組みに，QUICK のような高次精度スキームを適用することができる．Darwish と Moukalled (2003) は，非構造格子で

のTVDスキームの利用について詳細に考察している．ここで，彼らが発展させてきたことをまとめる．

直交格子に対しては，流れの方向が正である場合，TVDスキームを用いて，ϕ の界面の値を次式のように書くことができることを 5.10 節で示した．

$$\phi_i = \phi_P + \frac{\psi(r)}{2}(\phi_E - \phi_P) \tag{11.37}$$

ただし，r は次式で求まる下流側の勾配に対する上流側の勾配の比である．

$$r = \frac{\phi_P - \phi_W}{\phi_E - \phi_P} \tag{11.38}$$

ここで，E は下流の格子点，W は上流の格子点である．非構造格子の界面に関しては，点 A は E に対応する．

しかし，非構造格子では，W に対応する上流の格子点の値（流れを点 P から A に沿って正と仮定）を用いることはできないため，同じように r の値を記述することはできない．一般的な方法を用いることができるようにするには，図 11.20 に示すように上流に "仮想（dummy）" 格子点 B を構築する必要がある．このような方法の詳細を，Whitaker ら (1989) と Cabello ら (1994) で見つけることができる．隣接点を平均化することで，仮想格子点 B での値 ϕ_B を計算することができる．そのため，ϕ_B を用いることができる場合は，

$$r = \frac{\phi_P - \phi_B}{\phi_A - \phi_P} \tag{11.39}$$

ϕ_B を用いることができない場合は，Darwish と Moukalled (2003) は次式を推奨している．

$$r = \frac{2\nabla\phi_P \cdot \mathbf{r}_{PA}}{\phi_A - \phi_P} - 1 \tag{11.40}$$

ここで，$\mathbf{r}_{PA}$ は格子点 P と格子点 A の間の距離ベクトルである．流れは点 P から点 A

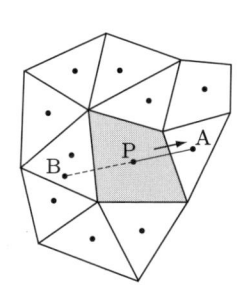

図 11.20 高次スキームのための上流の仮想格子点の再構築

でも，点 A から点 P でもよい．この式を一般化するために，上流に対して U，下流に対して D の記号を適用する．

$$r = \frac{2\nabla\phi_P \cdot \mathbf{r}_{PA}}{\phi_D - \phi_U} - 1 \tag{11.41}$$

対流流束に対する **TVD** の式も，次式のように記述することができる．

$$\phi_i = \phi_U + \frac{\psi(r)}{2}(\phi_D - \phi_U) \tag{11.42}$$

ここで，U は上流の格子点を，D は下流の格子点を意味する．計算格子の中心を結ぶ線に平行な流れのベクトルに依存して上流と下流の点を適切に選び，点 P と点 A に割り当てなければならない（図 11.21 参照）．興味のある読者には，詳細について Darwish と Moukalled (2003) を参照していただきたい．

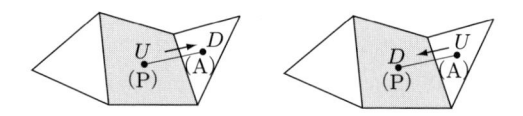

図 11.21 流れの方向による上流と下流の選択

11.10 生成項の取扱い

最後に，式 (11.4) の生成項を直交格子と同じ方法で取り扱う．

$$\int_{\text{CV}} S \, \mathrm{d}V = \overline{S} \Delta V \tag{11.43}$$

ただし，ΔV はコントロールボリュームの体積

$\overline{S}$ はコントロールボリュームにおける S の平均値

中点定理を用いて式 (11.43) を積分すると，二次精度の近似を得る．ここでは，平均化した $\overline{S}$ をコントロールボリュームの中心で計算する生成項 S の値で置き換える．これまでどおり，$\overline{S}\Delta V = S_u - S_P \phi_P$ を用いて離散化方程式に生成項を取り入れる．2 次元では，体積は 2 次元平面に垂直な方向の単位長さを乗じた計算格子の面積である．3 次元では，ΔV はコントロールボリュームの体積であり，幾何学的な関係とベクトル代数を用いて計算することができる．たとえば，Kordula と Vinokur (1983) は，効率的な方法で体積を計算する方法を示している．

11.11 離散化方程式のまとめ

ある界面を通過する拡散流束は，次式で表すことができる．

$$D_i(\phi_A - \phi_P) + S_{D\text{-cross},i} \tag{11.44}$$

対流流束に対してTVDスキームを用い，第5章で説明した遅延される補正としてTVDの寄与を取り扱うと，ある界面を通過する対流流束は，

$$F_i\left[\phi_U + \frac{\psi(r)(\phi_D - \phi_U)}{2}\right] \tag{11.45}$$

と書け，また，体積に対する生成項は，次式のように書ける．

$$S_u - S_P\phi_P \tag{11.46}$$

これらを，式 (11.4) の定常状態

$$\int_A \mathbf{n}\cdot(\rho\phi\mathbf{u})\,\mathrm{d}A = \int_A \mathbf{n}\cdot(\Gamma\,\mathrm{grad}\,\phi)\,\mathrm{d}A + \int_{\mathrm{CV}} S_\phi\,\mathrm{d}V \tag{11.47}$$

に代入すると，次式を得る．

$$\sum_{\text{all surfaces}} F_i\left[\phi_U + \frac{\psi(r)(\phi_D - \phi_U)}{2}\right]$$
$$= \sum_{\text{all surfaces}} [D_i(\phi_A - \phi_P) + S_{D\text{-cross},i}] + (S_u - S_P\phi_P) \tag{11.48}$$

この式で，点 A は点 P を取り囲むコントロールボリュームそれぞれの中心を意味する．対流項に対して，界面を通過する流れの方向に依存して U と D を点 P と点 A に適切に割り当てなければならない．単位法線ベクトルと速度ベクトルの定義とともにベクトル代数を用いることで，流れの方向を考慮する．自動的に F_i の大きさと符号が正確に得られる．この式を次式のように書き換えることができる．

$$a_P\phi_P = \sum a_{nb}\phi_{nb} + S_u + S_u^{\mathrm{DC}} + \sum S_{D\text{-cross},i} \tag{11.49}$$
$$\text{ただし，}\quad a_P = \sum a_{nb} - S_P + \sum F_i$$

ここで，S_u^{DC} は TVD あるいは高次精度スキームの遅延される補正から生じる生成項である（5.10節参照）．$\sum S_{D\text{-cross}}$ は交差拡散による生成項であり，$\sum F_i$ は界面すべてにおける質量の不つり合いである．非構造格子では，コントロールボリュームの形状に依存し，輸送される変数 ϕ の格子点は任意番号の隣接点と結び付くため，離散化の過程から生じる連立方程式は，もはや帯行列ではないことに注意しなければならない．そのため，第7章で述べたマルチグリッド法や共役勾配法のような連立方程式の解法が必要になる．

▶ 非構造格子の直交座標への適用

式 (11.48) により, 5.6 節で説明した直交格子の離散化方程式を同じように求めることができることを示すために, 風上差分法を用いて図 11.22 に示す生成項のない 1 次元対流 – 拡散問題を解く. 式 (11.48) で用いる重要なパラメータは, コントロールボリュームの幅 $= \Delta x$, 格子点間の距離 $\Delta \xi = \Delta x$ である. 等間隔コントロールボリュームでは, 格子点間の距離は同じである. すなわち, $\Delta x_{PE} = \Delta x_{WP} = \Delta x$ である. 東側の界面の外向きの単位ベクトルは,

$$\mathbf{n}_e = 1\mathbf{i} + 0\mathbf{j}$$

線 PE に対するベクトル $\mathbf{e}_\xi$ は,

$$\mathbf{e}_{PE} = 1\mathbf{i} + 0\mathbf{j}$$

東側の界面の面積は,

$$\Delta A_e = 1.0$$

西側の界面の外向きの単位法線ベクトルは,

$$\mathbf{n}_w = -1\mathbf{i} + 0\mathbf{j}$$

線 PW に対するベクトル $\mathbf{e}_\xi$ は,

$$\mathbf{e}_{PW} = -1\mathbf{i} + 0\mathbf{j}$$

西側の界面の面積は,

$$\Delta A_w = 1.0$$

そして, 対流の速度ベクトルは,

$$\mathbf{u} = u\mathbf{i} + 0\mathbf{j}$$

で与えられる. ほかの流体の物性に対しても, 前章までと同じ記号を用いる. すなわち, 拡散係数を Γ で, 密度を ρ で表す.

コントロールボリュームの界面は格子点を結んだ線と垂直であるため, この直交格

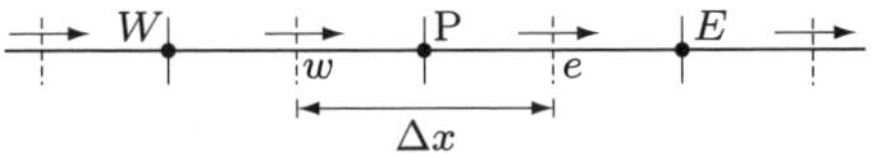

図 **11.22** 1 次元流体流れの問題

子では交差拡散は生じない．そのため，$S_{D\text{-cross}}=0$ であり，生成項はない．よって，拡散流束を式 (11.22) から求める．

$$\mathbf{n}\cdot\Gamma\,\mathrm{grad}\,\phi\,\Delta A_i = D_i(\phi_A - \phi_P)$$

$$\text{ただし，}\quad D_i = \frac{\Gamma}{\Delta x}\frac{\mathbf{n}\cdot\mathbf{n}}{\mathbf{n}\cdot\mathbf{e}_\xi}\Delta A_i$$

式 (11.24) から，西側と東側の界面に対する拡散流束パラメータ D_i を求める．

$$D_e = \frac{\Gamma}{\Delta x}\frac{(1\mathbf{i}+0\mathbf{j})\cdot(1\mathbf{i}+0\mathbf{j})}{(1\mathbf{i}+0\mathbf{j})\cdot(1\mathbf{i}+0\mathbf{j})}\,1.0 = \frac{\Gamma}{\Delta x} = D$$

$$D_w = \frac{\Gamma}{\Delta x}\frac{(-1\mathbf{i}+1\mathbf{j})\cdot(-1\mathbf{i}+1\mathbf{j})}{(-1\mathbf{i}+1\mathbf{j})\cdot(-1\mathbf{i}+1\mathbf{j})}\,1.0 = \frac{\Gamma}{\Delta x} = D$$

東側の界面を通過する質量流量は，

$$F_e = \rho(1\mathbf{i}+0\mathbf{j})\cdot(u\mathbf{i}+0\mathbf{j})\,1.0 = \rho u = F$$

そして，西側の界面を通過する質量流量は，

$$F_w = \rho(-1\mathbf{i}+0\mathbf{j})\cdot(u\mathbf{i}+0\mathbf{j})\,1.0 = -\rho u = -F$$

となる．以下では，風上差分法を用いる．すなわち，式 (11.48) 中で，$\psi(r)=0$ とする．

$$\sum_{\text{all surfaces}} F_i\left[\phi_U + \frac{\psi(r)(\phi_U-\phi_D)}{2}\right] = \sum_{\text{all surfaces}} D_i(\phi_A-\phi_P) + (S_u + S_P\phi_P) \tag{11.50}$$

ここで，計算したパラメータを式 (11.48) に適用すると次式を得る．

$$[F_e(\phi_P+0) + F_w(\phi_W+0)]$$
$$= [D_e(\phi_E-\phi_P)] + [D_w(\phi_W-\phi_P)] + (S_u+S_P\phi_P) \tag{11.51}$$

$$F_e\phi_P + F_w\phi_W = D_e\phi_E - D_e\phi_P + D_w\phi_W - D_w\phi_P + (S_u+S_P\phi_P) \tag{11.52}$$

式 (11.52) を次式のように書き換えることができる．

$$a_P\phi_P = a_W\phi_W + a_E\phi_E + S_u \tag{11.53}$$

$$\text{ただし，}\quad a_W = D_w - F_w \quad a_E = D_e \quad a_P = a_W + a_E - S_P + (F_e + F_w)$$

一見すると，この式の係数は式 (5.30) の係数と少し違うようにみえるかもしれない．しかし，$F_w=-F$, $F_e=F$ であるため，離散化方程式 (5.31) と同じである．したがって，

$$a_W = D + F \quad a_E = D \quad a_P = a_W + a_W - S_P + (F - F)$$

となる．非構造格子の計算では，F_w には大きさと符号が含まれていることに注意することが重要である．実際，この例題ではこれは負 ($-F$) であるため，式 (11.52) は F_w を大きさ，すなわち符号のない量として取り扱う第 5 章の式 (5.29) と同じである．この式の導出ではベクトル代数を用いているため，F_w の正確な大きさと符号を同じように求めることができる．

2 次元直交格子の式も同じように求めることができる．図 11.23 に示す 2 次元問題を考えよう．

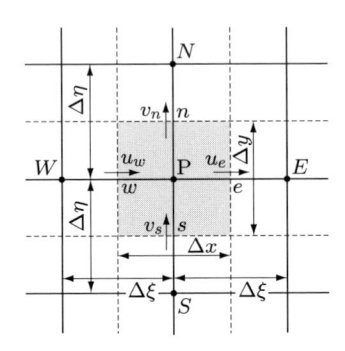

図 11.23 2 次元直交格子

式 (11.48) で用いる重要なパラメータは，次のとおりである．

x 方向のコントロールボリュームの幅：線 PE と WP に対して　$\Delta \xi = \Delta x$

y 方向のコントロールボリュームの幅：線 PN と SP に対して　$\Delta \eta = \Delta y$

等間隔コントロールボリュームの場合，格子点間の距離は同じである．すなわち，x 方向に対して $\Delta x_{PE} = \Delta x_{WP} = \Delta x$，$y$ 方向に対して $\Delta y_{PN} = \Delta y_{SP} = \Delta y$ である．関連する単位ベクトルと計算格子両面の面積を，表 11.1 にまとめる．

対流の速度ベクトルはすべての界面で同じである．すなわち，$\mathbf{u} = u\mathbf{i} + v\mathbf{j}$ であり，ここで，u と v はいずれもあらゆる場所で正である．

ほかの記号もいままでと同様であり，拡散係数を Γ，密度を ρ で表す．コントロー

表 11.1

セル界面	セル界面に垂直な外向きの単位ベクトル	P と格子点の間の線に対するベクトル $\mathbf{e}_\xi$	セル界面の面積
東 (e)	$\mathbf{n}_e = 1\mathbf{i} + 0\mathbf{j}$	線 PE: $\mathbf{e}_{PE} = 1\mathbf{i} + 0\mathbf{j}$	$\Delta A_e = \Delta y$
西 (w)	$\mathbf{n}_w = -1\mathbf{i} + 0\mathbf{j}$	線 PW: $\mathbf{e}_{PW} = -1\mathbf{i} + 0\mathbf{j}$	$\Delta A_w = \Delta y$
北 (n)	$\mathbf{n}_n = 0\mathbf{i} + 1\mathbf{j}$	線 PN: $\mathbf{e}_{PN} = 0\mathbf{i} + 1\mathbf{j}$	$\Delta A_n = \Delta x$
南 (s)	$\mathbf{n}_s = 0\mathbf{i} - 1\mathbf{j}$	線 PS: $\mathbf{e}_{PS} = 0\mathbf{i} - 1\mathbf{j}$	$\Delta A_s = \Delta x$

11.11 離散化方程式のまとめ

ルボリュームの東側,西側,北側,南側の界面は,これらの面をまたぐ格子点を結ぶ線と垂直であるため,やはりこの直交格子での交差拡散項はゼロである.式 (11.24) の東側,西側,北側,南側の界面に対する拡散流束のパラメータの値を,表 11.2 に示す.

表 11.3 に,$F_i = \mathbf{n} \cdot (\rho \mathbf{u}) \Delta A_i$ を用いて計算した東側の界面を通過する質量流量を示す.

表 11.2 それぞれの面に対する拡散流束パラメータ D_i

東側の面	西側の面
$D_e = \dfrac{\Gamma}{\Delta x} \dfrac{(1\mathbf{i}+0\mathbf{j}) \cdot (1\mathbf{i}+0\mathbf{j})}{(1\mathbf{i}+0\mathbf{j}) \cdot (1\mathbf{i}+0\mathbf{j})} \Delta y \cdot 1.0$	$D_w = \dfrac{\Gamma}{\Delta x} \dfrac{(-1\mathbf{i}+0\mathbf{j}) \cdot (-1\mathbf{i}+0\mathbf{j})}{(-1\mathbf{i}+0\mathbf{j}) \cdot (-1\mathbf{i}+0\mathbf{j})} \Delta y$
$= \dfrac{\Gamma}{\Delta x} \Delta y$	$= \dfrac{\Gamma}{\Delta x} \Delta y$
北側の面	南側の面
$D_n = \dfrac{\Gamma}{\Delta y} \dfrac{(0\mathbf{i}+1\mathbf{j}) \cdot (0\mathbf{i}+1\mathbf{j})}{(0\mathbf{i}+1\mathbf{j}) \cdot (0\mathbf{i}+1\mathbf{j})} \Delta x$	$D_s = \dfrac{\Gamma}{\Delta y} \dfrac{(0\mathbf{i}-1\mathbf{j}) \cdot (0\mathbf{i}-1\mathbf{j})}{(0\mathbf{i}-1\mathbf{j}) \cdot (0\mathbf{i}-1\mathbf{j})} \Delta x$
$= \dfrac{\Gamma}{\Delta y} \Delta x$	$= \dfrac{\Gamma}{\Delta y} \Delta x$

表 11.3 それぞれの面を通過する質量流量

東側の面	西側の面
$F_e = \rho(1\mathbf{i}+0\mathbf{j}) \cdot (u\mathbf{i}+v\mathbf{j}) \Delta y = \rho u \Delta y$	$F_w = \rho(-1\mathbf{i}+0\mathbf{j}) \cdot (u\mathbf{i}+v\mathbf{j}) \Delta y = -\rho u \Delta y$
北側の面	南側の面
$F_n = \rho(0\mathbf{i}+1\mathbf{j}) \cdot (u\mathbf{i}+v\mathbf{j}) \Delta x = \rho v \Delta x$	$F_s = \rho(0\mathbf{i}-1\mathbf{j}) \cdot (u\mathbf{i}+v\mathbf{j}) \Delta x = -\rho v \Delta x$

1次元の例題のように,風上差分法 $\psi(r) = 0$ を用いる.

ここで,式 (11.48) を適用する.

$$\sum_{\text{all surfaces}} F_i \Big[\phi_U + \psi(r) \frac{\phi_U - \phi_D}{2} \Big]$$
$$= \sum_{\text{all surfaces}} [D_i(\phi_A - \phi_P) + S_{D\text{-cross},i}] + (S_u + S_P \phi_P) \quad (11.54)$$

書き換えると次式を得る.

$$[F_e(\phi_P + 0) + F_w(\phi_W + 0) + F_n(\phi_P + 0) + F_s(\phi_S + 0)]$$
$$= [D_e(\phi_E - \phi_P) + 0] + [D_w(\phi_W - \phi_P) + 0]$$
$$+ [D_n(\phi_N - \phi_P) + 0] + [D_s(\phi_S - \phi_P) + 0] + (S_u + S_P \phi_P) \quad (11.55)$$

$$F_e \phi_P + F_w \phi_W + F_n \phi_P + F_s \phi_S$$
$$= D_e \phi_E - D_e \phi_P + D_w \phi_W - D_w \phi_P + D_n \phi_N - D_n \phi_P$$

$$+ D_s \phi_S - D_s \phi_P + (S_u + S_P \phi_P) \tag{11.56}$$

これを次の形に書き換えることができる．

$$a_P \phi_P = a_W \phi_W + a_E \phi_E + a_N \phi_N + a_S \phi_S + S_u \tag{11.57}$$

ただし，$a_W = D_w - F_w \qquad a_E = D_e \qquad a_S = D_s - F_s \qquad a_N = D_n$

$$a_P = a_W + a_E + a_S + a_N - S_P + (F_e + F_w + F_n + F_s)$$

F_w と F_s の値の符号は負であり，この式から，式 (5.31) を 2 次元に拡張したものと同じ結果が得られる．この方法で離散化方程式を導出する代わりに，風上差分法に対する一般的な式を用いることができる．

$$a_i = D_i + \max(-F_i, 0) \tag{11.58}$$

この式から，この例題の係数の正しい値も求めることができることは，簡単に確かめられる．

11.12 非構造格子を用いた計算例題

例題 11.1

図 11.24 に示す 2 次元の六角形のリング形状を考えよう．図中に示すように温度と流束の境界条件を与え，温度分布を計算する．材料の熱伝導率は $k = 50\,\mathrm{W/m \cdot K}$ である．

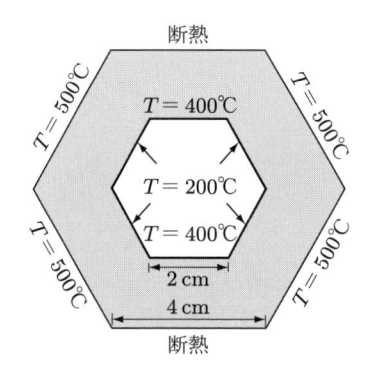

図 11.24 形状と境界条件

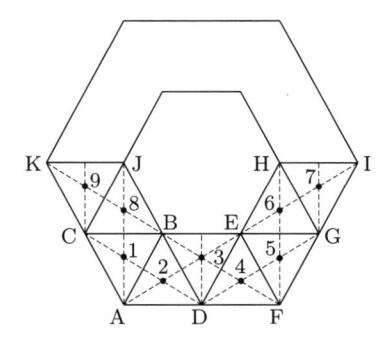

図 11.25 用いる計算格子と記号

解

　問題には熱伝導のみが含まれているため，これは生成項のない拡散問題である．直交座標系や円筒座標系では適合しないため，非構造格子が必要である．この問題に対して適切な，三角形格子を用いる．代わりに四角形で構成される計算格子も用いることも可能である．

　方法を説明するために，図 11.25 に示すように，格子が直交する非構造格子となる正三角形を選ぶ．いずれの面に対しても単位ベクトルが中心を結ぶ線と平行であるため，非直交性から生じる交差拡散項を計算する必要がない．問題の領域と境界条件の対称性により，問題の 4 分の 1 のみを計算すればよい．しかし，いずれの場所でも正三角形を用いることができるわけではないため，形状の半分を考え，線 HI と KJ で対称境界条件を用いるほうが都合がよい．

　熱伝導の基礎式は，次式で与えられる．

$$\text{div}(k \,\text{grad}\, T) = 0 \tag{11.59}$$

非構造格子では，西側，東側，南側，北側の格子点に基づく記号は無意味であり，番号で格子点を参照するほうがより簡単である．計算格子それぞれに関連する係数も番号で参照する．しかし，中心の格子点を定義するために，これまでのように点 P を用いる．

　三角形のコントロールボリュームそれぞれに対する離散化方程式を次式のように直接記述するために，式 (11.48) を用いることができる．

$$\sum_{\text{all surfaces}} D_i (T_{nb} - T_P) = 0 \tag{11.60}$$

ここで，nb は隣接するセルの格子番号である．

　これまで説明したように，最終的な離散化方程式は次の形となる．

$$a_P T_P = \sum a_{nb} T_{nb} \tag{11.61}$$

$$\text{ただし，} \quad a_P = \sum a_{nb} - S_P$$

採用した格子は単純であるため，単純な三角法を用いて計算に必要な幾何学量の多くを簡単に推算することができる．一般的な状況では，ベクトル代数を用いてこれらを計算する．

　コントロールボリュームの界面の面積はすべて，

$$\Delta A_i = \Delta \eta = 2 \times 10^{-2} \,\text{m}^2$$

であり，格子点間の距離は，

$$\Delta \xi = \frac{2}{\sqrt{3}} \times 10^{-2} \, \text{m}$$

である．計算格子は直交するため，この場合 $(\mathbf{n} \cdot \mathbf{n}/\mathbf{n} \cdot \mathbf{e}) = 1$ である．

与える境界の温度は以下のとおりである．$T_{AC} = 500℃$, $T_{CK} = 500℃$, $T_{BE} = 400℃$, $T_{EH} = 200℃$, $T_{BJ} = 200℃$, $T_{FG} = 500℃$, $T_{GI} = 500℃$ である．線 AD と DF は断熱（流束ゼロ）境界である．

格子点 1

いずれの面を通過する流束も，次式で与えられる．

$$D_i(T_N - T_P) = \frac{k}{\Delta \xi} \Delta A_i (T_N - T_P)$$

面 AB を通過する流束は，

$$k \times \frac{T_2 - T_P}{(2/\sqrt{3}) \times 10^{-2}} \times 2 \times 10^{-2} = k\sqrt{3}(T_2 - T_P)$$

面 BC を通過する流束は，

$$k \times \frac{T_8 - T_P}{(2/\sqrt{3}) \times 10^{-2}} \times 2 \times 10^{-2} = k\sqrt{3}(T_8 - T_P)$$

である．また，面 AC は境界であるため，4.3 節で初めて取り入れた半セル近似に相当する非構造格子の生成項として，この界面を通過する流束を組み込む．

AC を通過する流束は，次式で与えられる．

$$k \frac{T_{AC} - T_P}{(1/\sqrt{3}) \times 10^{-2}} \times 2 \times 10^{-2} = 2k\sqrt{3}(T_{AC} - T_P)$$

界面すべてを通過する流束を合計すると，

$$k\sqrt{3}(T_2 - T_P) + k\sqrt{3}(T_8 - T_P) + 2k\sqrt{3}(T_{AC} - T_P) = 0$$

となり，これを次式のように簡略化することができる．

$$(1 + 1 + 2)T_P = T_2 + T_8 + 2 \times T_{AC}$$
$$4T_1 = T_2 + T_8 + 1000 \tag{11.62}$$

セルすべてに対してこの導出をする必要はない．すなわち，離散化方程式の係数に対して一般的な式を用いて係数を計算し，生成項として境界条件を組み込めばよい．この例題では，隣接点の係数をいずれも $a_i = D_i = (k/\Delta \xi)\Delta A_i$ から求める．ここ

で，ΔA_i は界面の面積であり，$\Delta \xi$ は格子点間の距離である．この計算格子では，係数はすべて次式と等しい．

$$\frac{k}{(2/\sqrt{3}) \times 10^{-2}} 2 \times 10^{-2} = k\sqrt{3}$$

格子点 2

$a_1 = k\sqrt{3}$，$a_3 = k\sqrt{3}$ であり，面 AD は断熱境界である．
境界 AD を通過する流束はゼロ（断熱境界）である．

$$S_u = 0$$
$$S_P = 0$$
$$a_P = a_1 + a_3 - S_P$$

簡略化すると，格子点 2 に対する離散化方程式は，次式のようになる．

$$2T_2 = T_1 + T_3 \tag{11.63}$$

格子点 3

BE は温度一定の境界であり，$T_{BE} = 400$℃，$a_2 = k\sqrt{3}$，$a_4 = k\sqrt{3}$ である．
BE を通過する流束は，

$$k\frac{T_{BE} - T_P}{(1/\sqrt{3}) \times 10^{-2}} \times 2 \times 10^{-2} = 2k\sqrt{3}(T_{BE} - T_P)$$
$$S_u = 2k\sqrt{3}T_{BE}$$
$$S_P = -2k\sqrt{3}$$
$$a_P = a_4 + a_6 - S_P = (1 + 1 + 2)k\sqrt{3}$$

なので，格子点 3 に対する離散化方程式は，次式のようになる．

$$4T_3 = T_2 + T_4 + 800 \tag{11.64}$$

格子点 4

格子点 2 と同様である．すなわち，境界 DF は断熱境界（流束ゼロ）である．
格子点 4 に対する離散化方程式は，次式のようになる．

$$2T_4 = T_5 + T_3 \tag{11.65}$$

格子点 5

格子点 1 と同様である．すなわち，境界 FG は温度一定の境界である．

FG を通過する流束は，

$$k\frac{T_{FG} - T_P}{(1/\sqrt{3}) \times 10^{-2}} \times 2 \times 10^{-2} = 2k\sqrt{3}(T_{FG} - T_P)$$

$$S_u = 2k\sqrt{3}T_{FG}$$

$$S_P = -2k\sqrt{3}$$

$$a_P = a_4 + a_6 - S_P = (1 + 1 + 2)k\sqrt{3}$$

なので，格子点 5 に対する離散化方程式は，次式のようになる．

$$4T_5 = T_4 + T_6 + 1000 \tag{11.66}$$

格子点 6, 8

格子点 3 と同様である．すなわち，面 EH は温度一定の境界，$T_{EH} = 200$℃ であり，面 BJ は温度一定の境界，$T_{BJ} = 200$℃ である．

格子点 6 に対する離散化方程式は，

$$4T_6 = T_5 + T_7 + 400 \tag{11.67}$$

また，格子点 8 に対する離散化方程式は，次式のようになる．

$$4T_8 = T_1 + T_9 + 400 \tag{11.68}$$

格子点 7

面 HI は対称境界である．そのため，流束はゼロである．面 GI は温度一定の境界，$T_{GI} = 500$℃ である．

GI を通過する流束は，

$$k\frac{T_{GI} - T_P}{(1/\sqrt{3}) \times 10^{-2}} \times 2 \times 10^{-2} = 2k\sqrt{3}(T_{GI} - T_P)$$

$$S_u = 2k\sqrt{3}T_{GI}$$

$$S_P = -2k\sqrt{3}$$

$$a_P = a_6 - S_P = (1 + 2)k\sqrt{3}$$

格子点 7 に対する離散化方程式は，次式のようになる．

$$3T_7 = T_6 + 1000 \tag{11.69}$$

格子点 9

格子点 7 と同様である．

格子点 9 に対する離散化方程式は，次のようになる．

$$3T_9 = T_8 + 1000 \tag{11.70}$$

離散化方程式をまとめる．

$$4T_1 = T_2 + T_8 + 1000 \qquad 2T_2 = T_1 + T_3 \qquad 4T_3 = T_2 + T_4 + 800$$

$$2T_4 = T_5 + T_3 \qquad 4T_5 = T_4 + T_6 + 1000 \qquad 4T_6 = T_5 + T_7 + 400$$

$$3T_7 = T_6 + 1000 \qquad 4T_8 = T_1 + T_9 + 400 \qquad 3T_9 = T_8 + 1000$$

次に，この連立方程式を行列表記に書き換える．

$$\begin{bmatrix} 4 & -1 & 0 & 0 & 0 & 0 & 0 & -1 & 0 \\ -1 & 2 & -1 & 0 & 0 & 0 & 0 & 0 & 0 \\ 0 & -1 & 4 & -1 & 0 & 0 & 0 & 0 & 0 \\ 0 & 0 & -1 & 2 & -1 & 0 & 0 & 0 & 0 \\ 0 & 0 & 0 & -1 & 4 & -1 & 0 & 0 & 0 \\ 0 & 0 & 0 & 0 & -1 & 4 & -1 & 0 & 0 \\ 0 & 0 & 0 & 0 & 0 & -1 & 3 & 0 & 0 \\ -1 & 0 & 0 & 0 & 0 & 0 & 0 & 4 & -1 \\ 0 & 0 & 0 & 0 & 0 & 0 & 0 & -1 & 3 \end{bmatrix} \begin{bmatrix} T_1 \\ T_2 \\ T_3 \\ T_4 \\ T_5 \\ T_6 \\ T_7 \\ T_8 \\ T_9 \end{bmatrix} = \begin{bmatrix} 1000 \\ 0 \\ 800 \\ 0 \\ 1000 \\ 400 \\ 1000 \\ 400 \\ 1000 \end{bmatrix} \tag{11.71}$$

係数行列は帯行列ではないことに注意する．選んだコントロールボリュームの番号により，この行列中では非対角要素が (1,8) 成分と (8,1) 成分に入っている．この解は，次のように求められる．

$$\begin{bmatrix} T_1 \\ T_2 \\ T_3 \\ T_4 \\ T_5 \\ T_6 \\ T_7 \\ T_8 \\ T_9 \end{bmatrix} = \begin{bmatrix} 435.6436 \\ 423.7624 \\ 411.8812 \\ 423.7624 \\ 435.6436 \\ 318.8119 \\ 439.6040 \\ 318.8119 \\ 439.6040 \end{bmatrix} \tag{11.72}$$

この数値解を比較する解析解はない．しかし，確認する方法はいくつかある．まず，解は対称であることがわかる．すなわち，$T_2 = T_4$, $T_1 = T_5$, $T_6 = T_8$,

$T_7 = T_9$ である．伝導伝熱により境界面を通過する流束のつり合いも確認することができる（表 11.4）．

期待したとおり，有限体積法では，領域に流入および流出する熱流束は正確につり合っている．しかし，計算格子が粗いため，温度分布はあまり正確ではないかもしれない．よりよい結果を求めるためには，高解像度の計算を実行する必要がある．この問題に対する高解像度の解を，図 11.26 に示す．

表 11.4

面	熱流束	数値解	流束の値
AC	$k\dfrac{(T_{AC}-T_1)}{(1/\sqrt{3})\times 10^{-2}}\times 2\times 10^{-2}$	$50\dfrac{(500-435.6436)}{(1/\sqrt{3})\times 10^{-2}}\times 2\times 10^{-2}$	11146.8555
BE	$k\dfrac{(T_{BE}-T_3)}{(1/\sqrt{3})\times 10^{-2}}\times 2\times 10^{-2}$	$50\dfrac{(400-411.8812)}{(1/\sqrt{3})\times 10^{-2}}\times 2\times 10^{-2}$	-2057.8842
FG	AC と同じ		11146.8555
GI	$k\dfrac{(T_{GI}-T_7)}{(1/\sqrt{3})\times 10^{-2}}\times 2\times 10^{-2}$	$50\dfrac{(500-439.6040)}{(1/\sqrt{3})\times 10^{-2}}\times 2\times 10^{-2}$	10460.8941
EH	$k\dfrac{(T_{EH}-T_6)}{(1/\sqrt{3})\times 10^{-2}}\times 2\times 10^{-2}$	$50\dfrac{(200-318.8119)}{(1/\sqrt{3})\times 10^{-2}}\times 2\times 10^{-2}$	-20578.8247
BJ	EH と同じ		-20578.8247
CK	GI と同じ		10460.8941
正味の流束（熱収支）			$\sum$ 流束 $= -0.0344 \approx 0$

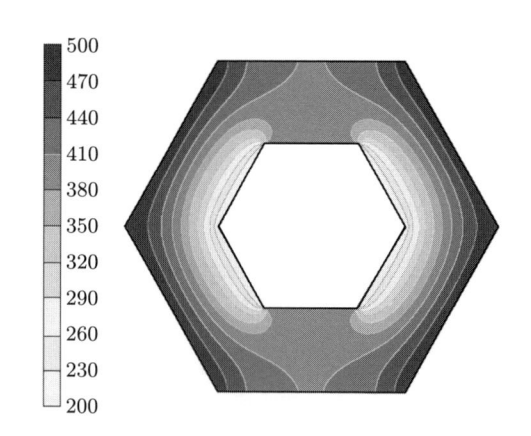

図 11.26 図 11.25 と同じ問題に対する，細かい計算格子を用いた高解像度の温度分布

同じ計算格子での対流 – 拡散問題

同じ正三角形の計算格子を用いて，簡単にこの方法を対流 – 拡散問題に拡張するこ

とができる．たとえば，風上差分法を用いる場合，式 (11.58) を用いると，図 11.27 に示す正三角形の計算格子の対流 – 拡散問題の隣接点の係数を，次式のように書くことができる．

$$a_1 = D_1 + \max(-F_1, 0) \tag{11.73}$$
$$a_2 = D_2 + \max(-F_2, 0)$$
$$a_3 = D_3 + \max(-F_3, 0)$$

ただし， $D_i = \dfrac{k}{\Delta \xi} \Delta A_i \qquad F_i = \rho (\mathbf{n} \cdot \mathbf{u}) \Delta A_i$

得られる離散化方程式は，次式のようになる．

$$a_P \phi_P = \sum a_{nb} \phi_{nb} + S_u \tag{11.74}$$
$$\text{ここで，} \quad a_P = \sum a_{nb} - S_P + (F_1 + F_2 + F_3)$$

ただし，F_1，F_2，F_3 自体には，外向きのときは $+$，内向きのときは $-$ と，適切な符号が含まれている．

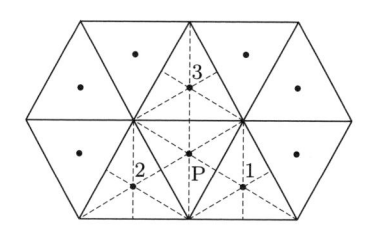

図 11.27 2 次元計算に対する正三角形の格子の一部

11.13 非構造格子における圧力 – 速度の結合

非構造格子や曲線格子では，圧力の値を保存するセル中心に速度成分も保存するのが最も便利であることを前に述べた．これはコロケート格子として知られている．スタッガード格子，共変速度と反変速度成分を用いるほかの方法もある．

図 11.28 に，90°曲り管に沿うセルの配列に対するこれらの方法を示す．速度成分を用いるスタッガード格子では（図 11.28 (a)），最初と最後の要素を除いて方向が徐々に変化するため，計算した u，v 速度成分は界面に対して垂直な流束にはならない．図 11.28 (b) に示す計算格子に適合した反変速度を用いることでこれを解決することができるが，基礎式と離散化方程式の導出がかなり複雑である．これらの特別な手順の詳細は，Hirt ら (1974)，Rhie と Chow (1983)，Peric (1985)，Reggio と Camarero

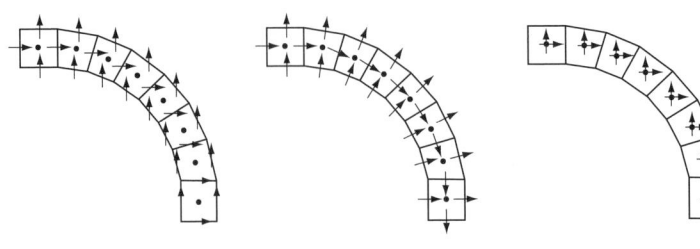

(a) スタッガード格子　(b) 反変速度を用いた格子　(c) コロケート速度を用いた格子

図 11.28　曲線格子に対する異なる速度ベクトル

(1986),Rodi ら (1989) やほかの文献で見つけることができる．

ここでは，速度成分を用いるコロケート速度に集中する（図 11.28 (c)）．第 6 章では，"チェッカーボード"圧力場の影響とスタッガード格子を用いる理由について説明した．そのため，圧力と速度の値に対してコロケート格子を用いる場合，正確な圧力‐速度の結合を保証する必要がある．次節では，コロケート格子を用いた 1 次元直交格子で用いる特別な方法と，非構造格子への拡張について詳細に説明する．ただし，ここではコロケート格子を用いた非構造格子と曲線格子において最も一般的な方法である，Rhie と Chow (1983) の補間方法についてのみ説明する．

11.14　スタッガード vs. コロケート格子

コロケート格子の圧力‐速度の結合と取扱いについて説明する前に，1 次元のスタッガード格子について簡単に再確認する（図 11.29 参照）．

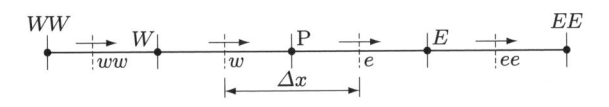

図 11.29　1 次元スタッガード格子

この方法では，格子点 e で u 運動量保存式を解く．速度の格子点 e における離散化方程式は，次式のように表すことができる．

$$a_{Pe}u_e = \sum a_{nb}u_{nb} + (p_P - p_E)A_e + b \tag{11.75}$$

運動量保存式に寄与する圧力差は，格子点 e にまたがる $p_P - p_E$ である．速度 u_e は，点 P を中心とするスカラーコントロールボリュームの界面にある．SIMPLE アルゴリ

ズムの圧力の補正式を導出するために，連続の式をこのスカラーコントロールボリュームに適用する．6.2 節で示したように，スタッガード格子の主な利点は，"チェッカーボード"圧力場をうまく処理することができることである．この方法は直交座標系や円筒座標系に対してはうまくいくが，非構造格子や境界適合格子には不向きである．11.13 節で述べた欠点に加えて，3 次元流れ（スカラー，u, v, w 速度成分）の異なる変数四つに関する幾何学量を保存するのは効率的ではない．コロケート格子では，ある一箇所に変数すべてを保存することでこれを避けることができる．

ここで，図 11.30 に示すような，速度 u を格子点 P に保存し，計算する 1 次元コロケート格子を考えよう．

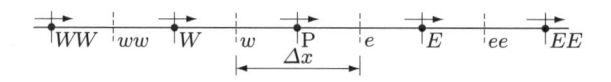

図 11.30 1 次元コロケート格子

格子点 P に対する離散化した u 運動量保存式は，次式で与えられる．

$$a_{P_P} u_P = \sum a_{nb} u_{nb} + (p_w - p_e) A_P + b_P \tag{11.76}$$

圧力も格子点 W, P, E などに保存するため，ここで必要となる界面の圧力 p_w と p_e を求めるために補間が必要となる．この等間隔格子に対して二次精度（すなわち，打切り誤差 $\propto (\Delta x)^2$）の線形補間を用いる場合，次式が得られる．

$$p_e - p_w = \frac{p_E + p_P}{2} - \frac{p_P + p_w}{2} = \frac{p_W - p_E}{2} \tag{11.77}$$

ここで，式 (11.76) は次式のようになる．

$$a_{P_P} u_P = \sum a_{nb} u_{nb} + \frac{1}{2}(p_W - p_E) A_P + b_P \tag{11.78}$$

$$u_P = \frac{\sum a_{nb} u_{nb} + b_P}{a_{P_P}} + \frac{1}{2}\frac{A_P}{a_{P_P}}(p_W - p_E) \tag{11.79a}$$

$$u_P = \frac{\sum a_{nb} u_{nb} + b_P}{a_{P_P}} + \frac{d_P}{2}(p_W - p_E) \tag{11.79b}$$

ただし，$d_P = \dfrac{A_P}{a_{P_P}}$

点 P での運動量保存式には点 P の圧力が含まれていないが，隣接するコントロールボリュームの格子点の圧力が含まれていることがわかる．

同様にして，格子点 E での離散化した u 運度量保存式は，次式のようになる．

第11章 複雑な形状を取り扱う方法

$$a_{P_E} u_E = \sum a_{nb} u_{nb} + (p_e - p_{ee})A_E + b_E \tag{11.80}$$

$$a_{P_E} u_E = \sum a_{nb} u_{nb} + \frac{1}{2}(p_P - p_{EE})A_E + b_E \tag{11.81}$$

$$u_E = \frac{\sum a_{nb} u_{nb} + b_E}{a_{P_E}} + \frac{1}{2}\frac{A_E}{a_{P_E}}(p_P - p_{EE}) \tag{11.82a}$$

$$u_E = \frac{\sum a_{nb} u_{nb} + b_E}{a_{P_E}} + \frac{d_E}{2}(p_P - p_{EE}) \tag{11.82b}$$

ただし、 $d_E = \dfrac{A_E}{a_{P_E}}$

ここで，図 11.31 に示すような振動する圧力場を考えよう．物理的な理由から，格子点 P と E の間および格子点 W と P の間の大きな圧力差により，界面 e と w を通過して格子点 P を取り囲むコントロールボリュームに流れがそれぞれ流入し，かなり大きな運動量の生成項として作用することが期待される．しかし，u_P に対する離散化方程式に作用する圧力差 $(p_W - p_E)$ はゼロである．また，u_W と u_E に対する方程式の圧力勾配項を同様に考えると，これらもゼロである．これは，第 6 章のはじめに述べた "チェッカーボード" 圧力場の問題であり，コロケート格子の圧力差を線形補間した結果として生じる非物理的な状況が原因である．

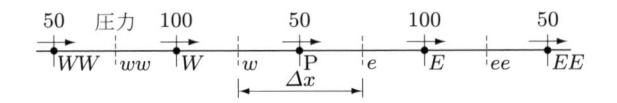

図 11.31 振動する圧力場

連続の式を離散化するために界面 e と w の速度を用い（1 次元の場合），圧力の補正式を求める．界面の速度に現れる圧力が適切に作用しないと，正確な解を求めるための圧力の補正式を期待することはできない．たとえば，コロケート格子では式 (11.79)，(11.82) からセルの界面の速度 u_e を補間しなければならない．そのままでは，u_e に対する補間した式にはコントロールボリュームの界面上の圧力勾配が含まれず，得られる解は振動する場合がある．Rhie と Chow (1983) は，この効果を消去するために，高次の項を取り入れることを提案している．

Rhie と Chow の補間方法では，セル界面の速度 u_e を次式のように求める．

$$\boxed{u_e = \frac{u_P + u_E}{2} + \frac{1}{2}(d_P + d_E)(p_P - p_E) - \frac{1}{4}d_P(p_W - p_E) - \frac{1}{4}d_E(p_P - p_{EE})} \tag{11.83}$$

ここで，セル界面の速度 u_e は，界面 e 上で作用する圧力差 $(p_P - p_E)$ と直接結び付

けられる．

式 (11.83) の右辺第 1 項は，界面 e を取り囲む速度の平均である．式 (11.79b) と (11.82b) の和と式 (11.83) を比較すると，隣接するコントロールボリュームの格子点間の圧力差により，式 (11.83) の最後の 2 項が問題となる影響を消去していることがわかる．これを界面 e をまたぐ格子点間の圧力差を含み，作用する効果 $(d_P + d_E)(p_P - p_E)/2$ で置き換える．

式 (11.83) の圧力項三つは，追加した高次の（すなわち小さい）項を示しているかどうかはまだわからない．d がいずれの場所でも一定値であると仮定し，Rie と Chow の補間した界面の速度 u_e を，次式のように記述する．

$$u_e = \frac{u_P + u_E}{2} + d(p_P - p_E) - \frac{1}{4}d(p_W - p_E) - \frac{1}{4}d(p_P - p_{EE})$$
$$= \frac{u_P + u_E}{2} + \frac{d}{4}[4(p_P - p_E) - (p_W - p_E) - (p_P - p_{EE})] \quad (11.84)$$

そのため，圧力項は次式で与えられる．

$$\frac{d}{4}(p_{EE} - 3p_E + 3p_P - p_W) \quad (11.85)$$

この項の意味を確認するために，界面 e 上の圧力の三次の導関数を考える．

$$\left(\frac{\partial^3 p}{\partial x^3}\right)\bigg|_e = \frac{\partial}{\partial x}\left(\frac{\partial^2 p}{\partial x^2}\right)\bigg|_e = \frac{1}{\Delta x}\left[\left(\frac{\partial^2 p}{\partial x^2}\right)\bigg|_E - \left(\frac{\partial^2 p}{\partial x^2}\right)\bigg|_P\right]$$
$$= \frac{1}{\Delta x}\left[\frac{(p_{EE} - 2p_E + p_P)}{(\Delta x)^2} - \frac{(p_E - 2p_P + p_W)}{(\Delta x)^2}\right] \quad (11.86)$$
$$= \frac{1}{(\Delta x)^3}(p_{EE} - 3p_E + 3p_P - p_W)$$

式 (11.86) では，圧力に関する二次の導関数の近似には中心差分が含まれている．そのため，次式が得られる．

$$p_{EE} - 3p_E + 3p_P - p_W = \left(\frac{\partial^3 p}{\partial x^3}\right)\bigg|_e (\Delta x)^3 \quad (11.87)$$

式 (11.87) を圧力の項の式 (11.85) と比較すると，次式が成り立つことがわかる．

$$u_e = \frac{u_P + u_E}{2} + \frac{d}{4}\left(\frac{\partial^3 p}{\partial x^3}\right)\bigg|_e (\Delta x)^3 \quad (11.88)$$

これから，Rhie と Chow の圧力の補間方法には，3 次の圧力勾配項が追加されていることがわかる．この方法の余剰項はせいぜい二次精度であるため，解の精度を低下させない．この効果により，コロケート格子による誤った振動を消去することができるため，圧力を平滑化する項（pressure smoothing term）あるいは追加消失項（added dissipation term）とよばれている．連続の式に現れるコントロールボリュームの界面上の圧力差と界面の速度の結び付きを元の状態に戻すことで，振動が消去される．この式の生成項では質量は保存せず，密度一定の流れでは，セル界面の速度間に差が含まれるため，三次の圧力勾配項を速度にそれぞれ追加することは，得られる圧力の補正式に四次の圧力勾配項を追加することに相当する．Rhie と Chow の方法は，コロケート格子を用いた曲線座標の境界適合格子や非構造格子で極めてうまく働く．

11.15 界面速度の補間方法の非構造格子への拡張

界面速度の補間式 (11.83) を非構造格子に拡張することは簡単である．まず，次式のように書き換える．

$$u_e = \frac{u_P + u_E}{2} + \frac{1}{2}\left(\frac{A_P \Delta x}{a_P} + \frac{A_E \Delta x}{a_E}\right)\left(\frac{p_P - p_E}{\Delta x}\right)$$
$$- \frac{1}{2}\left[\frac{A_P \Delta x}{a_P}(\nabla p_P) + \frac{A_E \Delta x}{a_E}(\nabla p_E)\right] \quad (11.89)$$

第1項は界面 e をまたぐ格子点の平均，第2項は格子点 P と E における d の平均値を乗じた界面の圧力差，第3項は格子点 P と E における積 $d(\nabla p)$ の平均である．ここで，

$$(\nabla p)_P = \frac{P_W - P_E}{2\Delta x} \qquad (\nabla p)_E = \frac{p_P - p_{EE}}{2\Delta x}$$

である．また，$\Delta V = A \Delta x =$ (計算格子の要素の体積) であることにも注意する．

図 11.32 に示すような非構造格子の界面速度 u_f を求めるために，ベクトル表記を用いて式 (11.89) を一般化することは簡単である．

$$u_f = \left(\frac{\mathbf{u}_P + \mathbf{u}_A}{2}\right) \cdot \mathbf{n} + \frac{1}{2}\left(\frac{\Delta V_P}{a_P} + \frac{\Delta V_A}{a_A}\right)\left(\frac{p_P - p_A}{\Delta \xi}\right)$$
$$- \frac{1}{2}\left[\frac{\Delta V_P}{a_P}(\nabla p)_P + \frac{\Delta V_A}{a_A}(\nabla p)_A\right] \cdot \mathbf{e}_\xi \quad (11.90)$$

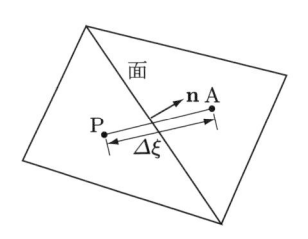

図 11.32 任意形状のセルのコントロールボリューム界面

ただし，$\Delta \xi$ は格子点間の距離

ΔV はコントロールボリュームの体積

式 (11.90) 中の勾配 $(\nabla p)_P$ と $(\nabla p)_A$ は，適切な勾配再構築法を用いて計算することができる（11.9 節参照）．

界面速度を補間するためにこの式 (11.90) を用い，次の標準的な手順に従うことで，コロケート格子に対する SIMPLE アルゴリズムを導出することができる．直交格子に対する標準的な SIMPLE と同様に，速度と圧力の補正値を用いる．

$$\text{補正速度を } u = u^* + u' \text{ から求める} \tag{11.91}$$

$$\text{補正圧力を } p = p^* + p' \text{ から求める} \tag{11.92}$$

たとえば，図 11.30 に示す 1 次元問題に対して，標準的な SIMPLE アルゴリズムと同様に界面速度の補正値を求める．

$$u'_e = d_e(p'_P - p'_E) \tag{11.93}$$

補間した界面速度 (11.83) と速度の補正値 (11.93) を用いて，コントロールボリュームの界面を通過する質量流束を計算する．これらの質量流束を用いて連続の式を離散化することで，次の形の圧力の補正式を求める．

$$a_p p'_P = \sum a_{nb} p'_{nb} + b' \tag{11.94}$$

ここで，1 次元に対しては $a_E = \rho d_e A_e$，$a_W = \rho d_w A_w$，$a_P = a_W + a_E$，$b' = F_w^* - F_e^*$ である．2 次元，3 次元および非構造格子に対しても，同様の式を用いることができる．

11.16 まとめ

有限体積法を用いて，流れの式を離散化するために用いることができるさまざまな計算格子を考えてきた．これらは構造格子と非構造格子に分類することができる．**構造格子に分類されるものは以下のとおりである．**

- **直交格子**：基礎式は最も単純な形であるが，曲がった境界のある流れの問題を離散化すると正確ではない．
- **境界適合格子**：物理領域を計算領域に写像することに基づいている．この方法を曲がった境界に適用することはできるが，曲線座標系の基礎式はかなり複雑であり，非常に複雑な形状（ペントルーフ IC エンジンの形状）に対して写像するのは

非常に困難である．

- **ブロック構造格子**：それぞれ別々の計算格子をもつブロックから構築される．この方法により，複雑な形状に関連する困難さの多くを単純化し，複雑な問題において計算格子の品質を改善することができる．

非構造格子に分類されるものには，計算格子の構造が含まれない．コントロールボリュームは，複雑な形状の計算格子生成を単純化する任意の形でよい．現在，この方法は工業用途の数値流体力学で広く用いられている．以下に概要を述べる．

- (i) 非直交性による交差拡散の影響を考慮する
  (ii) 対流項を取り扱うための上流方向の座標がないことを対処する
  (iii) 高次精度の風上差分法あるいは TVD 法を用いて偽拡散を避ける
  ために，非構造格子のコントロールボリューム界面を通過する拡散流束と対流流束に特別な式を用いる．
- 圧力と速度のデータを効率よく保存するために，コロケート格子において圧力と速度を結合する Rhie と Chow の圧力補間を用いる．この特別な圧力 – 速度の結合により，チェッカーボード圧力効果，すなわち解の誤った振動を消去する．
- 流れの問題を解くために，修正することなく SIMPLE アルゴリズムを用いることができる．

第12章

燃焼の数値流体力学モデリング

12.1 はじめに

　燃焼は工業上最も重要なプロセスの一つであり，乱流流れ，熱移動，化学反応，ふく射伝熱や，ほかの複雑な物理と化学プロセスが含まれる．一般的な工業用途として，内燃機関，発電所の燃焼器，航空エンジン，ガスタービン燃焼器，ボイラ，加熱炉や，ほかにも多くの燃焼装置がある．とくに，近年の CO_2 とほかの排出物にかかわる懸念事項と，これらが環境に及ぼす影響との関連から，燃焼器の設計や改善のために流れ，温度，生成する化学種の濃度およびさまざまな燃焼器からの排出物を予測できることは重要である．数値流体力学は，燃焼モデリングに非常に役立つ．燃焼プロセスは，燃焼化学，ふく射伝熱やほかの重要なサブプロセスを追加した流体の流れと熱移動に対する基礎式により記述される．本章では，燃焼のモデリングで用いられる一般的な数値流体力学モデリングの方法をいくつか説明する．燃焼は複雑な対象であるため，燃焼のモデリングには非常に多くの経験と知識を必要とする．本章で説明する内容は，非常に工業的であり，燃焼のモデリングの初心者が専門家の参考文献の高度で詳細な方法を理解することを目的として，基礎的な数値流体力学に基づく方法いくつかの知識を得ることができるように配慮している．

　燃焼プロセスには多くの種類がある．ガス燃料の燃焼，液体燃料の燃焼，噴霧燃焼，固体燃料の燃焼，粉体燃料の燃焼は，応用分野で広く用いられているほかの多くのプロセスの一部である．数値流体力学の応用を説明するために，ここでは**ガス燃焼（gaseous combustion）**に的を絞って説明する．ほかのプロセスについては参考文献を参照し，噴霧燃焼（BeckとWatkins, 2004）や微粉炭燃焼（Lockwoodら, 1980, 1986），ディーゼルエンジン，火花点火エンジン（Blunsdonら, 1992, HensonとMalalasekera, 2000）のような分野のモデリングツールとして，数値流体力学がどのように応用されているかを調べていただきたい．

　ガス燃焼には，ともに気相である燃料と酸化剤の化学反応が含まれている．また，その過程には予混合燃焼と非予混合燃焼の2種類がある．たとえば，火花点火エンジン（ガソリンエンジン）は，火花を点火することで起こる燃焼よりも前に燃料（ガソ

リン）を混合するため，予混合燃焼に分類することができる．同様に，よく知られているブンゼンバーナの火炎も，燃焼よりも前に空気がガスと混合するため，予混合燃焼である．一方，燃料が周囲の空気に流入し，燃焼するジェット火炎は，非予混合火炎の一例である．ガス燃料は酸化剤（空気）の流れと混合し，その後，条件がよい場所で燃焼が起こる．非予混合火炎は，燃料と酸素は燃焼場に二つ以上の別の流れで導入され，その後，燃焼よりも前に拡散し，混合するため，拡散火炎ともよばれる．

本章の大部分では，非予混合燃焼のモデリングについて取り扱う．ここでは，燃焼の理論について詳細には説明しない．しかし，はじめに重要なサブトピック，(i) 燃焼の熱力学，(ii) 生成エンタルピー，(iii) 輸送過程，(iv) 化学反応速度論，(v) 化学種の平衡，(vi) 断熱火炎温度について説明する．燃焼の計算に数値流体力学を応用するために用いるモデリングの方法を理解するために，これらの基本的な概念の基礎をよく知らなくてはならない．燃焼プロセスの基礎については，Warnatz ら (2001)，Kuo (1986)，Turns (2000)，Williams (1985) などの標準的な燃焼の教科書を参照していただきたい．次に，非予混合燃焼の計算について詳細に説明し，予混合燃焼の数値流体力学のモデリングについて簡単に述べ，本章をまとめる．

12.2　熱力学第 1 法則の燃焼系への適用

燃焼する流体の系の熱力学的な状態を記述するために，二つの変数，体積 V と絶対温度 T を用いる．まずはじめに，(V_1, T_1) の状態で反応物として燃料と空気が含まれ，これを下付き文字 R で表す．燃焼が起こった後は，(V_2, T_2) の状態で反応生成分が含まれ，これを下付き文字 P で表す．この系に熱力学第 1 法則を適用する．系の境界が断熱で，流れのないプロセスである場合，熱力学第 1 法則から，化学反応により放出された熱は最初の状態 1 と最後の状態 2 の間の内部エネルギー U の変化に等しい．内部エネルギーのつり合いの問題の説明を避けるため，参照する状態における放熱を評価する．

$$U_{P2} - U_{R1} = (U_{P2} - U_{P0}) + (U_{P0} - U_{R0}) + (U_{R0} - U_{R1}) \tag{12.1}$$

この式で，U は全内部エネルギーであり，下付き文字 0 は参照する状態を意味する．反応物は，はじめ初期の状態 1 から反応が起こる状態 0 に変化し，その後得られる生成物は状態 2 になる．項 $(U_{P0} - U_{R0})$ は，燃焼の内部エネルギーとよばれ，記号 ΔU_0 で表す．

通常，反応物と生成物は混合ガスである．この場合，比熱 c_v に対して平均値を仮定すると，反応物が状態 1 から状態 0 に，反応物が状態 0 から状態 2 に変化する内部エ

ネルギーを，温度を用いて記述することができる．

$$U_{R0} - U_{R1} = \sum_{i}^{\text{all reactants}} m_i c_{vi}(T_0 - T_1)$$

$$U_{P2} - U_{P0} = \sum_{i}^{\text{all products}} m_i c_{vi}(T_2 - T_0)$$

ここで，m_i は混合ガス中の化学種 i の質量，c_{vi} は化学種 i の平均定積比熱である．

流れがある開放系に対しても，同様に，エンタルピー変化を考える必要がある（運動エネルギーは燃焼プロセスの放熱と比較して小さく，しばしば無視することができる）．

$$H_{P2} - H_{R1} = (H_{P2} - H_{P0}) + (H_{P0} - H_{R0}) + (H_{R0} - H_{R1}) \tag{12.2}$$

ここで，H は全エンタルピーであり，参照する状態におけるエンタルピーからの変化 $(H_{P0} - H_{R0}) = \Delta H_0$ は，燃焼のエンタルピーとよばれる．生成物と反応物に対しての平均値 c_p を仮定すると，次式を得る．

$$H_{R0} - H_{R1} = \sum_{i}^{\text{all reactants}} m_i c_{pi}(T_0 - T_1)$$

$$H_{P2} - H_{P0} = \sum_{i}^{\text{all products}} m_i c_{pi}(T_2 - T_0)$$

通常，参照する状態を 25℃，1 atm（101.3 kPa）とする．この標準状態における物性値を下付き文字 0 で表す．さまざまな燃料に対して，Rogers と Mayhew（1994）のような熱物性表の Δu_0 と Δh_0（kmol あたり）の値を用いることができる．たとえば，次式の反応を考える．

$$CH_4(\text{vap}) + O_2 \longrightarrow CO_2 + H_2O(\text{vap})$$

上述の熱物性表から，この反応の燃焼熱は 25℃ において $\Delta h_0 = -802310 \, \text{kJ/kmol}$ であることがわかる．

生成物の相（気体あるいは液体）に依存して，Δh_0 の値は異なる可能性がある．水のような生成物の成分が凝縮した状態では，この値はより大きくなる．燃料すべてや混合ガスに対する Δh_0 を一覧表にすることはできないため，燃焼計算では，生成エンタルピーとして知られている，より基礎的な物性が広く用いられている．

12.3 生成エンタルピー

物質が標準温度と標準圧力における自然な状態で元素から構成される場合，生成エンタルピー Δh_f をエンタルピーの増加と定義する．元素自体の生成エンタルピーは自然な状態でゼロである．たとえば，O_2, N_2, H_2, C はその元素自体から構成されるため，Δh_f の値はゼロである．しかし，CO_2 は反応 $C_{(graphite)} + O_2 \longrightarrow CO_2$ から構成される．この発熱反応の間に多くの熱が発生する．CO_2 の生成エンタルピーは $-393\,520\,\mathrm{kJ/kmol}$ である．熱力学や燃焼の参考文献（Rogers と Mayhew, 1994, Kuo, 2005）から，さまざまな反応に対する生成エンタルピーの値を入手することができる．燃料の燃焼のエンタルピー（反応のエンタルピーとよばれることもある）を計算するために，反応を燃料の元素の再結合とみなすことができる．そのため，**生成エンタルピーを用いて反応のエンタルピーを計算することができる**．たとえば，CH_4 の燃焼を次式のように分解することができる．

$$CH_4(\mathrm{vap}) + 2O_2 \longrightarrow C + 2H_2 + 2O_2 \longrightarrow CO_2 + 2H_2O(\mathrm{vap})$$

$$\Delta h_{\mathrm{combustion}} = (\Delta h_{CO_2} + 2\Delta h_{H_2O}) - (\Delta h_{CH_4} + 2\Delta h_{O_2})$$

生成エンタルピーの値 kJ/kmol はそれぞれ，

$$C_{(graphite)} + O_2 \longrightarrow CO_2 \qquad \Delta h_{CO_2} = -393\,520\,\mathrm{kJ/kmol}\,(CO_2)$$

$$H_2 + \tfrac{1}{2}O_2 \longrightarrow H_2O(\mathrm{vap}) \qquad \Delta h_{H_2O} = -241\,830\,\mathrm{kJ/kmol}\,(H_2O)$$

$$C_{(graphite)} + 2H_2 \longrightarrow CH_4 \qquad \Delta h_{CH_4} = -74\,870\,\mathrm{kJ/kmol}\,(CH_4)$$

であるため，CH_4 の燃焼に対しては，次のように計算される．

$$\Delta h_{\mathrm{combustion}} = (-393\,520 - 2 \times 241\,830) - (-74\,870 + 2 \times 0)$$
$$= -802\,310\,\mathrm{kJ/kmol}\,(CH_4)$$

12.4 混合ガスの重要な関係と性質

燃焼の前後では，通常，ガスは化学種の混合物である．そのため，このような混合ガスの基礎物性を考えることが重要である．

混合ガス中の化学種 k のモル分率を，次式で定義する．

$$X_k = \frac{n_k}{n_1 + n_2 + n_3 + \cdots + n_N} = \frac{n_k}{n_{\mathrm{total}}} \tag{12.3}$$

ここで，n_1，n_2，…は混合ガス中の化学種それぞれのモル数，n_{total} は混合ガス中の全モル数である．

分圧を，次式で定義する．

$$p_k = \frac{n_k}{n_{\text{total}}} p = X_k p \tag{12.4}$$

ここで，(定義により分圧すべての合計) p は全圧である．また，X_k は p_k と p を用いて次式のように書くことができる．

$$X_k = \frac{p_k}{p} \tag{12.5}$$

混合ガス中の化学種 k の質量分率を，次式で定義する．

$$Y_k = \frac{m_k}{m_1 + m_2 + m_3 + \cdots + m_N} = \frac{m_k}{m_{\text{total}}} \tag{12.6}$$

ここで，m_1，m_2，…などは混合ガス中の化学種それぞれの質量，m_{total} は混合ガス中の全質量である．定義から，次式が成り立つ．

$$\sum_k^{\text{all species}} X_k = 1 \tag{12.7}$$

$$\sum_k^{\text{all species}} Y_k = 1 \tag{12.8}$$

モル分率と質量分率には，以下の関係がある．

$$Y_k = X_k \frac{(MW)_k}{(MW)_{\text{mix}}} \tag{12.9}$$

$$X_k = Y_k \frac{(MW)_{\text{mix}}}{(MW)_k} \tag{12.10}$$

ここで，$(MW)_k$ は化学種 k の分子量，$(MW)_{\text{mix}}$ は次式で示される混合ガスの分子量である．

$$(MW)_{\text{mix}} = \sum_k^{\text{all species}} X_k (MW)_k \tag{12.11}$$

また，式 (12.11) は次式のようにも書ける．

$$\frac{1}{(MW)_{\text{mix}}} = \sum_k^{\text{all species}} \frac{Y_k}{(MW)_k} \tag{12.12}$$

化学種 k の密度を，次式で定義する．

$$\rho_k = \frac{p_k (MW)_k}{R_u T} \tag{12.13}$$

ここで，R_u は気体定数である．混合ガスの密度 ρ は，次式のように書くことができる．

$$\rho = \sum_k^{\text{all species}} \rho_k$$
$$= \sum_k^{\text{all species}} \frac{p_k(MW)_k}{R_u T} = \frac{p}{R_u T} \sum_k^{\text{all species}} X_k(MW)_k$$
$$= \frac{p(MW)_{\text{mix}}}{R_u T} \tag{12.14}$$

化学種 k の濃度を単位体積あたりの化学種の kmol 数として定義し，通常の記号 C_k （単位 kmol/m^3）で示す．

$$C_k = \frac{n_k}{V} = \frac{X_k n_{\text{total}}}{V} \tag{12.15}$$

状態方程式 $pV = n_{\text{total}} R_u T$ を用いると，濃度を次式のように書くこともできる．

$$C_k = \frac{X_k n_{\text{total}}}{n_{\text{total}} R_u T/p} = X_k \frac{p}{R_u T} = \frac{p_k}{R_u T} \tag{12.16}$$

モル分率と質量分率の関係を用いて，濃度を質量分率と関連付けることもできる．

$$C_k = \frac{Y_k(MW)_{\text{mix}}}{(MW)_k} \frac{p}{R_u T} = \frac{Y_k \rho}{(MW)_k} \tag{12.17}$$

ここで，ρ は混合ガスの密度である．書き換えると，次式のようになる．

$$Y_k = \frac{C_k(MW)_k}{\rho} \tag{12.18}$$

標準圧力と標準温度における参照エンタルピーに関する化学種のエンタルピーを，次式で定義する．

$$h_k = \underbrace{\int_{T_0}^{T} c_{pk}\, dT}_{\text{潜熱}} + \underbrace{\Delta h_0^k}_{\text{化学種の生成エンタルピー}} \tag{12.19}$$

ここで，Δh_0^k は標準圧力と標準温度における化学種 k の生成エンタルピー（J/kg）である．これは，$\Delta h_0^k = \Delta h_f^k/(MW)_k$ によって先ほど取り入れた生成エンタルピー Δh_f^k （J/kmol）と関係付けられる．

混合ガスの比エンタルピー h_{mix} のような物性値を，以下の二つの式から計算することができる．

$$h_{\text{mix}} = \sum_k^{\text{all species}} Y_k h_k \tag{12.20}$$

もしくは，

$$\overline{h}_{\text{mix}} = \sum_{k}^{\text{all species}} X_k \overline{h}_k \tag{12.21}$$

ここで，h_k は化学種 k の比エンタルピー（単位 J/kg），上付き線は化学種 k のモル比エンタルピー（J/kmol）を表す．

12.5 化学量論

　燃焼計算では，燃料が完全に燃焼し，生成物を形成すると仮定した簡単な解析をしばしば行う（完全燃焼）．最も一般的な燃焼反応には，炭素（C）と水素（H）を多く含む炭化水素燃料の酸化反応が含まれる．完全燃焼する場合，燃料中の C 原子はすべて CO_2 になり，H 原子はすべて H_2O になる．硫黄（S）などのほかの可燃元素もすべて O_2 と結合する．完全燃焼の化学反応式を，原子の収支を考えることで記述することができる．これにより，完全燃焼に必要な酸化剤の量，いわゆる必要な量論酸化剤が正確にわかる．酸化剤はたいてい空気であり，そのため，完全燃焼に正確に必要な空気の量は，完全燃焼に**必要な量論空気（stoichiometric air requirement）** とよばれている．完全燃焼に必要な燃料に対する空気の比も計算することができる．これは，**量論空燃比（量論空気/燃料比，stoichiometric air/fuel ratio）** とよばれている．空気の成分を，体積で N_2 が 79%，O_2 が 21% と考える．空気中では，1 mol の O_2 に対して N_2 が 79/21（= 3.76）mol 含まれる．質量では，O_2 が 23.3%，N_2 が 76.7% である．空気の分子量を 29 kg/kmol とすると，1 kmol の O_2 を含む空気の量は，100/21 kmol（すなわち空気 4.76 kmol）である．

　たとえば，CH_4 の完全燃焼は次式となる．

$$CH_4 + 2(O_2 + 3.76 N_2) \longrightarrow CO_2 + 2H_2O + 2 \times 3.76 N_2 \tag{12.22}$$

質量による量論空燃比は，次式のようになる．

$$\begin{aligned}(A/F)_{\text{st}} &= \frac{m_{\text{air}}}{m_{\text{fuel}}} \\ &= \frac{(MW)_{\text{air}} \times O_2 \text{ の kmol 数} \times 1\,\text{kmol の } O_2 \text{ を含む空気の kmol 数}}{(MW)_{CH_4} \times CH_4 \text{ の kmol 数}} \\ &= \frac{29 \times 2 \times 4.76}{16 \times 1} = 17.255\,\text{kg air/kg fuel}\end{aligned} \tag{12.23}$$

12.6 当量比

必要量論空気より空気が少ない燃焼は過濃燃焼，必要量論空気より空気が過剰な燃焼は希薄燃焼とよばれている．燃焼の計算では，量論混合強度の関数とした混合ガスの比を定義するために当量比を用いる．これまで説明したように，燃料がわかると，量論空燃比 $(A/F)_{st}$ を計算することができる．実際の混合ガスの空燃比は $(A/F)_{actual}$ とする．**当量比**（equivalence ratio）は，量論空燃比に関する混合ガスの比である．これを，以下のように定義する．

$$\phi = \frac{(A/F)_{st}}{(A/F)_{actual}} = \frac{(F/A)_{actual}}{(F/A)_{st}} \tag{12.24}$$

量論空燃比が1である場合，混合物は量論である．値が1より小さい，すなわち，$\phi < 1$ の場合，混合物は希薄であり，$\phi > 1$ の場合，混合物は過濃である．

12.7 断熱火炎温度

燃料と空気の混合ガスが圧力一定で完全に燃焼し，外部からの熱や仕事がない場合，化学反応が放出する熱は，すべて生成物の加熱に用いられる．この過程では，**断熱火炎温度**（adiabatic flame temperature）とよばれる最大温度となる．熱力学第1法則と反応物と生成物のエンタルピーを用いて，これを計算することができる．熱損失がない場合，生成物のエンタルピーの総和は反応物のエンタルピーと等しい．

例題 12.1

標準温度と標準圧力において，CH_4 と空気の量論比の燃焼に対する断熱火炎温度を計算せよ．

解

燃焼反応式は，

$$CH_4 + 2(O_2 + 3.76 N_2) \longrightarrow CO_2 + 2H_2O + 2 \times 3.76 N_2 \tag{12.25}$$

であり，第1法則を適用し，

$$H_{P2} - H_{R1} = (H_{P2} - H_{P0}) + (H_{P0} - H_{R0}) + (H_{R0} - H_{R1}) \tag{12.26}$$

を考える．（運動エネルギーの変化を無視する）圧力一定の断熱過程に対して，次式が成り立つ．

$$H_{P2} - H_{R1} = 0 \tag{12.27}$$

標準圧力と標準温度において反応が開始するため，反応物を標準温度にするために加熱する熱はないとする．そのため，$H_{R0} - H_{R1} = 0$ であり，式 (12.26) を以下のように単純化することができる．

$$H_{P2} - H_{P0} = -(H_{P0} - H_{R0}) \tag{12.28}$$

$$\sum_{k}^{\text{all products}} m_k c_{pk}(T_2 - T_0) = -(H_{P0} - H_{R0}) \tag{12.29}$$

ここで，温度 T_2 は生成物の最終温度であり，$H_{P0} - H_{R0} = \Delta H_0$ は，CH_4 の燃焼熱である．

T_2 の値を計算する前に，燃焼で変化する温度により異なる値をとる比熱 c_v, c_p の値を考慮する必要がある．単純な断熱火炎温度の計算では，平均比熱の値を用いる．生成物（CO_2, H_2O）に対する c_{pk} の平均値を求めるには，温度範囲が必要である．このような計算では，生成物の平均温度を推算するための最終温度を仮定し，最初の計算の後に推算した生成物の温度を用いて計算を繰り返す．最終温度 T_2 を，たとえば 2000 K と推測する．そうすると，生成物に対する平均温度は $(2000 + 298)/2 = 1149$ K となる．温度が異なるガスに対しては，c_{pk} の値を $c_p = a + bT + cT^2 + dT^3$ の形をした式から計算することができる（定数 a, b, c, d の値については，Cengel と Boles (2002) 参照）．

$$1149 \text{ K における } CO_2 \text{ に対する } c_p \text{ の値} = 1.274 \text{ kJ/kg·K} \tag{12.30a}$$

$$1149 \text{ K における } H_2O \text{ に対する } c_p \text{ の値} = 2.384 \text{ kJ/kg·K} \tag{12.30b}$$

$$1149 \text{ K における } N_2 \text{ に対する } c_p \text{ の値} = 1.1931 \text{ kJ/kg·K} \tag{12.30c}$$

式 (12.29) から T_2 を求めるために，生成する化学種それぞれの質量 m_k が必要である．モル数の収支式の係数に物質それぞれの分子量を乗じることで，モル数に関するこの燃焼の式 (12.25) を，質量に関する式に変換することができる．

質量に関しては，次のように書くことができる．

$$16 \text{ kg } CH_4 + 64 \text{ kg } O_2 + 210.56 \text{ kg } N_2$$
$$\longrightarrow 44 \text{ kg } CO_2 + 36 \text{ kg } H_2O + 210.56 \text{ kg } N_2 \tag{12.31}$$

CH_4 の燃焼に対しては，燃焼熱は $H_{P0} - H_{R0} = -50\,050$ kJ/kg である．生成物中の H_2O が気体であると仮定する，いわゆる低位発熱量（lower heating value）を用いる．燃焼熱の値は燃料 kg あたりであるため，生成する化学種の質量 m_k を求める

ために，式 (12.31) を次式のように書き換える．

$$1\,\text{kg}\,\text{CH}_4 + \frac{64}{16}\,\text{kg}\,\text{O}_2 + \frac{210.56}{16}\,\text{kg}\,\text{N}_2$$
$$\longrightarrow \frac{44}{16}\,\text{kg}\,\text{CO}_2 + \frac{36}{16}\,\text{kg}\,\text{H}_2\text{O} + \frac{210.56}{16}\,\text{kg}\,\text{N}_2$$

あるいは，次式のように書き換える．

$$1\,\text{kg}\,\text{CH}_4 + 4\,\text{kg}\,\text{O}_2 + 13.16\,\text{kg}\,\text{N}_2$$
$$\longrightarrow 2.75\,\text{kg}\,\text{CO}_2 + 2.25\,\text{kg}\,\text{H}_2\text{O} + 13.16\,\text{kg}\,\text{N}_2 \qquad (12.32)$$

式 (12.30) の c_{pk} の値と式 (12.32) から生成する化学種の質量の値 m_k とともに，式 (12.29) を用いると次式を得る．

$$\sum m_k c_{pk}(T_2 - T_0) = [(2.75 \times 1.274) + (2.25 \times 2.384)$$
$$+ (13.16 \times 1.193)] \times 10^3 \times (T_2 - 298)$$
$$= 50\,050 \times 10^3$$

これにより，$T_2 = 2335\,\text{K}$ となる．

　はじめに c_p を求めるために推算した T_2 を用いるので，新しい c_p の平均値を決定するための新しい平均温度の値を求めるには，新しい T_2 を用いて繰り返し計算を行わなくてはならない．物性値に新しい温度 1316 K を用いてもう 1 回反復計算を行うと，断熱火炎温度 2276 K を得る．さらに反復計算を数回行うと，2288 K として断熱火炎温度の最終値を得る．化学種の c_p の値に対して多項式近似を用い，表計算ソフトの反復計算を用いて簡単にこの種の計算を行うことができる．さらに正確な計算をするには，c_p の値に対して多項式近似を用い，c_p の平均値を積分する必要がある．燃焼計算で予測する温度の上限値になるため，与えた空燃比に対する断熱火炎温度を知ることは重要である．燃焼計算で断熱火炎温度よりも高い温度を示した場合，計算手順を慎重に確認し，修正をしなければならない．このような過大評価は，計算中のアンダーフローやオーバーフローの誤差が原因となることがあり，このような誤差を回避するために，計算手順を構築しなければならない．

12.8　平衡と解離

　これまでの断熱火炎温度に対する解析は，完全燃焼に基づいている．しかし，実際は高温では反応が逆方向に起こる場合がある．この現象は解離（dissociation）とよば

れている．解離反応は吸熱反応であるため，実際の温度は完全燃焼に基づく断熱火炎温度より低くなる．一般的な燃焼温度で重要となる解離反応として，次のものがあげられる．

$$CO_2 \longleftrightarrow CO + \frac{1}{2}O_2$$

$$H_2O \longleftrightarrow H_2 + \frac{1}{2}O_2$$

$$H_2O \longleftrightarrow H + OH$$

$$H_2 \longleftrightarrow H + H$$

$$O_2 \longleftrightarrow O + O$$

$$NO \longleftrightarrow \frac{1}{2}N_2 + \frac{1}{2}O_2$$

解離反応の結果，CO，H_2，OH，O_2 のような化学種が生成物中に存在する．これらは主な反応の生成物である CO_2 と H_2O よりもずっと濃度が低いため，マイナー化学種とよばれている．単純な燃料に対してでさえ，燃焼機構はずっと複雑であり，生成物に多くのマイナー化学種が含まれることを後に説明する．完全燃焼の仮定はもちろん単純化したものである．生成物に含まれるマイナー化学種の濃度ががわかれば，反応物と生成物の化学種すべてを考慮して，このような混合ガスの断熱火炎温度を計算することができる．

　燃焼条件と空燃比を与え，解離後の混合ガスの成分を知りたい．混合ガスが化学平衡に達した場合，混合ガスの組成を化学平衡定数 K_p として知られているパラメータを用いて求めることができる．化学平衡の基準は熱力学第2法則に基づいている．第2法則を燃焼系に適用する理論については，標準的な熱力学の参考書を参照せよ．解析では，ギブス関数（Gibbs function）として知られている熱力学特性を用いる．ギブス関数は次式で定義される．

$$g = h - Ts \tag{12.33}$$

ここで，h は比エンタルピー（J/kg），T は温度（K），s は比エントロピー（J/kg·K）である．比ギブス関数 g の単位は比エンタルピーと同じ，すなわち，J/kg であり，熱力学表（Rogers と Mayhew 1994）からその値を入手することができる．

　第2法則の結果として，系はエントロピーを最大にしようとするため，全ギブス関数（単位 J）が最小値に達する場合，反応系は平衡になることがわかる．数学的には，その基準を次式で記述する．

$$(\mathrm{d}G)_{T,p} = 0 \tag{12.34}$$

これを,次の形で表される燃焼反応に適用する場合を考える.

$$aA + bB \longleftrightarrow cC + dD \tag{12.35}$$

ここで,a, b, c と d は反応に関与する化学種の量論係数である.これらのガスが理想気体で,反応が等温の場合,**平衡状態**を次式で表すことができる(Kuo, 2005 など参照).

$$\Delta G_T^0 = -R_u T \ln K_p \tag{12.36}$$

ここで,ΔG_T^0 は標準状態におけるギブス関数の変化とよばれ,K_p は平衡定数,R_u は気体定数である.

さらに,これを次式のように表すことができる.

$$K_p = \frac{p_C^c p_D^d}{p_A^a p_B^b}$$

ここで,p_A, p_B, p_C などは化学種 A, B, C などの分圧である.

分圧はそれぞれ量論係数の累乗であることに注意する.式 (12.36) で,**標準状態のギブス関数の変化** ΔG_T^0 を,次式から計算することができる.

$$\Delta G_T^0 = \Delta H^0 - T \Delta S^0 \tag{12.37}$$

これらの値を熱力学特性の表から得ることができる.

式 (12.36) から $K_p = \exp(-\Delta G_T^0 / R_u T)$ であるため,熱力学特性の表から得る,あるいは式 (12.36),(12.37) を用いて標準状態のギブス関数の変化を計算することで,K_p の値を求めることができる.

次式のように,混合ガス中に反応物や生成物が多く含まれている場合は,

$$aA + bB + cC + \cdots \longleftrightarrow eE + fF + \cdots \tag{12.38}$$

平衡定数 K_p を次式から求める.

$$K_p = \frac{p_E^e p_F^f \cdots}{p_A^a p_B^b \cdots} = \frac{X_E^e X_F^f \cdots}{X_A^a X_B^b \cdots} \tag{12.39}$$

式中の K_p に対して,生成物は分子に,反応物は分母に現れている.この式から,分圧をモル分率で記述することができることもわかる.

実際の平衡燃焼計算では,独立した反応が多く含まれているため,生成物と反応物のモル分率の関係を求めるために,独立した反応それぞれに対し,モル分率により K_p

を記述する式を用いて，全体の質量あるいはモルの収支式を解く．さらに，反応に関与する原子それぞれの収支と空燃比から関係式を求める．分子すべてのモル分率を求めるために，この連立代数方程式を解く．この種の平衡化学計算の例題を次に示す．

　化学種を多く含む複雑な反応機構の系で平衡計算を行うために，ギブス関数最小化法に基づく専用の計算プログラムが用いられている（Morley, 2005, Kuo, 2005 など参照）．平衡計算に関する文献を，さらに Turn (2000) と Warnatz ら (2001) で見つけることができる．興味がある読者には，Gordon と McBride (1994) が論文化し，インターネットを通して CEA ウェブサイト（McBride, 2004 の URL 参照）で利用可能な NASA の平衡計算プログラムも参照していただきたい．

例題 12.2

当量比 $\phi = 1.25$ のメタンと空気が 1600 K，圧力 1.0 atm で燃焼する．H_2 と CO を含む生成物の組成を決定せよ．

解

量論の燃焼反応式は，次式で与えられる．

$$CH_4 + 2(O_2 + 3.76N_2) \longrightarrow CO_2 + 2H_2O + 2 \times 3.76N_2 \tag{12.40}$$

式 (12.23) から，量論空燃比は $(A/F)_{st} = 17.255$ である．式 (12.24) から，与えた当量比 $\phi = 1.25$ に対する実際の空燃比を計算することができる．

$$(A/F) = \frac{(A/F)_{st}}{\phi} = \frac{17.255}{1.25} = 13.804$$

実際の燃焼過程には解離が含まれる．以下の解離反応が，化学種 H_2 と CO の生成に関与する．

$$CO + \frac{1}{2}O_2 \longleftrightarrow CO_2$$

$$H_2 + \frac{1}{2}O_2 \longleftrightarrow H_2O$$

燃料混合ガスが量論より過濃な場合（$\phi > 1$），H_2 により消費されるため，O_2 濃度は非常に低いと考えられる．この化学反応式二つをまとめることができる．

$$CO + H_2O \longleftrightarrow CO_2 + H_2$$

これは，水性ガスシフト反応式とよばれている．

　そのため，**実際の燃焼反応式にこれらの生成物の化学種 H_2 と CO を追加する**．

$$\text{CH}_4 + a\,(\text{O}_2 + 3.76\text{N}_2) \longleftrightarrow b\,\text{CO}_2 + c\,\text{CO} + d\,\text{H}_2\text{O} + e\,\text{H}_2 + 3.76a\,\text{N}_2$$

ここで，空気のモル数 a を空燃比から計算することができる．

$$(A/F) = \frac{a \times 4.76 \times 29}{1 \times 16} = 13.804 \qquad a = 1.6$$

そのため，次式が得られる．

$$\text{CH}_4 + 1.6\,(\text{O}_2 + 3.76\text{N}_2) \longleftrightarrow b\,\text{CO}_2 + c\,\text{CO} + d\,\text{H}_2\text{O} + e\,\text{H}_2 + 3.76 \times 1.6\text{N}_2$$

燃焼反応に関与する原子三つすべてに対する原子収支から，式を三つ得る．

$$\text{炭素（C）収支} \quad 1 = b + c \tag{12.41}$$

$$\text{酸素（O）収支} \quad 3.2 = 2b + c + d \tag{12.42}$$

$$\text{水素（H）収支} \quad 4 = 2d + 2e \tag{12.43}$$

b, c, d, e の四つの未知数があるため，さらに式が必要である．平衡定数 (12.39) は反応物と生成物のモル分率と関係があるため，平衡定数 K_p から四つ目の式を得る．

水性ガスシフト反応式に対する K_p は，次のように計算できる．

$$K_p = \frac{p_{\text{CO}_2} p_{\text{H}_2}}{p_{\text{H}_2\text{O}} p_{\text{CO}}} = \frac{(b/n)(e/n)}{(c/n)(d/n)} \tag{12.44}$$

$$K_p = \frac{be}{cd} \tag{12.45}$$

ここで，n は混合ガスの全モル数である．

熱力学特性の表では，水性ガスシフト反応式に対する K_p の値を温度の関数として表している（Rogers と Mayhew 1994，Chase ら 1985 の JANAF 表）．燃焼温度 1600 K に対しては，表から $\ln K_p = -1.091$，$K_p = 0.3358$ となるため，次式が得られる．

$$0.3358 = \frac{be}{cd} \tag{12.46}$$

ここで，b, c, d, e の値を求めるために，式 (12.41)〜(12.43)，(12.46) を解く．この場合，単純な消去法を用いて，b に対する 2 次方程式を求めることができる．

$$0.6642b^2 + 0.8746b - 0.7387 = 0$$

解は，次のようになる．

$$b = 0.5848 \qquad c = 0.4152$$

$$d = 1.6152 \qquad e = 0.3848$$

これまで述べたとおり，解離反応は吸熱反応であり，不完全燃焼となる．平衡では，COとH₂のような反応物が生成物に存在する．これは，燃料が完全に消費されておらず，断熱火炎温度が完全燃焼を仮定して推算した断熱火炎温度よりも低くなることを意味する．しかし，燃焼の生成物が平衡に達するまでに時間を要するため，実際には滞在時間が長い場合，平衡計算により生成物の組成を精度よく予測することができる．たとえば，高温で操業する長い炉では，生成物は平衡に達する．

ほかの燃焼系の多くでは，流れや操業条件により，平衡に達する十分な時間がなく，平衡計算だけでは生成物の組成を予測することはできない．また，有限の速度の化学反応，乱流，非定常の効果などのほかの要因も考慮しなければならない．内燃機関は，非定常環境で起こる燃焼の重要な例である．解離反応が起こる最高温度や圧力は非常に短い時間しか現れず，燃焼後，圧力と温度がすぐに低下することで，平衡に達する前に生成物の組成は"凍結"する．エンジン燃焼のほかの重要な非平衡現象は，化学反応の影響を強く受ける汚染物質生成である．これらのプロセスを，次節で説明する．それでもなお，燃焼系の多くに対して，平衡計算により最終的な生成物の組成を予測することができる．このような詳細は，燃焼装置の設計に対して非常に有用である．適用できるのであれば，平衡化学モデルを用いた燃焼の数値流体力学の計算を行うことができる（JonesとPriddin, 1978, Nazhaら, 2001）．平衡モデルを適用できない状況に対しては，より詳細な燃焼モデルが必要である．汎用数値流体力学プログラムには，どんな状況も対応する機能が必要であるため，組成の計算には平衡の限界，乱流，有限速度の化学，ふく射伝熱などの効果を考慮する必要がある．関連するモデルの概念を，次節以降で説明する．

12.9 燃焼と化学反応速度論

これまで述べたとおり，燃料の燃焼は一つの反応では起こらず，異なる段階が多く含まれている．これまでの説明では，生成物が平衡に達するには時間がかかることを述べた．化学反応速度論により，系が最終的な平衡状態に達するまでにどれくらいの時間がかかるのかを最終的に決定する．基本的に，化学反応速度論は反応機構と反応速度の研究である．

燃焼過程の多くは物理的に制御されている．すなわち，燃焼速度は流れ，乱流，拡散過程に依存する．例として，(i) ろうそくの炎や石油ランプのような芯の炎，(ii) 液体のプール燃焼，プール火炎，(iii) 液滴燃焼，炉内の液体燃料の燃焼，(iv) ディーゼルエンジンの燃焼，(v) 低高度におけるガスタービンの燃焼，(vi) ロケットモーター，

(vii) 層流および乱流のジェット拡散火炎，(viii) ボイラや加熱炉内の燃焼，(ix) ガソリンエンジン内の乱流予混合燃焼，航空エンジンなどがある．このような状況では，拡散と乱流が混合とその後の燃焼を支配する．

しかし，化学反応速度は，たとえば，圧力が低い，あるいは供給する酸素が限られているような状況では，重要な役割を果たす場合がある．燃焼は決して物理的な過程と独立することはないため，"速度論的影響" がこれらの過程を表現する正しい方法である．速度論的影響を受ける状況として，(i) 予混合した燃料と酸化剤の層流火炎の進行，(ii) ガスオーブンや家庭用ボイラ火炎などの通気した層流火炎，(iii) ガソリンエンジンの火花点火，ディーゼルエンジンの自着火，家庭用電気器具の着火のような着火過程，(iv) 高高度におけるガスタービンの失火，ガソリンエンジンの低回転や過濃運転，安定火炎の失火，(v) 反応速度が混合と競争する複雑な状況，たとえば，非常に小さい液滴あるいは粒子の燃焼，微粉炭火炎中の酸素不足，石炭粒子からの大きなふく射熱損失を伴う状況，大きなせん断流れの状況などがある．

12.10 総括反応と中間反応

これまで説明した燃焼計算では，単一の反応あるいは総括反応として燃焼反応を記述した．

$$\text{燃料} + \text{酸化剤} \longrightarrow \text{生成物} \tag{12.47}$$

たとえば，次のようなものがあげられる．

$$CH_4 + 2O_2 \longrightarrow CO_2 + 2H_2O \tag{12.48}$$

異なる反応物である分子三つが同時に関係するため，実際は，この反応はこの1段階では起こらない．化学反応は一般に，分子どうしの衝突により起こる．ここで，衝突により分子の結合が壊れ，新しい結合を形成する．この過程では，中間結合や中間化学種が多く形成する．このような反応は素反応 (elementary reactions) とよばれ，安定な中間化学種やラジカルを含む．たとえば，反応に含まれる一般的なラジカルは，H，O，OH，CH，HO_2，C_2 である．不対電子が含まれるため，これらのラジカルは不安定であり，反応性が非常に高い．最も単純でよく報告されているのが，H_2 の燃焼である．

$$H_2 + \frac{1}{2}O_2 \longrightarrow H_2O \tag{12.49}$$

この単純な反応でさえ，以下のような中間段階を多く含む．

$$H_2 + O_2 \longleftrightarrow 2OH \tag{12.50}$$

$$H_2 + OH \longleftrightarrow H_2O + H \tag{12.51}$$

$$H + O_2 \longleftrightarrow OH + O \tag{12.52}$$

$$H_2O + O \longleftrightarrow OH + OH \tag{12.53}$$

$$H + OH + M \longleftrightarrow H_2O + M \tag{12.54}$$

M は，この系に存在する任意の第 3 の化学種を表す．化学反応速度論では，主にこれらの反応がどのように起こるかを詳細に取り扱う．多くの反応機構や反応経路があり，化学反応速度論は非常に多くの注目を集めている研究分野である．ここでは詳細に踏み込まないが，詳細については，Turns (2000), Kuo (2005), Warnatz ら (2001), Bartok と Sarofim (1991), Gardiner (1984) とその中にある参考文献を参照していただきたい．これから，数値流体力学の燃焼の計算手順の基礎的な概念についていくつか説明する．

12.11 反応速度

　燃焼のモデリングでは，反応物の消費と生成物の形成の速度を決定する必要がある．化学種それぞれに対する輸送方程式中の生成項としてこれらを用いる．燃焼には中間反応式が多く含まれていることをすでに述べている．化学種は，可逆反応を含む異なる多くの反応中で生成し，消費される．説明のため，次の化学量論の式によって示す反応（正反応のみ）を考えよう．

$$\sum_{k=1}^{N} \nu'_{kj} M_k \longrightarrow \sum_{k=1}^{N} \nu''_{kj} M_k \qquad (j = 1, 2, \cdots, m) \tag{12.55}$$

ν'_{kj} は，反応 j の反応物の化学種 M_k の量論係数である．ν''_{kj} は，反応 j における生成物の化学種 M_k の量論係数である．N は含まれる化学種の数の総和，m は化学反応の数の総和である．

　質量保存から，次式が成り立つ．

$$\sum_{k=1}^{N} \nu'_{kj} (MW)_k = \sum_{i=1}^{N} \nu''_{kj} (MW)_k \qquad (j = 1, 2, \cdots, m) \tag{12.56}$$

たとえば，次のような簡単な反応を考えよう．

$$2H_2 + O_2 \longrightarrow 2H_2O \tag{12.57}$$

この反応に含まれる化学種の数の合計は $N = 3$, 含まれる化学種は $M_1 = H_2$, $M_2 = O_2$, $M_3 = H_2O$ である.

式 (12.57) の左辺を考えると,

H_2 に対する量論係数 $\nu'_1 = 2$

O_2 に対する量論係数 $\nu'_2 = 1$

H_2O に対する量論係数 $\nu'_3 = 0$ （式の左辺に H_2O はない）

式 (12.57) の右辺を考えると,

H_2 に対する量論係数 $\nu''_1 = 0$ （式の右辺に H_2 はない）

O_2 に対する量論係数 $\nu''_2 = 0$ （式の右辺に O_2 はない）

H_2O に対する量論係数 $\nu''_3 = 2$

である. この式の質量保存の式 (12.56) は, 次式で確かめることができる.

$$\text{左辺} \ (2 \times 2 + 1 \times 32) = (2 \times 18) \ \text{右辺}$$

実験観察により確認されている質量作用の法則（Kuo, 2005, Turns, 2000 参照）から, 反応に関与する化学種の消費速度は, 反応する化学種の濃度の量論係数の累乗の積に比例することが示されている.

反応式 (12.55) に対する**反応速度 RR**（単位 $kmol/m^3 \cdot s$）を, 次式から求める（Kuo, 2005 参照）.

$$\text{RR} = \frac{d(C_{\text{product}})}{dt} = k_f \prod_{k=1}^{N} (C_{M_k})^{\nu'_{kj}} \tag{12.58}$$

化学種 M_k が式 (12.55) の両辺に現れるため, **正味の反応 j の速度**を, 化学種 M_k の生成物から化学種 M_k の反応物を差し引いて求める.

$$\dot{q}_{kj} = \frac{dC_{M_k}}{dt} = (\nu''_k - \nu'_k) k_f \prod_{k=1}^{N} (C_{M_k})^{\nu'_{kj}} \tag{12.59}$$

ここで, C は単位 $kmol/m^3$（あるいは CGS 単位で $g\,mol/cm^3$）の化学種のモル濃度であり, 比例定数 k_f は比反応速度定数とよばれている. ここで, この k は, 化学種を識別するために用いられている下付き文字 k とは異なることに注意せよ. 反応速度定数 k_f は濃度に依存せず, たいてい次式で表される.

$$k_f = AT^\alpha \exp\left(-\frac{E_a}{R_u T}\right) \tag{12.60}$$

これは**アレニウス則（Arrhenius law）**として知られている．この式中の A は頻度因子とよばれている．パラメータ α は温度の指数，E_a は活性化エネルギーである．これらの定数を与えられた反応に対して指定する．R_u は気体定数（$= 8.314\,\mathrm{kJ/kmol\cdot K}$），$T$ は絶対温度である．ここで，単位について注意が必要である．正反応のみの単純な反応を考えよう．

$$aA + bB \longrightarrow cC + dD \tag{12.61}$$

式 (12.59) を用いて，この反応に対する反応物の消費と生成物の生成速度を，次式のように導出することができる．

$$\dot{q}_A = \frac{dC_A}{dt} = -a k_f (C_A)^a (C_B)^b \tag{12.62}$$

$$\dot{q}_B = \frac{dC_B}{dt} = -b k_f (C_A)^a (C_B)^b \tag{12.63}$$

$$\dot{q}_C = \frac{dC_C}{dt} = c k_f (C_A)^a (C_B)^b \tag{12.64}$$

$$\dot{q}_D = \frac{dC_D}{dt} = d k_f (C_A)^a (C_B)^b \tag{12.65}$$

式 (12.61) は，正反応のみの反応であることに注意せよ．逆反応もある場合，逆反応の反応速度定数 k_b を用いて同じような式を記述することができる．C_A，C_B の単位は $\mathrm{kmol/m^3}$ である．反応速度の単位は $\mathrm{kmol/m^3 \cdot s}$ である．式 (12.59) には指数が含まれているため，式 (12.60) から求める k_f の単位は，反応の化学量論に依存することがわかる．反応式 (12.61) に対して，係数 a と b の和は反応次数 $n = a + b$ とよばれている．E_a の単位は $\mathrm{kJ/kmol}$ であり，$R_u T$ の単位も同じである．指数項 $-E_a/R_u T$ は単位をもたない．因数 T^α は，α の値に依存した単位をもつ（Turns, 2000 参照）．そのため，この特定の反応に対して，定数 A の単位は $(\mathrm{m^3/kmol})^{n-1}/(\mathrm{K}^{-\alpha} \cdot \mathrm{s})$ である．また，k_f の単位は $(\mathrm{m^3/kmol})^{n-1}/\mathrm{s}$ である．ほとんどの場合，α はゼロであり，この場合，k_f に必要な単位は A に必要な単位と同じである（Henson と Salimian, 1984 など参照）．

次の形の単純な逆反応に対しては，

$$aA + bB \longrightarrow cC + dD \tag{12.66}$$

式 (12.66) 中の反応物の化学種 A の消費速度は，次式で表される．

$$\dot{q}_A = \frac{dC_A}{dt} = -a \left[k_f (C_A)^a (C_B)^b - k_b (C_C)^c (C_D)^d \right] \tag{12.67}$$

同様にして，次の形で表される多くの反応に対して，

$$\sum_{k=1}^{N} \nu'_{kj} M_k \longleftrightarrow \sum_{k=1}^{N} \nu''_{kj} M_k \qquad (j=1,2,\cdots,m) \tag{12.68}$$

反応 j の化学種 k に対する反応速度の最も一般的な形は，次式のように表される．

$$\dot{q}_{kj} = \left.\frac{\mathrm{d}C_{M_k}}{\mathrm{d}t}\right|_j = (\nu''_k - \nu'_k)\cdot\left[k_f \prod_{k=1}^{N}(C_{M_k})^{\nu'_{kj}} - k_b \prod_{k=1}^{N}(C_{M_k})^{\nu''_{kj}}\right] \tag{12.69}$$

ここで，k_f は反応 j に対する正反応の反応速度定数，k_b は逆反応の反応速度定数である．この種のコンパクトな表記は，多くの反応（100 以上など）を含む大きな動力学的機構を取り扱うのに非常に有用であり，CHEMKIN（Kee ら 1996）のような一般動力学の解法アルゴリズムで用いられている．

m 本の式を含む複雑な化学反応機構では，ある化学種 k の生成反応速度の総和 $\dot{q}_k$ は，化学種 k を生成する式それぞれの個々の速度の和である．すなわち，次式のように表すことができる．

$$\dot{q}_k = \sum_{j=1}^{m} \dot{q}_{kj} \tag{12.70}$$

ここで，$\dot{q}_k$ は**化学種 k に対する全反応速度**，$\dot{q}_{kj}$ は特定の反応 j の化学種 k の反応速度である．

燃焼問題の解法において，化学種それぞれに対する輸送方程式中でこれらの反応速度を用いる．反応機構に関与する化学種それぞれに対して反応速度を記述する場合，これにより，時間に対する化学反応の進行を記述する 1 次の連立微分方程式を得る．初期条件（反応物の化学種の初期濃度と温度）を与えれば，質量，運動量，エネルギー保存式に加える式を記述することができ，解を求めるためにこれらの連立微分方程式を数値積分することができる．このような系の解法では，ほかの変数と比較して一つ以上の変数が急激に変化する場合，この系は硬い（stiff）といわれる．化学動力学の解法パッケージでは，このような硬い系を取り扱うための特別な方法を用いる（Kee ら，1996，Radhakrishnan と Pratt，1998 参照）．

化学種の質量分率（単位 $\mathrm{kg/m^3 \cdot s}$）の輸送方程式中の生成項（後述）として，これらの反応速度を用いる．必要な単位に変換するために，$\dot{q}_{kj}$（$\mathrm{kmol/m^3 \cdot s}$）に分子量（$MW$）を乗じる．質量の速度に変換した後，**化学種の輸送方程式で用いる反応速度の生成項**を，次式のように記述する．

$$\dot{\omega}_k = (MW)_k \dot{q}_k \tag{12.71}$$

ここで，Baulch ら (1994)，Turns (2000)，Smith ら (2003)，Kuo (2005)，Gardiner (1984) と後に参照する文献の詳細な動的データ（定数 A, α, E_a などの値）を用いて，式 (12.69), (12.70) から $\dot{q}_k$ を求める．初期の燃焼の文献では，動的データが CGS 単位でまとめられていることがある．これらのデータを用いる場合には注意が必要であり，反応速度を算出する場合，適切な SI 単位への変換が必要である．

さらに注意しなければならない点は，正反応と逆反応の反応速度の関係である．正反応の反応速度定数 k_f が既知の場合，12.8 節で取り入れた平衡定数から j 番目の反応に対する逆反応の反応速度定数 k_b を計算することができる．

$$k_{fj} = k_{bj}(C_{M_j})^{\sum_{k=1}^{N}(\nu''_{kj}-\nu'_{kj})} = \frac{\prod_{\text{products}} X_i^{\nu''_i}}{\prod_{\text{reactants}} X_i^{\nu'_i}} = K_p \left(\frac{R_u}{T/p}\right)^{\sum \nu'_i - \sum \nu''_i} \quad (12.72)$$

たとえば，（後に説明する）thermal NO に対する Zel'dovich 機構として知られている反応の一つに，次式がある．

$$\text{NO} + \text{O} \longrightarrow \text{N} + \text{O}_2$$

正反応に対する速度定数（Turns, 2000 から）は，

$$k_f = 3.80 \times 10^9 T^{1.0} \exp\left(\frac{-20820}{T}\right) \text{ cm}^3/\text{g mol}\cdot\text{s}$$

であり，2300 K では，値は $k_f = 1.029 \times 10^9$ cm^3/g mol·s である．この反応に対して，$(\sum \nu'_i - \sum \nu''_i) = 0$ とする．また，2300 K におけるこの反応に対する K_p の値は $K_p = 1.94 \times 10^{-4}$ である．式 (12.72) を用いると，逆反応の反応速度定数を次式から得る．

$$k_b = \frac{k_f}{K_p} = \frac{1.024 \times 10^9}{1.94 \times 10^{-4}} = 5.278 \times 10^{12} \text{ cm}^3/\text{g mol}\cdot\text{s}$$

化学反応速度論の詳細や，基本的な反応速度式の導出，反応動力学データおよび CHEMKIN のようなパッケージでこれらがどのように使われているかを，Turns (2000)，Kuo (2005) で知ることができる．

式 (12.61) の形をした簡単な反応に対する反応速度式の挙動を示すために，化学種 A の消費速度を，次式のように記述することができる．

$$\dot{\omega}_A = A'[Y_A]^a [Y_B]^b \exp\left(\frac{-E}{R_u T}\right) \quad (12.73)$$

ただし，$\quad A' = (MW)_A a A T^\alpha \left[\dfrac{\rho}{(MW)_A}\right]^a \left[\dfrac{\rho}{(MW)_B}\right]^b$

モル濃度の保存の式 (12.69) から（数値流体力学の計算で用いられている）質量分率に変換する際に，定数 A' には密度や分子量が含まれていることに注意しなければならない．この式に従うと，反応速度は温度の指数関数で増加することがわかる．反応が進行すると，反応物の質量分率は消費されるため，減少する．そのため，化学種 A と B が消費されるにつれ反応速度は減少する．速度式の一般的な挙動を，図 12.1 に示す．はじめは項 $\exp(-E/R_u T)$ が支配的であるため，反応速度はほぼ温度の指数関数で増加する．T が最終温度 T_{burnt} に向かって増加するにつれ，化学種 A と B が反応で消費され，$[Y_A]^a [Y_B]^b$ が減少するため，反応速度は指数関数項があるにもかかわらず減少する．これは反応しうる反応物（濃度）と温度の両方が反応速度を決定するのに主な役割を果たしていることを示している．

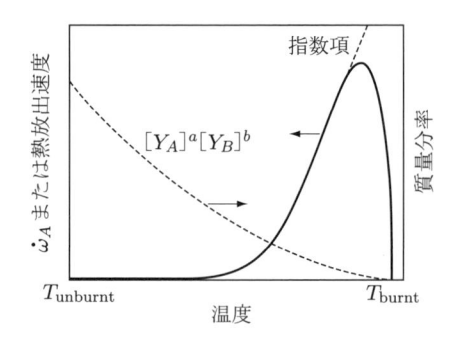

図 **12.1** 1 段反応に対する反応速度式の概念図

12.12 詳細機構

さまざまな次数（1 次，2 次など）や，逐次反応，競争反応，対抗反応，連鎖反応，分岐反応など多くの種類の反応がある．さまざまな燃料の酸化に対して，これらの反応に対する詳細反応機構（detailed reaction mechanisms）と適切な速度定数を文献から入手することができる．たとえば，Gardiner (1984)，Drake と Blint (1988)，Dryer (1991)，Smooke (1991)，Peters (1993)，Turns (2000)，Seshadri と Williams (1994)，Warnatz ら (1991)，GRI 3.0 機構（Smith ら，2003 と参考文献）と San Diego 機構 (2003, http://maemail.ucsd.edu/combustion/cermech/) も参照していただきたい．

メタノールと $CO/H_2/O_2$ 系に対する詳細機構を，Dryer (1991) から入手することができる．この参考文献から，さまざまな炭化水素燃料に対する 1 段，2 段，4 段機構も得ることができる．Peters (1993) には多くの著者が寄稿しており，これはさまざまな燃料

に対する多段反応と簡略化機構の貴重な書物である．メタン燃料の詳細機構，NO生成，一般的な燃料に対する1段，多段反応機構も Turns (2000) から入手することができる．メタン燃焼に対する46段の機構も Smooke ら (1986) で報告されている．メタン燃焼に対して非常によく知られ，広く用いられている機構は GRI 2.11 (Bowman ら，1996) である．この機構のNOの詳細機構を含む最新版は，GRI 3.0 (Smith ら，2003) である．しかし，本書を執筆している時点では最新版 GRI 3.0 (Kim と Huh, 2002 参照) よりも旧版 GRI 2.11 のほうが NO の予測精度が高い場合があることが観察されている．詳細機構の詳細を Seshadri と Williams (1994)，Warnatz ら (2001) と Lawrence Livermore Laboratory 機構 (http://www-cms.llnl.gov/combustion/combustion2.html) で見つけることができる．

さまざまな機構の速度定数は，計算による推算と制御した実験から得た火炎速度，温度および化学種の質量分率に基づき導出されていることに注意しなければならない．化学反応式が多い系に対しては，専用のコンピュータプログラムには，化学反応速度論の問題を解くことが求められる．たとえば，CHEMKIN (Kee ら 1996) は，このような問題に対して広く用いられているソフトウェアパッケージであり，商用数値流体力学プログラムの多くでは，化学反応式に関連する情報を取り入れることができるようになっている．

12.13 簡略化機構

化学反応速度論の計算と関連する化学種の輸送方程式の計算負荷は大きく，反応機構がより複雑に，詳細になるほど急激に大きくなる．そのため，基本的な燃料の燃焼を表現するのに，反応の数が少ないより実用的な反応機構を開発する努力がなされている．これらの簡略化した機構は簡略化機構 (reduced mechanisms) とよばれ，主要な化学種と重要なマイナー化学種を予測するための鍵となる反応が数本含まれている (Dryer, 1991, Seshadri と Williams, 1994 など参照)．たとえば，Conaire ら (2004) の H_2 の酸化に対する詳細機構には19本の反応が含まれているのに対し，Massias ら (1999) は，NO生成を含む H_2 の燃焼に対して5段の簡略化機構を示している (表 12.1)．

Seshadri と Williams (1994) に示されているメタンの燃焼に対する詳細な化学反応速度論には，N_2 を含む17化学種の39本の素反応が含まれている．メタンの燃焼に対する Hewson と Bollig (1996) の5段簡略化機構を，表12.2に示す．また，その文献では，窒素化学（化学種 NO，NH_3，HCN など）に対する52段，13化学種の反応の詳細反応機構と，窒素化学に対する6段に減らした簡略化機構も示している．

表12.1と表12.2に示した簡略化機構に対する速度定数とさらなるデータを，上記の

参考文献から得ることができる．実用上最も重要な燃焼反応で広範囲な研究が行われており，詳細機構や簡略化機構を提案する発表は数多い．詳細機構には式が多く含まれている．たとえば，NO_x 化学を含む天然ガスの燃焼に対する上述したGRI 3.0 反応機構には，325 の反応と 53 の化学種が含まれている．簡略化機構の精度は，実用上重要な多くの燃焼反応に対して詳細機構と比較されている（Barlow ら，2001，Massias ら，1999 など参照）．簡略化機構を選ぶことは，常に計算負荷と必要な精度のトレードオフである．適用する問題と利用可能な計算機リソースによって適切な機構を注意深く選ぶべきである．結果を考察する場合，簡略化機構には特定の温度範囲や燃焼過程を対象としていることがあることにも注意しなければならない．

表 12.1

1	H_2	$\longleftrightarrow$	$2H$
2	$H_2 + O$	$\longleftrightarrow$	H_2O
3	$4H + O_2$	$\longleftrightarrow$	$2H_2O$
4	$N_2 + O_2$	$\longleftrightarrow$	$2NO$
5	$N_2 + O$	$\longleftrightarrow$	N_2O

表 12.2

1	$CH_4 + 2H + H_2O$	$\longleftrightarrow$	$4H_2 + CO$
2	$H_2O + CO$	$\longleftrightarrow$	$H_2 + CO_2$
3	$2H$	$\longleftrightarrow$	H_2
4	$O_2 + 3H_2$	$\longleftrightarrow$	$2H_2O + 2H$
5	$H_2 + 2CO$	$\longleftrightarrow$	$C_2H_2 + O_2$

12.14 燃焼流れの基礎式

これまで，流れの状態を考えない熱力学，化学平衡と化学反応速度論について考察してきた．燃焼状態の多くでは，流体の流れは燃焼過程の全体の一部である．加熱炉のような非予混合燃焼状態では，流体の流れや乱れによって燃料と空気の流れは混合し，その結果，燃焼の温度，化学種の濃度および化学種の分布は流体の流れによって制御される．同様に，たとえば，点火IC エンジンのような予混合燃焼では，形状，火花点火の前の空気の導入や，圧縮過程により生成する流体の流れや乱れは，エンジンの燃焼の特徴に重要な役割を果たす．ここで，ガス燃料の燃焼の基礎式を示す．ここでも，第3章で導入した添え字を用いて式を表す．

第2章で導出した連続の式と運動量保存式を，変形することなく用いることができる．

▶ 連続の式

連続の式は，次式で与えられる．

$$\frac{\partial \rho}{\partial t} + \frac{\partial}{\partial x_i}(\rho u_i) = 0 \tag{12.74}$$

燃焼流れの密度は変数であり，圧力，温度，化学種の濃度に依存することに注意しなければならない．

▶ 運動量保存式

ほかの流れと同様に，流れ場は次の運動量保存式に支配される．

$$\frac{\partial}{\partial t}(\rho u_i) + \frac{\partial}{\partial x_i}(\rho u_i u_j) = -\frac{\partial p}{\partial x_i} + \frac{\partial \tau_{ij}}{\partial x_i} + F_i \tag{12.75}$$

ここで，τ_{ij} は粘性応力テンソル，F_i は（重力を含む）体積力である．

$$\tau_{ij} = \mu\left(\frac{\partial u_i}{\partial x_j} + \frac{\partial u_j}{\partial x_i} - \frac{2}{3}\delta_{ij}\frac{\partial u_k}{\partial x_k}\right) \tag{12.76}$$

反応を伴う流れに特化した輸送方程式の一つ目は，化学種 k の質量保存式である．$\phi = Y_k$ とすることで，一般化した輸送方程式 (2.39) から簡単に導出することができる．下付き文字を用いると，保存式は以下のようになる．

▶ 化学種の保存式

$$\boxed{\frac{\partial}{\partial t}(\rho Y_k) + \frac{\partial}{\partial x_i}(\rho u_i Y_k) = \frac{\partial}{\partial x_i}\left(\rho D_k \frac{\partial Y_k}{\partial x_i}\right) + \dot{\omega}_k} \tag{12.77}$$

| 化学種 k の質量の変化速度 | + | 対流による正味の化学種 k の質量の減少速度 | = | 拡散による正味の化学種 k の質量の増加速度 | + | 生成による正味の化学種 k の質量の増加速度 |

式 (12.77) 中の D_k は，化学種の拡散係数（単位 m²/s）である．化学反応による化学種の体積あたりの生成（消失）速度は，輸送方程式それぞれの生成（消失）項 $\dot{\omega}_k$ として現れる．異なる幅広い種類のモデルを，物理的に制御した燃焼に対して用いることができる．最も重要なモデルを本章の後で説明する．

化学種すべてに単一の拡散係数を用いるのが最も一般的である．これにより，式 (12.77) は次式のように簡略化される．

$$\boxed{\frac{\partial}{\partial t}(\rho Y_k) + \frac{\partial}{\partial x_i}(\rho u_i Y_k) = \frac{\partial}{\partial x_i}\left(\rho D \frac{\partial Y_k}{\partial x_i}\right) + \dot{\omega}_k} \tag{12.78}$$

化学種の拡散係数を単一の D で仮定するのは必ずしも正確ではないが（実は不正確かもしれない），燃焼計算が非常に単純になるため，このことは非常に魅力的である．

▶ エネルギー保存式

燃焼流れでは，温度は熱力学的な状態と混合ガスの成分に依存する．燃焼モデルには，エンタルピーの輸送方程式を必要としないモデルもある．たとえば，層流火炎片モデルでは，層流火炎片ライブラリの曲線から温度を求める．しかし，ほかの燃焼サ

ブモデルでは，エンタルピーの輸送方程式を解く必要がある．化学エネルギーは燃焼熱として発生し，その輸送方程式を解くことでエンタルピーを求める．

$$\frac{\partial}{\partial t}(\rho h) + \frac{\partial}{\partial x_i}(\rho u_i h) = \frac{\partial}{\partial x_i}\left[\frac{\mu}{\sigma_h}\frac{\partial h}{\partial x_i} + \mu\left(\frac{1}{Sc_k} - \frac{1}{\sigma_h}\right)\sum_{k=1}^{N} h_k \frac{\partial Y_k}{\partial x_i}\right] + \frac{\partial p}{\partial t} + S_{\rm rad}$$
(12.79)

| エンタルピーの変化速度 | ＝ | 対流による正味のエンタルピーの減少速度 | ＋ | エンタルピーの勾配に沿う拡散による正味のエンタルピーの増加速度 |
| | | ＋ 化学種の勾配に沿う質量の拡散による正味のエンタルピーの増加速度 | ＋ 圧力仕事による正味のエンタルピーの増加速度 | ＋ ふく射伝熱による正味のエンタルピーの増加速度 |

式 (12.79) 中のエンタルピーの輸送方程式の生成項 $S_{\rm rad}$ は，ふく射の損失あるいは増幅である．一般に，低マッハ数の燃焼流れでは，粘性エネルギーの消散は無視できると仮定する．ここで，h は単位質量あたりの混合エンタルピー，h_k は化学種 k の比エンタルピーであり，選択した反応機構で考慮する N 化学種すべてについて和をとる．σ_h は混合プラントル数（mixture Prandtl number），$Sc_k \equiv \mu/\rho D_k$ は化学種のシュミット数（Schmidt number）である．

プラントル数は，次式で定義される．

$$\sigma_h = \frac{c_p \mu}{k} = \frac{運動量の輸送速度}{エネルギーの輸送速度}$$

ルイス数（Lewis number）は，次式で定義される．

$$Le_k \equiv \frac{k}{\rho c_p D_k} = \frac{エネルギーの輸送速度}{質量の輸送速度}$$

シュミット数は，次式で定義される．

$$Sc_k = \frac{\mu}{\rho D_k} = \frac{運動量の輸送速度}{質量の輸送速度}$$
$$= Le\sigma_h$$

式 (12.78) のように，一つの拡散係数を用いる．すなわち，$k = 1, 2, \cdots, N$ に対して $D_k = D$ とすると，式 (12.79) を次式のように書くことができる．

$$\frac{\partial}{\partial t}(\rho h) + \frac{\partial}{\partial x_i}(\rho u_i h)$$
$$= \frac{\partial}{\partial x_i}\left[\frac{\mu}{\sigma_h}\frac{\partial h}{\partial x_i} + \frac{\mu}{\sigma_h}\left(\frac{\sigma_h}{Sc} - 1\right)\sum_{k=1}^{N} h_k \frac{\partial Y_k}{\partial x_i}\right] + \frac{\partial p}{\partial t} + S_{\rm rad} \quad (12.80)$$

これを次式のように書き換えることができ，

$$\frac{\partial}{\partial t}(\rho h) + \frac{\partial}{\partial x_i}(\rho u_i h)$$
$$= \frac{\partial}{\partial x_i}\left[\frac{\mu}{\sigma_h}\frac{\partial h}{\partial x_i} + \frac{\mu}{\sigma_h}\left(\frac{1}{Le} - 1\right)\sum_{k=1}^{N} h_k\frac{\partial Y_k}{\partial x_i}\right] + \frac{\partial p}{\partial t} + S_{\text{rad}} \quad (12.81)$$

そのため，ルイス数が1の場合，エンタルピーの保存式は，次式のように簡略化される．

$$\frac{\partial}{\partial t}(\rho h) + \frac{\partial}{\partial x_i}(\rho u_i h) = \frac{\partial}{\partial x_i}\left[\frac{\mu}{\sigma_h}\frac{\partial h}{\partial x_i}\right] + \frac{\partial p}{\partial t} + S_{\text{rad}} \quad (12.82)$$

流れが遅い場合，$\partial p/\partial t$ を無視することができるため，流れが遅く，拡散係数が単一でルイス数を1と仮定すると，エンタルピーの保存式は厳密に一般化した輸送方程式 (2.39) と同じ形となる．さらに，ふく射 S_{rad} の生成項も小さい場合，エンタルピーは保存あるいは受動スカラー（passive scalar）となる．

個々の化学種の熱伝導率は温度の関数であり，多項式 $k = a + bT + cT^2 + dT^3$ を用いて計算できることに注意する．ここで，たとえば，Reid ら (1987) の係数を用いることができる．二つの化学種間の2成分の拡散係数 D_{ij} は，成分の濃度，温度と圧力に依存する．D_{ij} の計算と多成分の単一の拡散係数 D_k（混合ガスのほかの成分に対する単一の化学種の拡散係数）を計算するのに用いることができる重要な式も，先ほどの文献から入手できる．D_k も個々の化学種の濃度，温度，圧力に依存する．化学種の物性に対する輸送モデルについて述べた Paul と Warnatz (1998) も参照していただきたい．燃焼のモデリングにおいて，CHEMKIN（Kee ら，1996）のようなパッケージを用いて，詳細化学反応モデルで必要な拡散係数やほかの輸送物性を計算する．おおよその値を参照すると，1000 K における H_2，H_2O，CO_2 の熱伝導率はそれぞれ，0.4 W/mK，0.097 W/mK，0.068 W/mK である．Paul と Warnatz (1998) が報告している，1000 K における N_2 と混合した二成分系の拡散係数の近似値は，H–N_2 に対して 10 cm^2/s，OH–N_2 に対して 2 cm^2/s，O_2–N_2 に対して 1.5 cm^2/s である．1次元層流拡散火炎の計算における H_2/空気混合ガス中の化学種に対して質量分率が最大となる位置で算出したルイス数を，表 12.3 に示す．H と H_2 以外のほかの化学種のルイス数は 1.0 に近い．参考のためにこれらの値を示しているだけであり，局所の条件に依存した実際の値は個別に計算しなければならない．さまざまな燃料混合ガスに対するルイス数の計算に詳細については，Clarke (2002) も参照していただきたい．

表 12.3 H_2 と空気の燃焼で計算した化学種に対するルイス数

N_2	O_2	H	OH	O	H_2	H_2O	H_2O_2
0.920	1.052	0.200	0.726	0.700	0.175	0.995	1.005

▶ ほかの関係

燃料，酸化剤，不活性化学種の質量分率の合計は 1 である．

$$\sum_{k}^{\text{all species}} Y_k = 1 \tag{12.83}$$

ここで，k は化学種を示す．

エンタルピーから温度を計算することができる．

$$T = \frac{h - \sum_{k}^{\text{fuel species}} Y_k \Delta h_{fk}}{\bar{c}_p} \tag{12.84}$$

比熱 $\bar{c}_p$ の平均値は，次式のように定義される．

$$\bar{c}_p = \frac{1}{(T - T_{\text{ref}})} \int_{T_0}^{T} c_p \, dT \tag{12.85}$$

ただし，

$$c_p \equiv \sum_{k}^{\text{all species}} Y_k c_{p,k}$$

であり，$c_{p,k}$ は化学種 k の比熱である．さまざまな化学種に対して温度に依存する $c_{p,k}$ の多項式フィッティングを種々の文献から入手することができる．たとえば，Cengel と Boles (2002) を参照のこと．

混合ガスの局所の密度は圧力，反応物と生成物の濃度，混合ガスの温度に依存する．状態方程式からこの値を計算することができる．

$$\rho = \frac{p}{R_u T \sum_{k}^{\text{all species}} \frac{Y_k}{(MW)_k}} \tag{12.86}$$

ここで，$(MW)_k$ は化学種 k の分子量，R_u は気体定数 (8.314 kJ/kmol·K) である．

流れ場も同様に温度と密度の変化の影響を受けるため，化学種とエンタルピーの方程式に加えて流れの式すべてを解かなければならない．得られる輸送方程式は非常に多くなる可能性がある．たくさんの中間反応を考慮するモデルでは，膨大な計算機リソースが必要であるため，数値流体力学に基づく燃焼の計算手順では，数本の反応のみを組み込んだ単純なモデルがしばしば選ばれる．最も単純で有名な計算手順は Simple Chemical Reaction System (SCRS, Spalding, 1979 参照) であり，次節でその詳細を述べる．その後，渦崩壊モデル，層流火炎片モデルなどの乱流燃焼のほかのモデリングを説明する．

12.15　Simple Chemical Reaction System (SCRS)

　燃焼過程の全体の性質と，最終的に生成される主要な化学種濃度のみを考える場合，詳細反応速度論は重要ではなく，酸化剤が燃料と量論比で結合し，生成物になる巨視的な1段の無限大に速い化学反応を仮定することができる．

$$\text{燃料} \ 1 \ \text{kg} + \text{酸化剤} \ s \ \text{kg} \longrightarrow \text{生成物} \ (1+s) \ \text{kg} \tag{12.87}$$

メタン燃焼に対する式は，次のようになる．

$$\begin{array}{ccccccc} \text{CH}_4 & + & 2\text{O}_2 & \longrightarrow & \text{CO}_2 & + & 2\text{H}_2\text{O} \\ \text{CH}_4 \ 1 \ \text{mol} & & \text{O}_2 \ 2 \ \text{mol} & & \text{CO}_2 \ 1 \ \text{mol} & & \text{H}_2\text{O} \ 2 \ \text{mol} \end{array}$$

$$\text{CH}_4 \ 1 \ \text{kg} + \text{O}_2 \ \frac{64}{16} \ \text{kg} \longrightarrow \text{生成物} \left(1 + \frac{64}{16}\right) \ \text{kg}$$

メタン燃焼に対して，質量 s の量論酸素/燃料比は $64/16 = 4$ である．しかし，式(12.87)から，量論燃焼の燃料の消費速度は，酸素の消費速度の $1/s$ 倍である．すなわち，次式が成り立つ．

$$\dot{\omega}_{\text{fu}} = \frac{1}{s} \dot{\omega}_{\text{ox}}$$

　SCRSでは，無限に速い化学反応を仮定し，中間反応を無視する．燃料と酸素の質量分率に対する輸送方程式を，次式のように書く．

$$\frac{\partial(\rho Y_{\text{fu}})}{\partial t} + \text{div}(\rho Y_{\text{fu}} \mathbf{u}) = \text{div}(\Gamma_{\text{fu}} \, \text{grad} \, Y_{\text{fu}}) + \dot{\omega}_{\text{fu}} \tag{12.88}$$

$$\frac{\partial(\rho Y_{\text{ox}})}{\partial t} + \text{div}(\rho Y_{\text{ox}} \mathbf{u}) = \text{div}(\Gamma_{\text{ox}} \, \text{grad} \, Y_{\text{ox}}) + \dot{\omega}_{\text{ox}} \tag{12.89}$$

ただし，$\Gamma_{\text{fu}} = \rho D_{\text{fu}}$，$\Gamma_{\text{ox}} = \rho D_{\text{ox}}$ である．

　酸化剤の流れには，単純な燃焼では影響を受けない窒素が存在する．すなわち，不活性な化学種の質量分率 Y_{in} は燃焼の前後で変化しない．不活性な化学種は（NO生成を考えない限り）燃焼に関与しないため，Y_{in} の局所的な値は混合のみによって決まる．生成物の質量分率は $Y_{\text{pr}} = 1 - (Y_{\text{fu}} + Y_{\text{ox}} + Y_{\text{in}})$ であるため，Y_{pr} に対する輸送方程式を別に解く必要はない．

　次式で定義する変数を取り入れることで，さらに輸送方程式の数を減らすことができる．

$$\phi = sY_{\text{fu}} - Y_{\text{ox}} \tag{12.90}$$

単一の拡散係数の仮定 $\Gamma_{\text{fu}} = \Gamma_{\text{ox}} = \rho D = \Gamma_\phi$ を適用すると，式(12.88)を s 倍した式

から式 (12.89) を差し引くことができ，ϕ に対する単一の輸送方程式を求めることができる．

$$\frac{\partial(\rho\phi)}{\partial t} + \text{div}(\rho\phi\mathbf{u}) = \text{div}(\Gamma_\phi \operatorname{grad}\phi) + (s\dot{\omega}_{\text{fu}} - \dot{\omega}_{\text{ox}}) \tag{12.91}$$

1段反応の仮定の式 (12.87) から，$\dot{\omega}_{\text{fu}} = (1/s)\dot{\omega}_{\text{ox}}$ より，$s\dot{\omega}_{\text{fu}} - \dot{\omega}_{\text{ox}} = 0$ となり，式 (12.91) は，次式のように簡略化される．

$$\frac{\partial(\rho\phi)}{\partial t} + \text{div}(\rho\phi\mathbf{u}) = \text{div}(\Gamma_\phi \operatorname{grad}\phi) \tag{12.92}$$

そのため，ϕ は受動スカラーであり，生成項のないスカラー輸送方程式である．無次元変数 ξ は混合分率（mixture fraction）とよばれ，ϕ を用いて次式で定義される．

$$\boxed{\xi = \frac{\phi - \phi_0}{\phi_1 - \phi_0}} \tag{12.93}$$

ここで，下付き文字 0 は酸化剤の流れ，1 は燃料の流れを意味する．ある位置の混合ガスに酸化剤しか含まれない場合は $\xi=0$，燃料しか含まれない場合は $\xi=1$ である．

式 (12.93) を次式のように拡張することができる．

$$\boxed{\xi = \frac{[sY_{\text{fu}} - Y_{\text{ox}}] - [sY_{\text{fu}} - Y_{\text{ox}}]_0}{[sY_{\text{fu}} - Y_{\text{ox}}]_1 - [sY_{\text{fu}} - Y_{\text{ox}}]_0}} \tag{12.94}$$

燃料の流れに燃料しかない場合，

$$[Y_{\text{fu}}]_1 = 1 \qquad [Y_{\text{ox}}]_1 = 0 \tag{12.95}$$

酸化剤の流れに燃料がない場合，

$$[Y_{\text{fu}}]_0 = 0 \qquad [Y_{\text{ox}}]_0 = 1 \tag{12.96}$$

である．このような状況では，式 (12.94) を次式のように簡略化することができる．

$$\boxed{\xi = \frac{[sY_{\text{fu}} - Y_{\text{ox}}] - [-Y_{\text{ox}}]_0}{[sY_{\text{fu}}]_1 - [-Y_{\text{ox}}]_0} = \frac{sY_{\text{fu}} - Y_{\text{ox}} + Y_{\text{ox},0}}{sY_{\text{fu},1} + Y_{\text{ox},0}}} \tag{12.97}$$

量論混合では，生成物中に燃料も酸化剤もなく，**量論の混合分率** ξ_{st} を次式で定義することができる．

$$\boxed{\xi_{\text{st}} = \frac{Y_{\text{ox},0}}{sY_{\text{fu},1} + Y_{\text{ox},0}}} \tag{12.98}$$

fast chemistry では，**希薄混合**の場所における生成物中の酸化剤は過剰であり，生成物中の燃料はゼロである．そのため，$Y_{\text{ox}} > 0$ の場合，$Y_{\text{fu}} = 0$ である．

12.15 Simple Chemical Reaction System (SCRS)

$\xi < \xi_{\text{st}}$ の場合, $\quad \xi = \dfrac{-Y_{\text{ox}} + Y_{\text{ox},0}}{sY_{\text{fu},1} + Y_{\text{ox},0}}$ (12.99)

逆に，**過濃混合**では，混合ガス中の燃料は局所的に過剰であり，生成物中に酸化剤はゼロである．そのため，$Y_{\text{fu}} > 0$ の場合，$Y_{\text{ox}} = 0$ である．

$\xi > \xi_{\text{st}}$ の場合, $\quad \xi = \dfrac{sY_{\text{fu}} + Y_{\text{ox},0}}{sY_{\text{fu},1} + Y_{\text{ox},0}}$ (12.100)

この定式化から，燃料 Y_{fu} と酸化剤 Y_{ox} の質量分率は混合分率と直線関係がある．これを図 12.2 に示す．

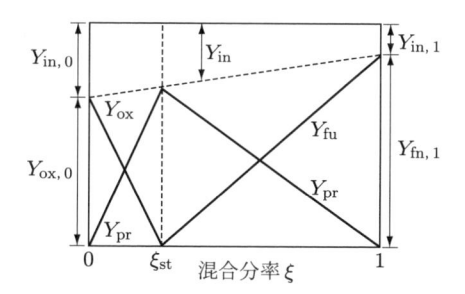

図 12.2 燃料と酸化剤間の混合と速い反応（SCRC の関係）

式 (12.93) から，ξ は ϕ と直線関係にあるため，**混合分率**も受動スカラーであり，**輸送方程式**に従う．

$$\boxed{\dfrac{\partial(\rho\xi)}{\partial t} + \text{div}(\rho\xi\mathbf{u}) = \text{div}(\Gamma_\xi \,\text{grad}\,\xi)} \quad (12.101)$$

下付き文字を用いて書くと，混合分率の輸送方程式は，次式のように表される．

$$\dfrac{\partial}{\partial t}(\rho\xi) + \dfrac{\partial}{\partial x_i}(\rho u_i \xi) = \dfrac{\partial}{\partial x_i}\left(\Gamma_\xi \dfrac{\partial \xi}{\partial x_i}\right) \quad (12.102)$$

ξ の分布を求めるために，たとえば，入口の燃料と酸化剤の混合分率は既知，固体壁を通過する ξ の垂直方向の流束はゼロ，流出境界では勾配ゼロなどの適切な境界条件に従い，式 (12.101) を解く．得られる混合分率から燃焼後の酸素と燃料の質量分率に対する値を求めるために，式 (12.98)〜(12.100) を書き換えることができる．

$$\boxed{\xi_{\text{st}} \le \xi < 1: \quad Y_{\text{ox}} = 0 \quad Y_{\text{fu}} = \dfrac{\xi - \xi_{\text{st}}}{1 - \xi_{\text{st}}} Y_{\text{fu},1}} \quad (12.103)$$

$$\boxed{0 < \xi < \xi_{\text{st}}: \quad Y_{\text{fu}} = 0 \quad Y_{\text{ox}} = \dfrac{\xi_{\text{st}} - \xi}{\xi_{\text{st}}} Y_{\text{ox},0}} \quad (12.104)$$

反応物中には，反応に関与しない N_2 のような不活性な化学種も含まれる．図 12.2 に示すように，混合ガス中の不活性な化学種の質量分率は，ξ に対して線形に変化する．簡単な幾何学から，以下のように，燃焼後のあらゆる ξ の値に対して，不活性な化学種の全質量分率 Y_{in} を求めることができる．

$$Y_{\mathrm{in}} = Y_{\mathrm{in},0}(1-\xi) + Y_{\mathrm{in},1}\xi \tag{12.105}$$

また，燃焼の生成物の質量分率 Y_{pr} を，次式から求めることができる．

$$Y_{\mathrm{pr}} = 1 - (Y_{\mathrm{fu}} + Y_{\mathrm{ox}} + Y_{\mathrm{in}}) \tag{12.106}$$

これらの式 (12.101)，(12.103)～(12.105) が SCRS モデルを表す．

反応生成物に二つ以上の化学種が含まれている場合，化学反応式から生成物の全質量分率に対する成分それぞれの質量分率の比がわかり，生成物の成分それぞれの質量分率を推算するのに用いることができる．たとえば，O_2 とメタンの燃焼を考えよう．

$$\begin{array}{ccccccc}
CH_4 & + & 2O_2 & \longrightarrow & CO_2 & + & 2H_2O \\
CH_4\ 1\,\mathrm{mol} & & O_2\ 2\,\mathrm{mol} & & CO_2\ 1\,\mathrm{mol} & & H_2O\ 2\,\mathrm{mol} \\
16\,\mathrm{kg} & & 64\,\mathrm{kg} & & 44\,\mathrm{kg} & & 36\,\mathrm{kg}
\end{array}$$

生成物中の CO_2 の質量（r_{CO_2}）の比 $= 44/80$

生成物中の H_2O の質量（r_{H_2O}）の比 $= 36/80$

式 (12.106) から，生成ガスの質量分率が Y_{pr} の場合，生成ガス中の CO_2 の質量分率は $Y_{\mathrm{pr}} r_{CO_2}$，H_2O の質量分率は $Y_{\mathrm{pr}} r_{H_2O}$ である．

SCRS モデルでは，(i) 燃料と酸化剤の 1 段反応，(ii) 局所的に過剰な反応物により，もう一方の反応物はすべて量論的に反応生成物になると簡略化している．これらの仮定から，混合分率 ξ と質量分率 Y_{fu}，Y_{ox}，Y_{in}，Y_{pr} との代数的な関係を固定することができる．化学種すべての質量の拡散係数は等しいという仮定を追加すると，燃焼流れの計算をするために，個々の化学種の質量分率に対する個別の偏微分方程式ではなく，ξ に対する偏微分方程式を一つだけ解けばよい．燃焼計算に対してこの方法を用いる例を以下に示す．

12.16 例：層流拡散火炎のモデル化

層流拡散火炎中の温度と化学種の分布の計算に，SCRS モデルを適用することができる．たとえば，図 12.3 に示す軸対称，層流の非予混合の拡散火炎の形状を考えよう．ここで考える配置は，燃焼に関する文献としてまとめられた多くの研究で用いられて

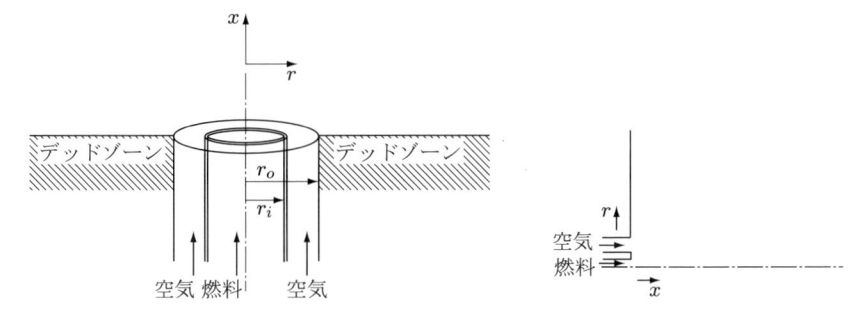

図 12.3 考える問題の概念図　　**図 12.4** 計算の形状の一部

いる実験配置である（BennettとSmooke, 1998, Smookeら, 1990, Smooke, 1991）．説明のため，この例題では問題を定式化するうえで開放条件を用いる．燃料の噴流の半径（r_i）は 0.2 cm，空気の噴流の半径（r_o）は 2.5 cm である．燃料と空気の流れの間の壁の厚みは 0.05 cm である．空気の噴流を用いた純メタンの燃焼を考えよう．燃焼と空気の速度は両方とも 0.2 m/s（20 cm/s）であり，25℃（298 K）で流入する．この火炎に対して，火炎の温度と主要な化学種の分布を計算したい．

計算の簡略化のために，図 12.3 で示した実際の形状を 90° 回転させる．図 12.4 に示すように軸対称問題であるため，問題を定式化するうえで，円筒 x, r 座標系を用いることができる．ここで，x（軸）方向の速度成分に u，r（半径）方向の速度成分に v を用いる．

円筒座標系に拡張した定常状態の層流流れに対する基礎式を，以下に示す（2.3 節，12.14 節参照）．

▶ 連続の式

$$\frac{\partial(\rho u)}{\partial x} + \frac{1}{r}\frac{\partial(\rho rv)}{\partial r} = 0 \tag{12.107}$$

▶ 運動量保存式

u 運動量保存式

$$\frac{\partial}{\partial x}(\rho ruu) + \frac{\partial}{\partial r}(\rho ruv) = \frac{\partial}{\partial x}(r\tau_{xx}) + \frac{\partial}{\partial r}(r\tau_{rx}) - r\frac{\partial p}{\partial x} \tag{12.108}$$

v 運動量保存式

$$\frac{\partial}{\partial x}(\rho ruv) + \frac{\partial}{\partial r}(\rho rvv) = \frac{\partial}{\partial x}(r\tau_{rx}) + \frac{\partial}{\partial r}(r\tau_{rr}) - r\frac{\partial p}{\partial r} \tag{12.109}$$

せん断応力項は，次式のとおりである．

$$\tau_{xx} = \mu\left[2\frac{\partial u}{\partial x} - \frac{2}{3}(\text{div }\mathbf{u})\right] \tag{12.110}$$

$$\tau_{rr} = \mu\left[2\frac{\partial v}{\partial r} - \frac{2}{3}(\text{div }\mathbf{u})\right] \tag{12.111}$$

$$\tau_{rx} = \mu\left[2\frac{\partial u}{\partial r} + \frac{\partial v}{\partial x}\right] \tag{12.112}$$

$$\text{div }\mathbf{u} = \frac{\partial u}{\partial x} + \frac{1}{r}\frac{\partial}{\partial r}(rv) \tag{12.113}$$

運動量保存式を，次式のように書き換えることができる．

u 運動量保存式

$$\frac{\partial}{\partial x}(\rho r u u) + \frac{\partial}{\partial r}(\rho r u v) = \frac{\partial}{\partial x}\left(r\mu\frac{\partial u}{\partial x}\right) + \frac{\partial}{\partial r}\left(r\mu\frac{\partial u}{\partial r}\right) - r\frac{\partial p}{\partial x} + S_u \tag{12.114}$$

v 運動量保存式

$$\frac{\partial}{\partial x}(\rho r u v) + \frac{\partial}{\partial r}(\rho r v v) = \frac{\partial}{\partial x}\left(r\mu\frac{\partial v}{\partial x}\right) + \frac{\partial}{\partial r}\left(r\mu\frac{\partial v}{\partial r}\right) - r\frac{\partial p}{\partial r} + S_v \tag{12.115}$$

ここで，S_u と S_v にはせん断応力項による項が追加されている．

▶ エンタルピー保存式

$$\frac{\partial}{\partial x}(r\rho u h) + \frac{\partial}{\partial r}(r\rho v h) = \frac{\partial}{\partial x}\left(rD_h\frac{\partial h}{\partial x}\right) + \frac{\partial}{\partial r}\left(rD_h\frac{\partial h}{\partial r}\right) + S_{\text{rad}} \tag{12.116}$$

ここで，D_h はエンタルピーに対する拡散係数（すなわち $D_h \equiv \alpha = k/\rho C_p$）であり，$S_{\text{rad}}$ はふく射の生成（あるいは消失）項である．

▶ 燃焼モデル

ここで，12.15 節で述べた SCRC モデルを用いる．fast chemistry を仮定すると，次の量論式を得る．

$$\text{CH}_4 + 2(\text{O}_2 + 3.76\text{N}_2) \longrightarrow \text{CO}_2 + 2\text{H}_2\text{O} + 2\times 3.76\text{N}_2 \tag{12.117}$$

質量の量論酸素 / 燃料比は，

$$s = 2 \times \frac{(MW)_{\text{O}_2}}{(MW)_{\text{CH}_4}} = 2 \times \frac{32}{16} = 4$$

燃料の流れの燃料の質量分率は，

$$Y_{\text{fu},1} = 1.0$$

空気の流れの酸素の質量分率は，

$$Y_{\text{ox},0} = 0.233 \quad (12.5\text{節参照})$$

空気の流れの不活性な化学種（N_2）の質量分率は，

$$Y_{\text{in},0} = 0.767$$

である．混合分率に対する次式を解く．

$$\frac{\partial}{\partial x}(r\rho u\xi) + \frac{\partial}{\partial r}(r\rho v\xi) = \frac{\partial}{\partial x}\left(r\Gamma_\xi \frac{\partial \xi}{\partial x}\right) + \frac{\partial}{\partial r}\left(r\Gamma_\xi \frac{\partial \xi}{\partial r}\right) \tag{12.118}$$

燃料と酸化剤の流れの質量分率は，以下のとおりである．

燃料の流れには燃料しかないため，

$$[Y_{\text{fu}}]_1 = 1 \qquad [Y_{\text{ox}}]_1 = 0 \tag{12.119}$$

また，酸化剤の流れには燃料はなく，酸素と窒素（不活性）があるため，次式のようになる．

$$[Y_{\text{fu}}]_0 = 0 \qquad [Y_{\text{ox}}]_0 = 0.233 \qquad [Y_{\text{in}}]_0 = 0.767 \tag{12.120}$$

式 (12.98) から量論混合分率は，次のように求められる．

$$\xi_{\text{st}} = \frac{0.233}{4 \times 1 + 0.233} = 0.055 \tag{12.121}$$

計算でふく射による熱損失を考慮する場合，エンタルピーの保存式が必要である．ふく射を無視できる場合，式 (12.116) から，$S_{\text{rad}} = 0$ のとき，エンタルピーの輸送方程式は混合分率のようなスカラー保存式になることがわかる．そのため，エンタルピーと混合分率は両方ともスカラーであり，線形関係にある．この関係を，これからさらに示す．

基準温度をゼロとし，エンタルピーを次式のように定義する．

$$h = Y_{\text{fu}} \Delta h_{\text{fuel}} + c_p T \tag{12.122}$$

$\xi = 1$ の燃料の流れのエンタルピーは，次式のようになる．

$$h_{\text{fu,in}} = Y_{\text{fu,in}} \times \Delta h_{\text{fuel}} + Y_{\text{fu}} c_p \times T_{\text{fu,in}}$$

ここで，Δh_{fuel} は燃料の生成エンタルピーである．$\xi = 0$ の空気の流れのエンタルピーは，

$$h_{\text{air,in}} = c_p \times T_{\text{air,in}}$$

であり，無次元エンタルピーを次式のように定義する．

$$h^* = \frac{h - h_{\mathrm{air,in}}}{h_{\mathrm{fu,in}} - h_{\mathrm{air,in}}} \tag{12.123}$$

$\xi = 0$，$Y_{\mathrm{fu}} = 0$ の場合は $h^* = 0$ であり，$\xi = 1$，$Y_{\mathrm{fu}} = 1$ の場合は $h^* = 1$ であることがわかる．エンタルピーの輸送に対し，拡散係数は単一，ルイス数は1，圧力の仕事とふく射の生成を無視するという簡略化を仮定すると，エンタルピーと混合分率の輸送方程式は同じ（変数が両方とも受動スカラー）である．結果として得られる無次元エンタルピーと混合分率の空間的な分布は同じである（この問題では，変数両方の境界条件も同じであることを確認することは容易である）．そのため，エンタルピーの式を別に解く必要はなく，この変数を計算することができる．

$$\xi = h^* = \frac{h - h_{\mathrm{air,in}}}{h_{\mathrm{fu,in}} - h_{\mathrm{air,in}}} \tag{12.124}$$

SCRCの関係からエンタルピーと燃料の質量分率 Y_{fu} がわかったら，温度を次式から求める．

$$T = \frac{h - Y_{\mathrm{fu}}(\Delta h_{\mathrm{fu}})}{\bar{c}_p} \tag{12.125}$$

この問題に対する境界条件は，入口で燃料と空気の流れともに $u_{\mathrm{in}} = 0.2\,\mathrm{m/s}$，燃料の流れに対して $\xi_{\mathrm{fu}} = 1.0$，空気の流れに対して $\xi_{\mathrm{air}} = 0.0$ である．固体壁すべてに対して速度ゼロおよび混合分率の勾配ゼロ境界条件を用い，圧力一定境界条件として，圧力を大気圧にする開放境界を与える．対称軸では，勾配をすべてゼロとする．

流体の流れと混合分率の式を解くことで，火炎構造と化学種の分布を示す混合分率の分布を求める．化学種の質量分率を求めるために，式 (12.103)，(12.104) を用いる．式 (12.124)，(12.125) からエンタルピーと温度場を求める．圧力と温度を用いて式 (12.86) から密度場を求める．式が結び付いているため，解法全体は反復計算となる．図 12.5 にこの計算から求めた結果をいくつか示す．SCRS モデルの fast chemistry の仮定の結果を示すため，軸に沿う3点における温度と化学種の半径方向分布，温度の等高線を図 12.5 に示す．化学量論の等高線は最高温度の等高線に対応し，火炎の様子を示している．この化学量論の等高線の内側の領域 $\xi > \xi_{\mathrm{st}}$ では，式 (12.103) の条件により，酸化剤はなく，燃料が存在している．一方，化学量論の等高線の外側の領域 $\xi < \xi_{\mathrm{st}}$ では，式 (12.104) の条件により，燃料は存在しえない．$\xi > \xi_{\mathrm{st}}$ の軸の位置 (a) では，半径方向分布から軸付近には酸素がなく，等高線 ξ_{st} で完全に消費される燃料が存在していることがわかる．中心線 $\xi = \xi_{\mathrm{st}}$ の軸の位置 (b) では，燃料も酸素も存在せず，温度は最大である．中心線 $\xi < \xi_{\mathrm{st}}$ の軸の位置 (c) では，燃料はなく，温度が低い．

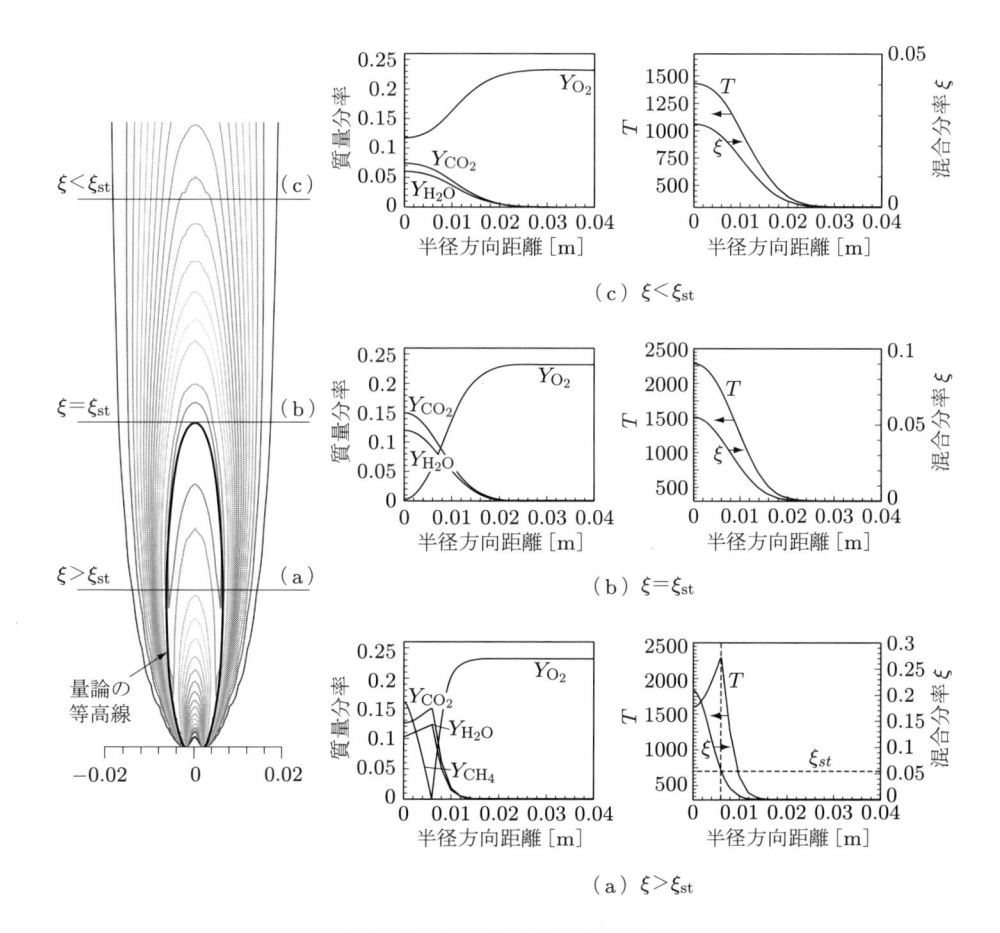

図 12.5 計算した層流拡散火炎の火炎形状

▶ **有限の化学反応速度の計算**

この燃焼の計算で，有限の反応速度と詳細な化学を考慮するためには，詳細機構を考え，次式で表される多くの化学種の輸送方程式を解かなければならない．

$$\frac{\partial}{\partial x}(r\rho u Y_k) + \frac{\partial}{\partial x}(r\rho v Y_k) = \frac{\partial}{\partial x}\left(r\rho D_k \frac{\partial Y_k}{\partial x}\right) + \frac{\partial}{\partial r}\left(r\rho D_k \frac{\partial Y_k}{\partial r}\right) + r\dot{\omega}_k \quad (12.126)$$

ここで，$\dot{\omega}_k$ は式 (12.69)～(12.71) のような反応速度論の式から決定する，化学種 k の生成速度である．詳細な化学や有限の反応速度を考慮した数値解法より，図12.5に示す曲線に変化が生じる．大きな違いは，燃料と酸素の分布が重なり，温度低下を示す量論混合分率付近の傾きが小さくなることである．このことについては，Warnatz ら (2001) を参照していただきたい．詳細な化学を含むこの形状の（異なる操業条件に対

する）総合的な燃焼計算を，Smooke ら (1990)，Bennett と Smooke (1998)，Smooke と Bennett (2001) で見つけることができる．

これまで述べた方法から，層流の非予混合燃焼計算に，数値流体力学をどのように用いることができるかがわかる．残念ながら，総合的に燃焼を考慮するためには，より詳細な化学と有限の化学反応速度を考慮する必要があるため，fast chemistry の仮定では，マイナー化学種の詳細は十分にはわからない．本章の後で説明する NO_x のような汚染物質を計算するためには，必然的に最も重要なマイナー化学種に対する輸送方程式を考慮する必要がある．

12.17　非予混合乱流燃焼の数値流体力学の計算

非予混合乱流燃焼の数値流体力学の計算は，fast chemistry の仮定を用いても層流ほど容易ではない．第3章で変動生成項の平均値のレイノルズ平均とモデリングにより，非圧縮性の乱流場の計算が可能となることを示した．非予混合乱流燃焼を支配する式にも平均化とモデリングが必要である．はじめに取り組む必要がある問題は，燃焼流れにおいて強く，非常に局所的な熱生成により燃焼流れの位置の関数として変動する密度である．流れが乱流の場合，密度も変動する．一般的な流れの変数のレイノルズ分解は，

$$\phi = \overline{\phi} + \phi'$$

であり，反応を伴う流れの変数に対しては，次式を用いる．

$$u_i = \overline{u}_i + u'_i \qquad p = \overline{p} + p' \qquad \rho = \overline{\rho} + \rho'$$
$$h = \overline{h} + h' \qquad T = \overline{T} + T' \qquad Y_k = \overline{Y}_k + Y'_k$$

レイノルズ平均を用いた場合，密度変動により追加する項が生じることを示すことは容易である．たとえば，下付き文字を用いて非定常の連続の式を考えよう．

$$\frac{\partial \rho}{\partial t} + \frac{\partial (\rho u_i)}{\partial x_i} = 0 \tag{12.127}$$

u と ρ を代入すると，レイノルズ平均を施した式は，次式のように書ける．

$$\frac{\partial \overline{\rho}}{\partial t} + \frac{\partial (\overline{\rho}\,\overline{u}_i)}{\partial x_i} + \frac{\partial (\overline{\rho' u'_i})}{\partial x_i} = 0 \tag{12.128}$$

これを，次式の密度一定の流れに対するレイノルズ平均を施した式と比較しよう．

$$\frac{\partial \rho}{\partial t} + \frac{\partial}{\partial x_i}(\rho \overline{u}_i) = 0 \tag{12.129}$$

式 (12.128) 中の追加した項 $\partial(\overline{\rho'u'_i})/\partial x_i$ は,反応を伴う流れの速度と密度変動の相関関係によるものであり,モデル化しなければならない.この種の項は,レイノルズ平均を施した運動量,スカラーおよび化学種の輸送方程式中に多く現れる.

密度が変動する反応を伴う流れでモデル化が必要な項の数を減らすために,**ファーブル (Favre)** 平均 (Favre, 1969, Jones と Whitelaw, 1982) として知られる密度加重平均の手順を用いる.

ファーブル平均では,密度加重平均を施した速度は,次式のように定義される.

$$\tilde{u} = \frac{\overline{\rho u}}{\overline{\rho}} \tag{12.130}$$

瞬時の速度を,次式のように記述する.

$$u = \tilde{u} + u'' = \frac{\overline{\rho u}}{\overline{\rho}} + u'' \tag{12.131}$$

u' が乱流速度変動を表すレイノルズ分解とは異なり,u'' には密度変動の影響も含まれる.流れが非圧縮の場合,密度は一定となるため,$\tilde{u} = \overline{u}$,$u'' \equiv u'$ である.

連続の式の対流項では,積 ρu_i のファーブル平均が必要である.式 (12.131) に ρ を乗じると,次式が得られる.

$$\rho u = \rho(\tilde{u} + u'') = \rho\tilde{u} + \rho u'' \tag{12.132}$$

式 (12.131) に時間平均を施すと,次式が得られる.

$$\overline{\rho u} = \overline{\rho}\tilde{u} + \overline{\rho u''} \tag{12.133}$$

ファーブル平均を施した式 (12.130) と式 (12.131) を定義することにより,$\overline{\rho u''} = 0$ となる.ここで,ファーブル平均を施した連続の式を求めることができる.

$$\boxed{\frac{\partial \overline{\rho}}{\partial t} + \frac{\partial (\overline{\rho}\tilde{u}_i)}{\partial x_i} = 0} \tag{12.134}$$

レイノルズ平均を施した連続の式 (12.128) とは異なり,平均速度が密度加重平均を施した速度である以外は,この式は,元の連続の式 (12.127) とレイノルズ平均を施した**密度一定**の式 (12.129) と同じ形をしている.

ファーブル平均操作により,密度変動から生じる流れのほかの式に追加する項の数をかなり減らすことができる.たとえば,運動量保存式中の対流項 $\rho u_i u_j$ にレイノルズ平均を施すと,

$$\overline{\rho u_i u_j} = \overline{(\rho + \rho')(\overline{u}_i + u'_i)(\overline{u}_j + u'_j)}$$

$$= \overline{\rho} \overline{u}_i \overline{u}_j + \overline{\rho u' v'} + \overline{u}_i \overline{\rho' u'_j} + \overline{u}_j \overline{\rho' u'_i} + \overline{\rho' u'_i u'_j} \qquad (12.135)$$

となるが，同じ項にファーブル平均を施すと，次式のようになる．

$$\overline{\rho u_i u_j} = \overline{\rho(\tilde{u}_i + u''_i)(\tilde{u}_j + u''_j)}$$
$$= \overline{\rho} \tilde{u}_i \tilde{u}_j + \overline{\rho u''_i u''_j} \qquad (12.136)$$

以上から，未知の相関関係（変動量の積）の数が減少していることがわかり，これはファーブル平均の主な利点である．しかし，ファーブル平均を施した式を解いて得られる結果を，しばしば時間平均して得られた実験結果と比較する場合は，注意しなければならない．そのためには，ファーブル平均した量を時間平均した量に変換する必要がある．これを行うためには，まず，乱流変動についてもっと知る必要がある．12.19 節では，確率密度関数による乱流変動の表現を考え，変換の問題について示す．

ほかの基礎式，すなわち，運動量，エネルギー，スカラー輸送と化学種の輸送にファーブル平均を施すと，密度一定の乱流流れと同じ形の式を得る．導出を省略し，乱流燃焼流れをモデル化するために用いるファーブル平均を施した式を示す．

連続

$$\boxed{\frac{\partial \overline{\rho}}{\partial t} + \frac{\partial}{\partial x_i} \overline{\rho} \tilde{u}_i = 0} \qquad (12.137)$$

運動量

$$\boxed{\frac{\partial}{\partial t}(\overline{\rho} \tilde{u}_i) + \frac{\partial}{\partial x_j}(\overline{\rho} \tilde{u}_i \tilde{u}_j) = -\frac{\partial \overline{p}}{\partial x_i} + \frac{\partial}{\partial x_j}(\overline{\tau}_{ij} - \overline{\rho u''_i u''_j})} \qquad (12.138)$$

エンタルピー

$$\boxed{\frac{\partial}{\partial t}(\overline{\rho} \tilde{h}) + \frac{\partial}{\partial x_j}(\overline{\rho} \tilde{u}_j \tilde{h}) = \frac{\partial}{\partial x_j}\left(\Gamma_h \frac{\partial \tilde{h}}{\partial x_j}\right) + \overline{S}_h} \qquad (12.139)$$

ただし，$\Gamma_h = \dfrac{\mu}{\sigma} + \dfrac{\mu_t}{\sigma_h}$，$\sigma_h = $ 乱流プラントル数

燃焼に対する受動スカラー輸送モデルにおける混合分率

$$\boxed{\frac{\partial}{\partial t}(\overline{\rho} \tilde{\xi}) + \frac{\partial}{\partial x_j}(\overline{\rho} \tilde{u}_j \tilde{\xi}) = \frac{\partial}{\partial x_j}\left(\Gamma_\xi \frac{\partial \tilde{\xi}}{\partial x_j}\right)} \qquad (12.140)$$

ただし，$\Gamma_\xi = \dfrac{\mu}{\sigma} + \dfrac{\mu_t}{\sigma_\xi}$，$\sigma_\xi = $ 乱流シュミット数

式 (12.139)，(12.140) では，変動量の積の平均をモデル化する．3.7 節で最初に触れた

乱流量 k と ε の拡散をモデル化する際に用いた，よく知られている勾配拡散の取扱いを用いている．

より詳細な燃焼モデルで用いる化学種の保存は，次式で与えられる．

$$\frac{\partial}{\partial t}(\overline{\rho}\tilde{Y}_k) + \frac{\partial}{\partial x_j}(\overline{\rho}\tilde{u}_j\tilde{Y}_k) = \frac{\partial}{\partial x_j}\left(\overline{\rho}D_k\frac{\partial \tilde{Y}_k}{\partial x_j} - \overline{\rho Y_k'' u_j''}\right) + \frac{\partial}{\partial x_j}\left(\overline{\rho}D_k\overline{\frac{\partial Y_k''}{\partial x_j}}\right) + \tilde{\dot{\omega}}_k$$

(12.141)

ここで，$\tilde{\dot{\omega}}_k$ はファーブル平均を施した反応速度である．

拡散勾配の近似を再度適用すると，次式が得られる．

$$\overline{\rho Y_k'' u_i''} = \frac{\mu_t}{\sigma_k}\frac{\partial \tilde{Y}_k}{\partial x_j}$$

ここで，σ_k は化学種 k の乱流シュミット数である．ほかの式と同様に，化学種に対する輸送方程式を，次のように記述することができる．

$$\frac{\partial}{\partial t}(\overline{\rho}\tilde{Y}_k) + \frac{\partial}{\partial x_j}(\overline{\rho}\tilde{u}_j\tilde{Y}_k) = \frac{\partial}{\partial x_j}\left(\Gamma_k\frac{\partial \tilde{Y}_k}{\partial x_j}\right) + \frac{\partial}{\partial x_j}\left(\overline{\rho}D_k\overline{\frac{\partial Y_k''}{\partial x_j}}\right) + \tilde{\dot{\omega}}_k \quad (12.142)$$

ここで，$\Gamma_k = (\mu/\sigma + \mu_t/\sigma_k)$ である．下付き文字 k は化学種を意味し，乱流エネルギーの式で用いられる有効拡散係数と混同しないように注意しなければならない．

ファーブル平均を施した連続の式，エンタルピーの式と混合分率の式には，密度変動に関する項が含まれていないことに注意しなければならない．時間平均を施した式に用いた乱流のモデル化と同じ方法を用いて，運動量保存式中のレイノルズ応力項をモデル化する．たとえば，ファーブル平均を施した k と ε の輸送方程式を用いて，k-ε モデルを適用することができる．化学種の保存式は可能な限り簡略化されたが，反応速度の項には化学種と密度が含まれているため，まだ問題が残っている．

乱流燃焼流れの主な問題は，化学種の生成項 $\overline{\dot{\omega}}_k$ の平均化に起因する．12.11 節では，単純な 1 段反応の式に対する化学種の生成項を示した．

$$\text{燃料} + s\,\text{酸化剤} \longrightarrow (1+s)\,\text{生成物} \tag{12.143}$$

$$\dot{\omega}_{\text{fu}} = AT^\alpha C_{\text{fu}} C_{\text{ox}}^s \exp\left(\frac{-E_a}{R_u T}\right) \tag{12.144}$$

$s=1$ の最も単純な場合，濃度を質量分率に変換すると（式 (12.73) 参照），燃料化学種の生成あるいは消費を，次式のように書くことができる．

$$\dot{\omega}_{\text{fu}} = A'\rho^2 T^\alpha Y_{\text{fu}} Y_{\text{ox}} \exp\left(\frac{-E_a}{R_u T}\right) \tag{12.145}$$

ここで，"fu（燃料）"と"ox（酸化剤）"は反応物，A' は適切に修正した頻度因子である．この式を少し異なる形で書くことができる．

$$\dot{\omega}_{\text{fu}} = A' \rho^2 T^\alpha Y_{\text{fu}} Y_{\text{ox}} \exp\left(\frac{-T_A}{T}\right) \tag{12.146}$$

ここで，$T_A = E_a/R_u$ は活性化温度とよばれ，ρ は密度である．反応速度は非線形性が強いため，ファーブル平均を施した質量分率 $\tilde{Y}_{\text{fu}}$, $\tilde{Y}_{\text{ox}}$，平均化した密度 $\bar{\rho}$，平均化した温度 $\overline{T}$ の関数として，反応速度 $\overline{\dot{\omega}}_{\text{fu}}$ を簡単に記述することはできない．$\overline{\dot{\omega}}_{\text{fu}}$ を平均化するために，指数関数にテイラー級数展開を用いることができる．このような方法を用いると，平均化した反応速度を，次式のように記述することができる（Veynante と Vervisch, 2002）．

$$\begin{aligned}
\overline{\dot{\omega}}_{\text{fu}} = -A\bar{\rho}^2 \tilde{T}^\alpha \tilde{Y}_{\text{fu}} \tilde{Y}_{\text{ox}} \exp&\left(\frac{-T_A}{\tilde{T}}\right) \\
\times \Bigg[1 + \frac{\widetilde{Y''_{\text{fu}} Y''_{\text{ox}}}}{\tilde{Y}_{\text{fu}} \tilde{Y}_{\text{ox}}} &+ (P_1 + Q_1)\left(\frac{\widetilde{Y''_{\text{fu}} T''}}{\tilde{Y}_{\text{fu}} \tilde{T}} + \frac{\widetilde{Y''_{\text{ox}} T''}}{\tilde{Y}_{\text{ox}} \tilde{T}}\right) \\
+ (P_2 + Q_2 + P_1 Q_1)&\left(\frac{\widetilde{Y''_{\text{fu}} T''^2}}{\tilde{Y}_{\text{fu}} \tilde{T}^2} + \frac{\widetilde{Y''_{\text{ox}} T''^2}}{\tilde{Y}_{\text{ox}} \tilde{T}^2}\right) + \cdots \Bigg]
\end{aligned} \tag{12.147}$$

この式中の P_1, Q_1, P_2, Q_2 などは，Veynante と Vervisch (2002) によって定義された項である．ここでは詳細に説明しないが，平均化しようとすると，この式が複雑になることがわかる．このように，平均化した $\overline{\dot{\omega}}_{\text{fu}}$ の項には，$Y''_{\text{fu}} T''$, $Y''_{\text{ox}} T''$, $Y''_{\text{fu}} T''^2$ などやほかの未知数が多く含まれており，モデル化しなければならない．この式は 1 段反応に対する式である．多くの反応や化学種が含まれる実際の化学反応を取り入れる場合，これらの相互関係をモデル化することは不可能である．そのため，平均化した化学種の質量分率の式 (12.142) を解かなくてもよいモデルを開発するために，乱流燃焼のモデリングに非常に多くの努力がなされている．

12.18 乱流燃焼に対する SCRS モデル

ファーブル平均を施した化学種の輸送方程式において，生成項のモデリングは困難であるため，乱流変動が SCRS モデルに与える影響を調べることは有用である．これまで，混合分率の輸送方程式を導出するために，1 段反応を用いた fast chemistry を用いる方法を示した．乱流流れでは，混合分率の式 (12.102) にファーブル平均の式 (12.140) を適用する．ふく射の影響やほかの熱損失が大きい場合，ファーブル平均を施したエンタルピーの式も解く．しかし，$\tilde{\xi}$ と $\tilde{h}$ の値を用いて化学種の平均質量分

率や平均温度を計算するのは，層流の場合ほど簡単ではない．化学種の質量分率と混合分率の線形関係は$\tilde{\xi}$ではなく，瞬時の混合分率ξと関係がある．同じ関係が温度とエンタルピーにも当てはまる．$\tilde{Y}_i$や$\tilde{T}$の平均値を計算するためには，ξの関数として変数（T，Y_i，ρ）の統計量を知る必要がある．これが，乱流燃焼の計算で用いられる確率密度関数として知られている方法である．

12.19 確率密度関数によるアプローチ

変動スカラー（この場合，混合分率）に対して確率密度関数（probablity density function, pdf）を用いて平均量を計算するための統計的な方法を取り入れる．確率密度関数の数学的な解説は有名な数学の教科書で見つけることができるので（Evans ら，2000 など参照），ここでは基礎については述べない．その詳細および乱流燃焼の理論への適用については，Kuo (1986) も参照していただきたい．

確率変数ϕに対して，確率関数$F_\phi(\psi)$は次式のように定義される．

$$F_\phi(\psi) = \text{prob}\{\phi < \psi\} \tag{12.148}$$

ここで，$\text{prob}\{\phi < \psi\}$は，$\phi$が与えられた$\psi$の値より小さい確率である．

確率密度関数$P_\phi(\psi)$は，分布関数$F_\phi(\psi)$の導関数として定義される．

$$P_\phi(\psi) = \frac{\mathrm{d}F_\phi(\psi)}{\mathrm{d}\psi} \tag{12.149}$$

確率密度関数（pdf）の性質は，以下のとおりである．

$$\begin{aligned}&\text{(i)} \quad P_\phi(\psi) \geq 0\\&\text{(ii)} \quad \int_{-\infty}^{\infty} P_\phi(\psi)\,\mathrm{d}\psi = 1\end{aligned}$$

ψにも依存する**任意の変数の平均値**$q(\psi)$を計算するために，確率密度関数$P(\psi)$を用いることができる（Kuo, 1986 参照）．

$$\overline{q} = \int_{-\infty}^{\infty} q(\psi) P(\psi)\,\mathrm{d}\psi \tag{12.150}$$

燃焼計算において，混合分率ξに対する密度加重の確率密度関数$\tilde{P}(\xi)$をあらゆる場所において定義する必要がある．密度加重を施した pdf $\tilde{P}(\xi)$と，密度加重を施さない pdf $P(\xi)$には，次式の関係がある．

$$\tilde{P}(\xi) = \frac{\rho(\xi)}{\overline{\rho}} P(\xi) \tag{12.151}$$

ここで，Jones と Whitelaw (1982) によると，密度加重を施したスカラー量 $\phi = \phi(\xi)$ の平均値を，いずれも次式から求めることができる．

$$\tilde{\phi} = \int_0^1 \phi(\xi) \tilde{P}(\xi) \, d\xi \tag{12.152}$$

たとえば，密度加重を施した化学種 i の質量分率の平均値は，次式から求められる．

$$\tilde{Y}_k = \int_0^1 Y_k(\xi) \tilde{P}(\xi) \, d\xi \tag{12.153}$$

SCRS モデルでは，Y_k と ξ の関係，すなわち，$Y_k = Y_k(\xi)$ が fast chemistry の近似式 (12.103)〜(12.106) からわかり，それは図 12.2 に示す形をしている．密度加重を施した平均値 $\tilde{Y}_k$ を求めるためには，式 (12.153) の積分を実行する必要があり，すべての場所で pdf $\tilde{P}(\xi)$ を知る必要がある．pdf の形は異なる流れの種類によって変化する．図 12.6（Bilger, 1980 参照）にジェット火炎中の異なる位置において観察される pdf を示す．測定した分布を近似するために異なる pdf を用いるが，clipped ガウス関数とベータ関数が最もよい．興味がある読者には，詳細について Bilger と Kent (1974)，Lockwood と Naguib (1975)，Bilger (1976)，Pope (1976)，Lockwood と Monib (1980)，Pope (1985) などを参照していただきたい．近年，$\tilde{P}(\xi)$ に対してベータ確率密度関数を用いることが最も人気があり，有名な数値流体力学プログラムすべての燃焼計算の手順に組み込まれている．ベータ関数に対する詳細を次節に示す．

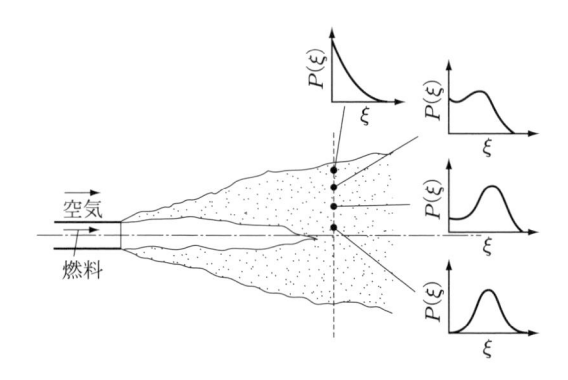

図 12.6 乱流噴流火炎の pdf の概形

さらに注意すべき点は，ファーブル平均を施した流れの式から求める数値流体力学の結果と，時間平均した実験データを比較する場合の問題である．しかし，pdf $\tilde{P}(\xi)$ と，$\phi(\xi)$ と $\rho(\xi)$ の関係がわかっていると考えよう．ここで，定義式 (12.130) で，u を ϕ/ρ で置き換えることができる．これにより，時間平均を施したスカラー平均値 $\overline{\phi}$ と時間平均を施した密度 $\overline{\rho}$ を，次式から求めることができる．

$$\overline{\phi} = \overline{\rho} \int_0^1 \frac{\phi(\xi)}{\rho(\xi)} \tilde{P}(\xi)\,d\xi \tag{12.154}$$

式 (12.154) において $\phi = 1$ を用いると，次式が得られる．

$$\overline{\rho} = \left[\int_0^1 \frac{\tilde{P}(\xi)}{\rho(\xi)}\,d\xi \right]^{-1} \tag{12.155}$$

12.20 ベータ pdf

ベータ pdf（β-pdf）は，次式で定義される．

$$\boxed{\tilde{P}(\xi) = \frac{\xi^{\alpha-1}(1-\xi)^{\beta-1}\Gamma(\alpha+\beta)}{\Gamma(\alpha)\Gamma(\beta)}} \tag{12.156}$$

ここで，$\Gamma(z)$ はガンマ関数である（Evans ら，2000，Abramowitz と Stegun，1970 参照）．ベータ pdf の形はパラメータ α，β の値に依存し，ともに正でなければならない（$\alpha > 0$ かつ $\beta > 0$）．これを図 12.7 に示す．α と β を変化させることで，図 12.6 に示した，測定した pdf と一致させることができる．

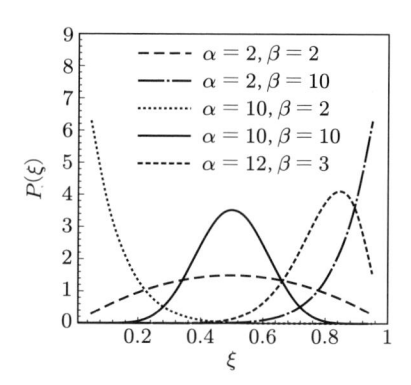

図 12.7 異なる α と β の値に対するベータ関数の挙動

α と β は，ξ の平均値と変動値を用いて次式のように決定される．

$$\alpha = \tilde{\xi}\left[\frac{\tilde{\xi}(1-\tilde{\xi})}{\tilde{\xi}''^2} - 1\right]$$

$$\beta = (1-\tilde{\xi})\frac{\alpha}{\tilde{\xi}} \tag{12.157}$$

ここで，$\tilde{\xi}$ は ξ のファーブル平均値，$\tilde{\xi}''^2$ は ξ のファーブル平均を施した分散である．
乱流燃焼流れにおける DNS の pdf の計算にも，ベータ pdf を用いることを推奨して

いる．たとえば，SwaminathanとBilger (1999) を参照していただきたい．また，pdfに基づく燃焼計算の詳細については，Warnatzら (2001)，LentiniとWilliams (1994)，Lentini (1994) とLiuら (2002) も参照していただきたい．

式 (12.156), (12.157) を用いてベータpdfを生成するためには，平均混合分率 $\tilde{\xi}$ にファーブル平均を施した式 (12.156) に加え，混合分率の変動 $\tilde{\xi}''^2$ の輸送方程式もさらに解く必要がある．導出を省略し，下付き文字を用いてモデル化した $\tilde{\xi}''^2$ の輸送方程式を次に示す（Lockwood, 1977 参照）．

$$\frac{\partial}{\partial t}(\bar{\rho}\tilde{\xi}''^2) + \frac{\partial}{\partial x_j}(\bar{\rho}\tilde{u}_j\tilde{\xi}''^2) = \frac{\partial}{\partial x_j}\left(\Gamma_\xi \frac{\partial \tilde{\xi}''^2}{\partial x_j}\right) + C_{g1}\mu_t\left(\frac{\partial \tilde{\xi}''^2}{\partial x_j}\right)^2 - C_{g2}\frac{\tilde{\varepsilon}}{\tilde{k}}\bar{\rho}\tilde{\xi}''^2$$
(12.158)

この式の左辺には，非定常項と対流項がある．右辺の項はすべてモデル化されている．第1項は，勾配に従う混合分率の分散の乱流拡散を意味する．このモデルでは，混合分率の分散に対する拡散係数を，混合分率に対する拡散係数と同じであるとみなしていることに注意すること．第2項と第3項は，それぞれ生成と消失項である．ここで，C_{g1}とC_{g2}は，値がそれぞれ 2.0 と 2.8 である無次元のモデル定数である．

ベータpdfをあらゆる流れのスカラー変数ϕの密度加重を施した平均値$\tilde{\phi}$の定義式 (12.152) と組み合わせると，次式のように書くことができる．

$$\tilde{\phi} = \int_0^1 \phi(\xi)\tilde{P}(\xi)\,\mathrm{d}\xi = \frac{\Gamma(\alpha+\beta)}{\Gamma(\alpha)\Gamma(\beta)}\int_0^1 \phi(\xi)\xi^{\alpha-1}(1-\xi)^{\beta-1}\mathrm{d}\xi \qquad (12.159)$$

変数ϕと瞬時の混合分率ξの関係が"どうにかして"既知であるとすると（たとえば，化学種の質量分率に対する図 12.2 など），αとβの値を特定するために，式 (12.159) を数値積分することができる．通常，中点公式を用いる Romberg の方法を用いる（Pressら 1993）．積分区間の最後の点（$\xi = 0, 1$）では，パラメータαとβが 1.0 より小さい場合，積分は特異点（singular）となる．Brayら (1994) とChenら (1994) の方法を用いることで，この特異点は解析的に消去することができ，その方法では積分を次式のように近似する．

$$\tilde{\phi} = \int_0^1 \phi(\xi)\tilde{P}(\xi)\,\mathrm{d}\xi \cong \frac{\eta^\alpha}{\alpha}\phi(0) + \int_\eta^{1-\eta} \phi(\xi)\xi^{\alpha-1}(1-\xi)^{\beta-1}\mathrm{d}\xi + \frac{\eta^\beta}{\alpha}\phi(1)$$
(12.160)

ここで，ηは非常に小さい数字である（10^{-30} など）．

計算でのほかの困難さとして，式 (12.157) 中のαとβの計算値が反復計算の過程で数十万の大きさに近づく可能性がある．この問題により，$\tilde{P}(\xi)$の計算でオーバーフロー

が起こる．ベータ関数の性質に従うと，α と β の指数の値が非常に大きい場合，$\tilde{P}(\xi)$ はデルタ関数に近づく．α と β の値が大きい（たとえば500より大きい）場合，オーバーフローを避けるために，$\tilde{P}(\xi)$ をデルタ関数で近似する，すなわち，$\tilde{P}(\xi) = \delta(\xi - \tilde{\xi})$ とする．ここで，スカラーの流れの変数 ϕ の密度加重を施した平均値 $\tilde{\phi}$ を，次式から求める．

$$\tilde{\phi} = \int_0^1 \phi(\xi) \tilde{P}(\xi) \, d\xi = \int_0^1 \phi(\xi) \delta(\xi - \tilde{\xi}) \, d\xi = \phi(\tilde{\xi}) \qquad (12.161)$$

ベータpdfはpdfが仮定されたものであるため，この種の計算は**presumed pdf法**とよばれることがある．pdfを求めるために輸送方程式を解く複雑な方法もある．興味がある読者には，詳細についてPope (1990) と Dopazo (1994) を参照していただきたい．これらの方法はより精度が高いと考えられているが，工業的な計算で用いるには計算負荷が大きすぎる．一方，presumed pdfを用いた単純なfast chemistryモデルにより，乱流燃焼流れにおいて温度や主要な化学種を適度に予測することができる．SCRSにおける主な仮定は，燃焼がfast chemistyで完全燃焼を伴う1段の不可逆反応により起こることである．燃料と酸素が化学量論の面で結び付き，完全に燃焼する．そのため，このモデルは**flame-sheet**モデルとしても知られている．化学量論の表面は火炎の最高温度も表している．flame-sheetモデルの主な欠点は，COやH_2などの中間生成物を予測できないことである．加えて，マイナー化学種を生成する吸熱反応である分解反応を無視することで，温度や主要な化学種を過大評価してしまう．マイナー化学種を考慮するためのこのモデルに対する改良についての考察を，Peters (1984) で見つけることができる．

12.21　化学平衡モデル

　12.8節では，単純な化学反応を用いて化学種濃度を計算するために，どのように化学平衡を用いるかを説明した．中間反応を考慮することで，この方法を乱流燃焼の計算に拡張することができる．マイナー化学種を含む平衡化学種の濃度を予測するために，CHEMKINのような詳細な**化学平衡計算プログラム**を用いることができる．このような平衡プログラムを用いて，fast chemistryの関係のかわりに混合分率の関数として化学種の濃度分布を生成することができる．

　炭化水素火炎を予測するため，KentとBiler (1973) はこの方法をうまく用いている．JonesとPriddin (1978) は，平衡モデルをガスタービン燃焼器に適用し，燃料過濃領域において，COやH_2が過大評価されることを示している．これは，実用燃焼器

では，局所の乱流と拡散時間スケールが，平衡に達するまでに要する時間よりずっと小さいことが原因である．そのため，マイナー化学種の反応が平衡に達する仮定を組み込んだ計算では，マイナー化学種を過大評価する傾向がある．一般的には，滞在時間が十分に長い状況でのみ，化学平衡モデルを用いるべきである．しかし，マイナー化学種を予測することができ，実装が簡単であるため，化学平衡モデルを用いるのは便利である．平衡モデルにかわり，ある化学種には部分平衡を仮定し，ほかの化学種には非平衡を仮定する部分平衡モデルがある．その詳細については，Eickhoff と Grethe (1979) を参照していただきたい．

12.22 渦崩壊モデル

燃焼計算で用いられるほかの単純で非常に効果的なモデルに，Spalding (1971) による渦崩壊モデル（eddy break-up model）がある．渦崩壊モデルでは，燃料の消費速度を場の流れの性質の関数として特定する．混合に支配される反応速度を，乱流の時間スケール k/ε によって記述する．ここで，k は乱流エネルギー，ε は k の消散率である．燃料，酸素と生成物に対する反応速度は乱流の消散率に等しく，次式で記述することができる．

$$\tilde{\omega}_{\mathrm{fu}} = -C_R \overline{\rho} \tilde{Y}_{\mathrm{fu}} \frac{\varepsilon}{k} \tag{12.162}$$

$$\tilde{\omega}_{\mathrm{ox}} = -C_R \overline{\rho} \frac{\tilde{Y}_{\mathrm{ox}}}{s} \frac{\varepsilon}{k} \tag{12.163}$$

$$\tilde{\omega}_{\mathrm{pr}} = -C'_R \overline{\rho} \frac{\tilde{Y}_{\mathrm{pr}}}{(1+s)} \frac{\varepsilon}{k} \tag{12.164}$$

これらの式は，ファーブル平均を施した反応速度であることに注意しなければならない．

渦崩壊モデルでは，燃料の質量分率 $\tilde{Y}_{\mathrm{fu}}$ の輸送方程式を一つ解く．燃料，酸素と生成物個々の消散率 (12.162)～(12.164) を考慮し，モデルでは，燃料の実際の反応速度を，これらの消散率で最も小さいものにする．

$$\boxed{\tilde{\omega}_{\mathrm{fu}} = -\overline{\rho}\frac{\varepsilon}{k}\min\left[C_R\tilde{Y}_{\mathrm{fu}}, C_R\frac{\tilde{Y}_{\mathrm{ox}}}{s}, C'_R\frac{\tilde{Y}_{\mathrm{pr}}}{1+s}\right]} \tag{12.165}$$

ここで，C_R と C'_R はモデル定数である．生成物に対して異なる定数を用いることで，燃焼ガスの存在を考慮することができる．文献で用いられる一般的な値は，$C_R = 1.0$ と $C'_R = 0.5$ である．この式には，燃料，酸化剤，生成物の質量分率が含まれているため，計算を始めるには，これらの質量分率の初期値を与える必要がある．$\tilde{Y}_{\mathrm{fu}}$ の式に加

え，式 (12.103), (12.104), (12.106) のような関係を用いて，生成物と酸素の質量分率を推算するために混合分率 $\tilde{\xi}$ の式も解く．

図 12.8 (a), (b) に，Magnussen と Hjertager (1976) が，渦崩壊モデルを用いて炉内温度場を良好に予測した結果を示す．また，Gosman ら (1978) は，燃焼計算においてスカラー変動を考慮するために，pdf 法を組み合わせた渦崩壊モデルを適用した．図 12.9 から，予測値がやはり実験データと非常によく一致していることがわかる．

渦崩壊モデルを，反応速度に支配された反応の項とも組み合わせることができる．燃焼過程が反応速度に支配されている場合，燃料の消散速度をアレニウス反応速度式で記述することができる．

$$\tilde{\dot{\omega}}_{\mathrm{fu,kinetic}} = -A_1 \overline{\rho}^a \tilde{Y}_{\mathrm{fu}}^b \tilde{Y}_{\mathrm{ox}}^c \exp\left(\frac{-E_a}{R_u \tilde{T}}\right) \tag{12.166}$$

ここで，A_1 はアレニウス反応速度の頻度因子，a, b, c はモデル定数である．$\tilde{T}$ は温度（単位 K），E_a は活性化エネルギー，R_u は気体定数である．

ここで，燃料の反応速度を次式から求める．

$$\boxed{\tilde{\dot{\omega}}_{\mathrm{fu}} = -\min\left[\overline{\rho}\frac{\varepsilon}{k}C_R \tilde{Y}_{\mathrm{fu}}, \overline{\rho}\frac{\varepsilon}{k}C_R \frac{\tilde{Y}_{\mathrm{ox}}}{s}, \overline{\rho}\frac{\varepsilon}{k}C_R' \frac{\tilde{Y}_{\mathrm{pr}}}{1+s}, -\tilde{\dot{\omega}}_{\mathrm{fu,kinetic}}\right]} \tag{12.167}$$

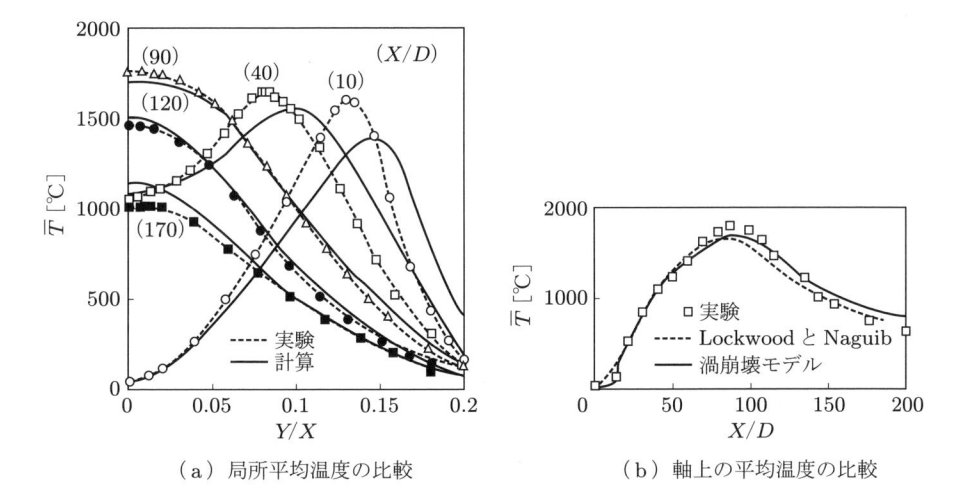

（a）局所平均温度の比較　　　　　（b）軸上の平均温度の比較

図 12.8　渦崩壊モデルの結果（Magnussen と Hjertager, 1976）(a) 都市ガスの拡散火炎 ($Re = 24000$) の局所平均温度に対する，実験値 (Lockwood と Odidi, 1975) と渦崩壊モデルの計算結果との比較，(b) 都市ガスの拡散火炎 ($Re = 24000$) の軸上の平均温度に対する，実験値，Lockwood と Naguib (1975) による計算結果，渦崩壊モデルの計算結果の比較 ［出典：Magnussen と Hjertager (1976)］

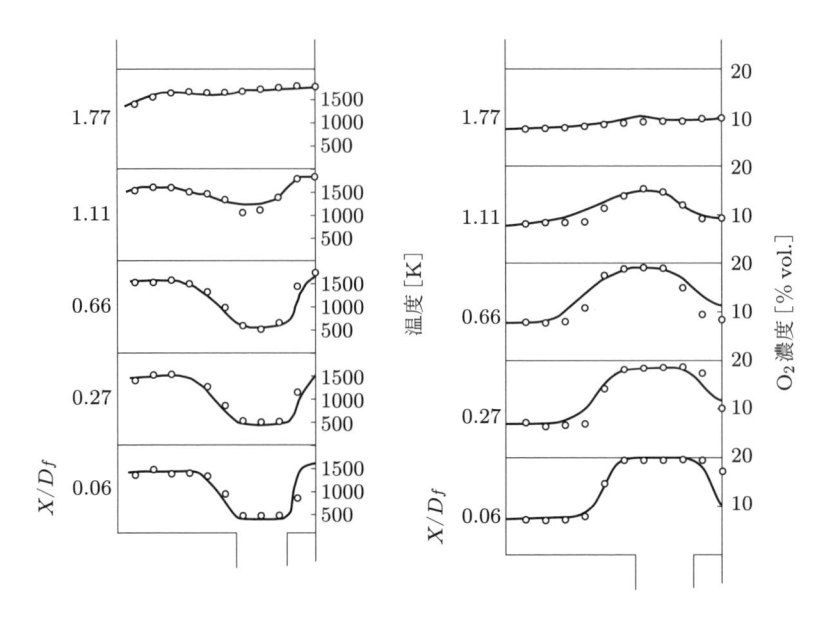

図 12.9 燃焼炉の計算値と実験データの比較（case 6），半径方向温度と酸素濃度分布
[出典：Gosman ら (1978)]

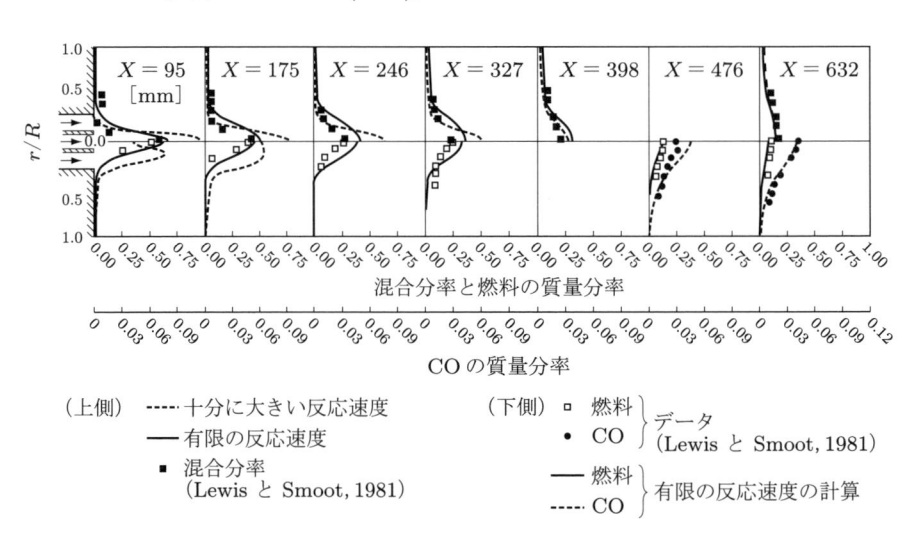

（上側） ------ 十分に大きい反応速度　　（下側） □ 燃料　　⎫
　　　　 ——— 有限の反応速度　　　　　　　　　 ● CO 　 ⎬ データ
　　　　 ■ 混合分率　　　　　　　　　　　　　　　　　　　（Lewis と Smoot, 1981）
　　　　 （Lewis と Smoot, 1981）　　　　　 ——— 燃料　　⎫
　　　　　　　　　　　　　　　　　　　　　　　 ----- CO 　 ⎬ 有限の反応速度の計算

図 12.10 Lewis と Smoot (1981) の実験に対する混合分率（中心線より上側），
燃料と CO（中心線より下側）の計算値と測定値の比較
[出典：Nickjooy ら (1988)]

Nickjooyら (1988) は，軸対称の燃焼器において，燃焼の流れを予測するために CO 生成を含む2段反応モデルを考えることにより，この方法を用いている．彼らが用いた異なる条件に対するモデル定数 C_R, C'_R, a, b, c は，上記の文献で見つけることができる．図 12.10 に Nickjooy ら (1988) が報告した予測値を示す．

渦崩壊モデルでは，ある程度の予測ができ，数値流体力学の手順において実行するのが非常に簡単である．しかし，燃料の消散率が乱流の時間スケール k/ε に依存するため，予測精度は乱流モデルの性能に依存する．乱流モデルが流れ場を精度よく予測できない場合，もちろん燃焼計算の精度も限定される．

12.23 渦消散モデル

渦崩壊（eddy break-up, EBU）モデルの改良版は，Ertesvag と Magnussen (2000) の渦消散モデル（eddy dissipation concept, EDC）として知られている．EDC モデルでは，燃焼化学が重要になる反応を伴う乱流流れにおいて微細構造の重要性を組み込む．EDC モデルの総説を，Magnussen (2005) で見つけることができる．概念の詳細を説明せず，モデルを以下のようにまとめる．

EDC モデルでは，微細構造により決定される質量分率を次式で定義する．

$$\gamma^* = 4.6 \left(\frac{\nu\varepsilon}{k^2}\right)^{1/2} \tag{12.168}$$

ここで，ν は動粘度，k と ε は乱流エネルギーと消散率，4.6 はモデル定数である．微細構造の反応率は次式で定義される．

$$\chi = \frac{\tilde{Y}_{\mathrm{pr}}/(1+s)}{\tilde{Y}_{\min} + \tilde{Y}_{\mathrm{pr}}/(1+s)} \tag{12.169}$$

ここで，$\tilde{Y}_{\mathrm{pr}}$ は反応物の質量分率，EBU モデルと同様に $\tilde{Y}_{\min} = \min(\tilde{Y}_{\mathrm{fu}}, \tilde{Y}_{\mathrm{ox}}/s)$ である．燃料に対する反応速度を，次式から求める．

$$\tilde{\omega}_{\mathrm{fu}} = -\bar{\rho}\frac{\varepsilon}{k} C_{\mathrm{EDC}} \min\left(\tilde{Y}_{\mathrm{fu}}, \frac{\tilde{Y}_{\mathrm{ox}}}{s}\right)\left(\frac{\chi}{1-\gamma^*\chi}\right) \tag{12.170}$$

ここで，C_{EDC} はモデル定数であり，その推奨値は 11.2 である．

12.24 層流火炎片モデル

化学平衡モデル以外のこれまでのモデルでは，すべて1段反応燃焼を用いるか，限られた燃焼化学のみに適合するかのどちらかであり，中間あるいはマイナー化学種を

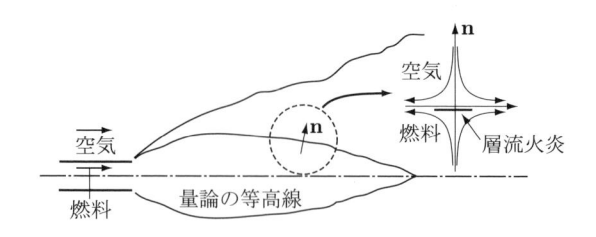

図 12.11 層流火炎片モデルの概念図

予測しない．これから，層流火炎片モデルについて考察する．ここでは，簡略化と詳細な化学を考慮する必要性をいかに両立させるかについて考える．このモデルでは，乱流火炎を伸長した層流火炎片の集まりとみなす．図 12.11 に，層流火炎片の概念図を示す．乱流火炎をしわ状の，移動する層流の反応の広がりで表現し，主な熱放出は量論表面付近の狭い領域で起こると考える．これらは火炎片とよばれ，乱流流れの中に組み込まれていると考える．この方法は，化学反応の時間スケールが特徴的な乱流の時間スケールよりもずっと短い場合，燃料と酸化剤は図 12.11 の差し込み図に示すように，局所的に薄い，量論の等高線に垂直な 1 次元構造で反応するという考えに基づいている．これらの構造が層流火炎中の燃焼に対する火炎片と似ていると考えられているため，**層流火炎片**とよばれる．乱流流れでは，火炎片は流れと乱流によって伸長したり歪んだりすると考えられる．以下では，適当なパラメータによってこれらの効果をモデルに組み込む．

混合分率 ξ の関数として，温度，密度，化学種の質量分率のような層流火炎片の変数を一度計算し，いわゆる**層流火炎片ライブラリ**を求めるために流れ場の計算を行う．計算で用いるこのような関係のライブラリを，後に例題で示す（図 12.16）．ライブラリは，スカラーの流れの変数 ϕ と混合分率 ξ の関係 $\phi(\xi)$ からなる．これらの形は，後で説明する図 12.2 と似ているが，乱流により火炎は伸長し，この関係 $\phi(\xi)$ の詳細は変化する．実際の乱流火炎で流れ場による火炎の伸長の影響に適合するため，どちらも流れの変数である**歪み速度**あるいは**スカラー消散率**のパラメータを，層流火炎片ライブラリの計算に組み込むのが一般的である．

層流火炎片モデルの主な利点は，ライブラリには主要な化学種，マイナー化学種，密度と温度に関連する情報が含まれているため，詳細な化学を比較的経済的に計算に組み込むことができることである．これにより，汚染物質の生成のような燃焼過程の重要な特徴を計算することができる．詳細な化学を考慮しないと，流れと燃焼によるおおよそのエネルギー放出しか計算することができない．

12.25 節では，層流火炎片ライブラリを生成するために用いる方法を説明する．12.26 節

では，混合分率 ξ，スカラー消散率 χ の値と pdf $\tilde{P}(\xi)$ と $\tilde{P}(\chi)$ から，乱流の流れ場においてスカラー変数のファーブル平均値をどのように計算することができるかを示す．12.27 節～12.29 節では，層流火炎片モデルを用いた場合の NO のような汚染物質の生成をどのようにモデル化することができるかを説明する．最後に，12.30 節では，層流火炎片モデルの長所と短所を説明するための例題を示す．Peters (1984, 1986)，Bray と Peters (1994)，Pitsch と Peters (1998)，Williams (2000) と Veynante と Vervisch (2002) の研究から，層流火炎片モデルの主な特徴をまとめる．非予混合燃焼に対する層流火炎片の理論の詳細については，これらの文献を参照していただきたい．

12.25 層流火炎片ライブラリの生成

1次元非予混合燃焼の基礎式を解くことで，層流火炎片を生成する．拡散火炎に対する最も簡単なモデルでは，定常状態，層流，よどみ点流れを仮定する．そうすることによって，連続，運動量，化学種とエネルギーの基礎式を簡単に記述し，解くことができる．燃料と酸化剤の流れが対向噴流である，簡単な1次元非予混合燃焼状態を，図 12.12 (a) に示す．層流火炎片ライブラリを生成する方法は主に二つある．

- 方法 1：対向流拡散火炎に対する基礎式を解くために，物理 (x-y) 座標系を用いる
- 方法 2：対向流拡散火炎の基礎式を混合分率空間に写像し，解く

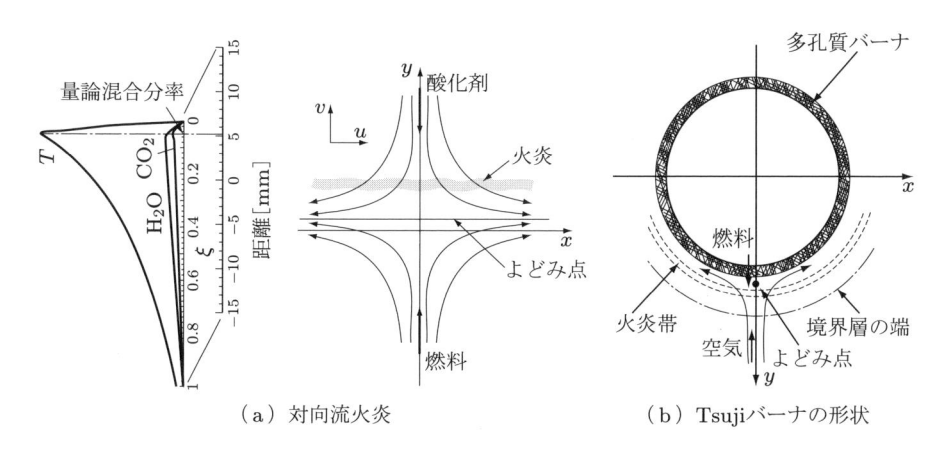

図 12.12　1次元非予混合燃焼のモデル
（a）対向流火炎　（b）Tsuji バーナの形状

方法1　対向流拡散火炎の形状

図 12.12 (a) に示す対向流拡散火炎の状態を考えよう．同心軸対称ノズルを二つ用い，一方のノズルから燃料を，他方のノズルから酸化剤を供給することで，このような流れを作ることができる．この形状により，図に示すように，ノズル間によどみ面をもつ軸対称の流れ場が生成する．よどみ面の位置は二つの流れの速度に依存し，一方の流れの速度を変化させ，他方の流れの速度を一定に保つことで調整することができる．ノズル間のよどみ面に近い場所に拡散火炎が生成する．この細い火炎の位置は，二つの流れの速度と燃料と酸化剤の性質に依存する．ほとんどの燃料は，燃料よりも多くの質量の空気を必要とするため，拡散火炎では，図に示すように，たいてい酸化剤側によどみ面が生成する．計算では，形状を無限に広い軸対称であると考える．方法1の定式化で用いる座標系を，図 12.12 (a) に示す．酸化剤の噴流は $y = \infty$，燃料の噴流は $y = -\infty$ に位置する．モデルでは，流れを層流，よどみ点流れを円筒座標系であると仮定する．

よどみ点の流線に沿って定常状態の境界層の式を解くことで，火炎の構造を求める (Smookら，1986，Lutzら，1997)．この方法では，火炎に対して垂線の座標，すなわち，y のみの関数である火炎の自己相似解を求める（この場合，軸の座標が y であることに注意すること）．変数は，次式のように書くことができる．

$$\rho = \rho(y)$$
$$T = T(y)$$
$$Y_k = Y_k(y) \qquad (k = 1, \cdots, N)$$

y が軸方向を，x が半径方向を表す場合，定常状態における質量保存は次式のようになる．

$$\frac{\partial(\rho u x)}{\partial x} + \frac{\partial(\rho v x)}{\partial y} = 0 \tag{12.171}$$

また，半径方向の運動量保存式は，

$$\rho u \frac{\partial u}{\partial x} + \rho v \frac{\partial u}{\partial y} = \frac{\partial}{\partial y}\left(\mu \frac{\partial u}{\partial y}\right) - \frac{\partial p}{\partial x} \tag{12.172}$$

化学種の保存式は，

$$\rho u \frac{\partial Y_k}{\partial x} + \rho v \frac{\partial Y_k}{\partial y} + \frac{\partial}{\partial y}(\rho Y_k V_k) - \dot{\omega}_k = 0 \qquad (k = 1, 2, \cdots, N) \tag{12.173}$$

エネルギー保存式は，

$$\rho u \frac{\partial T}{\partial x} + \rho v \frac{\partial T}{\partial y} - \frac{1}{c_p} \frac{\partial}{\partial y}\left(k \frac{\partial T}{\partial y}\right) + \frac{\rho}{c_p} \sum_{k=1}^{N} c_{pk} Y_k V_k \frac{\partial T}{\partial y} + \frac{1}{c_p} \sum_{k=1}^{N} h_k \dot{\omega}_k = 0$$
$$(k = 1, 2, \cdots, N) \quad (12.174)$$

と表され，この系は，次式の理想気体の法則を用いると閉じる．

$$\rho = \frac{p(MW)_{\mathrm{mix}}}{R_u T} \quad (12.175)$$

式 (12.173)，(12.174) 中のパラメータ V_k は拡散速度として知られており，化学種の拡散を考慮するためのパラメータである．多成分系に対する拡散速度を，次式から求める（Lutz ら，1997，Turns，2000 参照）．

$$V_k = -\frac{1}{X_k (MW)_{\mathrm{mix}}} \sum_{j=1}^{N} (MW)_j D_{kj} \frac{\mathrm{d}X_j}{\mathrm{d}x} - \frac{D_k^T}{\rho Y_k} \frac{1}{T} \frac{\partial T}{\partial x} \quad (12.176)$$

ここで，X_k はモル分率，(MW) は分子量，D_{kj} は多成分拡散係数，D_k^T はほかの混合ガスに対する化学種 k の拡散係数を意味する．層流拡散火炎の計算では，詳細な化学を考慮しようとするため，式中においてこれらの詳細を考慮しなければならず，詳細な輸送物性と熱力学データの計算も必要となる（Rogg と Wand，1977）．

対向流の場合，境界層の端における自由流の半径方向と軸方向の速度を，$u_\infty = ax$ と $v_\infty = -2ay$ から求める．ここで，a は歪み速度である．ここで，次式を導入する．

$$U(y) = \frac{u}{u_\infty} = \frac{u}{ax} \quad (12.177)$$

$$V(y) = \rho v \quad (12.178)$$

式 (12.177)，(12.178) を導入することで，式 (12.171)〜(12.175) の連立方程式を，よどみの流線 $x = 0$ に沿って適用できる常微分方程式に変形することができる．

$$\frac{\mathrm{d}V}{\mathrm{d}y} + 2a\rho U = 0 \quad (12.179)$$

$$\frac{\mathrm{d}}{\mathrm{d}y}\left(\mu \frac{\mathrm{d}U}{\mathrm{d}y}\right) - V \frac{\mathrm{d}U}{\mathrm{d}y} + a(\rho_\infty - \rho U^2) = 0 \quad (12.180)$$

$$-\frac{\mathrm{d}}{\mathrm{d}y}(\rho Y_k V_k) - V \frac{\mathrm{d}Y_k}{\mathrm{d}y} + \dot{\omega}_k = 0 \quad (k = 1, 2, \cdots, N) \quad (12.181)$$

$$\frac{\partial}{\partial y}\left(k \frac{\partial T}{\partial y}\right) - c_p V \frac{\partial T}{\partial y} - \sum_{k=1}^{N} \rho c_{pk} Y_k V_k \frac{\mathrm{d}T}{\mathrm{d}y} - \sum_{k=1}^{N} h_k \dot{\omega}_k = 0 \quad (12.182)$$

Smooke ら (1986) は，燃料（fu）と酸化剤（ox）の流れに対する適切な境界条件を，次式で示している．

燃料の流れ　　　$y = -\infty$:　　$V = V_\text{fu}$　　$U = \sqrt{\dfrac{\rho_\text{ox}}{\rho_\text{fu}}}$　　$T = T_\text{fu}$　　$Y_k = Y_{k,\text{fu}}$

酸化剤の流れ　　$y = \infty$:　　　$U = 1$　　$T = T_\text{ox}$　　$Y_k = Y_{k,\infty}$

対称面　　　　　$y = 0$:　　　　$V = 0$

距離 $y = -\infty$ と $y = +\infty$ は，燃料と酸化剤の流れを参照する．実際は，無限の間隔を切り取り，$y = -L_\text{fu}$ （燃料の噴流）と $y = +L_\text{ox}$ （酸化剤の噴流）において境界値を与える．ここで，距離間隔は $2L = L_\text{fu} + L_\text{ox}$ である（Smooke ら，1986 参照）．

これらの式をみると，速度の勾配あるいは歪み速度 a は常微分方程式 (12.179)～(12.182) のパラメータであり，ほかの変数は従属変数と独立変数，および熱物性あるいは輸送物性であることがわかる．物理空間において層流火炎片分布を生成するには，実際の乱流流れ（$a = 0.1 \sim 5000\,\text{s}^{-1}$）の条件に対応する a の値を求めるために，これらの式を解く．通常は，これらの式を解くために有限差分法とニュートン反復法を用いる．

1 次元の非予混合火炎を生成するために一般に用いられるほかの実験として，図 12.12(b) に示す Tsuji バーナがある（Tsuji と Yamaoka，1967 にちなんで名付けられた）．Tsuji バーナの形状に基づいた火炎片の式は，常微分方程式とは少し異なる形をしており，その定式化もまた，層流火炎片モデルの計算法においては一般的である．

層流火炎片の計算に用いることができるプログラムは多くある．RUN-1DL（Rogg，1993，Rogg と Wang，1997）は，**物理空間に層流火炎片分布**を生成するために広く用いられている．対向流拡散火炎を解くためのほかのコンピュータプログラムには，Lutz ら (1997) の OPPDIF プログラムがある．物理空間における対向流層流火炎の問題を解くことで，よどみ点からの距離の関数として，温度，密度，主要化学種とマイナー化学種を結果から求める．歪み速度 $a_s = 20\,\text{s}^{-1}$ に対して，燃料として CH_4 と H_2 が 1:1 の混合ガスの対向流層流火炎に対する温度，密度および化学種すべての濃度の一般的な計算結果を図 12.13 に示す．

燃焼計算では，混合分率と混合分率の変動の輸送方程式を解く．図 12.2 に示すような火炎の変数の関係では，その化学の詳細を考慮していない．層流火炎片モデルでは，参照テーブル中の $Y_k = Y_k(\xi)$, $T = T(\xi)$, $\rho = \rho(\xi)$ などの関係として，層流火炎片ライブラリを用いる．これには，物理空間における $Y_k = Y_k(y)$, $T = T(y)$, $\rho = \rho(y)$ 中の式 (12.179)～(12.182) の解を，混合分率の座標系に変換する必要がある．図 12.13 中の燃料の流れ（$y = -15\,\text{mm}$）から酸化剤の流れ（$y = +15\,\text{mm}$）に向かう場合，混合分率は 1 から 0 に変化することに注意する．これらの間で混合分率は徐々に変化す

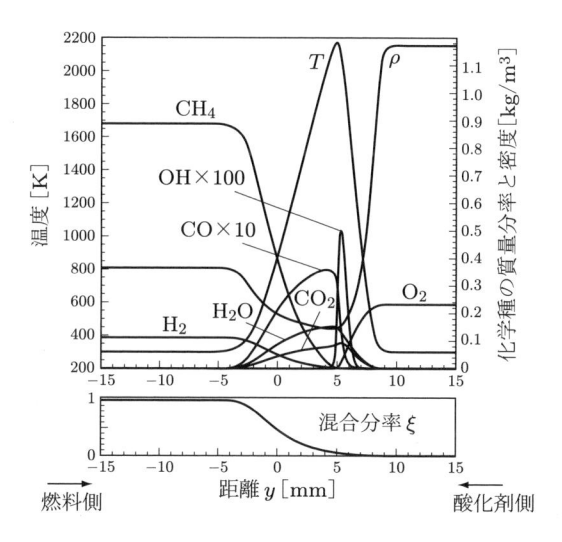

図 12.13 対向流で $CH_4 : H_2 = 1 : 1$ の層流火炎の層流火炎片構造．空気と燃料の温度 300 K，歪み速度 $a = 20\,\mathrm{s}^{-1}$．左側が燃料，右側が空気，領域の大きさは $-20\,\mathrm{mm}$ から $+20\,\mathrm{mm}$．

る．火炎それぞれと歪み速度の特定の値それぞれに対して，y 座標の値と局所の混合分率 $\xi = \xi(y)$ の間には一対一の対応がある．たとえば，火炎は $y = +5\,\mathrm{mm}$ 付近の高温領域に位置し，ここでは混合分率が量論の値に近く，$\xi_{\mathrm{st}} = \xi\,(y = 5\,\mathrm{mm})$ となる．すなわち，原理的には横軸として混合分率を用いることで，図 12.13 の結果を再プロットすることができる．

燃料と酸化剤の入口の流れの数が任意の燃焼流れにおける混合分率 ξ を導出する最も一般的な方法は，**Bilger の混合分率の式**（Bilger, 1988）として知られている．これは，化学反応の間，化学種は消費され，生成するが，**化学元素は保存する**という概念に基づいている．化学元素（C，H，O など）の質量分率 Z を，これらの元素を含む化学種の質量分率 Y から求めることができる．

$$Z_j = \sum_{i=1}^{N} \frac{a_{ij} W_j}{MW_i} Y_i \tag{12.183}$$

ここで，MW_i は化学種 i の分子量，W_j は元素 j の原子量，a_{ij} は化学種 i の分子中の元素 j の原子の数である．N 分子すべてについて合計する．これらの元素の質量分率を用いると，燃料の流れには燃料しか含まれず，酸化剤の流れには O 元素しか含まれない場合の質量分率に対する Bilger の式は，次式のようになる．

$$\xi = \frac{2Z_C/W_C + Z_H/2W_H - 2(Z_O - Z_{O,\mathrm{ox}})/W_O}{2Z_{C,\mathrm{fu}}/W_C + Z_{H,\mathrm{fu}}/2W_H + 2Z_{O,\mathrm{ox}}/W_O} \tag{12.184}$$

ここで，fu と ox は燃料と酸化剤の流れを表す．

燃料と酸化剤の流れに元素 C，H，O が含まれる場合は，次式のように少し修正した形でこれを書く．

$$\xi = \frac{2(Z_C - Z_{C,ox})/W_C + (Z_H - Z_{H,ox})/2W_H - 2(Z_O - Z_{O,ox})/W_O}{2(Z_{C,fu} - Z_{C,ox})/W_C + (Z_{H,fu} - Z_{H,ox})/2W_H - 2(Z_{O,fu} - Z_{O,ox})/W_O} \tag{12.185}$$

図 12.13 に示すような化学種の質量分率の分布から混合分率を求めるために，1 次元の計算領域すべての点において，式 (12.185) を用いることができる．今後は，これにより，ξ の関数として温度，密度，化学種の質量分率をプロットすることができる．

これらの定義は，混合分率について実験データを補間するためだけでなく（Masri ら, 1996, Dally ら, 1998b, Barlow ら, 2001），計算機による研究にも広く用いられており（Smooke ら, 1990, Barlow ら, 2000, Hossain と Malalasekera, 2003），とくに，実験データから混合分率を求めるために混合分率を定義する一貫性がある方法である．Smooke ら (1986) と Sick ら (1991) は，歪みを伴う層流火炎形状に対する実験データを用いている．たとえば，解析結果と比較し，層流火炎片ライブラリを生成する方法の妥当性を検討するために，Tsuji タイプのバーナや類似したバーナを用いている．

方法2　混合分率空間における火炎片の式

混合分率 ξ を独立座標として用いる（Crocco タイプの）座標変換により，1 次元火炎の温度と質量分率に対する火炎片の式を導出することができる．対向流拡散火炎は，火炎全体を混合分率の空間に変換することができる火炎の例である．混合分率の空間におけるこれらの式の導出の詳細については，乱流燃焼に対する層流火炎片の概念を総説した Peters (1984, 1986) を参照していただきたい．導出を省略し，これらを引用すると，混合分率空間における火炎片の式は，次式のように表される．

$$\text{化学種} \quad \rho\frac{\partial Y_k}{\partial t} - \rho\frac{\chi}{2}\frac{\partial^2 Y_k}{\partial \xi^2} - \dot{\omega}_k = 0 \tag{12.186}$$

$$\text{温度} \quad \rho\frac{\partial T}{\partial t} - \rho\frac{\chi}{2}\frac{\partial^2 T}{\partial \xi^2} - \frac{1}{c_p}\frac{\partial p}{\partial t} + \sum_{k=1}^{N}\frac{h_k}{c_p}\dot{\omega}_k = 0 \tag{12.187}$$

境界条件は，以下のとおりである．

$$\text{燃料の流れ} \quad \xi = 1.0: \quad T = T_{fu} \quad Y_k = Y_{k,fu} \quad (k = 1, \cdots, N)$$

$$\text{酸化剤の流れ} \quad \xi = 0.0: \quad T = T_{ox} \quad Y_k = Y_{k,ox} \quad (k = 1, \cdots, N)$$

初期条件は，$t=0$ における既知の温度と化学種の質量分率，すなわち，$T=T_{\text{ambient}}$，$Y_{\text{O}_2}=0.233$，$Y_{\text{N}_2}=0.767$ である．与えた燃料の組成を用いて，Y_{fu} の質量分率（Y_{CH_4}，Y_{H_2} など）を指定し，ほかの化学種の質量分率をすべてゼロにする．

式 (12.186)，(12.187) において，χ はいわゆるスカラー消散率（単位 s^{-1}）であり，この火炎片モデルのパラメータである．擬定常状態の形でこの式を解く．すなわち，非定常項は残るが，最終的な定常状態の解にしか興味がない．このモデルは，定常層流火炎片モデル（SLFM）として知られている．

式 (12.186)，(12.187) では，図 12.12 (a) に示すように量論面 $\xi=\xi_{\text{st}}$ に垂直な方向の座標系として，燃料と酸化剤の二つの流れに基づいて定義される混合分率を用いる．乱流非予混合火炎では，燃料領域は量論混合に近い高温の領域付近であり，混合分率の場とともに対流と拡散によって移動すると考えられる（Bray と Peters，1994）．

数値流体力学の計算でこの方法を用いる場合，次式で定義される局所のスカラー消散率により，流れ場が火炎片構造に及ぼす影響を再現する．

$$\chi = 2D_\xi \left[\left(\frac{\partial \xi}{\partial x}\right)^2 + \left(\frac{\partial \xi}{\partial y}\right)^2 + \left(\frac{\partial \xi}{\partial z}\right)^2 \right] \qquad (12.188)$$

ここで，x，y，z は座標の方向であり，$D_\xi = \Gamma_\xi/\rho$ は混合分率に対する拡散係数である．スカラー消散率は混合を制御する変数であり，歪みに関係する混合分率の勾配を表す．火炎の歪みが増加すると，スカラー消散率は増加する．量論混合の面に垂直な対流–拡散の影響は，スカラー消散率に陰的に組み込まれており（Peters, 1994），これを化学平衡からのずれを表すパラメータと考えることができる．スカラー消散率の逆数 χ^{-1} は，拡散時間 τ_χ である．この時間が減少する（すなわち，χ の値が増加する）のに伴い，量論面からの熱，物質移動は増加する（Veynante と Vervisch, 2002）．さらに，χ が臨界値を超えると，熱損失が化学反応の放熱より大きくなるため，火炎は失火する．

混合分率の空間に層流火炎片の分布を生成するために，所定のスカラー消散率 χ の値に対する燃料の濃度と温度に対して与えた初期条件と境界条件に対して，常微分方程式 (12.186)，(12.187) を解く．スカラー消散の大きさにより火炎構造が異なる．小さいスカラー消散率，すなわち長い拡散時間は，燃焼が平衡に近いことを意味し，一方，非常に大きなスカラー消散率は，失火に近い非常に歪んだ火炎を意味する．後で説明する図 12.16 では，この種の計算から生成した火炎片の関係を示す．記号の矢印は，スカラー消散率の増加方向を表す．

得られる火炎片ライブラリは，異なるスカラー消散率 $T(\xi,\chi)$，$Y_i(\xi,\chi)$ に対する混合分率の空間における温度，化学種と密度の分布の集まりである．これに対して，Pitsch (1998) による FlameMaster として知られているコンピュータプログラムを用いることができる．

最後に，対流と混合分率の面に沿う曲率に含まれる高次の項の多くを無視し，式 (12.186)，(12.187) を導出したことに注意しなければならない．それにもかかわらず，この方法は，混合分率の空間における火炎片を生成するために広く用いられている（Mauss ら，1990，Seshadri ら，1990，Lentini，1994）．これまで述べた仮定に頼らない，より精度が高い定式化が Pitsch と Peters (1998) により示されている．この新しい定式化では，混合分率に対する流れ二つによる定式化に依存せず，ルイス数が 1 ではない場合にも組み込むことができる．

▶ 層流火炎片の関係の例

この例では，文献（とインターネット，Barlow, 2000）から入手可能な実験データを考え，特定の火炎条件に対してどのように層流火炎片ライブラリを生成することができるかどうかを示す．精度と層流火炎片の関係の実用性を示すために，得られる状態の関係を実験データと比較する．また，層流火炎片モデルを用いた場合の変数の計算を 12.30 節で示す．

火炎片を生成するために，FlameMaster (Pitsch, 1998) と RUN-1DL (Rogg, 1993, Rogg と Wang, 1997) の有名なプログラムを二つ用いる．FlameMaster プログラムでは，先ほど述べた方法 2 を用いるが，RUN-1DL プログラムでは方法 1 を用いる．すなわち，物理空間で計算を行う．RUN-1DL の火炎片では，物理座標を用いて火炎片を生成するため，Bilger の混合分率の式 (12.184) を用いて，物理座標で求める結果を混合分率空間に変換する必要がある．計算で用いる化学反応機構は，Peters (1993) によるプロパンまでの燃料に対する詳細機構である．両方のプログラムで，同じ化学反応機構が用いられている．

ここで考える実験は，Barlow ら (2000) の乱流火炎の実験，Flame B である．この実験やほかのデータは，"乱流非予混合火炎"（TNF）フォーラムで広く検討されている．用いた燃料は，体積比が 40/30/30 の $CO/H_2/N_2$ である．流れの影響は，歪み速度とスカラー消散率の異なるパラメータ二つで表す．混合分率空間においてスカラー消散率 χ を用い，物理空間で歪み速度 a を用いる．スカラー消散率 χ（軸対称の場合）と歪み速度 a を結び付ける式は，次式のとおりである（Peters, 2000）．

$$\chi_{st} = \frac{2a_s}{\pi} \exp\{-2[\text{erfc}^{-1}(2\xi_{st})]^2\} \quad (12.189)$$

ここで，χ_{st} は混合分率が量論である場所におけるスカラー消散率，a_s は混合分率空間における歪み速度に対応する．ξ の値が小さい場合に代わりに用いる式は，次式のとおりである．

$$\chi_{\rm st} = 4a_s \xi_{\rm st}^2 \left[{\rm erfc}^{-1}(2\xi_{\rm st}) \right]^2 \tag{12.190}$$

ここで，${\rm erfc}^{-1}$ は逆誤差関数（inverse of complementary error function）である（逆数ではない）．Barlow ら (2000) は，$\chi_{\rm st} = 4.6\,{\rm s}^{-1}$，$\chi_{\rm st} = 46\,{\rm s}^{-1}$ のそれぞれ対応する選択した歪み速度二つ $a_s = 10\,{\rm s}^{-1}$，$a_s = 100\,{\rm s}^{-1}$ を用いて，層流火炎片の関係を実験結果と比較した．彼らの計算を再現し，火炎の軸 $x/D = 20$，30 の二つの位置で層流火炎片の関係と実験データの比較を行う．比較は混合分率の空間で行う．

図 12.14 (a)，(b) に，混合分率の関数として，温度と化学種のモル分率に対する層流火炎片の関係を示す．実験より測定した温度と化学種のモル分率の条件付き平均値と r.m.s. 変動値を，記号とエラーバーでそれぞれ表す．実線は計算結果を示す．図 12.14 (a) には，FlameMaster プログラムを用いて得た結果を，図 12.14 (b) には RUN-1DL プログラムを用いて得た結果を示す．二つの方法から，妥当でかつ同じ結果が得られていることがわかる．火炎片分布と実験データは両方の位置において非常によく一致し，実験のエラーバー内に収まっている．火炎片ライブラリを生成するうえで重要な入力条件は，燃料の組成とスカラー消散率あるいは歪み速度である．ここで用いた場所と

(a) FlameMaster の計算

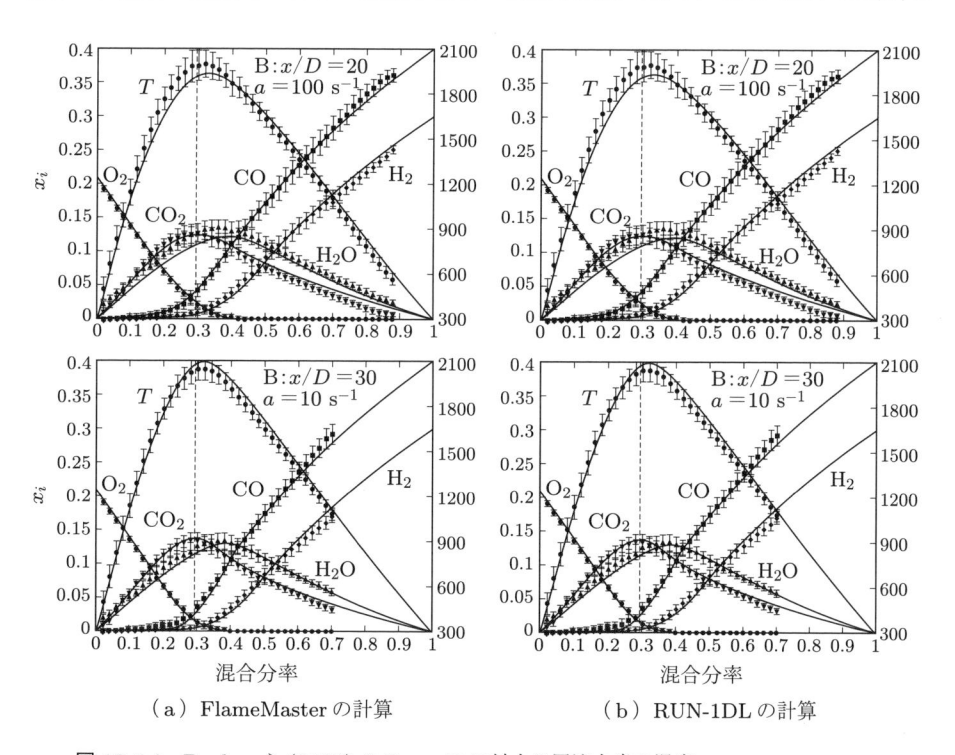

(b) RUN-1DL の計算

図 **12.14** Barlow ら (2000) の flame B に対する層流火炎の温度，CO_2，H_2O，H_2 と CO の実験の条件付き平均値と層流火炎片関係の比較．

歪み速度は，Barlowら (2000) から引用したものである．与えた条件に対して最も適した歪み速度を求めることはしなかった．実験値と計算値がよく一致していることから，乱流火炎の燃焼計算に対して状態の関係を得る方法として，層流火炎片は明らかに実用的で正確であることがわかる．

12.26 非平衡パラメータの統計

層流火炎片モデルでは，(i) 混合分率 ξ，(ii) 非平衡パラメータであるスカラー消散率 χ のパラメータ二つから，乱流火炎の熱力学的組成を完全に決定する．乱流の流れ場では，これらのパラメータは統計的に分布している．平均温度，密度，化学種の質量分率を計算するために，joint pdf $\tilde{P}(\xi, \chi)$ の形で混合分率とスカラー消散率の統計分布を知る必要がある．平均スカラー変数を，次式から計算する．

$$\tilde{\phi} = \int_0^\infty \int_0^1 \phi(\xi, \chi) \tilde{P}(\xi, \chi) \, d\xi \, d\chi \tag{12.191}$$

この層流火炎片モデルの定式化では，混合分率とスカラー消散率は統計的に独立であると仮定する．乱流の流れ場においては，スカラー変数 ϕ の平均値を次式から求めるため，この仮定により，定式化は簡単になる．

$$\tilde{\phi} = \int_0^\infty \int_0^1 \phi(\xi, \chi) \tilde{P}(\xi) \tilde{P}(\chi) \, d\xi \, d\chi \tag{12.192}$$

混合分率に対する pdf を，ベータ関数と仮定する．また，スカラー消散率の pdf を対数正規関数と仮定する．この仮定は，Effelsberg と Peters (1988) が示した実験的な根拠により正当化されている．そのため，独立した二つの pdf は，混合分率に対するベータ pdf である．

$$\tilde{P}(\xi) = \frac{\xi^{\alpha-1}(1-\xi)^{\beta-1}\Gamma(\alpha+\beta)}{\Gamma(\alpha)\Gamma(\beta)}$$

ここで，式 (12.157) を用いてパラメータ α と β を計算する．スカラー消散率に対する対数正規 pdf は，次式のとおりである．

$$\tilde{P}(\chi) = \frac{1}{\chi\sigma\sqrt{2\pi}} \exp\left[-\frac{1}{2\sigma^2}(\ln\chi - \mu)^2\right]$$

ここで，パラメータ μ，σ は χ の 1 次と 2 次のモーメントであり，それぞれ以下のように与えられる．

$$\tilde{\chi} = \exp\left(\mu + \frac{1}{2}\sigma^2\right) \tag{12.193}$$

$$\tilde{\chi}''^2 = \tilde{\chi}^2[\exp(\sigma^2) - 1] \tag{12.194}$$

このモデルでは，分散 $\tilde{\chi}''^2$ を用いることはできない．そのため，μ と σ を求めるためには，$\tilde{\chi}$ を特定する必要がある．たいていの場合，平均スカラー消散率 $\tilde{\chi}$ を次式のようにモデル化する．

$$\tilde{\chi} = C_\chi \frac{\varepsilon}{k} \tilde{\xi}''^2 \tag{12.195}$$

ここで，モデル定数 C_χ に $C_\chi = 2.0$ の値を与える．対数正規分布の分散を $\sigma^2 = 2.0$ とする．これらのモデル定数二つの詳細を，Peters (1984) で見つけることができる．式 (12.195) から $\tilde{\chi}$ を計算し，σ^2 の値を指定することで，pdf $\tilde{P}(\chi)$ を導出することができる．

スカラー消散率に対する Bray と Peters (1994) が提案した異なる式は，次式のとおりである．

$$\tilde{\chi} = C_\chi \frac{\varepsilon}{k} (\Delta \xi_{\text{st}}) \tag{12.196}$$

$C_\chi = 2.0$ とスカラー消散過程が起こる質量分率の値の範囲として $\Delta \xi_{\text{st}}$ を用いると，$\Delta \xi_{\text{st}}$ は反応領域の厚みを意味する．位置 $\xi = \xi_{\text{st}}$ を中心とする反応領域を用いると，反応領域の厚みを次式のように近似することができる．

$$\Delta \xi_{\text{st}} \approx 2 \xi_{\text{st}} \tag{12.197}$$

ここで，ξ_{st} は量論の質量分率である．この式は，噴流火炎の浮き上がり高さを予測できることが証明されている．

変数の平均値を計算するためには，式 (12.192) を積分する必要がある．ベータ pdf の積分については 12.20 節で説明した．ここでは，同じ方法を適用している．対数正規の pdf $\tilde{P}(\xi)$ の積分は，Lentini (1994) の近似を用いて実行することができる．オリジナルの詳細や層流火炎片モデルの理論を，Peters (1984, 1986)，Bray と Peters (1994) と Veynante と Vervisch (2002) で見つけることができる．

12.27 燃焼の汚染物質生成

NO_x，SO_x，重金属化合物や微粒子は，燃焼中に生成する主な汚染物質である．生成する汚染物質の量や性質は，燃焼過程で用いられる燃料の種類，燃焼当量比や温度に依存する．

燃焼ガスのなかで，

- NO_x と SO_x は酸性雨やほかの環境に寄与する
- CO_2 は温室効果に寄与する

NO_x は，次に示すようにとくに懸念されている．

- オゾンの形成に影響を与える
- スモッグの生成に関連している
- 酸性雨の直接的な原因である
- 急性呼吸器疾患や呼吸器感染のような病気の原因となるので，人間の健康に大きな影響を与える

NO, NO_2, N_2O はまとめて NO_x として知られており，発生源が二つある．

- 分子の N_2（空気）
- 燃料由来の窒素

燃焼過程における NO_x の生成機構は，以下のように分類される．

- **thermal NO_x**：高温の火炎で窒素分子と酸素分子が直接反応することにより生成し，この生成は Zel'dovich 機構により説明されている．これについては後で説明する．
- **prompt NO_x**：火炎面において大気中の窒素原子の酸化により生成する．prompt NO_x の生成は，火炎の酸素希薄領域で炭化水素遊離基と窒素分子の反応により起こる．prompt NO の生成を説明するためにしばしば用いられる機構は，Fenimore (1970) 機構とよばれ，この機構では，thermal NO が生成されるのに必要な時間よりもずっと前に急激に生成される NO を考慮する．この機構の詳しい説明と詳細を Turns (2000) と Kuo (2005) で見つけることができる．
- **fuel NO_x**：重油や石炭のような燃料中の窒素の存在により生成する．fuel NO_x の生成はあまり理解されていない．主な反応の過程は燃料窒素の揮発化であるようで，NO, NO_2, NH_3, HCN などの中間化合物を生成する．その後の N_2 や NO の生成は，燃空比に大きく依存する．一般に，窒素含有量が多い燃料よりも，窒素含有量が少ない燃料のほうが全 NO_x の発生量が小さい．詳細については Kuo (2005) を参照のこと．

これらに加えて，N_2O 中間体メカニズムとして知られる経路がさらにあるが，これは高圧下でのみ重要である．これらの異なる経路の相対的な寄与は，燃料の種類，温度，圧力，滞在時間に依存する．そのなかで，thermal NO は，一般的な燃焼の状況

のほとんどで主要な機構と考えられている．燃焼中の thermal NO_x 生成の詳細な考察については，Turns (1995, 2000)，Warnatz ら (2001) と Kuo (2005) を参照していただきたい．

12.28　燃焼の thermal NO のモデリング

NO_x の成分中では，NO が主な汚染物質である．thermal NO は，高温で空気の流れの中で O_2 と反応して，N_2 から生成する．thermal NO の生成機構は，Zel'dovich 機構としてよく知られている．その重要な反応を以下に示す．

(1)　$O + N_2 \xleftrightarrow{k_1} NO + N$ 　　　　(12.198)

(2)　$N + O_2 \xleftrightarrow{k_2} NO + O$ 　　　　(12.199)

(3)　$N + OH \xleftrightarrow{k_3} NO + H$ 　　　　(12.200)

これら三つの重要な反応の正反応と逆反応の速度定数を，表 12.4 に示す (Turns, 2000)．

表 **12.4**

反応	正反応速度定数 (m^3/kmol·s)	逆反応速度定数 (m^3/kmol·s)
1	$k_{1,f} = 1.8 \times 10^{11} \exp(-38370/T)$	$k_{1,b} = 3.8 \times 10^{10} \exp(-425/T)$
2	$k_{2,f} = 1.8 \times 10^{7} T \exp(-4680/T)$	$k_{2,b} = 3.8 \times 10^{6} T \exp(-20820/T)$
3	$k_{3,f} = 7.1 \times 10^{10} \exp(-450/T)$	$k_{3,b} = 1.7 \times 10^{11} \exp(-24560/T)$

式 (1) の反応速度定数を，一般的な中間燃焼反応 $H + O_2 \longleftrightarrow OH + O$ の速度定数 (12.10 節参照) と比べよう．この反応では，正反応速度定数が $k_f = 2.00 \times 10^{14} \exp(-70.3/T)\,cm^3/mol\cdot s$ であり (Kuo, 2005 参照)，活性化エネルギー $-585\,kJ/kmol$ を必要とする．一方，注目したこの機構の反応 (1) には，非常に大きな活性化エネルギー ($E_a = -319027\,kJ/kmol$) があり，高温でのみ非常に速い．この反応は，Zel'dovich 機構のなかで最も遅い反応速度であり，NO 生成の律速反応である．この高温の依存性のため，thermal NO 機構は，1800 K 以下では重要ではないと仮定するのが一般的である．thermal NO 生成反応 (1)～(3) は，ほかの燃焼反応に比べて非常に遅いため，NO 生成には時間がかかりすぎ，平衡には達しない．そのため，NO 濃度を化学平衡を用いて計算することはできない．転化率は，指数関数的にガスの温度に支配される．また，高温領域のガスの滞在時間や空気の余剰度合い (反応しうる酸素の量に影響する) にも支配される．燃焼に対して層流火炎片モデルを用いると，fast chemistry を仮定することになる．ほかの NO 生成機構がなく，層流火炎片ライブラリの計算にこの NO の式を取り入れても，実験で観察した NO の程度を再

現しない（DrakeとBlint, 1989, SandersとGökalp, 1995, Vranosら, 1992参照).
thermal NO の層流火炎片モデリングには，これから説明する特別な取扱いがいくつか必要である．これまで言及したように，NO 生成のほかの二つの主な機構は prompt（あるいは Fenimore）NO と fuel NO である．これから説明する方法には，これらは含めない．

12.29 火炎片に基づく NO モデリング

これまで説明したとおり，火炎片ライブラリから thermal NO の濃度を求めようとしても，精度が低い可能性がある．この問題に対する方法に，次式で表される NO の質量分率の輸送方程式を用いて，Zel'dovich 機構により NO 生成における滞在時間の影響を正確に考慮する方法がある．

$$\frac{\partial}{\partial t}(\bar{\rho}\tilde{Y}_{NO}) + \frac{\partial}{\partial x_j}(\bar{\rho}\tilde{u}_j\tilde{Y}_{NO}) = \frac{\partial}{\partial x_j}\left(\frac{\mu_{\text{eff}}}{\sigma_{NO}}\frac{\partial \tilde{Y}_{NO}}{\partial x_j}\right) + \bar{\omega}_{NO} \qquad (12.201)$$

ここで，σ_{NO} は乱流シュミット数であり，0.7 を与える場合が多い．輸送方程式中の平均生成項 $\bar{\omega}_{NO}$ は NO 生成の平均速度を表し，pdf を用いて次式のように表すことができる．

$$\bar{\omega}_{NO} = \bar{\rho}\int_0^\infty \int_0^1 \dot{\omega}_{NO}(\xi,\chi)\tilde{P}(\xi)\tilde{P}(\chi)\,\mathrm{d}\xi\,\mathrm{d}\chi \qquad (12.202)$$

ここで，$\tilde{P}(\xi)$ と $\tilde{P}(\chi)$ は 12.26 節で取り入れた pdf である．式 (12.198)〜(12.200), (12.69), (12.71) の速度定数を用いて，NO の生成項 $\dot{\omega}_{NO}(\xi,\chi)$ を生成することができる．温度 $T(\xi,\chi)$ と化学種の質量分率 $Y_i(\xi,\chi)$ の火炎片の関係とともに，これを層流化炎片ライブラリに保存する．

12.30 乱流火炎の層流火炎片モデルおよび NO モデルを説明するための例

十分に文書化された一連の実験データを用いることができる実験の火炎形状を考え，これまでの節で説明した層流火炎片モデルを用いて温度，主要な化学種，マイナー化学種および NO の予測を示す．ここで考える問題は，Dally ら (1996, 1998b) が保炎器を用いた CH_4/H_2 火炎を実験的に研究したものである．この実験の火炎はデータ中で HM1 として指定されている．実験データは，シドニー大学のウェブサイトから Masri (1996) によって提供されている．ここで考える保炎器は，外径が $D_B = 50\,\mathrm{mm}$, 中

12.30 乱流火炎の層流火炎片モデルおよび NO モデルを説明するための例　　**437**

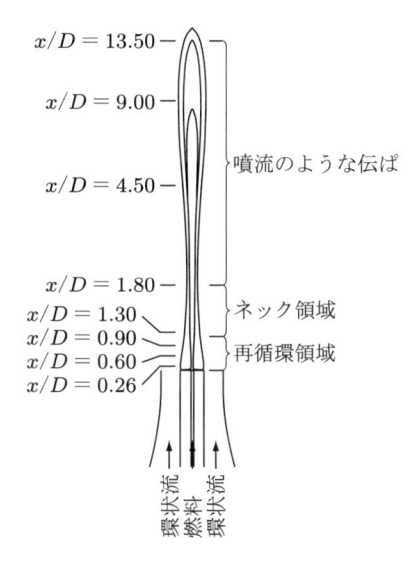

```
                    x/D = 13.50 ─┤
                                  │
                     x/D = 9.00 ─┤
                                  │
                                       噴流のような伝ぱ
                     x/D = 4.50 ─┤

                     x/D = 1.80 ─┤
                     x/D = 1.30 ─┤    ネック領域
                     x/D = 0.90 ─┤
                     x/D = 0.60 ─┤    再循環領域
                     x/D = 0.26 ─┤

                          環  燃  環
                          状  料  状
                          流      流
```

図 12.15　保炎器による安定化した火炎と測定位置の概略図

心の燃料噴流径が $D_j = 3.6\,\mathrm{mm}$ である．燃料の成分は，体積で CH_4 が 50%，H_2 が 50% である．燃料噴流の平均速度は 118 m/s，空気の平均速度は 40 m/s である．火炎と重要な領域を図 12.15 に示す．実験の詳細を上記の文献で入手可能である．

▶ **計算の詳細**

　基礎式（連続，運動量，乱流の変数 k, ε, 混合分率，混合分率の変動）を，SIMPLE アルゴリズムに基づく自作の有限体積プログラムによるファーブル平均の形で解いた．乱流モデルには k-ε 乱流モデルを用いた．3.7.2 項において，標準 k-ε モデルでは円形噴流の減衰速度と拡散速度を過大に見積もることを述べた．この問題を修正するために，k-ε モデルに対する改良をいくつか用いることができる（McGuirk と Rodi, 1979, Pope, 1978）．本研究では，Dally ら (1998b)，Hossain ら (2001) に従い，ε の式中の定数 $C_{1\varepsilon}$ の値を 1.44 から 1.60 に修正した．International Workshop on Measurements and Computations of Turbulent Nonpremixed Flames（TNF）によれば，この修正は保炎器を用いた火炎のモデリングに対して推奨されている．

　計算領域は，半径方向に 170 mm，軸方向に 216 mm である．ここで示す計算にはすべて，半径方向に 89 個，軸方向に 99 個の計算格子を用いた．精度よい結果を求めるために，計算格子が十分に細かいことを確認するための感度解析を行った．空気と燃料の入口の境界において，十分に発達した速度分布を与えた．

438 第12章 燃焼の数値流体力学モデリング

▶ **火炎構造の予測**

先に述べた RUN-1DL プログラムを用いて，異なるスカラー消散率に対して層流火炎片ライブラリを生成した．ルイス数1を用いて，ここで示す計算を行った．図12.16に温度，CO_2，H_2O，OH の質量分率に対する層流火炎片の関係の例を示す．12.25，12.26節で説明した方法に従い，乱流燃焼計算を実行した．近似関係 (12.196)，(12.197) を用いて，局所のスカラー消散率の値を求めた．ライブラリにスカラー消散率 χ の離散値を保存する．局所の χ の値は，ライブラリに保存されている値の中間にある可能性がある．計算の過程で必要となる適切な火炎片の関係を，隣接するライブラリ参照テーブルから線形補間することにより求める．

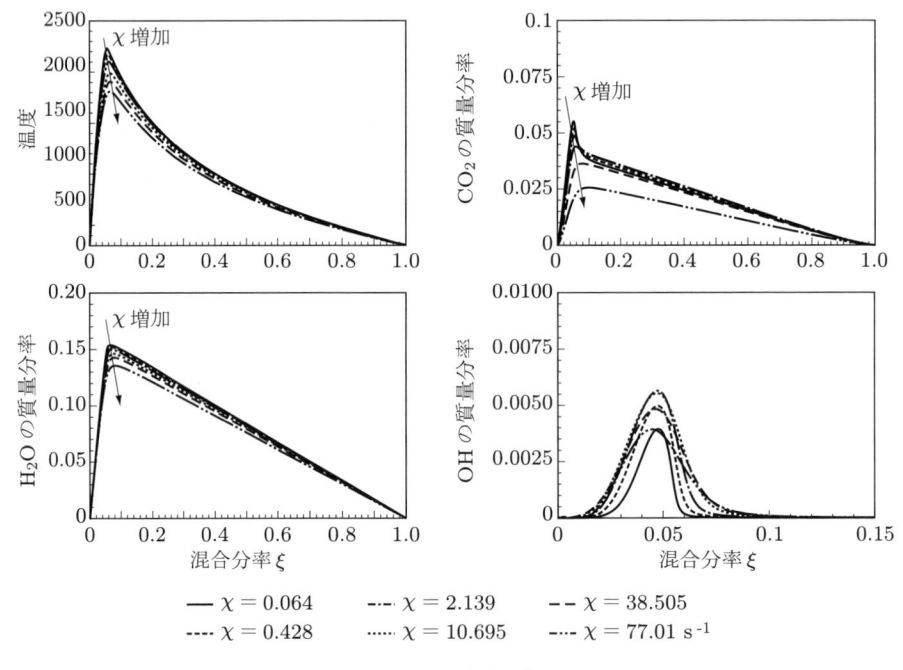

図12.16 層流火炎分布の一例

層流火炎片モデルの有効性を示すために，図12.17～図12.26でバーナ近傍 (すなわち入口に最も近い領域) において計算結果を厳選した実験結果と比較する．はじめに，混合分率の統計量を火炎の熱力学的状態から決定しているため，計算で流れ場を適切に再現することが重要であることに注意する．量論の混合分率が小さいため ($\xi_{st} = 0.05$)，この CH_4/H_2 火炎に対して，このことはさらに重要になる．結果として，流れ場の小さな誤差により温度，化学種の濃度，火炎先端の位置に大きな誤差を生じる．図12.17，図12.18に入口近傍の異なる場所の，軸と半径方向の平均速度の半径方向分布の測定

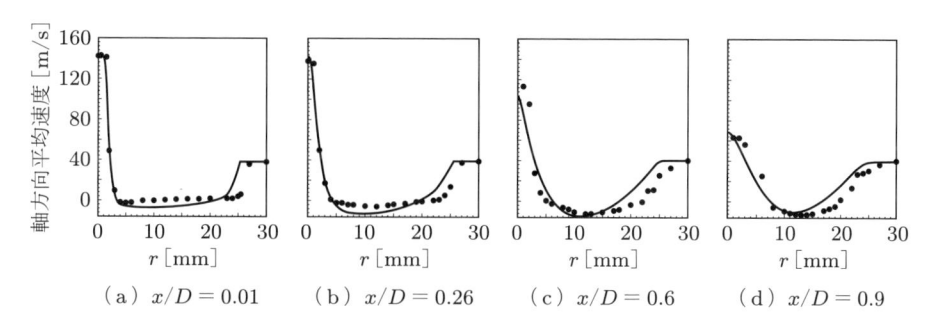

12.30 乱流火炎の層流火炎片モデルおよび NO モデルを説明するための例　439

図 12.17　平均軸方向速度分布，● 測定値，―― 計算値
(a) $x/D = 0.01$　(b) $x/D = 0.26$　(c) $x/D = 0.6$　(d) $x/D = 0.9$

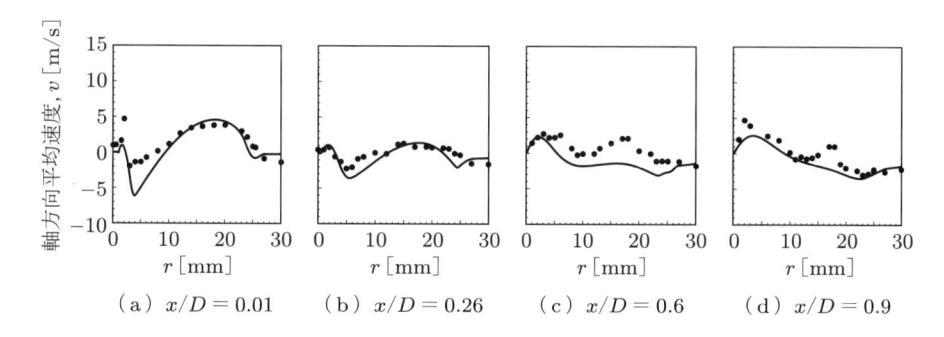

図 12.18　平均半径方向速度分布，● 測定値，―― 計算値
(a) $x/D = 0.01$　(b) $x/D = 0.26$　(c) $x/D = 0.6$　(d) $x/D = 0.9$

値と計算結果の比較を示す．図より，軸方向の平均速度の測定値をよく予測していることがわかる．大きさはずっと小さいが，半径方向の速度の測定値も，すべての位置においてよく再現されている．さらに下流の位置ではずれもある（ここでは示していない）．半径方向の平均速度は散在していることがわかる．Dally ら (1998b) が考察しているように，これは半径方向の速度成分の測定値の不正確さが原因かもしれない．

図 12.19 に，軸方向 4 点における半径方向の混合分率の分布を示す．混合分率の分

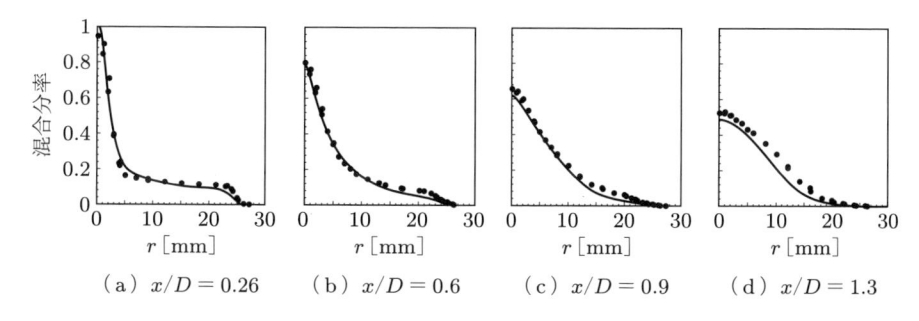

図 12.19　平均混合分率分布，● 測定値，―― 計算値
(a) $x/D = 0.26$　(b) $x/D = 0.6$　(c) $x/D = 0.9$　(d) $x/D = 1.3$

布は，入口近傍（$x/D < 0.9$）において測定値と非常によく一致している．ここで，D は保炎器の直径である．さらに下流（$x/D > 1.3$）では，軸近傍の質量分率を過少評価している（ここですべての結果を示しているわけではない）．この誤差は先ほど説明したように，よく知られる k-ε 乱流モデルの円形噴流の拡散速度の過大評価による可能性がある．定数 $C_{1\varepsilon}$ を修正した後でさえ，消散率をあまりよく再現していないのは明らかである．混合分率の分散の半径方向分布を図 12.20 に示す．混合分率の分散は入口近傍（$x/D < 1.3$）で若干過大評価されている．しかし，入口近傍のピークの位置はよく再現している．

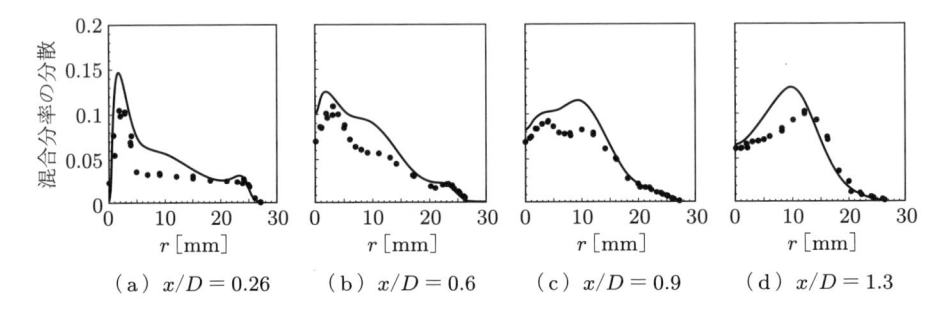

（a）$x/D = 0.26$　（b）$x/D = 0.6$　（c）$x/D = 0.9$　（d）$x/D = 1.3$

図 12.20 平均混合分率分散分布，● 測定値，── 計算値

温度の半径方向分布を図 12.21 に示す．図からわかるように，火炎片モデルによって平均温度の分布をかなりよく再現している．$x/D = 0.26$ における過大評価は，Dally ら（1998a）によっても観察されている．彼らは，これを計算が至らないということではなく，これらの位置における火炎中の間欠性によるものであるかもしれないと述べている．

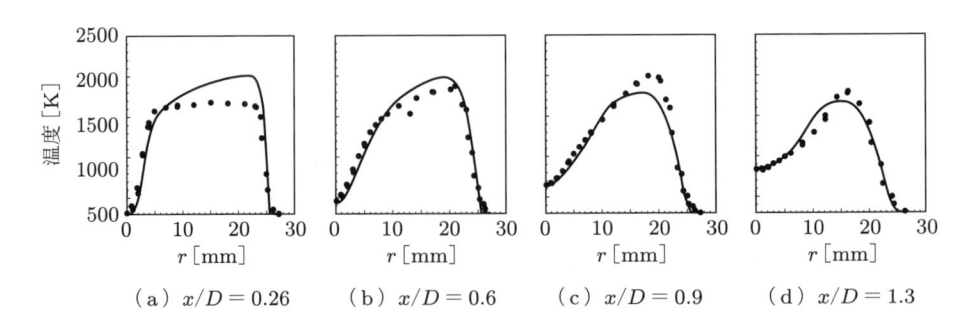

（a）$x/D = 0.26$　（b）$x/D = 0.6$　（c）$x/D = 0.9$　（d）$x/D = 1.3$

図 12.21 平均温度分布，● 測定値，── 計算値

主要な化学種 CO_2,H_2O の質量分率の半径方向分布を,図 12.22,図 12.23 にそれぞれ示す.これらの結果も,やはり実験データとよく一致している.先ほど述べたように,層流火炎片の計算で詳細な化学を取り入れることで,CO や OH のようなマイナー化学種を予測することができる.火炎の高温領域において,解離により生成する OH の半径方向分布を図 12.24 に示す.実験データから,OH の反応領域は入口近傍の細い領域であることがわかる.反応領域の厚みは下流に進むほど増加している.こ

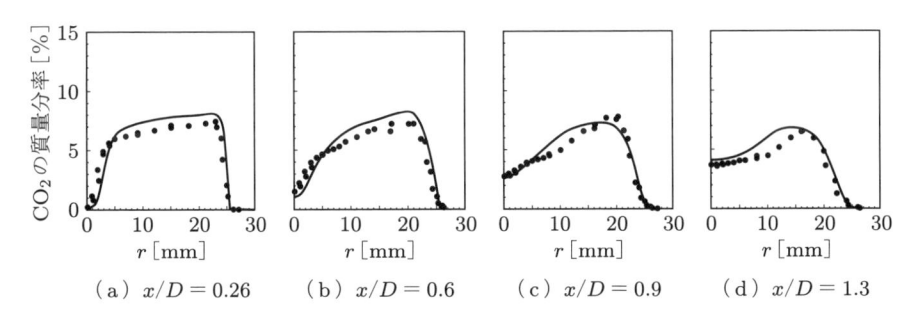

(a) $x/D = 0.26$ (b) $x/D = 0.6$ (c) $x/D = 0.9$ (d) $x/D = 1.3$

図 12.22 平均 CO_2 質量分率分布,● 測定値,―― 計算値

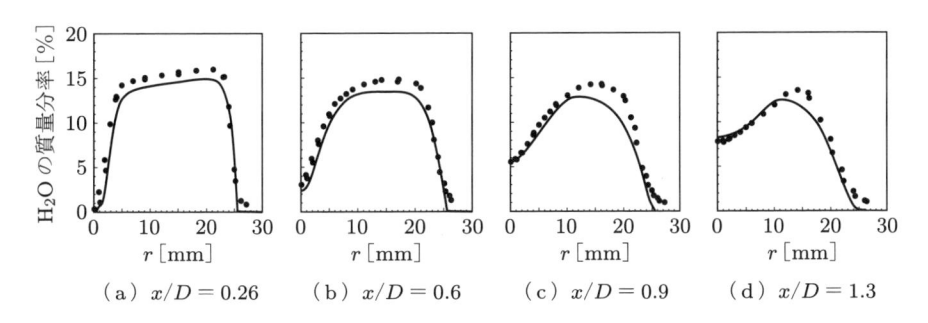

(a) $x/D = 0.26$ (b) $x/D = 0.6$ (c) $x/D = 0.9$ (d) $x/D = 1.3$

図 12.23 平均 H_2O 質量分率分布,● 測定値,―― 計算値

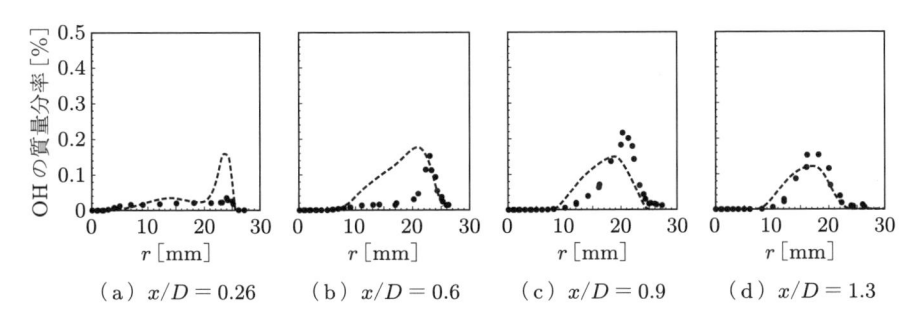

(a) $x/D = 0.26$ (b) $x/D = 0.6$ (c) $x/D = 0.9$ (d) $x/D = 1.3$

図 12.24 平均 OH 質量分率分布,● 測定値,┈┈ 計算値

れから，火炎片モデルにより下流方向における OH の反応領域と OH の消散率の一般的な傾向を解像することができることがわかる．

▶ NO の予測

12.29 節で説明した thermal NO 予測の手順も適用した．図 12.25 に異なる伸縮条件に対する混合分率の関数の NO の生成項 $\overline{\dot{\omega}}_{\mathrm{NO}}/\overline{\rho}$ を示す．この図から，生成項はスカラー消散率に非常に敏感であることわかる．$\chi = 0.064\,\mathrm{s}^{-1}$ では，燃料過濃領域（$\xi > 0.055$）において生成項は負であり，NO を消費していることがわかる．$\chi = 0.428\,\mathrm{s}^{-1}$ では，生成項が負の領域は消滅するが，ピークの値は一定のままである．スカラー消散率が $\chi = 0.428\,\mathrm{s}^{-1}$ より大きい場合，温度の減少が大きくなり，これにより生成項が急激に減少している．スカラー消散率が $\chi = 77.01\,\mathrm{s}^{-1}$ より増加すると，NO 生成はほぼ完全に停止する．

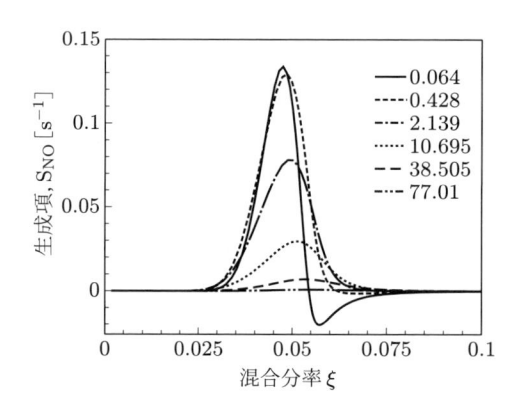

図 12.25 異なるスカラー消散率に対する NO の生成項の火炎片分布

図 12.26 に，半径方向に対する NO の質量分率の計算値と測定値の比較を示す．火炎片モデルでは，NO の分布を過少評価しているようにみえるが，Zel'dovich 機構による生成する thermal NO しか考慮していないことに注意しなければならない．Chen と Chang (1996) は，Zel'dovich 機構が乱流 $\mathrm{CH_4/H_2}$ 円形噴流火炎において NO 生成の支配的な経路であることを示しているが，thermal NO 機構だけを考慮した計算では，この火炎の NO を正確に求めることはできないようである．より複雑な NO_x 機構を考慮することで，このことをさらに説明する．化学種 49 個，化学反応 279 本を含む GRI 2.11 機構を用いた NO_x の再計算を，図 12.26 に破線で示す．この機構には，thermal NO_x と prompt NO_x 化学を再現するための反応が含まれている．破線は thermal NO_x のみの予測（実線）よりも実験結果とより一致していることがわか

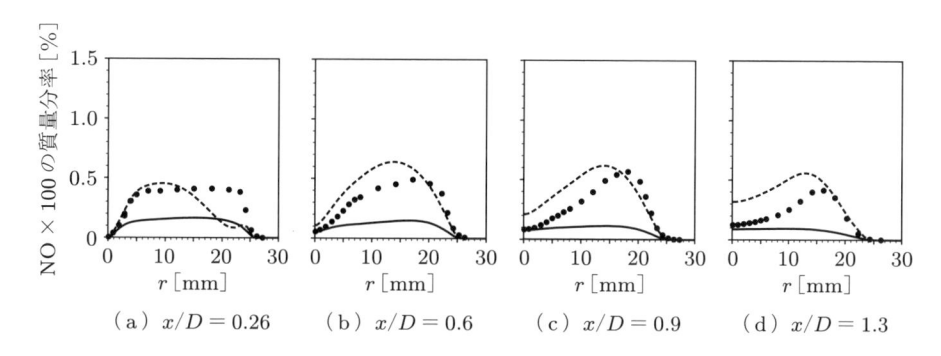

図 12.26 平均 NO 質量分率分布，● 測定値，——— 計算値(thermal NO のみ)，
  ……… prompt NO_x を考慮した計算値

る．また，その傾向もよく予測している．しかし，バーナ出口から離れたところでは，まだいくらか過大評価している．これは，先ほど示した温度の予測の相違による可能性がある．NO 質量分率が非常に小さいため，ここで示す GRI 2.11 の予測精度は非常によいと考えることができる（詳細は Murthy ら，2006 参照）．

　ここでは，温度，主要な化学種，マイナー化学種と NO のような重要な火炎の変数を予測するために，層流火炎片モデルをどのように用いることができるかを説明してきた．また，計算値を報告されている実験データと比較した．乱流火炎片モデルでは，火炎片の平均を近似することにより乱流場の平均温度，密度および組成を求める．NO の濃度の計算に関しては，火炎片から求める生成項を用いて輸送方程式を解くことを行った．この計算では，流れ場をよく再現している．ルイス数を 1 とした火炎片モデルにより，温度および主要な化学種とマイナー化学種の濃度もよく再現した．NO の予測はほかの化学種ほどよくはなく，ほかの NO 生成機構を取り入れることで，NO の予測を改善することができることがわかる．この例の詳細と，(ルイス数が 1 ではない) 差分拡散 (differential diffusion) を用いた影響を，Hossain と Malalasekera (2003)，Hossain (1999) で見つけることができる．この例で示した精度は，conditional moment closure (CMC) 法を用いた Kim と Huh (2002) の結果と非常に似ている．結局，層流火炎片モデルの予測は非常によく，許容できる負荷で詳細な化学を組み合わせることができるため，マイナー化学種や汚染物質を予測することができ，SCRC のような単純なモデルに対して主な利点となる．

12.31 非予混合燃焼に対するほかのモデル

非予混合燃焼のモデリングに対して用いることができる，ほかのモデリングの概念がいくつかある．これらのうち，conditional moment closure (CMC) モデル，pdf transport モデル，flame surface density モデルは乱流燃焼を予測することができ，論文化されている．これらのモデルの詳細を述べることは，本章の目的を逸脱してしまう．興味がある読者には，関連のある文献を参考にしてほしい．CMC モデルに対しては，Bilger (1993)，Smith ら (1992)，Klimenko と Bilger (1999) と Kim と Huh (2002)，pdf transport モデルに対しては，Pope (1985, 1990, 1991) と Dopazo (1994)，flame surface density モデルに対しては，Marble と Broadwell (1997)，Blunsdon ら (1996)，Beeri ら (1996) と Veynante と Vervisch (2002) から詳細と応用例が提供されている．乱流燃焼に対するラージエディシミュレーション (LES) の興味も増している．その詳細は，Poinsot と Veynante (2005)，DesJardin と Frankel (1998)，Cook と Riley (1998)，Branley と Jones (2001) と Selle ら (2004) で見つけることができる．

12.32 予混合燃焼のモデリング

本章のはじめに述べたとおり，予混合燃焼では，燃料と空気が燃焼の前に混合されている．混合の強さを当量比で記述することができる．予混合火炎では，燃焼の間，火炎面はある速度で伝ぱし，燃焼生成物を火炎面後方に放出する．予混合燃焼では，モデルを定式化するために，層流と乱流の火炎速度と反応進行度として知られるパラメータを用いる．未燃ガス温度を T_u，燃焼ガス温度を T_b，火炎温度を T と定義すると，反応進行度 c は次式で定義される．

$$c = \frac{T - T_u}{T_b - T_u} \tag{12.203}$$

また，反応進行度 c を次式で定義することもある．

$$c = \frac{Y_F - Y_F^u}{Y_F^b - Y_F^u} \tag{12.204}$$

ここで，Y_F，Y_F^u，Y_F^b は，それぞれ局所質量分率，未燃と燃焼した燃料の質量分率である．これらの定義を用いると，反応進行度の値は混合ガスが未燃の場合はゼロ，混合ガスは完全燃焼した場合は1である．非予混合燃焼の混合分率のように，予混合燃焼の反応進行度 c は，次式の輸送方程式により支配されることがわかる（Veynante と Vervisch, 2002 参照）．

$$\frac{\partial}{\partial t}\rho c + \frac{\partial}{\partial x_i}\rho u_i c = \frac{\partial}{\partial x_i}\left(\rho D \frac{\partial c}{\partial x_i}\right) + \dot{\omega} \tag{12.205}$$

予混合燃焼に対して，拡散燃焼の主なモデル（presumed-pdf，層流火炎片，flame surface density，渦崩壊モデルなど）の特別な改良版が定式化されている．本章の最初に述べたとおり，ここでは予混合燃焼の詳細については述べない．興味がある読者には，詳細について，とくに Peters (1986)，Veynante と Vervish (2002) と Poinsot と Veynante (2005) を参照していただきたい．

12.33 まとめ

本章の最初で，数値流体力学における燃焼のモデリングのために，熱力学の基礎と化学反応速度論の概念をいくつか紹介した．fast chemistry を仮定することで，どのように燃焼の計算を簡略化するかを詳細に示し，説明するとともに，層流火炎に直接適用した．また，化学反応速度論と反応速度の基礎を紹介し，詳細機構よりも簡略化機構を用いる利点を説明した．加えて，非予混合乱流燃焼のモデリングから生じる困難さについて述べ，ファーブル平均を施した式を用いる利点について説明した．乱流燃焼流れにおける平均量を計算するための，確率密度関数を用いる方法を詳細に説明した．また，平均温度と化学種の質量分率を計算するために pdf を用いる方法とともに，どのように fast chemistry の仮定を用いることができるかも示した．渦崩壊モデルや平衡モデルのようなほかの方法をいくつか簡単に説明し，マイナー化学種を予測することができるように，ある程度詳細な化学を組み合わせる必要があることを強調した．最後に，詳細な化学を用いることができる層流火炎片モデルを導入した．層流火炎片ライブラリを生成し，また，層流火炎片モデルにおいて平均化した変数を計算するための方法を詳細に説明し，どのように汚染物質の濃度を計算することができるかを示した．また，層流火炎片モデルを用いた例題を示した．加えて，予混合燃焼に対するモデルの主な性質を簡単に述べるとともに，乱流燃焼に対して用いることができるほかのモデルを取りあげた．本章は，数値流体力学で用いられている基本的な方法全体の理解を深めたい，燃焼のモデリングを行う初心者に対して有用であろう．簡略化のため，さまざまな概念の説明で，導出の過程の詳細の多くを省略してきた．さまざまなモデルの詳細な点を理解するために適切な文献を参考にし，全詳細を理解していただきたい．

第13章

ふく射伝熱の数値計算

13.1 はじめに

　伝導，対流，ふく射は伝熱の三態である．これまでの章では，数値流体力学を用いて，多次元の伝導と対流伝熱を含む問題をどのように解くことができるかをみてきた．伝導のみの問題では，熱伝導方程式，すなわち，拡散方程式 (4.1) を単純に解く．流体の流れが含まれる場合，ナビエ－ストークス式 (2.32)，連続の式 (2.4) と一緒にエンタルピーの式 (2.27) を処理することで，求める対流伝熱の問題を解く．エンタルピーの式に対する境界条件では，境界を通過して計算領域に出入りする伝熱に注意する．流体の流れによる内部の熱の生成と消失過程の分布と，拡散と対流による熱の移動によって，エンタルピーの分布は決定される．

　伝熱の三つ目の機構である**熱ふく射**（**thermal radiation**）は，**電磁波**（**electromagnetic waves**）あるいは**光線**（**streams of photons**）によるエネルギーの放射によって生じる．ふく射エネルギーの源は源の温度によって決定される波長における最大エネルギーをもつ広帯域スペクトル分布を放射する．工学系のほとんどでは，赤外波長（$0.7 \sim 100\,\mu\mathrm{m}$）の熱ふく射を放射する．室温の源のピーク波長は $10\,\mu\mathrm{m}$ 付近であるのに対し，源の温度が $1000 \sim 1500\,\mathrm{K}$ まで増加する場合，ふく射の増加率は可視波長において放射される．

▶ ふく射の影響が大きな工学の問題

　工学の問題の多くは対流の影響の割合が大きいため，数値流体力学の計算ではふく射伝熱はしばしば無視される．しかし，実用上ふく射伝熱を考慮すべき重要な問題の種類がいくつかある．その有名な例は次の三つである．

1. レーザやほかの高エネルギービームを利用する工業プロセス：非常に大きいエネルギー密度をもつふく射への材料の暴露を含む問題．これらの問題はふく射熱エネルギーに支配される．
2. 燃焼装置：燃焼器内ではたいてい対流が支配的であるが，化学反応により作業温

度が上昇し，ふく射熱流束の大きさが同程度になることがある．
3. ビル内の自然に換気された空間：温度は低いためふく射熱流束は小さいが，浮力による流れの速度がしばしば小さいため，対流熱流束と大きさが同程度となる．

これらの問題にはすべて，組み合わせた複合伝熱が含まれる．すなわち，ふく射伝熱と伝導伝熱の複合伝熱，あるいは流体の流れが起こる場合，ふく射，伝導と対流伝熱の複合伝熱となる．レーザを用いた材料プロセスは，複雑な相変化を伴う自由界面問題に分類される．ここでは，これ以上これらを考察しない．本節では，閉空間あるいは固定境界をもつ流れの領域内の，ふく射と数値流体力学の連成問題に焦点を当てる．ふく射は流体との相互作用，境界表面間のふく射交換と境界表面と流体の相互作用により，エネルギーを再分配するように働く．

▶ **定義**

主な解法アルゴリズムを説明するために必要な，ふく射伝熱の基礎的な事実と定義を示す．

放射ふく射熱流束（emitted radiative heat flux）は物体の温度の関数である．温度が高い材料ほど放射する．放射面から放射する単位**表面積**あたりの熱流束は，**放射能**（emissive power）E（単位 W/m^2）とよばれる．いわゆる黒体（black body）に対して，放射能は $E_b = \sigma T^4$ により温度と関連付けられる．ここで，$\sigma = 5.67 \times 10^{-8}$ (W/m$^2 \cdot$K^4) はステファン－ボルツマン定数（Stefan-Boltzmann's constant），T は絶対温度（K）である．

ある位置に**入射するふく射熱流束**（incident radiative heat flux）は，ふく射の源に対する相対的な方位の関数として変化する．**強度**（intensity）I（単位 W/m$^2 \cdot$sr）は，**光線に垂直な**単位面積あたり，単位立体角（solid angle）（単位 sr）あたりに受け取る熱流束である．

$I_b = E_b/\pi = \sigma T^4/\pi$ を用いて，（無次元）**黒体強度**（black-body intensity）として黒体放射能 $E_b = \sigma T^4$ も記述することができる．表面と流体から放射される強度を計算するために黒体強度を用いる．

▶ **表面物性**

理想的な黒体表面からの放射能は，もちろん $E_s = \sigma T_s^4$ で与えられる．ここで，T_s は表面温度である．実際の表面では，たいてい黒体表面よりふく射熱が小さい．同じ温度において，実際の表面と黒体表面により放射される熱流束の比は，**表面放射率**（surface emissivity）ε とよばれている．そのため，表面放射率 ε の実際の表面の放射能は，

$E_s = \varepsilon\sigma T_s^4$ で与えられる．実際の表面の（無次元）**放射強度（emitted intensity）** I_s は，表面の放射率と黒体強度の積 $I_s = \varepsilon I_b = \varepsilon\sigma T_s^4/\pi$ である．

図 13.1 に，表面に入射するふく射と三つの方式で相互作用する様子を示す．入射するふく射は，(i) 吸収（absorbed），(ii) 反射（reflected），(iii) 透過（transmitted）する可能性がある．**吸収率**を α，**反射率**を ρ，**透過率**を τ で表す．もちろん，吸収率，反射率，透過率の合計は 1，すなわち，$\alpha + \rho + \tau = 1$ である．数値流体力学とふく射の連成問題の多くでは，表面は (i) **不透明（opaque）**：$\tau = 0$ であり，(ii) **拡散反射（diffusely reflecting）**：ふく射は入射するふく射の入射角にかかわらず，すべての方向に反射する．実際の表面には，たとえば，透過率 τ がゼロでなかったり，（表面に垂直な角と入射と反射のふく射の角度が等しいような）鏡面反射する異なる性質をもつ場合もある．表面物性はすべて，材料の種類，表面粗さと表面の汚染物質のほかに，温度や入射するふく射の方向と波長にも依存する．

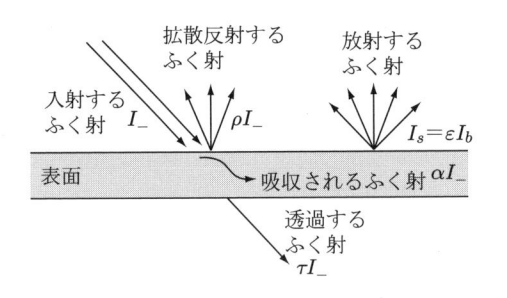

図 **13.1** 表面におけるふく射過程

▶ **流体の性質**

一般に，空気は赤外線のふく射に対して透明であることに注意する．赤外線は室温と関係する．きれいな大気中に存在する化学種はこれらの波長を吸収せず，**流体の媒体（fluid medium）** はふく射の熱交換に関与しない．一方，燃焼反応の生成物には二酸化炭素と水蒸気が多く含まれており，これらはともにスペクトルの赤外領域の強い吸収体，放射体である．さらに，燃焼反応により，すすの形で粒子状物質を生成する場合や，燃料が固体粒子である場合は，特定の条件下で散乱が起こる．すなわち，燃焼流れでは，入射するふく射は吸収，透過，散乱し，放射する（図 13.2）．このような場合，流体は**ふく射性媒体（participating medium）** と称される．

吸収係数（absorption coefficient） κ と **散乱係数（scattering coefficient）** σ_s（ともに単位 m^{-1}）で，ふく射性媒体とふく射の相互作用の強さを測定することができる．これら二つの物性の合計は，**減衰係数（extinction coefficient）** $\beta = \kappa + \sigma_s$ とよばれる．ふく射性媒体の**放射強度** I_f は，吸収係数と黒体強度の積，すなわち，

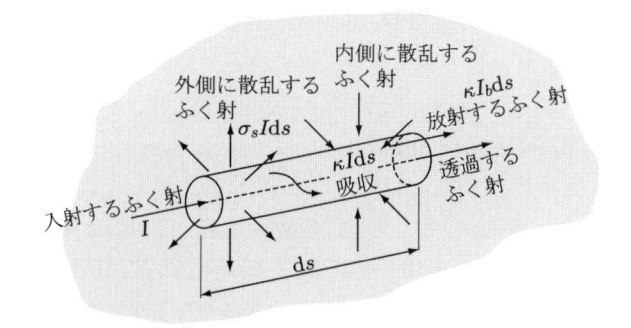

図 13.2 放射，吸収，散乱および透過過程による媒体内の光線束の概略

$I_f = \kappa I_b = \kappa \sigma T_f^4/\pi$ である．ここで，T_f は流体の温度である．ふく射性媒体中の放射源による放射強度の分布は方向に対してすべて一様であるが，散乱強度の分布は一般に一様ではない．いわゆる**散乱位相関数**（**scattering phase function**）$\Phi(\mathbf{s}_i, \mathbf{s})$ で後者の分布を記述することができる．これは，方向ベクトル $\mathbf{s}_i$ に沿うふく射性媒体へのふく射の入射率で定義され，その後，方向 $\mathbf{s}$ に散乱する．吸収係数，散乱係数，散乱位相関数は，ふく射性媒体の性質である．吸収係数 κ は，流体の温度と化学種濃度に依存し，圧力にも依存する．散乱係数 σ_s と散乱位相関数 $\Phi(\mathbf{s}_i, \mathbf{s})$ は，流体中にある粒子状物質の大きさ，濃度，形，材料の性質に依存する．これらすべてのふく射物性には，一般に複雑な波長依存性がある．

▶ **数値流体力学とふく射の連成問題の性質**

ふく射は電磁波の現象として考えることができる．そのため，熱ふく射の伝ぱ速度は光速 3×10^8 m/s であり，工業上の問題における一般的な流体の音速より少なくとも 10^5 倍大きい．この大きな速度スケールの違いから，ふく射熱は常に擬定常状態で交換されることがわかる．つまり，ふく射は流れの条件や境界条件の変化にすぐに適合するように，非常に速く伝ぱする．

ふく射，あるいは流体や境界のふく射物性値は，流体の速度とは直接は依存しないため，ふく射と流体の流れは直接結び付かない．しかし，流体の流れは温度と化学種の濃度の空間分布に影響を及ぼす．このように，これらは境界の表面とふく射性媒体によって放射されるふく射の強度のほかに，ふく射性媒体の物性値を決定することがわかる．これから，確かに流体の流れとふく射の環境が間接的に強く結び付いていることがわかり，生成物が高温である燃焼の問題においてとくに重要となる．ここで，これらの数値流体力学の連成の要点をまとめる．

1. 流体が吸収，放射，散乱する場合，ふく射の生成項をエネルギー方程式に追加する
2. ふく射の影響により，エネルギー方程式の境界条件が変化する

▶ エネルギー方程式中のふく射の生成

ふく射のない定常の流れでは，流体のコントロールボリューム内において，一方ではエネルギーの生成と消失，もう一方では境界を通過する拡散と対流流束がそれぞれつり合い（図13.3参照）．コントロールボリューム内の流体のふく射物性に依存し，吸収，放射や散乱放射が起こる．これらの効果が重要となる場合，ふく射によりコントロールボリュームの境界を通過する熱流束を追加する．コントロールボリュームに流入，流出する正味のふく射熱流束は，生成，消失としてエネルギー方程式にそれぞれ現れる．

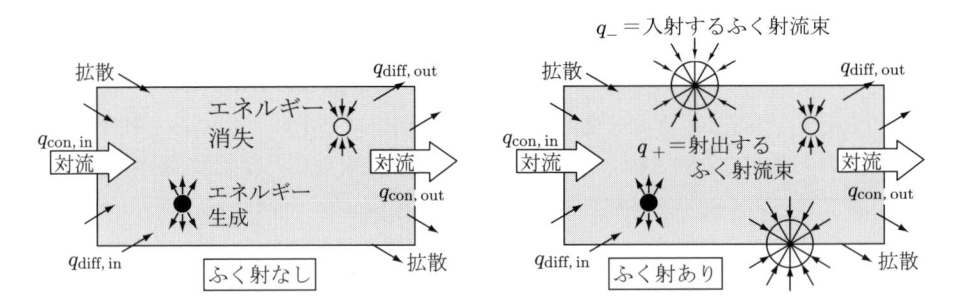

図 **13.3** ふく射がない場合およびある場合の流体の
コントロールボリュームに対する熱流束と源

そのため，この二つの場合におけるコントロールボリュームに対する定常の流れのエネルギー収支は，次式のようになる．

ふく射がない場合
$$\int_{CV} S_h dV = \int_A \mathbf{q}_{conv} \cdot \mathbf{n} \, dA + \int_A \mathbf{q}_{diff} \cdot \mathbf{n} \, dA \quad (13.1a)$$

| CV内での正味のエネルギー生成 | = | 境界を通過する正味の対流流束 | + | 境界を通過する正味の拡散流束 |

ふく射がある場合
$$\int_{CV} S_h dV + \int_{CV} S_{h,rad} dV$$
$$= \int_A \mathbf{q}_{conv} \cdot \mathbf{n} \, dA + \int_A \mathbf{q}_{conv} \cdot \mathbf{n} \, dA + \int_A \mathbf{q}_{rad} \cdot \mathbf{n} \, dA \quad (13.1b)$$

| CV 内でのふく射
によらない
エネルギー生成 | + | CV 内でのふく射
による正味のエ
ネルギー生成 | = | 正味の
対流流束 | + | 正味の
拡散流束 | + | 境界を通過する
正味のふく射流束 |

そのため，エネルギー方程式の単位体積あたりの正味のふく射生成 $\overline{S}_{h,\text{rad}}$ は，次のように表すことができる．

$$\overline{S}_{h,\text{rad}} = \frac{1}{\Delta V} \int_A \mathbf{q}_{\text{rad}} \cdot \mathbf{n}\, dA = \frac{1}{\Delta V} \int_A (q_- - q_+)\, dA \tag{13.1c}$$

式 (13.1c) では，**入射するふく射熱流束** q_- と**射出する熱流束** q_+ の差として，コントロールボリュームの格子点におけるふく射熱流束 $\mathbf{q}_{\text{rad}} \cdot \mathbf{n}$ を記述する．コントロールボリュームの境界表面において差 $q_- - q_+$ を積分すると，エネルギー方程式の正味のふく射熱の生成を求めるための，コントロールボリュームに流入する正味のふく射熱流束を得る．この格子点において入射熱流束 q_- を求めるために，方向によって異なる強度を積分する必要があり，そのため，**入射する可能性がある光線方向をすべて考慮する必要がある**．このことは，コントロールボリュームの境界（図 13.3 に示す半円）のすぐ**外側**の格子点の周りの単位半球の（すなわち 2π [sr] の立体角における）積分として記述できることがわかっている（Modest, 2003）．すなわち，次式のように表すことができる．

$$q_- = \int_{2\pi} I_-(\mathbf{s})\mathbf{s} \cdot \mathbf{n}\, d\Omega = \int_0^{2\pi} \int_0^{\pi/2} I_-(\theta, \phi) \cos\theta \sin\theta\, d\theta\, d\phi \tag{13.2}$$

はじめの積分の中の内積 $\mathbf{s} \cdot \mathbf{n}$ により，外向きの表面に垂直な方向 $\mathbf{n}$ に入射するふく射熱流束ベクトルの成分を考える．光線の方向ベクトル $\mathbf{s}$ から極座標系 (θ, ϕ) の入射強度の独立変数に変換しているのは，単に表記の問題であることに注意する．この座標系を図 13.4 に示す．

射出するふく射熱流束 q_+ を求めるために，この格子点から外向きの光線の方向す

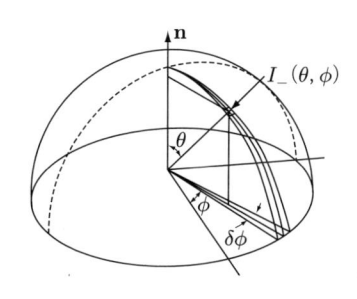

図 13.4 式 (13.2) に対する角度の表記と入射するふく射流束

べてを積分する．これは，コントロールボリュームの境界のちょうど内側の格子点の周りの単位半球（図 13.3 に示す半円）での積分に相当する．

$$q_+ = \int_{2\pi} I_+(\mathbf{s})\mathbf{s}\cdot\mathbf{n}\,d\Omega = \int_0^{2\pi}\int_0^{\pi/2} I_+(\theta,\phi)\cos\theta\sin\theta\,d\theta\,d\phi \qquad (13.3)$$

$I_+(\mathbf{s})$ と $I_+(\theta,\phi)$，角度方向 (θ,ϕ) に対応するベクトル $\mathbf{s}$ の方向の，外向きのふく射強度を示す．外向きのふく射の光線をもつコントロールボリュームのちょうど内側の単位半球を表すように，θ の積分の範囲を適合する．

▶ 境界条件におけるふく射の影響

ふく射を考慮しない場合，二つの物質間の仮想的な境界を構成する界面において伝導や対流熱流束がつり合う．一方，ふく射を考慮する場合は，放射に関連した入射するふく射と射出する熱流束により，界面に向かう熱流束が増える．

流体と境界の界面の全熱収支から，界面を流出する熱流束は界面に流入する熱流束と等しくなければならない．図 13.5 に示すように，このことは次式のように表される．

ふく射を伴わない場合　　$q_{BC} = q_{\text{EXT}}$ (13.4a)

ふく射を伴う場合　　$q_{BC} + q_+ = q_{\text{EXT}} + q_- \Rightarrow q_{BC} = q_{\text{EXT}} + (q_- - q_+)$ (13.4b)

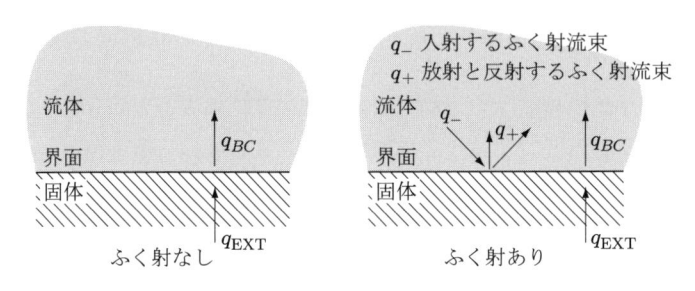

図 13.5 ふく射を伴わない場合と伴う場合の境界条件

入射するふく射熱流束 q_- と放射と反射熱流束の合計である**射出するふく射熱流束** q_+ は，ともにふく射の強度に依存する．表面のある点における入射する熱流束を求めるために，流れの領域の方向に対する表面の法線ベクトル $\mathbf{n}$ を用いた式 (13.2) を用いる．

射出するふく射熱流束は，次式から求められる．

$$q_+ = \varepsilon E_s + (1-\varepsilon)q_- = \varepsilon\sigma T_s^4 + (1-\varepsilon)q_- \qquad (13.5)$$

右辺第 1 項は放射熱流束，第 2 項は反射熱流束である．拡散反射の場合，後者は入射する熱

流束 q_- の $(1-\varepsilon)$ 倍とちょうど等しい．これに相当する射出する無次元強度を次に示す．

$$I_+ = \frac{q_+}{\pi} = \frac{\varepsilon\sigma T_s^4 + (1-\varepsilon)q_-}{\pi} \tag{13.6}$$

温度固定境界を用いる場合，正味のふく射熱流束 $q_- - q_+$ は，境界の表面を横切って変化することを心に留める必要がある．ふく射の問題は常に複合伝熱問題となり，$q_- - q_+$ の値がゼロや負の場所と比較して，値が正の場所では流体が加熱される．同様にして，熱流束境界を用いた場合，数値流体力学の計算では，流体に向かう熱流束 q_{BC} を規定する必要がある．しかし，一般には，外部熱流束 q_{EXT} を規定するほうが便利である．界面での熱収支からわかるように，ふく射を伴わない場合の流れに対しての界面の熱収支は $q_{BC} = q_{\text{EXT}}$ である．しかし，ふく射を伴う環境では，境界点で流体に向かう熱流束 q_{BC} は，局所の正味のふく射熱流束 $q_- - q_+$ の量だけ外部熱流束 q_{EXT} と異なる．これらから，表面の境界条件を正確に規定することは，ふく射の環境がわからないと難しいことを強調しておく．

13.2 ふく射伝熱の基礎式

ふく射の基礎式から，ふく射熱流束を求めるための式 (13.2)，(13.3) で必要な入射強度 I_- と射出強度 I_+ を計算する必要がある．ふく射性媒体中の放射，吸収，散乱によるふく射の光線に沿う，ある点における強度の変化を支配する一般的な関係は，次式のようになる（Modest, 2003）．

$$\boxed{\frac{dI(\mathbf{r},\mathbf{s})}{ds} = \kappa I_b(\mathbf{r}) - \kappa I(\mathbf{r},\mathbf{s}) - \sigma_s I(\mathbf{r},\mathbf{s}) + \frac{\sigma_s}{4\pi}\int_{4\pi} I_-(\mathbf{s}_i)\Phi(\mathbf{s}_i,\mathbf{s})\,d\Omega_i} \tag{13.7}$$

$$\boxed{\begin{array}{c}\text{単位光路長あたり}\\\text{の強度の変化割合}\end{array} = \text{放射強度} - \text{吸収強度} - \begin{array}{c}\text{外側に散乱}\\\text{する強度}\end{array} + \begin{array}{c}\text{内側に散乱}\\\text{する強度}\end{array}}$$

ここで，$I(\mathbf{r},\mathbf{s})$ は関与する媒体を通過する小さな光線束中の方向 $\mathbf{s}$ 中の，位置ベクトル $\mathbf{r}$ によって示す位置におけるふく射強度である．（図 13.2 と Modest, 2003 参照）．式 (13.7) の右辺の内向きの散乱の積分では，可能なすべての方向 $\mathbf{s}_i$ から $\mathbf{r}$ における点に入射する強度 $I_-(\mathbf{s}_i)$ の影響を考慮している．これには，媒体中の点の周りの単位球（すなわち 4π [sr] の立体角）における積分が含まれる．

吸収強度と外側に散乱する強度は，しばしば吸収係数と散乱係数の和として減衰係数 $\beta = \kappa + \sigma_s$ によって一緒に記述される．すなわち，式 (13.7) は次式のように書き換えられる．

$$\frac{\mathrm{d}I(\mathbf{r},\mathbf{s})}{\mathrm{d}s} = \kappa I_b(\mathbf{r}) - \beta I(\mathbf{r},\mathbf{s}) + \frac{\sigma_\mathbf{s}}{4\pi}\int_{4\pi} I_-(\mathbf{s}_i)\Phi(\mathbf{s}_i,\mathbf{s})\,\mathrm{d}\Omega_i \qquad (13.8)$$

これは，方向ベクトル $\mathbf{s}$ により示される光路に沿った，ふく射伝熱を支配するふく射輸送方程式（radiative transfer equation, RTE）である．内向きの散乱の積分に対する入射する強度（ふく射輸送方程式の右辺の最後の項）が既知である場合，ふく射輸送方程式は1次の常微分方程式である．

多くのふく射伝熱に対する数値アルゴリズムでは，次式の無次元光学座標系を取り入れることで，ふく射輸送方程式を簡略化する．

$$\tau = \int_0^s (\kappa + \sigma_s)\,\mathrm{d}s' = \int_0^s \beta\,\mathrm{d}s' \qquad (13.9)$$

単一散乱アルベド（albedo）ω を，次式のように定義する．

$$\omega = \frac{\sigma_s}{\kappa + \sigma_s} = \frac{\sigma_s}{\beta} \qquad (13.10)$$

これにより，ふく射輸送方程式を，次式のように書き換えることができる．

$$\frac{\mathrm{d}I(\tau,\mathbf{s})}{\mathrm{d}\tau} = -I(\tau,\mathbf{r}) + (1-\omega)I_b(\tau) + \frac{\omega}{4\pi}\int_{4\pi} I_-(\mathbf{s}_i)\Phi(\mathbf{s}_i,\mathbf{s})\,\mathrm{d}\Omega_i \qquad (13.11)$$

最後に，次式のように定義される生成関数（source function）を導入する．

$$S(\tau,\mathbf{s}) = (1-\omega)I_b(\tau) + \frac{\omega}{4\pi}\int_{4\pi} I_-(\mathbf{s}_i)\Phi(\mathbf{s}_i,\mathbf{s})\,\mathrm{d}\Omega_i \qquad (13.12)$$

これにより，非常に簡単な形でふく射輸送方程式を記述することができる．

$$\frac{\mathrm{d}I(\tau,\mathbf{s})}{\mathrm{d}\tau} + I(\tau,\mathbf{r}) = S(\tau,\mathbf{s}) \qquad (13.13)$$

▶ 境界条件

表面の初期値を必要とする計算領域の境界から伝ぱする光路に沿って積分をすることで，式 (13.8) あるいは式 (13.13) を解く．位置ベクトル $\mathbf{r}_w$ に位置する拡散散乱と反射をする不透明な表面における点に対して，方向ベクトル $\mathbf{s}$ に沿う光線の伝ぱの初期値を求めるために，式 (13.6) を用いる．

$$I(\mathbf{r}_w,\mathbf{s}) = \varepsilon I_b(\mathbf{r}_w) + \frac{(1-\varepsilon)}{2\pi}\int_{2\pi} I_-(\mathbf{r}_w,\mathbf{s}_i)\mathbf{n}\cdot\mathbf{s}_i\,\mathrm{d}\Omega_i \qquad (13.14)$$

これは，燃焼に関連するふく射伝熱の問題で最も広く用いられている境界条件である．ほかの境界条件に対する式は，Modest (2003) で見つけることができる．

▶ **入射強度の積分**

ふく射輸送方程式 (13.8) と境界条件 (13.14) には，球と半球における強度の積分がそれぞれ含まれている．これらを計算するためには，あらかじめふく射強度の方向の関数としての被積分関数を知る必要がある．入射する強度の積分は未知であり，ふく射輸送方程式の光路に沿う強度と一緒に解かなければならないため，式 (13.8) は常微分方程式ではなく，実際は微積分方程式である．明らかに，この種の式はこれまでみてきた輸送方程式の性質とはまったく異なる．関連する光路すべてに沿うふく射輸送方程式を解く必要があるため，ふく射による伝熱は常に3次元である．さらに，ふく射伝熱は形状に大きく依存する．そのため，ふく射伝熱の計算には，前章までで説明した有限体積法とはまったく異なる方法が必要である．次節で，最も有名で汎用的な解法アルゴリズムを説明する．

13.3 解法

理想的な条件以外では，ふく射輸送方程式の厳密解を求めることはできない．実際の問題のほとんどでは，輸送方程式をさらに簡略化することは不可能である．とくに，境界条件は問題の形状によって決定され，輸送方程式を解くうえで，3次元の影響と角度方向をすべて考慮しなければならない．解法の詳細を説明する前に，解法の一般的な性質の知見を増やすため，輸送方程式と境界条件について調べる．まず，計算のはじめでは，式 (13.2)，(13.8) 中の入射する強度の積分が未知であり，反復計算が必要であることに注意する．はじめに表面の強度の推算値を用い，十分に多くの光路に対してふく射輸送方程式を解くと，入射する強度の積分を計算することができる．これにより，境界条件の推算値を改善し，ほかの周囲のふく射輸送方程式を解くための内向きの散乱の積分を行うことができる．解に変化がなくなるまでこの過程を繰り返す．

輸送方程式には，未知の温度と，温度と化学種の組成に依存するふく射物性値の項が含まれるため，燃焼系ではさらに複雑になる．燃焼の影響は温度場を支配し，媒体のふく射物性は燃焼の化学種の濃度分布から決定される．生成項（式 (12.80) 参照）と壁の伝熱の影響を通して，ふく射伝熱と流れの相互作用を流れの計算に組み込む．この温度と媒体の物性の連成により，燃焼の問題におけるふく射輸送方程式の解法には，解が流体の流れとふく射輸送方程式すべてを満たすまで実行するという外部反復ループが必要である．

最後に，燃焼生成物のふく射物性は，ふく射の波長に依存するので，正確なシミュレーションを行うためには，スペクトルを解像するふく射の計算や，この波長依存性の影響をモデル化する必要がある．

計算アルゴリズムにおいては，計算領域内での位置 (x, y, z)，角度方向 (θ, ϕ)，さらに最も正確に計算するためには，ふく射の波長 λ の関数として，ふく射強度を計算しなければならないため，ふく射の計算は数値解析的に困難であり，計算機リソースを多く必要とする．ふく射の計算方法を簡単に説明するために，位置と角度に依存するふく射強度に対する計算手法に注目し，13.5 節では，徐々に複雑になる三つの例題を用いて，これらを適用する方法を説明する．本章の最後では，波長に依存したふく射の計算に関連する問題について簡単に述べる．

長年にわたって，ふく射伝熱を解くための方法が開発されている．これらには，さまざまな解析的な近似と数値解法が含まれている．一般的な状況に適用するには限界があるため，初期の方法の大部分はいまでは用いられていない．ここではゾーン法，P-N 法，Flux 法や有限要素法などの方法は説明しない．Sarofim (1986)，Viskanta と Mengüç (1987)，Howell (1988)，Siegel と Howell (2002)，Modest (2003)，Carvalho と Farias (1998) と Maruyama と Guo (2000) による総説や教科書で，それらの詳細を見つけることができる．本章では，最も有名で汎用的な，以下の四つのふく射の計算方法を説明する．

- モンテカルロ（Monte Carlo）法（Howell と Perlmutter, 1964）
- discrete transfer 法（Lockwood と Shah, 1981）
- discrete ordinates 法（Chandrasekhar, 1969, Hyde と Truelove, 1977, Fiveland, 1982, 1988）
- 有限体積法（Chui ら，1992, Chui と Raithby, 1993）

これらの計算方法では，角度依存性と空間における強度の変化の取扱い方がそれぞれ異なる．モンテカルロ法と discrete transfer 法は光線追跡に基づいている．残りの二つの方法では，距離と方向の積分を離散化するため，光線との明らかな関係はない．

13.4 数値流体力学に適した有名な四つのふく射の計算方法

13.4.1 モンテカルロ法

モンテカルロ（Monte Carlo, MC）光線追跡法では，統計的に多くのエネルギー光子をランダムに放出し，放出点から媒体中を進行する光子を追跡することでふく射伝熱を計算する．計算のために通常は，放射，吸収，散乱する可能性がある領域の境界と媒体を，表面と体積要素に離散化する．この方法は座標系に依存しないため，任意の形状や複雑な形状に適用することができる．いくつかの種類のモンテカルロアルゴ

リズムを用いることができ，それらに関しては，Farmer (1995) と Howell (1998) によって述べられている．選択するモンテカルロ法の種類により，放射位置は媒体の境界表面要素あるいは体積要素になる場合がある．この領域から放出されるエネルギー光子の数（N）で除した元の全放射能を，個々の光子のエネルギーとする．この方法では，光子が計算領域中を通過する経路を計算するために，光線追跡法が必要になる．エネルギー光子は媒体の物性に依存して，エネルギーを得たり，失ったりする．ふく射による媒体中の正味のエネルギーの生成，消失を計算するために，この移動過程で得たり，失ったりするエネルギーの量を用いる．光子は最終的にほかの面にぶつかり，光子が表面要素に吸収されるかどうかを決定するために，表面要素の物性値を用いる．この方法は，非等方性散乱，波長の効果と複雑な表面物性を含むふく射伝熱の性質すべてに適合することができる．

この手法には確率的な特徴がいくつかあり，これがモンテカルロ法の名前の由来である．放射位置とエネルギー光子の方向に加え，媒体と境界表面の相互作用において放射，吸収，散乱する割合を決定するのに乱数を用いる．乱数生成は近年のプログラミング言語のコンパイラから提供されており，0と1の間の乱数を取り出すために専用の乱数生成アルゴリズムを用いる．放射の位置を決定するために，独立した乱数 R_x, R_y, R_z を取り出し，計算の過程を開始する．2次元直交表面要素に対して，要素の位置を次式で定義することができる．

$$x = x_0 + R_x \Delta x \tag{13.15a}$$

$$y = y_0 + R_y \Delta y \tag{13.15b}$$

ここで，x_0, y_0 は要素の節点の座標，Δx と Δy は，x_0, y_0 からの座標である．エネルギー光子の方向を決定するために，極角と方位角を用いる．たとえば，拡散放射に対して，次式から角度を求める．

$$\theta = \sin^{-1} \sqrt{R_\theta} \tag{13.16}$$

$$\phi = 2\pi R_\phi \tag{13.17}$$

ここで，R_θ と R_ϕ は乱数である．光線追跡法を用いてエネルギー光子それぞれの経路を計算する．

初期エネルギー E のエネルギー光子に対して，吸収係数 κ が一定の灰色媒体を通過する場合，エネルギー光子に残存するエネルギー（E_{bundle}）と媒体によって増加するエネルギー（E_{absorbed}）を，次式から求める．

$$E_{\text{bundle}} = E(e^{-\kappa s}) \tag{13.18}$$

$$E_{\text{absorbed}} = E(1 - e^{-\kappa s}) \tag{13.19}$$

ここで，s は移動した光路長であり，次式から求める．

$$s = -\frac{1}{\kappa} \ln R_l \tag{13.20}$$

ここで，R_l は乱数である（Siegel と Howell, 2002 参照）．

エネルギー光子が表面にぶつかる場合，エネルギー光子が吸収される確率としてその吸収係数 α を用いる．吸収されるかどうかを決定するために，乱数 R_α を吸収係数 α と比較する．

$$R_\alpha < \alpha \quad \text{光子は吸収される} \tag{13.21}$$

$$R_\alpha > \alpha \quad \text{光子は反射される} \tag{13.22}$$

体積と表面要素中で吸収あるいは放射したエネルギーを追跡することで，問題によって表面熱流束，発散あるいは温度のような適切なふく射の変数を計算することができる．計算中，表面や体積によって吸収される全エネルギー E_{absorbed} を集計する．ふく射の生成項と表面熱流束は，次式から計算することができる．

$$\boxed{S_{\text{rad},h_f} = \frac{1}{V_j} \left(\sum^{\text{absorbed bundles}} E_{\text{absorbed}} - \sum^{\text{emitted bundles}} E_{\text{emitted}} \right)} \tag{13.23}$$

$$\boxed{Q_{s,i} = \frac{1}{A_i} \left(\sum^{\text{absorbed bundles}} E_{\text{absorbed}} - \sum^{\text{emitted bundles}} E_{\text{emitted}} \right)} \tag{13.24}$$

壁の温度を与える問題では，初期の強度は未知であるため，熱流束の値が収束するまで計算を続ける．

モンテカルロ法の精度は，計算で放出するエネルギーの総数の平方に比例する．確率的な要素が多く含まれているため，計算する変数（流束やセルの生成項など）の平均値の標準誤差を見積もることができる．これは，ふく射モデル間の結果の不確かさの唯一の指標となる．本節で用いた表現は，Siegel と Howell (2002)，Modest (2003) と Mahan (2002) によるものである．スペクトルと角度に依存する物性や散乱が含まれる，より高度な問題の取扱いの詳細は，上記の教科書や Farmer (1995) でも見つけることができる．

13.4.2 discrete transfer 法

LockwoodとShah (1981) のdiscrete transfer法（DTM）では，ふく射の空間を均一な表面と体積要素に離散化することから始める．光線は，位置ベクトル r_i の境界の表面要素の中心から，この表面の 2π の半球の立体角を有限の立体角 $\delta\Omega$ に離散化した方向に放射される．Shah (1979) は，$N_\Omega = N_\theta N_\phi$ のように，半球を等間隔の極角 N_θ と等間隔な方位角 N_ϕ に分割することを選択した．

$$\delta\theta = \frac{\pi}{2N_\theta} \qquad \delta\phi = \frac{2\pi}{N_\theta} \tag{13.25}$$

これらの特徴を，図 13.6 と図 13.7 に示す．

ベクトル表記を用いると，$r_L = r - s_k L_k$ における境界にぶつかるまで，方向 $-s_k$ の立体角の要素の中心を通過する光線をそれぞれ追跡し，この場合の光路長は $L_k = |r - r_L|$ となる．元の場所に入射する強度の立体角の要素による寄与を計算するため，r_L から始め，元の位置 r へ光線を戻す．次式の漸化式を用いて，経路に沿った強度の分布を

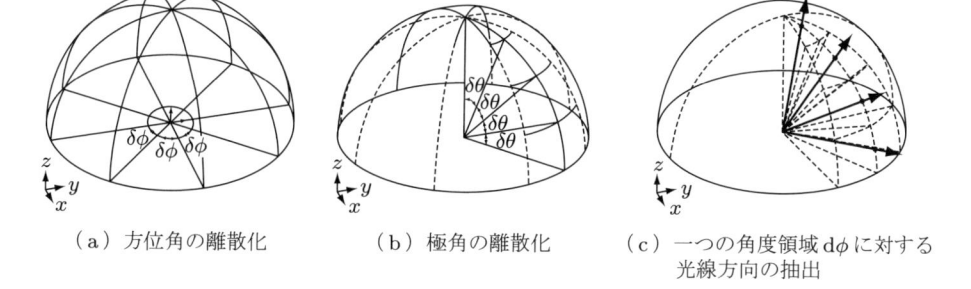

（a）方位角の離散化　　（b）極角の離散化　　（c）一つの角度領域 $d\phi$ に対する光線方向の抽出

図 13.6 discrete transfer 法における角度の離散化と代表光線の抽出．

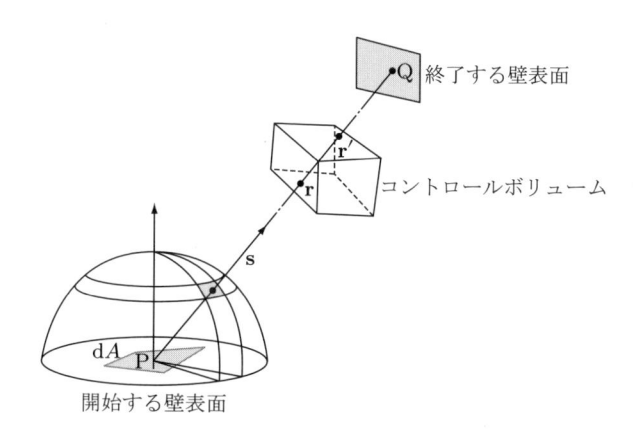

図 13.7 discrete transfer 法の図解

解く．

$$I_{n+1} = I_n e^{-\beta\delta s} + S(1 - e^{-\beta\delta s}) \tag{13.26}$$

ここで，n と $n+1$ は，光線が媒体のコントロールボリュームをそれぞれ通過するため，境界間の距離 δs だけ離れた位置である．生成関数 S には，角度の離散化の形で散乱の積分が含まれている．

$$\begin{aligned}S &= (1-\omega)I_b + \frac{\omega}{4\pi}\int_{4\pi} I_-(\mathbf{s}_i)\Phi(\mathbf{s},\mathbf{s}_i)\,\mathrm{d}\Omega_i \\ &= (1-\omega)I_b + \frac{\omega}{4\pi}\sum_{i=1}^{N} I_{-,\mathrm{ave}}(\mathbf{s}_i)\Phi(\mathbf{s},\mathbf{s}_i)\,\delta\Omega_i \end{aligned} \tag{13.27}$$

ここで，有限の立体角 $\delta\Omega$ 内のセル体積を通過する光線それぞれに対して，入射，射出するふく射強度の算術平均として平均化した強度 $I_{-,\mathrm{ave}}(\mathbf{s}_i)$ を取り扱う．分割した角度それぞれに対して，有限の立体角を次式のように計算する．

$$\delta\Omega = \int_{\delta\phi}\int_{\delta\theta} \sin\theta\,\mathrm{d}\phi\,\mathrm{d}\theta = 2\sin\theta \sin\left(\frac{\delta\theta}{2}\right)\delta\phi \tag{13.28}$$

生成関数 S を区間で一定であると仮定する．セル平均化した（方向依存性のない）値を S の値として用いる．これにより計算がかなり簡略化されるが，この近似の結果として，DTM では散乱の異方性を記述することができない．

元の表面要素において，光線それぞれの初期の強度の値を次式から計算する．

$$I_0 = \frac{q_+}{\pi} \tag{13.29}$$

ここで，q_+ は次式で表される．

$$q_+ = \varepsilon E_s + (1-\varepsilon)q_- \tag{13.30}$$

それぞれの光線の元の場所に向かう方向に，式 (13.26) を適用する．有限の立体角において強度は一定であると仮定し，立体角すべての寄与について和をとることで，入射するふく射熱流束 q_- を計算する．これにより次式を得る．

$$q_- = \sum_{N_\Omega} I_-(\mathbf{s})\mathbf{s}\cdot\mathbf{n}\,\delta\Omega = \sum_{N_\Omega} I_-(\theta,\phi)\cos\theta\sin\theta\sin(\delta\theta)\,\delta\phi \tag{13.31}$$

ここで，N_R は表面要素に入射する光線の数である．

式 (13.30) の q_+ は，表面が黒体（$\varepsilon = 1$）でない限り q_- の値に依存するため，反復解法が必要となる．反復計算では，温度のみに基づき，表面から射出する初期のふく射強度を計算する．最初の反復計算の後，式 (13.29)，(13.30) を用いて，境界表面か

ら射出する正確な強度を計算するための入射するふく射熱流束を推算することができる．負の流束の値の差が指定した範囲内になるまで，この過程を繰り返す．

計算が収束したならば，面積 A_i の表面要素それぞれから流出する正味のふく射熱を，次式から計算することができる．

$$Q_{s,i} = A_i(q_+ - q_-) \tag{13.32}$$

DTMでは，熱収支から媒体の要素それぞれのふく射の生成を計算する．Lockwood と Shah (1981) は，次式から，あるセル n を通過する光線それぞれに関するふく射の生成を導出している．

$$\begin{aligned}\delta Q_{g,k} &= \int_{\delta\Omega} (I_{n+1} - I_n) A_s (-\mathbf{s}_k \cdot \mathbf{n}) \, \mathrm{d}\Omega_k \\ &= (I_{n+1} - I_n) A_s \cos\theta_k \sin\theta_k \sin(\delta\theta_k) \, \delta\phi_k \end{aligned} \tag{13.33}$$

ここで，A_s は光線が放射する表面要素の面積である．体積要素を通過する N 本の光線すべてから個々の寄与の生成の和をとり，体積 ΔV で除すると，ふく射熱流束の発散を得る．

$$S_{h,\mathrm{rad}} = \nabla \cdot \mathbf{q}_r = \frac{1}{\Delta V} \sum_{k=1}^{N} \delta Q_{g,k} \tag{13.34}$$

DTM の光線は，それぞれある表面要素から射出し，この要素の物性に基づき初期の強度を選択する．しかし，光線が代表する，徐々に増加する立体角は付近の表面要素まで広がる．初期の強度の影響は透過する経路に沿って指数関数的に減少するため，得られる不正確さは小さくなるだろう．

DTM の精度は，表面の離散化（光線を射出する表面要素の数）と角度の離散化（1 点あたりに用いる光線の数）の二つの因子に依存する．単純な問題では，これらの離散化により生じる誤差に対する数式を導出することができる（Versteeg ら，1999a, b）．透明な媒体を用いた研究から，光線の数 N_R を増加させた場合の角度の離散化の誤差 ε_H の減少率は，放射の滑らかさに依存することがわかっている．滑らかな放射強度に対しては $\varepsilon_H \propto 1/N_R$，区分的な生成に対しては $\varepsilon_H \propto 1/\sqrt{N_R}$，不連続強度に対しては $\varepsilon_H \propto 1/N_R$ となる．表面の離散化の誤差は，一般に ε_H と比較して小さく，表面の計算格子を細かくすることで減らすことができる．経験上，十分に計算格子を細かくし，非常に多くの光線を用いると，モンテカルロ法の解と同程度の精度の結果を求めることができる．また，散乱がなく，吸収と放射のみの問題に対しては，DTM は MC 法より計算時間で 500 倍程度速いという結果も得られた．等方性散乱，吸収と放射の

問題に対しては，DTM は MC 法の計算より約 10 倍速い（Henson と Malalasekera，1997a 参照）．

この基本的なモデルの詳細を，Shah (1979)，Lockwood と Shah (1981)，Henson (1998) で見つけることができる．discrete transfer 法は数学的に単純で，どんな形状にも適用することができる．速く，効率的な光線追跡アルゴリズムを用いると，この方法は計算上効率的になる．この方法の等方性散乱や非灰色の計算の問題への拡張が，Carvalho ら (1991)，Henson と Malalasekera (1997b) によって示されている．しかし，この方法は非等方性散乱への応用には適さない．オリジナルの方法に対する改良や修正が提案されており，たとえば，Cumber (1995)，Coelho と Carvalho (1997) がある．

■ 13.4.3 光線追跡法

MC 法と DTM には，ともに与えた計算格子において，光線を追跡する必要がある．直交と円筒座標系に対しては，単純なベクトル代数を用いて光線の経路を計算することができる．非直交格子と非構造格子に対しては，とくに光線の追跡が計算上効率的でなくてはならないため，その過程に注意を要する．このような場合，Malalasekera と James (1995)，Henson と Malalasekera (1997a)，Henson (1998) が，非常に効率的な方法を述べている．この方法は，非直交格子をもつ複雑な形状において，DTM と MC 法の解を求めるためにうまく用いられている．この方法は，要素が混合した（四面体と八面体要素の）非構造格子にも適している．

■ 13.4.4 discrete ordinates 法

discrete ordinates 法では，合計 4π の立体角中で n 個の異なる方向に対して輸送方程式を解き，数値求積法により方向における積分を置き換える．そのため，輸送方程式を次式で近似する．

$$\frac{\mathrm{d}I(\mathbf{r},\mathbf{s}_i)}{\mathrm{d}s} = \kappa I_b(\mathbf{r}) - \beta I(\mathbf{r},\mathbf{s}_i) + \frac{\sigma_\mathbf{s}}{4\pi}\sum_{j=1}^{n} w_j I_-(\mathbf{s}_j)\Phi(\mathbf{s}_i,\mathbf{s}_j)$$
$$(i=1,2,\cdots,n) \quad (13.35)$$

ここで，w_j は方向 $\mathbf{s}_j$ に関する求積法の重みである（Modest, 2003 参照）．この式は次式の境界条件をもつ．

$$I(\mathbf{r}_w,\mathbf{s}_i) = \varepsilon(\mathbf{r}_w)I_b(\mathbf{r}_w) + \frac{1-\varepsilon(\mathbf{r}_w)}{\pi}\sum_{j=1}^{n} w_j I_-(\mathbf{r}_w,\mathbf{s}_j)|\mathbf{n}\cdot\mathbf{s}_j| \quad (13.36)$$

方向座標 $\mathbf{s}_j = \xi\mathbf{i} + \eta\mathbf{j} + \mu\mathbf{k}$ と重み w_j は，Lathrop と Carlson (1965)，Fiveland (1991) から入手することができ，重みを求める基礎は，Modest (2003) でさらに説明されている．

13.4 数値流体力学に適した有名な四つのふく射の計算方法

S_N 近似の精度を $S_2, S_4, S_6, \cdots, S_N$ と表す．用いる方向の総数 n は，$n = N(N+2)$ によって N と関連付けられている．

基本的な離散化方位の近似に対して，方向余弦 ξ, η, μ と重み w_j を表 13.1 に示す．表では，正の方向余弦と重みのみを示している．最も基本的な離散化方位の近似は S_2 である．S_2 では，方向を定義するため異なる方向余弦を二つ用いる．そのため，球の 1/8 につき一つの方向を用いる．球全体では，合計 $2(2+2) = 8$ 方向を用いる．S_2 の表現には，対称と非対称の二つがある．対称の表現では，方向余弦すべてに対して同じ値を用いるのに対し，非対称の表現では，異なる値を用いる．図 13.8(a) に，球の 1/8 における非対称の S_2 の表現を示す．

表 13.1 S_2 と S_4 近似に対する座標の方位と重み

S_N 近似	座標			重み
	ξ	η	μ	
S_2 (対称)	0.5773	0.5773	0.5773	1.57079
S_2 (非対称)	0.5000	0.7071	0.5000	1.57079
S_4	0.2959	0.2959	0.9082	0.52359
	0.2959	0.9082	0.2959	0.52359
	0.9082	0.2959	0.2959	0.52359

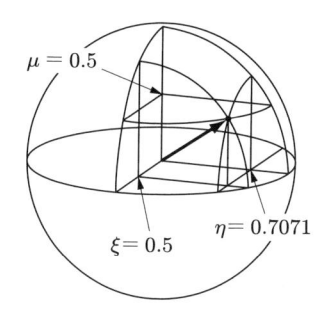

(a) S_2 の（非対称）表現の図解 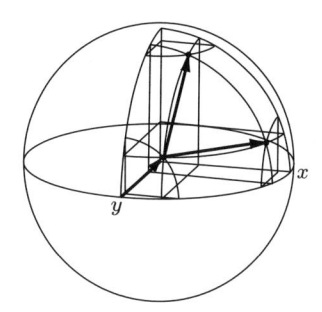 　　(b) S_4 の表現の図解

図 13.8 球 1/8 中の discrete ordinates 法

次に改善された近似は S_4 である．ここでは，異なる方向余弦四つを用いる．これらは，ξ と η に対して，± 0.2959 と ± 0.9082 である．異なる正の値を二つ用いると，図 13.8(b) に示す球の 1/8 の方向を三つ生成することができる．三つの方向のみを示すが，適当な負の値と正の値を用いると，合計 $4(4+2) = 24$ 通りのほかの方向をすべて求めることができる．角度の離散化により，球によって範囲が定められる立体角を示す．そのため，方向に対する重みの総和は球の立体角 4π と等しい．S_2 と S_4 の近

似に対して，表 13.1 においてこのことを簡単に検証することができる．

$N>4$ の S_N 近似を含む方位のさらに詳細な表を，Siegel と Howell (2002) と Modest (2003) で見つけることができる．

角度の近似により，元の微積分方程式を連立微分方程式に変換することができる．直交座標系に対しては，式 (13.34) を次式のように離散化することができる．

$$\xi_i \frac{dI_i}{dx} + \eta_i \frac{dI_i}{dy} + \mu_i \frac{dI_i}{dz} + \beta I_i = \beta S_i \quad (i=1,2,\cdots,n) \quad (13.37)$$

ここで，ξ_i，η_i，μ_i は方向 i の方向余弦であり，また，S_i は次式のように表される．

$$S_i = (1-\omega)I_b + \frac{\omega}{4\pi}\sum_{j=1}^{n} w_j I_j \Phi_{ij} \quad (i=1,2,\cdots,n) \quad (13.38)$$

有限体積法を用いた離散化により，連立微分方程式を解く（Modest, 2003 参照）．たとえば，図 13.9 に示す 2 次元コントロールボリュームを考えよう．いつものコントロールボリュームの近似を適用し，コントロールボリュームにおいて，式 (13.37) の強度の勾配の成分 dI_i/dx，dI_i/dy，dI_i/dz とほかの項を積分する．図 13.9 に示す面積を用いると，次式が得られる．

$$\xi_i(I_{E_i}A_E - I_{W_i}A_W) + \eta_i(I_{N_i}A_N - I_{S_i}A_S) = -\beta I_{P_i}(\Delta V) + \beta S_{P_i}(\Delta V) \quad (13.39)$$
$$(i=1,2,\cdots,n)$$

ここで，I_{P_i} と S_{P_i} は強度と生成関数の体積平均である．セル中心における強度 I_{P_i} を次式のように近似する．

$$I_{P_i} = \gamma I_{E_i} + (1-\gamma)I_{W_i} \quad (13.40a)$$

$$I_{P_i} = \gamma I_{N_i} + (1-\gamma)I_{S_i} \quad (13.40b)$$

パラメータ γ は，セルの端と体積平均強度を関連付ける重み係数である．重み係数 γ

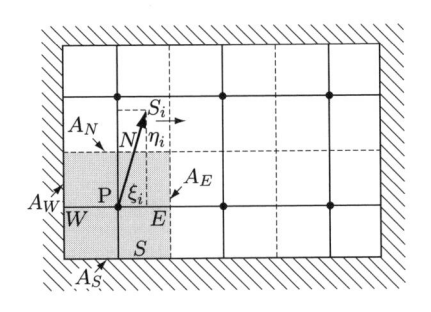

図 **13.9** discrete ordinates 法を説明するための一般的な 2 次元形状

は，$0 \leq \gamma \leq 1$ で一定である．γ をそれぞれ 0.5, 1.0 とすることで，最も広く用いられているダイアモンド差分法とステップ差分法を求めることができる．

以下のようにして，計算領域で解を進行させる．境界では，境界条件により I_i の値が既知の場合がある．たとえば，図 13.9 に示す 2 次元の端のセルを考えよう．I_W と I_S は，このセルに対して既知である．式 (13.40a, b) を用いると，次式のように書くことができる．

$$\gamma I_{E_i} = I_{P_i} - (1-\gamma) I_{W_i} \tag{13.41a}$$

$$\gamma I_{N_i} = I_{P_i} - (1-\gamma) I_{S_i} \tag{13.41b}$$

式 (13.40a, b) を式 (13.39) に代入し，変形すると，次式が得られる．

$$I_{P_i} = \frac{\beta(\Delta V)\gamma S_{P_i} + \xi_i A_{WE} I_{W_i} + \eta_i A_{SN} I_{S_i}}{\beta(\Delta V)\gamma + \xi_i A_E + \eta_i A_N} \tag{13.42a}$$

$$\text{ただし，} A_{WE} = \gamma A_W + (1-\gamma) A_E \tag{13.42b}$$

$$A_{SN} = \gamma A_S + (1-\gamma) A_N \tag{13.42c}$$

式 (13.42a) より，境界の強度 I_W, I_S から I_P が計算できる．一度 I_P を計算すると，式 (13.41a, b) から I_E と I_N を求めることができ，隣のセルに対して新たな計算値を境界条件として用いることで，隣のセルに計算過程を進行させることができる．強度が既知の境界から始めることで，方位の方向それぞれに沿って未知の強度を見つけるために，領域を掃引することができる．この手順を方位の方向すべてに対して繰り返さなければならない．負の方位の方向に対しては，計算の過程を北と東側の境界から始める．初期の境界の強度は（通常，表面温度を用いて計算する）近似値のみに基づいているため，反復計算が必要であり，入射する強度がすべて既知となった時点で更新することができる．

式 (13.42a) を，次式のように一般化することができる．

$$I_{P_i} = \frac{\beta(\Delta V)\gamma S_{P_i} + |\xi_i| A_x I_{x_i,i} + |\eta_i| A_y I_{y_i,i} + |\mu_i| A_z I_{z_i,i}}{\beta(\Delta V)\gamma + |\xi_i| A_x + |\eta_i| A_y + |\mu_i| A_z} \tag{13.43a}$$

ここで，ΔV はセルの体積である．正と負の方向余弦に対してもこの式を用いることができるように，方向余弦の絶対値を用いる．また，3 次元直交コントロールボリュームの x, y, z のコントロールボリューム面積 A_x, A_y, A_z は，次式のように表すことができる．

$$A_x = (1-\gamma) A_{x_e} + \gamma A_{x_i} \tag{13.43b}$$

$$A_y = (1-\gamma) A_{y_e} + \gamma A_{y_i} \tag{13.43c}$$

$$A_z = (1-\gamma)A_{z_e} + \gamma A_{z_i} \tag{13.43d}$$

ここで，下付き文字 i, e は，コントロールボリュームの面への入射，射出をそれぞれ意味する．これまでどおり，I_{Pi} を計算するために境界のセルから始め，内側のセルに進行させる．一度すべての方向の強度が既知となれば，次式から表面のふく射流束を計算することができる．

$$q_-(\mathbf{r}) = \int_{2\pi} I_-(\mathbf{r},\mathbf{s})\mathbf{n}\cdot\mathbf{s}\,\mathrm{d}\Omega = \sum_{i=1}^{n} w_i I_i(\mathbf{r},\mathbf{s}_i)\mathbf{n}\cdot\mathbf{s}_i \tag{13.44}$$

また，エンタルピーの式に対するふく射の生成項は，次式から計算することができる．

$$S_{h,\mathrm{rad}} = \nabla\cdot\mathbf{q}_r(\mathbf{r}) = 4\pi\kappa I_b - \kappa\sum_{i=1}^{n} w_i I_i(\mathbf{r},\mathbf{s}) \tag{13.45}$$

この方法の詳細と導出を，Modest (2003)，Fiveland (1982, 1988, 1991)，Fiveland と Jessee (1994)，Jamaluddin と Smith (1988)，Hyde と Truelove (1977) で見つけることができる．標準の discrete ordinates 法は，直交座標系や軸対称形状に適しており，非直交座標系や非構造格子に直接適用することはできない．しかし，複雑形状に適した discrete ordinates 法の改良版が，Charette ら (1997) と Sakami ら (1996, 1998) によって示されている．

■ 13.4.5 有限体積法

Raithby ら (Raithby と Chui, 1990, Chui ら, 1992, 1993, Chui と Raithby, 1993) は，ふく射伝熱の計算に対して dicrete ordinates 法の性質をいくつかもつ，有限体積法を示している．この方法では，全立体角 4π に及ぶ離散方位に対して強度の式を解く．有限体積法では，コントロールボリュームの積分に加えて，有限の角度の積分も用いる (Chai ら，1994a, b 参照)．非直交格子系に対して適当な補間を用いることでオリジナルの方法を修正すると，複雑な形状のふく射伝熱の計算に用いることができる．この種の方法を非直交セルに適用すると，セル中心の強度を計算することや，有限の角のハンギングに対処することが困難となる．これらはともに，離散化した有限の角度をもつセル界面のずれにより生じる．この問題を解決するための方法が開発されており，詳細を Chai と Modar (1996)，Baek と Kim (1998)，Baek ら (1998)，Murthy と Mathur (1998) で見つけることができる．有限体積法を説明するためのプログラムを，Modest (2003) の付録で入手することができる．

13.5 例題

例題 13.1 規定した温度に対する1次元放射，吸収の問題

まず，温度が T_g，吸収係数が κ の放射，吸収する高温ガス層による，低温の黒体の板2枚の1次元ふく射加熱を考える．考える問題を図 13.10 に示す．この非常に単純な問題に対しては，解析解を用いることができる．たとえば，Shah (1979)，Siegel と Howell (2002)，Modest (2003) を参照のこと．板の表面への熱流束を計算し，解析解と比較するために，MC 法，DTM，discrete ordinates 法を適用する．無次元の壁の熱流束を，次式から求める．

$$\frac{q}{\sigma T_g^4} = 1 - 2E_3(\kappa L) \tag{13.46}$$

ここで，$E_3(\kappa L)$ は指数積分であり，この値は Siegel と Howell (2002) の表で見つけることができる．L は板間の距離である．この式では，壁の熱流束をガス媒体の黒体放射能で無次元化している．以降では，"ほとんど透明（光学的に薄い）" から "光学的に厚い（光学的に密な）" 光路長 $\kappa L = 0.1, 0.2, \cdots, 3.0$ に対する解を計算する．

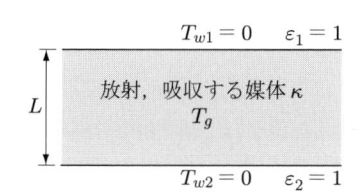

図 13.10 温度を規定した1次元問題の設定

DTM と MC 法

問題は基本的に1次元であるが，DTM と MC 法では，3次元問題で適用しなければならない，光線追跡による方向性のある強度の分布を解く．この問題では，光線の交点すべてを求めるには単純な三角関数で十分である．DTM に対しては，N_θ と N_ϕ に対して 10×10 を用いて立体角を離散化した．すなわち，計算では表面あたり光線100個を用いた．MC 法に対しては，媒体の光路長が $\kappa L = 0.1$ から 0.3 に増加するとともに，エネルギー粒子の数を 6×10^5 から 2×10^7 に増加させた．標準誤差 S_n は，計算した MC シミュレーションそれぞれに対して 10^{-4} 程度であった．表 13.2 に，MC シミュレーションに対する誤差の程度と計算時間を示す．計算時間は計算機に依存するが，DTM の解法では，すべて1 CPU 秒以内であり，MC 法の計算負荷は明白である．

表 13.2 MC 統計

光路長	エネルギー粒子の数	標準誤差 S_n	CPU 時間
0.1	6.80×10^5	8.50×10^4	44
0.2	1.30×10^6	2.10×10^4	98
0.5	3.40×10^6	4.60×10^4	320
1.0	6.80×10^6	3.70×10^4	564
1.5	1.00×10^7	3.30×10^4	800
2.0	1.30×10^7	4.80×10^4	874
2.5	1.70×10^7	3.60×10^4	1047
3.0	2.00×10^7	3.30×10^4	1430

discrete ordinates 法（DOM）

式 (13.37), (13.38) を適用することで，この簡単な問題に対する DOM の解を求めることができる．この解法と S_2 と S_4 の DOM を，Modest (2003) から得ることができる．

S_2 近似を用い，壁に向かうふく射熱流束を無次元の形で求める．

$$\frac{q}{\sigma(T_w^4 - T_g^4)} = \frac{1}{\pi} \sum_{i=1}^{N/2} w'_i \mu_i \left\{ \exp\left(\frac{-\tau}{\mu_i}\right) - \exp\left[\frac{-(\tau_L - \tau)}{\mu_i}\right] \right\} \quad (13.47)$$

ただし， $\tau = \kappa y \quad \tau_L = \kappa L$

ここで，κ は吸収係数，y は板に垂直な方向の座標，w'_i はこの 1 次元問題に対して適切に合計した重みである．たとえば，非対称の S_2 近似 $\mu_1 = 0.5$ では，この重みは $\pi/2 = 1.5707$ となり，四つの μ の値が含まれ，合計した重みは $w'_i = 4 \times \pi/2 = 2\pi$ となる．

この非対称の S_2 近似を用いる場合，次式から無次元熱流束を求める．

$$\frac{q}{\sigma(T_w^4 - T_g^4)} = \left\{ \exp\left(\frac{-\tau}{0.5}\right) - \exp\left[\frac{-(\tau_L - \tau)}{0.5}\right] \right\} \quad (13.48)$$

S_4 の discrete ordinates 近似を用いる場合，次式から無次元熱流束を求める．

$$\frac{q}{\sigma(T_w^4 - T_g^4)} = 0.3945012 \left\{ \exp\left(\frac{-\tau}{0.2958759}\right) - \exp\left[\frac{-(\tau_L - \tau)}{0.2958759}\right] \right.$$
$$\left. + 0.6054088 \left[\exp\left(\frac{-\tau}{0.9082483}\right) \right] - \exp\left[\frac{-(\tau_L - \tau)}{0.9082483}\right] \right\} \quad (13.49)$$

S_2 近似を用いた場合の下側（$y = 0$）の板の解は，次式のようになる．

$$\frac{q}{\sigma(T_w^4 - T_g^4)} = \left[1 - \exp\left(\frac{-\kappa L}{0.5}\right) \right] \quad (13.50)$$

また，S_4 近似を用いた場合は次式で与えられる．

$$\frac{q}{\sigma(T_w^4 - T_g^4)} = 0.3945012\left[1 - \exp\left(\frac{-\kappa_L}{0.2958759}\right)\right]$$
$$+ 0.6054088\left[1 - \exp\left(\frac{-\kappa_L}{0.9082483}\right)\right] \quad (13.51)$$

結果

表 13.3 と図 13.11 により，壁の熱流束の三つの解法すべての計算値と解析解を比較する．DOM の S_2 以外の解はすべてよく一致していることがわかる．MC 法の解が，すべてのなかで最も精度が高い．S_2 の discrete ordinates 近似では，簡略化しすぎているため一致していないが，傾向は正しく予測している．計算負荷の観点では，DOM に要した計算時間は，MC 法の計算時間と比較して無視できると考えられる．

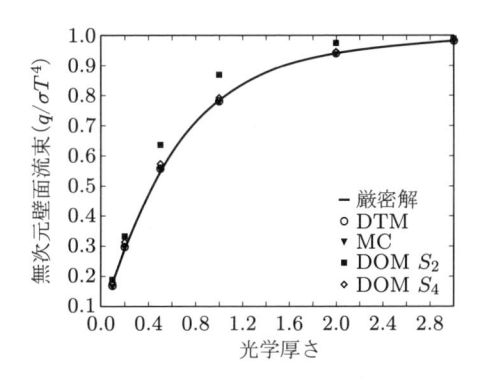

図 13.11 温度を規定した1次元問題に対する数値解の比較

表 13.3 温度を規定した1次元問題に対する異なる解法から得た結果の比較

光学厚さ	厳密解	MC	DTM	DOM S_2	DOM S_4
0.1	0.16742	0.167702	0.16923	0.18127	0.17626
0.2	0.29779	0.296686	0.29610	0.32968	0.31349
0.5	0.55732	0.557363	0.55680	0.63212	0.57800
1.0	0.78076	0.780648	0.78062	0.86467	0.78516
1.5	0.88551	0.886071	0.88653	0.95021	0.88134
2.0	0.93970	0.939207	0.93974	0.98168	0.93251
2.5	0.96737	0.966947	0.96740	0.99326	0.96122
3.0	0.98211	0.981435	0.98214	0.99752	0.97763

例題 13.2　3次元炉形状のふく射

次に，ずっと挑戦的だが現実的な，3次元 IFRF 炉形状の問題を考える．この問題は，計算方法を評価するためにふく射の文献で広く用いられている．Jamaluddin と Smith (1988) の論文で，その形状が詳細に述べられている．この説明では，IFRF-M3 Trial（Flame 10）中に述べられている床と天井へのふく射流束の計算に，MC 法，DTM，S_{16} の DOM を適用する．炉の寸法は，x, y, z 方向に $6.0\,\mathrm{m} \times 2.0\,\mathrm{m} \times 2.0\,\mathrm{m}$ であり，ふく射の問題を定義するために，Hyde と Truelove (1977) が測定した温度を用いる．解析解がないため，ベンチマークの解として標準誤差の判断による MC 法の結果を用いた．DTM の計算では，表面要素あたり光線 400 個を用い，DOM では S_{16} の求積法を用いた．

解

図 13.12 に，計算した炉の床と天井に入射するふく射流束を示す．400 光線を用いた DTM，S_{16} の DOM と MC 法の解の差が非常に小さいことがわかる．実際の数値（ここでは示していない）をよくみると，DOM の解が最もずれている．これは，空間の差分と求積法の精度に起因する可能性がある．Malalasekera ら (2002) も，低次の離散方位では MC 法の結果とあまり一致しないことを示している．この例題から，DTM と DOM の離散化の数値パラメータを注意深く選ぶことで，MC 法の解と非常に近い解を得ることができることがわかる．MC 法の計算には膨大な計算機リソースを必要とするため（DTM と DOM と比較して 20 倍以上），数値流体力学を含む実用計算には適さない．

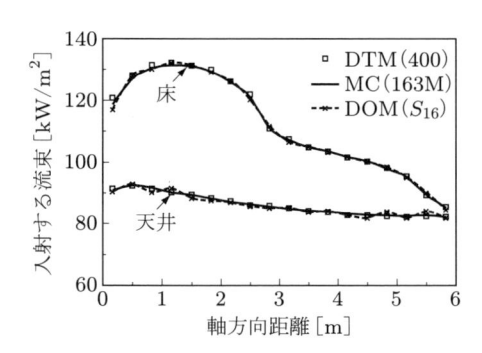

図 13.12　炉の床と天井において計算した入射ふく射流束．
　　　　　DTM(400) は 1 点あたり 400 光線を用いた discrete transfer 法の解．
　　　　　MC(163M) は 1 億 6300 万個の光子を用いたモンテカルロ法の解．
　　　　　DOM(S_{16}) は discrete ordinates 法の S_{16} の解．

例題 13.3　3次元複雑形状におけるふく射

この例題では，図 13.13 に示す L 字の形状において，計算方法をさらに比較する．このより複雑な形状も，異なるふく射の計算方法を評価するために文献で用いられている（Malalasekera と James, 1995, 1996, Henson と Malalasekera, 1997a, Sakami ら, 1998, Hsu と Tan, 1997）．この問題の設定として，(i) 壁はすべて温度 500 K の黒体であり，(ii) 閉空間は温度 1000 K の放射，吸収をし，散乱をしない媒体で満たされている場合を考える．数値流体力学の計算では，多くのセルを塞いで記憶容量を不必要に消費しない限り，直交座標系を用いて形状を離散化できないため，L 字の形状では解法がさらに複雑になる．DTM を適用する場合，図 13.13 に示す非直交表面格子を用いてモデル化を行う．非直交格子を用いた場合，標準的な DOM を適用することはできない．ここで，Sakami ら (1998) による DOM の特別版を用いる．図 13.14 に MC 法，DTM（半球あたり 16×16 光線），DOM（S_4 近似）と，YIX 法（Hsu ら, 1993）として知られている汎用的な積分方程式法も用いて，異なる吸収係数の値 $\kappa = 0.5, 1.0, 2.0, 5.0, 10.0$ に対する線 B-B（図 13.13）に沿う正味のふく射熱流束の分布の計算値を示す．DTM の解は Malalasekera と James (1995) によるもの，MC 法の結果は Maltby (1996) によるもの，YIX 法の解は Hus と Tan (1997) によるものである．対称性を用いることで，204 個の計算格子を用いて，体積あるいは表面あたり 1 024 000 個のエネルギー光子を放出し，MC 法の計算を行った．すべての方法による結果は，非常によく一致していることがわかる．この例題から，DTM と MC 法に柔軟性があり，ともに複雑な形状に対して一切修正することなく適用することができることがよくわかる．一方，DOM には特別な定式化が必要である．十分な計算機リソースを用いる場合は，すべての方法で MC 法の解と一致する良好な結果を求めることができる．DTM と MC 法の複雑な形状への適用を，Henson (1998), Henson と Malalasekera (1997a), Malalasekera と James (1995, 1996), Hsu と Tan (1997) で見つけることができる．

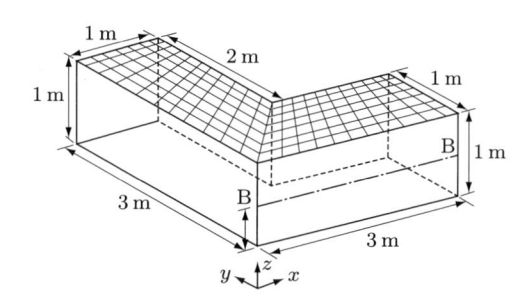

図 **13.13**　L 字の形状

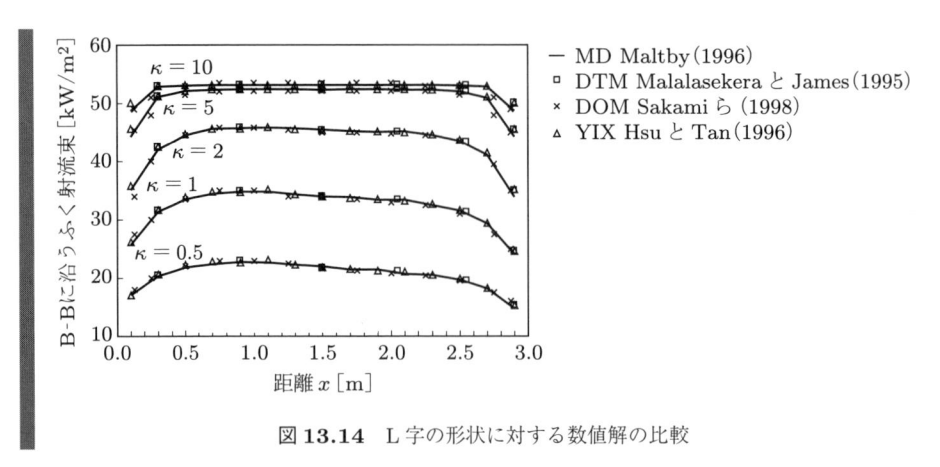

図 13.14 L字の形状に対する数値解の比較

13.6 混合ガスのふく射物性の計算

　たとえば，加熱炉や燃焼炉のふく射伝熱が重要となる実際の状況では，ふく射媒体には燃焼生成物の混合ガスが含まれている．混合率の組成，温度と圧力からふく射の計算に必要な吸収係数などのふく射物性を計算しなければならない．正確な計算をするためには，ふく射物性のスペクトルの特性を考慮しなければならないが，実際の問題に対しては，全放射率と散乱係数を用いることができる．スペクトルバンドモデル，ガスの吸収率や放射率に対する相関，k 分布モデルや灰色加重和モデルなどの，全物性を推算する確立された方法が数多くある．燃焼の問題に対して最も広く用いられているふく射物性計算の近似モデルは，灰色加重和（weighted-sum-of-grey-gases，WSGG）モデルである（上記文献参照）．ほかのふく射の文献で有名なモデルとして，詳細なスペクトル物性を考慮する Groshandler (1993) の RADCAL プログラムがある．この方法の詳細な説明は，Siegel と Howell (2002)，Brewster (1992)，Denison と Webb (1993, 1995)，Modest (2003) で見つけることができる．

　燃焼シミュレーションでふく射を考慮する場合，全体の予測精度は，流れや乱流モデル，燃焼モデル，考慮する詳細な化学，ふく射物性計算のモデル，ふく射モデルなどの多くのモデルに依存する．これらをすべて連成するため，利用可能な計算機リソースで，全体の結果をよく予測するためには，できるだけよいサブモデルを用いるべきである．より高度な物性の計算と細かいふく射の計算をすることで，ふく射の生成項を，より高精度でより高解像で求めることができる．計算に必要な細かさと計算負荷が，この選択を決定する主な要因である．ふく射を考慮しなければ，温度を過大評価することが知られている．NO などのマイナー化学種は温度に非常に敏感であり，数

値流体力学の燃焼計算では，これらの汚染物質の化学種を精度よく予測するためにはふく射を考慮する必要がある．計算機リソースを節約するために，流体の流れに対して用いる計算格子よりずっと粗い計算格子上でふく射の計算をすることができることがある．流体の流れの計算に対する生成項を，粗い計算格子の計算から適当に補間することができる．この方法は多くの場合十分に適当であり，計算機リソースの多くを節約する．

13.7 まとめ

ほとんどの商用数値流体力学パッケージでは，本章で述べたふく射モデルが一つ以上提供されている．これらの主な特徴を，以下のようにまとめることができる．

- **モンテカルロ法**：すべての方法のなかで最も一般的であり，万能である．非常に多くの計算機リソースを必要とするため，一般的な目的の数値流体力学の計算には向かない．確率的な原理であるため，ユーザは誤差評価を行うことができる．MC法は，不確定さの定量化，たとえば，ベンチマークやほかのモデルの妥当性を検討する必要がある場合に便利である．
- **discrete transfer 法**：光線追跡法に基づく経済的な汎用アルゴリズムである．構造格子と非構造格子すべての種類に向いている．DTMは等方性散乱に限定されており，非保存（閉空間において境界表面に入射するふく射熱流束の合計がゼロにならない）である．Coelho と Carvalho (1997) は，保存型DTMの定式化を提案している．単純な場合に限定して不確定性評価を用いることができる．
- **discrete ordinates 法**：角度方向の積分と，光路に対するコントロールボリューム積分に基づく数値求積法である．オリジナルの方法は直交座標系と軸対称計算格子に限定されているが，Sakami ら (1996, 1998) のDOMでは，非構造格子とより複雑な形状へ応用することができる．この方法は効率的であり，散乱と非散乱に適用することができる．高精度な解を求めるためには，高次の離散方位が必要である．また，この方法の欠点の一つは非保存であり，定式化で用いられる離散化の方法により，"ray effect" として知られる問題に悩まされる可能性がある．
- **有限体積法**：Raithby らによって開発された，方向の積分に対する有限な角度における積分と光路に対するコントロールボリューム法に基づく方法である．この方法の主な利点は完全保存型であり，任意の形状に適用可能であることである．欠点の一つは，"solid angle overhanging" として知られている問題により，誤差を招く可能性があることである．

本章では，有名な方法の重要な側面を示し，それぞれのモデル（光線の数，離散化方位の程度，灰色ガスモデルなど）に関連する数値パラメータが果たす役割を明確にした．興味がある読者には，これらの方法の詳細を理解し，簡略化のため省略せざるを得なかった多くのほかの方法を研究するために，文献を調査してもらいたい．

付録 A
流体解析の精度

　第4章の導出では，コントロールボリュームの界面での $\partial\phi/\partial x$，$\partial\phi/\partial y$ などの勾配を計算するために線形近似を用いた．そこでは，単純な拡散問題において，粗い計算格子に対してさえもおおむね正確な結果を得ることを示した．また，例題 4.3 では，計算格子を細かくすることで解の精度を向上させることができることも確認した．数値流体力学ユーザにとって，解析精度の向上を図るために計算格子を細かくすることは重要なことである．通常は，解析結果の全体の特徴を得るために，はじめに粗い計算格子を用いた解析を行う．その後，計算格子を細かくした解析結果に有意な差がなくなるまで，段階的に計算格子を細かくする．その場合の解析結果は，"計算格子の依存性がない" とよばれる．ここで，精度を向上させる方法の理論的な原理を簡単に説明し，それらの指標として離散化スキームの**次数**を比較する．

　図 A.1 に示す 1 次元等間隔格子（幅 Δx）を考えよう．

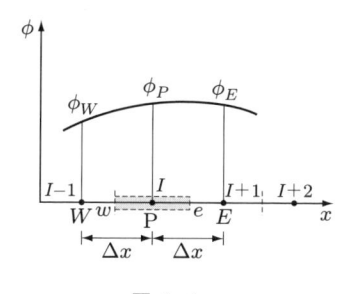

図 A.1

　ある関数 $\phi(x)$ に対し，x にある点 i 周りの $\phi(x+\Delta x)$ のテイラー展開は，次式のように表される．

$$\phi(x+\Delta x) = \phi(x) + \left(\frac{\partial\phi}{\partial x}\right)_x \Delta x + \left(\frac{\partial^2\phi}{\partial x^2}\right)_x \frac{(\Delta x)^2}{2} + \cdots \quad (A.1)$$

ここで，記号として，$\phi(x)$ と $\phi(x+\Delta x)$ に対して離散値 ϕ_P と ϕ_E をそれぞれ用いる．そのため，式 (A.1) を次式のように書くことができる．

$$\phi_E = \phi_P + \left(\frac{\partial\phi}{\partial x}\right)_P \Delta x + \left(\frac{\partial^2\phi}{\partial x^2}\right)_P \frac{(\Delta x)^2}{2} + \cdots \quad (A.2)$$

上式を書き換えると，次式のようになる．

$$\left(\frac{\partial \phi}{\partial x}\right)_P \Delta x = \phi_E - \phi_P - \left(\frac{\partial^2 \phi}{\partial x^2}\right)_P \frac{(\Delta x)^2}{2} - \cdots$$

$$\left(\frac{\partial \phi}{\partial x}\right)_P = \frac{\phi_E - \phi_P}{\Delta x} - \left(\frac{\partial^2 \phi}{\partial x^2}\right)_P \frac{\Delta x}{2} - \cdots \tag{A.3}$$

したがって，次式のように表すことができる．

$$\left(\frac{\partial \phi}{\partial x}\right)_P = \frac{\phi_E - \phi_P}{\Delta x} + \text{打ち切った項} \tag{A.4}$$

乗数 Δx を含む打ち切った項を無視することで，次式のように近似することができる．

$$\left(\frac{\partial \phi}{\partial x}\right)_P \approx \frac{\phi_E - \phi_P}{\Delta x} \tag{A.5}$$

近似式 (A.5) に含まれる誤差は，打ち切った項を無視したことが原因である．式 (A.3) は，Δx を小さくすることで打切り誤差を減少させることができることを意味する．一般に，有限差分法での打ち切った項には $(\Delta x)^n$ が含まれる．Δx の指数 n は，格子を細かくすることにより誤差をゼロにする割合を左右し，**近似精度の次数**とよばれる．したがって，式 (A.5) は Δx について一次精度といわれ，次式のように書く．

$$\boxed{\left(\frac{\partial \phi}{\partial x}\right)_P = \frac{\phi_E - \phi_P}{\Delta x} + O(\Delta x)} \tag{A.6}$$

点 P での勾配 $\partial \phi / \partial x$ を計算するために点 E と点 P（ここで，$x_E > x_P$）での値を用いるので，式 (A.6) を点 P に対する前進差分式とよぶ．

同様に，点 P での勾配 $\partial \phi / \partial x$ に対する後退差分式を導出すると，次式のようになる．

$$\phi(x - \Delta x) = \phi(x) - \left(\frac{\partial \phi}{\partial x}\right)_x \Delta x + \left(\frac{\partial^2 \phi}{\partial x^2}\right)_x \frac{(\Delta x)^2}{2} + \cdots \tag{A.7}$$

整理すると，点 P での勾配 $\partial \phi / \partial x$ に対する次式の後退差分式を得る．

$$\boxed{\left(\frac{\partial \phi}{\partial x}\right)_P = \frac{\phi_P - \phi_W}{\Delta x} + O(\Delta x)} \tag{A.8}$$

式 (A.7)，(A.8) はともに一次精度である．ここで示した後退差分式と前進差分式には，2 点の ϕ の値しか含まれない．

式 (A.1) と式 (A.7) の差をとると，次式のようになる．

$$\phi(x + \Delta x) - \phi(x - \Delta x) = 2\left(\frac{\partial \phi}{\partial x}\right)_P \Delta x + \left(\frac{\partial^3 \phi}{\partial x^3}\right)_P \frac{(\Delta x)^3}{3!} + \cdots \tag{A.9}$$

式 (A.9) を書き換えることで，勾配 $(\partial \phi / \partial x)_P$ に対する三番目の定式化を，次式のように求めることができる．

$$\boxed{\left(\frac{\partial \phi}{\partial x}\right)_P = \frac{\phi_E - \phi_W}{2\Delta x} + O((\Delta x)^2)} \tag{A.10}$$

式 (A.10) では，中点 P での勾配を計算するために点 E と点 W の値を用いており，これは中心差分法とよばれる．中心差分法は二次精度である．格子幅の誤差が二次で依存するということは，一次精度のスキームよりも二次精度のスキームのほうが，格子幅を細かくした後で誤差がより速く減少することを意味している．

4.2 節で導出した有限体積法の離散化手法では，例として，次式を用いてセル界面 e での勾配を導出した．

$$\left(\frac{\partial \phi}{\partial x}\right)_e = \frac{\phi_E - \phi_P}{\Delta x} = \frac{\phi_E - \phi_P}{2(\Delta x/2)} \tag{A.11}$$

式 (A.10) と式 (A.11) を比較すると，式 (A.11) では点 e での中心差分法により，点 P と点 E 間の中点における勾配を導出していることが容易にわかる．すなわち，等間隔格子に対して二次精度である．

幅 Δx の等間隔格子のセル界面の中点での対流流束に対して，QUICK スキームが三次精度をもつことを説明することは比較的容易である．QUICK スキームでは，格子点の東側のセル界面での値 ϕ_e を次式のように計算する．

$$\phi_e = \frac{3}{8}\phi_E + \frac{6}{8}\phi_P - \frac{1}{8}\phi_W \tag{A.12}$$

東側の界面についてテイラー展開すると，次式が得られる．

$$\phi_E = \phi_e + \frac{1}{2}\Delta x \left(\frac{\partial \phi}{\partial x}\right)_e + \frac{1}{2}\left(\frac{1}{2}\Delta x\right)^2 \left(\frac{\partial^2 \phi}{\partial x^2}\right)_e + O((\Delta x)^3) \tag{A.13}$$

$$\phi_P = \phi_e - \frac{1}{2}\Delta x \left(\frac{\partial \phi}{\partial x}\right)_e + \frac{1}{2}\left(-\frac{1}{2}\Delta x\right)^2 \left(\frac{\partial^2 \phi}{\partial x^2}\right)_e + O((\Delta x)^3) \tag{A.14}$$

$$\phi_W = \phi_e - \frac{3}{2}\Delta x \left(\frac{\partial \phi}{\partial x}\right)_e + \frac{1}{2}\left(-\frac{3}{2}\Delta x\right)^2 \left(\frac{\partial^2 \phi}{\partial x^2}\right)_e + O((\Delta x)^3) \tag{A.15}$$

$3/8 \times$ (A.13) $+ 6/8 \times$ (A.14) $- 1/8 \times$ (A.15) により，結果として次式が得られる．

$$\frac{3}{8}\phi_E + \frac{6}{8}\phi_P - \frac{1}{8}\phi_W = \phi_e + O((\Delta x)^3) \tag{A.16}$$

Δx と $(\Delta x)^2$ の次数を含む項は，等間隔格子では消去され，そのため QUICK スキームは三次精度近似である．

必要ならば，（後退方向か前進方向に）より多くの点を含む高次精度の式を導出することもできる．詳細については，Abbott と Basco (1989) や Fletcher (1991) のような参考書を参照していただきたい．

付録 B

不等間隔格子

これまで示した例では，簡略化のために等間隔格子に焦点を当ててきた．しかし，第4章および第5章における離散化方程式の導出では，δx_{PE}, δx_{WP} などのような一般的な幾何学的寸法を用いており，不等間隔格子にも用いることができる．不等間隔格子では，セル界面 e, w はそれぞれ点 E と点 P，および点 W と点 P の中点ではないことがある．この場合，セル界面の拡散係数 Γ の値を次式のように計算する．

$$\Gamma_w = (1 - f_W)\Gamma_W + f_W \Gamma_P \tag{B.1a}$$

ここで，重み関数 f_W は次式で与えられ，

$$f_W = \frac{\delta x_{Ww}}{\delta x_{Ww} + \delta x_{wP}} \tag{B.1b}$$

また，Γ, f_P は次式のようになる．

$$\Gamma_e = (1 - f_P)\Gamma_P + f_P \Gamma_E \tag{B.1c}$$

$$f_P = \frac{\delta x_{Pe}}{\delta x_{Pe} + \delta x_{eE}} \tag{B.1d}$$

等間隔格子では，これらの式は式 (4.5a, b) のように単純化される．すなわち，$f_W = 0.5$, $f_P = 0.5$ であるため，$\Gamma_w = (\Gamma_W + \Gamma_P)/2$, $\Gamma_e = (\Gamma_P + \Gamma_E)/2$ である．

不等間隔格子では，コントロールボリューム界面の位置を決定する方法は基本的に二つある（Patankar, 1980）．

方法 A：はじめに格子点を定義し，次に，コントロールボリューム界面を格子点間の中間の位置に決定する．これを図 B.1 で説明する．

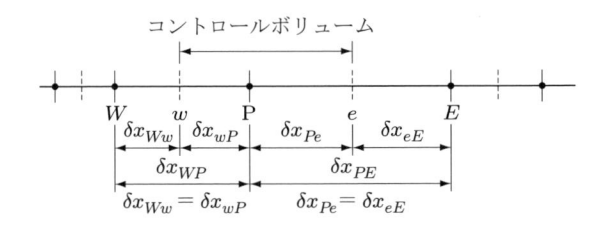

図 B.1 コントロールボリューム界面の位置（方法 A）

方法 B：はじめにコントロールボリューム界面の位置を定義し，次に，格子点をコントロールボリュームの中心の位置に決定する．これを図 B.2 で説明する．

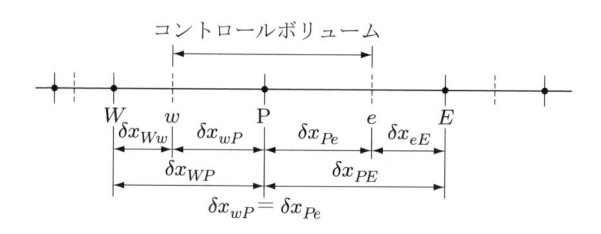

図 B.2 コントロールボリューム界面の位置（方法 B）

ここで，コントロールボリュームの界面は格子点間の中点にあるとは限らない．格子点間のあらゆる場所で勾配が等しいため，線形近似によって得られる式中の勾配は不等間隔格子の影響を受けない．しかし，拡散係数 Γ の値は，補間式 (B.1) を用いて計算する必要がある．

コントロールボリューム界面が格子点間の中点であるときに限り，セル界面における勾配の計算に対する中心差分法と対流流束の計算に対する QUICK スキームが，それぞれ二次精度と三次精度であることに注意することは非常に重要なことである．たとえば，方法 A においてコントロールボリューム界面 e は点 P と点 E の中点であるため，勾配 $(\partial \phi / \partial x)_e$ を計算するために用いる差分式は二次精度である．方法 A のさらなる利点は，平均値を用いることで Γ_e，Γ_w などの物性値を簡単に計算できることである．方法 A の欠点は，点 P がコントロールボリュームの中心ではないことから，点 P における変数 ϕ の値が必ずしもコントロールボリューム全体に対する最もよい代表値でないことである．方法 B では，点 P がコントロールボリュームの中心に存在するため，点 P における ϕ の値はコントロールボリュームのよい代表値であるが，離散化スキームの精度は落ちる．詳細は Patankar (1980) で考察されているので，そちらを参照していただきたい．

付録C

生成項の計算

変数の代表値を用いて，離散化方程式における生成項を導出する．計算手順にスタッガード格子を採用しているため，生成項にしばしば現れる速度勾配項の計算において補間が必要となる．たとえば，次式の2次元の u の運動量保存式を考えよう．

$$\frac{\partial}{\partial x}(\rho uu) + \frac{\partial}{\partial y}(\rho vu) = \frac{\partial}{\partial x}\left(\mu\frac{\partial u}{\partial x}\right) + \frac{\partial}{\partial y}\left(\mu\frac{\partial u}{\partial y}\right) - \frac{\partial p}{\partial x} + S_u \quad \text{(C.1)}$$

ただし，

$$S_u = \frac{\partial}{\partial x}\left(\mu\frac{\partial u}{\partial x}\right) + \frac{\partial}{\partial y}\left(\mu\frac{\partial v}{\partial x}\right)$$

である．図 C.1 に計算格子の一部分を示す．ここでは，第6章で取り入れた後退スタッガード速度成分に対する一般的な記号を用いる．

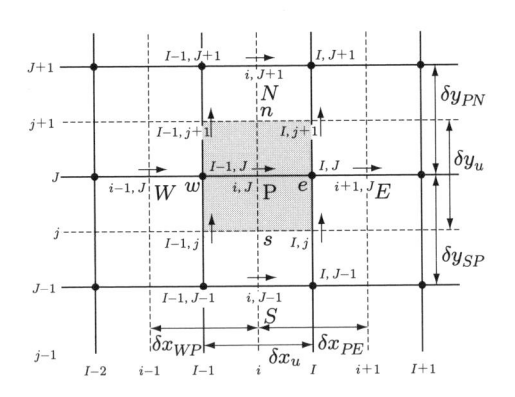

図 C.1 スタッガード格子

点 (i, J) を中心とした u のコントロールボリュームに対する離散化方程式 (C.1) は，次式のように書くことができる．

$$a_{i,J} u_{i,J} = \sum a_{nb} u_{nb} - \frac{(P_{I,J} - P_{I-1,J})}{\delta x_u}\Delta V_u + \overline{S}_u\,\Delta V_u \quad \text{(C.2)}$$

ここで，δx_u は u のコントロールボリュームの幅，ΔV_u は u のコントロールボリュームの体積である．

このセルにおける u の速度の方程式に対する生成項は，次式のように導出することができる．

$$\begin{aligned}
\overline{S}_u \, \Delta V_u &= \left[\frac{\partial}{\partial x}\left(\mu \frac{\partial u}{\partial x}\right) + \frac{\partial}{\partial y}\left(\mu \frac{\partial v}{\partial x}\right) \right]_{\text{Cell}} \Delta V \\
&= \left[\frac{\left(\mu \frac{\partial u}{\partial x}\right)_e - \left(\mu \frac{\partial u}{\partial x}\right)_w}{\delta x_u} + \frac{\left(\mu \frac{\partial v}{\partial x}\right)_n - \left(\mu \frac{\partial v}{\partial x}\right)_s}{\delta y_u} \right] \Delta V \\
&= \left[\frac{\left(\mu \dfrac{u_{i+1,J} - u_{i,J}}{\partial x_{PE}}\right) - \left(\mu \dfrac{u_{i,J} - u_{i-1,J}}{\partial x_{WP}}\right)}{\delta x_u} \right. \\
&\quad \left. + \frac{\left(\mu \dfrac{v_{I,j+1} - v_{I-1,j+1}}{\partial x_u}\right) - \left(\mu \dfrac{v_{I,j} - v_{I-1,j}}{\partial x_u}\right)}{\delta y_u} \right] \delta x_u \, \delta y_u \quad \text{(C.3)}
\end{aligned}$$

ほかの方程式の生成項も同じ方法で計算する．

付録 D
第5章で用いる制限関数[*1]

D.1 Van Leer 制限関数（Van Leer, 1974）

$$\psi(r) = \frac{r + |r|}{1 + r} \tag{D.1}$$

図 D.1 に，r-ψ 線図上における Van Leer 制限関数を示す．この制限関数は TVD（total variation diminishing）領域内に存在し，点 $(1, 1)$ を通るため，二次精度 TVD 制限関数である．この制限関数は r の値が増加するのに伴い，$\psi = 2$ に漸近する．この制限関数は対称である．

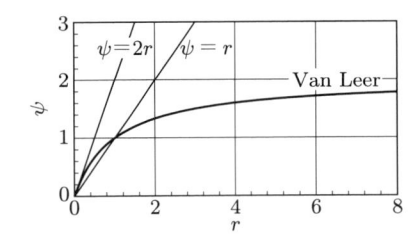

図 **D.1** Van Leer 制限関数

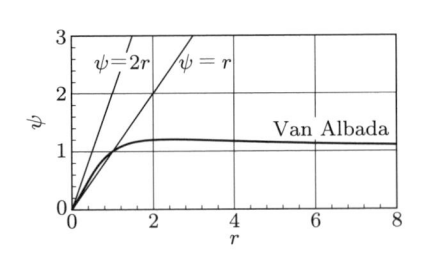

図 **D.2** Van Albada 制限関数

D.2 Van Albada 制限関数（Van Albada ら，1982）

$$\psi(r) = \frac{r + r^2}{1 + r^2} \tag{D.2}$$

図 D.2 に，Van Albada 制限関数を示す．この制限関数もまた点 $(1, 1)$ を通り，TVD スキームに対する上限値の下方に存在する．図 D.2 からわかるように，$r \to \infty$ に伴い，$\psi = 1$ に漸近する．この制限関数が対称であることは容易に確認することができる．

[*1] 参考文献の詳細については，第5章参照のこと．

D.3 Min-Mod 制限関数

$$\psi(r) = \begin{cases} \min(r,1) & r > 0 \text{ の場合} \\ 0 & r \leq 0 \text{ の場合} \end{cases} \tag{D.3}$$

図 D.3 より，r-ψ 線図上において Min-Mod 制限関数が区分的に線形で，二次精度 TVD スキームの境界の下限値に沿うことがわかる．この制限関数は対称である．

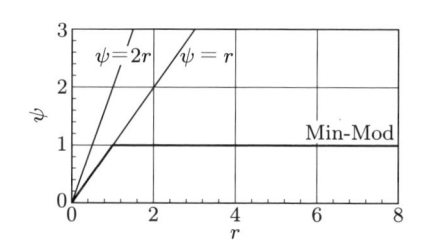

図 **D.3** Min-Mod 制限関数

D.4 Roe (1983) の SUPERBEE 制限関数

$$\psi(r) = \max[0, \min(2r,1), \min(r,2)] \tag{D.4}$$

図 D.4 に示すように，SUPERBEE 制限関数も一次結合である．この制限関数は対称であり，r-ψ 線図上において TVD 領域の上限値に沿う．

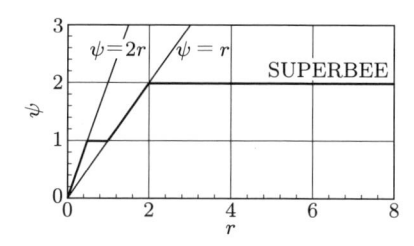

図 **D.4** SUPERBEE 制限関数

D.5 Sweby 制限関数（Sweby, 1984）

Sweby 制限関数は，パラメータ β を一つ用いて Min-Mod 制限関数および SUPERBEE 制限関数の一般型として表現される．この制限関数は次式のように表される．

$$\psi(r) = \max[0, \min(\beta r, 1), \min(r, \beta)] \tag{D.5}$$

この制限関数は対称である．$1 \leq \beta \leq 2$ の値の範囲のみを考える．ここで，Sweby 制限関数

は，$\beta = 1$ の場合 Min-Mod 制限関数となり，$\beta = 2$ の場合 Roe の SUPERBEE 制限関数となる．この制限関数は TVD 領域の上限値と下限値の間の全 TVD 領域に存在する．図 D.5 に，$\beta = 1.5$ の場合の Sweby 制限関数に対する r-ψ 線図を示す．

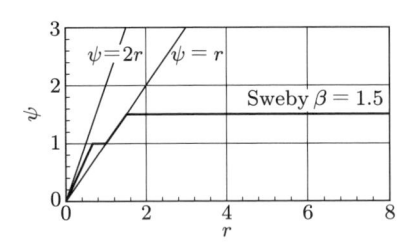

図 **D.5**　Sweby 制限関数

D.6　Leonard の QUICK 制限関数（Leonard, 1988）

QUICK の単純な TVD スキームは，次式の関数を用いることで得ることができる（Lien と Leschziner, 1993 参照）．

$$\psi(r) = \max\left[0, \min\left(2r, \frac{3+r}{4}, 2\right)\right] \tag{D.6}$$

図 D.6 に，QUICK 制限関数に対する r-ψ 線図を示す．この制限関数は**非対称**である．

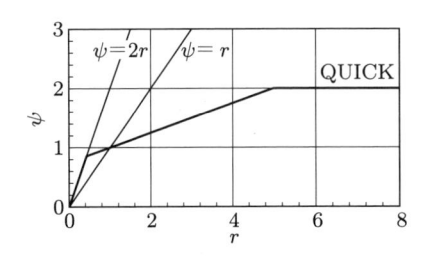

図 **D.6**　QUICK 制限関数　　　図 **D.7**　UMIST 制限関数

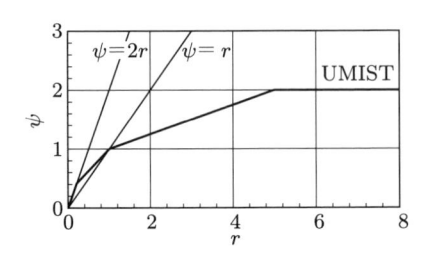

D.7　UMIST 制限関数（Lien と Leschziner, 1993）

upstream monotonic interpolation for scalar transport を意味する UMIST（Lien と Leschziner, 1993）は QUICK 制限関数の対称型である．UMIST 制限関数は次式で与えられる．

$$\psi(r) = \max\left[0, \min\left(2r, \frac{1+3r}{4}, \frac{3+r}{4}, 2\right)\right] \tag{D.7}$$

図 D.7 に，r-ψ 線図上におけるこの制限関数を示す．

付録 E

平面ノズルを通過する定常非圧縮流れの1次元基礎式の導出

図 E.1 に示す流れ方向の長さ Δx の微小コントロールボリューム ΔV に対して，第 2 章の質量保存と x 方向の運動量保存式を適用することにより，摩擦のない非圧縮性流れに対する 1 次元方程式を導出する．

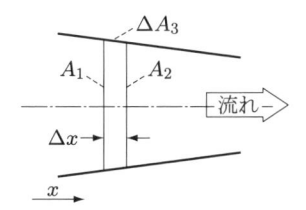

図 E.1 微小コントロールボリューム

▶ **質量保存**

$$\frac{\partial \rho}{\partial t} + \mathrm{div}(\rho \mathbf{V}) = 0 \tag{2.4}$$

$$\text{定常流れであるから，} \quad \mathrm{div}(\rho \mathbf{V}) = 0 \tag{E.1}$$

コントロールボリュームにおいて積分し，体積の積分をコントロールボリューム境界面の積分に変換するために，ガウスの発散定理（Gauss' divergence theorem）(2.41) を適用する．

$$\int_{\Delta V} \mathrm{div}(\rho \mathbf{V}) \, \mathrm{d}V = \int_{A_1} \rho \mathbf{V} \cdot \mathbf{n} \, \mathrm{d}A + \int_{A_2} \rho \mathbf{V} \cdot \mathbf{n} \, \mathrm{d}A + \int_{\Delta A_3} \rho \mathbf{V} \cdot \mathbf{n} \, \mathrm{d}A = 0 \tag{E.2}$$

側面の壁を通過する質量流量はまったくないため，ΔA_3 に関する最後の積分項はゼロに等しい．

速度分布は均一であり，速度は流れ方向の x 軸の関数としてのみ変化する．速度ベクトル $\mathbf{V}_1$ は x 方向に正，すなわち $\mathbf{V}_1 = +u_1 \mathbf{i}$ であり，u_1 は A_1 での x 方向の速度の大きさである．同様に，$\mathbf{V}_2 = +u_2 \mathbf{i}$ であり，u_2 は A_2 での x 方向の速度の大きさである．外側に向かう法線ベクトル $\mathbf{n}_1$ は x 方向に負，すなわち $\mathbf{n}_1 = -\mathbf{i}$ である．一方，外側に向かう法線ベクトル $\mathbf{n}_2$ は x 方向に正，すなわち $\mathbf{n}_2 = +\mathbf{i}$ である．したがって，式 (E.2) は次式のようになる．

$$\int_{\Delta V} \mathrm{div}(\rho \mathbf{V}) \, \mathrm{d}V = -\rho u_1 A_1 + \rho u_2 A_2 = 0 \tag{E.3}$$

1 次元の質量保存式を導出するために，十分に微小な長さ Δx のコントロールボリュームを

考えることで，速度と断面積に対して 1 次までテイラー級数展開を行う．

$$u_1 = 0 \qquad u_2 = u + \frac{\mathrm{d}u}{\mathrm{d}x}\Delta x \tag{E.4a}$$

$$A_1 = A \qquad A_2 = A + \frac{\mathrm{d}A}{\mathrm{d}x}\Delta x \tag{E.4b}$$

式 (E.4a)，(E.4b) を式 (E.3) に代入すると，次式が得られる．

$$-\rho u A + \rho \left(u + \frac{\mathrm{d}u}{\mathrm{d}x}\Delta x\right)\left(A + \frac{\mathrm{d}A}{\mathrm{d}x}\Delta x\right) = 0 \tag{E.5}$$

括弧を展開し，次数 $(\Delta x)^2$ の項を無視すると次式が得られる．

$$\rho u \frac{\mathrm{d}u}{\mathrm{d}x}\Delta x + \rho A \frac{\mathrm{d}A}{\mathrm{d}x}\Delta x = 0 \tag{E.6}$$

この式をコントロールボリュームの幅 Δx で除し，左辺の二つの項を合わせると，次式のようになる．

$$\boxed{\frac{\mathrm{d}(\rho u A)}{\mathrm{d}x} = 0} \tag{E.7}$$

得られる式 (E.3)，(E.7) は，流体力学の入門書でよく知られたものである．前者は巨視的なコントロールボリュームに対するいつもの連続の式であり，後者はその差分形である．

▶ x 方向の運動量保存式

$$\frac{\partial(\rho u)}{\partial t} + \mathrm{div}(\rho u \mathbf{V}) = -\frac{\partial p}{\partial x} + \mathrm{div}(\mu\,\mathrm{grad}\,u) + S_u \tag{2.37a}$$

定常，非圧縮，摩擦のない流れに対しては，次式のように簡単に書くことができる．

$$\mathrm{div}(\rho u \mathbf{V}) = -\frac{\partial p}{\partial x} \tag{E.8}$$

コントロールボリュームにおいて両辺を再度積分し，境界界面における積分を求めるためにガウスの発散定理を適用する．左辺に対して，

$$\int_{\Delta V} \mathrm{div}(\rho u \mathbf{V})\,\mathrm{d}V = \int_{A_1} \rho \mathbf{V}\cdot\mathbf{n}\,\mathrm{d}A + \int_{A_2} \rho \mathbf{V}\cdot\mathbf{n}\,\mathrm{d}A + \int_{\Delta A_3} \rho \mathbf{V}\cdot\mathbf{n}\,\mathrm{d}A$$

$$= -\rho u^2 A + \rho\left(u + \frac{\mathrm{d}u}{\mathrm{d}x}\Delta x\right)^2\left(A + \frac{\mathrm{d}A}{\mathrm{d}x}\Delta x\right) \tag{E.9}$$

式 (E.5) を用いて，これを次式のように書き換えることができる．

$$-\rho u^2 A + \rho\left(u + \frac{\mathrm{d}u}{\mathrm{d}x}\Delta x\right)^2\left(A + \frac{\mathrm{d}A}{\mathrm{d}x}\Delta x\right)$$

$$= \rho u A\left(-u + u + \frac{\mathrm{d}u}{\mathrm{d}x}\Delta x\right) = \rho u A \frac{\mathrm{d}u}{\mathrm{d}x}\Delta x \tag{E.10}$$

式 (E.8) の右辺をコントロールボリュームで積分し，ガウスの発散定理 (2.41) を適用すると，次式のようになる．

$$-\int_{\Delta V} \frac{\partial p}{\partial x} dV = -\int_{A_1} p\mathbf{i}\cdot\mathbf{n}\,dA - \int_{A_2} p\mathbf{i}\cdot\mathbf{n}\,dA - \int_{\Delta A_3} p\mathbf{i}\cdot\mathbf{n}\,dA$$
$$= pA - \left(p + \frac{dp}{dx}\Delta x\right)\left(A + \frac{dA}{dx}\Delta x\right) - \left(p + k\frac{dp}{dx}\Delta x\right)\left(-\frac{dA}{dx}\Delta x\right) \tag{E.11}$$

最後の項の因数 k ($0 < k < 1$) は，側壁面積 ΔA_3 の圧力が，入口面積 A_1 の p と出口面積 A_2 の $p + (dp/dx)\Delta x$ の間の値を取ることを意味する．さらに，この圧力による力の x 成分は負方向に作用し，その大きさはこの中間圧力 $p + k(dp/dx)\Delta x$ と x 方向に対する側壁面積 ΔA_3 の投影面積 $A_1 - A_2 = -(dA/dx)\Delta x$ の積に等しい．式 (E.11) の括弧を展開し，次数 $(\Delta x)^2$ の項を無視すると，次式のようになる．

$$pA - \left(p + \frac{dp}{dx}\Delta x\right)\left(A + \frac{dA}{dx}\Delta x\right) + \left(p + k\frac{dp}{dx}\Delta x\right)\left(\frac{dA}{dx}\Delta x\right) = -A\frac{dp}{dx}\Delta x \tag{E.12}$$

積分した x 方向の運動量保存式である式 (E.10) を左辺，式 (E.12) を右辺とすると，次式のようになる．

$$\rho u A \frac{du}{dx}\Delta x = -A\frac{dp}{dx}\Delta x \tag{E.13}$$

この結果を Δx で除することで，摩擦のない流れに対する 1 次元運動量保存式が得られる．

$$\boxed{\rho u A \frac{du}{dx} = -A\frac{dp}{dx}} \tag{E.14}$$

付録 F

第11章における $\mathrm{n}\cdot\mathrm{grad}\,\phi A_i$ の導出

図11.15, 11.16に示すように，点Pと点Aを結ぶ線に沿う座標 ξ，およびコントロールボリュームの界面に沿う（すなわち点aと点bを結ぶ線に沿う）座標 η を用いることで，$\mathrm{grad}\,\phi$ の項を x, y 座標あるいは ξ, η 座標について書くことができる．

$$\mathrm{grad}\,\phi = \frac{\partial\phi}{\partial x}\mathbf{i} + \frac{\partial\phi}{\partial y}\mathbf{j} = \frac{\partial\phi}{\partial n}\mathbf{n} + \frac{\partial\phi}{\partial \eta}\mathbf{e}_\eta \tag{F.1}$$

ここで，$\mathbf{n}$, $\mathbf{e}_\eta$ は垂直方向，接線方向の単位ベクトルである．

$$\mathrm{grad}\,\phi\cdot\mathbf{n}A_i = \left(\frac{\partial\phi}{\partial x}\mathbf{i} + \frac{\partial\phi}{\partial y}\mathbf{j}\right)\cdot\mathbf{n}A_i = \left(\frac{\partial\phi}{\partial x}\cdot\frac{\Delta y}{A_i} - \frac{\partial\phi}{\partial y}\cdot\frac{\Delta x}{A_i}\right)A_i \tag{F.2}$$

チェインルールを用いることで，次式を得る．

$$\frac{\partial\phi}{\partial \xi} = \frac{\partial\phi}{\partial x}\frac{\partial x}{\partial \xi} + \frac{\partial\phi}{\partial y}\frac{\partial y}{\partial \xi} \tag{F.3}$$

$$\frac{\partial\phi}{\partial \eta} = \frac{\partial\phi}{\partial x}\frac{\partial x}{\partial \eta} + \frac{\partial\phi}{\partial y}\frac{\partial y}{\partial \eta} \tag{F.4}$$

通常，これを $\partial\phi/\partial\xi = \phi_\xi$, $\partial\phi/\partial x = \phi_x$, $\partial\phi/\partial\eta = \phi_\eta$ のように書く．

式(F.3), (F.4)を次式のように書き換えることができる．

$$\phi_\xi = \phi_x x_\xi + \phi_y y_\xi \tag{F.5}$$

$$\phi_\eta = \phi_x x_\eta + \phi_y y_\eta \tag{F.6}$$

ϕ_x と ϕ_y を求めるために式(F.5), (F.6)を解くと，その解は次式のようになる．

$$\phi_x = \frac{1}{\mathfrak{J}}(\phi_\xi y_\eta - \phi_\eta y_\xi) = \frac{1}{\mathfrak{J}}\left(\frac{\partial\phi}{\partial \xi}\frac{\partial y}{\partial \eta} - \frac{\partial\phi}{\partial \eta}\frac{\partial y}{\partial \xi}\right) \tag{F.7}$$

$$\phi_y = \frac{1}{\mathfrak{J}}(-\phi_\xi x_\eta + \phi_\eta x_\xi) = \frac{1}{\mathfrak{J}}\left(-\frac{\partial\phi}{\partial \xi}\frac{\partial x}{\partial \eta} + \frac{\partial\phi}{\partial \eta}\frac{\partial x}{\partial \xi}\right) \tag{F.8}$$

ここで，$\mathfrak{J}$ は次式で与えられるヤコビアンである．

$$\mathfrak{J} = (x_\xi y_\eta - x_\eta y_\xi) = \left(\frac{\partial x}{\partial \xi}\frac{\partial y}{\partial \eta} - \frac{\partial x}{\partial \eta}\frac{\partial y}{\partial \xi}\right) \tag{F.9}$$

式(F.7), (F.8)において，$\partial\phi/\partial\xi$ は点Pと点Aを結ぶ線に沿う ϕ の勾配，$\partial\phi/\partial\eta$ は点aと点bを結ぶ線（界面）に沿う ϕ の勾配である．$\partial x/\partial\xi$, $\partial y/\partial\xi$, $\partial x/\partial\eta$, $\partial y/\partial\eta$ のようなほかの項は単純な幾何学量である．これらに対する式は以下で与えられる．

式 (F.7), (F.8) を式 (F.2) に代入すると,

$$\begin{aligned}
\operatorname{grad}\phi \cdot \mathbf{n} A_f &= \left(\frac{\partial \phi}{\partial x} \cdot \frac{\Delta y}{A_f} - \frac{\partial \phi}{\partial y} \cdot \frac{\Delta x}{A_f}\right) A_i \\
&= \frac{1}{\mathfrak{J}}\left[\left(\frac{\partial \phi}{\partial \xi}\frac{\partial y}{\partial \eta} - \frac{\partial \phi}{\partial \eta}\frac{\partial y}{\partial \xi}\right)\Delta y - \left(-\frac{\partial \phi}{\partial \xi}\frac{\partial x}{\partial \eta} + \frac{\partial \phi}{\partial \eta}\frac{\partial x}{\partial \xi}\right)\Delta x\right] \\
&= \frac{1}{\mathfrak{J}}\left[\left(\frac{\partial y}{\partial \eta}\Delta y - \frac{\partial x}{\partial \eta}\Delta x\right)\frac{\partial \phi}{\partial \xi} - \left(\frac{\partial y}{\partial \xi}\Delta y + \frac{\partial x}{\partial \xi}\Delta x\right)\frac{\partial \phi}{\partial \eta}\right] \quad \text{(F.10)}
\end{aligned}$$

となる．この式に含まれる二つの流束の勾配を，次式から計算することができる．

$$\frac{\partial \phi}{\partial \xi} = \frac{\phi_A - \phi_P}{\Delta \xi} \qquad \text{および} \qquad \frac{\partial \phi}{\partial \eta} = \frac{\phi_b - \phi_a}{\Delta \eta}$$

ここで，$\Delta \xi = d_{PA}$ は点 A と点 P の間の距離，$\Delta \eta = d_{ab}$ は頂点 a と頂点 b の間の距離である（あるいは，この場合，A_i に等しい）．$\partial \phi / \partial \xi$ を含む第 1 項を直接勾配（direct gradient）項，$\partial \phi / \partial \eta$ を含む第 2 項を交差拡散（cross-diffusion）項とよぶ．

式 (F.10) 中のほかの幾何学量を，次式から求めることができる．

$$\frac{\partial x}{\partial \xi} = \frac{x_A - x_P}{\Delta \xi} \qquad \frac{\partial y}{\partial \xi} = \frac{y_A - y_P}{\Delta \xi}$$

$$\frac{\partial x}{\partial \eta} = \frac{x_b - x_a}{\Delta \eta} \qquad \frac{\partial y}{\partial \eta} = \frac{y_b - y_a}{\Delta \eta}$$

Mathur と Murthy（1997，第 11 章の参考文献を参照）の方法を用いると，垂直方向の単位ベクトル $\mathbf{n}$ および ξ, η 方向のほかの単位ベクトル $\mathbf{e}_\xi$, $\mathbf{e}_\eta$ の二つをそれぞれ用いて式 (F.9) を記述することができる．

ここで，

$$\mathbf{n} = \frac{\Delta y}{A_f}\mathbf{i} - \frac{\Delta x}{A_f}\mathbf{j} = \frac{y_b - y_a}{\Delta \eta}\mathbf{i} - \frac{x_b - x_a}{\Delta \eta}\mathbf{j} \quad \text{(F.11)}$$

であるので，ξ 方向に沿う単位ベクトルは，次式のように定義することができる．

$$\mathbf{e}_\xi = \frac{x_A - x_P}{\Delta \xi}\mathbf{i} + \frac{y_A - y_P}{\Delta \xi}\mathbf{j} \quad \text{(F.12)}$$

また，η 方向に沿う単位ベクトルは，次式のように定義することができる．

$$\mathbf{e}_\eta = \frac{x_b - x_a}{\Delta \eta}\mathbf{i} - \frac{y_b - y_a}{\Delta \eta}\mathbf{j} \quad \text{(F.13)}$$

ヤコビアンを展開すると，次式のようになる．

$$\begin{aligned}
\mathfrak{J} &= \frac{\partial x}{\partial \xi}\frac{\partial y}{\partial \eta} - \frac{\partial x}{\partial \eta}\frac{\partial y}{\partial \xi} \\
&= \frac{(x_A - x_P)}{\Delta \xi}\frac{(y_b - y_a)}{\Delta \eta} - \frac{(x_b - x_a)}{\Delta \eta}\frac{(y_A - y_P)}{\Delta \xi} \quad \text{(F.14)} \\
\mathfrak{J} &= \mathbf{n} \cdot \mathbf{e}_\xi
\end{aligned}$$

$\mathfrak{J}$ に対してこのような簡略化をすると，式 (F.10) の第 1 項を次式のように書くことができる．

$$\frac{1}{\mathfrak{J}}\left(\frac{\partial y}{\partial \eta}\Delta y + \frac{\partial x}{\partial \eta}\Delta x\right)\frac{\partial \phi}{\partial \xi} = \frac{1}{\mathbf{n}\cdot\mathbf{e}_\xi}\left[\frac{y_b - y_a}{\Delta \eta}(y_b - y_a) + \frac{x_b - x_a}{\Delta \eta}(x_b - x_a)\right]\frac{\partial \phi}{\partial \xi}$$

$$= \frac{1}{\mathbf{n}\cdot\mathbf{e}_\xi}(\mathbf{n}\cdot\mathbf{n}A_i)\frac{\partial \phi}{\partial \xi}$$

$$= \frac{\mathbf{n}\cdot\mathbf{n}}{\mathbf{n}\cdot\mathbf{e}_\xi}A_i\frac{\partial \phi}{\partial \xi} \tag{F.15}$$

同様にして，式 (F.10) の交差拡散項を次式のように書くことができる．

$$-\frac{1}{\mathfrak{J}}\left(\frac{\partial y}{\partial \xi}\Delta y + \frac{\partial x}{\partial \xi}\Delta x\right)\frac{\partial \phi}{\partial \eta} = -\frac{1}{\mathbf{n}\cdot\mathbf{e}_\xi}\left[\frac{y_A - y_P}{\Delta \xi}(y_b - y_a) - \frac{x_A - x_P}{\Delta \xi}(x_b - x_a)\right]\frac{\partial \phi}{\partial \eta}$$

$$= -\frac{1}{\mathbf{n}\cdot\mathbf{e}_\xi}(\mathbf{e}_\xi \cdot \mathbf{e}_\eta A_i)\frac{\partial \phi}{\partial \eta}$$

$$= -\frac{\mathbf{e}_\xi \cdot \mathbf{e}_\eta A_i}{\mathbf{n}\cdot\mathbf{e}_\xi}\frac{\partial \phi}{\partial \eta} \tag{F.16}$$

ベクトル形式を用いた最終的な拡散項は，次式で与えられる．

$$\mathbf{n}\cdot\mathrm{grad}\,\phi A_f = \frac{\mathbf{n}\cdot\mathbf{n}A_i}{\mathbf{n}\cdot\mathbf{e}_\xi}\frac{\partial \phi}{\partial \xi} - \frac{\mathbf{e}_\xi \cdot \mathbf{e}_\eta A_i}{\mathbf{n}\cdot\mathbf{e}_\xi}\frac{\partial \phi}{\partial \eta} \tag{F.17}$$

付録 G

例題

G.1 応用例

ここでは，単純な数値流体力学の応用例を三つ示す．興味がある読者は，自らの経験を増やすために商用プログラムや，ほかの数値流体力学ソフトウェアを利用することで，これらの例題を再現することができるであろう．数値流体力学と燃焼モデルを実際の問題に適用する方法を説明するため，境界条件と問題設定を簡単に述べ，結果の例を示す．ここでは計算の詳細については触れないが，参考文献でその詳細を見つけることができる．

G.2 円管内急縮小流れ

▶ 問題

ベンチマーク問題への数値流体力学の適用を説明するためにこの問題を選んだ．これは，予測値と実験結果との比較に対して定評がある問題である．ここで考える問題は，図 G.1 に示す層流の管内急縮小流れである．Durst と Loy (1985) は，さまざまなレイノルズ数に対して実験データを提供している．ここでは，数値流体力学モデリングに対して，レイノルズ数 ($Re = \rho U D/\mu$) 372 における流れを考えた．ただし，U は直径 D の円管における平均速度である．

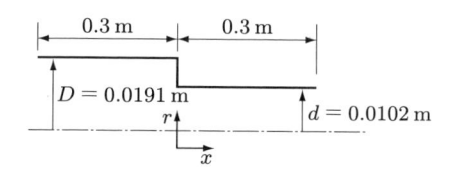

図 G.1 Durst と Loy (1985) の実験条件

▶ 数値流体力学シミュレーション

2次元軸対称の計算格子 100×60 を用いて形状をモデル化した．入口には完全に発達した層流の速度分布を与え，壁境界にはすべりなし条件（no-slip condition）を適用した．出口面において軸方向の微分をすべてゼロとした．SIMPLER アルゴリズムとハイブリッド法を用いて，数値流体力学の計算を行った．

492 付録G 例題

▶ **結果の例**

　流れが層流であるため，基礎式は厳密である（すなわち，ここでは乱流モデルを含まない）．予測した流線を図 G.2 に示す．領域の縮小前後三つの，異なる六つの断面における速度分布を図 G.3 に示す．比較のため，Durst と Loy (1985) の実験データも示す．予測値は実験の測定値とよく一致していることがわかる．さらに計算格子を細かくしても予測値に大きな差異は生じないため，これらの結果は計算格子依存性がないと考えることができる．図に示す

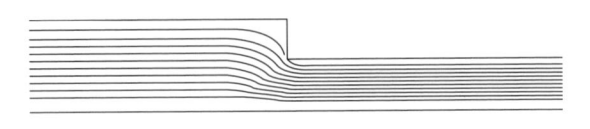

図 **G.2** 予測した流線

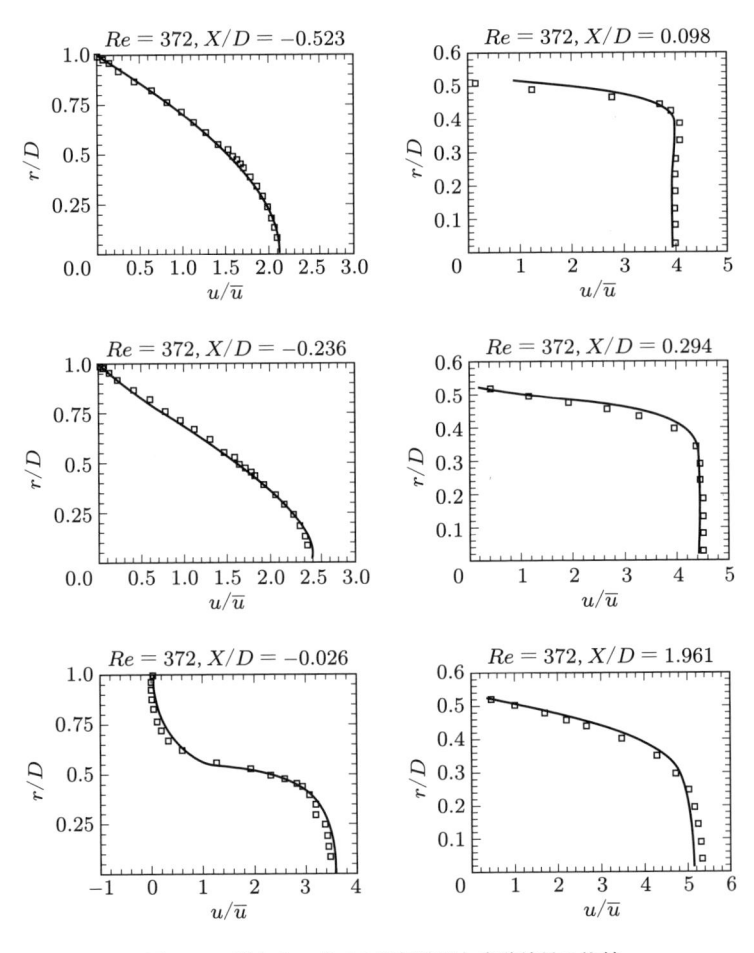

図 **G.3** 異なる 6 点での解析結果と実験結果の比較

G.3 試験室内の火炎のモデリング

▶ 問題

　先ほどのベンチマーク問題とは異なり，複雑な例を対象に検討を行う．数値流体力学の計算を，図 G.4 に示す試験室において Lawrence Livermore National Laboratory（LLNL）が行った火炎試験と比較する．Alvarez ら (1984) は，その試験について詳細に報告している．火炎は床の中央部にあり，試験室の床に沿ってきれいな空気を供給した．解析では，これを床から 0.1 m の高さに位置する高さ 0.12 m，幅 2 m の空気流入口としてモデル化した．実験の火炎源は，バーナ，噴霧とトレイ上の燃料プールである．図 G.4 に示すように，床から高さ 3.6 m に位置する 0.65 m の正方ダクトを通して軸流ファンを用い，試験室の上部から燃焼生成物を排出した．Alvarez ら (1984) は合計 27 種類の試験について報告しており，ここではその一つ，MOD08 を解析対象に選んだ．この試験では，中央に設置した対向噴流ノズルからイソプロピルアルコールを噴霧する．燃料は通常のプール火炎と同様にすぐに蒸発し，燃焼する．燃料供給量は 13.1 g/s であり，これは発熱量 400 kW に相当する．火炎源のバーナを規定するためにこれらのデータを用いた．流出量には，定常状態において測定した流出量 400 l/s を用いた．計算領域に流入する質量流量および入口と出口の速度を，解の一部として計算する．試験室の側壁，床と天井は厚み 0.1 m の耐火物である．推算した熱伝導率，密度と比熱は，側壁に対してそれぞれ 0.39 W/m·K，1400 kg/m^3，1 kJ/kg·K，天井と床に対して 0.63 W/m·K，1920 kg/m^3，1 kJ/kg·K である．ふく射の計算に対しては，壁を完全黒体と仮定した．

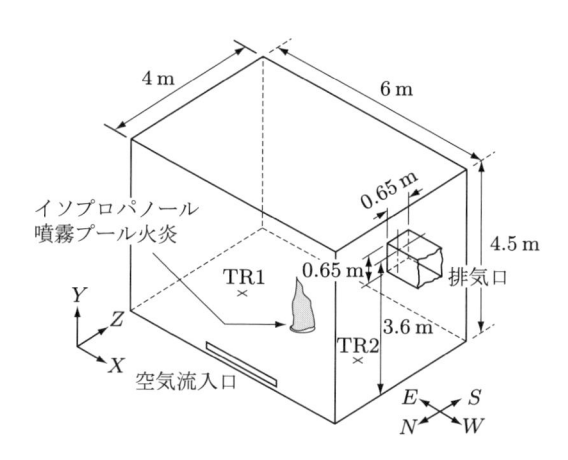

図 G.4　LLNL の火炎試験装置概略

▶ 数値流体シミュレーション

SIMPLE アルゴリズムと離散化にハイブリッド法を用いた3次元数値流体力学により，流体力学および燃焼のシミュレーションを実行した．重力を考慮し，k-ε 乱流モデルを用いて乱流をモデル化し，燃焼モデルには fast chemistry（SCRS）を仮定した．ふく射伝熱の計算には，熱ふく射の discrete transfer モデル（Lockwood と Shah, 1981）を用いた．1次元壁伝熱モデルより壁面温度を求めた．決して細かくはないが，火炎全体の性質を予測するには十分な計算格子 $14 \times 13 \times 12$ を用いた．Malalasekera (1988)，Lockwood と Malalasekera (1998) で，このモデルの詳細を知ることができる．結果の例を以下に示す．

▶ 結果の例

図 G.5 に $X = 3.25$ m の Y-Z 面における定常状態の流れの予測値を示す．シミュレーションは浮力により生じた流れをはっきりと再現しており，強い浮力の影響により生じる巻き込みも示している．$X = 3.00$ m の Y-Z 面における温度分布の予測値（図 G.6）から，中心の火炎周囲に高温ガスが存在していることや，天井部に高温ガス層を形成していることがわかる．火炎の構造と，流入空気の流れによる傾きもはっきりとわかる．図 G.7 において，部屋の温度の予測値を Alvarez ら (1984) の実験結果と比較する．図 G.4 に示すように，実験では，中心面において火炎の両側 1.5 m に設置した熱電対 15 本を束にした熱電対二つ（TR1 が東側の熱電対，TR2 が西側の熱電対）を用いて温度を測定した．予測値と実験結果は良好に一致し，数値流体力学が複雑な流れを予測できることがわかる．粗い格子にもかかわらず，予測値は実験の主な性質を再現し，実験結果とよく一致している．

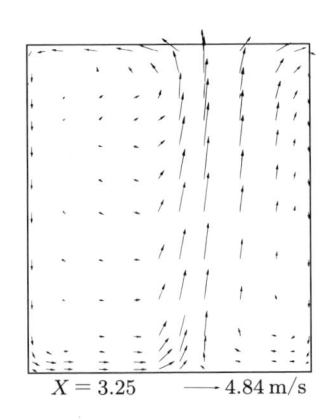

図 G.5 試験室内部における予測した流れ場
$X = 3.25$ m の Z-Y 平面における速度ベクトルのプロット

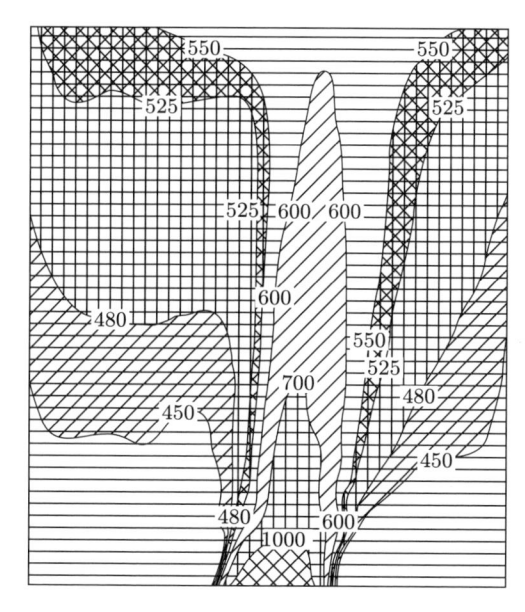

図 **G.6** $X = 3.00$ m の Z-Y 平面における予測した温度場 [K]

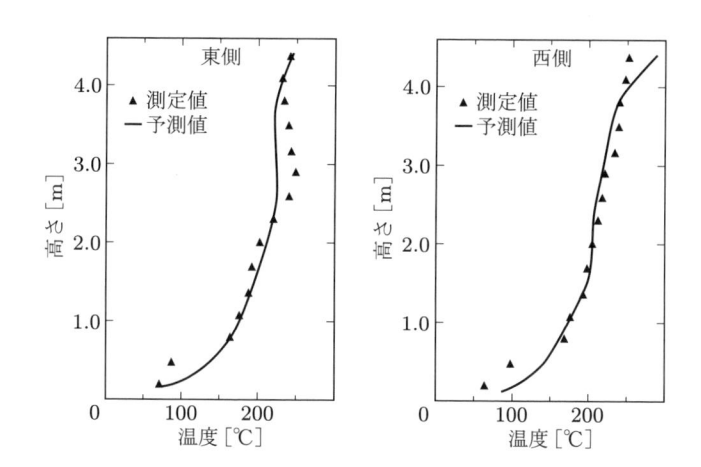

図 **G.7** LLNL MOD08 試験に対する温度分布の予測値と計測値の比較

G.4 周期的な圧力変化による円管内層流流れ

▶ 問題

　工学的な問題の多くには，非定常な挙動が含まれる．たとえば，塗料の混合では，流れは定常かもしれないが，輸送されるスカラー変数の分布は時間により変化する場合がある．ここでは，純粋な非定常な流れ場の問題のなかで最も単純な問題の一つを考える．すなわち，入

口と出口の間における調和的な圧力変化によって生じる，円管内の非圧縮の層流流れの周期的な振動である．静脈や動脈における血流，石油のパイプラインにおける圧力波，内燃機関の吸気管内の空気の流れは，周期的なダクト内流れとしてモデル化することができる．

円管の両端に与える圧力差は，次式に従い変化する．

$$\Delta P = K \cos nt \tag{G.1}$$

1 s の振動周期を与え，振幅 K を 50 000 Pa，振動数 n を 2π [Hz] とする．Schlichting (1979) は，非常に長い円管内における周期的な層流流れに対して，半径 r と時間 t の関数として，軸方向速度成分 $u(r,t)$ の厳密解を，次式の実部として与えている．

$$u(r,t) = -i\left(\frac{K}{n\rho L}\right)e^{int}\left[1 - \frac{J_0\left(r\sqrt{\frac{-in}{\nu}}\right)}{J_0\left(R\sqrt{\frac{-in}{\nu}}\right)}\right] \tag{G.2}$$

この式中の ρ, ν, L は，それぞれ流体の密度，動粘度，円管の長さである．J_0 は 0 次の第 1 種ベッセル関数を意味し，i は $\sqrt{-1}$ である．速度分布の一般的な特徴は無次元数 $\sqrt{(n/\nu)}R$ の値に依存する．このパラメータの大小に対する解の挙動を以下で説明する．ここで，流体の密度を 1 000 kg/m^3，動粘度を 0.4，0.1 kg/m·s 一定とし，円管の半径を 0.01 m，周波数 n を 2π [Hz] とすることにより，二つの n に対して流れを計算する．これにより，$\sqrt{(n/\nu)}R$ の値はそれぞれ 1.253，2.507 となる．

▶ 数値流体シミュレーション

この問題の厳密解と有限体積法による数値解を妥当に比較するために，十分な長さの円管を考える必要がある．円管の入口付近の境界層流れは下流方向において変化し，定常な流れにおいて，速度分布は次式で示す距離 l_E 後に完全に発達する（Schlichting, 1979）．

$$\frac{l_E}{R} = 0.25\frac{\overline{u}R}{\nu} \tag{G.3}$$

平均速度 $\overline{u}$ の最大値（ここでは約 4 m/s）を，ハーゲン-ポアズイユ（Hagen-Poiseuille）の式（Schlichting, 1979）から推算することができる．これにより，最大レイノルズ数は 800 となり，そのため，l_E は 1 m である．周期の過程で流れの方向が切り替わるため，円管の中心において常に完全発達流れの領域が存在することを保証するためには，l_E の 2 倍以上の長さの計算領域を用いる必要がある．このシミュレーションでは，長さ L が 2.5 m の領域を用い，端から 1.25 m 断面における解を考える．

流れは軸対称であり，z, r 方向に 250 と 20 の等間隔格子を用いる．用いた計算領域の概略図と計算格子の一部を，図 G.8 に示す．$r = 0$ における軸対称境界条件では，軸を横切る流れはなく，半径方向の変数の勾配は局所的にすべてゼロである．$r = R = 0.01$ m では，通常の壁境界条件を与える．$z = 0$, $z = L = 2.5$ m において圧力境界条件を規定することで，

図 G.9 および式 (G.1) で与える余弦圧力差を適用する．解法は時間進行に完全陰解法を用いた SIMPLER アルゴリズムであり，時間刻みは 1 ms である．初期の流れ場として，定常状態における円管内層流流れである放物線の速度分布を用いる．

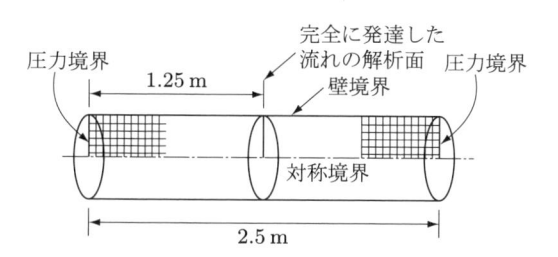

図 G.8 周期的な円管内層流流れ解析に対する解析領域と計算格子の一部

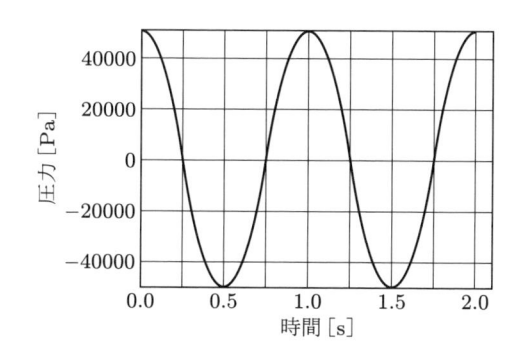

図 G.9 与える圧力周期

▶ **結果の例**

図 G.10，G.11 において，時間刻み 0.125 s の円管方向中心における有限体積法による数値解と厳密解を比較する．有限体積法による数値解は圧力振動 3 周期後であり，これは初期条件の影響を受けない十分な時間である．図より，有限体積法による数値解と厳密解が非常によく一致していることは明らかである．$\sqrt{(n/\nu)}R = 2.507$ では，境界付近の流れが逆方向から円管の中心に動く周期の間，シミュレーションに若干の不一致がある．このことは，入口と解の断面の間のエネルギー損失により，圧力勾配 $\partial p/\partial x$ が全体の圧力勾配 $\Delta p/L$ といくらか異なることから説明することができる．

厳密解においてベッセル関数 J_0 の近似式（Abramowitz と Stegun, 1964）を考えることで，流れ全体の挙動を説明することができる．

非常に小さい振動 $\sqrt{(n/\nu)}R \to 0$ に対しては，式 (G.2) は次式のように近似することができる．

$$u(r,t) = \frac{K}{4\nu}(R^2 - r^2)\cos nt \tag{G.4}$$

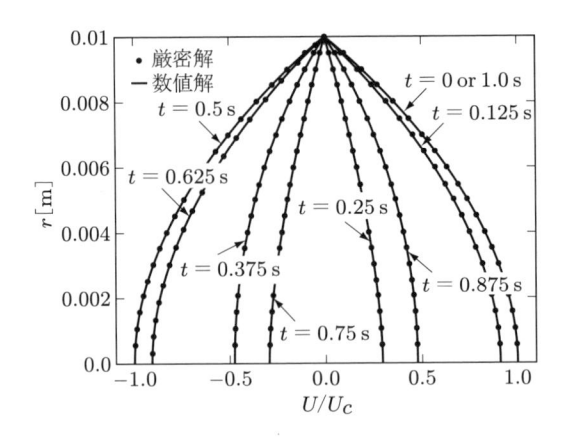

図 G.10 $\sqrt{(n/\nu)}R = 1.253$ における周期的な円筒内層流に対する速度分布

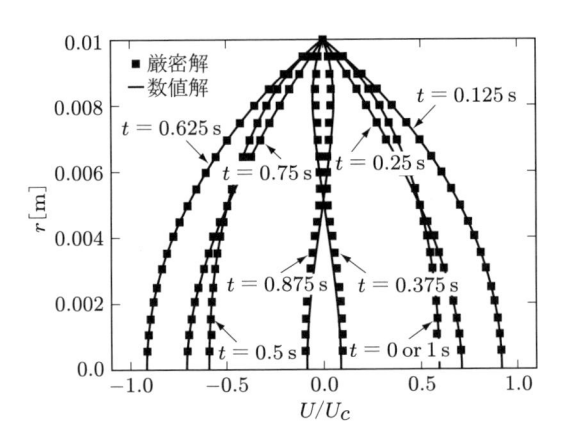

図 G.11 $\sqrt{(n/\nu)}R = 2.507$ における周期的な円管内層流に対する速度分布

これは，周期的に時間変化する定常状態において，円管内における完全に発達した層流流れを示している．大きさは流体の粘度に依存し，振動は変化する圧力差に一致している．大きな振動 $\sqrt{(n/\nu)}R \to \infty$ に対しては，次式のようになる．

$$u(r,t) = \frac{K}{n}\left\{\sin nt - \sqrt{\frac{R}{r}}\exp\left[-\sqrt{\frac{n}{2\nu}}(R-r)\right]\sin\left[nt - \sqrt{\frac{n}{2\nu}}(R-r)\right]\right\} \quad \text{(G.5)}$$

式 (G.5) は二つの正弦項を含み，最初の一つは粘度に依存しない．これは，大きさは振動周波数に反比例し，外振力（excitation force）から位相 $\pi/2$ ラジアン遅れる均一な速度分布をもつ円管の中心における流れを示す．第 2 項の大きさと位相は粘性に依存している．この項は指数因子により，円管の壁から距離 $R-r$ ですぐに減衰する．この境界層流れは変化する圧力差 $\pi/4$ ラジアンだけ遅れることがわかる．速い周期では，中心と境界層の位相差により環状流が生じている．図 G.10，G.11 の結果がそれぞれ遅い周期の解と速い周期の解の主な

特徴を示している.

これらの流れは,ワークステーションで快適に計算することができる.そのため,商用の数値流体力学プログラムのユーザもこれらを計算することができるであろう.複雑な形状や吸気管内の乱流流れ (Chen, 1994),パルス燃焼 (Benelli ら,1992),貯蔵タンク内における原油の非定常な対流冷却 (Cotter と Charles, 1993) や渦流のような流体力学の不安定性などの流体物理学に関する非定常流れのほかの問題には,非常に大規模な計算機リソースを必要とする.そのような流れの計算には,しばしば高度なアーキテクチャと特化したアルゴリズム構造をもつ専用の大規模コンピュータが用いられ,妥当な計算時間範囲内においてのみ実用的である.

参考文献

▶ 第 1 章

Gottlieb, D. and Orszag, S. A. (1977). *Numerical Analysis of Spectral Methods: Theory and Applications*, SIAM, Philadelphia.

Hastings, C. (1985). *Approximations for Digital Computers*, Princeton University Press, Princeton, NJ.

Patankar, S. V. (1980). *Numerical Heat Transfer and Fluid Flow*, Hemisphere Publishing Corporation, Taylor & Francis Group, New York.

Smith, G. D. (1985). *Numerical Solution of Partial Differential Equations: Finite Difference Methods*, 3rd edn, Clarendon Press, Oxford.

Zienkiewicz, O. C. and Taylor, R. L. (1991). *The Finite Element Method – Vol. 2: Solid and Fluid Mechanics*, McGraw-Hill, New York.

▶ 第 2 章

Bland, D. R. (1988). *Wave Theory and Applications*, Clarendon Press, Oxford.

Fletcher, C. A. J. (1991). *Computational Techniques for Fluid Dynamics*, Vols I and II, Springer-Verlag, Berlin.

Gresho, P. M. (1991). Incompressible Fluid Dynamics: Some Fundamental Formulation Issues, *Ann. Rev. Fluid Mech.*, Vol. 23, pp. 413–453.

Issa, R. I. and Lockwood, F. C. (1977). On the Prediction of Two-dimensional Supersonic Viscous Interactions near Walls, *AIAA J.*, Vol. 15, No. 2, pp. 182–188.

McGuirk, J. J. and Page, G. J. (1990). Shock Capturing Using a Pressure-Correction Method, *AIAA J.*, Vol. 28, No. 10, pp. 1751–1757.

Schlichting, H. (1979). *Boundary-layer Theory*, 7th edn, McGraw-Hill, New York.

Shapiro, A. H. (1953). *Compressible Fluid Flow*, Vol. 1, John Wiley & Sons, New York.

The Open University (1984). *Mathematical Methods and Fluid Mechanics*, Course MST322, The Open University Press, Milton Keynes.

▶ 第 3 章

Abbott, M. B. and Basco, D. R. (1989). *Computational Fluid Dynamics – An Introduction for Engineers*, Longman Scientific & Technical, Harlow.

Anderson, D. A., Tannehill, J. C. and Pletcher, R. H. (1984). *Computational Fluid Mechanics and Heat Transfer*, Hemisphere, New York.

Bardina, J., Ferziger, J. H. and Reynolds, W. C. (1980). Improved Subgrid-scale Models for Large-eddy Simulation, AIAA Paper 80-1357.

Bradshaw, P., Cebeci, T. and Whitelaw, J. H. (1981). *Engineering Calculation Methods for Turbulent Flow*, Academic Press, London.

Buchhave, P., George, W. K. Jr and Lumley, J. L. (1979). The Measurement of Turbulence with the Laser-Doppler Anemometer, *Ann. Rev. Fluid Mech.*, Vol. 11, pp. 443–503.

Cebeci, T. (1989). Essential Ingredients of a Method for Low Reynolds-number Airfoils, *AIAA J.*, Vol. 27, No. 12, pp. 1680–1688.

Champagne, F. H., Pao, Y. H. and Wygnanski, I. J. (1976). On the Two-dimensional Mixing Region, *J. Fluid Mech.*, Vol. 74, Pt 2, pp. 209–250.

Chen, H.-C. and Patel, V. C. (1988). Near-wall Turbulence Models for Complex Flows Including Separation, *AIAA J.*, Vol. 26, No. 6, pp. 641–648.

Clark, R. A., Ferziger, J. H. and Reynolds, W. C. (1979). Evaluation of Subgrid-scale Models Using an Accurately Simulated Turbulent Flow, *J. Fluid Mech.*, Vol. 91, pp. 1–16.

Comte-Bellot, G. (1976). Hot-wire Anemometry, *Ann. Rev. Fluid Mech.*, Vol. 8, pp. 209–231.

Craft, T. J., Launder, B. E. and Suga, K. (1996). Development and Application of a Cubic Eddy Viscosity Model of Turbulence, *Int. J. Heat Fluid Flow*, Vol. 17, pp. 108–115.

Deardorff, J. W. (1970). A Numerical Study of Three-dimensional Turbulent Channel Flow at Large Reynolds Numbers, *J. Fluid Mech.*, Vol. 41, pp. 453–480.

Deardorff, J. W. (1973). The Use of Subgrid Transport Equations in a Three-dimensional Model of Atmospheric Turbulence, *Trans. ASME, J. Fluids Eng.*, Vol. 95, Ser. I, pp. 429–438.

Demuren, A. O. and Rodi, W. (1984). Calculation of Turbulence-driven Secondary Motion in Non-circular Ducts, *J. Fluid Mech.*, Vol. 140, pp. 189–222.

Elghobashi, S. and Truesdell, G. C. (1993). Two-way Interaction between Homogeneous Turbulence and Dispersed Solid Particles. I. Turbulence Modification, *Phys. Fluids A*, Vol. 5, No. 7, pp. 1790–1801.

Evangelinos, C., Lucor, D. and Karniadakis, G. E. (2000). DNS-derived Force Distribution on Flexible Cylinders Subject to Vortex-induced Vibration, *J. Fluids Struct.*, Vol. 14, No. 3, pp. 429–440.

Ferrante, A. and Elgobashi, S. E. (2004). A Robust Method for Generating Inflow Conditions for Direct Simulations of Spatially-developing Turbulent Boundary Layers, *J. Comput. Phys.*, Vol. 198, pp. 372–387.

Ferziger, J. H. (1977). Large Eddy Numerical Simulations of Turbulent Flows, *AIAA J.*, Vol. 15, No. 9, pp. 1261–1267.

Fureby, C., Tabor, G., Weller, H. G. and Gosman, A. D. (1997). A Comparative Study of Subgrid Scale Models in Homogeneous Isotropic Turbulence, *Phys. Fluids*, Vol. 9, No. 5, pp. 1416–1429.

Germano, M. (1986). A Proposal for a Redefinition of the Turbulent Stresses in the Filtered Navier–Stokes Equations, *Phys. Fluids*, Vol. 29, pp. 2323–2324.

Germano, M., Piomelli, U., Moin, P. and Cabot, W. H. (1991). A Dynamic Subgrid-scale Eddy Viscosity Model, *Phys. Fluids A*, Vol. 3, pp. 1760–1765.

Geurts, B. J. and Leonard, A. (2005). Is LES Ready for Complex Flows? Preprint http://www.newton.cam.ac.uk/preprints/NI99009.pdf.

Ghosal, S. and Moin, P. (1995). The Basic Equations for the Large Eddy Simulation of Turbulent Flows in Complex Geometry, *J. Comput. Phys.*, Vol. 118, pp. 24–37.

Gutmark, E. and Wygnanski, I. (1976). The Planar Turbulent Jet, *J. Fluid Mech.*, Vol. 73, Pt 3, pp. 465–495.

Hanjalič, K. (2004). *Closure Models for Incompressible Turbulent Flows*, Von Karman Institute Lecture Series Turbulence 2004, Von Karman Institute, Rhode-Saint Genese, Belgium, http://www.vki.ac.be/educat/lect-ser/2004/turbulence2004/hanjalic.pdf.

Hoarau, Y., Faghani, D., Braza, M., Perrin, R., Anne-Archard, D. and Ruiz, D. (2003). Direct Numerical Simulation of the Three-dimensional Transition to Turbulence in the Incompressible Flow around a Wing, *Flow, Turbul. Combust.*, Vol. 71, No. 1–4, pp. 119–132.

Horiuti, K. (1990). Higher-order Terms in the Anisotropic Representation of Reynolds Stresses, *Phys. Fluids A*, Vol. 2, No. 10, pp. 1708–1710.

Jiang, X. and Luo, K. H. (2000). Spatial Direct Numerical Simulation of the Large Vortical Structures in Forced Plumes, *Flow, Turbul. Combust.*, Vol. 64, No. 1, pp. 43–69.

Jones, W. P. and Whitelaw, J. H. (1982). Calculation of Turbulent Reacting Flows: A Review, *Combust. Flame*, Vol. 48, pp. 1–26.

Karniadakis, G. E. (1989). Spectral Element Simulations of Laminar and Turbulent Flows in Complex Geometries, *Appl. Num. Math.*, Vol. 6, No. 1–2, pp. 85–105.

Karniadakis, G. E. (1990). Spectral Element-Fourier Methods for Incompressible Turbulent Flows, *Comput. Methods Appl. Mech. Eng.*, Vol. 80, No. 1–3, pp. 367–380.

Kasagi, N. (1998). Progress in Direct Numerical Simulation of Turbulent Transport and its Control, *Int. J. Heat Fluid Flow*, Vol. 19, pp. 125–134.

Klebanoff, P. S. (1955). *Characteristics of Turbulence in a Boundary Layer with Zero Pressure Gradient*, NACA Report 1247, National Bureau of Standards, Washington, DC.

Klein, M., Sadiki, A. and Janicka, J. (2003). A Digital Filter Based Generation of Inflow Data for Spatially Developing Direct Numerical or Large Eddy Simulations, *J. Comput. Phys.*, Vol. 186, pp. 652–665.

Kleiser, L. and Zang, T. A. (1991). Numerical Simulation of Transition in Wall-bounded Shear Flows, *Ann. Rev. Fluid Mech.*, Vol. 23, pp. 495–537.

Lam, C. K. G. and Bremhorst, K. A. (1981). Modified Form of the k–ε Model for Predicting Wall Turbulence, *J. Fluids Eng.*, Vol. 103, pp. 456–460.

Laufer, J. (1952). *The Structure of Turbulence in Fully Developed Pipe Flow*, NACA Report 1174, National Bureau of Standards, Washington, DC.

Launder, B. E. (1989). Second-moment Closures: Present and Future?, *Int. J. Heat Fluid Flow*, Vol. 10, pp. 282–300.

Launder, B. E. and Sharma, B. I. (1974). Application of the Energy-Dissipation Model of Turbulence to the Calculation of Flow near a Spinning Disc, *Lett. Heat Mass Transfer*, Vol. 1, pp. 131–137.

Launder, B. E. and Spalding, D. B. (1974). The Numerical Computation of Turbulent Flows, *Comput. Methods Appl. Mech. Eng.*, Vol. 3, pp. 269–289.

Launder, B. E., Reece, G. J. and Rodi, W. (1975). Progress in the Development of a Reynolds-stress Turbulence Closure, *J. Fluid Mech.*, Vol. 68, Pt 3, pp. 537–566.

Lele, S. K. (1997). Computational Aeroacoustics: A Review, AIAA Paper 97-0018.

Leonard, A. (1974). Energy Cascade in Large-eddy Simulations of Turbulent Fluid Flows, *Adv. Geophys.*, Vol. 18A, pp. 237–248.

Lesieur, M. and Métais, O. (1996). New Trends in Large-eddy Simulations of Turbulence, *Ann. Rev. Fluid Mech.*, Vol. 28, pp. 45–82.

Leslie, D. C. and Quarini, G. L. (1979). The Application of Turbulence Theory to the Formulation of Subgrid Modelling Procedures, *J. Fluid Mech.*, Vol. 91, pp. 65–91.

Lilly, D. K. (1966). *On the Application of the Eddy Viscosity Concept in the Inertial Sub-range of Turbulence*, NCAR Report No. 123.

Lilly, D. K. (1967). The Representation of Small-scale Turbulence in Numerical Simulation Experiments, *Proceedings of the IBM Scientific Computing Symposium on Environmental Science*, p. 195.

Lilly, D. K. (1992). A Proposed Modification of the Germano Subgrid-scale Closure Method, *Phys. Fluids A*, Vol. 4, pp. 633–635.

Lumley, J. L. (1970). Toward a Turbulent Constitutive Equation, *J. Fluid Mech.*, Vol. 41, pp. 413–434.

Lumley, J. L. (1978). Computational Modelling of Turbulent Flows, *Adv. Appl. Mech.*, Vol. 18, pp. 123–176.

Lumley, J. L. (1989). *Whither Turbulence? Turbulence at the Crossroads*, Lecture Notes in Physics No. 357, Springer-Verlag, Berlin.

Lund, T. S., Wu, X. and Squires, K. D. (1998). Generation of Turbulent Inflow Data for Spatially-developing Boundary Layer Simulations, *J. Comput. Phys.*, Vol. 140, pp. 233–258.

Luo, K. H., Bellan, J., Delichatsios, M. and Nathan, G. S. (2005). Axis Switching in Turbulent Buoyant Diffusion Flames, *Proc. Combust. Inst.*, Vol. 30, No. 1, pp. 603–610.

Marsden, A. L., Vasilyev, O. V. and Moin, P. (2002). Construction of Commutative Filters for LES on Unstructured Meshes, *J. Comput. Phys.*, Vol. 175, pp. 584–603.

McMillan, O. J. and Ferziger, J. H. (1979). Direct Testing of Subgrid-scale Models, *AIAA J.*, Vol. 17, pp. 1340–1346.

Meneveau, C. and Katz, J. (2000). Scale-invariance and Turbulence Models for Large-eddy Simulation, *Ann. Rev. Fluid Mech.*, Vol. 32, pp. 1–32.

Menter, F. R. (1992a). Performance of Popular Turbulence Models for Attached and Separated Adverse Pressure Gradient Flow, *AIAA J.*, Vol. 30, pp. 2066–2072.

Menter, F. R. (1992b). Improved Two-equation k–ω Turbulence Models for Aerodynamic Flows, NASA Technical Memorandum TM-103975, NASA Ames, CA.

Menter, F. (1994). Two-equation Eddy-viscosity Turbulence Model for Engineering Applications, *AIAA J.*, Vol. 32, pp. 1598–1605.

Menter, F. (1997). Eddy-viscosity Transport Equations and their Relation to the k–ε Model, *Trans. ASME, J. Fluids Eng.*, Vol. 119, pp. 876–884.

Menter, F. R., Kuntz, M. and Langtry, R. (2003). Ten Years of Industrial Experience with the SST Turbulence Model, *Proceedings of the Fourth International Symposium on Turbulence, Heat and Mass Transfer*, Begell House, Redding, CT.

Moin, P. (1991). Towards Large Eddy and Direct Simulation of Complex Turbulent Flows, *Comput. Methods Appl. Mech. Eng.*, Vol. 87, No. 2–3, pp. 329–334.

Moin, P. (2002). Advances in Large Eddy Simulation Methodology for Complex Flows, *Int. J. Heat Fluid Flow*, Vol. 23, pp. 710–720.

Moin, P. and Kim, J. (1997). Tackling Turbulence with Supercomputers, *Sci. Am.*, Vol. 276, No. 1, pp. 62–68.

Moin, P. and Mahesh, K. (1998). Direct Numerical Simulation: A Tool in Turbulence Research, *Ann. Rev. Fluid Mech.*, Vol. 30, pp. 539–578.

Monin, A. S. and Yaglom, A. M. (1971). *Statistical Fluid Mechanics: Mechanics of Turbulence*, Vol. 1, MIT Press, Cambridge, MA.

Nakayama, Y. (ed.) (1988). *Visualised Flow*, Pergamon Press, Oxford.

Naot, D. and Rodi, W. (1982). Numerical Simulation of Secondary Currents in Channel Flow, *J. Hydraul. Div. ASCE*, Vol. 108 (HY8), pp. 948–968.

Orlandi, P. and Fatica, M. (1997). Direct Simulations of Turbulent Flow in a Pipe Rotating about its Axis, *J. Fluid Mech.*, Vol. 343, pp. 43–72.

Orszag, S. A. and Patera, A. T. (1984). A Spectral Element Method for Fluid Dynamics: Laminar Flow in a Channel Expansion, *J. Comput. Phys.*, Vol. 54, p. 468.

Orszag, S. A. and Patterson, G. S. (1972). Numerical Simulation of Three-dimensional Homogeneous Isotropic Turbulence, *Phys. Rev. Lett.*, Vol. 28, pp. 76–79.

Patel, V. C., Rodi, W. and Scheuerer, G. (1985). Turbulence Models for Near-wall and Low Reynolds Number Flows: A Review, *AIAA J.*, Vol. 23, No. 9, pp. 1308–1319.

Patera, A. T. (1986). Advances and Future Directions of Research on Spectral Methods, *Proceedings of Computational Mechanics – Advances and Trends*. Presented at the Winter Annual Meeting of the American Society of Mechanical Engineers, AMD Vol. 75, pp. 411–427.

Peyret, R. and Krause, E. (eds) (2000). *Advanced Turbulent Flow Computations*, CISM Courses and Lectures No. 395, International Centre for Mechanical Sciences, Springer-Verlag, Vienna.

Poinsot, T. J., Haworth, D. C. and Bruneaux, G. (1993). Direct Simulation and Modeling of Flame-Wall Interaction for Premixed Turbulent Combustion, *Combust. Flame*, Vol. 95, pp. 118–132.

Pope, S. B. (1975). A More General Effective Viscosity Hypothesis, *J. Fluid Mech.*, Vol. 72, pp. 331–340.

Rivlin, R. S. (1957). The Relation between the Flow of Non-Newtonian Fluids and Turbulent Newtonian Fluids, *Q. Appl. Math.*, Vol. 15, pp. 212–215.

Rodi, W. (1980). *Turbulence Models and their Application in Hydraulics – A State of the Art Review*, IAHR, Delft, The Netherlands.

Rodi, W. (1991). Experience with Two-layer Models Combining the k–ε Model with a One-equation Model near the Wall, AIAA Paper 91-0216.

Rogallo, R. S. and Moin, P. (1984). Numerical Simulation of Turbulent Flows, *Ann. Rev. Fluid Mech.*, Vol. 16, pp. 99–137.

Rogers, M. M. (2002). The Evolution of Strained Turbulent Plane Wakes, *J. Fluid Mech.*, Vol. 463, pp. 53–120.

Schlichting, H. (1979). *Boundary-layer Theory*, 7th edn, McGraw-Hill, New York.

Schumann, U. (1975). Subgrid Scale Model for Finite Difference Simulations of Turbulent Flows in Plane Channels and Annuli, *J. Comput. Phys.*, Vol. 18, pp. 376–404.

Scotti, A., Meneveau, C. and Lilly, D. K. (1993). Generalized Smagorinsky Model for Anisotropic Grids, *Phys. Fluids A*, Vol. 5, pp. 1229–1248.

Serre, E., Bountoux, P. and Launder, B. E. (2002). Direct Numerical Simulation of Transitional Turbulent Flow in a Closed Rotor-stator Cavity, *Flow, Turbul. Combust.*, Vol. 69, No. 1S, pp. 35–50.

Serre, E., Tuliszka-Sznitko, E. and Bountoux, P. (2004). Coupled Numerical and Theoretical Study of the Flow Transition between a Rotating and a Stationary Disk, *Phys. Fluids*, Vol. 16, No. 3, pp. 688–706.

Shih, T.-H., Liou, W. W., Shabbir, A., Yang, Z. and Zhu, J. (1995). A New k–ε Eddy-viscosity Model for High Reynolds Number Turbulent Flows – Model Development and Validation, *Comput. Fluids*, Vol. 24, No. 3, pp. 227–238.

Smagorinsky, J. (1963). General Circulation Experiments with the Primitive Equations. I. The Basic Experiment, *Mon. Weather Rev.*, Vol. 91, No. 3, pp. 99–164.

So, R. M. C., Lai, Y. G., Zhang, H. S. and Hwang, B. C. (1991). Second-order Near-wall Turbulence Closures: A Review, *AIAA J.*, Vol. 29, No. 11, pp. 1819–1835.

Spalart, P. and Allmaras, S. A. (1992). One-Equation Turbulence Model for Aerodynamic Flows, AIAA Paper 92-0439.

Speziale, C. G. (1987). On Non-linear k–l and k–ε Models of Turbulence, *J. Fluid Mech.*, Vol. 178, pp. 459–475.

Speziale, C. G. (1991). Analytical Methods for the Development of Reynolds-stress Closures in Turbulence, *Ann. Rev. Fluid Mech.*, Vol. 23, pp. 107–157.

Tam, C. K. W. (1995). Computational Aeroacoustics, AIAA Paper 95-0677.

Tamura, T., Miyagi, T. and Kitagishi, T. (1998). Numerical Prediction of Unsteady Pressures on a Square Cylinder with Various Corner Shapes, *J. Wind Eng. Ind. Aerodyn.*, Vol. 74–76, pp. 531–542.

Tennekes, H. and Lumley, J. L. (1972). *A First Course in Turbulence*, MIT Press, Cambridge, MA.

Tritton, D. J. (1977). *Physical Fluid Dynamics*, Van Nostrand Reinhold, Wokingham.

Van Dyke, M. (1982). *An Album of Fluid Motion*, Parabolic Press, Stanford, CA.

Vasilyev, O. V., Lund, T. S. and Moin, P. (1998). A General Class of Commutative Filters for LES in Complex Geometries, *J. Comput. Phys.*, Vol. 146, pp. 82–104.

Verstappen, R. W. C. P. and Veldman, A. E. P. (1997). Direct Numerical Simulation of Turbulence at Lower Costs, *J. Eng. Math.*, Vol. 32, pp. 143–159.

White, F. M. (1991). *Viscous Fluid Flow*, 2nd edn, McGraw-Hill, New York.

Wilcox, D. C. (1988). Reassessment of the Scale-determining Equation for Advanced Turbulence Models, *AIAA J.*, Vol. 26, No. 11, pp. 1299–1310.

Wilcox, D. C. (1993a). Comparison of Two-equation Turbulence Models for Boundary Layers with Pressure Gradients, *AIAA J.*, Vol. 31, No. 8, pp. 1414–1421.

Wilcox, D. C. (1993b). *Turbulence Modelling for CFD*, DCW Industries Inc., La Canada, CA.

Wilcox, D. C. (1994). Simulating Transition with a Two-equation Turbulence Model, *AIAA J.*, Vol. 32, pp. 247–255.

Wygnanski, I., Champagne, F. and Marasli, B. (1986). On the Large-scale Structures in Two-dimensional, Small-deficit, Turbulent Wakes, *J. Fluid Mech.*, Vol. 168, pp. 31–71.

Yakhot, V., Orszag, S. A., Thangam, S., Gatski, T. B. and Speziale, C. G. (1992). Development of Turbulence Models for Shear Flows by a Double Expansion Technique, *Phys. Fluids A*, Vol. 4, No. 7, pp. 1510–1520.

▶ 第 4 章

MATLAB (1992). *The Student Edition of MATLAB*, The Math Works Inc., Prentice Hall, Englewood Cliffs, NJ.

▶ 第 5 章

Boris, J. P. and Book, D. L. (1973). Flux Corrected Transport I, SHASTA, A Fluid Transport Algorithm that Works, *J. Comput. Phys.*, Vol. 11, pp. 38–69.

Boris, J. P. and Book, D. L. (1976). Solution of the Continuity Equation by the Method of Flux Corrected Transport, *J. Comput. Phys.*, Vol. 16, pp. 85–129.

Darwish, M. S. and Moukalled, F. (2003). TVD Schemes for Unstructured Grids, *Int. J. Heat Mass Transfer*, Vol. 46, pp. 599–611.

FLUENT documentation (2006). Fluent Inc., USA.

Han, T., Humphrey, J. A. C. and Launder, B. E. (1981). A Comparison of Hybrid and Quadratic-Upstream Differencing in High Reynolds Number Elliptic Flows, *Comput. Methods. Appl. Mech. Eng.*, Vol. 29, pp. 81–95.

Harten, A. (1983). High Resolution Schemes for Hyperbolic Conservation Laws, *J. Comput. Phys.*, Vol. 49, pp. 357–393.

Harten, A. (1984). On a Class of High Resolution Total-variation-stable Finite-difference Schemes, *SIAM J. Numer. Anal.*, Vol. 21, No. 1, pp. 1–23.

Hayase, T., Humphrey, J. A. C. and Greif, R. (1992). A Consistently Formulated QUICK Scheme for Fast and Stable Convergence Using Finite-volume Iterative Calculation Procedures, *J. Comput. Phys.*, Vol. 98, pp. 108–118.

Huang, P. G., Launder, B. E. and Leschziner, M. A. (1985). Discretisation of Non-linear Convection Processes: A Broad-range Comparison of Four Schemes, *Comput. Methods. Appl. Mech. Eng.*, Vol. 48, pp. 1–24.

Leonard, B. P. (1979). A Stable and Accurate Convective Modelling Procedure Based on Quadratic Upstream Interpolation, *Comput. Methods Appl. Mech. Eng.*, Vol. 19, pp. 59–98.

Leonard, B. P. (1988). Simple High-accuracy Resolution Program for Convective Modelling of Discontinuities, *Int. J. Numer. Methods Fluids*, Vol. 8, pp. 1291–1318.

Leschziner, M. A. (1980). Practical Evaluation of Three Finite Difference Schemes for the Computation of Steady-state Recirculating Flows, *Comput. Methods Appl. Mech. Eng.*, Vol. 23, pp. 293–312.

Lien, F. S. and Leschziner, M. A. (1993). Upstream Monotonic Interpolation for Scalar Transport with Application to Complex Turbulent Flows, *Int. J. Numer. Methods Fluids*, Vol. 19, pp. 527–548.

Osher, S. and Chakravarthy, S. (1984). High Resolution Schemes and the Entropy Condition, *SIAM J. Numer. Anal.*, Vol. 21, pp. 955–984.

Patankar, S. V. (1980). *Numerical Heat Transfer and Fluid Flow*, Hemisphere Publishing Corporation, Taylor & Francis Group, New York.

Pollard, A. and Siu, A. L. W. (1982). The Calculation of Some Laminar Flows Using Various Discretisation Schemes, *Comput. Methods Appl. Mech. Eng.*, Vol. 35, pp. 293–313.

Roache, P. J. (1976). *Computational Fluid Dynamics*, Hermosa, Albuquerque, NM.

Roe, P. L. (1985). *Some Contributions to the Modelling of Discontinuous Flows*, Lectures in Applied Mechanics, Vol. 22, Springer-Verlag, Berlin, pp. 163–193.

Scarborough, J. B. (1958). *Numerical Mathematical Analysis*, 4th edn, Johns Hopkins University Press, Baltimore, MD.

Spalding, D. B. (1972). A Novel Finite-difference Formulation for Differential Expressions Involving both First and Second Derivatives, *Int. J. Numer. Methods Eng.*, Vol. 4, p. 551.

Sweby, P. K. (1984). High Resolution Schemes Using Flux Limiters for Hyperbolic Conservation Laws, *SIAM J. Numer. Anal.*, Vol. 21, No. 5, pp. 995–1011.

Van Albada, G. D., Van Leer, B. and Roberts, W. W. (1982). A Comparative Study of Computational Methods in Cosmic Gas Dynamics, *Astron. Astrophys.*, Vol. 108, pp. 76–84.

Van Leer, B. (1973). *Towards the Ultimate Conservative Difference Scheme I. The Quest of Monotinicity*, Lecture Notes in Physics, Vol. 18, Springer-Verlag, Berlin, pp. 163–168.

Van Leer, B. (1974). Towards the Ultimate Conservative Difference Scheme II. Monotinicity and Conservation Combined in a Second-Order Scheme, *J. Comput. Phys.*, Vol. 14, pp. 361–370.

Van Leer, B. (1977a). Towards the Ultimate Conservative Difference Scheme III: Upstream Centred Finite-difference Scheme for Ideal Compressible Flow, *J. Comput. Phys.*, Vol. 23, pp. 263–275.

Van Leer, B. (1977b). Towards the Ultimate Conservative Difference Scheme IV: A New Approach to Numerical Convection, *J. Comput. Phys.*, Vol. 23, pp. 276–299.

Van Leer, B. (1979). Towards the Ultimate Conservative Difference Scheme V: A Second-Order Sequel to Godunov's Method, *J. Comput. Phys.*, Vol. 32, pp. 101–136.

▶ 第6章

Anderson, D. A., Tannehill, J. C. and Pletcher, R. H. (1984). *Computational Fluid Mechanics and Heat Transfer*, Hemisphere Publishing Corporation, Taylor & Francis Group, New York.

Harlow, F. H. and Welch, J. E. (1965). Numerical Calculation of Time-dependent Viscous Incompressible Flow of Fluid with Free Surface, *Phys. Fluids*, Vol. 8, pp. 2182–2189.

Issa, R. I. (1986). Solution of the Implicitly Discretised Fluid Flow Equations by Operator-Splitting, *J. Comput. Phys.*, Vol. 62, pp. 40–65.

Issa, R. I., Gosman, A. D. and Watkins, A. P. (1986). The Computation of Compressible and Incompressible Recirculating Flows, *J. Comput. Phys.*, Vol. 62, pp. 66–82.

Jang, D. S., Jetli, R. and Acharya, S. (1986). Comparison of the PISO, SIMPLER, and SIMPLEC Algorithms for the Treatment of the Pressure-Velocity Coupling in Steady Flow Problems, *Numer. Heat Transfer*, Vol. 19, pp. 209–228.

Patankar, S. V. (1980). *Numerical Heat Transfer and Fluid Flow*, Hemisphere Publishing Corporation, Taylor & Francis Group, New York.

Patankar, S. V. and Spalding, D. B. (1972). A Calculation Procedure for Heat, Mass and Momentum Transfer in Three-dimensional Parabolic Flows, *Int. J. Heat Mass Transfer*, Vol. 15, p. 1787.

Van Doormal, J. P. and Raithby, G. D. (1984). Enhancements of the SIMPLE Method for Predicting Incompressible Fluid Flows, *Numer. Heat Transfer*, Vol. 7, pp. 147–163.

▶ 第7章

Anderson, D. A., Tannehill, J. C. and Pletcher, R. H. (1984). *Computational Fluid Mechanics and Heat Transfer*, Hemisphere Publishing Corporation, Taylor & Francis Group, New York.

Briggs, W. L. (1987). *A Multigrid Tutorial*, 2nd edn, SIAM Publications, also see http://www.llnl.gov/casc/people/henson/mgtut/welcome.html.

Concus, P., Golub, G. H. and O'Leary, D. P. (1976). A Generalised Conjugate Gradient Method for the Numerical Solution of Elliptic Partial Differential Equations, in J. R. Bunch and D. J. Rose (eds) *Sparse Matrix Computations*, Academic Press, New York, pp. 309–332.

Fletcher, C. A. J. (1991). *Computational Techniques for Fluid Dynamics*, Vols I and II, Springer-Verlag, Berlin.

Hestenes, M. R. and Stiefel, E. L. (1952). Methods of Conjugate Gradient for Solving Linear Systems, *J. Res. NBS*, Vol. 49, pp. 409–436.

Hutchinson, B. R. and Raithby, G. D. (1986). A Multigrid Method Based on the Additive Correction Strategy, *Numer. Heat Transfer*, Vol. 9, pp. 511–537.

Kershaw, D. S. (1978). The Incomplete Cholesky Conjugate Gradient Method for the Iterative Solution of Linear Equations, *J. Comput. Phys.*, Vol. 26, pp. 43–65.

Press, W. H., Flannery, B. P., Teukolsky, S. A. and Vetterling, W. T. (1993). *Numerical Recipes in Fortran: The Art of Scientific Computing*, Cambridge University Press, Cambridge.

Ralston, A. and Rabinowitz, P. (1978). *A First Course in Numerical Analysis*, 2nd edn, International Student Edition, McGraw-Hill, Tokyo.

Reid, J. K. (1971). On the Method of Conjugate Gradients for the Solution of Large, Sparse Systems of Linear Equations, in J. K. Reid (ed.) *Large Sparse Sets of Linear Equations*, Academic Press, New York.

Schneider, G. E. and Zedan, M. (1981). A Modified Strongly Implicit Procedure for the Numerical Solution of Field Problems, *Numer. Heat Transfer, Part B*, Vol. 4, pp. 1–19.

Stone, H. L. (1968). Iterative Solution of Implicit Approximations of Multi-dimensional Partial Differential Equations, *SIAM J. Numer. Anal.*, Vol. 5, pp. 530–559.

Thomas, L. H. (1949). *Elliptic Problems in Linear Differential Equations over a Network*, Watson Sci. Comput. Lab Report, Columbia University, New York.

Wesseling, P. (1992). *An Introduction to Multigrid Methods*, John Wiley & Sons, New York.

▶第 8 章

Abbott, M. B. and Basco, B. R. (1990). *Computational Fluid Dynamics – An Introduction for Engineers*, Longman Scientific & Technical, Harlow.

Ahmadi-Befrui, B., Gosman, A. D., Issa, R. I. and Watkins, A. P. (1990). EPISO – An Implicit Non-iterative Solution Procedure for the Calculation of Flows in Reciprocating Engine Chambers, *Comput. Methods Appl. Mech. Eng.*, Vol. 79, pp. 249–279.

Amsden, A. A. and Harlow, F. H. (1970). *The SMAC Method: A Numerical Technique for Calculating Incompressible Fluid Flows*, Los Alamos Scientific Laboratory Report LA-4370, Los Alamos, NM.

Amsden, A. A., Butler, T. D., O'Rourke, P. J. and Ramshaw, J. D. (1985). KIVA – A Comprehensive Model of 2D and 3D Engine Simulations, SAE Paper No. 850554.

Amsden, A. A., O'Rourke, P. J. and Butler, T. D. (1989). *KIVA-II – A Computer Program for Chemically Reactive Flows with Sprays*, Los Alamos National Laboratory Report LA-11560-MS.

Anderson, D. A., Tannehill, J. C. and Pletcher, R. H. (1984). *Computational Fluid Mechanics and Heat Transfer*, Hemisphere Publishing Corporation, Taylor & Francis Group, New York.

Blunsdon, C. A., Malalasekera, W. M. G. and Dent, J. C. (1992). Application of the Discrete Transfer Model of Thermal Radiation in CFD Simulation of Diesel Engine Combustion and Heat Transfer, SAE Paper No. 922305.

Blunsdon, C. A., Malalasekera, W. M. G. and Dent, J. C. (1993). Modelling Infrared Radiation from the Combustion Products in a SI Engine, SAE Paper No. 932699.

Crank, J. and Nicolson, P. (1947). A Practical Method for Numerical Evaluation of Solutions of Partial Differential Equations of the Heat-conduction Type, *Proc. Cambridge Phil. Soc.*, Vol. 43, pp. 50–67.

Fletcher, C. A. J. (1991). *Computational Techniques for Fluid Dynamics*, Vols I and II, Springer-Verlag, Berlin.

Harlow, F. H. and Amsden, A. A. (1971). A Numerical Fluid Dynamics Calculation Method for All Flow Speeds, *J. Comput. Phys.*, Vol. 8, pp. 197–213.

Harlow, F. H. and Welch, J. E. (1965). Numerical Calculation of Time-dependent Viscous Incompressible Flow of Fluid with Free Surface, *Phys. Fluids*, Vol. 8, pp. 2182–2189.

Hirt, C. W., Amsden, A. A. and Cook, J. L. (1974). An Arbitrary Lagrangian–Eulerian Computing Method for All Flow Speeds, *J. Comput. Phys.*, Vol. 14, pp. 227–253.

Issa, R. I. (1986). Solution of Implicitly Discretised Fluid Flow Equations by Operator-Splitting, *J. Comput. Phys.*, Vol. 62, pp. 40–65.

Issa, R. I., Gosman, A. D. and Watkins, A. P. (1986). The Computation of Compressible and Incompressible Recirculating Flows, *J. Comput. Phys.*, Vol. 62, pp. 66–82.

Kim, S. W. and Benson, T. J. (1992). Comparison of the SMAC, PISO and Iterative Time-advancing Schemes for Unsteady Flows, *Comput. Fluids*, Vol. 21, No. 3, pp. 435–454.

Özişik, M. N. (1985). *Heat Transfer – A Basic Approach*, McGraw-Hill, New York.

Zellat, M., Rolland, Th. and Poplow, F. (1990). Three-Dimensional Modelling of Combustion and Soot Formation in an Indirect Injection Diesel Engine, SAE Paper No. 900254.

▶ 第9章

Jayatilleke, C. L. V. (1969). The Influence of Prandtl Number and Surface Roughness on the Resistance of the Laminar Sublayer to Momentum and Heat Transfer, *Prog. Heat Mass Transfer*, Vol. 1, p. 193.

Patankar, S. V. (1980). *Numerical Heat Transfer and Fluid Flow*, Hemisphere Publishing Corporation, Taylor & Francis Group, New York.

Schlichting, H. (1979). *Boundary-layer Theory*, 7th edn, McGraw-Hill, New York.

▶ 第10章

AIAA (1998). *Guide for the Verification and Validation of Computational Fluid Dynamics Simulations*, AIAA Guide G-077-1998.

Chen, Q. and Srebric, J. (2001). *How to Verify, Validate and Report Indoor Environment Modelling CFD Analyses*, Final Report ASHRAE RP-1133, Welsh School of Architecture, Cardiff University, UK, and Dept. of Architectural Engineering, Pennsylvania State University, USA.

Chen, Q. and Srebric, J. (2002). A Procedure for Verification, Validation, and Reporting of Indoor Environment CFD Analyses, *Int. J. HVAC&R Res.*, Vol. 8, No. 2, pp. 201–216.

Coleman, H. W. and Stern, F. (1997). Uncertainties and CFD Code Validation, *J. Fluids Eng., Trans. ASME*, Vol. 199, pp. 795–803.

ERCOFTAC (2000). *Best Practice Guidelines, Version 1.0*, M. Casey and T. Wintergerste (eds), ERCOFTAC Special Interest Group on Quality and Trust Industrial CFD.

Oberkampf, W. L. and Trucano, T. G. (2002). Verification and Validation in Computational Fluid Dynamics, *Prog. Aerosp. Sci.*, Vol. 38, pp. 209–272.

Roache, P. (1997). Quantification of Uncertainty in Computational Fluid Dynamics, *Ann. Rev. Fluid Mech.*, Vol. 29, pp. 123–160.

Roache, P. (1998). *Verification and Validation of Computational Fluid Dynamics Simulations*, Hermosa, Albuquerque, NM.

Srebric, J. and Chen, Q. (2002). An Example of Verification, Validation, and Reporting of Indoor Environment CFD Analyses, *ASHREA Trans. Res.*, Paper 4569 (RP-1133), Vol. 108, No. 2, pp. 185–194.

▶ 第 11 章

Amsden, A. A. (1997). *A Block Structured KIVA Program for Engines with Vertical or Canted Valves*, Los Alamos National Laboratory Report No. LA-UR-97-698.

Anderson, W. K. and Bonhaus, D. L. (1994). An Implicit Upwind Algorithm for the Computation of Turbulent Flows on Unstructured Grids, *Comput. Fluids*, Vol. 23, No. 1, pp. 1–21.

Bird, R. B., Stewart, W. E. and Lightfoot, E. N. (2002). *Transport Phenomena*, 2nd edn, John Wiley & Sons, New York.

Cabello, J., Morgan, K. and Lohner, R. A. (1994). Comparison of Higher-Order Schemes in a Finite Volume Solver for Unstructured Grids, AIAA Paper 94-2295, 25th Fluid Dynamics Conference, Colorado Springs, CO.

Courier, W. J. and Powell, K. G. (1996). Solution Adaptive Cartesian Cell Approach for Viscous and Invisid Flow, *AIAA J.*, Vol. 34, No. 5, pp. 938–945.

Darwish, M. S. and Moukalled, F. (2003). TVD Schemes for Unstructured Grids, *Int. J. Heat Mass Transfer*, Vol. 46, pp. 599–611.

Davidson, L. (1996). A Pressure Correction Method for Unstructured Meshes with Arbitrary Control Volumes, *Int. J. Numer. Methods Fluids*, Vol. 22, pp. 265–281.

Demirdzic, I. (1982). A Finite Volume Method for Computation of Fluid Flow in Complex Geometries, Ph.D. Thesis, Imperial College, London.

Demirdzic, I., Gosman, A. D., Issa, R. I. and Peric, M. (1987). A Calculation Procedure for Turbulent Flow in Complex Geometries, *Comput. Fluids*, Vol. 15, No. 3, pp. 251–273.

Ferziger, J. H. and Peric, M. (2001). *Computational Methods for Fluid Dynamics*, 3rd rev. edn, Springer-Verlag, New York.

Golub, G. H. and Van Loan, C. F. (1989). *Matrix Computation*, 2nd edn, Johns Hopkins University Press, Baltimore, MD.

Haselbacher, A. (1999). A Grid-transparent Numerical Method for Compressible Viscous Flows on Mixed Unstructured Grid, Ph.D. Thesis, Loughborough University.

Haselbacher, A. and Blazek, J. (2000). Accurate and Efficient Discretisation of Navier–Stokes Equations on Mixed Grids, *AIAA J.*, Vol. 38, No. 11, pp. 2094–2102.

Henson, J. C. (1998). Numerical Simulation of S.I. Engines with Special Emphasis on Radiative Heat Transfer, Ph.D. Thesis, Loughborough University.

Hirt, C. W., Amsden, A. A. and Cook, J. L. (1974). An Arbitrary Lagrangian-Eulerian Computing Method for All Flow Speeds, *J. Comput. Phys.*, Vol. 14, pp. 227–253.

Karki, K. C. and Patankar, S. V. (1988). Calculation Procedure for Viscous Incompressible Flows in Complex Geometries, *Numer. Heat Transfer*, Vol. 14, pp. 295–307.

Kim, D. and Choi, H. (2000). A Second-Order Time Accurate Finite Volume Method for Unsteady Incompressible Flow in Hybrid Unstructured Grids, *J. Comput. Phys.*, Vol. 162, pp. 411–428.

Kordula, W. and Vinokur, M. (1983). Efficient Computation of Volume in Flow Predictions, *AIAA J.*, Vol. 21, pp. 917–918.

Mathur, S. R. and Murthy, J. Y. (1997). A Pressure-Based Method for Unstructured Meshes, *Numer. Heat Transfer Part B*, Vol. 31, pp. 195–215.

Peric, M. (1985). Finite Volume Method for the Prediction of Three-dimensional Fluid Flow in Complex Ducts, Ph.D. Thesis, Imperial College, London.

Reggio, M. and Camarero, R. (1986). Numerical Solution Procedure for Viscous Incompressible Flows, *Numer. Heat Transfer*, Vol. 10, pp. 131–146.

Rhie, C. M. and Chow, W. L. (1983). Numerical Study of the Turbulent Flow Past an Airfoil with Trailing Edge Separation, *AIAA J.*, Vol. 21, No. 11, pp. 1525–1532.

Rodi, W., Majumdar, S. and Schonung, B. (1989). Finite Volume Methods for Two-dimensional Incompressible Flows with Complex Boundaries, *Comput. Methods Appl. Mech. Eng.*, Vol. 75, pp. 369–392.

Shyy, W. and Vu, T. G. (1991). On the Adaptation of Velocity Variable and Grid Systems for Fluid Flow in Curvilinear Co-ordinates, *J. Comput. Phys.*, Vol. 92, pp. 82–105.

Shyy, W., Correa, S. M. and Braaten, M. E. (1988). Computation of Flow in a Gas Turbine Combustor, *Combust. Sci. Technol.*, Vol. 58, No. 1–3, pp. 97–117.

Thomson, J. F. (1984). Grid Generation Techniques in Computational Fluid Dynamics, *AIAA J.*, Vol. 22, No. 11, pp. 1505–1523.

Thomson, J. F. (1988). Grid Generation, in W. J. Minkowycz, E. M. Sparrow, G. E. Schneider and R. H. Pletcher (eds) *Handbook of Numerical Heat Transfer*, John Wiley & Sons, New York, Chapter 21.

Whitaker, D. L., Grossman, B. and Löhner, R. (1989). Two-dimensional Euler Computation on a Triangular Mesh Using Upwind Finite-volume Scheme, AIAA Paper 89-0479, 27th Aerospace Science Meeting, Reno, NV.

第 12 章

Abramowitz, M. and Stegun, I. A. (1970). *Handbook of Mathematical Functions*, Dover, New York.

Barlow, R. S. (2000). TNF Website of the International Workshop on Measurements and Computation of Turbulent Nonpremixed Flames, http://www.ca.sandia.gov/tdf/Workshop.html.

Barlow, R. S., Fiechtner, G. J., Carter, C. D. and Chen, J. Y. (2000). Instantaneous and Mean Compositional Structure of Bluff-body Stabilized Nonpremixed Flames, *Combust. Flame*, Vol. 120, pp. 549–569.

Barlow, R. S., Karpetis, A. N., Frant, J. H. and Chen, J. Y. (2001). Scalar Profiles and NO Formation in Laminar Opposed-flow Partially Premixed Methane/Air Flames, *Combust. Flame*, Vol. 127, pp. 2101–2118.

Bartok, W. and Sarofim, A. F. (eds) (1991). *Fossil Fuel Combustion: A Source Book*, Wiley Interscience, New York.

Baulch, D. L., Cobos, C. J., Cox, R. A., Frank, P., Hayman, G., Just, T. H., Kerr, J. A., Murrells, T., Pilling, M. J., Troe, J., Walker, R. W. and Warnantz, J. (1994). Summary Table of Evaluated Kinetic Data for Combustion Modelling: Supplement 1, *Combust. Flame*, Vol. 98, pp. 59–74.

Beck, J. C. and Watkins, A. P. (2004). The Simulation of Fuel Sprays Using the Moments of the Drop Number Size Distribution. *Int. J. Engine Res.*, Vol. 5, No. 1, pp. 1–21.

Beeri, Z., Blunsdon, C. A., Malalasekera, W. and Dent, J. C. (1996). Comprehensive Modelling of Turbulent Flames with the Coherent Flame-Sheet Model – Part II:

High Momentum Reactive Jets, *ASME J. Energy Resour. Technol.*, Vol. 118, pp. 72–76.

Bennett, B. A. and Smooke, M. D. (1998). Local Rectangular Refinement with Applications to Axisymmetric Laminar Flames, *Combust. Theory Modelling*, Vol. 2, pp. 221–258.

Bilger, R. W. (1976). Turbulent Jet Diffusion Flames, *Prog. Energ. Combust. Sci.*, Vol. 1, pp. 87–109.

Bilger, R. W. (1980). Turbulent Flows with Non-premixed Reactants, in P. A. Libby and F. A. Williams (eds) *Turbulent Reacting Flows*, Topics in Applied Physics, Springer-Verlag, Berlin, Chapter 3, pp. 65–114.

Bilger, R. W. (1988). The Structure of Turbulent Non-premixed Flames, *Twenty Second Symposium (International) on Combustion*, The Combustion Institute, pp. 475–488.

Bilger, R. W. (1993). Conditional Moment Closure for Turbulent Reacting Flow, *Phys. Fluids* A, Vol. 5, No. 2, pp. 436–444.

Bilger, R. W. (2000). Future Progress in Turbulent Combustion Research. *Prog. Energy Combust. Sci.*, Vol. 26, pp. 367–380.

Bilger, R. W. and Kent, J. H. (1974). Concentration Fluctuations in Turbulent Jet Flames, *Combust. Sci. Technol.*, Vol. 9, p. 25.

Blunsdon, C. A., Malalasekera, W. and Dent, J. C. (1992). Application of the Discrete Transfer Model of Thermal Radiation in a CFD Simulation of Diesel Engine Combustion and Heat Transfer, SAE Conference, International Fuel and Lubricants Meeting and Exposition, San Francisco, USA, SAE Paper No. 922305.

Blunsdon, C. A., Dent, J. C. and Malalasekera, W. (1993). Modelling Infrared Radiation from the Combustion Products in a Spark Ignition Engine, SAE Fuels & Lubricants Meeting and Exposition, Philadelphia, USA, SAE Paper No. 932699.

Blunsdon, C. A., Beeri, Z., Malalasekera, W. and Dent, J. C. (1996). Comprehensive Modelling of Turbulent Flames with the Coherent Flame-Sheet Model – Part 1: Buoyant Diffusion Flames, *ASME J. Energy Resour. Technol.*, Vol. 118, pp. 65–71.

Bowman, C. T., Hanson, R. K., Davidson, D. F., Gardiner, W. C. Jr, Lissianski, V., Smith, G. P., Golden, D. M., Frenklach, M. and Goldenberg, M. (1996). http://www.me.berkeley.edu/gri_mech/

Branley, N. and Jones, W. P. (2001). Large Eddy Simulation of a Turbulent Non-premixed Flame, *Combust. Flame*, Vol. 127, pp. 1914–1934.

Bray, K. N. C. and Peters, N. (1994). Laminar Flamelets in Turbulent Flames, in P. A. Libby and F. A. Williams (eds) *Turbulent Reacting Flows*, Academic Press, New York, Chapter 2.

Bray, K. N. C., Champion, M. and Libby, P. A. (1994). Flames in Stagnating Turbulence, in P. A. Libby and F. A. Williams (eds) *Turbulent Reacting Flows*, Academic Press, New York, Chapter 9.

Cengel, Y. A. and Boles, M. A. (2002). *Thermodynamics: An Engineering Approach*, 4th int. edn, McGraw-Hill Higher Education, New York.

Chase, M. W. Jr, Davies, C. A., Davies, J. R. Jr, Fulrip, D. J., McDonald, R. A. and Syverud, A. N. (1985). *JANAF Thermochemical Tables*, 3rd edn, *J. Phys. Chem. Ref. Data*, Vol. 14, Suppl. 1.

Chen, C.-S., Chang, K. C. and Chen, J.-Y. (1994). Application of a Robust β-pdf Treatment to Analysis of Thermal NO Formation in Nonpremixed Hydrogen-Air Flame, *Combust. Flame*, Vol. 98, pp. 375–390.

Chen, J.-Y. and Chang, W. C. (1996). Flamelet Modelling of CO and NO_x emission from a Turbulent, Methane Hydrogen Jet Nonpremixed flame, *Proc. Combust. Inst.*, Vol. 26, pp. 2207–2214.

Clarke, A. (2002). Calculation and Consideration of the Lewis Number for Explosion Studies, *Trans. IChemE*, Vol. 80, Pt B, pp. 135–140.

Conaire, M. O., Curran, H. J., Simmie, J. M., Pitz, W. J. and Westbrook, C. K. (2004). A Comprehensive Modelling Study of Hydrogen Oxidation, *Int. J. Chem. Kinet.*, Vol. 36, pp. 603–622.

Cook, A. and Riley, J. J. (1998). Subgrid-scale Modelling of Turbulent Reacting Flows, *Combust. Flame*, Vol. 112, pp. 593–606.

Dally, B. B., Fletcher, D. F. and Masri, A. R. (1998a). Flow and Mixing Fields of Turbulent Bluff Body Jets and Flames. *Combust. Theory Modelling*, Vol. 2, pp. 193–219.

Dally, B. B., Masri, A. R., Barlow, R. W. and Fiechtner, G. J. (1998b). Instantaneous and Mean Compositional Structure of Bluff-body Stabilized Nonpremixed Flames. *Combust. Flame*, Vol. 114, pp. 119–148.

Dally, B. B., Masri, A. R., Barlow, R. W., Fiechtner, G. J. and Fletcher, D. F. (1996). Measurements of NO in Turbulent Non-premixed Flames Stabilized on a Bluff Body. *Proc. Combust. Inst.*, Vol. 26, pp. 2191–2197.

DesJardin, P. E. and Frankel, S. H. (1998). Large Eddy Simulation of a Nonpremixed Reacting Jet: Application and Assessment of Subgrid-Scale Combustion Models, *Phys. Fluids*, Vol. 10, No. 9, pp. 2298–2314.

Dixon-Lewis, G., David, T., Gaskell, P. H., Fukutani, S., Jinno, H., Miller, J. A., Kee, R. J., Smooke, M. D., Peters, N., Effelsberg, E., Warnatz, J. and Behrendt, F. (1984). Calculation of the Structure and Extinction of Limit of a Methane-Air Counterflow Diffusion Flame in the Forward Stagnation Region of a Porous Cylinder, *Twentieth Symposium (International) on Combustion*, The Combustion Institute, pp. 1893–1904.

Dopazo, C. (1994). Recent Developments in pdf Methods, in P. A. Libby and F. A. Williams (eds) *Turbulent Reacting Flows*, Academic Press, New York, Chapter 7.

Drake, M. and Blint, R. J. (1989). Thermal NO_x in Stretched Laminar Opposed-Flow Diffusion Flames with $CO/H_2/N_2$ Fuel, *Combust. Flame*, Vol. 76, pp. 151–167.

Drake, M. C. and Blint, R. J. (1988). Structure of Laminar Opposed-flow Diffusion Flames with $CO/H_2/N_2$ Fuel, *Combust. Sci. Technol.*, Vol. 61, pp. 187–224.

Dryer, F. L. (1991). The Phenomenology of Modelling Combustion Chemistry, in W. Bartok and A. F. Sarofim (eds) *Fossil Fuel Combustion: A Source Book*, Wiley Interscience, New York, Chapter 3.

Dupont, V., Pourkashanian, M., Richardson, A. P., Williams, A. and Scott, M. J. (1995). The Importance of Prompt-NO Formation and of NO Reconversion in Strained Binary Rich Partially Premixed Flames, *18th International Symposium on Transport Phenomena in Combustion*, San Francisco, USA, pp. 263–274.

Effelsberg, E. and Peters, N. (1988). Scalar Dissipation Rates in Turbulent Jets and Jet Diffusion Flames, *Twenty-Second Symposium (International) on Combustion*, The Combustion Institute, pp. 693–700.

Eickhoff, H. and Grethe, K. (1979). A Flame-zone Model for Turbulent Hydrocarbon Diffusion Flames, *Combust. Flame*, Vol. 35, pp. 267–275.

Ertesvag, I. S. and Magnussen, B. F. (2000). The Eddy Dissipation Turbulence Energy Cascade Model, *Combust. Sci. Technol.*, Vol. 159, pp. 213–236.

Evans, M., Hastings, N. and Peacock, B. (2000). *Statistical Distributions*, 3rd edn, Wiley Series in Probability and Statistics, John Wiley & Sons, New York.

Favre, A. (1969). Statistical Equations of Turbulent Gases, in *Problems of Hydrodynamics and Continuum Mechanics*, SIAM, Philadelphia, pp. 231–266.

Fenimore, C. P. (1970). Formation of Nitric Oxide in Premixed Hydrocarbon Flames, *Thirteenth Symposium (International) on Combustion*, The Combustion Institute, pp. 373–380.

Frenklach, M., Bowman, T., Smith, G. and Gardiner, W. (2004). GRI 3.0, http://www.me.berkeley.edu/gri_mech/version30/text30.html and Gas Research Institute, Chicago, USA.

Fukutani, S., Kunioshi, N. and Jinno, H. (1990). Flame Structure of an Axisymmetric Hydrogen-Air Diffusion Flame, *Twenty-Third (International) Symposium on Combustion*, The Combustion Institute, pp. 567–573.

Gardiner, W. C. Jr (ed.) (1984). *Combustion Chemistry*, Springer-Verlag, New York.

Gordon, S. and McBride, B. J. (1994). *Computer Program for Calculation of Complex Chemical Equilibrium Compositions and Applications*, NASA Reference Publication 1311, NASA, USA.

Gosman, A. D., Lockwood, F. C. and Salooja, A. P. (1978). The Prediction of Cylindrical Furnaces Gaseous Fuelled with Premixed and Diffusion Burners, *Seventeenth Symposium (International) on Combustion*, The Combustion Institute, pp. 747–760.

Henson, J. C. and Malalasekera, W. (2000). Full-cycle Firing Simulation of a Pent-roof Spark-ignition Engine with Visualization of the Flow Structure, Flame Propagation and Radiative Heat Flux, *Proc. IMechE Part D: J. Engines*, Vol. 214, pp. 957–971.

Henson, R. K. and Salimian, S. (1984). Survey of Rate Constants in the N/H/O System, in W. C. Gardiner Jr (ed.) *Combustion Chemistry*, Springer-Verlag, New York, Chapter 6.

Hewson, J. C. and Bollig, M. (1996). Reduced Mechanisms for NO_x Emissions from Hydrocarbon Diffusion Flames, *Twenty-Sixth Symposium (International) on Combustion*, The Combustion Institute, pp. 2171–2180.

Hossain, M. (1999). CFD Modelling of Turbulent Nonpremixed Combustion, Ph.D. Thesis, Loughborough University.

Hossain, M. and Malalasekera, W. (2003). Modelling of a Bluff-body Stabilized CH_4/H_2 Flame based on Laminar Flamelet Model with Emphasis on NO Prediction, *Proc. IMechE, Part A: J. Power Energy*, Vol. 217, pp. 201–210.

Hossain, M., Jones, J. C. and Malalasekera, W. (2001). Modelling of a Bluff-body Nonpremixed Flame using a Coupled Radiation/Flamelet Combustion Model, *Flow, Turbul. Combust.*, Vol. 67, pp. 217–234.

Jones, W. P. and Priddin, C. H. (1978). Prediction of the Flow Field and Local Gas Composition in Gas Turbine Combustors, *Seventeenth Symposium (International) on Combustion*, The Combustion Institute, pp. 399–407.

Jones, W. P. and Whitelaw, J. H. (1982). Calculation Methods for Reacting Turbulent Flows: A Review, *Combust. Flame*, Vol. 48, No. 1, pp. 1–26.

Kee, R. J., Rupley, F. M., Meeks, J. A. and Miller, E. (1996). *Chemkin III: A Fortran Chemical Kinetics Package for the Analysis of Gas-phase Chemical and Plasma Kinetics*, Sandia National Laboratories Report, UC-405, SAND96, http://www.ca.sandia.gov/chemkin/index.html.

Kent, J. H. and Bilger, R. W. (1973). Turbulent Diffusion Flames, *Fourteenth Symposium (International) on Combustion*, The Combustion Institute, pp. 615–625.

Kim, S. H. and Huh, K. Y. (2002). Use of Conditional Moment Closure Model to Predict NO Formation in a Turbulent CH_4/H_2 Flame over a Bluff-Body, *Combust. Flame*, Vol. 130, pp. 94–111.

Klimenko, A. Y. and Bilger, R. W. (1999). Conditional Moment Closure for Turbulent Combustion, *Prog. Energy Combust. Sci.*, Vol. 25, pp. 595–687.

Kuo, K. (1986). *Principles of Combustion*, John Wiley & Sons, New York.

Kuo, K. (2005). *Principles of Combustion*, 2nd edn, John Wiley & Sons, New York.

Lentini, D. (1994). Assessment of Stretched Laminar Flamelet Approach for Nonpremixed Turbulent Combustion, *Combust. Sci. Technol.*, Vol. 100, pp. 95–122.

Lewis, M. H. and Smoot, L. D. (1981). Turbulent Gaseous Combustion. Part I: Local Species Concentration Measurements, *Combust. Flame*, Vol. 42, p. 183.

Libby, P. A. and Williams, F. A. (1994). Fundamental Aspects and a Review, in P. A. Libby and F. A. Williams (eds) *Turbulent Reacting Flows*, Academic Press, New York, Chapter 1.

Liu, F., Guo, H., Smallwood, G. J., Gölder, O. L. and Matovic, M. D. (2002). A Robust and Accurate Algorithm of the β-pdf Integration and Its Application to Turbulent Methane-Air Diffusion Combustion in a Gas Turbine Combustor Simulator, *Int. J. Thermal Sci.*, Vol. 41, pp. 763–772.

Lookwood, F. C. (1977). The Modelling of Turbulent Premixed and Diffusion Combustion in the Computation of Engineering Flows, *Combust. Flame*, Vol. 29, pp. 111–122.

Lockwood, F. C. and Monib, H. A. (1980). Fluctuating Temperature Measurements in a Heated Round Free Jet, *Combust. Sci. Technol.*, Vol. 22, pp. 63–81.

Lockwood, F. C. and Naguib, A. S. (1975). The Prediction of Fluctuations in the Properties of Free, Round Jet Turbulent Diffusion Flames, *Combust. Flame*, Vol. 24, pp. 109–124.

Lockwood, F. C. and Odidi, A. O. (1975). Measurement of Mean and Fluctuating Temperature and Ion Concentration in Round Jet Turbulent Diffusion and Premixed Flames, *Fifteenth Symposium (International) on Combustion*, The Combustion Institute, p. 561.

Lockwood, F. C., Salooja, A. P. and Syed, S. A. (1980). A Prediction Method for Coal-fired Furnaces, *Combust. Flame*, Vol. 38, pp. 1–15.

Lockwood, F. C., Rizvi, S. M. A. and Shah, N. G. (1986). Comparative Predictive Experience of Coal Firing, *Proc. IMechE*, Pt A, Vol. 100, pp. 79–83.

Lutz, A., Kee, R. J., Grcar, J. F. and Rupley, F. M. (1997). *OPPDIFF: A Fortran Program for Computing Opposed-flow Diffusion Flames*, Sandia Report SAND96-8243, Livermore.

Magnussen, B. F. (2005). The Eddy Dissipation Concept: Bridge Between Science and Technology, Invited Lecture, *Proceedings of the ECCOMAS Thematic Conference on Computational Combustion*, Lisbon.

Magnussen, B. F. and Hjertager, B. H. (1976). On the Mathematical Modelling of Turbulent Combustion with Special Emphasis on Soot Formation and Combustion, *Sixteenth Symposium (International) on Combustion*, The Combustion Institute, pp. 719–729.

Marble, F. E. and Broadwell, J. E. (1977). *The Coherent Flame Sheet Model for Nonpremixed Turbulent Combustion*, Project SQUID, Report No. TRW-9-PU, Purdue University.

Masri, A. R. (1996). Database for Bluff Body Flames, Department of Mechanical and Mechatronics Engineering, The University of Sydney, http://www.mech.eng.usyd.edu.au/research/energy/resources.html.

Masri, A. R., Dibble, R. W. and Barlow, R. S. (1996). The Structure of Turbulent Nonpremixed Flames Revealed by Raman-Rayleigh-LIF Measurements, *Prog. Energy Combust. Sci.*, Vol. 22, pp. 307–362.

Massias, A., Diamantis, D., Mastorakos, E. and Goussis, D. A. (1999). Global Reduced Mechanisms for Methane and Hydrogen Combustion with Nitric Oxide Formation Constructed with CSP Data, *Combust. Theory Modelling*, Vol. 3, pp. 233–257.

Mauss, F., Keller, D. and Peters, N. (1990). A Lagrangian Simulation of Flamelet Extinction and Re-ignition in Turbulent Jet Diffusion Flames, *Twenty-Third Symposium (Int.) on Combustion*, The Combustion Institute, pp. 693–698.

McBride, B. J. (2004). CEA Website, http://www.grc.nasa.gov/WWW/CEAWeb/

McGuirk, J. J. and Rodi, W. (1979). The Calculation of Three-dimensional Free Jets, in F. Durst, B. E. Launder, F. W. Schmidt and J. H. Whitelaw (eds) *1st Symposium on Turbulent Shear Flows*, Springer-Verlag, New York, pp. 71–83.

Miller, J. A. and Bowman, C. T. (1989). Mechanism and Modelling of Nitrogen Chemistry in Combustion, *Prog. Energy Combust. Sci.*, Vol. 15, pp. 287–338.

Morley, C. (2005). GASEQ Windows-based Computer Program for Equilibrium Calculations, http://www.gaseq.co.uk/

Murthy, R. V. V. S., Malalasekera, W. and Hossain, M. (2006). A Laminar Flamelet Based NO_x-Radiation Integrated Modelling of Turbulent Non-Premixed Flame, *Turbulence, Heat and Mass Transfer 5, Proceedings of the Fifth International Symposium on Turbulence, Heat and Mass Transfer*, K. Hanjalic, Y. Nagano and S. Jakirlic (eds), Dubrovnik, Croatia, 25–29 September, 2006, Begell-House Inc., New York, pp. 609–612. Also available in CD-ROM.

Nazha, M. A. A., Rajakaruna, H. and Malalasekera, W. (2001). Effects of Radiation on Predicted Flame Temperature and Combustion Products of a Burning Liquid Fuel Spray, *Sixth International Conference on Combustion Technologies for a Clean Environment*, Oporto, Vol. II, Paper No. 20.1, pp. 639–643.

Nickjooy, M., So, R. M. C. and Peck, R. E. (1988). Modelling of Jet-swirl-stabilised Reacting Flows in Axisymmetric Combustors, *Combust. Sci. Technol.*, Vol. 25, No. 1, pp. 63–75.

Paul, P. and Warnatz, J. (1998). A Re-evaluation of the Means Used to Calculate Transport Properties of Reacting Flows, *Twenty-seventh (International) Symposium on Combustion*, The Combustion Institute, pp. 495–504.

Peters, N. (1984). Laminar Flamelet Model in Non-premixed Turbulent Combustion. *Prog. Energy Combust. Sci.*, Vol. 10, pp. 319–339.

Peters, N. (1986). Laminar Flamelet Concepts in Turbulent Combustion. *Proc. Combust. Inst.*, Vol. 21, pp. 1231–1250.

Peters, N. (1991). Length Scales in Laminar and Turbulent Flames, in E. S. Oran and J. P. Boris (eds) *Numerical Approaches to Combustion Modelling, Prog. Astronaut. Aeronaut.*, AIAA, pp. 155–182.

Peters, N. (1993). Flame Calculation with Reduced Mechanisms, in N. Peters and B. Rogg (eds) *Reduced Kinetic Mechanisms for Applications in Combustion Systems*, Springer-Verlag, Berlin, Chapter 1.

Peters, N. (2000). *Turbulent Combustion*, Cambridge University Press, Cambridge, Chapter 3.

Pitsch, H. (1998). FlameMaster: A C++ Program for 0D Combustion and 1D Laminar Flame Calculations, http://www.stanford.edu/~hpitsch.

Pitsch, H. and Peters, N. (1998). A Consistent Flamelet Formulation for Nonpremixed Combustion Considering Differential Diffusion Effects, *Combust. Flame*, Vol. 114, pp. 26–40.

Poinsot, T. and Veynante, D. (2005). *Theoretical and Numerical Combustion*, 2nd edn, Edwards, Philadelphia, PA.

Pope, S. B. (1976). The Probability Approach to Modelling of Turbulent Reacting Flows, *Combust. Flame*, Vol. 27, pp. 299–312.

Pope, S. B. (1978). An Explanation of the Turbulent Round-jet/Plane-jet Anomaly. *AIAA J.*, Vol. 16, pp. 279–281.

Pope, S. B. (1985). PDF Methods for Turbulent Reacting Flows, *Prog. Energy Combust. Sci.*, Vol. 11, pp. 119–192.

Pope, S. B. (1990). Computation of Turbulent Combustion: Progress and Challenges, *Twenty-Third Symposium (International) on Combustion*, The Combustion Institute, pp. 591–612.

Pope, S. B. (1991). Combustion Modelling using Probability Density Function Methods, in E. S. Oran and J. P. Boris (eds) *Numerical Approaches to Combustion Modelling*, *Prog. Astronaut. Aeronaut*, AIAA, Chapter 11.

Press, W. H., Flannery, B. P., Teukolsky, S. A. and Vetterling, W. T. (1993). *Numerical Recipes in Fortran: The Art of Scientific Computing*, Cambridge University Press, Cambridge.

Radhakrishnan, K. and Pratt, D. T. (1988). Fast Algorithm for Calculating Chemical Kinetics in Turbulent Reacting Flow, *Combust. Sci. Technol.*, Vol. 58, pp. 155–176.

Reid, R. C., Prausnitz, J. M. and Poling, B. E. (1987). *The Properties of Gases and Liquids*, 4th edn, McGraw-Hill, New York.

Rogers, G. F. C. and Mayhew, Y. R. (1994). *Thermodynamic and Transport Properties of Fluids*, 5th edn, Basil Blackwell, Oxford.

Rogg, B. (1993). RUN-1DL: The Cambridge Universal Laminar Flamelet Code, in N. Peters and B. Rogg (eds) *Reduced Kinetic Mechanisms for Applications in Combustion Systems*, Springer Verlag, Berlin, Appendix C.

Rogg, B. and Wang, W. (1997). *RUN-1DL: The Laminar Flame and Flamelet Computer Code. User Manual*, Lehrstuhl für Strömungsmechanik, Institut für Thermo- und Fluiddynamik, Ruhr-Universität Bochum, Bochum.

Sanders, J. P. H. and Gökalp, I. G. (1995). Flamelet Based Predictions and Scaling Laws of NO Formation in Turbulent Hydrogen Diffusion Flames, *Eighth International Symposium on Transport Phenomena in Combustion*, San Francisco, pp. 286–297.

Selle, L., Lartigue, G., Poinsot, T., Koch, R., Schildmacher, K.-U., Krebs, W., Prade, B., Kaufmann, P. and Veynante, D. (2004). Compressible Large Eddy Simulation of Turbulent Combustion in Complex Geometry on Unstructured Meshes, *Combust. Flame*, Vol. 137, pp. 489–505.

Seshadri, K. and Williams, F. A. (1994). Reduced Chemical Systems and Their Application in Turbulent Combustion, in P. A. Libby and F. A. Williams (eds) *Turbulent Reacting Flows*, Academic Press, New York, Chapter 4.

Seshadri, K., Mauss, F., Peters, N. and Warnatz, J. (1990). A Flamelet Calculation of Benzene Formation in Co-flowing Laminar Diffusion Flames, *Twenty-Third Symposium (International) on Combustion*, The Combustion Institute, pp. 559–566.

Sick, V., Arnold, A., Dießel, E., Dreirer, T., Ketterle, W., Lange, B., Wolfrum, J., Thiele, K. U., Behrendt, F. and Warnatz, J. (1991). Two-dimensional Laser Diagnostic and Modelling of Counterflow Diffusion Flames, *Twenty-Third Symposium (International) on Combustion*, The Combustion Institute, p. 495.

Smith, G. P., Golden, D. M., Frenklach, M., Moriarty, N. W., Eiteneer, B., Goldenberg, M., Bowman, C. T., Hanson, R. K., Song, S., Gardiner Jr, W. C. Lissianski, V. V. and Qin, Z. (2003). GRI-Mech 3.0., http://www.me.berkeley.edu/gri-mech/

Smith, N. S. A., Bilger, R. W. and Chen, J.-Y. (1992). Modelling of Nonpremixed Hydrogen Jet Flames Using a Conditional Moment Closure Method, *Twenty-Fourth Symposium (International) on Combustion*, The Combustion Institute, pp. 263–269.

Smooke, M. D. (1991). Numerical Modelling of Laminar Diffusion Flames, in E. S. Oran and J. P. Boris (eds) *Numerical Approaches to Combustion Modelling*, *Prog. Astronaut. Aeronaut.*, AIAA, Chapter 7.

Smooke, M. D. and Bennett, B. A. (2001). Numerical Modelling of Multi-dimensional Laminar Flames, in C. E. Baukal, V. Y. Gershtein and X. Li (eds) *Computational Fluid Dynamics in Industrial Combustion*, CRC Press, Boca Raton, FL, Chapter 6.

Smooke, M. D., Puri, I. K. and Seshadri, K. (1986). A Comparison Between Numerical Calculation and Experimental Measurements of the Structures of a Counterflow Diffusion Flame Burning Diluted Methane in Diluted Air, *Twenty-first Symposium (International) on Combustion*, The Combustion Institute, pp. 1783–1792.

Smooke, M. D., Lin, P., Lam, J. K. and Long, M. B. (1990). Computational and Experimental Study of a Laminar Axisymmetric Methane-air Diffusion Flame, *Twenty-Third Symposium (International) on Combustion*, The Combustion Institute, pp. 575–582.

Spalding, D. B. (1971). Mixing and Chemical Reaction in Steady Confined Turbulent Flames, *Thirteenth Symposium (International) on Combustion*, The Combustion Institute, pp. 649–657.

Spalding, D. B. (1979). *Combustion and Mass Transfer*, Pergamon Press, Oxford.

Swaminathan, N. and Bilger, R. W. (1999). Assessment of Combustion Submodels for Turbulent Nonpremixed Hydrocarbon Flames, *Combust. Flame*, Vol. 116, pp. 519–545.

Tsuji, H. and Yamaoka, I. (1967). The Counterflow Diffusion Flame in the Forward Stagnation Region of a Porous Cylinder, *Eleventh Symposium (International) on Combustion*, The Combustion Institute, pp. 979–984.

Tsuji, H. and Yamaoka, I. (1971). Structure Analysis of Counterflow Diffusion Flames in the Forward Stagnation Region of a Porous Cylinder, *Thirteenth Symposium (International) on Combustion*, The Combustion Institute, pp. 723–731.

Turns, S. R. (1995). Understanding NO_x Formation in Nonpremixed Flames: Experiments and Modelling. *Prog. Energy Combust. Sci.*, Vol. 21, pp. 361–385.

Turns, S. R. (2000). *An Introduction to Combustion: Concepts and Applications*, 2nd edn, McGraw-Hill, New York.

Veynante, D. and Vervisch, L. (2002). Turbulent Combustion Modelling, *Prog. Energy Combust. Sci.*, Vol. 28, pp. 193–266.

Vranos, A., Knight, B. A., Proscia, W. M., Chiappetta, L. and Smooke, M. D. (1992). Nitric Oxide Formation and Differential Diffusion in a Methane Hydrogen Diffusion Flame, *Proc. Combust. Inst.*, Vol. 24, pp. 377–384.

Warnatz, J., Maas, U. and Dibble, R. W. (1996). *Combustion: Physical and Chemical Fundamentals, Modelling and Simulation, Experiment, Pollutant Formation*, Springer-Verlag, Berlin.

Warnatz, J., Maas, U. and Dibble, R. W. (2001). *Combustion: Physical and Chemical Fundamentals, Modelling and Simulation, Experiments, Pollution Formation*, 3rd edn, Springer-Verlag, Berlin.

Williams, F. A. (1985). *Combustion Theory*, 2nd edn, Addison-Wesley, Redwood City, CA.

Williams, F. A. (2000). Progress in Knowledge of Flamelet Structure and Extinction, *Prog. Energy Combust. Sci.*, Vol. 26, pp. 657–68.

第13章

Baek, S. W. and Kim, M. Y. (1998). Radiative Heat Transfer in a Body-Fitted Axisymmetric Cylindrical Enclosure, *J. Thermophys. Heat Transfer*, Vol. 12, No. 4, pp. 596–599.

Baek, S. W., Kim, M. Y. and Kim, J. S. (1998). Nonorthogonal Finite-volume Solutions of Radiative Heat Transfer in a Three-Dimensional Enclosure, *Numer. Heat Transfer*, Pt B, Vol. 34, No. 4, pp. 419–437.

Brewster, M. Q. (1992). *Thermal Radiative Heat Transfer and Properties*, Wiley-Interscience, New York.

Carvalho, M. G. and Farias, T. L. (1998). Modelling of Heat Transfer in Radiating and Combustion Systems, *J. Chem. Eng. Res. Des., Trans. IChemE*, Pt A, Vol. 76, pp. 175–184.

Carvalho, M. G., Farias, T. and Fontes, P. (1991). Predicting Radiative Heat Transfer in Absorbing, Emitting, and Scattering Media using the Discrete Transfer Method, *ASME FED*, Vol. 160, pp. 17–26.

Chai, J. C. and Modar, J. P. (1996). Spatial-multiblock Procedure for Radiation Heat Transfer, *ASME HTD*, Vol. 332, pp. 119–127.

Chai, J. C., Lee, H. S. and Patankar, S. V. (1994a). Finite-volume Method for Radiation Heat Transfer, *J. Thermophys. Heat Transfer*, Vol. 8, No. 3, pp. 419–425.

Chai, J. C., Parthasarathy, G., Lee, H. S. and Patankar, S. V. (1994b). Finite-volume Radiation Heat Transfer Procedure for Irregular Geometries, *J. Thermophys. Heat Transfer*, Vol. 9, No. 3, pp. 410–415.

Chandrasekhar, S. (1960). *Radiative Transfer*, Dover, New York.

Charette, A., Sakami, M. and Le Dez, V. (1997). Analysis of Radiative Heat Transfer in Enclosures of Complex Geometry Using the Discrete Ordinates Method, Radiative Heat Transfer-II, in M. P. Mengüç (ed.) *Proceedings of the Second International Symposium on Radiation Transfer*, Kusadasi, Turkey, Begell House, Redding, CT, pp. 253–270.

Chui, E. H. and Raithby, G. D. (1993). Computation of Radiative Heat Transfer on a Non-orthogonal Mesh Using the Finite Volume Method, *Numer. Heat Transfer*, Pt B, Vol. 23, pp. 269–288.

Chui, E. H., Hughes, P. M. and Raithby, G. D. (1993). Implementation of the Finite Volume Method for Calculating Radiative Transfer in a Pulverised Fuel Flame, *Combust. Sci. Techn.*, Vol. 92, pp. 225–242.

Chui, E. H., Raithby, G. D. and Hughes, P. M. (1992). Prediction of Radiative Transfer in Cylindrical Enclosures with the Finite Volume Method, *J. Thermophys. Heat Transfer*, Vol. 6, No. 4, pp. 605–611.

Coelho, P. J. and Carvalho, M. G. (1997). A Conservative Formulation of the Discrete Transfer Method, *J. Heat Transfer*, Vol. 115, pp. 486–489.

Cumber, P. S. (1995). Improvements to the Discrete Transfer Method of Calculating Radiative Heat Transfer, *Int. J. Heat Mass Transfer*, Vol. 38, No. 3, pp. 2251–2258.

Denison, M. K. and Webb, B. W. (1993). A Spectral Line Based Weighted-sum-of-grey-gases Model Arbitrary RTE Solvers, *J. Heat Transfer*, Vol. 115, pp. 1004–1012.

Denison, M. K. and Webb, B. W. (1995). The Spectral Line Based Weighted-sum-of-grey-gases Model in Non-isothermal Non-homogeneous Media, *J. Heat Transfer*, Vol. 177, pp. 359–365.

Farmer, J. T. (1995). Improved Algorithms for Monte Carlo Analysis of Radiative Heat Transfer in Complex Participating Media, Ph.D. Thesis, The University of Texas at Austin.

Fiveland, W. A. (1982). A Discrete Ordinates Method for Predicting Radiative Heat Transfer in Axisymmetric Enclosures, ASME Paper 82-HT-20.

Fiveland, W. A. (1988). Three-dimensional Radiative Heat Transfer Solutions by the Discrete-ordinates Method, *J. Thermophys. Heat Transfer*, Vol. 2, No. 4, pp. 309–316.

Fiveland, W. A. (1991). The Selection of Discrete Ordinates Quadrature Sets for Anisotropic Scattering, *ASME HTD*, Vol. 160, pp. 89–96.

Fiveland, W. A. and Jessee, J. P. (1994). Comparisons of Discrete Ordinate Formulations for Radiative Heat Transfer in Multidimensional Geometries, *Radiative Heat Transfer: Current Research*, *ASME HTD*, Vol. 276, pp. 49–57.

Groshandler, W. L. (1993). RADCAL: A Narrow-Band Model for Radiation Calculation in a Combustion Environment, NIST Technical Note 1402, Fire Science Division, National Institute of Standards and Technology (NIST), Gaithersburg, MD, http://fire.nist.gov/bfrlpubs/

Henson J. C. (1998). Numerical Simulation of SI Engines with Special Emphasis on Radiative Heat Transfer, Ph.D. Thesis, Loughborough University.

Henson, J. C. and Malalasekera, W. (1997a). Comparison of Discrete Transfer and Monte Carlo Methods for Radiative Heat Transfer in Three-dimensional Non-homogeneous Scattering Media, *Numer. Heat Transfer*, Pt A, Vol. 32, No. 1, pp. 19–36.

Henson, J. C. and Malalasekera, W. (1997b). Benchmark Comparisons with Discrete Transfer Method Solutions for Radiative Heat Transfer in Three-dimensional, Nongrey, Scattering Media, in M. P. Mengüç (ed.) *Radiative Heat Transfer – II, Proceedings of the Second International Symposium on Radiation Transfer*, Kusadasi, Turkey, Begell House, Redding, CT, pp. 195–207.

Howell, J. R. (1988). Thermal Radiation in Participating Media: The Past, the Present and Some Possible Futures, *J. Heat Transfer*, Vol. 110, pp. 1220–1226.

Howell, J. R. (1998). The Monte Carlo Method in Radiative Heat Transfer, *J. Heat Transfer*, Vol. 120, pp. 547–560.

Howell, J. R. and Perlmutter, M. (1964). Monte Carlo Solution of Thermal Transfer in Nongrey Non-isothermal Gas with Temperature Dependent Properties, *AIChE J.*, Vol. 10, No. 4, pp. 562–567.

Hsu, P. F. and Tan, Z. (1997). Radiative and Combined-mode Heat Transfer within L-shaped Nonhomogeneous and Nongrey Participating Media, *Numer. Heat Transfer*, Pt A, Vol. 31, pp. 819–835.

Hsu, P. F., Tan, Z. M. and Howell, J. R. (1993). Radiative Transfer by the YIX Method in Nonhomogeneous Participating Media, *J. Thermophys. Heat Transfer*, Vol. 7, No. 3, pp. 487–495.

Hyde, D. J. and Truelove, J. S. (1977). *The Discrete Ordinates Approximation for Multidimensional Radiant Heat Transfer in Furnaces*, Technical Report, UKAEA No. AERE-R-8502, AERE Harwell.

Jamaluddin, A. S. and Smith, P. J. (1988). Predicting Radiative Transfer in Rectangular Enclosures Using the Discrete Ordinates Method, *Combust. Sci. Technol.*, Vol. 59, pp. 321–340.

Lathrop, K. D. and Carlson, B. G. (1965). *Discrete-ordinates Angular Quadrature of the Neutron Transport Equation*, Technical Information Series Report LASL-3186, Los Alamos National Laboratory.

Lockwood, F. C. and Shah, N. G. (1981). A New Radiation Solution Method for Incorporation in General Combustion Prediction Procedures, *Eighteenth Symposium (International) on Combustion*, The Combustion Institute, pp. 1405–1414.

Mahan, J. R. (2002). *Radiation Heat Transfer: A Statistical Approach*, John Wiley & Sons, New York.

Malalasekera, W. and James, E. H. (1995). Calculation of Radiative Heat Transfer in Three-dimensional Complex Geometries, *ASME HTD*, Vol. 315, pp. 53–61.

Malalasekera, W. and James, E. H. (1996). Radiative Heat Transfer Calculations in Three-dimensional Complex Geometries, *J. Heat Transfer*, Vol. 118, pp. 225–228.

Malalasekera, W., Versteeg, H. K., Henson, J. C. and Jones, J. C. (2002). Calculation of Radiative Heat Transfer in Combustion Systems, *Clean Air*, Vol. 3, pp. 113–143.

Maltby, J. D. (1996). Coupled Monte Carlo/Finite Element Solution of Radiation – Conduction Problems in a Shaded Geometry, Paper Presented at the Open Forum Session on Radiation, ASME 31st National Heat Transfer Conference, Houston, Texas.

Maruyama, S. and Guo, Z. X. (2000). Radiative Heat Transfer in Homogeneous, Nongray and Ansiotropically Scattering Media, *Int. J. Heat Mass Transfer*, Vol. 43, No. 13, pp. 2325–2336.

Modest, M. F. (2003). *Radiative Heat Transfer*, Academic Press, London.

Murthy, J. Y. and Mathur, S. R. (1998). Finite Volume Method for Radiative Heat Transfer Using Unstructured Meshes, *J. Thermophys. Heat Transfer*, Vol. 12, No. 3, pp. 313–321.

Raithby, G. D. and Chui, E. H. (1990). A Finite Volume Method for Predicting Radiative Heat Transfer in Enclosures with Participating Media, *J. Heat Transfer*, Vol. 112, pp. 415–423.

Sakami, M., Charette, A. and Le Dez, V. (1996). Application of the Discrete Ordinates Method to Combined Conductive and Radiative Heat Transfer in a Two-Dimensional Complex Geometry, *J. Quant. Spectrosc. Radiat. Transfer*, Vol. 56, No. 4, pp. 517–533.

Sakami, M., Charette, A. and Le Dez, V. (1998). Radiative Heat Transfer in Three-dimensional Enclosures of Complex Geometry Using the Discrete Ordinates Method, *J. Quant. Spectrosc. Radiat. Transfer*, Vol. 59, Nos. 1–2, pp. 117–136.

Sarofim, A. F. (1986). Radiative Heat Transfer in Combustion: Friend or Foe, *Twenty-first Symposium (International) on Combustion*, The Combustion Institute, pp. 1–23.

Shah, N. G. (1979). New Method of Computation of Radiation Heat Transfer in Combustion Chambers, Ph.D. Thesis, Imperial College of Science and Technology, University of London.

Siegel, R. and Howell, J. R. (2002). *Thermal Radiation Heat Transfer*, 4th edn, Taylor & Francis, New York.

Versteeg, H. K., Henson, J. C. and Malalasekera, W. (1999a). Approximation Errors in the Heat Flux Integral of the Discrete Transfer Method Part 1: Transparent Media, *Numer. Heat Transfer*, Pt B, Vol. 36, pp. 387–407.

Versteeg, H. K., Henson, J. C. and Malalasekera, W. (1999b). Approximation Errors in the Heat Flux Integral of the Discrete Transfer Method Part 2: Absorbing/emitting Media, *Numer. Heat Transfer*, Pt B, Vol. 36, pp. 409–432.

Viskanta, R. and Mengüç, M. P. (1987). Radiation Heat Transfer in Combustion Systems, *Prog. Energy Combust. Sci.*, Vol. 2, pp. 97–160.

▶ 付録 A

Abbott, M. B. and Basco, D. R. (1989). *Computational Fluid Dynamics – An Introduction for Engineers*, Longman Scientific & Technical, Harlow.

Fletcher, C. A. J. (1991). *Computational Techniques for Fluid Dynamics*, Vols I and II, Springer-Verlag, Berlin.

▶ 付録 B

Patankar, S. V. (1980). *Numerical Heat Transfer and Fluid Flow*, Hemisphere Publishing Corporation, Taylor & Francis Group, New York.

▶ 付録 G

Abramowitz, M. and Stegun, A. (eds) (1964). *Handbook of Mathematical Functions*, Dover, New York.

Alvarez, N. J., Foote, K. L. and Pagni, P. J. (1984). Forced Ventilated Enclosure Fires, *Combust. Sci. Technol.*, Vol. 39. p. 55.

Benelli, G., Michele, G. D. E., Cossalter, V., Lio, M. D. A. and Rossi, G. (1992). Simulation of Large Non-linear Thermo-acoustic Vibration in a Pulsating Combustor, *Twenty-Fourth Symposium (International) on Combustion*, The Combustion Institute, pp. 1307–1313.

Chen, A. (1994). Application of Computational Fluid Dynamics to the Analysis of Inlet Port Design in Internal Combustion Engines, Ph.D. Thesis, Loughborough University.

Cotter, M. A. and Charles, M. E. (1993). Transient Cooling of Petroleum by Natural Convection in Cylindrical Storage Tanks – I. Development and Testing of a Numerical Simulator, *Int. J. Heat Mass Transfer*, Vol. 36, No. 8, pp. 2165–2174.

Durst, F. and Loy, T. (1985). Investigations of Laminar Flow in a Pipe with Sudden Contraction of Cross-sectional Area, *Comput. Fluids*, Vol. 13, No. 1, pp. 15–36.

Lockwood, F. C. and Malalasekera, W. M. G. (1988). Fire Computation: The Flashover Phenomenon, *Twenty-second Symposium (International) on Combustion*, The Combustion Institute, pp. 1319–1328.

Lockwood, F. C. and Shah, N. G. (1981). A New Radiation Solution Method for Incorporation in General Combustion Prediction Procedures, *Eighteenth Symposium (International) on Combustion*, The Combustion Institute, pp. 1405–1414.

Malalasekera, W. M. G. (1988). Mathematical Modelling of Fires and Related Processes, Ph.D. Thesis, Imperial College, London.

Schlichting, H. (1979). *Boundary-layer Theory*, 7th edn, McGraw-Hill, New York.

索　引

▶欧　文

additive correction multigrid 法　265
AIAA の指針　322
Bilger の混合分率の式　427, 430
CFD　1
CFX/ANSYS　4
CHEMKIN　390, 391, 393, 397, 417
conditional moment closure モデル　444
discrete ordinates 法　462, 468
discrete transfer 法　459
DNS の数値的な問題　120
DNS の成果　122
DOM　468
DTM　459, 467
dynamic SGS モデル　113
ERCOFTAC の指針　323
flame-sheet モデル　417
flame surface density モデル　444
FlameMaster　429–431
FLUENT　4, 167
I-DEAS　4
KIVA-3V　335
k-ε モデル　72, 76
k-ε モデルの不確かさ　314
k-ε モデルの方程式　79
k-ω モデル　73, 96
k と ε の評価　294
LES に対する初期条件と境界条件　113
LES の運動量保存式　108
LES の性能　117
LES の連続の式　107
Menter SST k-ω モデル　97
NO の予測　442

OPPDIF　426
PATRAN　4
pdf transport モデル　444
pee function　299
PHOENICS　4
PISO　207
presumed pdf　417
QUICK　167, 169, 477
QUICK の安定性　174
QUICK の一般論　175
QUICK の評価　174
RADCAL　472
RNG k-ε モデル　92
RUN-1DL　426, 430, 431
SCRS　399
SCRS モデル　412
SIMPLE　5, 40, 193, 199, 203, 437
SIMPLEC　207
SIMPLER　204
Smagorinsky-Lilly SGS モデル　109
Spalart-Allmaras モデル　73, 94
STAR-CD　4
SUPERBEE　183
TDMA　5, 232
Tollmien-Schlichting（T-S）波　50
TVD　176
UMIST　189
U 字型の Λ 渦　50
Zel'dovich 機構　434

▶あ　行

圧縮性粘性流体　38
圧力参照点　294
圧力の補間方法　367

圧力の補正式　220, 225
圧力の補正値に対する式　202
圧力を平滑化する項　367
粗い壁　300
粗　さ　297, 301
アレニウス則　389
位置エネルギー　20
1次元TDMA　237
1次元対流-拡散問題　169
1次元対流-拡散問題に対するTVD　186
1次元流れ　212
1次元のコントロールボリューム　267
1次元ふく射加熱　467
移動壁　301
薄い平板　272
渦消散モデル　421
渦伸張　44
渦崩壊モデル　418
打切り誤差　317
運動量交換　64
運動量保存式　17, 196, 198, 364, 395, 403
影響領域　33
エネルギーカスケード　45
エネルギー方程式　20, 450
エネルギー保存式　395
エンタルピー　4, 21, 378, 396
エンタルピー方程式　21
エンタルピー保存式　404
オイラー法　14
応力成分　16
応力の等方性　91
大きな渦　45, 47
汚染物質生成　433

▶か　行
解像した流れ　109
解像した流れの局所の歪み速度　110
外部空気力学　98
外部層　61
解離反応　385
ガウス-ザイデル法　5, 232, 233, 246, 265

ガウス消去法　232
ガウスの定理　339
火炎構造の予測　438
化学種の濃度流束　64
化学種の保存式　395
化学種の輸送方程式　390
化学反応速度論　385
化学平衡　381
過緩和　248
拡散係数　44, 354
拡散項　27, 86
拡散流束　344, 353, 355
確　認　316, 317, 320
確率密度関数　55, 413
ガス燃焼　371
カットオフ幅　105
仮　定　315
過濃混合　401
壁関数　297
壁境界条件　297
壁近傍　91, 297
壁近傍の計算格子　306
壁法則　60
カルマン定数　297
間　欠　57
緩衝層　297
間接法　232
完全陰解法　269, 271, 279
管内流れ　59
簡略化機構　393
緩和したガウス-ザイデル法　249
緩和法　247
規格化　251
幾何マルチグリッド法　265
記述子　52
基礎式　453
希薄混合　400
ギブス関数　381, 382
逆圧力勾配　91
吸　収　448
急速に変化する流れ　91
吸熱反応　381, 385
境界条件　38, 80, 187, 229, 291, 313,

索引　525

406, 452, 454
境界層　62
境界値問題　29
境界適合格子　330
境界の格子点に対する離散化方程式　129, 133
行列因子分解　265
局所のSGS応力　110
近似精度の次数　476
空間の解像度　121
空間の離散化　120
クラメール行列反転公式　232
クランク-ニコルソン法　269, 270
クロス応力　109
計算格子　3, 250, 251
計算格子生成　125, 264
計算格子の細分化　317
ゲージ圧　229
検証　317, 319, 320
厳密解　134, 149, 164, 173
交換則　65
航空宇宙への適用に対する乱流モデル　93
高次SGSモデル　111
格子形状に依存しないこと　6
格子点　3
高次の有限差分法　121
高次モーメント　54
高精度　473
光線　446
光線追跡法　462
構造曲線格子　330
後退差分　476
後退代入　234, 243
高度なSGSモデル　112
高度な乱流モデル　90
勾配再構築のための最小二乗法　347
効率的な混合　44
後流　56
後流則の層　62
高レイノルズ数流れ　43
黒体強度　447
誤差　6, 308
固体壁　114

異なる変動変数のモーメント　54
混合長モデル　72, 73
混合分率　400, 401, 426, 428
混合分率における火炎片の式　428
コントロールボリューム　3, 4
コントロールボリューム法　124

▶さ 行

再循環領域　91
最善に実施するための指針　322
サブグリッドスケール応力　108
サブモデル　314
差分スキーム　167
残差　248
3次元における運動量保存式　15
3次元におけるエネルギー方程式　18
3次元における質量保存　12
3次元の質量収支　13
3次元複雑形状におけるふく射　471
3次元炉形状のふく射　470
三重対角行列アルゴリズム　5
散乱位相関数　449
散乱係数　448
時間の解像度　121
時間の離散化　121
時間平均　52
時間平均を施した運動量保存式　66
時間平均を施した輸送方程式　67
質量流量　12
射出する熱流束　451
周期境界条件　39, 115, 303
収束　6, 228
従属領域　33
自由乱流　56
シュミット数　396
正味の反応速度　388
初期条件と境界条件　121
初期値境界値問題　30
進行問題　30
水性ガスシフト反応式　383
数値誤差　309
数値流体力学　1
数値流体力学プログラム　3

スカラーコントロールボリューム　195, 201, 364
スカラー消散率　422, 429, 432
スタッガード格子　194
スペクトル要素法　120
すべりなし条件　296
制限関数　181, 184
整合性がある　152
生成エンタルピー　374
生成項　350, 390, 480
生成項がない熱伝導　128
精度　3, 314, 315, 475
性能　100
絶対圧　230
絶対圧力場　294
節点中心のコントロールボリューム　338
セル中心のコントロールボリューム　338
遷移　49, 51
線形底層　60, 298
前進代入　234, 243
全反応速度　390
全変動　180
掃引方向　236
総括反応　386
相関関数　54
双曲型　34
双曲型の振舞い　37
双曲型方程式　30, 32
相互相関関数　55
層流火炎片　422
層流火炎片の関係　430
層流火炎片分布　426
層流火炎片ライブラリ　422
層流拡散火炎　402
層流流れ　44
層流流れの流体力学的安定性　48
ソルバー　4

▶た 行

対向流拡散火炎の形状　424
対称境界条件　39, 302
対称条件　306
対称性　182

代数応力モデル　73, 99
対数則層　61
代数方程式　4
代数マルチグリッド法　265
体積力　15
対流項　27
対流伝熱　135
対流流束に対するTVDの式　350
だ円型　34
だ円型方程式　29
多次元対流-拡散　165
妥当性　315
単調性を維持すること　179
チェッカーボード圧力場　194, 195, 365, 366
逐次過緩和法　250
中間化学種　386
中心差分　126, 477
直接数値シミュレーション　69, 118
直接法　232
直交座標系　329
追加消失項　367
定圧境界条件　301
定常状態の温度分布　130
定常層流火炎片モデル　429
テイラー級数展開　317
テイラー級数の打切り　312
定量化　325
低レイノルズ数流れ　43, 90
データ源　320
電磁波　446
点反復法　244
透過　448
同伴　57
等方的　47
当量比　378

▶な 行

長さスケール　44
ナビエ-ストークス式　36
滑らかな壁　60
2次元TDMA　238
2次元TVD　187

2次元平面ノズル　216
二次精度　181
二層 $k\text{-}\varepsilon$ モデル　91
二層モデル　92
入射強度の積分　455
入射するふく射　448
入射するふく射熱流束　447, 451, 452
入力の不確かさ　312
ニュートンの第2法則　15
熱伝導によるエネルギー流束　19
熱ふく射　446
熱力学的平衡　22
燃　焼　371
燃焼系　455
燃焼のモデリング　372
燃焼反応式　378, 383
燃焼モデル　404
粘性応力　23
粘性底層　60
粘性不安定性　48

▶ は　行

媒　体　453
ハイブリッド法　162
ハイブリッド法の評価　165
ハイブリッドメッシュ　336
反　射　448
反応速度　388
反復計算の収束の誤差　309, 317
反復法　232
非圧縮性粘性流体　38
非圧縮性流体　13, 23
非圧縮性流れ　485
非構造格子　330, 336
非構造格子における TVD スキーム　348
非構造格子の高次精度差分法　346
非構造格子の風上差分法　346
歪み感度　92
歪み速度　70, 422
非線形 $k\text{-}\varepsilon$ モデル　101
非線形厳密解　32
非定常 PISO　287
非定常 SIMPLE　286

非定常ナビエ－ストークス式　106
非定常ナビエ－ストークスの空間フィルタ操作　105
非等方性　99
非等方的　63
非粘性の不安定性　48
非保存型　15
標準型 $k\text{-}\varepsilon$ モデル　81
標準状態のギブス関数の変化　382
表面物性　447
表面力　15, 18
表面力による仕事　18
非予混合乱流燃焼　408
ファーブル平均　409–411
ファーブル平均を施した反応速度　418
フィルタ関数　105
風上差分法　156
風上差分法に基づく離散化スキーム　177
風上差分法の評価　160
不規則な性質　44
複雑な形状　329
複雑な形状をもつ流れへの LES の適用　115
ふく射性媒体　448
ふく射輸送方程式　454
不足緩和　202, 227, 248
不確かさ　308
不等間隔格子　478
不透明　448
プラントル数　298, 396
プラントルの混合長モデル　73
プリプロセッサー　3
ブロック構造格子　330, 335
分　圧　375
文書化　324
分布関数　413
噴流流れ　49
平均残差　250
平均流れの運動エネルギー　77
平衡状態　382
平衡問題　29
平板境界層　49, 59
べき乗法　166

ペクレ数　162, 165
ベータ pdf　415
変化割合　13
変形の割合　23
放射強度　448
放射ふく射熱流束　447
放物型　34
放物型方程式　30
補間方法　366
ポストプロセッサー　5
補正手続き　208
保存型　15
保存性　152, 155, 160
保存則　10

▶ま 行
マッハ数　37, 40, 51, 67, 396
マルチグリッドサイクル　263
マルチグリッドの概念　251
マルチグリッドの概要　253
丸め誤差　309, 317
乱れの生成　62
乱れの領域　50, 51
メッシュ　3
モンテカルロ法　456

▶や 行
ヤコビ法　232, 233, 245
有界性　153, 155, 160
有限体積法　124, 466
有限の化学反応速度　407
輸送性　154, 156, 160
輸送方程式　396
陽解法　269
予測手続き　208
よどみ面　424

▶ら 行
ラグランジュ法　13
ラージエディシミュレーション　69, 104, 444
乱流運動エネルギー　87

乱流エネルギー　53, 78
乱流拡散　70
乱流流れ　44, 47, 298, 299
乱流粘性　70
乱流の核　297
乱流の熱流束　64
乱流モデル　103
離散化　126
離散化した圧力方程式　205
離散化した運動量保存式　200
離散化の誤差　311, 317
離散化の方法　121
離散化方程式　128
理想気体　22
流出境界条件　294
流出境界条件の位置　305
流束　152
流束制限関数　182
流体の媒体　448
流体の物性　313
流体力学的不安定性　47
流体粒子　13
流入境界　294
流入境界条件　293
領域の形状　312
量論空気　377
量論酸素/燃料比　399
量論の混合分率　400
量論の質量分率　433
ルイス数　396, 406
レイノルズ応力　64, 67, 71, 74, 77, 80, 101, 109, 411
レイノルズ応力方程式モデル　72, 85
レイノルズ数　45, 50, 52, 81
レイノルズ分解　44, 408
レイノルズ平均　408
レイノルズ平均ナビエ－ストークス式　67–69
レナード応力　109
連成問題　449
連続の式　65, 365, 394, 403
六角形のリング形状　356

訳者略歴

松下　洋介（まつした・ようすけ）
- 2006 年　東北大学大学院工学研究科化学工学専攻　博士（工学）
- 2006 年　東北大学大学院工学研究科化学工学専攻　助手
- 2007 年　東北大学大学院工学研究科化学工学専攻　助教
- 2009 年　九州大学炭素資源国際教育研究センター　准教授
- 2013 年　東北大学大学院工学研究科化学工学専攻　准教授
- 2021 年　弘前大学大学院理工学研究科自然エネルギー学コース　教授
  　　　　現在に至る

齋藤　泰洋（さいとう・やすひろ）
- 2010 年　日本学術振興会特別研究員（DC2）
- 2011 年　東北大学大学院工学研究科化学工学専攻　博士（工学）
- 2011 年　日本学術振興会特別研究員（PD）
- 2011 年　東北大学大学院工学研究科化学工学専攻　助教
- 2018 年　九州工業大学大学院工学研究院物質工学研究系　准教授
  　　　　現在に至る

青木　秀之（あおき・ひでゆき）
- 1992 年　東北大学大学院工学研究科化学工学専攻　工学博士
- 1992 年　東北大学工学部生物化学工学科　助手
- 1993 年　東北大学工学部生物化学工学科　講師
- 1995 年　東北大学大学院工学研究科化学工学専攻　講師
- 1998 年　東北大学大学院工学研究科化学工学専攻　助教授
- 2007 年　東北大学大学院工学研究科化学工学専攻　准教授
- 2011 年　東北大学大学院工学研究科化学工学専攻　教授
  　　　　現在に至る

三浦　隆利（みうら・たかとし）
- 1977 年　東北大学大学院工学研究科化学工学専攻　工学博士
- 1977 年　東北大学工学部化学工学科　助手
- 1982 年　東北大学工学部付属燃焼限界実験施設　助手
- 1983 年　東北大学工学部付属燃焼限界実験施設　助教授
- 1990 年　東北大学工学部生物化学工学科　教授
- 1995 年　東北大学大学院工学研究科化学工学専攻　教授
- 2011 年　東北職業能力開発大学校　校長
  　　　　現在に至る

数値流体力学［第 2 版］　　　　　　　　　　　版権取得　2007

2011 年 5 月 30 日　第 2 版第 1 刷発行　　【本書の無断転載を禁ず】
2023 年 4 月 10 日　第 2 版第 5 刷発行

訳　者　松下洋介・齋藤泰洋・青木秀之・三浦隆利
発行者　森北博巳
発行所　森北出版株式会社

東京都千代田区富士見 1-4-11（〒102-0071）
電話 03-3265-8341／FAX 03-3264-8709
https://www.morikita.co.jp/
日本書籍出版協会・自然科学書協会　会員
JCOPY ＜(一社)出版者著作権管理機構　委託出版物＞

落丁・乱丁本はお取替えいたします　　印刷／モリモト・製本／ブックアート

Printed in Japan／ISBN978-4-627-91972-3

図書案内　森北出版

乱流のシミュレーション
LES による数値計算と可視化

M.Lesieur , O.Métais
P.Comte／原著
柳瀬眞一郎・百武　徹
河原源太・渡辺　毅／訳

菊判・232 頁
定価 4410 円(税込)
ISBN978-4-627-67331-1

LES は，流れの小さなスケール（サブグリッドスケール）を適当な統計的モデルで表現することによりフィルタをかけて除去し，大きなスケールを数値的に解く方法で，乱流計算法としてはもっとも精度が高く，理論的にもすぐれている手法である．本書は，その LES の基礎から応用までを具体例をあげながらわかりやすく解説した．

LES への招待/渦力学/物理空間における LES の定式化/等方性乱流に対するフーリエ空間での LES/非一様乱流に対するスペクトル LES/LES の新たな発展/圧縮性乱流の LES/地球流体力学

ホームページからもご注文できます
http://www.morikita.co.jp/